AF357652

COURS

PROFESSÉS

A L'ÉCOLE DES MINES DE PARIS

PREMIÈRE PARTIE

COURS DE MACHINES

PARIS. — IMP. SIMON RAÇON ET COMP., RUE D'ERFURTH.

COURS

PROFESSÉS

A L'ÉCOLE DES MINES DE PARIS

PAR

M. J. CALLON

INSPECTEUR GÉNÉRAL DES MINES

———

PREMIÈRE PARTIE

COURS DE MACHINES

TOME DEUXIÈME

———

TEXTE

PARIS

DUNOD, ÉDITEUR

LIBRAIRE DES CORPS DES PONTS ET CHAUSSÉES ET DES MINES

49, QUAI DES AUGUSTINS, 49

———

1875

Droits de traduction et de reproduction réservés.

ERRATA

DU DEUXIÈME VOLUME

(Le premier numéro indique la page où se trouve l'erreur à corriger; le second numéro indique la ligne de la page; il est suivi de la lettre D ou de la lettre M, suivant que les lignes de la page sont comptées en descendant ou en montant.)

PAGES	LIGNES	AU LIEU DE	LISEZ
17	5 D.	31536,	41556.
25	11 D.	d'étendue,	détendue.
82	12 M.	en ce que sa pression,	en ce que cette même pression.
90	11 D.	et son lien géométrique,	et son lieu géométrique.
95	15 D.	$\dfrac{L}{II} > -\dfrac{2}{1+\sqrt{5}}$,	$\dfrac{L}{II} > \dfrac{2}{-1+\sqrt{5}}$.
117	9 D.	assez rapidement,	aussi rapidement.
124	8 M.	sur laquelle,	sous laquelle.
130	1 D.	la justesse qu'exigent,	la prestesse qu'exigent.
143	1 D.	entre deux corps de piston,	entre deux coups de piston.
150	9 D.	on arriverait à dépasser,	on arriverait à dépenser.
154	7 M.	la seule vitesse du tableau,	la seule vitesse du bateau.
161	1 M.	en raison inverse de cette vitesse,	en raison inverse du carré de cette vitesse.
173	7 D.	de la production,	de la combustion.
184	17 M.	Les diagrammes fig. 218 A à 218 C,	Les diagrammes fig. 217.
193	7 M.	ou $\dfrac{k}{k=1} = 3{,}451$,	ou $\dfrac{k}{k-1} = 3{,}451$.
206	1 D.	dans le chapitre précédent,	dans les chapitres précédents.
211	4 M.	sur la figure 236,	sur la figure 226.
225	5 D.	est égale à OM,	est égale à Om.
225	9 D.	que mm' ne fait,	que mm, ne fait.
258	2 M.	le diamètre et la courbe,	le diamètre et la course.

PAGES	LIGNES	AU LIEU DE	LISEZ
259	15 D.	est à simple effet,	est à double effet.
266	5 D.	$\dfrac{\pi}{\omega} < \pi \sqrt{\dfrac{1}{g}}$,	$\dfrac{\pi}{\omega} < \pi \sqrt{\dfrac{l}{g}}$.
269	14 M.	au n° **671** ci-dessus,	au n° **693** ci-dessus.
292	1 M.	limitées à des opérations,	limitées à des opérateurs.
320	13 D.	équivalant,	équivaut.
349	5 D.	une étendue de la surface,	une étendue de surface.
355	11 D.	ou $e^{-} = o$,	ou $e^{kx} = o$.
354	4 D.	La conduite réduite,	La conductibilité réduite.
371	11 D.	Si donc la combustion, le foyer	Si donc la combustion sur le foyer et.
373	15 M.	n° **769**,	n° **768**.
382	11 M.	n° **757**,	n° **756**.
385	5 M.	en pression.	de pression.
386	6 D.	n° **801**,	n° **799**.
390	2 M.	n° **772**,	n° **771**.
393	6 D.	Mais elle est,	Mais il est.
395	15 M.	n° **789**,	n° **787**.
396	9 M.	à carneau intérieur,	à carneau extérieur.
415	16 D.	une sorte de bon liquide,	une sorte de boue liquide.
450	17 M.	contre ses prescriptions,	contre les prescriptions.
455	11 D.	dans les sens,	dans tous les sens.
459	10 D.	abaissement normal,	abaissement anormal.
486	16 D.	dans le chapitre précédent.	dans les chapitres précédents.
496	10 M.	qu'il exécute,	que la vapeur exécute.
501	15 D.	parfaitement réglée,	parfaitement régulière.
524	7 D.	qui sont casés,	qui sont calés.
534	10 D.	vers le milieu,	avant le milieu.
542	9 D.	de deux engrenages coniques fixés,	de deux surfaces coniques fixées.
552	11 M.	Laurent,	Laurens.

COURS

DE MACHINES

CHAPITRE XVI

GÉNÉRALITÉS SUR L'EMPLOI DE LA VAPEUR

(531) Nous avons vu, dans les chapitres précédents, à quelles conclusions simples et nettes conduisait la théorie mécanique de la chaleur, appliquée à la détermination du travail moteur qu'on peut obtenir, par l'intermédiaire d'un corps quelconque, mis successivement en relation avec deux milieux maintenus à des températures différentes.

Ces conclusions peuvent se résumer en ces deux points essentiels :

1° Lorsque le corps considéré *travaille utilement*, il emprunte une certaine quantité de chaleur au milieu le plus chaud, ou au *calorifère*, tandis qu'il se dilate, en exerçant une pression sur les parois de l'enceinte qui le renferme, et par conséquent en produisant un travail moteur sur celles de ces parois qui sont mobiles et se déplacent pour permettre cette dilatation ; il en cède au contraire au milieu le plus froid, ou au *réfrigérant*, tandis qu'il se contracte pour revenir vers son état initial, et reçoit des parois mobiles, ou *du piston*, un certain travail résistant.

La différence des quantités de chaleur reçues du calorifère et cédées au réfrigérant, dans une évolution complète du corps qui le ramène à un état initial déterminé de pression, de volume et de température, sans qu'il ait pris ni communiqué de la chaleur aux autres corps environnants, c'est-à-dire la quantité de chaleur qui *a disparu dans l'évolution même*, correspond *au travail utile* transmis par le corps pendant cette même évolution, ou à l'excès du travail *moteur*, sur le travail *résistant*, à raison de 425 kilogrammètres *par calorie disparue*, ou de $\frac{1}{425}$ de calorie *par kilogrammètre de travail utile*;

2° Si l'on compare le travail utile produit, non pas aux *calories disparues*, mais à celles qui ont été *empruntées au milieu le plus chaud*, chacune de celles-ci correspond, non plus à un travail de 425 kilogrammètres, mais à une fraction seulement de ce travail, et cette fraction, ou *le rendement de la calorie*, est le rapport de l'écart des températures des deux milieux à la température absolue du milieu le plus chaud.

Ces deux conséquences sont d'ailleurs des résultats théoriques, établis seulement dans l'hypothèse que les évolutions successives du corps considéré s'effectuent dans des conditions convenables de *réciprocité*, ou de *réversibilité*.

Ces conditions supposent que la transmission de chaleur du calorifère au corps intermédiaire, ou de ce corps au réfrigérant, ne soit accompagnée d'aucun phénomène autre que celui d'un travail correspondant produit sur le piston, ou que, s'il existe quelque phénomène accessoire de ce genre, ce phénomène puisse se reproduire identiquement, ainsi que le travail et le flux de chaleur, mais en sens inverse, pour un déplacement virtuel égal et directement opposé au déplacement réel.

Il faut pour cela qu'il n'existe à aucun moment un écart fini de température entre le corps et le milieu avec lequel il est en relation, et que les déplacements effectifs se produisent assez lentement pour que le corps exerce sur son enveloppe, pendant qu'il se dilate ou qu'il se comprime, précisément la même pression qui résulterait, à l'état simplement statique, de son état actuel de volume et de température.

Il faut encore que, dans les deux périodes de dilatation et de compression qui ont lieu pendant que le corps passe de la température du calorifère à celle du réfrigérant, ou inversement, le corps soit dans une enveloppe imperméable à la chaleur ; de sorte qu'il ne cède ni ne prenne aucune quantité de chaleur aux corps environnants.

Enfin, il faut supposer que l'évolution complète s'effectue de telle manière que le corps se retrouve à la fin exactement dans les mêmes conditions de pression, de volume et de température qu'au commencement, et qu'il ait, par ce fait même, la même quantité de chaleur interne.

De ces diverses hypothèses il résulte qu'en définitive le corps n'a fait que prendre de la chaleur au calorifère et en transmettre au réfrigérant : qu'il n'en a ni cédé ni emprunté aux autres corps environnants ; qu'il en a lui-même la même quantité au début et à la fin de son évolution, et qu'ainsi il ne s'est produit, dans le système, que les deux phénomènes d'une certaine disparition de chaleur et d'une certaine quantité correspondante de travail extérieur, phénomènes liés directement l'un à l'autre par la relation indiquée ci-dessus.

(**532**) Si l'on désigne par q la quantité de chaleur reçue à la température absolue $a + t_2$ du calorifère, et par q' la quantité de chaleur cédée à la température $a + t_1$ du réfrigérant, on se fera une image sensible des résultats ci-dessus, en se représentant que la quantité $\dfrac{q}{a + t_2} = \dfrac{q'}{a + t_1}$ (voir n° **486**) est assimilable, en quelque sorte, à un poids, et les quantités $a + t_2$ et $a + t_1$ à des hauteurs au-dessus d'un certain plan horizontal.

Les quantités $q = \left(\dfrac{q}{a + t_2} \right) \times (a + t_2)$ et $q' = \dfrac{q'}{a + t_1} \times (a + t_1)$ deviennent assimilables à des quantités de travail qui correspondraient chacune au cas où l'on pourrait utiliser toutes ces hauteurs, ou bien abaisser la température jusqu'au zéro absolu.

Passer d'une température $(a + t_2)$ à la température $a + t_1$, c'est-à-dire parcourir sur l'échelle thermométrique une étendue $t_2 - t_1$, c'est n'utiliser sur la hauteur $a + t_2$ qu'une hauteur $t_2 - t_1$, perdre la hauteur $a + t_1$ et réduire ainsi le travail dans le rapport de $a + t_2$ à $t_2 - t_1$.

Dans cet ordre d'idées, qui assimile l'effet d'une machine thermique à celui d'une chute d'eau, la température absolue $a + t_2$ peut être regardée comme la hauteur *de la chute maximum qui puisse être créée* ; c'est, pour continuer l'assimilation, la hauteur à laquelle on recueille l'eau *au-dessus du niveau de la mer; $a + t_1$* est la hauteur à laquelle les conditions locales forcent d'abandonner l'eau au-dessus de ce même niveau ; la quantité $a + t_2 — (a + t_1)$ $= t_2 — t_1$ est la hauteur de chute *réellement disponible*. La machine à feu qui utilise une telle hauteur, en employant un calorifère à une température aussi haute, et un réfrigérant à une température aussi basse que puissent le permettre les circonstances naturelles dans lesquelles on opère, est théoriquement aussi satisfaisante que peut l'être un récepteur hydraulique dont on a, autant que possible, relevé le point d'eau d'amont et abaissé le point d'eau d'aval.

(**533**) Cette remarque, qui a été développée avec beaucoup de clarté par M. Zeuner, est bien propre à dissiper une erreur qui a été longtemps très-répandue, et qui a été partagée jusqu'à un certain point par M. Regnault lui-même, c'est-à-dire par l'auteur qui a le plus contribué, par ses belles et nombreuses expériences, à déterminer la valeur numérique des éléments qui entrent dans les calculs des machines à vapeur. Cette erreur consistait à regarder ces machines comme étant *extrêmement imparfaites*, comme fournissant à peine *quelques centièmes* de la force qui paraissait pouvoir être retirée de la chaleur produite par la combustion d'une certaine quantité de combustible sur la grille d'une chaudière à vapeur.

Cette erreur s'est maintenue et même fortifiée, lorsque se sont précisées les premières notions sur l'équivalent mécanique de la chaleur.

On disait que, puisque une calorie correspond à 425 kilogrammètres et qu'un kilogramme de houille ordinaire peut facilement donner 6,500 calories et plus, on devait, avec ce kilogramme, obtenir $425 \times 6500 = 2762500$ kilogrammètres, ou que la force d'un cheval devait correspondre à une consommation de $\dfrac{270000}{2762500} = 0^k.09$ de houille par heure, tandis qu'en pratique les machines les plus per fectionnées et les plus puissantes n'en consomment pas moins d'un kilogramme, et que cette consommation va, dans les machines les plus ordinaires, jusqu'à 3 ou 4 et même 5 kilogrammes et plus.

Cette opinion semblait confirmée par ce fait que l'on retrouvait dans le condenseur ou dans la vapeur d'échappement, à l'état sensible, presque toute la quantité de chaleur que l'on avait donnée à l'eau dans la chaudière. On en concluait, par un raisonnement spécieux mais inexact, que la chaleur ainsi retrouvée à la sortie de la machine, indiquait dans celle-ci une imperfection correspondante, à laquelle il y avait lieu de chercher un remède, dont on s'attendait qu'il modifierait radicalement les conditions d'emploi de la vapeur.

On doit comprendre maintenant que cette imperfection n'existe réellement pas ; que, dès qu'on opère à des températures données pour le calorifère et pour le réfrigérant, le rendement des calories fournies par le calorifère est, par cela même, déterminé ; qu'il n'est pas autre pour la vapeur d'eau qu'il ne le serait pour un autre corps quelconque, entre les mêmes limites de température ; qu'à ce point de vue toutes les machines à feu se valent *théoriquement*, et que, loin d'être radicalement défectueuses, comme on le supposait, elles sont toutes *théoriquement parfaites*, comme le sont, parmi les récepteurs hydrauliques, ceux qui utilisent le poids de l'eau ; qu'il ne peut y avoir de l'un à l'autre que des différences *d'un ordre secondaire*, comme celles que l'on trouverait en utilisant une chute d'eau sur une roue à augets ou sur une roue de côté *plus ou moins bien établie*.

Cette remarque ne doit pas être interprétée en ce sens que les machines à feu, en général, et notamment les machines à vapeur, n'auraient plus, dans la pratique, aucun perfectionnement à recevoir. Il n'en est rien, assurément ; mais les perfectionnements ne semblent plus pouvoir porter que sur des points secondaires, et le principe même de ces machines est désormais hors de discussion. On peut les améliorer dans l'application, comme un ingénieur peut chercher encore aujourd'hui à augmenter le rendement des roues à augets, ou des roues de côté mues par le poids de l'eau ; mais leur théorie peut être considérée comme établie sur des fondements aussi solides que celle de ces récepteurs hydrauliques. Les résultats pratiques différeront sans doute des résultats théoriques et nécessiteront l'introduction d'un coefficient de rendement qui pourra varier d'une machine à une autre, suivant que les conditions théoriques relatives à la réversibilité seront plus ou moins complétement satisfaites, ou selon que les résistances passives y seront plus ou moins considérables, ou encore selon son état actuel d'entretien, etc.; mais ce coefficient, introduit par des considérations *secondaires*, sera *du même ordre de grandeur*, à peu près, que celui qui convient aux roues mues par le poids de l'eau.

(**534**) Ces observations générales exposées, ou plutôt rappelées, nous voyons qu'un corps intermédiaire quelconque fonctionnant dans une machine thermique, quelle qu'elle soit, pourvu que l'évolution que le corps y effectue satisfasse aux conditions de reversibilité ci-dessus définies, aura, au point de vue purement mécanique, une valeur complétement et exclusivement en rapport avec celle de la fonction $\alpha = \dfrac{t_2 - t_1}{a + t_2}$, c'est-à-dire d'autant plus grande qu'il sera possible de le porter *à une plus haute température* t_3, par son contact avec le calorifère, et *à une plus basse* t_1, par son contact avec le réfrigérant.

Si, d'ailleurs, on prend la différentielle complète $d\alpha$ par rapport aux deux variables indépendantes t_2 et t_1, laquelle a pour expression :

$$d\alpha = \frac{dt_2}{a + t_2} - \frac{t_2 - t_1}{(a + t_2)^2} dt_2 - \frac{dt_1}{a + t_2} = \frac{a + t_1}{(a + t_2)^2} dt_2 - \frac{1}{a + t_2} dt_1;$$

ou bien, si l'on considère ses deux dérivées partielles,

$$\frac{d\alpha}{dt_2} = \frac{a + t_1}{(a + t_2)^2} \ , \ \frac{d\alpha}{dt_1} = -\frac{1}{a + t_2},$$

on reconnaît :

1° Que la quantité α varie dans le même sens que t_2 et en sens contraire de t_1, c'est-à-dire qu'il faut augmenter t_2 et diminuer t_1;

2° Que l'accroissement de α avec celui de t_2 est d'autant moins rapide que t_2 est déjà plus grand et que t_1 est plus petit;

3° Enfin, que l'accroissement de α avec le décroissement de t_1 est en raison inverse de la température absolue $a + t_2$.

Mais quelles sont les limites pratiques que peuvent recevoir ces deux quantités t_1 et t_2?

Pour t_1, on peut dire que le seul moyen pratique qui se présente de conserver à un réfrigérant une basse température, pendant qu'il reçoit une quantité importante de chaleur, est de le maintenir en contact avec une grande masse d'eau qui soit prise à la température la plus basse où l'on puisse se la procurer, c'est-à-dire *à la température moyenne ambiante* dans les temps froids, *à la température des eaux de source* pendant les temps chauds, si l'on a de ces eaux à sa disposition. Cette dernière température est, comme l'on sait, pour les sources ordinaires, celle des parties supérieures de l'écorce terrestre, ou à peu près la température moyenne de l'année dans le pays où la machine fonctionne. Ainsi, quand on emploie la condensation, la température du réfrigérant peut tendre, à mesure que l'on emploie l'eau de condensation en plus grande abondance, vers une limite qui est ou la température ambiante, ou la température moyenne de l'année. En réalité, on arrive dans la pratique à réaliser une température qui ne dépasse pas 35 à 40°.

(**535**) Pour t_2, on n'a pas, *théoriquement* et *a priori*, de limite supérieure. Mais, en pratique, cette température est au contraire *essentiellement limitée*, par un grand nombre de considérations qui peuvent être *secondaires en principe*, mais dont l'importance est souvent *en fait prépondérante*.

Ainsi d'abord, comme on vient de le dire, le rendement est loin d'être *proportionnel* à t_2; à cause du dénominateur $a + t_2$ il croît de moins en moins rapidement à mesure que t_2 augmente, et il ne serait égal à l'unité, ou bien la chaleur ne serait pleinement utilisée, que si l'on posait $t_2 = \infty$.

En réalité, si l'on pose $t_1 = 40°$, et si l'on se rappelle que la quantité a est égale à 273, on peut former le tableau suivant, qui donne le rendement théorique pour diverses valeurs de la quantité t_2 :

$$t_2 = 40° \quad \frac{t_2 - t_1}{a + t_2} = 0.$$

$$t_2 = 100° \quad \frac{t_2 - t_1}{a + t_2} = \frac{60}{375} = 0.16$$

$$t_2 = 150° \quad \frac{t_2 - t_1}{a + t_2} = \frac{110}{425} = 0.26 \qquad \ldots \ldots \quad 0.18$$

$$t_2 = 200° \quad \frac{t_2 - t_1}{a + t_2} = \frac{160}{475} = 0.34 \qquad \ldots \ldots \quad 0.10$$

$$t_2 = 300° \quad \frac{t_2 - t_1}{a + t_2} = \frac{560}{675} = 0.44 \qquad \ldots \ldots \quad 0.09$$

$$t_2 = 400° \quad \frac{t_2 - t_1}{a + t_2} = \frac{260}{575} = 0.53 \qquad \ldots \ldots \quad 0.06$$

$$t_2 = 500° \quad \frac{t_2 - t_1}{a + t_2} = \frac{460}{775} = 0.59 \qquad \ldots \ldots \quad 0.05$$

$$t_2 = 600° \quad \frac{t_2 - t_1}{a + t_2} = \frac{560}{875} = 0.64 \qquad \ldots \ldots \quad 0.04$$

$$t_2 = 700° \quad \frac{t_2 - t_1}{a + t_2} = \frac{660}{975} = 0.68$$

Ce tableau, quoique limité à la température de 700°, est déjà trop étendu, en ce sens que, quel que soit le corps employé comme intermédiaire, il ne comporte point d'être employé à cette température de 700, ni à celle de 600, ni même de 500°, non pas peut-être à cause de sa nature propre, mais parce que ces températures sont celles du rouge plus ou moins caractérisé, températures auxquelles les corps entrant dans la composition soit du calorifère, soit de la machine, s'altéreraient rapidement par oxydation au contact de l'air, ou n'auraient plus la consistance voulue pour résister aux efforts qu'ils ont à supporter. En outre, ces températures étant données au calorifère par le contact des gaz chauds développés dans un foyer sur la grille duquel on brûle un combustible, ces gaz ne seraient pas suffisamment dépouillés de leur chaleur sensible. La perte de calories que l'on ferait dans le foyer serait proportionnelle à la chaleur sensible que les gaz conserveraient, tandis que l'effet utile des calories recueillies croîtrait d'une manière beaucoup moins rapide.

Même à 400°, les phénomènes d'altération des pièces de la machine seraient notables, et l'on aurait encore une autre difficulté d'une très-grande valeur, c'est que les matières grasses nécessaires pour adoucir les frottements de ces pièces seraient ou volatilisées, ou carbonisées, et que tous les frottements se feraient à sec.

On ne peut pas affirmer qu'à ces diverses difficultés on ne trouvera pas de remèdes : ainsi, rien ne dit, par exemple, qu'on ne parviendra pas ou à empêcher l'oxydation, ou à trouver, pour construire la machine, des corps suffisamment résistants et inoxydables ; on peut encore supposer que l'on remplace les matières grasses par des substances onctueuses et fixes comme la plombagine. Mais, même encore après ces améliorations supposées, on prévoit des difficultés d'application, et notamment des pertes de chaleur par rayonnement, qui compenseraient probablement bientôt l'augmentation d'effet utile qu'on trouverait à pousser la température au delà d'une certaine limite.

En un mot, la théorie mécanique de la chaleur montre clairement ce que l'on aurait à espérer en employant les corps à des températures de plus en plus élevées. Mais les limites de ces températures sont données par des considérations *autres que des considérations mécaniques.* Chercher à dépasser ces limites, ce n'est pas chercher à résoudre un problème de *mécanique pure ;* car on sait d'avance le résultat auquel on arriverait au point de vue du travail, et l'on n'a pas besoin, au point de vue géométrique, de combinaisons cinématiques particulières ; c'est plutôt aborder un problème de *physique appliquée,* nécessitant l'emploi de matériaux jouissant de propriétés spéciales.

En abaissant la température t_2 sensiblement au-dessous de 400°, on obtiendrait l'avantage de mieux assurer la bonne lubréfaction des surfaces, et accessoirement on aurait celui de permettre au foyer de fonctionner dans les meilleures conditions de tirage (n° **582**).

C'est donc vers 500°, ou un peu au delà, que l'ensemble des considérations particulières ci-dessus, conduirait à fixer la température la plus convenable à donner à un calorifère, quand il est chauffé par un foyer extérieur, *et lorsqu'on fait abstraction de la nature du corps que l'on veut employer comme agent.*

(**536**) Sans insister sur ces généralités, sur lesquelles nous reviendrons plus loin pour les compléter et les éclaircir, nous dirons que, quand on en vient à une application particulière, l'abstraction ne peut plus subsister, et que si l'on prend spécialement la vapeur d'eau, on voit immédiatement que cette limite de 300° *doit encore être fortement abaissée.*

C'est ce qui ressort immédiatement, soit de la formule exponentielle de M. Regnault, soit de la simple inspection des tableaux du n° **508**. On voit dans ces tableaux avec quelle rapidité croissante augmente la tension de la vapeur, à mesure que la température s'élève. Ils vont jusqu'à 14 atmosphères, limite supérieure à ce que l'on cherche à atteindre, à cause des difficultés que l'on trouve à obtenir des joints étanches avec des pressions plus fortes, même dans les machines, telles que les locomotives, où des convenances spéciales, sur lesquelles nous aurons à revenir, conduisent à marcher avec de très-hautes pressions.

La tension de 14 atmosphères correspond à une température d'environ 195°; celle de 12 à un peu plus de 188°.

(**537**) Il est permis de dire, en résumant ce qui précède, au sujet de la vapeur d'eau :

Relativement à t_1, que la question de la quantité d'eau nécessaire à la condensation permet difficilement de descendre au-dessous de 35 à 40°.

Relativement à t_2, que la difficulté d'emploi des très-hautes pressions ne permet pas d'atteindre le chiffre de 190°, en nombre rond.

Ce dernier chiffre s'applique, bien entendu, au cas où l'on emploie la vapeur *saturée*, c'est-à-dire la vapeur formée dans une chaudière en présence de l'eau en excès. C'est dans ce cas seulement qu'il existe une relation entre la température et la pression. Cette pression, qui est celle de la saturation, est la pression la plus forte qui puisse exister pour la température donnée, ou, ce qui revient au même, la température est la plus basse que comporte cette pression.

Mais cette pression comporte également toute température plus élevée ; de sorte qu'il est possible de prendre la vapeur saturée, de l'isoler de la chaudière, et, *après cet isolement*, de la chauffer dans des appareils spéciaux, nommés *réchauffeurs* ou *surchauffeurs* de vapeur, qu'on interpose sur le trajet que parcourt la vapeur de la chaudière au cylindre.

Ce système de l'emploi de la vapeur surchauffée a été considéré théoriquement au n° **529**.

Il a été souvent préconisé, comme offrant un avantage important, en ce que poussant, par exemple, la température à la limite de 300°, la vapeur ainsi désaturée aurait *le rendement qui correspond à cette dernière température.*

Cette conclusion n'est pas exacte.

Il faut concevoir que la chaleur totale de la vapeur désaturée, se compose, *pour la majeure partie*, de celle qu'elle a prise dans la chaudière en se formant à saturation, et *pour une partie relativement peu importante*, de celle qu'elle a reçue dans le surchauffeur.

Le rendement de la première partie est relatif à la température de la chaudière ; le rendement de la seconde est variable selon la manière dont la température a été appliquée, mais essentiellement *inférieur* à celui que l'on conclurait de la température du surchauffeur.

D'où il suit que le rendement total est *fort peu* augmenté par le surchauffage. Ce que l'on gagne ainsi n'est pas regardé comme compensant l'inconvénient de marcher avec une vapeur très-sèche, qui rend les frottements plus durs, et qui risque de détruire rapidement les corps gras et les garnitures en chanvre, si la température ne reste pas toujours bien réglée dans le surchauffeur.

En fait, le réchauffage n'est guère employé que pour diminuer la proportion d'eau liquide que la vapeur entraine souvent avec elle, et non pour élever sa température ou la désaturer. Nous avons vu (**524** et suivants) que la vapeur humide n'est pas *théoriquement* désavantageuse; mais nous verrons plus loin qu'elle a quelques inconvénients *pratiques*, qui peuvent rendre désirable de réduire la quantité d'eau entrainée.

(**538**) Nous supposerons, dans ce qui suit, que l'on marche sans surchauffe de vapeur. Considérant donc successivement les pressions *pratiques*, depuis celle d'une atmosphère, qui convient à ce qu'on appelle la machine à basse pression, jusqu'à celle de 12 atmosphères, qui *dépasse* les plus hautes pressions employées soit dans les locomotives, soit sur certains bateaux à vapeur qui naviguent sur les fleuves d'Amérique, nous pourrons, à l'aide des tables du n° **508**, former le tableau suivant des rendements à attendre de l'emploi de la vapeur formée à ces différentes pressions initiales, dans l'hypothèse de l'emploi de la condensation à la température constante de 40°.

PRESSION TOTALE A LAQUELLE LA VAPEUR EST FORMÉE DANS LA CHAUDIÈRE.	TEMPÉRATURE CORRESPONDANTE t_2.	TEMPÉRATURE CONSTANTE t_1 A LAQUELLE SE FAIT LA CONDENSATION.	RENDEMENT THÉORIQUE EN NOMBRE ROND $\dfrac{t_2 - t_1}{a + t_2}$.
1 atmosphère. . . .	100°		0.16
$1\frac{1}{2}$ —	111.74		0.19
2 —	120.60		0.20
3 —	133.91		0.23
4 —	144°		0.25
5 —	152.22		0.26
6 —	159.22	40°.	0.27
7 —	165.54		0.28
8 —	170.81		0.29
9 —	175.77		0.30
10 —	180.31		0.309
11 — . . .	184.50		0.315
12 —	188.41		0.32

Ce tableau indique que, dans les limites extrêmes de la pratique, en supposant l'évolution effectuée dans les conditions théoriques, c'est-à-dire en supposant la machine à condensation et la détente poussée à sa limite, le rendement de la calorie peut varier à peu près du simple au double.

On voit qu'il serait bien inutile de chercher, pour ces machines, à dépasser, qu'il est même plutôt nuisible de chercher à atteindre la limite supérieure ; car le tableau montre qu'en passant de 10 à 12 atmosphères, soit *pour une augmentation importante de la pression*, l'augmentation du rendement dépasse à peine 1 p. 100 (de 0,309 à 0,32).

Cet accroissement insignifiant ne compense certainement pas les

inconvénients qui résulteraient de l'augmentation de la pression
(entretien plus difficile, plus grandes pertes par les fuites ou les
condensations, etc.).

(**539**) C'est en nous tenant à peu près à égale distance des limites ci-dessus établies, que nous avons considéré au chapitre précédent (n^{os} **510** et suivants) un cas particulier, dans lequel nous
supposions la vapeur formée, comme on le pratique souvent, à six
atmosphères de *pression totale*, ou à cinq atmosphères de *pression
effective* (c'est-à-dire à cinq atmosphères de pression en sus de la
pression atmosphérique ambiante), et employée dans les conditions
théoriques du cycle de Carnot.

Nous avons recherché comment le rendement de 27 p. 100, applicable à ce cas, se décomposait dans les différentes phases que
comporte une évolution complète.

Nous avons, à cet effet, considéré les circonstances suivantes :

1° La vapeur formée dans la chaudière, qui est ici le calorifère
maintenu à une température constante, est d'abord employée à
pleine pression sur le piston de la machine, et à la température qui
correspond à cette pression.

2° Quand une certaine quantité de vapeur a été ainsi dépensée,
on ferme l'admission, et le piston continuant sa course, la vapeur
agit par sa détente. Le cylindre ayant cessé d'être en communication
avec la chaudière, il a cessé de recevoir de la chaleur. On suppose
qu'il n'en perd pas non plus, et que la détente se fasse ainsi dans
une enceinte imperméable à la chaleur. La vapeur perd une certaine quantité de sa chaleur interne correspondante au travail produit, d'où résultent une condensation partielle et une diminution de
température. La détente est ainsi poussée jusqu'au moment où la
température de la vapeur détendue est devenue égale à la température du condenseur.

3° A ce moment, on met la vapeur détendue et partiellement condensée, en communication avec le réfrigérant, qui est ici le condenseur, c'est-à-dire une enceinte qu'il faut supposer à une température
constante, grâce à des parois parfaitement perméables à la chaleur
et rafraîchies extérieurement.

La vapeur y est refoulée par le mouvement rétrograde du piston, et la contre-pression sur ce piston est déterminée par cette température.

4° Enfin on suppose que l'on arrête le refoulement dans le condenseur, lorsque le mélange d'eau liquide et de vapeur y est en proportion telle que, par une dernière compression produisant un retour complet à l'état liquide, la masse, isolée du condenseur et introduite dans une enveloppe imperméable à la chaleur, se trouve, par l'effet de la chaleur latente que dégage la liquéfaction de la vapeur, portée à la température même de la chaudière.

On a ainsi une évolution complète du corps, dans les conditions de réversibilité nécessaires pour obtenir le rendement théorique, c'est-à-dire $425 \times \dfrac{t_2 - t_1}{a + t_2} = 425 \times 0,27$ kilogrammètres, pour chacune des calories qui auront été prises à la chaudière dans l'acte de la vaporisation.

C'est dans ces conditions que l'on trouve par le calcul les résultats numériques indiqués au n° 522, qui sont relatifs à l'emploi d'un kilogramme de vapeur.

(**540**) Il importe, pour la discussion de ces résultats, de les représenter graphiquement.

C'est l'objet de la figure 162 (pl. XXXV).

On doit se représenter que, dans cette figure, les échelles sont telles que l'ordonnée maximum correspond à une pression de 6 atmosphères, et l'abscisse maximum au volume qu'occupe la quantité de $0^k,7956$ de vapeur saturée qui existe à la fin de la détente, lorsque cette vapeur n'est plus qu'à la température de 40° (voir le n° **521**).

Le point A, extrêmement voisin de l'axe des ordonnées, mais dont l'abscisse représente le volume d'un kilogramme d'eau liquide, ou un litre, correspond au commencement de l'admission à pleine pression; le point B à la fin de la même période. La ligne AB est une droite parallèle à la ligne des abscisses. Elle représente l'accroissement de volume que prend un litre d'eau en se vaporisant à six atmosphères (voir n° **508**.) La courbe BC correspond à la période de la détente, supposée effectuée dans une enveloppe parfaitement imperméable à la chaleur. La ligne CD, qui est, comme la ligne AB, une droite parallèle à l'axe des abscisses, correspond au travail de la contre-pression pendant le refoulement dans le condenseur. La courbe DA, qui complète le contour de la figure, correspond à la période de compression finale, période dans laquelle, après avoir isolé le mélange d'eau et de vapeur existant dans le condenseur et l'avoir introduit dans une enveloppe imperméable à la chaleur, on le ramène tout entier, à l'état liquide, à la température de la chaudière. Enfin, le très-petit rectangle compris entre l'ordonnée du point A et l'axe des ordonnées correspond au travail résistant de l'introduction de l'eau dans la chaudière ; travail dont il n'y a pas à tenir compte lorsqu'on 'ne prend que le terme Apu pour représenter le travail de l'admission, u étant, comme on l'a vu, non pas le *volume total* d'un kilogramme de vapeur, mais *l'augmentation de volume* que prend un kilogramme d'eau en se vaporisant.

Le diagramme ABCDA mesure, aux échelles adoptées, le travail disponible pour un kilogramme de vapeur ; il pourra également, si l'on veut, représenter le travail produit par coup de piston d'une machine quelconque fonctionnant dans les conditions énoncées, puisque les ordonnées sont proportionnelles à la pression exercée sur la surface du piston, et les abscisses à l'espace parcouru par ce piston.

Ce diagramme se trace facilement par points, en calculant, pour les deux courbes adiabatiques BC et DA, les coordonnées des points qui correspondent à une pression ou à une température données, comprises entre celles de la chaudière et celles du condenseur.

On emploie, pour ce calcul, l'équation générale du n° **516**.

$$m_1 = \frac{a + t_1}{r_1} \int_{t'} \frac{c\,dt}{a + t} + m_2 \frac{a + t_1}{r_1} \times \frac{r_2}{a + t_2}.$$

Dans l'hypothèse de la vapeur venant de la chaudière à l'état parfaitement sec, il faut faire dans cette formule $m_2 = 1$, et la quantité m_1 sera la proportion de vapeur qui subsistera à un instant de la détente défini par la température quelconque t_1, le reste s'étant condensé pendant la détente antérieure. Faisant, au contraire, dans cette même formule $m_2 = 0$, on aura la proportion m'_1 de vapeur qui subsistera à un instant de la compression finale définie par la même température t_1.

A cette température t_1, on aura, par les tables, la pression p_1 correspondante, qui sera l'*ordonnée commune*, et le volume spécifique V_1 qui, multiplié soit par m_1, soit par m'_1, donnera, en négligeant le volume de l'eau liquide mêlée à la vapeur, *les abscisses* de deux points, l'un de la courbe BC et l'autre de la courbe DA.

C'est ainsi, par exemple, que pour $t_1 = 100°$, on trouvera immédiatement, en recourant aux 2e et 7e tables du n° **508** :

$$p_1 = 10354^k$$

$$m_1' = \frac{a+t_1}{r_1} \int_{t_1}^{t_2} \frac{a+t}{cdt} = \frac{1}{1.438}(6.388 - 6.238) = 0.105$$

$$m_1 = \frac{a+t_1}{r_1} \int_{t_1}^{t} \frac{cdt}{a+t} + \frac{a+t_1}{r_1} \frac{r_2}{a+t_2} m_1' + \frac{1.143}{1.438} = m_1' + 0.795 = 0.900$$

$$V_1 = 1.646,$$

et, par suite, on aura pour les deux points E et F correspondants :

$$Ec = Ff \ldots \ldots \; y = y' = p^1 = 10.334^k.$$
$$Oe = x = m_1'V_1 = 0.105 \times 1.646 = 0^m.17285$$
$$Of = x' = m_1 V_1 = 0.900 \times 1.646 = 1^m.4814.$$

En effectuant le calcul pour $t_1 = 40°$, qui est la température finale, et pour les pressions intermédiaires 5, 4, 3, 2, 1 et $\frac{1}{2}$ atmosphères, on trouve ainsi, à l'aide des sept premières tables du n° **508** :

Pour 6 atmosphères ou pour	159°.22	$m_1 = 1.$	$m_1' = 0.$	$V_1 =$	0.306
— 5	id.	152°.22	$= 0.994$	$= 0.020$	$= 0.362$
— 4	id.	144°.00	$= 0.975$	$= 0.031$	$= 0.447$
— 3	id.	135°.91	$= 0.957$	$= 0.049$	$= 0.586$
— 2	id.	120°.60	$= 0.936$	$= 9.073$	$= 0.857$
— 1	id.	100°.00	$= 0.900$	$= 0.105$	$= 1.646$
— $\frac{1}{2}$	id.	81°.71	$= 0.899$	$= 0.161$	$= 3.165$
— $\frac{1}{14}$	id.	40°.00	$= 0.796$	$= 0.676$	$= 20.138$

Les valeurs correspondantes des coordonnées des courbes adia-

batiques DA et BC sont donc, en les désignant respectivement par
x, y et x', y' :

$$
\begin{array}{llll}
\text{Pour 6 atmosphères} & y = y' = 62004 & x = 0.001 & x' = 0.306 \\
\quad - \ 5 \quad - & y = y' = 51670 & x = 0.00724 & x' = 0.3598 \\
\quad - \ 4 \quad - & y = y' = 34336 & x = 0.01386 & x' = 0.4248 \\
\quad - \ 3 \quad - & y = y' = 31092 & x = 0.02871 & x' = 0.5588 \\
\quad - \ 2 \quad - & y = y' = 20668 & x = 0.06256 & x' = 0.8022 \\
\quad - \ 1 \quad - & y = y' = 10534 & x = 0.17283 & x' = 1.4814 \\
\quad - \ \tfrac{1}{2} \quad - & y = y' = 5167 & x = 0.50956 & x' = 2.8453 \\
\quad - \ \tfrac{1}{15} \quad - & y = y' = 734 & x = 3.54429 & x' = 16.0298 \\
\end{array}
$$

C'est à l'aide des valeurs numériques ci-dessus, que la figure 162
a été tracée.

C'est en examinant cette figure, ou en discutant les valeurs numériques au moyen desquelles on en a déterminé les divers points,
que l'on se rendra compte de toutes les circonstances de l'action
de la vapeur sur la machine.

Il est entendu, d'ailleurs, que cette machine n'est encore qu'une
abstraction, une conception théorique, de laquelle nous devons actuellement descendre aux machines telles qu'on les rencontre dans
l'industrie.

(**541**) Nous présenterons à ce sujet un certain nombre d'observations essentielles relatives à la figure ci-dessus, ou aux modifications de forme qu'elle tendrait à affecter, si on la traçait *en partant
d'autres données.*

D'abord, *en ce qui concerne l'admission à pleine pression,* on aurait, selon la valeur de cette pression, à tracer la ligne AB au-dessus
ou au-dessous de sa position sur la figure ; mais le travail correspondant serait loin de varier proportionnellement à l'ordonnée de
cette ligne, parce que le volume spécifique diminue à mesure que
la pression augmente. Ainsi il n'y a pas beaucoup à gagner *directement* du fait de l'augmentation de la pression, *en tant qu'il s'agit
du travail de la pleine pression.* Ce travail est en définitive égal à la
quantité pu, et les tables du n° **508** montrent que cette quantité ne

varie que de 17000 kilogrammètres à moins de 19800, entre les limites extrêmes d'une atmosphère et de 12 atmosphères.

Mais l'avantage *indirect* de la haute pression est qu'il permet de pousser plus loin la détente, puisque *l'on peut* toujours, ou plutôt que *l'on doit théoriquement* la pousser jusqu'à la pression qui correspond à la température du condenseur, température qui est entièrement indépendante de celle de la chaudière.

Le résultat qu'on trouverait à l'aide du diagramme analogue à la figure 162, construit en partant d'une autre pression initiale, varierait évidemment avec la pression, suivant les valeurs numériques du tableau du n° **538**, et en restant *au point de vue exclusif du bon emploi des calories prises à la chaudière*, la pression initiale la plus élevée serait la meilleure.

(542) Mais il y a bien d'autres considérations à faire intervenir, et ce n'est pas toujours soit cette pression, soit la détente très-étendue, soit la condensation, qui obtiennent en pratique, ou même qui méritent la préférence.

Donnons ici un aperçu de quelques-unes de ces considérations, dont l'importance est souvent décisive, et sur lesquelles nous aurons à revenir.

Les *très-hautes* pressions, par exemple, c'est-à-dire celles qui dépassent sept atmosphères, ne sont guère employées que dans les locomotives et, comme nous l'avons dit plus haut, quelquefois sur les bateaux à vapeur (du moins en Amérique, et pour les bateaux qui naviguent *en eaux douces*).

On supprime en même temps, ou du moins *on restreint très-notablement* l'emploi de la détente. On obtient ainsi des machines qui, avec un cylindre d'une dimension donnée, ou avec un volume donné engendré par la course du piston, peuvent dépenser beaucoup de vapeur et avoir ainsi une grande force. C'est en quelque sorte comme si, dans le diagramme de la figure 162, supposé correspondre à un coup de piston de la machine, on supprimait la partie de la courbe adiabatique BC située à droite d'une verticale telle que MN, et ensuite qu'on dilatât le diagramme ABMNE dans le sens horizontal, de manière qu'il s'étendit jusqu'en Cc. Il est clair que l'aire du diagramme, qui prendrait alors l'aspect de la figure 165. serait beaucoup plus grande que l'aire ABCDA.

On sacrifie ainsi l'avantage du rendement à l'avantage, estimé supérieur dans l'espèce, d'une machine moins encombrante, plus légère, pouvant marcher à une plus grande vitesse, dépensant plus de vapeur à une plus haute pression moyenne, et ayant par conséquent plus de force.

Dans la plupart des applications industrielles, où les mêmes sujétions d'emplacement et de poids n'existent pas en général, ou tout au moins ne sont pas si impérieuses que sur des locomotives ou que sur certains bateaux, il pourra convenir de subordonner ces sujétions à d'autres considérations, par exemple à l'avantage d'une plus grande régularité de marche et d'une plus grande facilité d'entretien, qui résultent d'une moindre pression. Ainsi la pression employée y sera généralement inférieure à sept atmosphères, et elle est fort souvent réduite à cinq, même pour des machines que l'on considère comme étant encore à haute pression.

Il arrive même des cas où il y a opportunité à descendre au-dessous de cette pression de cinq atmosphères. Dans les grandes forges, par exemple, où l'on alimente de puissantes machines à l'aide d'un grand nombre de générateurs chauffés par les flammes perdues de certains fours, l'opération métallurgique effectuée dans ces fours nécessite souvent de très-grandes variations dans l'intensité de la chaleur, ou dans la nature plus ou moins oxydante de ces flammes. Il en résulte que les chaudières sont assez exposées à recevoir des coups de feu ou à être brûlées, et qu'il est assez difficile de les avoir, toutes à la fois, en parfait état d'entretien. Or, la pression de marche de la machine ne peut être que *celle de la chaudière qui se trouve actuellement en service à l'état le moins satisfaisant.* On préférera donc souvent, et avec raison, ne marcher qu'à 3 ou 4 atmosphères, ou même au-dessous, afin d'avoir une pression en rapport avec celle que la masse des générateurs peut supporter, eu égard à leur état habituel d'entretien.

Enfin, aujourd'hui encore, malgré les progrès qu'a faits la construction des machines et bien que l'avantage économique de la haute pression soit universellement reconnu, on voit quelques établissements, dans lesquels on tient, *avant tout*, à assurer *la régularité* et *la continuité* de la marche de la machine, où l'on se borne à marcher à une pression moyenne, ou même *à la basse pression proprement dite.*

Cela suppose que le combustible est à bon marché et qu'on n'a pas besoin de le ménager.

Cette pratique pourra se justifier pour certains grands établissements, tels qu'une filature par exemple, qui occupent un grand nombre de bras, et dont un chômage accidentel peut être parfois fort onéreux soit par lui-même, soit parce qu'il ne permet pas de satisfaire à des engagements pris.

On la justifiera encore, pour une machine soufflante de haut fourneau, où l'emploi des gaz du gueulard au chauffage des chaudières rend l'économie du combustible peu importante.

On verra encore que l'emploi de la condensation nécessite une grande quantité d'eau, et que la suppression de la condensation est indiquée, et même imposée, quand cette quantité d'eau fait défaut, etc., etc.

Sans multiplier outre mesure ces indications, on doit retenir que dans les limites extrêmes indiquées ci-dessus d'une atmosphère et de 12 atmosphères, on peut s'attendre à rencontrer dans la pratique *tous les termes intermédiaires*, et des déviations plus ou moins considérables des conditions théoriques du cycle de Carnot, l'excès de consommation de combustible auquel on consent, à mesure qu'on diminue la pression et qu'on accentue ces déviations, étant motivé et souvent parfaitement justifié, ou même nécessité par des considérations diverses, de la nature de celles que nous venons sommairement de présenter.

(**543**) On voit par la discussion qui précède combien est restreinte, avec la vapeur d'eau, l'étendue de l'échelle des températures auxquelles on peut la produire pour l'appliquer aux machines.

C'est un défaut incontestable de ce corps.

On devrait lui préférer, au point de vue mécanique, un liquide qui pourrait atteindre, sans dépasser des pressions acceptables, et sans se décomposer ni altérer les pièces de la machine, une température un peu supérieure à 300°, voisine de celles qui correspondent à la fois, à la meilleure utilisation du combustible, au meilleur tirage du foyer et à la limite à laquelle commence l'altération des substances grasses ordinairement employées à lubréfier les surfaces frottantes.

Le mercure satisfait bien à cette première condition, sa pression n'étant que d'une atmosphère à 360° ; mais il en faudrait beaucoup d'autres qu'il ne remplit pas.

Il conviendrait, pour diminuer *l'encombrement* et l'importance des résistances passives, que la vapeur eût une grande densité et une grande chaleur latente, et enfin qu'elle conservât, *aux températures* où l'on peut condenser, une tension *encore notable*, ce qui n'est guère le propre que des liquides très-volatils, comme l'éther et le chloroforme.

Il faudrait encore que le liquide pût être obtenu abondamment et *à très-bas prix*, afin que les fuites, impossibles à éviter d'une manière absolue, n'entraînassent pas des dépenses inacceptables. Il faudrait enfin que la matière perdue par le fait de ces fuites n'eût aucune action délétère appréciable.

Un liquide qui réunirait à un degré suffisant l'ensemble de ces conditions serait préférable à la vapeur d'eau.

Théoriquement, il utiliserait mieux la chaleur empruntée au calorifère, à cause du plus grand écart existant entre la température du calorifère et celle du condenseur.

Pratiquement, il laisserait disponible une plus grande portion du travail théorique produit, en permettant d'avoir des pistons de moindre diamètre et de moindre course, et par suite de réduire le travail des résistances passives.

Cela revient à dire, géométriquement, que, pour une aire donnée du diagramme, la partie correspondante à la pleine pression, serait proportionnellement beaucoup plus longue, et que la courbe BC serait beaucoup plus courte, et *se traînerait* beaucoup moins qu'il n'est représenté sur la figure 162.

On en déduit encore que la force motrice varierait entre des limites beaucoup moins étendues, pendant une excursion du piston ; ce qui serait favorable à la régularité de la marche de la machine, et diminuerait, pour une force moyenne donnée, les efforts maxima de ses pièces.

Mais il n'existe pas, ou du moins on ne connaît pas encore, de liquide satisfaisant à l'ensemble de ces conditions. La découverte qu'on en ferait aujourd'hui constituerait assurément *le plus grand perfectionnement* que puissent recevoir les machines thermiques.

La mécanique rationnelle sait d'avance les avantages qu'on en pourrait tirer ; mais on peut répéter ici l'observation que nous avons faite ci-dessus au n° **535**, c'est que la recherche qu'on en pourrait faire n'est point à proprement parler du domaine de cette science.

(544) Au lieu de faire varier la pression initiale, ou la température t_2, on peut faire varier t_1 ou la température du réfrigérant. Tandis que le bon effet utile demande que l'on augmente le plus possible la température t_2, il faut, au contraire, chercher à diminuer t_1, c'est-à-dire réaliser la condensation à la plus basse température qu'on puisse en pratique avoir à sa disposition. Comme on l'a dit au n° **534**, on voit facilement qu'il n'y a point à chercher à obtenir une température inférieure à celle de l'eau qu'on peut avoir à sa disposition par des moyens naturels.

Par un procédé artificiel de refroidissement, on ne gagnerait rien au point de vue mécanique; pas plus qu'on ne gagnerait sur le travail d'une chute d'eau, en évacuant l'eau *au-dessous du niveau* auquel il faudrait en définitive la faire remonter pour la laisser écouler. Le seul but qu'on puisse rationnellement se proposer est donc de se rapprocher de la température de l'eau qu'on peut se procurer dans la localité où la machine est établie.

Nous avons dit que pratiquement la température du condenseur pourrait être aux environs de 40°, ce qui correspond, pour la vapeur d'eau, à une pression de 54 millimètres de mercure, ou à environ un quatorzième d'atmosphère.

Telle est, dans un premier aperçu, la valeur que nous devons supposer à la contrepression pendant la période de communication avec le condenseur. C'est jusqu'à cette pression fort réduite que doit être poussée *théoriquement* la détente, et c'est parce que cette pression n'est atteinte que très-progressivement et pour des augmentations de volume de plus en plus grandes, que la courbe adiabatique BC de la fig. 162 se prolonge presque horizontalement, et à très-peu de distance de la droite mesurant la contre-pression, pendant une si longue partie de son cours.

(**545**) Cela veut dire que les dernières portions de la détente correspondent à un travail utile fort petit pour un déplacement donné du piston, relativement à celui que l'on obtient pendant la pleine pression, ou pendant les premiers instants de la détente.

C'est un inconvénient ; car ce très-grand volume qu'occupe finalement la vapeur d'étendue oblige à donner à la machine des dimensions proportionnées ; d'où un très-grand encombrement, un prix plus élevé de premier établissement, et enfin, comme on l'a déjà dit, une *augmentation assez importante* du travail des résistances passives de la machine, pour *une fort petite augmentation* du travail moteur qui lui est transmis.

Il est clair qu'on serait dans des conditions plus favorables à ce dernier point de vue, si, à la température qu'on peut facilement donner à un condenseur, la vapeur avait encore une pression notable, par exemple, celle d'une demi-atmosphère, au lieu de n'en avoir qu'un quatorzième. Le travail moteur recueilli serait exactement le même et le volume final serait 5 à 6 fois moindre.

(**546**) C'est un résultat équivalent que l'on a cherché à obtenir dans les machines dites *à vapeurs combinées*, qui ont, il y a quelques années, attiré un instant l'attention publique. Le système, déjà indiqué au n° **477**, consiste à associer à la vapeur d'eau, une vapeur plus volatile, celle de l'éther ou du chloroforme par exemple. On condensera la vapeur d'eau, non plus à 40°, mais à 75°, 80° ou au-dessus, en employant la chaleur cédée par elle à vaporiser ce liquide volatil, que l'on condensera à son tour par de l'eau froide, dans un condenseur fermé.

On subtituera par là à la longue figure 162, deux autres diagrammes plus courts : l'un (5 à 6 fois plus court) correspondant au travail d'un kilogramme de vapeur fonctionnant entre 159°,22 et

80°, ou entre six atmosphères et environ une demi-atmosphère ; l'autre correspondant au poids du liquide volatil que la condensation de la vapeur d'eau aura pu vaporiser, ce poids fonctionnant entre 80° et 40°, soit entre $1^{at},8$ et $0^{at},5$, s'il s'agit de chloroforme, ou entre 3^{at} et $0^{at},5$, s'il s'agit d'éther.

Le deuxième diagramme sera d'autant plus haut que le liquide sera plus volatil, et d'autant plus court que sa vapeur sera plus dense ; mais quelqu'il soit, la somme des aires des deux diagrammes sera théoriquement égale à l'aire de la figure 162.

Théoriquement, on n'aura donc *rien* gagné.

Pratiquement, on aura pu réaliser certains avantages au point de vue de l'encombrement, peut-être aussi à celui des résistances passives. Toutefois, ces avantages seront évidemment bien moindres que si c'était la vapeur d'eau elle-même qui eût encore, à la température finale de 40°, une pression d'une demi-atmosphère.

Il est même douteux que ces avantages, le second surtout, existent réellement, à cause de la plus grande complication du récepteur. dont plusieurs pièces doivent être en double ; ou du moins qu'ils ne soient pas plus que compensés par des frais de premier établissement et d'entretien plus élevés, et surtout par l'inconvénient d'employer un liquide plus ou moins coûteux et délicat à manier.

En fait, le système des vapeurs combinées, indiqué depuis longtemps et essayé avec beaucoup de persévérance par MM. Dutremblay et Lafon, n'a point réussi à passer dans la pratique.

Sans affirmer qu'on n'y reviendra pas, je me borne à remarquer que les avantages à en espérer, même en cas de *succès complet*, sont d'un ordre *très-secondaire*.

(**547**) On voit, par ce qui précède, que la vapeur d'eau, ainsi qu'on l'a déjà dit au n° **543**, laisse à désirer au point de vue de son application aux machines.

Ses défectuosités peuvent se résumer en disant que *sa pression à saturation varie trop rapidement avec la température.*

Ainsi, aux températures de 300 ou 350°, dont il serait désirable de se rapprocher, cette pression est *incomparablement trop élevée.*

Elle est *beaucoup trop faible*, au contraire, lorsqu'on se rapproche des températures auxquelles il est possible de maintenir le condenseur.

Ce second inconvénient est tel que dans la pratique, même en n'ayant pas recours à l'artifice des vapeurs combinées, on renonce à épuiser l'action de la détente de la vapeur d'eau.

En fait, *dans aucun appareil à vapeur*, on n'a cherché à réaliser une détente au degré marqué par le rapport $\dfrac{0,306}{1,6029} = \dfrac{1}{52}$ comme celui de la figure 162.

On peut voir d'abord, du moins pour les machines à un seul cylindre, dans lesquelles on suppose l'échappement ouvert pendant la course entière du piston, que cette dernière détente est *impossible* à réaliser, à cause de ce qu'on nomme dans les machines *l'espace nuisible*.

L'espace nuisible est la capacité qui à chaque admission se remplit de vapeur venant de la chaudière qui n'agit pas utilement sur le piston par sa pleine pression.

Cet espace correspond d'abord *à la liberté du piston*, c'est-à-dire au petit intervalle qui existe, et qui doit nécessairement exister, pour éviter les chocs et les ruptures de pièces, entre le fond du cylindre et le piston arrivé au bout de sa course, et en outre à la partie du tuyau d'arrivée de la vapeur qui est comprise entre l'organe de distribution, quel qu'il soit, et le débouché de ce tuyau dans le cylindre.

En pratique, il est assez habituel que cet espace nuisible ne soit pas inférieur au $\frac{1}{20}$ ou au $\frac{1}{25}$ de volume qu'engendre la course du piston, parce que l'on doit, pour éviter les étirages de vapeur, donner aux tuyaux d'arrivée des sections assez grandes.

Dès lors, en négligeant la vapeur très-raréfiée qui existe dans l'espace nuisible du côté de l'échappement, lorsque le piston arrive à la fin de sa course, on comprend que la détente ne puisse dépasser $\frac{1}{20}$ ou $\frac{1}{25}$. Elle atteindrait cette limite, si l'on coupait l'admission *dès le commencement même de la course du piston*, se contentant de remplir l'espace nuisible par de la vapeur qui n'agirait plus que par sa détente.

(548) Mais cette limite même n'est pas atteinte en pratique' *elle ne doit pas l'être*, par un autre motif que nous avons fait pressentir, et dont il est nécessaire de bien se rendre rendre compte, en entrant dans quelque détail.

En se reportant soit à la figure 162, soit aux valeurs numériques à l'aide desquelles on l'a construite par points, on reconnaît que le volume de la vapeur détendue augmente surtout lorsqu'on arrive aux basses pressions.

Ainsi, en prenant pour unité le volume de la vapeur sous la pleine pression de 6 atmosphères, on trouve que le volume devient successivement pendant la détente :

à 5 atmosphères.	1.2
à 4 —	1.4
à 3	1.8
à 2 —	2.7
à 1 —	4.8
à 0.5 —	9.3
à 0.07 ou $\frac{1}{14}$me d'atmosphère	52.4

On voit que, si au lieu de détendre jusqu'à la limite théorique de $\frac{1}{14}$ d'atmosphère, on détend à une atmosphère seulement, on a un volume final environ 11 fois moindre ; à $\frac{1}{2}$ atmosphère on a un volume 5 fois $\frac{1}{2}$ moindre, et ainsi de suite.

(549) On peut d'ailleurs facilement examiner avec plus de détail ce qui se passe, à mesure que l'on détend au-dessous d'une demi-atmosphère, en se rapprochant de plus en plus de la détente limite.

La formule générale $J_2 - m_1\rho_1 - \mu_1$ (n° **521**) nous donne la chaleur disparue et employée en travail, depuis l'origine de la détente jusqu'à un instant quelconque défini par la température t_1, à laquelle correspondent une valeur de la quantité μ_1 et une proportion m_1 de vapeur non condensée.

Faisant le calcul, d'une part pour la température finale $t_1 = 40°$, et d'autre part pour une température quelconque t'_1 comprise entre 40° qui est la température du condenseur et 80°,71 qui correspond à une demi-atmosphère, la différence donnera la chaleur qui disparaîtra en passant d'une de ces températures à l'autre, et en multipliant par 425, on aura le travail qui sera produit par l'effet de la détente, de la température t'_1 à la température t_1.

Si l'on arrête effectivement la détente à la température t'_1, on perdra, pour la machine, cette quantité de travail; mais en même temps le travail de la contre-pression se réduira d'une quantité proportionnelle à la réduction de la course du piston ; ce qui revient à dire, en définitive, que lorsque l'on arrête la détente à un point donné de la courbe adiabatique BC, on perd, en travail utile transmis à la machine, toute l'aire du diagramme qui est au delà de l'ordonnée de ce point.

(**550**) Pour appliquer cette théorie à la recherche de la limite pratique de la détente, on commencera par calculer, en employant la même méthode qu'au n° **540**, les quantités m_1 qui correspondent aux diverses pressions que l'on veut considérer. On trouvera ainsi :

$$
\begin{array}{llll}
\text{Pour } \tfrac{1}{2} \text{ atmosphère, ou.} & \dots & t_1 = 81°.71 & m_2 = 0.899 \\
\quad\quad - \; 0^a.4. & \dots & t_1 = 76°.25 & m_2 = 0.896 \\
\quad\quad - \; 0^a.3. & \dots & t_1 = 69°.49 & m_2 = 0.885 \\
\quad\quad - \; 0^a.2. & \dots & t_1 = 60°.45 & m_2 = 0.855 \\
\quad\quad - \; 0^a.1. & \dots & t_1 = 46°.21 & m_2 = 0.856 \\
\quad\quad - \; 0^a07. & \dots & t_1 = 40°.00 & m_2 = 0.796 \\
\end{array}
$$

Les valeurs correspondantes de V_1 μ_1 et ρ_1 sont respectivement (Voir les tableaux du n° **508**) :

	XIV	VII	XI
Pour $0^a.5$	$V_1 = 3.105$	$\mu_1 = 81.85$	$\rho_1 = 510.65$
— $0^a.4$	3.908	76.27	514.95
— $0^a.3$	5.129	69.49	520.26
— $0^a.2$	7.526	60.45	527.38
— $0^a.1$	14.504	46.21	538.61
— $0^a.07$	20.158	44.00	543.50

On en déduit pour les abscisses des points correspondants de la courbe adiabatique BC :

$$\text{Pour } 0^{a}.5 \dots\dots\dots\dots\dots\dots \quad x = m_1 V_1 = 2.845$$
$$- \ 0^{a}.4 \dots\dots\dots\dots\dots\dots \quad = 3.502$$
$$- \ 0^{a}.3 \dots\dots\dots\dots\dots\dots \quad = 4.539$$
$$- \ 0^{a}.2 \dots\dots\dots\dots\dots\dots \quad = 6.435$$
$$- \ 0^{a}.1 \dots\dots\dots\dots\dots\dots \quad = 12.125$$
$$- \ 0^{a}.007 \dots\dots\dots\dots\dots\dots \quad = 16.030$$

Enfin les quantités $m_1 \rho_1 + \mu_1$ deviennent,

$$\text{Pour } 0^{a}.5 \dots\dots\dots\dots\dots\dots \quad m_1 \rho_1 + \mu_1 = 540.91$$
$$- \ 0^{a}.4 \dots\dots\dots\dots\dots\dots \quad 536.66$$
$$- \ 0^{a}.3 \dots\dots\dots\dots\dots\dots \quad 529.92$$
$$- \ 0^{a}.2 \dots\dots\dots\dots\dots\dots \quad 511.36$$
$$- \ 0^{a}.1 \dots\dots\dots\dots\dots\dots \quad 496.49$$
$$- \ 0^{a}.007 \dots\dots\dots\dots\dots\dots \quad 472.63$$

De ces derniers nombres on concluera que si l'on arrête la détente à une certaine pression, à 0,5 atmosphères par exemple, on perd une quantité de travail égale à

$$425 \times (529.92 - 472.63) = 24348 \text{ kilogrammètres.}$$

Par contre, on diminue le travail de la contrepression d'une quantité marquée par l'aire d'un rectangle dont la hauteur est $\frac{1}{14} \times 10,334$ et dont la base est $16,030 - 4,539 = 11,491$, soit 8,489 kilogrammètres, et par suite l'effet utile n'est diminué que de 15,859 kilogrammètres.

En raisonnant de la même manière pour les autres pressions considérées ci-dessus, on en conclura les résultats ci-après :

Détente à laquelle on s'arrête. . . .	$0^{at}.5$	$0^{at}.4$	0.3	0.2	0.1	0.07
	Kilom.		Kilom.		Mèt.	
Diminution du travail utile transmis à la machine.	19.287	17.961	15 859	9.060	7.258	0
Rapport de cette diminution au travail total correspondant à la détente complète.	33 %	31 %	27 %	15 %	12 %	0
Volume final de la vapeur.	2.845	3.502	4.539	6.435	12.125	16.03
Différence du volume ci-dessus à celui de la détente complète. .	13.185	12.528	11.491	10.025	3.605	0
Rapport de ces deux quantités. . .	4.6	3.6	2,5	1.6	0,32	0
Rapport du volume final ci-dessus au volume primitif de la vapeur à pleine pression.	9.3	11.4	14.8	21.0	39,6	52.4
Rapport de ce même volume final à celui de la détente complète. . .	0.18	0.22	0.28	0.40	0.76	1

(**551**) Pour tirer des nombres de ce dernier tableau les conséquences qui en résultent, il faut considérer *d'un côté* que l'on perd
du travail moteur par une détente incomplète ; de *l'autre côté* que
l'on diminue le travail des résistances passives en diminuant la
course du piston.

Il est évident qu'il faut s'arrêter au point où un petit accroissement
ultérieur de la détente augmente moins le travail moteur transmis
à la machine qu'il n'augmente le travail des résistances passives ;
le point précis d'arrêt est donc donné par cette circonstance que la
différentielle du travail moteur égale la différentielle du travail de
ces résistances, ou que $dTm - dTf = o$, ce qui correspond au maximum de la quantité $Tm - Tf$. C'est bien, en effet, cette dernière,
et non la quantité Tm, qui doit être rendue au maximum.

(**552**) On peut arriver à la même conclusion par les considérations géométriques. A cet effet, on construit une courbe ayant pour
abscisses le volume qu'occupe la vapeur à la fin d'une détente
donnée, et pour ordonnée le travail total que produit le kilogramme
de vapeur fonctionnant à cette détente. On obtient ainsi une courbe
telle que MN (*fig.* 163), dans laquelle les abscisses Oa et Ob ont
été prises proportionnellement aux volumes qu'occupe la vapeur à
$\frac{1}{2}$ atmosphère et à $\frac{1}{14}$ d'atmosphère, et les ordonnées Bb et Aa représentent les quantités de travail qui correspondent, la première à la
détente complète et la seconde à la détente arrêtée à $\frac{1}{2}$ atmosphère.
On a évidemment, d'après les nombres précédemment établis :
$Oa = 2,845$, $Ob = 16,03$ à une certaine échelle, et $Bb = 57,957$ et
$Aa = 57,957 - 19,287 = 38,670$, à une autre échelle arbitraire,
ou environ $\frac{Ob}{Oa} = 1 + 4,6 = 5,6$, $\frac{Aa}{Bb} = 1 - 0,33 = 0,66$. Mais ce
qu'il faut remarquer c'est que cette courbe MN aura en B sa tangente
parallèle à l'axe des abscisses ; car son prolongement géométrique
BN correspond au cas où l'on pousserait la détente à une pression
plus basse que celle du condenseur, et où, par conséquent, le travail
utile transmis à la machine *se trouverait réduit*. Si l'on porte sur
une ordonnée quelconque Cc une longueur $C'c$ qui représente le
travail des résistances passives, la longueur $CC' = Cc - C'c$ sera la

mesure du travail résistant utile que la machine pourra surmonter dans ces conditions de marche.

A mesure qu'on augmentera la détente, le travail des résistances passives ne pourra qu'augmenter. Il est donc figuré par une courbe qui, à la droite du point C′, s'élève au-dessus de l'horizontale de ce point. On peut concevoir que dans la région du point A, c'est-à-dire lorsque la pression de la vapeur est encore assez forte, l'ordonnée de cette courbe croisse moins rapidement que l'ordonnée de la courbe MN ; mais elle ira *toujours en croissant* et ne présentera pas de maximum analogue au point B. Cette courbe et la courbe MN, suffisamment prolongées, finiront donc toujours par se couper en un certain point N′, dont l'abscisse On' indique le volume final de la vapeur détendue, pour lequel le travail total des résistances passives serait égal au travail moteur de la vapeur. Le degré de détente le plus favorable est donc, non point celui qui correspond au point B, comme l'indique la théorie qui fait abstraction des résistances passives, mais bien celui qui correspondrait à un certain point B′ que donnerait un tâtonnement graphique, point tel que la tangente à la courbe MN, d'abord plus inclinée sur l'axe des abscisses que la tangente au point correspondant B$_1'$ de la courbe A′C′N′, lui serait devenue parallèle.

On reconnaît l'analogie du raisonnement ci-dessus, avec celui du n° 43, et l'on en conclut que, connaissant *la détente théorique* à laquelle devrait fonctionner une machine à vapeur, pour être dans les conditions du maximum de rendement, c'est-à-dire pour fonctionner dans les conditions du cycle de Carnot, il faut, en pratique, marcher *avec une détente moindre*, et l'écart doit être d'autant plus grand que la machine à mettre en jeu, est constitué de manière que le travail de ses propres résistances passives absorbe une fraction plus importante du travail moteur.

(553) Les raisonnements qui précèdent montrent *dans quel sens* il faut opérer ; mais ils ne déterminent point numériquement la détente, à laquelle il convient pratiquement de s'arrêter. Cette quantité n'est pas, en effet, une quantité invariable ; elle dépend des circonstances propres à chaque machine, et spécialement de l'importance de ses résistances passives.

Pour bien comprendre la nature de cette dépendance, on devra, en général, se représenter qu'une machine industrielle *complète*, comprenant le récepteur, les transmissions et les opérateurs, étant donnée, on pourra approprier le récepteur à l'emploi d'une détente plus ou moins étendue, simplement en modifiant d'une manière convenable, en même temps que l'on fait varier la distribution, soit le volume du cylindre, soit la vitesse du piston ou les deux éléments à la fois, sans rien changer d'essentiel aux conditions de marche des transmissions et des opérateurs.

On devra considérer, *d'un côté*, l'appareil récepteur comme variable dans sa constitution géométrique et dans ses conditions de marche, selon le degré de détente auquel on veut fonctionner, depuis le piston à vapeur jusqu'à l'arbre du volant, et *de l'autre côté*, cet arbre, toutes les transmissions jusqu'aux opérateurs, et ces opérateurs eux-mêmes, comme devant échapper à ces variations.

On aura, par suite, à distinguer *le travail des résistances passives du récepteur* qui variera selon le degré de détente, proportionnellement aux *espaces linéaires* parcourus par le piston, et *le travail des résistances passives des transmissions et des opérateurs*, qui devra être considéré comme étant en rapport avec les *espaces angulaires* décrits par le volant, et nullement en rapport avec la marche du piston.

Dès lors on est autorisé à dire, avec le degré de rigueur que comportent ces aperçus, qu'en faisant varier la détente, on ne change rien au travail des résistances passives des transmissions et des opérateurs, pour un travail résultant utile donné; qu'il n'y a de changement que sur le travail des résistances passives *afférentes au récepteur lui-même*; que la question est de faire en sorte que l'excès du travail moteur de la vapeur sur celui de ces dernières résistances soit un maximum; ce qui implique que sa différentielle soit égale à zéro.

En ramenant par le calcul ces résistances passives à la vitesse du piston, on voit que la détente doit être poussée, non pas jusqu'à la valeur de la contre-pression, mais seulement *jusqu'à une pression telle que la différence d'effort sur les deux faces du piston soit numériquement égale à ces résistances.*

Cet énoncé général est fort important à considérer ; il doit être bien compris, afin de faire apprécier l'inanité des efforts auxquels on s'est souvent livré pour chercher à réaliser des détentes excessives. Le résultat de ces efforts n'est pas seulement *nul ;* il est essentiellement *fâcheux.*

(**554**) Il est bon de voir numériquement à quelles conséquences conduit l'énoncé ci-dessus.

Si l'on suppose, par exemple, que l'on détente à $\frac{1}{2}$ atmosphère, le travail total d'un coup de piston sera d'après ce qu'on a vu précédemment (n° **550**), $57,957 - 19,287 = 38,670$ kilogrammètres.

En le divisant par le volume $2,8453$, on aura l'effort moyen exercé sur le piston par mètre carré, soit 15592 kilogrammes. L'effort final est théoriquement $\frac{1}{2} 10334 - \frac{1}{14} 10334 = 4329$. Il est clair que cet effort qui est les $\frac{4329}{15592} = 0,31$ de la puissance moyenne dépasse la valeur des résistances passives du récepteur.

Si l'on détend jusqu'à 0^m3, le travail total s'élève à $57957 - 15859 = 42098$ kilogrammes.

Mais le volume final étant de 4.539, l'effort moyen n'est plus que de 9274 kil.

L'effort final est $\left(0,3 - \frac{1}{14}\right) \times 10334 = 0,23 \times 10334 = 2377^k$, soit $\frac{2377}{9273} = 0,26$ de la puissance moyenne. C'est encore un chiffre trop fort.

Enfin si l'on détend jusqu'à $0^m.1$, les nombres deviennent les suivants :

Travail transmis $57957 - 7258 = 50699$ kilogrammètres.

Puissance moyenne sur le piston $\frac{50699}{12,125} = 4180$.

Effort final $(0.1 - 0,07) 10334 = 310^k$, soit la fraction $\frac{310}{4180} = 0,074$ de la puissance moyenne.

De ces trois nombres 31 0/0, 26 0/0, et 7,4 0/0, et de ce que l'on sait sur l'importance des résistances passives dans ces machines, on conclut que dans les conditions d'emploi que nous avons supposées, la détente doit être poussée notablement *au delà* d'une demi atmosphère de pression finale, notablement *en deçà* d'un dixième d'atmosphère, et aux environs, mais *un peu au delà* de $0^a,5$, soit une détente au 20me en pression, et à peu près au 15me en volume.

Dans ces conditions, au lieu du rendement théorique

$$\frac{t_2 - t_1}{a + t_2} = \frac{159.22 - 40}{273 + 159.22} = \frac{119.22}{432.22} = 0\ 276,$$

on n'en aura plus que les 73 0/0, puisque l'on perd 27 0/0 d'après ce dernier tableau du n° **550**.

Soit donc un rendement théorique de $0,75 \times 0.276 = 0.201$, ou de $0.75 \times 117.51 = 85,6$ kilogrammètres par calorie enlevée à la chaudière.

555 On voit par ce qui précède, comment, dans le cas considéré, pour avoir, non pas le maximum *du travail moteur transmis au récepteur*, mais le maximum du travail moteur *restant disponible*, après déduction du travail des résistances propres à ce récepteur, on est conduit à ne pas pousser la détente jusqu'au bout, c'est-à-dire, on le répète, à retrancher du diagramme représenté figure 162, toute la partie GCG' qui s'étend à droite de l'ordonnée Gg correspondante à des pressions inférieures à $0^{at},5$, c'est-à dire, en d'autres termes, toute la partie dans laquelle on perdrait plus par le travail des résistances passives et par celui de la contre-pression, qu'on ne gagnerait par le travail de la pression motrice de la vapeur.

Ce résultat s'applique au cas particulier considéré, c'est-à-dire à de la vapeur *formée à six atmosphères*.

On trouverait une autre limite en partant d'une autre pression initiale. Cette limite varierait, comme il est facile de le reconnaître, dans le même sens que cette pression.

(556) On peut rechercher s'il n'y aurait pas quelque correction, plus ou moins analogue à la précédente, à faire vers l'extrémité de la course rétrograde du piston, si, par exemple, on ne pourrait pas chercher à augmenter l'aire ABCDA, en supprimant la courbe DA, qui se trace du point D vers le point A, et dont l'aire est par conséquent négative, et en prolongeant la contre-pression du condenseur jusqu'à la fin de la course du piston.

En opérant de cette manière, et en alimentant la chaudière avec de l'eau prise à l'état liquide, on remplace le travail de la compression finale, ou de la 4me période du n° **521**, par un travail moindre, et il semble que ce soit à l'avantage du travail moteur définitivement transmis à la machine. Mais aussi le cycle ne s'est pas fermé, puisque l'on n'a pas restitué à la chaudière, *à l'état liquide et à la température de cette chaudière*, la quantité d'eau qu'on en a extraite à l'état de vapeur.

On sait, *a priori* et d'une manière générale, que cette dérogation aux conditions du cycle de Carnot ne peut être que préjudiciable au rendement, et cela est facile à établir au cas particulier.

Le mieux qu'on puisse faire semble être, en effet, de prendre un kilogramme d'eau liquide déjà porté à la température du condenseur, et l'on aura à le faire passer de la pression du condenseur à la pression de la chaudière, soit de $\frac{1}{14}$ d'atmosphère, à six atmosphères.

C'est comme si on avait à l'élever d'une hauteur marquée par

$$\frac{10.334}{\rho}\left(6 - \frac{1}{14}\right) = 10.334 \times 5.93 = 61^{m}.28$$

ce qui demande un travail de 61 kilogrammètres, ou une dépense de $\frac{61}{425} = 0.144$ calorie.

Si l'on suppose un condenseur à injection, et la quantité d'eau injectée de 30 k. pour 1 k. de vapeur à condenser (proportion qui n'est pas excessive), il faudra, en outre, pour purger le condenseur, une force théorique de $30 \times 10.334 \left(1 - \frac{1}{14}\right) = 288$ kilogrammes,

ou $\frac{288}{425} = 0,678$ calorie,

soit en tout $0.144 + 0.678 = 0,822$ calorie.

Mais, *après cela*, il faudra, *dans la chaudière même*, appliquer au kilogramme d'eau qu'on y aura introduit $161,10 - 40 = 121,10$ calories, pour la porter de 40° à 159°,22 (voir la table du n° **508** précité).

Soit donc en tout une dépense de $121.10 + 0,822 = 121,922$, ou en nombre rond 122 calories, tandis que par l'artifice de la compression finale, avec un condenseur fermé, on alimente *et on chauffe en même temps l'eau d'alimentation*, en ne dépensant (n° **520**) que 26,14 calories. Cet artifice de la compression finale fait donc économiser 96 calories, et il est par conséquent très-supérieur théoriquement au système ordinaire d'alimentation avec l'eau extraite du condenseur. L'avantage subsisterait encore quand même on parviendrait à chauffer l'eau d'alimentation à 80 ou 100°, comme on se borne souvent à le faire, lorsqu'on n'épuise pas entièrement l'action de la détente, en se servant de la vapeur d'échappement dans son trajet du cylindre au condenseur. En la supposant même échauffée à 100° il resterait encore à lui donner $(161.10 - 100.55) = 60.55$ calories, c'est-à-dire plus du double de ce qu'exige le système de la compression finale.

Il serait donc intéressant de s'en tenir à ce système, et si on ne le fait pas, on peut affirmer que de ce seul chef, de quelque manière qu'on s'y prenne pour échauffer l'eau d'alimentation dans son trajet de la pompe alimentaire à la chaudière, on fait *une perte sensible*.

Cette perte d'ailleurs doit être appréciée comme il convient, et il ne faut ni l'exagérer ni la méconnaître.

On l'exagérerait, si l'on comparait les 96, ou même seulement les 60 calories ainsi perdues aux 156 calories utilisées (n°s **510** et **522**). C'est avec les 494 calories dépensées par la chaudière (voir le même n° **522**) que la comparaison devrait s'établir.

On la méconnaîtrait, si on la regardait comme tout à fait négligeable et comme se confondant, dans une évaluation d'ensemble, avec les pertes bien autrement importantes, qui se font dans le foyer soit par conductibilité ou par rayonnement, soit surtout par la chaleur sensible qu'emportent les produits de la combustion.

En tous cas, on ne peut se dispenser de la signaler, quand on en est aux considérations théoriques qui nous occupent en ce moment.

En définitive, le travail de la compression finale, qui est, dans les conditions que nous considérons, de 11,109 kilogrammètres (voir n° **522**), est remplacé, dans les systèmes ordinaires du condenseur à injection et de l'alimentation avec de l'eau extraite du condenseur :
1° par un travail qui n'est théoriquement, comme nous venons de le voir, que de $61 + 288 = 349$ kilogrammètres avec le système du condenseur à injection ; 2° par le travail de la contre-pression du condenseur, continuant à s'exercer pendant tout le temps de la période de compression finale qui se trouve supprimée, soit sur la longueur Od de la figure 162.

Cette quantité de travail est égale à

$$\frac{1}{14} \times 10354 \times Od = \frac{1}{14} 10354 \times 3.54429 = 2616 \text{ kilogrammètres.}$$

On gagne donc ainsi *théoriquement* une quantité de $11,109 - (349 + 2,616) = 8,144$ kilogrammètres, et par suite le travail total primitivement disponible de $57,957$ kilogrammètres qui était devenu $57,957 - 15,859 = 42,098$, par l'effet de la détente incomplète, devient $42,098 + 8,144 = 50,242$ par l'effet de la suppression de la compression finale.

Ainsi, dans le système que nous considérons en dernier lieu, une machine qui consomme une quantité donnée de vapeur fournit *un travail disponible plus considérable* (dans le rapport de $42,098$ à $50,242$) que si l'on conservait le mode théorique d'alimentation ; mais aussi chaque kilogramme de cette vapeur exige une dépense de chaleur qui est, non plus de $494,11$, mais bien de $494,11 + 161,10 - 40 = 615,10$ calories ; d'où l'on conclut un travail théorique de $\dfrac{50242}{615,10} = 82$ kilogrammètres par calorie, ou un rendement de $\dfrac{82}{425} = 0,193$ environ.

On voit qu'en s'écartant de la combinaison du cycle de Carnot, tant au point de vue de la détente (ce qui est pratiquement nécessaire à cause des résistances passives) qu'au point de vue de l'alimentation (qui n'est dans le cycle de Carnot qu'une conception purement théorique), le coefficient économique est descendu de 0,276 (voir n° **510**) à 0, 195, ou a subi une réduction proportionnelle de trente pour cent en nombre rond.

557. En résumant tout ce qui précède (n°ˢ **534** et suivants), on peut formuler les conclusions suivantes, sur lesquelles il convient que s'arrête l'attention :

1° Il résulte des propriétés de la vapeur d'eau, et notamment de la loi suivant laquelle varie avec la température la pression de la vapeur à saturation, qu'on n'emploie pas, en général, la vapeur ni à une pression inférieure à une atmosphère, ni à une pression supérieure à 10 ou 12 atmosphères (On n'aurait *aucun avantage* au point de vue de l'entretien de la machine et de la chaudière, et l'on aurait un inconvénient sensible au point de vue du rendement, à descendre au-dessous de la première limite ; on aurait un avantage théorique *insignifiant*, plus que compensé par des difficultés pratiques diverses, à monter au-dessus de la seconde) ;

2° Il n'y a point lieu, en général, de pousser la détente jusqu'à la limite théorique marquée par la température du condenseur. On perdrait ainsi, par l'accroissement du travail des résistances passives, dues à l'accroissement démesuré des dimensions de la machine, plus qu'on ne gagnerait en travail utilisable, et l'on devra se borner en général à ne point pousser la détente au delà du terme où la puissance effective en jeu dans la machine motrice, c'est-à-dire l'excès de la pression sur la contre-pression, fait équilibre, sur le piston, aux résistances propres à cette machine ;

3° Le système théorique de la compression finale et du retour de l'eau destinée à l'alimentation, par le fait même de cette compression finale, à la température de la chaudière, est remplacé par un système d'alimentation avec de l'eau plus ou moins chaude, dont l'effet complexe est d'augmenter, *dans une certaine mesure*, le travail disponible sur la machine par coup de piston, mais *dans une mesure plus forte*, la dépense correspondante de chaleur faite par la chaudière, et par conséquent de diminuer l'effet utile des calories dépensées ;

4° Il n'y a point lieu de recourir à l'emploi du surchauffage de la vapeur, pour augmenter son travail, ou à l'emploi des vapeurs combinées pour faciliter les grandes détentes, ou du moins les avantages attribués à ces dispositions sont compensés par des difficultés ou des inconvénients d'application, et ils sont, en tout cas, d'un ordre secondaire ;

5° Les résultats numériques obtenus *par le calcul* dans les conditions *d'une pression initiale* de six atmosphères, pression assez souvent employée dans la pratique, *d'une détente* poussée jusqu'à la limite de trois dixièmes d'atmosphère (détente plus prolongée que celle qu'on emploie habituellement), *d'une température de 40°* dans le condenseur, chiffre assez ordinairement obtenu, et enfin *d'une alimentation directe* avec de l'eau liquide à la température du condenseur, suivant le procédé ordinaire, nous montrent que le travail correspondant à l'emploi d'un kilogramme de vapeur est alors de 50,242 kilogrammes; qu'il correspond à une dépense effective de 615,10 calories, et que l'effet utile d'une calorie est de 82 kilogrammètres, ou de 0,193 de son effet utile maximum.

Les trois derniers nombres ci-dessus (50,242 kilogrammètres, 615,10 calories et 19,5 pour 100 de rendement) doivent être retenus, comme étant caractéristiques de l'effet *théorique* que l'on obtiendra, dans les conditions *pratiques* ci-dessus définies, qui s'écartent des conditions *purement spéculatives* considérées dans les machines thermiques en général. On voit que l'écart se mesure par la différence entre le rendement ci-dessus de 19,5 pour 100, et le rendement théorique d'un peu plus de 27 pour 100 indiqué plus haut.

C'est, comme on l'a dit au numéro précédent, une différence proportionnelle de 30 pour 100, au préjudice des machines usuelles sur les machines *théoriquement parfaites*. Toutefois la différence réelle est beaucoup moindre, ainsi qu'il est facile de le comprendre. La différence calculée est due en effet à deux causes, d'une part à ce qu'on ne cherche pas à épuiser dans les machines ordinaires l'action de la détente; d'autre part, à ce que l'on supprime la période de compression finale, et que l'on change le mode d'alimentation. En réalité on ne devrait tenir compte que de cette se-

conde cause en comparant les deux systèmes ; car si la première a
pour effet de réduire le travail moteur *transmis* à la machine, elle
a l'effet inverse sur le travail qui reste *disponible* après que les
résistances passives du récepteur ont été surmontées. C'est cette
considération même qui conduit à restreindre la détente au degré
où la pression fait strictement équilibre à ces résistances passives. On ne doit donc pas regarder cette restriction comme étant
au préjudice de la machine ordinaire. Ainsi, en disant que celle-ci
n'a qu'un rendement théorique de 19,5 pour 100, tandis que la
machine parfaite en aurait un de 27,6, il faut ajouter que sur le
travail moteur recueilli par le récepteur, celle-ci perdrait beaucoup plus que l'autre en résistances passives, puisque le travail
recueilli pendant la dernière partie de la détente poussée à sa limite
théorique, serait plus qu'absorbé par ces résistances.

(**558**). On peut encore, dans l'exemple particulier dont nous venons de nous occuper, aller au delà des conclusions ci-dessus, et
chercher à se faire une idée de la consommation de charbon affé-
rente à une certaine production de vapeur ou de travail mécanique.

Les données nécessaires et suffisantes à cet effet sont, d'une part,
le nombre des calories qui se dégagent par la combustion d'un kilogramme de ce charbon; de l'autre, *la proportion de ces calories*
qui se trouvent transmises utilement à la chaudière.

L'un et l'autre de ces éléments sont variables : le premier, selon
la qualité du combustible; le second, selon que le fourneau et la
chaudière sont plus ou moins bien disposés.

Sans insister ici sur ce sujet, auquel nous aurons à revenir en
détail en parlant des générateurs, nous supposerons, comme nous
l'avons fait au n° **479**, qu'il s'agisse d'une houille moyenne donnant 6500 calories par kilogramme. On doit concevoir que sur cette
quantité on en perd toujours une partie importante, *principalement*
par la chaleur sensible que conservent, en s'échappant dans la cheminée, les produits de la combustion, et *accessoirement* par la chaleur communiquée aux corps environnants, soit par conductibilité,
soit par rayonnement. Ces pertes peuvent être variables selon le
foyer et selon la chaudière, et cette variation est en relation jusqu'à

un certain point *avec le système* de construction adopté, mais surtout *avec les proportions* données à ses diverses parties. Nous le dirons plus loin en détail.

La question mérite d'être étudiée avec soin dans chaque cas particulier; car un défaut de *principe*, ou de *proportion*, dans le système du générateur, en diminuant la puissance de vaporisation du combustible, a une importance *exactement de même ordre* qu'un emploi défectueux de la vapeur dans la machine motrice.

Nous supposerons (résultat qui n'est pas toujours atteint) que le générateur utilise 60 pour 100, soit $0,60 \times 6500 = 5900$ calories par kilogramme de charbon. La production d'un kilogramme de vapeur exigeant (d'après le numéro précédent) 615.10 calories pour chauffer l'eau et la réduire en vapeur, on obtiendra par kilogramme de charbon $\dfrac{5900}{615.10} = 6^k,54$ de vapeur, ou un travail égal à $50242 \times \dfrac{5900}{615.10} = 518556$ kilogrammètres. Comme le travail d'un cheval vapeur est de 270000 kilogrammètres à l'heure, on en conclura que la machine que nous considérons consommera $\dfrac{270000}{518556} = 0^k,85$ par cheval et par heure.

Ainsi une machine que l'on doit considérer comme très-perfectionnée, eu égard à l'emploi d'une bonne pression initiale, d'une détente très-prolongée et d'une condensation très-complète, pourrait brûler notablement *moins d'un kilogramme* de charbon par force de cheval et par heure.

Ce chiffre de $0^k,85$ serait porté à $1^k,08$, si le générateur, comme on en rencontre trop souvent, ne produisait que 5 kilogrammes de vapeur par kilogramme de combustible. Il descendrait à 0,67 avec un bon foyer et un charbon produisant huit fois son poids de vapeur, chiffre qu'on a atteint et même dépassé, paraît-il, avec des charbons de qualité supérieure.

(**559**) Les derniers résultats numériques tiennent compte de l'imperfection du foyer; mais il ne s'agit encore que du *travail théorique* transmis au récepteur par la vapeur produite à l'aide de ce foyer.

Si l'on voulait connaître le travail réellement transmis et disponible à l'extrémité de la machine, au point où commencent les transmissions propres à l'opérateur, soit, par exemple, sur l'arbre du
volant, il y aurait deux espèces de déductions à faire :

L'une s'appliquerait au récepteur lui-même, et il faudrait, pour
en tenir compte, considérer les pertes de température, les fuites de
vapeur et les chutes de pression qui ont lieu tant de la chaudière
jusqu'au piston, que du piston jusqu'au condenseur, circonstances
qui concourent pour réduire la pression motrice, ou pour augmenter la contre-pression.

L'autre déduction s'appliquerait à l'ensemble des transmissions
et des organes accessoires de la machine depuis le piston jusqu'à
l'arbre du volant.

La force, telle que nous venons de la calculer, est ce qu'on appelle
la *force brute ou théorique de la machine*. On l'exprime quelquefois
en chevaux, et le nombre trouvé est ce qu'on appelle la *force nominale* de la machine. Mais cette expression n'a pas, dans la pratique,
de sens très-précis, parce que les constructeurs ne se sont pas accordés
sur le nombre de kilogrammètres à compter pour le cheval nominal.

La première correction faite, on a la force réellement transmise au
piston, celle que l'on trouverait avec un indicateur de Watt qui donnerait les vraies valeurs de la pression motrice et de la contre-pression à un moment donné. C'est ce qu'on appelle la *force indiquée de
la machine*.

Après avoir fait, en outre, la dernière correction, on a la *force
utile*, ou la *force disponible sur l'arbre du volant*, d'où l'on déduit
la force réelle en chevaux-vapeur, à raison de 75 kilogrammètres
par seconde et par cheval.

L'importance de ces deux corrections varie évidemment d'un cas
particulier à un autre, non-seulement avec les conditions dans lesquelles les appareils ont été établis, mais encore, dans une mesure
assez importante, avec leur état actuel d'entretien et même avec la
manière dont ils sont conduits. Un habile chauffeur, par exemple,
peut, par une bonne conduite de son feu, augmenter sensiblement
la puissance de vaporisation d'un combustible donné.

En supposant que la chaudière soit bien conduite et qu'elle soit d'ailleurs assez puissante pour fournir largement, sans qu'on soit obligé de la surmener, la quantité de vapeur nécessaire ; en supposant en outre que les précautions convenables aient été prises pour atténuer les pertes de vapeur et les chutes de pression ci-dessus indiquées, on peut admettre que la force indiquée pourra être les 75 à 80 pour 100 de la force nominale.

D'autre part, en supposant les pièces de la machine en bon état d'entretien, la force utile pourra être égale à 80 ou même 90 pour 100 de la force indiquée, soit, les 60 à 72 pour 100 de la force brute.

Ainsi on aura un résultat moyen assez acceptable, en prenant une réduction d'un tiers, ou un rendement d'environ 67 pour 100, c'est-à-dire en admettant que la consommation de $0^k,85$ par cheval nominal et par heure corresponde à environ $\frac{3}{2} \times 0,85 = 1^k,275$ par cheval utile.

On a, comme nous l'avons dit, des exemples de consommations inférieures ; mais c'est avec des chaudières et des machines entretenues dans le meilleur état, et généralement avec du combustible de choix.

La consommation se *réduirait* d'ailleurs à 1,01, ou s'*élèverait* à $1^k,62$, si la puissance de vaporisation du générateur alimentant la machine s'*élevait* à 8 kilogrammes ou se *réduisait* à 5 kilogrammes de vapeur par kilogramme de charbon, comme nous l'avons supposé au numéro précédent.

On peut dire que le *cas habituel* dans l'industrie, pour les machines fonctionnant dans les conditions que nous examinons et à un état ordinaire d'entretien, se rapproche plutôt de la limite supérieure que de la limite inférieure.

Arrivé à ce chiffre d'une consommation d'un kilogramme ou un peu plus par cheval utile et par heure, j'estime qu'on n'a plus à espérer que des améliorations *de détail*, portant peut-être plus sur le générateur que sur le récepteur, et l'on revient à la conclusion déjà formulée plus haut, qu'il n'y a point dans les machines à vapeur actuelles bien établies, c'est-à-dire *fonctionnant*, je le répète, *avec une pression initiale suffisamment élevée, avec une détente convenablement étendue, et avec une bonne condensation*, un de ces vices radicaux et de principe, qui doive les faire regarder comme étant encore dans l'enfance de l'art et susceptibles de perfectionnements d'une importance majeure.

(**560**) Les conclusions des trois numéros **557** à **559** ci-dessus, dont les résultats sont sensiblement vérifiés par la pratique, ont été établis à l'aide de calculs simples dont les principaux éléments numériques sont tirés des tableaux du n° **508**.

Ces mêmes tableaux permettent de faire des calculs du même genre, pour d'autres circonstances d'emploi de la vapeur que l'on voudrait considérer.

On pourrait, par exemple, partir d'une pression initiale différente, changer le degré de détente, parfois même la supprimer, établir dans le condenseur une température plus ou moins élevée, parfois encore supprimer la condensation, et laisser échapper la vapeur librement dans l'atmosphère après qu'elle a agi sur le piston.

Ces divers modes d'emploi caractérisent les machines *à haute*, *à moyenne*, ou *à basse pression*, selon que la pression initiale est supérieure à 4 atmosphères, ou comprise entre $1\frac{1}{2}$ et 4 atmosphères ou inférieure à $1\frac{1}{2}$, les machines *avec ou sans détente*, les machines *avec ou sans condensation*.

Des raisons nombreuses de la nature de celles indiquées au n° **542**, peuvent expliquer, et fort souvent légitimer parfaitement, dans la pratique industrielle, l'application de chacun de ces divers systèmes. Il nous suffirait de rappeler que l'emploi de la condensation exige une quantité d'eau 25 à 30 fois plus grande que celle qui est nécessaire à l'alimentation des chaudières, et qu'on n'a pas toujours cette quantité à sa disposition. On voit encore, ainsi que nous l'avons déjà dit, que la suppression de la détente permet, avec un piston dont on se donne le diamètre et la vitesse, de dépenser plus de vapeur et à une pression moyenne plus élevée, et par conséquent d'obtenir ainsi une force *plus considérable*, bien que dans des conditions économiques *moins favorables*, etc.

Nous aurons occasion de revenir encore sur les motifs qui peuvent ainsi conduire à des déviations plus ou moins importantes des conditions théoriques que comporte le meilleur emploi de la vapeur.

Mais il doit être entendu que l'on sacrifie à ces motifs, dans une certaine mesure, la question économique, et que l'on ne peut demander à une machine de comporter les déviations dont nous parlons, et, *en même temps*, de consommer le minimum de charbon.

On aura *assurément* une augmentation dans la consommation de combustible, et cette augmentation, variable selon les circonstances, pourrait, si les déviations n'étaient pas faites rationnellement, atteindre *les plus larges proportions*.

Supposons, par exemple, qu'on supprime la condensation ; la contre-pression théorique est d'une atmosphère, et la pression atmosphérique forme dès lors la limite extrême de la détente. Supposons en outre qu'on abaisse la pression initiale ; l'importance de la contre-pression augmente, la détente produite est moindre et le travail transmis diminue rapidement.

On perdrait les $\frac{2}{3}$ de ce travail, en marchant à une atmosphère et demie sans détente ni condensation. On perdrait *tout*, si l'on réduisait la pression motrice, dans les conditions ci-dessus, à la simple pression atmosphérique.

Il est donc fort important, quand une de ces déviations est reconnue désirable, ou même nécessaire (comme, par exemple, lorsque le défaut d'eau empêche d'employer la condensation), de bien se rendre compte des conséquences qu'elle entraînera dans l'emploi de la vapeur.

(**561**) Les théories générales exposées dans le premier volume, et l'application numérique développée dans les n°ˢ **510** et suivants, puis complétée par les considérations des n°ˢ **540** et suivants, mettent en position de traiter chaque cas particulier que l'on pourra se proposer.

Je me bornerai, pour donner une idée des résultats fort divers auxquels on peut arriver, à considérer trois de ces cas, et à rapprocher les résultats qu'ils fournissent.

Je considérerai :

En premier lieu, une machine à *basse pression*, dans laquelle je supposerai la vapeur employée à une atmosphère de pression totale, ou à une température de 100° ;

En second lieu, une machine *à haute pression* fonctionnant à 6 atmosphères, ou à 159°,22. C'est l'exemple que nous avons déjà traité en détail, et qui ne nous demandera pas de nouveaux calculs ;

Troisièmement, enfin, une machine *à très-haute pression*, soit à 14 atmosphères, ou à une température de 195°,55, limites que la pratique n'atteint jamais, comme nous l'avons déjà dit. (Nous prenons à dessein cette pression exceptionnelle, pour faire ressortir le sens dans lequel on marche à mesure que l'on force la pression).

Dans les trois cas, je suppose que la condensation se fasse à la même température de 40° ou à $\frac{1}{14}$ d'atmosphère.

J'ajoute enfin que l'on épuise l'action de la détente, c'est-à-dire que la courbe adiabatique correspondante se prolonge depuis la température initiale de la vapeur jusqu'à celle du condenseur.

A l'aide des tableaux du n° **508** (pages 462, 465, 468 et 470 du 1ᵉʳ volume), on pourra, en procédant comme on l'a fait aux n°ˢ **521** et suivants, étudier toutes les phases d'une évolution.

Les résultats de cette étude, calculés pour 1 kilogramme de vapeur dépensée, sont résumés dans le tableau ci-dessous.

Pression initiale de la vapeur, exprimée en atmosphères.	1	6	14
	—	—	—
Température correspondante. . .	100°	159°.22	195°.55
Quantité de vapeur existant à la fin de la détente m_1	0.8742	0.7956	0.7651
Quantité de vapeur à la fin de la communication avec le condenseur m_1'	0.0956	0.1768	0.2222
Quantité de vapeur liquifiée dans le condenseur $m_1 - m_1'$	0.7786	0.6288	0.5409
Volume initial de la vapeur V . .	0.646	0.506	0.159
Volume final $m_1 u_1$ ($u_1 = 20.157$).	17.604	16.021	15.366
Degré de détente, en volume. . .	$\frac{1}{11}$	$\frac{1}{52}$	$\frac{1}{116}$
Degré de détente, en pression.. .	$\frac{1}{14}$	$\frac{1}{84}$	$\frac{1}{196}$
Calories correspondantes au travail de l'admission $(Apu)_2$	40.09	44.58	47.04
Calories correspondantes au travail de la détente $J_2 - m_1 \tau_1 - \mu_1$	81.65	139.55	164.40

Chaleur transmise au condenseur $(m_1 - m_1')\,(A pu)_1$. . . .	27.08	21.84	18.81
Chal. employée pendant la compression finale $\mu_2 - \mu_1 - m_1'\rho_1$	8.59	26.14	57.46
Somme des deux premières quantités.	121.72	184.11	211.44
Somme des deux dernières quantités..	35.67	47.98	56.27
Différence de ces deux sommes, ou chaleur disparue et employée en travail utile. . . .	86.05	136.13	155.17

Coefficient de rendement des calories empruntées à la chaudière. . . . .

$$\frac{86.05}{536.30} = 0.16 \qquad \frac{136.13}{494.11} = 0.267 \qquad \frac{155.17}{467.95} = 0.33$$

(**562**) On vérifie d'abord, par ces derniers chiffres, ainsi que cela doit être, la loi qui lie l'utilisation des calories empruntées à la chaudière à l'écart des températures entre la chaudière et le condenseur.

Mais en outre on reconnaît qu'à mesure que l'on augmente le taux de la pression initiale :

1° Le travail de l'admission à pleine pression augmente, mais assez lentement ;

2° Le travail de la détente augmente aussi, mais beaucoup plus rapidement parce que cette détente est beaucoup plus étendue ; de sorte que la pression initiale élevée est surtout utile pour permettre d'augmenter le degré de la détente ;

3° Le travail de la contre-pression diminue, ce qui est lié essentiellement à ce fait que la quantité de vapeur condensée par l'action du réfrigérant diminue elle-même ;

4° Enfin la période de la compression finale augmente dans une forte proportion, ce qui tient à ce que la quantité de vapeur à condenser pendant cette période doit être beaucoup plus grande, attendu qu'il s'agit, par son retour à l'état liquide, de réchauffer l'eau à une plus haute température.

Tous ces résultats sont faciles à comprendre, et pouvaient être prévus *a priori* ; mais il faut bien se rappeler que ce sont des résultats *purement théoriques*, et que la pratique oblige de s'en écarter dans tous les cas, comme on l'a déjà vu pour le cas intermédiaire d'une pression initiale de 6 atmosphères, aux n⁰ˢ **548** et suivants en ce qui concerne *la détente*, et au n⁰ **556** en ce qui concerne *la période de la compression finale*.

(**563**) *Au sujet de la détente*, on voit facilement que le travail moteur total de l'admission à pleine pression et de la détente complète est respectivement dans les trois cas considérés ;

$$121.72 \times 425 = 51.731 \text{ kilogrammes.}$$
$$184.11 \times 425 = 78.747 \qquad \text{id.} \qquad \text{(Voir n}^\circ \text{ 522.)}$$
$$211.44 \times 425 = 84.862 \qquad \text{id.}$$

D'autre part, les valeurs correspondantes du volume final sont, d'après le tableau du n⁰ **561** ci-dessus :

$$20.137 \times 0.8742 = 17.604 \text{ mètres cubes.}$$
$$20.137 \times 0.7856 = 16.021 \qquad \text{id.}$$
$$20.137 \times 0.7631 = 15.366 \qquad \text{id.}$$

On déduit de ces chiffres une valeur moyenne de la pression motrice par mètre carré du piston :

$$\frac{51.731}{17.604} = 2939 \text{ kilogrammes.}$$
$$\frac{78.247}{16.021} = 4884 \qquad \text{id.}$$
$$\frac{89.862}{15.367} = 5847 \qquad \text{id.}$$

ou, en retranchant la contre-pression du condenseur, qui est égale à $\frac{1}{14} \times 10{,}534 = 758$ kil. :

$$2.939 - 758 = 2.201 \text{ kilogrammes.}$$
$$4.884 - 738 = 4.146 \qquad \text{id.}$$
$$5.847 - 738 = 5.109 \qquad \text{id.}$$

Si l'on a conclu au n⁰ **554** que dans le second des trois cas considérés, la condition de ne pas descendre, pendant la détente, au-dessous d'une pression effective inférieure à l'ensemble des résistances passives du récepteur rapportées à la surface du piston, conduisait à arrêter la détente un peu avant 5 dixièmes d'atmosphères, soit quand la vapeur agit encore avec un effort d'environ 3,100 kil. par mètre carré, ou à peu près, avec les $\frac{3}{4}$ de l'effort moyen 4,146 kilogrammètres calculés ci-dessus, il sera permis d'en déduire que *l'on peut descendre plus bas* avec la basse pression, et que *l'on doit s'arrêter plus haut* avec les très-hautes pressions.

En admettant, *par simple aperçu*, une proportionnalité entre le degré de la détente finale et les trois derniers nombres ci-dessus, on dirait, en nombre rond, que l'on peut pousser la détente à peu près, jusque vers un et demi à deux dixièmes d'atmosphère, dans les basses pressions et vers $\frac{1}{2}$ atmosphère pour les très-hautes.

En admettant deux dixièmes d'atmosphère pour la basse pression, on arrivera, en raisonnant comme au n° **550**, aux résultats ci après :

$$t_1 = 60°.45$$
$$p_1 = 60°.45$$
$$m_1 = 0°.9417$$
$$u_1 = 7^m.525$$

et par suite

$$m_1 u_1 = 7.076$$
$$m_1 p_1 + p^1 = 528.58 \times 0.8417 + 60.45 = 557.08$$

Comme, d'ailleurs, les 4 quantités ci-dessus prennent, dans le cas où l'on détend jusqu'à $\frac{1}{14}$ d'atmosphère, les valeurs numériques suivantes :

$$t_1 = 40.$$
$$p_1 = 40.$$
$$m_1 = 0.8742$$
$$u_1 = 20.157$$

on en déduit

$$m_1 u_1 = 17.604$$
$$m_1 p_1 + p_1 = 543.50 \times 0.8742 + 40 = 515.13.$$

On en conclut, pour la réduction du travail moteur, du fait de la détente poussée moins loin :

$$(557.08 - 515.13) \times 425 = 18.828,75 \text{ kilogrammètres}$$

et pour la réduction du travail de la contre-pression :

$$\frac{1}{14} 10.534(17.604 - 7.525) = 7.440 \text{ kilogrammètres.}$$

Par suite, le travail utile obtenu avec la basse pression et la détente réduite, est de $51731 - 18829 + 7440 = 40342$ kilogram-mètres (au lieu de 51731).

Pour la pression initiale de six atmosphères, nous avons vu au n° **550** que la réduction de la détente diminue l'effet utile de 15,859 kilogrammètres, réduisant ainsi le travail à $78,247 - 15,859 = 62,388$ kilogrammètres.

On verra de même, en raisonnant sur la pression initiale de 14 atmosphères, comme on vient de le faire pour la basse pression, que la détente arrêtée à une demi-atmosphère diminuera le travail moteur de 28331 kilogrammes, et le travail de la contre-pression de 9334 kilogrammes, réduisant ainsi le travail moteur du chiffre de 89,862 à celui de 70,864 kilogrammes.

(**564**) *Au sujet de l'échauffement et de l'introduction de l'eau d'alimentation*, la dérogation que l'on fait ainsi au système théorique de la compression finale, a beaucoup plus d'influence relative que la détente incomplète.

On voit, en effet, qu'au lieu de dépenser, comme avec la compression finale, les quantités de calories indiquées au n° **561** (savoir, 8,59 pour les basses pressions, 26,14 pour six atmosphères et 37,46 pour les très-hautes pressions), il faudra en dépenser approximativement :

$$(100 - 40) = 60, \quad 161.19 - 40 = 121.10, \quad 195.53 - 40 = 155.53.$$

D'un autre côté, en raisonnant comme au n° **556**, on dira que le travail de la compression finale, est remplacé par le travail de l'alimentation, par celui de l'extraction de l'eau du condenseur et, enfin, par celui de la contre-pression, qui s'exerce pendant le reste de la course rétrograde du piston.

Cela donne en kilogrammètres :

	A 1 ATMOSPHÈRE.	A 6 ATMOSP.	A 14 ATMOSP.
Pour le premier terme.	19.33	61	144 68
Pour le second terme..	288	288	288
Pour le troisième terme $m_1 u_1 \dfrac{10.334}{14}$.	1421	2616	3303
Total en kilogrammètres. . . .	1719.33	2905.00	3735.68
ou en calories. . . .	4.04	6.10	8.79

(565) En résumant tout ce qui précède, on verra que pour les trois cas considérés (1, 6 et 14 atmosphères de pression intégrale), cas dans lesquels, d'après le n° **561**, le travail utile théorique correspond à une consommation de 86,05, 136,15 et 155,17 calories sur 536,30, 494,11 et 467,95 enlevées à la chaudière, il faut faire les corrections indiquées dans le tableau ci-après, où l'on a tout exprimé en calories :

	1	6	14
Pression initiale en atmosphère.			
A Calories utilisées dans l'hypothèse du cycle de Carnot, ou avec détente complète et compression finale	86.05	136.13	155.17
B A retrancher pour détente incomplète. . . .	26.78	37.32	44.70
C A ajouter pour suppression de la compression finale.	8.59	26.14	37.46
D A retrancher pour le travail de l'alimentation et pour la contrepression du condenseur remplaçant la compression finale.	4.04	6.10	8.79
Calories utilisées par la machine fonctionnant dans les conditions pratiques indiquées $A + C - B - D$.	63.82	118.55	139.14
A' Calories employées à la vaporisation, $r = \lambda - \mu$.	536.30	494.11	467.95
B' Calories employées à chauffer l'eau d'alimentation, provenant du condenseur, $\mu - 40°$. .	60.	121.10	158.25
Chaleur totale enlevée à la chaudière $A' + B' = \lambda - 40$.	596.85	615.21	626.18
Utilisation pratique de cette chaleur $\dfrac{A + C - B - D.}{A' + B'}$	0.107	0.192	0.222
Report de l'utilisation théorique.	0.16	0.276	0.33
Perte relative d'effet utile.	0.331	0.304	0.327

La dernière ligne du tableau précédent montre que la perte d'effet utile réalisée, en s'éloignant du cycle de Carnot, tant en restreignant la détente qu'en modifiant le système théorique du réchauffement et de l'alimentation de l'eau, varie fort peu avec le taux de la pression. Cette estimation de la perte subie, comporte d'ailleurs, dans les trois cas, l'observation finale du n° **557**. A cette perte *théorique*, à peu près indépendante de la pression, s'ajoutent les pertes *pratiques* dues aux refroidissements et aux fuites, lesquelles croissent avec la pression ; d'où il suit que l'avantage pratique des hautes pressions n'est pas aussi grand que l'avantage théorique, et c'est un motif, s'ajoutant à beaucoup d'autres, pour ne pas étendre outre mesure la limite supérieure de ces hautes pressions.

(**566**) On a vu plus haut (n^{os} **558** et **559**) que pour le second des trois cas ci-dessus, l'utilisation pratique définie par le coefficient 0,193, correspondait à une consommation théorique moyenne de 0^k,85 de charbon par cheval et par heure (compris entre 0^k,67 et 1^k,08), et qu'en effet on avait obtenu parfois, avec des chaudières et des machines très-bien installées et très-bien conduites, une consommation peu supérieure à 1 kilogramme.

Admettons par aperçu, comme nous l'avons fait plus haut, un écart moyen de 50 pour 100 en plus, entre le résultat théorique et le résultat pratique, applicable aux divers modes d'emploi de la vapeur. On pourra dire, d'après le dernier tableau ci-dessus, que la machine à basse pression aura une consommation plus grande que celle du deuxième cas, dans le rapport de 0,192 à 0,107, et que celle de la machine à très-haute pression sera, au contraire, plus faible dans le rapport de 0,192 à 0,222. La conclusion pratique de la discussion ci-dessus (n^{os} **561** et suivants) pourrait alors se formuler, en disant qu'à mesure que l'on passera de la machine à basse pression, à des machines marchant à des pressions de plus en plus élevées, ces machines étant supposées utiliser, dans chaque cas, la détente qui laisse le plus grand effet utile, et marcher avec condensation, la consommation effective de charbon par cheval et par heure, que nous avons trouvée *pour le second cas* être variable entre certaines limites, varierait, en outre, en passant du premier au second et au troisième, dans le rapport inverse des nombres 0,107, 0,192 et 0,222.

On pourrait donc former le tableau suivant :

CONSOMMATION DE CHARBON PAR FORCE DE CHEVAL ET PAR HEURE.	CAS N° 1.	CAS N° 2.	CAS N° 3.
1° *Force théorique*	1^k.20 à 1^k.93	0^k.67 à 1^k.08	0^k.58 à 0^k.94
2° *Force indiquée*, évaluée à 80 °/$_o$ de la force théorique.	1^k.50 à 2^k.41	0^k.84 à 1^k.35	0^k.72 à 1^k.41
3° *Force effective*, évaluée aux deux tiers de la force théorique.	1^k.80 à 2^k.90	1^k.00 à 1^k.62	0^k.87 à 1^k.41

Tels sont les résultats pratiques, vers lesquels on doit tendre, et qu'on pourra effectivement atteindre avec des chaudières et des machines bien construites et en bon état, fonctionnant dans les conditions définies pour les trois cas considérés ; conditions qui sont les plus favorables à l'emploi de la vapeur sous la pression propre à chacun de ces cas.

(567) Une machine à vapeur ne marche pas toujours, ou plutôt ne marche presque jamais dans ces conditions ; souvent même l'écart est important, par exemple lorsqu'il y a peu ou point de détente, ou bien encore lorsqu'on n'emploie pas la condensation.

Mais on saura encore, dans des cas de ce genre, calculer l'effet utile d'un kil. de vapeur, en suivant toujours pour les calculs la marche que nous avons précédemment indiquée.

Si l'on suppose que l'on *diminue beaucoup*, ou que l'on *supprime entièrement* la détente, cela revient, dans la figure **162**, à supprimer la plus grande partie ou la totalité du diagramme, à droite de l'ordonnée du point B.

Si l'on suppose que l'on supprime la condensation et qu'on laisse la vapeur s'échapper librement dans l'air, cela revient à supposer un condenseur où la température serait de 100° et à relever la ligne droite CD du diagramme, de manière que les ordonnées de ses points représentent la pression d'une atmosphère.

Pour éclaircir pleinement ce point, et pour montrer par des nombres quelles peuvent être les conséquences de ces dérogations aux conditions d'emploi qu'indique la théorie, nous prendrons encore deux exemples.

En premier lieu, nous considérerons une machine à basse pression, et par conséquent avec condensation, mais sans détente (ce qui est un cas assez ordinaire pour ces machines).

Le terme *pu* sera égal à 17039.10 kilogrammètres. Il faudra en retrancher $\frac{1}{14}$ soit 1217 kilogrammètres pour tenir compte de la contre-pression du condenseur.

Il faudra dépenser 10,33 kilogrammètres pour introduire l'eau dans la chaudière, et 288 pour sortir l'eau d'injection du condenseur (voir n° **556**). Le travail disponible par kil. de vapeur sera donc égal à $17039,10 - 1217 - 10,33 - 288 = 15524$ kilogrammètres, ce qui correspond à 36,51 calories. On a pris à la chaudière $\lambda - \mu$ calories pour vaporiser l'eau, et $\mu - 40.09$ pour la réchauffer, soit en tout $(\lambda - \mu) + (\mu - 40,09) = \lambda - 40,09 = 596.76$. L'utilisation de ces calories est donc marquée par le nombre $\dfrac{36.51}{596.76} = 0.0611$. Si avec une utilisation égale à 0.107 on a trouvé au n° précédent une dépense effective de 1^k80 à 2^k90 de combustible par cheval et par heure, on peut par aperçu admettre que l'utilisation de 0,061 en consommera de 3^k15 à 5^k08.

(**568**) Considérons, comme second exemple, une machine à haute pression (6 atmosphères), sans détente ni condensation.

En raisonnant comme dans l'exemple précédent, nous aurons :

$pu = 18946,50^{km}$ pour le travail de l'administration.

$\dfrac{1}{6} pu = 3157.81^{km}$ pour celui de la contre-pression.

$5 \times 10.534 = 52^{km}$ pour celui de l'alimentation.

Soit par kilogramme de vapeur un travail disponible égal à $18946,50 - 3157,8 - 52 = 15737$ kilogrammètres, qui correspond à $\dfrac{15737}{425} = 37$ calories.

Le nombre des calories prises à la chaudière étant $\lambda - 40 = 655,21 - 40 = 615,21$, leur utilisation est marquée par la fraction $\dfrac{37}{615,21} = 0,06$, égale sensiblement à celle du premier exemple ; d'où l'on déduirait approximativement, en raisonnant comme précédemment, une consommation effective de combustible par cheval et par heure de $3^k.20$ à $5^k.20$.

Ainsi, entre les deux types *fort usités* de la basse pression avec condensation sans détente et de la haute pression sans condensation ni détente, il y a presque identité, au point de vue de la consommation de combustible, lorsque cette haute pression est de 6 atmosphères. Il est clair que cette identité est ici une coïncidence purement fortuite, et que si l'on changeait le taux de la haute pression, l'avantage serait en faveur d'une pression supérieure à six atmosphères, tandis que pour une pression moindre, il serait au contraire en faveur de la basse pression.

Entre ces deux types économiquement équivalents, on aurait à se décider par des considérations accessoires.

On voit d'abord que la basse pression nécessite de l'eau pour la condensation, et tout l'attirail du condenseur, qui, ainsi qu'on le verra plus loin, complique sensiblement la machine.

En second lieu, la haute pression permettra, pour une vitesse de rotation donnée de l'arbre du volant, un cylindre *beaucoup plus petit*. Le rapport des dimensions des cylindres est donné approximativement par celui des volumes spécifiques de la valeur à 6 et à une atmosphère, soit $\dfrac{0,306}{1,646} = \dfrac{1}{4.8}$, puisque la même consommation de charbon entraîne à peu près la même production de vapeur.

La moindre dimension du cylindre à haute pression permet une vitesse de rotation plus grande, qui comporte, à son tour, une nouvelle réduction de la dimension ; de sorte que la machine à haute pression sera à la fois plus simple dans sa composition, moins encombrante, plus légère, plus rapide, et, par toutes ces raisons, beaucoup moins chère que la machine à basse pression.

Par contre, elle exigera plus de soin dans le choix des matériaux et dans l'exécution des pièces. Elle sera exposée à des réparations, non pas plus coûteuses, mais plus fréquentes, etc.

Tels pourraient être, sommairement, les principaux motifs de se décider, dans le cas où l'on aurait à faire un choix entre les deux types que nous venons de considérer.

(**569**) On soumettrait à une analyse du même genre les autres combinaisons de pression initiale, de détente plus ou moins prolongée et de contre-pression que l'on voudrait considérer, et l'on arriverait toujours à trouver, pour une combinaison quelconque, le travail utile du kilogramme de vapeur, le nombre de calories correspondant à ce travail utile, celui des calories enlevées à la chaudière, par suite le rendement de ces dernières, et enfin, par aperçu, la consommation par cheval et par heure, d'un combustible doué d'un pouvoir calorifique donné.

Mais il n'arrive pas toujours que la question à résoudre se présente sous cette forme abstraite de la recherche théorique à faire sur l'effet d'un kilogramme de vapeur produite et dépensée dans des conditions données.

Il arrivera, par exemple, que l'on donnera une machine, en la définissant par le diamètre et la course de son piston, le nombre de tours du volant par minute, et le degré de détente mesuré par la fraction de la course du piston pendant laquelle se fait l'admission de la vapeur sur le piston, ou plus généralement par le rapport entre les volumes théoriques qu'occupe la vapeur à la fin de l'admission à pleine pression et au commencement de l'échappement.

En outre, il faudra qu'on donne, directement ou indirectement, la pression sous laquelle se fait l'admission de vapeur.

Si l'on désigne par d le diamètre, H la course du piston, N le nombre de tours du volant par minute, μ le degré de détente estimé au volume, P la pression initiale, U le volume, Q le poids de la vapeur dépensée par heure, et V son volume spécifique, on aura l'égalité :

$$U = \frac{\pi d^2}{4} \times \mu H \times 2N \times 60 = VQ.$$

Dans cette égalité, le volume U étant connu par les conditions de marche effective de la machine, on déterminera le poids de vapeur dépensée, si l'on connaît la pression de marche et par conséquent le volume spécifique V, ou bien on déterminera au contraire le volume V, et par conséquent la pression sous laquelle on marche nécessairement, par cela seul que l'on se sera donné le poids Q de vapeur que produit la chaudière.

L'état primitif de la vapeur étant ainsi connu, et sachant quel est le degré de détente défini par le rapport des volumes initial et final, on en déduira, par un tâtonnement simple, l'état de la vapeur à la fin de cette détente. Il suffira pour cela de déterminer, à l'aide de calculs analogues à ceux du n° **540**, une série de points ayant pour abscisses les quantités x' et pour ordonnées les pressions correspondantes. Prenant l'abscisse d'un point égal à l'abscisse initiale multipliée par le rapport $\dfrac{1}{\mu}$, la pression correspondante sera la pression à la fin de la détente ; on en déduira, à l'aide des tables, directement ou par interpolation, la température.

En procédant de cette manière sur d'autres points, on aura tous les éléments, soit pour calculer numériquement le travail, soit pour construire jusqu'à une limite déterminée un diagramme analogue à celui de la figure 162, en opérant comme il a été indiqué précédemment aux n°s **540** et suivants.

D'après le n° **559**, on pourra prendre par aperçu les $\frac{2}{3}$ de la quantité ainsi trouvée, qui donne *la force nominale*, pour représenter *le travail réellement disponible* sur l'arbre du volant de la machine. Si l'on veut en outre évaluer la quantité de combustible consommé, on calculera, à l'aide des tables, la quantité de chaleur fournie par la chaudière pour chauffer l'eau d'alimentation et pour former la vapeur, et l'on y ajoutera, par un autre aperçu, les $\frac{2}{3}$ environ pour obtenir la quantité de chaleur à développer par la combustion sur la grille du foyer supposé ainsi rendre 60 p. 100, comme on l'a admis au n° **558**.

(**570**) Les consommations que l'on trouvera par ces calculs seront généralement inférieures, dans une certaine mesure, à celles que l'on rencontrera le plus habituellement dans la pratique. Les calculs supposent d'une part, les générateurs de vapeur et leurs foyers établis dans de bonnes conditions et maniés par de bons chauffeurs (question que nous réservons pour le moment), et d'autre part, les machines entretenues en très-bon état et munies de toutes les dispositions nécessaires pour satisfaire, aussi bien que possible, aux conditions théoriques que comporte le bon emploi des calories enlevées à ces générateurs.

Le bon état d'entretien est un objet d'une haute importance. Sans parler ici des résistances anormales et des usures que peut développer, comme dans toute machine, le mauvais état des pièces frottantes, on doit concevoir qu'une fuite à travers l'organe de distribution peut diminuer l'action de la détente et conduire à une dépense supplémentaire de vapeur effectuée dans de mauvaises conditions ; qu'une simple fuite autour du piston conduit à une perte de vapeur qui peut en augmenter la dépense par coup de piston *dans une mesure quelconque*, et diminuer son travail en augmentant la contre-pression et rendant la condensation imparfaite par suite de l'échauffement plus grand du condenseur pour une quantité d'eau d'injection donnée ; qu'une distribution qui n'est pas parfaitement réglée (chose malheureusement assez commune), cause des contre-pressions anormales et apporte des perturbations graves dans l'action de la vapeur, etc.

Un habile mécanicien s'aperçoit de ces désordres, à divers symptômes, soit à ce qu'il est plus difficile que d'habitude de maintenir la chaudière en pression, soit à ce que le vide se fait mal dans le condenseur dont la température s'élève, soit encore à la manière dont se fait l'échappement, etc.

Un moyen général de contrôle que l'on peut employer, qui donne des indications très-sûres, à la portée, non-seulement du mécanicien chargé de la conduite de la machine, mais encore de l'ingénieur qui en a la surveillance générale, consiste à se servir d'un appareil connu sous le nom d'indicateur de Watt.

Quelques diagrammes bien relevés à l'aide de cet appareil, et sainement interprétés, en disent souvent plus que les investigations matérielles les plus minutieuses.

On sait que l'indicateur de Watt consiste essentiellement en un petit cylindre bien calibré, que l'on met en communication par une tubulure avec l'intérieur du cylindre à vapeur.

Ce petit cylindre reçoit un piston, maintenu par un ressort à boudin dans une position déterminée, à laquelle il revient toujours lorsqu'il est soumis sur ses deux faces à la même pression, et dont il s'écarte, quand les pressions sont différentes, d'une quantité proportionnelle à cette différence. L'une d'elles étant toujours la pression atmosphérique qui s'exerce à la surface supérieure, le ressort se comprime ou s'allonge, c'est-à-dire que le petit piston se tient ou plus haut ou plus bas, selon que la partie du cylindre avec laquelle il communique par sa base, reçoit l'action de la vapeur motrice ou bien communique avec le condenseur.

La tige de ce piston porte un crayon appuyé légèrement par un ressort contre un papier tendu, sur lequel la trace du crayon peut servir à indiquer, à un moment donné, la pression dans le cylindre.

Ce papier n'est pas fixe ; il se meut perpendiculairement à l'axe du crayon et à l'axe du petit cylindre, à l'aide d'une ficelle qui s'enroule sur un barillet recevant un mouvement angulaire proportionnel au mouvement linéaire du piston à vapeur.

Dans un tour du volant, le crayon décrit une courbe fermée *dont l'aire peut servir à mesurer le travail transmis à la machine.*

Pour le reconnaître clairement, supposons que l'on commence à faire mouvoir l'appareil avant d'ouvrir la tubulure de communication avec l'intérieur du cylindre. Le crayon décrira sur le papier, à chacune des excursions simples du piston, une certaine ligne droite qui correspondra au cas des *pressions effectives* nulles, c'est-à-dire au cas où, la tubulure étant ouverte, la simple pression atmosphérique ordinaire existerait à l'intérieur du cylindre.

Soit MN, figure 164, cette ligne droite. Menons au dessous de MN une autre ligne OX qui lui soit parallèle, à une distance mesurant la pression atmosphérique.

La ligne OX est celle que le crayon tracerait, si le vide parfait existait à l'intérieur du cylindre.

S'il existe une *pression quelconque, en un point donné quelconque de la course du petit piston*, l'ordonnée par rapport à l'axe OX de la trace correspondante du crayon en indiquera la valeur. Cette trace sera au-dessous ou au-dessus de la ligne MN, ou coïncidera avec cette ligne, selon que cette pression sera inférieure, supérieure, ou bien égale à la pression atmosphérique ordinaire.

La courbe qui correspondra à la course directe du piston, pendant l'admission et la détente de la vapeur, sera donc au-dessus de la courbe décrite pendant la course rétrograde, ou pendant la communication avec l'échappement.

L'aire de la première courbe mesurera *le travail moteur* reçu pendant la course directe *par la face du piston en contact avec la vapeur.*

L'aire de la seconde mesurera *le travail résistant* produit *sur la même face* par la contre-pression pendant le mouvement rétrograde.

La différence de ces deux aires, ou l'aire du contour fermé mesurera donc le travail utile que cette face du piston transmet à la machine *pendant une excursion double.*

Une autre expérience faite sur l'autre face du piston donnerait
pour celle-ci un résultat de même nature ; mais *si l'on suppose* (ce
ce qui peut bien d'ailleurs ne pas être exact, et demande a être vé-
rifié par une expérience directe), une disposition parfaitement régulière dans la distribution, cette même aire donnera, *pour une*
excursion simple, le travail utile transmis à la machine, c'est-à-dire
l'excès du travail de la vapeur motrice sur le travail de la contre-
pression.

Si la symétrie supposée n'existait pas, il faudrait prendre un diagramme sur chacune des faces du piston. La somme de leurs aires
donnerait bien toujours le travail utile d'une excursion double ; mais
il faudrait combiner *la courbe supérieure* de l'un des diagrammes,
avec *la courbe inférieure* de l'autre, si l'on voulait avoir spécialement le travail utile de l'excursion simple correspondante.

Tel est l'appareil au moyen duquel on mesurera, avec une exactitude en rapport avec l'amplitude que l'on donnera tant aux oscillations du petit piston qu'à l'excursion du papier, le travail réellement transmis au piston moteur, en même temps qu'on aura tous
les éléments nécessaires pour analyser exactement toutes les circonstances de cette transmission.

(**571**) Ces appareils ont reçu diverses modifications.

Ainsi, par exemple, au lieu de donner au papier qui reçoit le diagramme un mouvement de va-et-vient, on lui a donné un mouvement de progression dans un sens déterminé, de manière à pouvoir
enregistrer à la suite l'un de l'autre, au lieu de les superposer,
une série de diagrammes correspondant à une succession de coups
de piston.

Ainsi encore, en faisant communiquer le dessus et le dessous du
petit piston par deux tubulures communiquant, l'une avec le haut,
l'autre avec le bas du grand piston, la pression enregistrée est, à
un moment quelconque, la *véritable pression motrice*, c'est-à-dire
l'excès de la pression de la vapeur sur la contre-pression ; et une
même expérience sert pour la course directe et pour la course inverse ; on obtient le travail qui correspond à l'une de ces courses
en prenant simplement l'aire de la courbe correspondante.

On a encore combiné l'appareil avec un totalisateur qui permet de mesurer directement le travail transmis au piston, ou la force indiquée de la machine, *pendant un temps quelconque. (Bulletin de la Société d'encouragement,* 1874.)

Mais ces deux dernières modifications, très-propres à résoudre la question, intéressante d'ailleurs, de la force transmise au piston d'une machine à vapeur, ne se prêtent pas, comme la disposition indiquée au numéro précédent, à résoudre en même temps la question, *distincte de la précédente* et dont nous nous occupons en ce moment, celle de l'étude de la distribution.

(**572**) Sans entrer ici dans des détails plus étendus sur l'indication et sur les améliorations, ou modifications, qui y ont été successivement apportées, je me borne à dire que cet instrument, tel qu'on l'établit communément pour étudier à l'aide de l'expérience directe les diverses circonstances de l'action de la vapeur dans une machine, est devenu aujourd'hui tout à fait pratique. J'estime qu'un ingénieur qui a sous sa responsabilité un certain nombre de machines à vapeur, doit absolument être familier avec sa manipulation, et que chacune de ces machines doit être munie à l'avance des tubulures et des petits agencements de détail, pouvant permettre de lui appliquer l'instrument à un moment donné, sans avoir besoin de préparatifs particuliers, et même, s'il se peut, sans arrêter la machine.

Ce sera le contrôle le plus efficace que puisse exercer un ingénieur, qui n'est pas en position de suivre par lui-même tous les détails de l'entretien d'une machine. Un diagramme *relevé avec exactitude et bien interprété* en dit plus, on le répète, que l'examen le plus attentif qui pourrait être fait sur la machine en marche.

C'est surtout après un chômage employé à des réparations, qu'on jugera important de prendre quelques diagrammes, pour s'assurer que ces réparations ont été correctement faites, que la distribution n'a pas été dérangée, etc., etc.

Dans le cas le plus général, le diagramme *normal* affecte une forme analogue à celle de la figure 165, forme qui rappelle celle de la figure 162, mais qui en diffère cependant par la chute brusque de pression qu'indique la ligne CC' à la fin de la détente, lorsque s'ouvre la communication avec le condenseur. Sur cette figure, OX étant la ligne du vide parfait et MN la ligne de la pression atmosphérique, la course directe ayant lieu dans le sens OX, on reconnaît que la pression initiale est de 5 atmosphères ; que la détente commence au tiers de la course du piston ; que la pression finale est d'un peu moins d'une atmosphère et demie ; qu'au point mort de la course du piston, il se fait une chute brusque de pression jusqu'à ce que l'équilibre s'établisse avec le condenseur ; que la pression du condenseur persiste pendant toute la course rétrograde du piston, et qu'au point mort opposé la pression de la chaudière se rétablit brusquement pour commencer la course directe suivante.

En pratique, ce diagramme présentera habituellement, aux points où il se fait des changements *brusques* de pression, c'est-à-dire quand on passe de la pression finale de la vapeur détendue à la pression du condenseur, et surtout quand on revient de celle-ci à la pression motrice initiale, des parties de courbes très-sinueuses, qui sembleraient indiquer soit des maxima *supérieurs à la pression de la chaudière*, soit des minima *inférieurs même au vide absolu* (fig. 166). Ces petites irrégularités ne doivent pas être prises en considération dans la quadrature du diagramme. Elles sont dues à un phénomène tout à fait étranger à l'action de la vapeur, c'est-à-dire à l'inertie du petit piston et de sa tige. Ces pièces amenées rapidement d'une position d'équilibre à une autre, arrivent à la dernière avec une vitesse finie ; elles la dépassent en vertu de cette vitesse acquise, puis elles rétrogradent et la dépassent en sens contraire ; et enfin elles ne s'y fixent qu'après plusieurs oscillations dont l'amplitude va rapidement en décroissant. Ces oscillations sont d'ailleurs d'autant plus marquées, que les pièces dont il s'agit ont une masse *plus importante* pour un diamètre donné. Aussi les fait-on volontiers en aluminium, pour les rendre plus légères.

Les autres déformations qui se produisent sur la figure normale 165 ont une origine différente, et c'est sur elles que l'attention de l'ingénieur doit se porter. Sans entrer ici dans des détails trop minutieux qu'un peu d'attention fait facilement distinguer, nous dirons d'une manière générale :

1° Qu'un coude arrondi qui se prononce à chacun des angles A C C′ D de la figure, c'est-à-dire au commencement ou à la fin de chacune des périodes du travail de la vapeur et de son échappement, indique des manœuvres prématurées ou tardives des organes de la distribution, ou bien encore des manœuvres trop lentes de ces mêmes organes, ne permettant pas aux pressions de changer d'une manière assez instantanée ;

2° Qu'un tel coude, au commencement de la détente, en B, indique soit une manœuvre trop lente, soit une fermeture imparfaite de l'organe qui coupe l'admission ;

3° Qu'une courbe de détente moins rapidement décroissante qu'à l'ordinaire indique soit une fuite au piston, soit, plus souvent, une vapeur chargée d'une quantité d'eau anormale ;

4° Que l'abaissement général des ordonnées dans la partie ABC de la courbe, ou le relèvement de celles de la partie inférieure C′D indique une consommation anormale de vapeur due au mauvais état du piston et de l'appareil de distribution, etc., etc.

La figure 167, inscrite dans le même rectangle que la figure 165, donne une idée de la forme que peut affecter un diagramme dans les cas principaux ci-dessus indiqués. C'est toujours aux dépens du travail utile que ces formes anormales se produisent.

(**573**) Le meilleur état d'entretien et de fonctionnement des pièces, accusé par le diagramme le plus correct, ne suffit pas, en général, pour réduire la consommation de la machine aux chiffres que nous avons établis précédemment, soit à la fin du n° **566**, soit aux n^{os} **567** et **568**, pour des conditions variées d'emploi de la vapeur.

Ces chiffres supposent, en outre, qu'on se soit attaché, dans le projet de la machine, à réaliser le mieux, ou plutôt le moins mal possible, les conditions sous lesquelles les calories enlevées à la chaudière auront l'effet qu'on leur suppose dans les calculs.

Une première condition à remplir, est que ces calories ainsi enlevées par la vapeur sortie de la chaudière arrivent jusque dans le cylindre de la machine où elles doivent se transformer en travail, avec un minimum de perte.

Il convient donc de rapprocher les chaudières de la machine, et de préserver le tuyau de prise de vapeur contre le refroidissement qu'amènerait le contact direct de l'air, en l'entourant d'une enveloppe peu conductrice de la chaleur.

Cette enveloppe est d'autant plus nécessaire, que les circonstances locales obligent à placer les chaudières à une plus grande distance de la machine.

C'est surtout dans les mines que le cas se présente, quand on veut placer des machines à l'intérieur. A cause des sujétions de l'aérage, les chaudières ne peuvent être installées que dans des emplacements déterminés, plus ou moins éloignés de celui où il convient d'établir la machine ; souvent même l'installation doit être reportée au jour. C'est donc par quelques centaines de mètres que se mesurera parfois la distance d'une machine à sa chaudière.

Dans un cas semblable, l'enveloppe, pour être efficace, doit avoir une certaine épaisseur et être formée avec des corps qui soient mauvais conducteurs de la chaleur, soit par eux-mêmes, soit par leur état de division qui en forme une masse poreuse remplie de molécules d'air dont le déplacement est difficile. On emploiera, par exemple, d'épaisses étoffes de laine feutrées, de la sciure de bois maintenue autour du tuyau à l'aide d'un coffrage en bois, etc., etc.

Si l'on considère le flux de vapeur qui va de la chaudière à la machine, toute calorie emportée par ce flux et perdue pendant le trajet, entraîne la perte du travail moteur qu'elle aurait produit dans la machine, et s'il y a en même temps une réduction de température, elle diminue le rendement de celles qui parviennent au cylindre.

On peut se représenter le tuyau de prise de vapeur comme une conduite chargée de faire écouler la chaleur depuis la chaudière jusque dans le cylindre de la machine, qui doit la recueillir et la transformer en travail ; dès lors l'action refroidissante des parois de ce tuyau équivaut à une sorte de *porosité* par suite de laquelle il se perd *en route* une certaine quantité de cette chaleur, comme nous avons vu (n° **32**) qu'il se perdait du travail dans les transmissions d'une machine quelconque. Il se perd *des calories* et il se perd *de la température*, c'est-à-dire les deux éléments à l'aide desquels on peut obtenir du travail.

Mais en somme, avec des précautions, on peut arriver à n'en perdre que très-peu, et à ne pas avoir, par exemple, plus d'une demi-atmosphère de réduction de charge, et souvent moins, même pour des conduites de quelques centaines de mètres de longueur, *d'un diamètre suffisant* et *bien enveloppées.*

(**574**) Une seconde condition que l'on doit chercher à remplir est d'avoir de la vapeur *à peu près sèche.*

Ceci demande quelques explications ; car nous avons vu (n^{os} **524** à **528**) que théoriquement la vapeur humide et la vapeur sèche donnent des résultats équivalents au point de vue du rendement, attendu que rien dans la théorie générale des machines thermiques, n'oblige de supposer que le corps employé comme agent soit entièrement à l'état gazeux, plutôt qu'à tout autre. Cette théorie s'applique donc *absolument de la même manière,* qu'il s'agisse de vapeur sèche ou d'un mélange d'eau liquide et de vapeur.

Mais il n'en est plus de même, lorsqu'on passe à la pratique, parce qu'il n'est plus permis de supposer ni que le milieu dans lequel la vapeur travaille ait une enveloppe absolument imperméable à la chaleur, ni que la détente soit poussée jusqu'à la pression même du milieu dans lequel la vapeur doit s'échapper.

Le rayonnement *des parois extérieures du cylindre* de la machine agit dans le même sens que celui du tuyau de prise de vapeur, et il y a les mêmes raisons pour le préserver par une enveloppe peu conductrice, comme on le pratique, en effet, dans la plupart des machines à vapeur soigneusement établies, surtout dans le cas des hautes pressions.

Mais il faut en outre considérer ce qui se passe *à l'intérieur du cylindre.* Supposons qu'après avoir préalablement chauffé le cylindre, on donne un premier coup de piston, et que la vapeur arrive saturée, mais parfaitement sèche. Elle ne s'en condensera pas moins partiellement, soit par suite du refroidissement extérieur ci-dessus indiqué, soit à cause de la détente. Puis, au moment où s'ouvrira l'échappement, l'équilibre de pression *s'établira* presque instantanément avec le milieu dans lequel la vapeur s'échappe (soit l'atmosphère, soit le condenseur), et *il tendra à s'établir* un équilibre correspondant de température. En effet, l'eau qui s'est d'abord déposée en gouttelettes sur les parois pendant la course directe du piston, est à une température plus ou moins élevée, et elle se vaporise de nouveau pendant l'échappement, dès que la pression est tombée au-dessous de celle qui correspond à la saturation pour la température de ces gouttelettes. La vapeur ainsi formée ne peut emprunter sa chaleur latente qu'aux parois avec lesquelles elle est en contact ; ces parois en cèdent en effet, et le phénomène de la vaporisation peut continuer ainsi, jusqu'à ce que la surface des parois ait pris la température qui correspond à la contre-pression. Au coup de piston suivant les parois se réchaufferont pendant l'admission, pour reprendre la température correspondante, et ce réchauffement aura lieu par un mécanisme inverse du refroidissement, c'est-à-dire par une précipitation de vapeur, qui correspondra *d'abord*, comme au coup de piston précédent, à la perte de chaleur par le rayonnement extérieur et à la condensation due à la détente, mais, *en outre*, au réchauffement des parois qui s'étaient refroidies et en quelque sorte *glacées à la surface*, pendant la course rétrograde précédente.

La quantité de la vapeur condensée pendant le second coup de piston sera donc *plus grande* que pendant le premier. Il en résultera pendant le second échappement un refroissement plus intense, qui tendra à produire à son tour *une plus grande précipitation pendant le troisième coup*, et ainsi de suite, jusqu'à ce qu'il s'établisse, au bout d'un certain temps de marche, un régime permanent dans lequel la chaleur communiquée aux parois du cylindre, pendant le travail de la vapeur sur une des faces du piston, compensera la chaleur perdue sur l'autre face en communication avec l'échappement.

On comprend que cet état de régime correspondra à une perte d'effet utile d'autant plus grande qu'il y aura pendant l'échappement une plus grande quantité de chaleur enlevée au cylindre ; elle croîtra évidemment, pour une quantité d'eau donnée, avec la chute de pression qui accompagne l'échappement, et pour une chute de pression donnée *avec la quantité d'eau à vaporiser*. Elle sera donc plus grande, toutes choses égales d'ailleurs, avec de la vapeur qui sera arrivée déjà très-humide qu'avec de la vapeur relativement sèche. Ainsi, en résumé, l'humidité en excès qu'amène avec elle la vapeur venant de la chaudière, doit être considérée comme nuisible, *non au point de vue théorique*, mais par le fait de *circonstances accessoires* que la théorie ne prend pas en considération, qui sont même contraires aux conditions que suppose cette théorie, mais qui n'en ont pas moins une importance pratique réelle.

On tâche bien d'installer les chaudières avec les dispositions convenables pour qu'elles donnent de la vapeur aussi sèche que possible ; mais il est rare que cette vapeur entraîne moins de 10 pour 100 d'eau à l'état de gouttelettes liquides.

On pourrait, à l'aide d'un chauffage supplémentaire donné au dehors de la chaudière, avoir de la vapeur exactement saturée, ou même de la vapeur désaturée, ou surchauffée.

Nous avons dit au n° **529** quel est l'avantage, théoriquement assez limité, de cette disposition, et au n° **537** quels en sont les inconvénients pratiques, au point de vue des frottements, surtout si la surchauffe est poussée trop loin ; de sorte que le plus souvent on se regarde comme satisfait d'employer de la vapeur à 6 ou 10 pour 100 d'eau, se bornant à chercher à réduire les inconvénients qui peuvent, comme nous venons de le voir, résulter de cet emploi.

Nous reviendrons encore sur cette question du surchauffage de la vapeur, quand nous parlerons des chaudières.

(**575**) Ne parlant encore ici que de la machine, nous dirons que le moyen de combattre l'influence fâcheuse de l'eau à l'état liquide dans les cylindres, moyen mis en pratique dans toutes les grandes machines soignées, consiste à placer *une double enveloppe*, ou une *chemise de vapeur* autour du cylindre, c'est-à-dire à l'entourer d'un autre cylindre un peu plus grand, entouré lui-même de l'enveloppe peu conductrice précédemment indiquée. On fait communiquer directement avec la chaudière le haut et le bas de la capacité comprise entre les deux cylindres, à l'aide de petits tuyaux qui établissent un circuit de vapeur et ramènent à la chaudière l'eau condensée dans l'enveloppe.

Cette disposition est volontiers complétée, surtout dans les cylindres à petite course et à grand diamètre, par un double fond et par un double couvercle recevant aussi une chemise de vapeur, et enfin, dans les machines très-soignées, par l'emploi de boîtes à étoupes superposées, entre lesquelles se trouve également un petit réservoir de vapeur qui réchauffe la tige du piston à mesure qu'elle rentre dans le cylindre.

On comprend, d'après les observations du numéro précédent, le rôle de ces chemises de vapeur. Elles n'ont nullement pour but, et elles ne peuvent avoir pour effet de prévenir les pertes de chaleur *par suite du rayonnement extérieur*. Ces pertes seraient plutôt augmentées que diminuées, puisque la surface rayonnante est plus grande qu'avec un cylindre simple.

Il faut comprendre que c'est *vers l'intérieur* que ces chemises agissent, en cédant par contact direct, par suite de la conductibilité du métal, une certaine quantité de chaleur aux diverses surfaces en relation avec la vapeur qui travaille. Cette chaleur a deux effets distincts : d'abord elle diminue les dépôts d'eau condensée pendant la période du travail de la vapeur, et ensuite elle remédie aux refroidissements nuisibles qui en sont la conséquence, lorsque ces dépôts se vaporisent de nouveau pendant la période de l'échappement, par suite de la réduction de pression.

Ces chemises de vapeur sont donc utiles, non-seulement au point de vue de l'eau amenée avec la vapeur, mais encore à celui de l'eau qui se condense, par une cause quelconque, dans le cylindre même. Elles sont d'autant plus utiles, par conséquent, autour d'un cylindre, que *la détente y est poussée plus loin*. Il est bien clair, en effet, que la surface interne du cylindre tend à se mettre en équilibre de température, à chaque instant, avec la vapeur qui y fonctionne. Sa température va donc en s'abaissant de plus en plus pendant les dernières parties de la course, *du côté où la vapeur travaille*. Elle s'abaisse plus encore du côté où s'exerce la contre-pression du condenseur. Si donc les pertes de chaleur qui en résultent ne sont pas compensées, au moins partiellement, par un afflux de la chaleur venant d'une double enveloppe, elles devront l'être intégralement pendant l'admission suivante par une certaine condensation de la vapeur motrice.

Cette observation montre que l'on aurait un certain intérêt, pour diminuer l'influence refroidissante de la détente, à l'opérer dans un cylindre distinct de celui dans lequel on admet la vapeur. C'est ce qu'on fait dans les machines dites de Woolf, composées d'un petit cylindre qui ne sert que pour le travail à pleine pression, ou dans lequel on ne donne qu'une détente restreinte, et d'un grand cylindre dans lequel se fait la partie principale de la détente. Il peut être bon de mettre encore une chemise de vapeur au petit cylindre ; mais elle est, pour ainsi dire, indispensable autour du grand.

Ce que nous venons de dire est *un des avantages* de la détente à l'aide de deux cylindres ; mais il y en a encore beaucoup d'autres sur lesquels nous reviendrons, et dont l'ensemble fait ressortir l'utilité de ce système qui tend à se généraliser dans la plupart des grandes machines très-soignées, où l'économie de combustible, et la régularité et la douceur de la marche sont les objectifs principaux. Nous aurons à revenir en détail sur ces machines, lorsque nous parlerons des procédés de détente.

(**576**) Les inconvénients pratiques, non révélés par la théorie pure, que peut présenter l'emploi d'une vapeur trop chargée d'humidité, seront principalement prévenus, comme on vient de le dire, à l'aide *des enveloppes peu conductrices* qui diminuent les condensa- tions dues à des causes extérieures, et à l'aide *des chemises de va- peur* qui diminuent à l'intérieur les condensations pendant le travail, et qui surtout tempèrent les refroidissements dus aux vola- tilisations pendant l'échappement. Ces chemises de vapeur seront d'autant plus utiles, qu'il y aura des causes plus variées et plus actives de refroidissements et de condensations dans le cylindre ; plus utiles, par conséquent, dans le cas de machines condensantes, que dans les machines sans condensation ; plus utiles encore dans les machines lentes que dans les machines rapides, etc., etc... Leur efficacité sera, d'ailleurs, accrue par toutes les dispositions qui pourront être prises pour que, dans l'acte même de la vaporisation, il y ait aussi peu d'eau que possible entraînée mécaniquement, et que cette eau ainsi entraînée, de même que celle qui se condense en route, ne passe pas nécessairement dans le cylindre, et puisse, au contraire, *avoir quelque chance* de rebrousser et de revenir à la chaudière.

Nous reviendrons plus loin, en parlant des générateurs, sur les dispositions qui peuvent être prises pour diminuer l'entraînement de l'eau , ou suivant l'expression consacrée pour empêcher les chaudières *de primer;* disons seulement ici, en passant, que les moyens les plus simples et en même temps les plus efficaces sont de prévenir les ébullitions tumultueuses amenant des projections d'eau, en ayant une grande surface d'évaporation et un grand réservoir de vapeur, et que, pour une étendue donnée de ces éléments et *un poids donné* de vapeur, leur efficacité est d'autant plus marquée que ce poids a un moindre volume, c'est-à-dire que la vapeur est à plus haute pression.

Une fois la vapeur, plus ou moins humide, entrée dans le courant qui parcourt le tuyau de prise de vapeur, deux moyens se présentent encore de diminuer l'eau arrivant jusqu'au cylindre à vapeur : le premier, que nous venons de rappeler, est depuis longtemps mis en pratique, autant toutefois que les conditions locales ne s'y opposent pas. Il consiste à placer les chaudières *en contrebas* de la machine, et à disposer le tuyau d'arrivée de la vapeur avec une rampe continue, sans contre-pente ; de sorte que l'eau qui mouille les parois de ce tuyau, puisse retourner à la chaudière par la simple action de la gravité. Si cette disposition n'est pas possible ; si la conduite doit être dirigée de haut en bas, ou présenter des parties en pentes, on place aux coudes convexes vers le bas, de petits réservoirs, dans lesquels viennent se recueillir les gouttelettes d'eau et que l'on vide, soit d'une manière continue à l'aide d'un petit siphon et par un robinet, soit d'une manière intermittente en manœuvrant un robinet purgeur. On peut également établir, en ces points, des *épurateurs*, c'est-à-dire des capacités ayant une grande section, dans lesquelles la vapeur se ralentit beaucoup, circonstance favorable au départ de l'eau entraînée, qui se dépose par un mécanisme analogue à celui qu'on met en jeu dans *les chambres de condensation* servant à recueillir les fumées des fourneaux de certains établissements métallurgiques.

(577) Le second moyen consiste dans la manœuvre du *papillon*, ou de la *soupape à gorge*, qui existe toujours sur un point de la prise de vapeur, entre une machine quelconque et ses chaudières. Cet appareil qu'on désigne aussi, dans certaines machines, sous le nom de régulateur, est ordinairement indiqué comme fournissant un moyen de régler *la vitesse de la machine*, et c'est là, en effet, son rôle principal et nécessaire. Selon qu'il étrangle plus ou moins le passage de la vapeur, il crée de l'amont à l'aval une chute de pression plus ou moins forte, et il doit être disposé, par conséquent, pour *augmenter* l'ouverture du passage quand la machine *se ralentit*, pour la *réduire* quand la machine *s'accélère*.

On comprend que pour qu'il puisse agir efficacement, quand la machine se ralentit, il faut qu'il facilite alors l'admission ; d'où l'on conclut qu'il doit, à la vitesse normale, masquer une *partie impor-ante de l'orifice*. Ainsi la situation régulière de la soupape à gorge est d'être *en grande partie fermée*. C'est une chute de pression à laquelle on consent, afin de pouvoir, par la réduction ou par la suppression temporaire de cette chute, parer aux irrégularités tendant à ralentir la machine.

Or, dès que l'on suppose qu'il existe une chute appréciable, d'un quart d'atmosphère par exemple, on doit en conclure une différence finie de vitesse en amont et en aval de la soupape ; ou du côté d'amont un certain ralentissement propre à diminuer l'entraînement de l'eau. En outre, sans entrer dans de plus longs développements que l'importance du sujet ne le comporte, on peut penser qu'il se produit quelque chose d'analogue à ce qui se passe, quand on ouvre la soupape de sûreté d'une chaudière à haute pression.

Dès que la vapeur a franchi l'orifice de la soupape et pénétré dans l'atmosphère, le jet se dilate et la vitesse des molécules diminue. L'extinction graduelle de la force vive due à cette vitesse amène une création de chaleur équivalente, qui détermine la vaporisation complète des particules d'eau ; le jet de vapeur devient parfaitement transparent, et ce n'est qu'un peu plus loin, par suite du refroidissement dû au contact de l'air, que la vapeur se condense partiellement, et prend l'aspect nuageux et blanchâtre que l'on connaît.

Il peut en être de même lorsque la vapeur traverse l'ouverture de la soupape à gorge pour passer dans un milieu où elle trouve une pression réduite, et l'on conçoit ainsi que la vapeur, tout en restant probablement encore sursaturée en aval de l'orifice, le soit à un degré un peu moindre qu'en amont.

Le rôle de la soupape à gorge serait donc en définitive, *en premier lieu et principalement*, d'envoyer au cylindre de la vapeur toujours saturée, mais *à une moindre pression* et par conséquent *à une moindre température* que dans la chaudière ; d'où résulte une certaine réduction d'effet utile que compense l'avantage de trouver ainsi, dans le jeu de cette soupape, un moyen de règlement pour la vitesse de la machine ; *en second lieu et subsidiairement*, de diminuer, dans une certaine mesure, le degré d'humidité de la vapeur à son arrivée dans le cylindre.

(**578**) Indépendamment des deux conditions principales énoncées aux n°ˢ **573** et **574** (prévenir les refroidissements en route et éviter l'emploi de la vapeur trop chargée d'humidité), on s'attachera encore :

1° A donner des sections suffisantes aux tuyaux d'arrivée et d'échappement, afin de ne pas obliger la vapeur à y circuler avec de trop grandes vitesses, qui entraînent diverses pertes de charges toutes proportionnelles aux carrés de ces vitesses (Voir n° **351**) ;

2° A faire en sorte que les organes de distribution démasquent des orifices d'admission ou d'échappement aussi larges que possible, afin de ne pas créer inutilement en ces points des pertes de charge plus ou moins comparables à celle que l'on est conduit à accepter pour la soupape à gorge ;

3° A éviter, en tant du moins que le permettent les circonstances d'application industrielle sur lesquelles nous reviendrons, les machines dans lesquelles on emploie des vitesses, soit *de translation*, soit *de rotation*, trop considérables ; la première tend à produire une petite réduction de la pression effective pendant la course du piston, par suite de la diminution de la pression motrice et de l'augmentation de la contre-pression ; la seconde agit principalement dans les derniers ou dans les premiers moments d'une excursion du piston, c'est-à-dire ou avant ou après le passage aux points morts, pour retarder l'établissement de la pleine pression sur une des faces et du vide de la condensation sur l'autre face;

4° A réduire autant que possible ce qu'on appelle *l'espace nuisible*, espace qui se remplit à chaque coup de piston d'une certaine quantité de vapeur venant de la chaudière, dont le travail *est nul* dans les machines sans détente réglées sans avances, et ordinairement *plus ou moins incomplet* dans les machines avec détente ;

5° Enfin à éviter, autant que possible, les refroidissements intermittents des organes en contact avec la vapeur, soit, par exemple, en employant, comme on l'a dit tout à l'heure, un cylindre spécial de détente, soit encore en établissant des orifices distincts *pour l'admission* et *pour l'échappement*, afin de soustraire les premiers à l'influence d'une relation trop directe avec le condenseur.

(579) Telles sont les indications générales qu'il nous a paru convenable de résumer, sur les dispositions qui peuvent être prises pour obtenir le meilleur effet possible de la vapeur dans son application aux machines motrices.

Ces indications, qui n'ont d'ailleurs pas toutes une égale importance, sont conformes à la pratique des meilleurs constructeurs, du moins dans l'établissement de la plupart des machines importantes ; et *elles doivent être prises en considération*, dans tous les cas où l'économie de combustible est l'objectif principal. Il est permis de croire qu'elles ne laissent que bien peu de marge aux perfectionnements ultérieurs, et, dans tous les cas, ceux-ci ne seront assurément que des perfectionnements d'un ordre tout à fait secondaire.

La réunion, ou, pour ainsi parler, la superposition de ces améliorations de détail peut bien sans doute offrir encore un certain intérêt ; mais les principes généraux sont posés, et, comme nous l'avons déjà dit au n° **533**, on n'a pas plus à attendre de changements radicaux dans le mode d'emploi d'une quantité donnée de chaleur fonctionnant, à l'aide de la vapeur d'eau, entre deux limites de température données, que dans celui d'un certain volume d'eau disponible sur une chute d'une certaine hauteur.

Nous avons déjà fait ressortir l'analogie qui existe entre ces deux ordres de faits au premier abord si dissemblables ; cette analogie se poursuit dans les détails, et les développements que nous venons de donner dans les n^{os} **573** et suivants, sont parfaitement compa·rables à ceux qui s'appliquent au meilleur emploi d'une chute hydraulique sur une machine à colonne d'eau ou même sur une roue à augets.

Au point de vue théorique, demander que la machine fonctionne *dans les conditions du cycle de Carnot*, c'est demander d'utiliser *la totalité de la chute*, en prenant l'eau au niveau du bief supérieur et en l'abandonnant au niveau du bief inférieur.

Au point de vue pratique, prendre les dispositions propres à prévenir les fuites de vapeur, ainsi que les refroidissements ou condensations parasites, c'est rendre étanche le canal d'arrivée et empêcher les fuites d'eau et les pertes partielles de chute, soit dans ce bief, soit pendant que l'eau fonctionne sur l'appareil récepteur.

Les conditions relatives soit à la soupape à gorge, soit aux grandes sections à donner aux tuyaux et aux organes de distribution, soit encore à la faible vitesse qu'il convient d'imprimer à l'appareil récepteur proprement dit, se motivent et se formulent exactement de la même manière, pour une machine à vapeur et pour une machine à colonne d'eau.

Il n'est pas jusqu'à cette vitesse elle-même qui ne donne lieu à une observation toute semblable à celle que nous avons plus ou moins nettement indiquée à plusieurs reprises, notamment aux n^{os} **179**, **210** et **254** : théoriquement, on aurait un résultat *d'autant plus satisfaisant* que la machine marcherait *plus lentement;* mais diminuer *indéfiniment* la vitesse serait augmenter *indéfiniment* les dimensions de la machine pour une dépense donnée de vapeur. Cet accroissement indéfini des dimensions serait d'abord *impraticable*, et au fond même *désavantageux au point de vue mécanique*, en ce sens qu'en descendant au-dessous d'une certaine vitesse qui ne cause plus qu'une perte théorique insignifiante, on gagnerait moins par une nouvelle réduction sur cette perte théorique qu'on ne perdrait pratiquement par l'augmentation des résistances passives.

Cette espèce de parallélisme entre les machines hydrauliques et les machines à vapeur me semble mériter d'être pris en sérieuse considération ; car il est propre à maintenir les praticiens sur la voie dans laquelle ils doivent s'engager et rester, pour chercher à améliorer les conditions économiques de la marche de leurs machines.

Nous admettons d'ailleurs parfaitement que l'on se préoccupe de divers points de vue autres que celui de la consommation de combustible ; ils peuvent avoir leur importance propre, et cette importance peut même, très-rationnellement, être, dans certains cas, considérée comme prépondérante.

On pourra donc, très-bien et très-légitimement, se trouver conduit à s'écarter, pour certains détails, des conditions les plus favorables à l'effet utile, telles que nous les avons formulées dans ce chapitre ; mais il serait chimérique d'espérer qu'on ne payera pas cet écart au prix d'une certaine augmentation dans la consommation du combustible.

(**580**) Nous terminerons ces indications générales par une observation relative au mode de calcul qui a été suivi dans les exemples numériques traités précédemment, pour arriver à déterminer le travail correspondant à l'emploi de la vapeur dans des conditions données.

Ce n'est pas le mode ordinairement employé, qui se trouve exposé dans les divers traités publiés jusqu'ici sur les machines à vapeur.

On procède en général d'une manière beaucoup plus sommaire.

Désignant par P la pression de la vapeur *à son arrivée dans le cylindre*, et par V son volume, on a d'abord le produit PV pour représenter le travail de l'admission à pleine pression. Pour le travail de la détente, on suppose habituellement que la température reste constante et que la vapeur obéisse, pendant qu'elle se détend, à la loi de Mariotte. Désignant donc par P′ et V′ la pression et le volume à la fin de cette détente, et par p et v les valeurs courantes de ces mêmes quantités, le travail de la détente a pour expression $\int_{V}^{V'} p\,dv$, qui à cause de la relation $PV = pv = P'V'$ devient

$$PV \int^{v'} \frac{dv}{v} = PVl\frac{V'}{V} = PVl\frac{P}{P'},$$

formule identique, ainsi que cela doit être, à celle du n° **334**, établie pour les gaz permanents se dilatant à température constante, c'est-à-dire conformément à la loi de Mariotte.

Enfin le travail résistant de la contre-pression devient, en désignant celle-ci par P_1

$$P_1V' = \frac{P_1}{P'}, \quad P'V' = \frac{P_1}{P'}PV.$$

Par suite l'expression du travail utile s'écrira

$$T_m = PV\left((1 + l\frac{P}{P'} - \frac{P_1}{P'}\right);$$

formule dans laquelle on voit que le premier terme représente le travail moteur pendant la période de l'admission, le second celui de la période de détente et le troisième le travail résistant total de la contre-pression pendant ces deux périodes. Cette formule se présente sous une forme assez rationnelle, et elle a en particulier ce caractère qu'elle indique que pour rendre T_m un maximum il faut une pression finale de la détente égale à la contre-pression. Si en effet on se donne $P, V,$ et P_1, le maximum de T_m correspond au maximum du facteur entre parenthèse, qui peut s'écrire $1 + lP - lP' - \frac{P_1}{P'}$, ou au minimum en valeur absolue des deux termes variables négatifs. On posera donc $lP' + \frac{P_1}{P'}$ égal à un minimum, c'est-à-dire

$$d\left(lP' + \frac{P_1}{P'}\right) = 0 \text{ ou bien } \frac{1}{P'} - \frac{P_1}{P'^2} = \frac{1}{P'}\left(1 - \frac{P_1}{P'}\right) = 0 \text{ ou enfin}$$

$P_1 = P'$. On reconnaît d'ailleurs que l'on a bien en effet un minimum, car la seconde dérivée, $-\frac{1}{P'^2} + \frac{2P_1}{P'^3}$, est égale à $\frac{1}{P_1^2}$ pour $P' = P_1$, et est par conséquent essentiellement positive.

Mais cette hypothèse d'une température constante et d'une détente conforme à la loi de Mariotte, n'est justifiée ni par le raisonnement ni par l'expérience, et si l'on arrive bien dans ce système *à la même valeur de la pression* à la fin de la détente, on n'arrive point du tout *à la même valeur du volume final* que lorsqu'on suppose que la course de la détente se trouve être, non pas une hyperbole équilatère, comme cela a lieu en appliquant la loi de Mariotte, mais bien la courbe adiabatique représentée par la figure 162, dont nous avons appris à calculer les coordonnées.

Appliquons ces formules aux différents exemples numériques que nous avons précédemment traités.

Sans nous arrêter à considérer le cas idéal de machines employant la vapeur à diverses pressions initiales, dans les conditions du cycle de Carnot, c'est-à-dire avec condensation, en épuisant l'action de la détente, et en faisant usage de la compression finale pour réchauffer l'eau et la ramener dans la chaudière, nous nous bornerons, d'une part, à prendre ces mêmes machines dans les conditions plus pratiques d'une détente limitée par l'importance des résistances passives inhérentes au récepteur, et d'une alimentation faite par les procédés ordinaires, et d'autre part, nous considérerons également les deux cas spéciaux que l'on rencontre fréquemment d'une machine à basse pression à condensation et sans détente, et celui d'une haute pression sans détente ni condensation.

La tableau ci-après donne les résultats que nous avons précédemment obtenus dans les cinq cas résumés aux nᵒˢ **565, 567** et **568**, et rapproche ces résultats de ceux que donnent les formules logarithmiques.

Pression initiale exprimée en atmosphères.	1	6	14	1	6
Pression à la fin de la détente exprimée en atmosphères	0.2	0.3	0.5	1	6
Détente exprimée par le rapport des pressions finale et initiale.	$\frac{1}{5}$	$\frac{1}{20}$	$\frac{1}{28}$	1	1
Détente exprimée par le rapport des volumes initial et final.	$\frac{1}{11}$	$\frac{1}{52}$	$\frac{1}{110}$	1	1
Contre-pression exprimée en atmosphères.	$\frac{1}{14}$	$\frac{1}{14}$	$\frac{1}{14}$	$\frac{1}{14}$	1
Travail réellement disponible par kil. de vapeur, déduction faite du travail de					

l'alimentation et de l'extraction de l'eau d'injection.	27.005	50.647	59.567	15.822	15.888
Travail calculé par la formule logarithmique, la détente étant mesurée par le rapport des pressions.	38.359	71.649	83.773	15.822	18.888
Travail calculé par la même formule, la détente étant mesurée par le rapport des volumes.	44.497	82.116	102.745	15.822	55.888

Les quatre premières lignes du tableau ci-dessus renferment les données au moyen desquelles ont été calculées les trois suivantes. Dans la première de celles-ci les quantités de travail sont obtenues à l'aide des calories utilisées, telles qu'elles sont indiquées aux numéros précités. On y a ajouté le travail de l'alimentation et celui de l'extraction des eaux d'injection, afin de rendre les nombres immédiatement comparables à ceux des deux lignes suivantes.

La comparaison de ces derniers nombres, soit entre eux, soit aux nombres de la ligne précédente, donne lieu à diverses observations.

On voit d'abord que quand une machine est sans détente, les deux modes de calcul donnent des résultats identiques, et il est bien clair qu'il en doit être ainsi, puisque le terme logarithmique s'évanouit.

Au contraire, lorsqu'on marche avec détente, la formule logarithmique donne toujours un résultat plus fort que le mode plus rationnel fondé sur la théorie mécanique de la chaleur. Cela se comprend bien, puisque cette formule assimile la vapeur à un gaz permanent qui se dilate à température constante, tandis que pour une masse donnée de vapeur qui se détend, la pression sous un volume donné est beaucoup moindre que ne la donne la loi de Mariotte, par *la double raison* que la température a diminué et qu'une partie de la vapeur s'est condensée. En d'autres termes, pour traduire géométriquement le fait énoncé, la courbe adiabatique BC de la figure 162 se tient au-dessous de l'hyperbole équilatère qui passe par le point B et a pour asymptotes les axes coordonnés.

Ce résultat a été contesté, et l'on a dit que les ordonnées de la courbe réelle de détente étaient parfois, non pas inférieures, mais supérieures à celles de l'hyperbole; et que cela pouvait tenir, soit à l'action de la chemise de vapeur, soit à ce que l'eau arrivée avec la vapeur, ou celle condensée pendant l'admission pour réchauffer le cylindre, se transformerait en vapeur pendant la détente. Il est facile de voir qu'il n'en peut être ainsi ; car, d'un côté, la chemise de vapeur ne pourrait tout au plus que *maintenir* la température initiale et non l'augmenter, et d'un autre côté, la quantité d'eau qui existe avec la vapeur ne peut atteindre, quelque part que l'on veuille faire à l'action condensante des parois, la proportion qui serait nécessaire, aux termes du n° **514**, pour que la détente ne fût pas accompagnée d'une précipitation de vapeur.

Ainsi la courbe réelle pourra bien être au-dessus de la courbe adiabatique BC, si la vapeur est humide, et elle semble même devoir y être en général, d'après ce que nous avons vu aux numéros **524** et suivants ; mais elle sera *certainement au-dessous de la courbe hyperbolique*, l'écart s'accentuant d'autant plus que la détente est plus prolongée et amène une précipitation de vapeur plus considérable.

Si l'on a cru observer quelquefois le résultat inverse, cela n'a probablement eu lieu que pour des détentes peu prolongées, lorsque des déformations du diagramme normal de l'indicateur, analogues à celles de la figure 167, ne permettaient pas de marquer avec précision le point où commençait la détente. On obtient donc, en réalité, par l'emploi de la formule logarithmique, des quantités de travail *trop fortes*, si l'on estime la détente par un rapport donné entre la pression initiale et finale, *et plus fortes encore*, si l'on prend le rapport *réel* des volumes qui correspond à ce rapport des pressions.

D'un autre côté, on doit reconnaître que la formule logarithmique est d'un usage commode, en ce qu'elle se prête immédiatement au calcul du travail, pour un emploi de la vapeur fait dans des conditions déterminées. On pourra donc s'en servir pour arriver rapidement à un premier aperçu. Mais si l'on veut opérer régulièrement, et surtout ne pas éprouver de déceptions dans le cas de détentes un peu étendues, il faut recourir au premier mode que nous avons exposé. Ce mode exige des calculs plus laborieux, et quelquefois certains tâtonnements. Cela tient à ce que les divers phénomènes à prendre en considération sont liés par des formules empiriques, qui sont ou algébriques de degrés supérieurs, ou même transcendantes, et entre lesquelles on ne peut pas faire les éliminations, qui permettraient d'exprimer explicitement une quantité quelconque en fonction des diverses données de la question.

Mais en revanche, les résultats numériques auxquels on arrive, basés sur une appréciation plus exacte des faits, peuvent être acceptés avec beaucoup plus de confiance, et ce sont eux qui doivent être pris comme points de départ, pour apprécier une machine qui fonctionne, ou pour dresser le projet d'une machine à établir.

CHAPITRE XVII

GÉNÉRALITÉS SUR LES APPAREILS RÉCEPTEURS PROPRES A UTILISER LA FORCE MOTRICE DE LA VAPEUR D'EAU

(581) Dans un premier aperçu théorique, on a supposé que l'on avait un générateur rempli d'un liquide quelconque et de sa vapeur, entretenu à une température, et par conséquent à une pression déterminées. Ce générateur était mis en relation avec une capacité dont les parois, ou une partie des parois cédaient sous la pression de la vapeur qui se développait dans le générateur, au fur et à mesure de son débit, sans que la température y diminuât, parce qu'une source indéfinie de chaleur lui restituait incessamment celle que la vapeur entraînait avec elle.

Lorsqu'une certaine quantité de vapeur était ainsi passée du générateur dans la capacité variable, la communication avec la chaudière était fermée ; puis on laissait l'enveloppe se dilater encore, sans perte ni addition de chaleur. La vapeur se détendait en se refroidissant, et l'on poussait la détente jusqu'à ce que la température abaissée devînt celle d'un réfrigérant avec lequel on mettait alors l'enveloppe en relation.

Pendant ces deux périodes d'admission à pleine pression et de détente, il se transmettait à la paroi mobile une certaine quantité de *travail moteur*, puisqu'il y avait pression exercée et espace parcouru dans le sens de cette pression.

On employait une partie de ce travail à ramener la paroi mobile vers sa position primitive. Ce retour avait lieu sans augmentation

de pression, puisque la température ne pouvait augmenter à cause
du contact avec le réfrigérant. C'était la période de la condensation;
puis, lorsqu'il n'existait plus qu'une *quantité déterminée de vapeur*,
le reste étant revenu à l'état liquide, on prenait ce mélange d'eau
et de vapeur, et par une compression finale on liquéfiait la vapeur
en ramenant la masse entière en même temps à l'état liquide et à
la température supérieure, et on la réintroduisait ainsi dans le générateur.

Le travail utilisable était l'excès du travail moteur de l'admission et de celui de la détente sur le travail résistant de la contre-
pression pendant la condensation, et sur celui de la compression
finale et de l'alimentation.

La figure 162, dans laquelle les abscisses représentent les volumes
et les ordonnées les pressions, donne exactement, pour le cas de la
vapeur d'eau, la forme du diagramme correspondant à une évolution exécutée par un poids donné de vapeur dans les conditions ci-
dessus rappelées, la pression initiale étant supposée de six atmosphères.

Cette figure permet de trouver le travail moteur ou résistant correspondant à chacune des périodes considérées, et son aire mesure
le travail théoriquement disponible pour un usage industriel quelconque, qui résulte de la somme algébrique de ces travaux par-
tiels.

Ce travail utile est produit sans qu'il y ait aucune déperdition
de liquide; car l'eau sortie de la chaudière à l'état de vapeur, y
fait retour à la même température à l'état liquide. Mais s'il n'y a
pas dépense d'eau, il y a dépense de chaleur, puisque la chaleur
latente totale de vaporisation (la quantité r du n° **508**) a disparu
dans l'évolution complète que nous considérons.

C'est à cette quantité de chaleur, ainsi qu'à l'abaissement de
température subie par la vapeur passant du générateur au condenseur, qu'est proportionnel le travail utile obtenu. On a ainsi pour

un kilogramme de vapeur $T_m = 425 \times r \times \dfrac{t_2 - t_1}{a + t_2}$, en désignant

par r le nombre des calories fournies par la chaudière pour la vaporisation de ce kilogramme, par t_2 et t_1, les températures *ordi-*

naires du générateur et du condenseur, et par $a + t_2$ la température *absolue* du générateur.

Tel est le *résultat théorique* qui s'applique d'une manière générale à un liquide quelconque, aussi bien qu'à la vapeur d'eau.

Il ne précise rien sur la nature du liquide. Un liquide différent donnerait une courbe différente de celle de la figure 162 ; les quantités r, t_2, t_1, pourraient varier; mais la relation ci-dessus n'en subsisterait pas moins.

Le résultat ne précise pas davantage la forme de la capacité variable et de la paroi mobile, ni les mécanismes à l'aide desquels on peut soit produire les dilatations ou contractions successives de cette capacité, soit la mettre périodiquement en communication avec le générateur ou le condenseur et l'en isoler. Enfin, ce même résultat ne tient point compte, et il n'a pas, en effet, à tenir compte de la pression du milieu ambiant.

(**582**) De cette conception purement idéale, il nous a fallu revenir à l'application.

D'abord, au point de vue du liquide à employer, nous avons vu que l'eau, malgré certaines imperfections, était, jusqu'à présent, celui qui méritait la préférence; que ses imperfections consistaient principalement, *d'une part*, en ce que sa pression, très-rapidement croissante avec la température, ne permettait pas de pousser aussi loin qu'il eût été désirable la température du générateur, *d'autre part*, en ce que sa pression, très-réduite en approchant de la température à laquelle on opère la condensation, lui fait occuper un volume excessif qui ne permet pas, sans être obligé de donner des dimensions exagérées aux machines, et sans perdre beaucoup par les frottements, de pousser très-loin l'action de la détente. Nous avons vu, en second lieu, du moins pour les machines à mouvement continu, que la détente est limitée d'ailleurs par une autre considération, qui est d'obtenir le maximum de travail disponible, non pas sur le récepteur même, mais à l'extrémité de ce récepteur, et que cette considération conduit à ce résultat que la pression finale de la détente doit faire équilibre, non pas à la contre-pression du condenseur, mais à cette contre-pression *augmentée de toutes*

*les résistances passives depuis le récepteur proprement dit jusqu'à
l'arbre du volant exclusivement.*

Nous avons vu enfin que l'enveloppe ne pouvant pas convenablement être portée tantôt à la température de la chaudière, tantôt à celle du condenseur, la condensation devait se faire dans un milieu séparé, pouvant, à volonté, communiquer avec l'intérieur de l'enveloppe ou en être isolé ; de telle sorte qu'habituellement la période de compression finale était supprimée et la contre-pression du condenseur maintenue, pendant tout le retour de la paroi mobile à sa position primitive. L'excès du travail moteur, ainsi obtenu par l'augmentation de l'air du diagramme théorique, est d'ailleurs compensé, et au delà, d'un côté par le travail de la pompe du condenseur et de la pompe d'alimentation, de l'autre, et surtout, par la chaleur employée pour réchauffer l'eau après son introduction dans la chaudière.

Il y a donc, par cette suppression de la compression finale, augmentation de la force de la machine, ou du travail disponible *par coup de piston;* mais la dépense de la chaleur croît *plus rapidement que ce travail disponible,* et la chaleur est en définitive *moins bien utilisée.*

Il en sera ainsi d'une combinaison quelconque, dans laquelle, en restant entre les mêmes limites de température, on dérogera, pour un motif quel qu'il soit, aux conditions précises du cycle de Carnot.

En résumé, dans ce qui va suivre, nous allons supposer qu'il s'agit de l'emploi de la vapeur d'eau, et que cet emploi a lieu sous une pression initiale qui n'atteint pas le maximum de 12 atmosphères, avec une détente qui ne dépasse pas habituellement $\frac{1}{15}$ en volume, et qui est souvent moins étendue, tantôt sans condensation, tantôt avec une condensation opérée à une température voisine de 40° ; enfin avec un système spécial de pompes pour vider le condenseur et pour alimenter la chaudière.

(**583**) Ces généralités rappelées, nous avons actuellement à examiner, également en termes généraux, les divers mécanismes à l'aide desquels peut être réalisé l'emploi de la vapeur d'eau.

D'abord quant à la capacité dilatable, à l'intérieur de laquelle vient agir la pression de la vapeur, à mesure que cette vapeur est engendrée dans la chaudière, cet organe est, le plus souvent, *mais non obligatoirement*, un cylindre alésé dans lequel peut se mouvoir un piston étanche. L'espace est censé nul sur une des faces du piston, quand celui-ci est à l'une des extrémités du cylindre; le même espace est à son maximum quand le piston est à l'autre extrémité. Cet espace maximum est donc égal *au volume engendré par la course du piston*, c'est-à-dire au volume d'un cylindre ayant pour base *la section droite* et pour hauteur *la course du piston* ; plus rigoureusement, il est égal au volume total du cylindre, diminué du volume du piston et du très-petit vide qui existe réellement à la fin de la course entre le piston et le fond du cylindre contre lequel il est sensé en contact.

Le cylindre et son piston existent dans la plupart des machines à vapeur, et constituent *l'appareil récepteur* proprement dit. On les nomme le cylindre et le piston *à vapeur*, ou *moteur*. L'appareil peut être à simple effet, ou à double effet. Le premier cas a lieu lorsque la vapeur n'agit sur le piston que dans un seul sens, pour surmonter une résistance qui ramène le piston en arrière pendant l'échappement *;* dans le second cas, la vapeur agit successivement sur les deux faces pour produire le mouvement alternatif, et tandis que sa pression s'exerce sur une des faces du piston, l'échappement se fait sur l'autre (voir les n[os] **400** et **401**).

De même que la forme cylindrique n'est point obligatoire pour le récepteur, on reconnaît qu'après l'avoir adoptée, on est encore le maître de prendre à volonté les éléments qui définissent cette forme, c'est-à-dire le rayon r de la base et la course H du piston.

Il en résulte un volume $\pi r^2 H$.

Si la vapeur est admise seulement pendant la fraction $\dfrac{1}{\mu}$ de la course, on dépense par coup simple de piston un volume de vapeur égal à $\dfrac{1}{\mu}\,\pi r^2 H$.

Si l'on donne n coups de piston simples par minute, le volume de vapeur dépensé par seconde sera $\dfrac{1}{60}\,\dfrac{n}{\mu}\,\pi r^2 H$.

Si ce volume de vapeur fonctionne dans des conditions entièrement définies quant à la pression initiale, quant à la détente (qui sera mesurée au volume par la quantité $\frac{1}{\mu}$), et quant à la contre-pression, qui sera ou la pression du condenseur ou celle de l'atmosphère, on pourra calculer, avec ces données, le travail de cette vapeur, et le produit divisé par 75 donnera la force brute de la machine en chevaux. Réciproquement, si l'on se donne cette force brute, ou la *force théorique* en chevaux, on arrivera à déterminer quel est le volume de vapeur qu'il faut dépenser dans des conditions d'emploi déterminées, et ce volume égalé à l'expression ci-dessus $\frac{1}{60} \frac{n}{\mu} \pi r^2 H$, dans laquelle la quantité μ sera seule donnée, ne pourra suffire pour déterminer les trois quantités inconnues n, r et H. Deux d'entre elles pourront donc être prises arbitrairement, ou en vue de quelque condition secondaire à remplir, et la troisième s'en déduira.

On conclut de ce qui précède, qu'en principe on n'a aucune donnée, *même par aperçu*, sur la force d'une machine que l'on observe à l'état de repos, en mesurant exactement le diamètre et la course du piston. Il faut encore savoir quelle est sa vitesse de marche, ou combien elle donne de coups de piston dans un temps déterminé, afin de connaitre quel est le volume engendré par l'ensemble des excursions du piston; il faut, de plus, préciser quel est le degré de détente, c'est-à-dire à quelle fraction de la course du piston on arrête l'admission de la vapeur. A ces données il ne suffirait pas d'ajouter l'indication de la pression *dans la chaudière*; car il peut y avoir une chute de pression *quelconque* produite par la soupape à gorge. Il faut savoir quelle est cette chute, ou, mieux encore, connaître, en même temps que le volume dépensé dans le cylindre, le poids vaporisé dans la chaudière, afin d'en déduire le poids ou le volume spécifique, et par suite la pression réelle dans le cylindre. Tous ces éléments, *sans exception*, sont nécessaires; l'ignorance *d'un seul* empêchant de résoudre rationnellement la question de la force de la machine.

On remarquera qu'à mesure que le nombre des coups de piston par minute augmente, le volume du cylindre peut varier en sens inverse, et par conséquent la machine devient de moins en moins encombrante.

On remarquera encore qu'avec un nombre donné de coups de piston et une valeur constante de μ, le produit $r^2\mathrm{H}$ doit être constant, ce qui permet de faire varier la section du piston et sa course en sens inverse l'une de l'autre, et de les approprier aux diverses circonstances d'emploi. Ainsi, par exemple, on pourra, dans une machine à simple effet, donner au piston le diamètre voulu pour que la pression initiale soit supérieure, dans une proportion donnée, à la résistance principale qui doit être surmontée. Ainsi encore, remarquant que dans une machine à double effet qui fait n tours, ou qui donne $2n$ coups simples de piston par minute, le piston parcourt, dans cet intervalle de temps, l'espace $2n\mathrm{H}$, ou que sa vitesse linéaire moyenne est $\dfrac{2n\mathrm{H}}{60}$, on voit que si l'on veut imprimer une grande vitesse de rotation, sans dépasser une limite donnée pour la vitesse linéaire du piston, il faut faire varier H *en raison inverse*, et par conséquent r^2 *en raison directe* de la quantité n.

Tel est, par exemple, le motif pour lequel des machines de bateau qui devront commander sans engrenage une hélice à grande vitesse, recevront des cylindres beaucoup plus gros et beaucoup plus courts, pour une même force et une même pression, que des machines destinées à actionner directement des bobines d'extraction dont la vitesse doit être au contraire assez limitée, etc., etc.

Indépendamment des considérations d'emploi industriel qui pourront faire varier, comme nous venons d'en donner un exemple, les proportions d'un cylindre à vapeur, on pourrait chercher à réaliser une condition d'un ordre très-secondaire sans doute, mais qui n'est cependant pas entièrement dénuée d'intérêt : c'est celle d'obtenir, pour un volume donné du cylindre moteur, le minimum de surface de rayonnement.

C'est une question qui se résout immédiatement, en posant, d'une part, $\pi r^2\mathrm{H} = \mathrm{const.}$, et, d'autre part. $2\pi r\mathrm{H} + 2\pi r^2 = \mathrm{minimum}$ pour une machine à double effet, ou $2\pi r\mathrm{H} + \pi r^2 = \mathrm{minimum}$ pour une machine à simple effet.

On déduit de la première relation :

$$2r\Pi dz + r^2 d\Pi = 0 \ldots \frac{d\Pi}{dr} = -\frac{2\Pi}{r}.$$

Dans le premier cas, cette égalité doit se combiner avec la relation

$$(\Pi + 2r)\, dz + rd\Pi = 0, \text{ qui donne } \frac{d\Pi}{dr} = -\frac{\Pi + 2r}{r}$$

et l'on en déduit

$$\frac{\Pi + 2r}{r} = -\frac{2\Pi}{r} \ldots \Pi = 2r.$$

Dans le deuxième cas, la relation à écrire est

$$2(\Pi + r)\, dz + 2dr + 2rd\Pi = 0 \ldots \frac{d\Pi}{dr} = -\frac{\Pi + r}{r}$$

d'où l'on déduit

$$-\frac{\Pi + r}{r} = -\frac{2\Pi}{r} \ldots \Pi = r.$$

Ainsi la hauteur devrait être, dans le premier cas, *égale au diamètre*, et, dans le second, *égale au rayon du piston.*

Ces hauteurs, sur lesquelles il faudrait encore prendre l'épaisseur du piston, pour obtenir la course, peuvent être considérées comme étant *en général* beaucoup trop faibles. Elles donnent trop d'importance à l'espace nuisible, et ne permettraient pas de donner aux lumières d'admission ou d'échappement des hauteurs suffisantes.

On conclut seulement de ces résultats du calcul qu'il ne faut point inutilement réduire la section et augmenter la course.

Habituellement cette course varie de une fois à deux fois et demie le diamètre. Exceptionnellement, elle est *inférieure au diamètre*, lorsqu'on veut, comme sur les bateaux à vapeur, par exemple, restreindre beaucoup le développement longitudinal de la machine, ou augmenter la vitesse de l'arbre principal.

(**584**) Après l'appareil récepteur proprement dit, il faut considérer la combinaison cinématique par laquelle le mouvement rectiligne alternatif du piston est transmis au point où finit l'appareil moteur, et où commencent les transmissions propres à l'appareil industriel, ou aux opérateurs que la machine a pour but d'actionner.

Dans une machine à simple effet, et quelquefois aussi dans des machines à double effet, le mouvement à transmettre est un mouvement rectiligne alternatif de même nature que celui du piston.

Dans la machine de rotation qui est généralement, mais non pas obligatoirement, à double effet, le mouvement à produire est le plus ordinairement la rotation continue d'un arbre muni d'un volant, sur lequel on prend, avec des courroies ou des engrenages, les commandes nécessaires pour faire mouvoir d'autres arbres appartenant à l'opérateur.

Ces transmissions et tranformations de mouvement ne présentent plus aujourd'hui aucune difficulté aux constructeurs, et la question peut être résolue par divers artifices que tous les mécaniciens connaissent et dont l'usage est devenu en quelque sorte banal.

Mais il était loin d'en être ainsi à l'époque de l'invention des machines à vapeur, et l'étude de ces transformations de mouvement a préoccupé alors les plus célèbres ingénieurs.

Les premières machines à vapeur de Watt qui succédèrent aux machines primitives de Newcommen, ou machines atmosphériques, étaient à simple effet et actionnaient des pompes de mines ; la vapeur y agissait pour faire descendre le piston, dont la tige était attachée par une chaîne à l'extrémité d'un balancier terminé par un secteur circulaire. Une disposition analogue existait à l'autre bout du balancier pour recevoir la tige des pompes. Le piston moteur remontait cette dernière tige, qui, à son tour, pendant la période d'équilibre, ramenait le piston au haut de sa course.

Ultérieurement le système des chaînes et des secteurs a été remplacé, *du côté du piston moteur* par le parallélogramme de Watt, dont nous allons parler, et, *du côté des pompes*, soit par un autre parallélogramme, soit, plus souvent, par l'attache directe de la tige à l'extrémité du balancier.

Les deux bras de celui-ci ont été faits égaux ou inégaux, suivant le rapport que l'on voulait obtenir entre la course du piston à vapeur et celle des pistons des pompes.

Ce système est celui qui prévaut encore aujourd'hui, pour les pompes de mines, en Angleterre où il a pris naissance et où il a été successivement perfectionné par les plus habiles ingénieurs.

A la condition de donner aux pompes la même course qu'au piston à vapeur, il peut être beaucoup simplifié, en attelant directement la tige des pompes à celle du piston qui traverse alors, non plus le couvercle supérieur, mais le fond du cylindre.

C'est la combinaison formant la machine dite à *traction directe*, qui prévaut sur le continent. Elle a sur la machine à balancier l'avantage évident de la simplicité, et en ne nous occupant ici que du point de vue mécanique, elle doit être considérée comme méritant la préférence (Voir cours d'exploitation n° **530.**).

Cette même combinaison s'applique, non-seulement aux pompes, mais encore à tous les appareils auxquels convient un mouvement rectiligne alternatif, avec effort exercé dans un seul sens, par exemple aux appareils connus sous le nom de marteaux-pilons.

Aussi est-elle souvent désignée sous le nom de *machine à pilon*.

Enfin on remarquera que les systèmes soit du balancier, soit de la traction directe s'appliquent également aux machines à double effet devant imprimer à l'opérateur un mouvement rectiligne alternatif, avec effort dans l'un et dans l'autre sens.

(**585**) Quant à la transmission dans les machines à double effet et de rotation, elle a été résolue pour la première fois par Watt de la manière la plus satisfaisante, à l'aide du mécanisme formé d'un balancier, qui, d'un côté, est relié à la tige du piston par l'intermédiaire du *parallélogramme articulé*, ou *parallélogramme de Watt*, et qui, de l'autre, porte une bielle dont l'autre extrémité est attelée au bouton d'une manivelle calée au bout de l'arbre du volant, ou formée par un coude de cet arbre.

L'objet du parallélogramme est de permettre à la tige du piston de conserver son mouvement *rectiligne*, tout en agissant sur l'extrémité du balancier, dont le mouvement est *essentiellement circulaire*.

A cet effet, la liaison entre la tige du piston et le bout du balancier, au lieu d'être directe, est effectuée à l'aide d'un levier AC articulé à ses deux extrémités (voir fig. 168). Le point A décrit *nécessairement* un arc de cercle ; le point C *peut* se mouvoir en ligne droite, et la question est de *l'y obliger*. On y parvient, en prenant sur l'axe du balancier une longueur AB quelconque et achevant de construire le parallélogramme ABCD articulé à ses quatre angles. Dans ce parallélogramme, le point B décrit par construction, comme le point A, un arc de cercle. On veut que le point C décrive en même temps une ligne droite donnée ; par conséquent le mouvement du point D est parfaitement déterminé, et son lien géométrique peut être facilement construit par points, en traçant les positions correspondantes du balancier et du point C.

Supposons-le construit en effet : on reconnaît que si le balancier est assez long, relativement à la course du piston, pour que l'amplitude de ses oscillations corresponde à un angle au centre assez peu ouvert (de 36° au plus), ce lien géométrique affecte une forme simple, et peut être remplacé sensiblement par un arc de cercle dont on peut graphiquement, en se donnant trois de ses points, trouver le centre et le rayon. Ce résultat obtenu, et O' étant le centre de cet arc, on reliera le point D à ce centre par un levier, ou bras de rappel, égal en longueur au rayon trouvé.

Dès lors le mouvement du point D est obligatoire, comme ceux des points A et B, et le mouvement du point C s'en trouve, à son tour, déterminé.

Si l'on construit le lien géométrique du point C dans toute l'étendue que permettent les liaisons géométriques du système, on trouve une courbe allongée en forme de 8, présentant une *longue inflexion* très-peu différente d'une ligne droite ; c'est cette partie de la courbe qui est décrite pendant l'oscillation du balancier limitée par l'amplitude de la course assignée au piston.

Telle est la théorie générale du parallélogramme articulé. On voit qu'au point de vue géométrique elle n'est pas irréprochable ; car la solution n'est qu'approchée. Mais l'expérience montre qu'elle est très-satisfaisante, et que, moyennant des proportions convenables, les très-petites déviations du tracé sont facilement rachetées par suite de la rigidité imparfaite des pièces du mécanisme.

Habituellemement, ainsi que l'indique d'ailleurs la figure 168, la position moyenne du balancier est horizontale, ou la corde de l'arc décrit par son extrémité est verticale. Le piston se meut verticalement, et l'axe de sa tige passe par le point f milieu de la flèche de l'arc.

Enfin les côtés AB et CD dont la longueur est théoriquement arbitraire sont pris assez ordinairement égaux à la moitié des demi-longueurs AO du balancier.

Dans ces conditions particulières de tracé il est facile de voir :

1° Que la course du piston est égale à la corde de l'arc décrit par le balancier, attendu que la figure $A'C'C''A''$ est un parallélogramme ;

2° Que le lien AC, en prenant les diverses positions $A'C'$, AC, $A''C''$, oscille de part et d'autre de la verticale, d'une quantité angulaire égale d'autant plus petite d'ailleurs que ce lien est plus long, l'amplitude des oscillations atteignant à son maximum aux deux extrémités et au milieu de la course du piston, ou, ce qui est la même chose, aux deux extrémités et au milieu des oscillations du balancier;

3° Que les deux positions extrêmes du point D, (D' et D'') se trouvent sur une même verticale tangente à l'arc décrit par le point B, et à une distance l'une de l'autre égale à la corde de cet arc, et que sa position moyenne est à égale distance des positions extrêmes ; d'où il suit que le centre O' se trouve *quelque part* sur l'horizontale du point C au milieu de sa course ;

4° Enfin qne dans l'hypothèse $OB = \frac{1}{2} OA$, la position moyenne du point D est sur le prolongement de la corde de l'arc décrit par le point B, et qu'ainsi les deux points D et B décrivent des arcs de même corde et de même flèche, et par conséquent aussi de même rayon ; d'où il suit que le centre O' *coïncide* avec la position moyenne du point C, ou du moins qu'il se confond avec lui en projection sur le plan vertical dans lequel s'exécute le mouvement d'oscillation du balancier, ou encore que le point O' est à la fois en projection sur l'horizontale du point C pris au milieu de sa course et sur l'axe de la tige du piston.

On remarquera que cette position particulière est due à la relation $OB = \frac{1}{2} AO$, condition souvent remplie, mais nullement obligatoire.

Il est facile de voir comment se déplacerait le point O′ si la relation ci-dessus ne subsistait pas, les autres conditions indiquées restant d'ailleurs remplies. D'abord, la corde de l'arc du point D reste toujours verticale et égale à celle de l'arc du point B, et par suite le point O′ reste sur la même ligne horizontale. En outre, la flèche du premier arc (que nous désignerons pour abréger par la flèche D) est égale, d'après la construction, à la différence des flèches A et B. Ces dernières sont proportionnelles aux rayons OA et OB, et c'est parce que nous avons OA = 2OB que la flèche D est égale à la flèche B, et que les arcs B et D ayant même corde et même flèche, ont aussi le même rayon. Mais si nous avons OA $\gtrless$ 2OB, la flèche D est *plus grande* ou *plus petite* que la flèche B, et le rayon correspondant est *plus petit* ou *plus grand* que dans le cas où OA = 2OB. Ainsi le point O′ sera, sur la figure, *à droite* de la tige au piston, ou *à gauche*, selon que le côté AB du balancier sera plus grand ou plus petit que la demi-longueur OA.

Telles sont les considérations géométriques, qui suffisent pour s'expliquer complétement le jeu du parallélogramme ordinaire et la position du centre du bras de rappel O′D.

(**586**) On doit remarquer que le point C une fois assujetti à se mouvoir sensiblement en ligne droite, on peut trouver sur le parallélogramme *un second point* jouissant, *au même degré*, de la même propriété.

En traçant du point O au point C une ligne droite, elle coupe la côte BD en un point C_1 qui est constant et dont la position est déterminée par l'égalité $\frac{BC_1}{AC} = \frac{OB}{OA} = \frac{OC_1}{OC}$. Le point O est donc un centre de similitude, par rapport aux lieux géométriques que décrivent les points C et C_1; si donc le premier décrit une ligne droite d'une certaine longueur, le second en décrira une autre parallèle d'une longueur différente, le rapport de ces deux longueurs étant égal au rapport de similitude ci-dessus. On pourra donc au point C_1 établir l'articulation d'une tige, autre que celle du piston moteur, à laquelle on voudra assurer un mouvement *aussi rectiligne* que celui de cette dernière.

On peut étendre cette remarque à autant de points matériels que l'on voudra sur la ligne OC ou sur son prolongement, pourvu que, le point une fois choisi, on l'établisse sur un levier articulé en un point du balancier et assujetti à rester parallèle au lien AC du parallélogramme.

Tels sont les points C_2 et C_3 de la figure 169 où nous supposons le balancier placé dans sa position moyenne.

Si, sur cette figure, on trace la ligne OD, cette ligne coupera les leviers B_1C_2 et B_2C_3 prolongés, en des points D_1 et D_2, qui, par une raison de similitude, jouiront par rapport au point D de la même propriété que les points C_2 C_3 par rapport au point C.

Si donc le point D décrit un arc de cercle dont le centre est en un point tel que O', sur l'horizontale, passant par le point D, les points D_1 et D_2 décriront des arcs semblables et semblablement placés par rapport au point O, et dont les centres seront, par conséquent, à la rencontre de OO' avec les horizontales des points D_1 et D_2.

Cela posé, on comprend que le parallélogramme sera guidé aussi bien, en assujettissant un des points D_1 ou D_2 à décrire son arc de cercle, qu'en y assujettissant le point D. Le bras de rappel O'D peut donc être supprimé et remplacé par un autre bras O'_1D_1 ou O'_2D_2.

Cette suppression et ce remplacement seront réalisés, lorsqu'on y trouvera quelque commodité, pour construire matériellement le point fixe auquel on attachera le bras de rappel.

Cette possibilité de déplacer ce point fixe, jointe à celle de modifier arbitrairement les longueurs AB et AC, fait que le mécanisme du parallélogramme prend des aspects variés, sous lesquels on peut d'abord le méconnaître, mais qui ont toujours pour point de départ la théorie exposée dans le numéro précédent.

(587) La transmission de mouvement de la tige du piston à une extrémité du balancier une fois établie, on place à son autre extrémité la tige articulée, ou bielle, qui doit commander la manivelle à l'aide de laquelle l'arbre du volant reçoit son mouvement de rotation.

L'arbre du volant est *nécessairement* placé perpendiculairement au plan d'oscillation du balancier, et *habituellement* sur le prolongement de la corde verticale de l'arc décrit par l'articulation de la bielle (*fig.* 170).

Dans ces conditions, le rayon de la manivelle est égal à la moitié de cette corde, ou, si les deux bras du balancier sont égaux, à la moitié de la course du piston. L'axe de la bielle et le rayon de la manivelle sont en ligne droite, ou bien on est *aux points morts*, quand le piston est aux extrémités de sa course. Ces points sont ainsi désignés parce qu'ils correspondent à des positions où l'effort de la bielle ne pourrait *déterminer* le mouvement de rotation du volant, qui persiste en vertu de la vitesse acquise, ou, plus explicitement, en vertu de la force vive que possède le système animé d'un mouvement de rotation, et spécialement, dans ce système, la jante du volant. Le piston est au milieu de sa course en même temps que le balancier, et par suite de la petite obliquité de la bielle, l'arc décrit par le volant, pendant que le piston est *en dessous* de son point milieu, est un peu plus grand que l'arc décrit pendant qu'il est *en dessus* de ce même point; d'où il suit que si le volant tourne uniformément, le piston marche un peu plus vite dans la moitié supérieure de son excursion que dans la moitié inférieure, ce qui n'a d'ailleurs aucun inconvénient. Les diverses conditions géométriques ci-dessus énumérées, sauf la première relative à la direction de l'axe de l'arbre du volant, n'ont point de caractère nécessaire. On peut s'en écarter et on s'en écarte quelquefois, et les conséquences que nous venons d'en tirer sont ainsi plus ou moins modifiées.

Ainsi, par exemple, les deux bras du balancier peuvent ne pas être égaux, et la course du piston n'est plus double du rayon de la manivelle.

Ainsi encore, les deux bras du balancier peuvent ne pas être sur le prolongement l'un de l'autre, mais former un coude plus ou moins marqué comme un renvoi de sonnette ; la bielle peut ne pas être exactement, dans sa position moyenne, sur le prolongement de la corde de l'arc décrit par son point d'attache sur le balancier, etc.

Ces variantes sont motivées par quelque circonstance accessoire, spécialement par les dispositions locales ; mais elles ne changent rien d'essentiel au système. On pourrait en étudier les effets analytiquement ; mais on se jetterait ainsi dans des calculs plus ou moins compliqués qui n'auraient aucun intérêt. Il est plus simple et plus pratique, et parfaitement suffisant, de faire ces études graphiquement, à l'aide d'épures sur une grande échelle.

(**588**) Les proportions ordinaires du mécanisme ci-dessus s'établissent en général comme suit :

En désignant par H la course du piston, R, le rayon de la manivelle, et L la longueur du demi-balancier, on a d'abord la relation $H = 2R$.

Ensuite la condition que l'amplitude de l'oscillation du balancier soit au plus de 36°, ou que la course du piston soit au plus égale au côté du décagone inscrit dans le cercle de rayon L, nous donne
$$H < \frac{L}{2}(-1+\sqrt{5}), \text{ ou bien } \frac{L}{H} > -\frac{2}{1+\sqrt{5}}, \text{ ou enfin } L > 1,62\,H$$
et à la limite $L = 1,62\,H$.

La bielle a une longueur L′ comprise entre 5 fois et 5 à 6 fois le rayon de la manivelle, ou une fois et demi à 3 fois la course du piston, soit au moins
$$L' = 5R = \frac{5}{2}H = \frac{5}{2}\frac{L}{1,62} = 0,93\,L \text{ et au plus}$$
$$L' = 6R = 3H = 1,85\,L.$$

Le côté du parallélogramme, dans le sens de la longueur du balancier, est généralement égal à la moitié ou aux $\frac{2}{3}$ de la quantité L. Quant à l'autre côté il est arbitraire ; mais plus il est long, moins a d'amplitude l'oscillation des chapes autours de leurs tourillons. La même observation conduit à augmenter la longueur du balancier et celle de la bielle, et par conséquent, en termes généraux, à donner de *l'ampleur* à tout le système.

Cette ampleur contribue essentiellement à donner de la douceur aux mouvements, et à diminuer, pour un diamètre donné des tourillons, en rapport avec les efforts auxquels ces pièces sont soumises, le travail des frottements.

La machine occupera donc dans le plan du balancier un grand espace, tant dans le sens horizontal que dans le sens vertical. Plus cet espace sera étendu, plus le mouvement de la machine aura de douceur.

Ce grand développement de l'appareil peut, dans certains cas, n'être pas sans inconvénient, et il se complique par la nécessité où l'on se trouve de se procurer, pour les tourillons du balancier, un point d'appui *élevé et très-solide*. Ces tourillons supportent en effet, dans les grandes machines en mouvement, des efforts variables d'un instant à l'autre, mais qui atteignent parfois, surtout *pendant la course descendante du piston*, de très-grandes valeurs. Si l'on néglige les effets de l'inertie, ce qui est permis dans des machines qui vont lentement, et si l'on calcule la charge comme à l'état statique, elle est, avec un balancier à bras égaux, égale au poids même du balancier et de son attirail, augmenté de deux fois la pression de la vapeur sur le piston.

(589) Ce point d'appui élevé est ordinairement établi, dans les machines fixes, à l'aide d'un entablement porté sur des colonnes en fonte, ou à l'aide de deux forts sommiers jumeaux encastrés aux deux bouts dans les murs de la chambre de la machine, ou enfin, au sommet de deux bâtis triangulaires convenablement entretoisés.

Les figures 172 et 172 *bis* donnent des exemples de ces dispositions.

On est arrivé, dans certains bateaux à vapeur, à modifier les dispositifs ci-dessus d'une manière satisfaisante, qui conserve les avantages de douceur qu'ils présentent, tout en réduisant *l'encombrement* qu'ils occasionnent, en évitant la construction d'un support élevé, ainsi que l'instabilité qui résulterait, pour le navire, du poids considérable du balancier porté à la hauteur de ce support.

A cet effet, ce support a été reporté à fond de cale, à la hauteur à peu près du fond du cylindre, et en contre-bas par conséquent de l'arbre des roues à pales. Il a fallu, pour cela, *dédoubler* en quelque sorte le balancier, en le composant de deux flasques parallèles convenablement entretoisées, comprenant entre elles le cylindre à vapeur. La tige du piston a reçu une grande traverse en forme de T, aux deux extrémités de laquelle s'articulent deux bielles pendantes qui viennent se relier par leurs autres extrémités aux flasques du balancier. Ces bielles jouent ici le rôle de l'un des côtés d'un paral-

lélogramme de Watt. Elles sont analogues au côté AC du parallélogramme ordinaire (fig. 168) ou, plus exactement, du côté AC de
la figure 169, dans laquelle, après avoir augmenté la longueur de ce
côté, on a supprimé les côtés matériels BD et CD en leur substituant
B_1D_1 et aD_1 et obligeant le sommet D_1 de ce nouveau parallélogramme
à tourner autour du point O'_1. (Voir les figures 169 et 171 où les
points qui se correspondent géométriquement sont représentés par
les mêmes lettres.)

A l'autre extrémité du balancier a été fixée une bielle disposée
comme à l'ordinaire, sauf qu'elle est dirigée de bas en haut, et
qu'au lieu d'être attelée à un bouton de manivelle elle agit sur un
coude de l'arbre des roues à aubes établi à peu près à la hauteur
du pont du navire.

Cette disposition des balanciers a été longtemps en faveur dans
la marine, soit comme il est indiqué sur la figure 173, soit avec la
modification de la figure 174. Cette dernière variante place l'arbre
au-dessus du cylindre, oppose directement l'un à l'autre l'effort de
la tige et celui de la bielle qui commande la manivelle, et réduit
ainsi beaucoup l'importance du balancier, dont le rôle n'est plus que
de guider le mouvement, et non de servir d'intermédiaire pour la
force à transmettre du piston à la manivelle.

Ces deux systèmes ont été d'un emploi à peu près général il y a
une trentaine d'années, et ils existent encore sur un certain nombre
de bateaux à vapeur.

A toutes les propriétés du parallélogramme de Watt, ils réunissent
les avantages spéciaux d'emplacement et de répartition de charges
qui viennent d'être indiquées.

(**590**) Le mécanisme de Watt peut être considéré dans ses deux
parties distinctes : d'une part *le parallélogramme articulé*, qui assure
la verticalité de la tige du piston, dans toutes les machines à balancier,
aussi bien dans celles à simple effet que dans celle à double effet,
d'autre part *le mécanisme de la bielle et de la manivelle* dont *l'objet
essentiel* est de faire tourner l'arbre du volant, sur lequel se prend
ordinairement la commande des opérateurs.

Mais ce mécanisme remplit, *subsidiairement*, un autre rôle, celui de limiter d'une manière invariable les excursions du piston. Cette dernière pièce, en effet, est nécessairement arrêtée, lorsque la manivelle est à l'un de ses points morts. Puis, quand ces points morts ont été franchis, en vertu de la vitesse acquise par les pièces tournantes et notamment par la jante du volant, le piston reprend graduellement sa vitesse en sens contraire de celle qui vient de s'éteindre.

Dans les machines où l'on n'a que des pièces animées d'un mouvement rectiligne alternatif, ce moyen de limitation n'existe pas, et les conditions d'emploi de la vapeur sur chacune des faces du piston doivent être réglées par tâtonnement, en raison des résistances à vaincre pendant l'excursion correspondante, de manière que le piston et toutes les pièces qui oscillent avec lui se ralentissent vers la fin de la course et arrivent au point mort avec une force vive nulle. Cela demande une machine parfaitement réglée, et le moindre dérangement peut faire soit que la course utile du piston ne s'achève pas, soit au contraire que le piston ait tendance à venir frapper plus ou moins fortement contre les fonds de son cylindre. La première circonstance n'a que l'inconvénient de ne pas obtenir d'un coup de piston tout l'effet qu'on peut en attendre ; mais on doit prévenir la seconde qui pourrait avoir les plus graves conséquences, en établissant, sur le balancier ou sur les tiges oscillantes, des pièces disposées pour venir, à la fin de la course, en contact avec des heurtoirs fixes, qui entreraient immédiatement en jeu si le piston conservait encore une vitesse sensible. Malgré cette précaution il n'en faut pas moins réserver dans ces machines un espace nuisible plus grand que dans les machines de rotation, et cette condition d'arriver, à la fin de la course, sans vitesse ou presque sans vitesse, ne permet de faire donner aux machines qui n'ont pas le mécanisme dont nous parlons qu'un nombre fort restreint de coups de piston par minute.

On fera disparaître ces inconvénients d'un règlement délicat et d'une vitesse réduite, en appliquant, même aux machines dans lesquelles les opérateurs ont, comme le récepteur, un mouvement alternatif, l'appareil de la bielle, de la manivelle et du volant. Cette combinaison, limitant la course du piston d'une manière géométriquement invariable, permettra de lancer sans crainte la machine à une vitesse normale beaucoup plus grande ; et grâce à elle un défaut de règlement de la distribution n'aura d'autre inconvénient que de ralentir ou d'accélérer la vitesse de rotation de l'arbre du volant.

Telle est la combinaison que l'on pourra employer, par exemple, pour une machine soufflante, etc. (Voir le cours d'exploitation, n° **530.**)

A l'une des extrémités du balancier sera reliée, par un parallélogramme de Watt, la tige du piston moteur.

On aura, sur la longueur du balancier et à son autre extrémité, divers points d'attache qui recevront, l'un la bielle actionnant la manivelle de l'arbre du volant, les autres directement, ou, s'il y a lieu, par l'intermédiaire d'autres parallélogrammes, les tiges des pompes accessoires de la machine et celle du piston à vent.

Les avantages de cet emploi accessoire de l'arbre du volant sont assez évidents pour que l'on puisse dire qu'aujourd'hui il ne s'établit plus une machine soufflante à piston qui ne soit munie d'un volant. S'il existe en même temps un balancier, la bielle est attachée soit à son extrémité, soit à un point intermédiaire, tantôt dans une position moyenne verticale, tantôt dans la position inclinée qui peut être nécessaire pour placer les cylindres soufflants.

Une disposition analogue pourra s'appliquer très-bien aux machines à élever l'eau. A l'une des extrémités du balancier sera la tige du piston agissant par l'intermédiaire d'un parallélogramme articulé ; à l'autre extrémité la bielle, la manivelle et l'arbre du volant agissant comme simples régulateurs. Sur la longueur courante du balancier, en un point assez rapproché du centre de cette pièce pour réduire au degré voulu la vitesse de ce point, on attachera directement, ou avec un petit parallélogramme dépendant du précédent, la tige du piston de la pompe servant à élever l'eau. Cette pompe sera à double effet comme la machine, ou bien on prendra deux points d'attache symétriquement placés par rapport au centre du balancier, et l'on aura deux pompes dont chacune pourra être à simple effet et à piston plongeur, etc., etc.

(**591**) Les détails qui précèdent (n°ˢ **585** à **589**) exposent la théorie et les principales propriétés du parallélogramme articulé, mécanisme des plus remarquables, porté par son illustre inventeur lui-même à son état actuel de perfection.

Ce mécanisme a joué un très-grand rôle dans les machines à vapeur de rotation, où il a été pendant longtemps presque exclusivement employé. Il n'est pas cependant sans quelques inconvénients.

On peut lui objecter, comme nous l'avons déjà dit, qu'il occupe, à la fois en hauteur et en longueur, une place importante, d'autant plus importante, en quelque sorte, qu'il est établi dans des conditions plus satisfaisantes.

On peut dire aussi qu'il est un peu cher à établir, à cause de la multiplicité et de l'importance individuelle des organes dont il se compose, et des frais qu'il faut faire pour se procurer, dans des conditions convenables d'emplacement et de solidité, les points d'appui des tourillons du balancier, et les points fixes autour desquels oscillent les deux leviers de rappel qui agissent sur l'angle libre du parallélogramme (angle D de la figure 168).

On peut ajouter encore qu'il ne comporte ni une très-grande vitesse linéaire du piston, ni surtout une grande vitesse de rotation de l'arbre du volant, à cause des forces d'inertie qui entreraient en jeu d'une manière fâcheuse dans une pièce aussi considérable que le balancier, si l'on voulait avoir une marche trop rapide. Avec son sentiment pratique exquis, Watt avait fixé à un mètre environ par seconde la vitesse moyenne du piston, et c'est encore aux environs de ce chiffre que l'on se tient aujourd'hui, un peu en dessus pour les très-grandes machines, un peu en dessous pour les plus petites.

En admettant qu'on ne redoute point un certain excès de dépense de premier établissement, et qu'on n'ait point de sujétion soit sous le rapport de l'emplacement, soit sous celui de la vitesse de rotation en vue de simplifier les transmissions, une machine à vapeur de rotation, munie d'un balancier établi dans de bonnes proportions, sera *au moins aussi satisfaisante que toute autre*, au point de vue du bon emploi de la vapeur, et *supérieure peut-être*, au point de vue des résistances passives et à celui de l'entretien et de l'usure.

C'est probablement encore aujourd'hui le système à préférer, du moins pour les machines d'une certaine importance, dans les établissements industriels où la régularité de la marche prime les autres considérations.

Cependant on doit dire qu'il ne s'en construit plus beaucoup aujourd'hui. On a étudié et créé beaucoup de variantes : les unes ont pu être sérieusement motivées, parfois même imposées, par des considérations de forme ou de grandeur d'emplacement, de grandeur ou de répartition des masses, de prix, de vitesse de marche, etc... Souvent aussi un constructeur s'est efforcé de créer un type nouveau pour caractériser sa fabrication. Toutes ces variantes, quelque nombreuses qu'elles soient, ne changent rien aux principes sur lesquels fonctionnent les récepteurs, et beaucoup d'entre elles constituent des *changements*, plutôt que des *perfectionnements*, à la remarquable combinaison cinématique dont nous venons de nous occuper.

(**592**) Quoi qu'il en soit, il est nécessaire de connaître au moins les principales de ces variantes.

Le trait qui leur est commun consiste dans l'attelage direct de la bielle à l'extrémité de la tige du piston. On place d'ailleurs l'arbre du volant de manière que son axe rencontre à angle droit le prolongement de l'axe de cette tige.

Une semblable machine est dite *à connexion directe*, par opposition aux machines *à balancier*.

Si l'on désigne par H la course du piston, $\frac{H}{2}$ le rayon de la manivelle, et μH la longueur de la bielle, il est facile de voir (*fig.* 175 à 175 *ter*) qu'abstraction faite du volant, le mécanisme exige pour son développement entier une longueur *minima* égale à H $(2 + \mu)$, non compris la saillie de la boîte à étoupes, l'épaisseur du fond et du couvercle du cylindre, celle du piston, la grosseur des articulations, et enfin un certain jeu indispensable entre les pièces fixes et mobiles.

Cette longueur peut d'ailleurs être prise *en hauteur*, en plaçant le cylindre verticalement (*fig.* 175 et 175 *bis*), ou *horizontalement* (*fig.* 175 *ter*) dans les machines dites horizontales.

La première disposition dite souvent *en clocher*, conduit à placer assez haut le support du volant, et elle nécessite de bonnes fondations ; mais elle a l'avantage d'occuper peu de place en plan.

On peut éviter l'inconvénient de ce support élevé, en renversant la machine bout pour bout comme il est indiqué sur la figure 176. Une telle machine prend le nom de *machine à pilon*. Ce type est très-bien disposé pour faire mouvoir une hélice de bateau ; car l'hélice est placée assez bas pour que le cylindre à vapeur ne puisse pas être établi verticalement *au-dessous*, et en le plaçant au-dessus on gagne de la place en projection horizontale.

On peut aussi, ce qui réduit en même temps la hauteur totale de la machine, commander l'arbre du volant à l'aide de bielles pendantes (*fig.* 177).

La disposition horizontale a l'inconvénient d'une certaine inégalité d'usure due à l'action de la gravité qui tend à ovaliser les cylindres. Néanmoins cet inconvénient, qui semblerait devoir s'accroître avec la force des machines, est accepté par la pratique, même pour les plus grands appareils, tels que beaucoup d'appareils de navigation, par exemple.

Le système horizontal a un avantage important pour les navires de guerre. C'est de placer tout le système mécanique au-dessous de la ligne de flottaison, et par conséquent à l'abri de l'atteinte des boulets ennemis. Cet avantage compense, et au delà, pour les navires de guerre, celui qu'on vient de reconnaître aux machines à pilon.

Dans toutes les machines à connexion directe, le point d'attache de la tige du piston avec la bielle doit être *assujetti* à se mouvoir en ligne droite ; car il tend à être dévié par l'action oblique de la bielle, action qui varie à chaque instant en grandeur et en direction.

On peut d'abord y parvenir par une disposition fondée sur le même principe que le parallélogramme de Watt. Le système consiste en deux leviers égaux réunis par un lien, au milieu duquel est articulée la tige du piston. Ces leviers ont leurs centres d'oscillation symétriquement placés de part et d'autre de la tige. Si nous supposons le cylindre vertical, les leviers sont horizontaux quand le piston est au milieu de sa course, et ils sont tellement placés que la corde de l'arc décrit par l'un d'eux (corde qui est verticale et

égale à la course du piston) soit tangente à l'arc décrit par l'autre,
ou, ce qui est la même chose, que la verticale passant par le milieu
des flèches soit la même pour les deux arcs. Il est clair que la
tige du piston sera sur cette verticale au milieu et aux deux extrémités de sa course ; car les trois lignes B'D', BD, B"D" sont égales et
également inclinées, et leurs milieux, tels que D, sont à égale distance des deux verticales B'B"D et BD'D". Cette combinaison, repré·
sentée théoriquement, figure 178, revient, en définitive, à celle du
parallélogramme ordinaire, dans lequel le balancier, réduit à la
longueur OB, représenterait un des deux leviers ci-dessus ; l'autre
levier serait l'équivalent du bras de rappel O'D de la figure 168, et
le point d'attache de la tige du piston correspondrait au point C_1 de
cette même figure.

Ces deux leviers, qui prennent de la place, exigent l'établissement de deux points fixes à une certaine distance en dehors de la
ligne d'axe de la machine (voir *fig.* 178 *bis*). Assez habituellement
ils sont remplacés par un système de glissières fixes, dans lesquelles
se meuvent à frottement doux des galets, ou plus souvent des coulisseaux. L'obliquité de la bielle donne lieu à des frottements de
glissement des coulisseaux dans les glissières, et à un travail de
ces frottements dans lequel l'espace parcouru est égal *à la course
même du piston.*

Il importe de diminuer *l'influence de l'obliquité* en donnant à la
bielle une longueur suffisante, *l'intensité des frottements* par un
grand poli et un bon graissage des surfaces en contact, et enfin,
l'usure des surfaces en contact par une grande précision d'ajuste-
ment, et un entretien très-soigné en vue de prévenir des ballotte-
ments, et par de larges empatements qui, sans faire varier la pression totale, diminuent la pression par unité de surface, et par suite
l'usure des pièces frottantes. L'emploi de ces glissières est habituel
dans les machines à connexion directe, qu'elles soient à cylindre
horizontal ou à cylindre vertical.

(**593**) On établit aujourd'hui beaucoup plus de machines *à connexion directe* que de machines à balancier, et ces dernières sont
certainement plus abandonnées qu'elles ne devaient l'être.

La dépense plus grande de premier établissement et la place plus considérable qu'elles occupent expliquent cet abandon, mais ne le justifient pas toujours suffisamment.

Quoi qu'il en soit, en s'attachant de préférence aux machines à connexion directe, on a encore cherché à diminuer leur encombrement par divers artifices. C'est surtout dans les machines de bateaux que ces artifices ont été employés, et c'est là en effet qu'ils étaient particulièrement indiqués, d'une part, à cause de l'espace restreint dont on dispose, d'autre part, à cause de la nécessité où l'on se trouve d'employer des machines jumelles.

On peut d'abord employer le système des bielles en retour, déjà indiqué par les machines à balancier (fig. 173 et 174), et aussi pour les machines à traction directe, figure 177.

On peut encore réduire la longueur, en plaçant l'arbre du volant (qui devient dans les bateaux l'arbre des roues à aubes ou celui de l'hélice) entre le couvercle du cylindre et le point d'attache de la tige et de la bielle (fig. 179). Il suffit, pour cela, soit de remplacer la tige du piston, sur une partie de sa longueur, par un cadre rectangulaire dont le plan est perpendiculaire à l'axe de l'arbre qui est placé à son intérieur, soit d'avoir, comme la figure le représente, deux tiges distinctes placées excentriquement, ayant chacune leur boîte à étoupe, et fixées au même bloc sur lequel l'extrémité de la bielle s'articule.

Cette disposition exige une longueur minima égale à $H(2 + \mu)$ comme celles de la figure 175 et 175 *bis* ; on ne voit donc pas tout d'abord l'avantage qu'elle peut offrir au point de vue de l'encombrement. Mais il n'en est plus de même si l'on tient compte de l'emplacement complémentaire qu'il faut pour le volant.

En outre le rapprochement entre l'arbre du volant et le cylindre facilite la solidarité parfaite qui doit exister entre les supports de ces deux pièces.

Enfin, et c'est là le motif principal, elle reporte l'arbre tournant vers le milieu de l'espace longitudinal occupé par la machine, ce qui est commode sur les bateaux où cette disposition est surtout employée, lorsqu'il s'agit de l'arbre d'une hélice dont l'emplacement obligatoire (du moins quand cet arbre est unique) est dans l'axe du bateau.

Une autre disposition consiste à employer les machines dites *à fourreau* dans lesquelles la tige du piston est creuse et de grand diamètre, et la bielle est attachée non pas à *l'extrémité* de cette tige, mais *à sa naissance*, et en quelque sorte au piston lui-même (Voir fig. 180).

On gagne ainsi, de même que dans le cas précédent, sur la longueur totale nécessaire à la machine, une longueur égale à la course du piston. Mais on a, dans ce système, l'inconvénient du refroidissement de la tige creuse du piston, dont la grande surface perd beaucoup de chaleur par rayonnement lorsqu'elle sort du cylindre, et produit une grande condensation lorsqu'elle y rentre. Avec une machine à fourreau, il est très-utile de réchauffer la tige dans la boîte à étoupes.

(**594**) Enfin il existe une disposition toute particulière qui permet de *supprimer la bielle*, en la remplaçant *par la tige du piston*, laquelle, au lieu d'avoir une direction fixe dans l'espace, peut prendre, comme une bielle, différentes inclinaisons.

Cette disposition constitue le type des machines dites *oscillantes* (fig. 181.).

Le cylindre, au lieu d'être fixe, peut tourner autour de deux tourillons. Le plus souvent ces tourillons sont creux ; l'un sert pour l'admission, l'autre pour l'échappement de la vapeur. La tige du piston est, comme il est nécessaire, invariable de direction relativement au cylindre, et cette invariabilité est assurée par celle du piston et par une longue boîte à étoupes que traverse la tige ; mais comme le cylindre oscille, rien n'empêche que l'extrémité de cette tige soit attachée au bouton de la manivelle et décrive ainsi une circonférence, tandis que son mouvement relativement au cylindre est un mouvement rectiligne. La longueur nécessaire à la machine se réduit ici à 2H, c'est-à-dire qu'elle est moindre que dans les combinaisons précédentes, et en somme *aussi petite que possible*.

Cette propriété est très-intéressante dans certains cas. Ainsi, par exemple, s'il convient à la fois de restreindre l'espace occupé en plan par la machine, et de placer l'arbre à une hauteur donnée assez réduite, on établira le cylindre oscillant directement au-dessous de cet arbre, et il suffira, pour placer cette dernière pièce au niveau voulu, de disposer en contre-bas d'une hauteur égale à $\frac{3}{2}$ H.

Les machines oscillantes, dont les cylindres peuvent être placés dans une position moyenne horizontale, verticale ou inclinée dans un sens quelconque, ont eu, à une certaine époque, plus de vogue qu'elles n'en ont aujourd'hui. Elles se recommandent par l'avantage ci-dessus indiqué, et c'est ce qui explique et motive leur emploi assez fréquent dans les paquebots à vapeur à roues de petite dimension, où l'espace horizontal est précieux et le creux du navire assez faible.

(**595**) Nous verrons, en parlant des générateurs, qu'on a essayé, comme pour les machines motrices, un grand nombre de dispositions différentes, ayant pour but de satisfaire à diverses conditions accessoires, notamment à la condition d'obtenir sous la forme la plus compacte une puissance de vaporisation donnée.

A ce dernier point de vue, les *chaudières tubulaires*, sur lesquelles nous aurons à revenir en détail, et qui peuvent d'ailleurs présenter de nombreuses variétés, sont la solution la plus satisfaisante.

Ces chaudières peuvent être appliquées pour fournir la vapeur à une machine quelconque. Mais il est un cas où elles s'imposent, en quelque sorte : c'est dans celui des machines, aujourd'hui très-répandues et qui continuent de se propager rapidement, qu'on désigne sous le nom de *machines locomobiles*.

Les machines à vapeur ne sont pas seulement employées pour mettre en mouvement des établissements industriels permanents. Mais il est aussi un grand nombre de cas où, pour exécuter un travail temporaire en un point donné, on peut être conduit à employer très-utilement la force de la vapeur, de préférence à celle des moteurs animés. Citons, par exemple, dans les travaux publics, les fouilles pour fondations dans des terrains plus ou moins aquifères, ou le battage des pilotis; dans l'industrie agricole, le battage des blés, travail qu'il peut être opportun de faire rapidement, et qui ne se présente pour chaque fermier que tous les ans et pour une période assez courte, etc., etc.

On a créé des types d'appareils qui se transportent d'un point à un autre tout montés, et qui ne demandent point d'installation spéciale pour fonctionner en un point donné. Ces appareils prennent le nom de *machines locomobiles*.

Mais le but qu'elles doivent remplir ne serait pas atteint, si, après qu'on les a amenées sur un point d'emploi, il fallait venir y faire une installation pour poser le générateur destiné à les alimenter. Elles devront donc le plus souvent porter avec elles leur générateur, ou plutôt c'est leur générateur qui les portera ; c'est-à-dire que ce générateur, *essentiellement tubulaire*, pour obtenir, avec un minimum de poids et d'encombrement, une surface de chauffe donnée, sera disposé en forme de chariot porté sur des roues servant à le transporter, et qu'il recevra le bâti sur lequel on installera la machine destinée à être actionnée par la vapeur de ce générateur.

Cette machine devra satisfaire, pour une force donnée, aux mêmes conditions de légèreté et de volume réduit que le générateur. Elle sera donc à connexion directe, à haute pression, à détente modérée et sans condensation. La simplicité qui en résultera pour le mécanisme de la machine est d'ailleurs bien appropriée à cet appareil, appelé à fonctionner souvent dans des localités éloignées, dépourvues de ressources pour les réparations.

Cette réunion de la chaudière et de la machine *en une seule masse indivisible* n'est d'ailleurs pas indispensable, et l'on s'en abstiendrait s'il devait en résulter un poids d'un transport trop difficile. Rien n'empêche de les transporter séparément et de les installer individuellement, en se bornant à les réunir, au moment de l'emploi, par un simple tuyau de raccord. Les deux appareils peuvent chacun faire corps avec leur chariot, et être mis en chantier simplement en calant les roues de ce chariot, ou bien ils peuvent être enlevés de ce chariot et posés immédiatement soit sur le sol même, soit sur des chantiers disposés pour les recevoir.

Toutes ces dispositions peuvent être variées à l'infini ; ce que nous devons retenir ici, c'est la possibilité de donner aux appareils à vapeur, soit générateurs, soit récepteurs, une grande mobilité et une très-grande facilité d'installation sur un point donné ; d'où résulte la faculté d'employer successivement le même appareil sur des points et à des usages variés.

Cette possibilité a un grand intérêt pratique ; mais comme elle ne change rien au fond, ni aux principes sur lesquels repose l'emploi de la vapeur, ni aux dispositions essentielles des organes propres à réaliser cet emploi, nous n'avons pas à nous en occuper plus en détail dans ces généralités, et nous nous bornons simplement, à titre d'exemples, à représenter sur les figures 182 et 183 deux types, l'un avec chaudière tubulaire horizontale portée sur un chariot à roues, l'autre avec chaudière tubulaire verticale sans roues.

(**596**) Ce qui vient d'être dit dans les n⁰ˢ **584** et suivants sur les organes de transmission de mouvement, s'applique aux machines à vapeur qui n'ont *qu'un seul cylindre*, ou du moins rien, dans nos raisonnements, n'a supposé *qu'il y en eût plusieurs*.

L'emploi des cylindres multiples, le plus souvent au nombre de deux, ou quelquefois au nombre de trois, de quatre ou même de six, est cependant fort étendu ; il mérite d'être étudié spécialement.

On peut y distinguer deux cas :

Dans le premier, l'emploi de la vapeur se fait de la même manière dans les divers cylindres qui sont identiques ; de sorte que le système fonctionne, au point de vue du travail de la vapeur, comme autant de machines simples dont les effets se superposeraient.

Dans le second cas, la vapeur arrive dans un premier cylindre ; elle y agit soit exclusivement à pleine pression, soit avec un certain degré de détente ; puis elle passe dans un second cylindre, généralement plus grand que le premier, ou dans plusieurs autres cylindres, où elle achève de se détendre, et de là elle s'échappe dans l'atmosphère ou vers le condenseur.

Quant au premier cas qui constitue ce qu'on appelle les machines *à cylindres conjugués* (qu'il ne faut pas confondre avec les machines *à deux cylindres* de Woolf, ou plus généralement avec ce qu'on peut désigner sous le nom de machines *à cylindres accouplés* ou *combinés*), le but qu'on se propose d'atteindre n'est point de marcher avec détente ; il est tout différent, et il convient de s'en faire une idée bien nette. Les deux ou les trois cylindres conjugués produisent, au point de vue du travail, un effet total double ou triple de celui qu'on obtiendrait avec un seul ; mais ce n'est pas là l'objet cherché, car il suffirait de doubler ou tripler le volume de l'un d'eux, ou d'y augmenter la vitesse du piston dans le même rapport, pour obtenir sensiblement le même travail.

Quelquefois cependant les deux cylindres jouent effectivement le rôle *d'un seul* qui aurait une longueur *double*, ou, en d'autres termes, on remplace *un cylindre unique* de grande longueur par *deux cylindres* de longueur moitié moindre.

Mais alors cette disposition, indiquée sur les diagrammes (*fig.* 184 et 184 *bis*), a deux objets : l'un de pouvoir augmenter la vitesse angulaire de l'arbre pour une vitesse moyenne donnée du piston, l'autre de pouvoir permettre une disposition symétrique de cet arbre entre les deux cylindres, disposition très-appropriée dans certains cas, par exemple, dans les bateaux à hélice. Le système comporte d'ailleurs deux variantes : l'une (*fig.* 184) qui consiste à atteler sur la même manivelle les deux bielles des deux demi-cylindres, et les deux pistons vont alors dans le même sens; l'autre (*fig.* 184 *bis*) qui consiste à les atteler sur deux bielles à 180°, et les deux pistons marchent en sens contraire. Dans les deux cas, l'emplacement longitudinal est égal à $2\left(\text{H} + \mu\text{H} + \dfrac{\text{H}}{2}\right) = \text{H}\,(5 + 2\mu)$, expression dans laquelle H est la longueur de l'un des cylindres, et où, par conséquent, il faut remplacer H par $\dfrac{\text{H}'}{2}$, si on veut la comparer à la quantité $\text{H}'\,(2 + \mu)$ du n° **592** ; on voit que l'on gagne, sur la longueur qu'on aurait avec un seul cylindre, une longueur égale à $\dfrac{\text{H}'}{2}$ ou à H.

La seconde variante peut sembler préférable à la première, en ce qu'elle *réduit à un couple* l'action des deux bielles sur l'arbre, et par là soulage les tourillons et en réduit les frottements.

Sauf ce cas particulier, le but que l'on recherche par l'emploi des cylindres conjugués n'est pas d'obtenir *purement et simplement* dans plusieurs cylindres l'effet qu'on obtiendrait dans un seul qui aurait une capacité égale à la somme de leurs capacités.

Ce résultat est sans doute atteint; mais c'est en quelque sorte accessoirement à d'autres plus importants que nous allons indiquer. Dans le système qui mérite véritablement le nom de *cylindres conjugués*, on s'arrange pour que les oscillations des pistons, au lieu d'être *concordantes*, comme dans la disposition de la dernière figure, soient *croisées*, c'est-à-dire que les pistons n'arrivent pas simultanément à leurs points morts.

En principe, lorsque l'un des pistons est à son point mort, l'autre est vers le milieu de la course, et réciproquement.

Si l'on néglige la petite influence perturbatrice que peut produire l'obliquité des bielles, on reconnaît facilement que, si les deux cylindres ont leurs axes parallèles, il faut que les manivelles correspondantes soient calées à angle droit (*fig.* 185).

On reconnaît également que, si ces axes sont perpendiculaires, les deux bielles peuvent, au contraire, agir sur le même bouton de manivelles (*fig.* 185 *bis*), et qu'en général la position relative des cylindres étant connue, on pourra toujours déterminer par une épure les positions relatives des manivelles, que leurs pistons doivent commander pour satisfaire au principe posé.

Cette indépendance de position des deux cylindres conjugués, pourvu qu'on donne aux boutons des manivelles des positions correspondantes, est très-utilisée, lorsque la machine a des sujétions, quant à *la grandeur* ou quant à *la forme* de l'emplacement dont on peut disposer, comme c'est le cas pour les bateaux à vapeur. On peut aller les loger, en leur faisant faire un angle convenable, dans l'espace angulaire qu'offrent les flancs du bateau, notamment quand on les place à l'arrière ou près de la poupe (*fig.* 186).

Les cylindres conjugués ont un premier avantage dont on se rend compte facilement, sans avoir besoin de recourir au calcul : c'est qu'ils contribuent essentiellement à la régularité de la marche de la machine, attendu que le travail virtuel élémentaire qui se produit sur l'ensemble des deux pistons, pour un déplacement angulaire donné de l'arbre du volant, varie entre de moindres limites et suivant des périodes plus courtes, que s'il n'y avait qu'un seul piston.

C'est un avantage appréciable pour certaines applications qui demandent une vitesse de rotation assez régulière.

Il est facile de voir entre quelles limites varient ces travaux virtuels, soit avec un cylindre unique, soit avec deux cylindres accouplés de manière à croiser leur mouvement à angle droit.

Dans le cas d'un cylindre unique, désignant par α l'angle variable décrit par la manivelle à partir d'un point mort, il faudra faire varier cet angle de 0° à 180° pour embrasser une période entière du mouvement ou une course du piston. Le travail virtuel variera comme la fonction sin α, de zéro à un, puis de un à zéro.

Avec deux cylindres, une période complète correspond à un angle décrit de 90°, et la somme des travaux virtuels sur les deux pistons varie comme la fonction sin α + cos α, fonction égale à l'unité pour $\alpha = 0$ et $\alpha = 90°$, et dont la valeur maxima s'obtient en égalant à zéro la dérivée cos α — sin α. On en déduit tang $\alpha = 1$, ou $\alpha = 45°$ et sin α + cos $\alpha = \sqrt{2}$.

Ainsi les variations sont de 0 à 1 dans le premier cas, et seulement de 1 à $\sqrt{2}$ dans le second.

Cet avantage de la régularité inhérent à l'emploi des cylindres conjugués est encore d'un ordre secondaire, en ce sens qu'on obtiendrait *le même degré* de régularité *avec un seul cylindre*, au moyen d'un volant *d'une puissance suffisante*.

Le véritable avantage caractéristique, et en quelque sorte *spécifique* que l'on recherche dans l'emploi des cylindres conjugués, est d'obtenir des appareils pour lesquels *il n'existe pas de points morts*.

C'est une propriété tout à fait intéressante pour les machines dont l'emploi comporte des arrêts et des renversements de mouvements fréquents, manœuvres qu'il importe de rendre faciles et rapides.

Au premier rang des machines de ce genre nous pouvons placer les machines d'extraction. (Voir cours d'exploitation, n°ˢ **436** et suivants.)

On peut en dire à peu près autant des machines de bateau. Enfin il en est encore de même d'une classe de machines extrêmement nombreuse, qui se multiplie encore tous les jours, celle des machines locomotives.

Il est facile de se rendre compte de l'avantage que présentent les cylindres conjugués, en examinant ce qui s passe dans une machine à un seul cylindre. Si l'on s'est arrêté précisément à l'un des points morts, ou dans une position qui en soit trop rapprochée, la machine ne peut plus se remettre d'elle-même en marche, quand on rouvre l'admission. Il faut alors se porter à la jante du volant et le faire tourner à force de bras, jusqu'à ce qu'on ait établi un angle suffisamment ouvert entre l'axe de la bielle et l'axe de la manivelle. La circonstance se présente assez fréquemment pour que, sur la jante de beaucoup de volants, on pratique une série de mortaises destinées à recevoir des leviers à l'aide desquels on facilite la manœuvre.

Dans une grande machine à cylindre unique, où l'excursion du piston est assez grande et la vitesse de rotation assez faible, un habile mécanicien sait toujours arrêter sa machine en un point tel qu'elle puisse repartir seule. C'est ainsi que dans beaucoup de localités les machines d'extraction n'ont encore qu'un seul cylindre. C'est ainsi encore que, dans certains bateaux à vapeur à roues ayant deux machines, les cylindres de ces deux machines, au lieu d'être solidaires et conjugués, sont indépendants, et chacun d'eux fait mouvoir l'une des roues qui sert de volant pour sa machine.

Il appartient au mécanicien de régler ses deux machines de manière qu'elles aient des mouvements concordants lorsqu'il s'agit de faire route en ligne droite. Lorsqu'il s'agit au contraire de faire des manœuvres, les petits inconvénients d'une moindre régularité dans la vitesse de chaque roue et de l'existence d'un point mort sur chacune des deux machines, sont très-amplement compensés par la possibilité de leur imprimer des vitesses différentes, ou même de les faire marcher en sens contraire. Il en résulte de très-grandes facilités de manœuvre ; on peut même, en leur donnant des vitesses *égales et de sens contraire*, virer sur place, sans aucune vitesse acquise.

Mais dans les machines où l'on est très-fréquemment obligé d'arrêter, de battre en arrière ou de repartir en avant, l'emploi des cylindres conjugués est entièrement indiqué, et d'autant plus qu'il s'agit de machines plus rapides, et que les changements de marche sont plus fréquents.

Considéré dans son application aux machines d'extraction, il a été très-utile, en accroissant beaucoup leur puissance de production ; considéré dans les machines locomotives, on peut dire qu'il est *indispensable*, et je ne pense pas qu'il existe une seule locomotive dans laquelle il ne se trouve pas reproduit.

Il est facile de comprendre pourquoi cet emploi des cylindres conjugués, qui n'est *qu'une grande convenance* dans les machines d'extraction, devient, on peut le dire, *une nécessité absolue* dans les locomotives.

Sans entrer particulièrement dans l'examen de ces dernières machines, nous nous bornons à indiquer ici brièvement dans quelles conditions mécaniques elles sont établies et fonctionnent.

Dans la disposition de leurs générateurs, les machines locomotives sont analogues aux machines locomobiles indiquées au n° **595**.

Le système tubulaire y est encore plus imposé que dans la plupart de ces dernières, à cause de la force beaucoup plus considérable qui leur est demandée. Avec des surfaces de chauffe de plus de 100 mètres carrés, quelquefois 150 et même jusqu'à 200 mètres, et avec l'importance des machines destinées à utiliser cette énorme puissance de vaporisation, la difficulté contre laquelle luttent les constructeurs est de ne pas arriver à des machines d'un poids excessif. Dans cette vue, on emploie les chaudières tubulaires ; on marche à très-haute pression, avec une faible détente, et sans condensation ; on réduit les dimensions des cylindres et l'on compense cette réduction en donnant un très-grand nombre de coups de piston par minute ; et enfin l'on emploie pour la construction des matériaux de choix permettant de réduire autant que possible le poids des pièces.

L'emploi de deux cylindres couplés tend *à un résultat en sens inverse*, en ce que ces deux cylindres et tous les organes qui en dépendent, pèsent plus, et demandent en outre plus d'entretien qu'un cylindre unique d'un volume double. Aussi cet emploi, universel comme il l'est, fournit-il, par lui-même, la meilleure preuve qu'il n'est pas possible de s'en passer.

Cela résulte de l'usage même auquel la machine est destinée.

Tandis que la locomobile n'a pour caractère essentiel que sa facilité d'être transporté d'un lieu à un autre, pour travailler en chaque lieu comme une machine fixe ordinaire (ce qui n'impose au récepteur aucune autre sujétion que d'être d'un poids transportable), la locomotive, au contraire, ne travaille point quand elle est immobile, elle ne travaille *qu'en même temps qu'elle se déplace et par sa propre force.*

Il faut considérer l'essieu des roues motrices comme l'arbre du volant d'une machine fixe ordinaire, et les jantes de ces roues comme celles des poulies à la circonférence desquelles se produit le travail résistant à vaincre.

Ce travail se calcule en multipliant l'adhérence actuelle des roues motrices sur les rails par l'espace parcouru par leurs jantes sur la voie, espace qui est égal à celui parcouru par le train lui-même, si les roues ne patinent pas.

Cette adhérence a une limite supérieure, imposée par la condition de ne pas patiner, limite qui est égale au frottement de glissement des roues sur les rails, frottement proportionnel lui-même à la charge de ces roues. D'autre part, cette adhérence est numériquement égale, lorsque le train remorqué par la machine a pris sa vitesse normale, à la résultante de toutes les forces extérieures qui agissent sur le train (résistance à la jante des roues des wagons, résistance de l'air, action de la gravité sur le train).

On en conclut que la puissance à développer sur les pistons est limitée par la charge des roues motrices, et que c'est cette même charge qui limite également l'importance du train à remorquer.

Ainsi il serait inutile d'augmenter *la puissance de la machine*, et d'essayer d'appliquer cette puissance à *un train très-important*, si la charge sur les roues motrices n'était pas proportionnée à ces deux éléments.

Sans nous étendre plus longtemps sur cette question des locomotives qui sort de notre cadre, on comprend comment une machine dont les cylindres sont à *course réduite*, et qui, indépendamment de son propre poids, remorque un train *qui est parfois de quelques centaines de tonnes*, ne peut, à cause de l'inertie, être arrêtée avec une précision telle qu'on soit certain, avec un seul piston, que ce piston pourra se remettre en marche dès qu'on redonnera de la vapeur. De là, la nécessité d'avoir deux cylindres conjugués, et en même temps une détente assez faible, ou au moins assez facile à réduire à volonté, pour être certain qu'on pourra repartir, en quelque position (*indépendante de la volonté du mécanicien*) que se soient trouvés les pistons au moment où le train s'est complétement arrêté.

(**598**) Les machines à cylindres conjugués sont ordinairement des machines à connexion directe ; car lorsqu'on emploie un balancier, tous les pistons liés à ce balancier arrivent *en même temps à leurs points morts*, ce qui est contraire à l'objet principal et essentiel qu'on se propose avec ces machines conjuguées.

Il faut donc, ou ne pas avoir de balancier, ou en avoir *un pour chaque cylindre*.

C'est cette dernière combinaison assez complexe qu'on employait dans le système décrit au n° **589**, lorsqu'on voulait avoir deux machines de bateau conjuguées. Le balancier excepté, les cylindres conjugués comportent, pour chacun d'eux, les diverses dispositions des figures 175 et suivantes, sous la seule condition, caractéristique du système, de croiser les mouvements des pistons.

(**599**) Dans le second cas des machines à cylindres multiples, les cylindres sont ordinairement inégaux, ou du moins la vapeur n'y agit point dans tous de la même manière ; ils forment ainsi un *ensemble complexe*, qui n'est nullement équivalent, dans la manière dont y agit la vapeur, à ce que produirait la superposition de *plusieurs machines simples*.

L'objet de ces cylindres combinés est *de produire de la détente*.

Ce point est de la plus haute importance, et comporte quelques développements.

Si l'on se reporte aux résultats numériques résumés au n° **522**, ou au diagramme théorique de la figure 162, on reconnaît que dans le cas considéré, où l'on a épuisé l'action de la détente, le travail obtenu pendant cette période est beaucoup plus grand que le travail de la période d'admission, et qu'en fait il est le seul travail recueilli, le travail de l'admission étant compensé, et même un peu au delà, par le travail de la contre-pression et de la compression finale.

On doit comprendre par là quel est le rôle important de la détente dans les machines, et l'on peut poser *comme règle certaine : qu'une machine à vapeur quelconque, qui n'emploie pas une détente assez prolongée, peut être parfaitement conçue à d'autres points de vue ; mais qu'elle est nécessairement défectueuse au point de vue de la consommation du combustible.*

On comprend facilement comment on réalise la détente dans le cylindre même où fonctionne la vapeur.

On marchera sans détente si on laisse affluer la vapeur pendant la course entière du piston.

On marchera avec détente, si l'on coupe l'admission quand le piston n'a parcouru qu'une portion de sa course, et le degré de détente, estimé au volume, est approximativement marqué, en négligeant les espaces nuisibles, par le rapport du volume de vapeur admis à la capacité totale du piston, ou par le rapport de l'espace parcouru par le piston pendant l'admission à sa course totale.

On voit ce que l'on doit entendre lorsqu'on parle d'une détente aux $\frac{3}{4}$, aux $\frac{2}{3}$, à moitié, au dixième, etc., etc.

On voit qu'elle est d'autant *plus étendue* qu'elle est indiquée par une fraction *plus petite*.

Ce procédé de détente est des plus simples. Il ne modifie en rien l'appareil récepteur en lui-même ; il faut seulement modifier l'appareil de distribution, ou au moins le fonctionnement de cet appareil ; c'est un point sur lequel nous reviendrons plus loin.

(**600**) Il est facile de voir que ce système de détente, avec un seul cylindre, laisse beaucoup à désirer, surtout dans les détentes étendues, indispensables pour faire de fortes économies de combustible.

On peut lui reprocher les défauts suivants :

En premier lieu, si l'on fait abstraction des artifices de distribution dont il sera parlé plus loin, et si l'on suppose que l'admission commune et que l'échappement finissent *précisément aux points morts*, la détente effectuée dans un seul cylindre ne peut pas être poussée toujours aussi loin qu'il pourrait être désirable, à cause *de l'espace nuisible.* Cet espace nuisible, qui peut paraître négligeable devant la capacité entière du cylindre (dont il sera par exemple le 20me), *cesse de l'être* devant le petit volume de vapeur admis à chaque cylindrée, dans le cas d'une détente étendue. Il se remplit de vapeur à chaque coup de piston ; le travail de l'admission de cette vapeur est entièrement perdu ; et elle n'agit *qu'indirectement* pendant la détente, en se détendant elle-même en même temps que la vapeur admise utilement, et empêchant ainsi la pression de diminuer assez rapidement.

Ainsi par exemple, si l'on détend, ou, plus exactement, *si l'on est censé détendre au* 20me, on dépense en réalité *deux vingtièmes* dont la moitié seulement travaille par son admission, et l'on détend seulement *au dixième*, et non au 20me.

On obtient une force plus grande par coup de piston ; mais ce supplément de force, obtenu en dépensant *plus* de vapeur et en détendant *moins*, correspond nécessairement à un supplément plus que proportionnel de consommation de charbon.

En second lieu, la pression motrice varie dans de très-larges limites pendant une excursion du piston ; car elle est égale, *au commencement de la course*, à l'excès de la pression initiale sur la contre-pression, et *à la fin*, à l'excès de la pression finale sur cette même contre-pression, soit *presque égale* à la pression de la chaudière au premier instant, et *théoriquement nulle* au second.

Il en résulte d'abord que, pour un travail donné à transmettre par coup de piston, les divers organes de la machine sont exposés à des efforts *très-variables*, dont le maximum est *supérieur* à celui qui résulterait *d'un effort moyen et constant* produisant le même travail : de là un excès de fatigue pour toutes les pièces.

Cette grande valeur de l'effort initial produit encore une irrégularité, dont il convient de distinguer les effets dans les machines à mouvement alternatif et dans les machines pourvues de volant.

Pour les premières de ces machines, on doit comprendre que la force motrice initiale est très-supérieure à la résistance principale qui, étant habituellement uniforme, ou à peu près, pendant toute la course, doit être égale à l'effort moyen de la vapeur diminué de la quantité nécessaire pour équilibrer les résistances passives. Cet excès de force motrice tend à produire, au début de la course, un *mouvement accéléré*, qui met en jeu les forces d'inertie d'une manière *d'autant plus marquée* que les masses mises en mouvement sont *moins considérables*.

Il faut donc, dans ces machines à mouvements alternatifs, mettre *de grandes masses* en mouvement, afin d'y accumuler sous forme de force vive, sans leur imprimer *une grande accélération*, l'excès du travail moteur sur le travail résistant qui se produit pendant les premiers moments de la course. La vitesse est à son maximum lorsque la détente a atteint un degré tel que la pression agissant sur le piston fait équilibre à l'ensemble de la contre-pression, de la résistance principale et des résistances passives. A partir de ce moment la vitesse diminue, parce que les résistances deviennent prépondérantes, et le système doit *nécessairement* être réglé de manière que cette vitesse *s'annule d'elle-même* à la fin de la course.

Ainsi une grande détente, dans une machine à mouvements alternatifs, occasionne dans les organes un excès de fatigue, et elle exige que l'on augmente les masses à mouvoir, pour diminuer cette fatigue et pour rester dans des limites de vitesse convenables.

Pour les machines pourvues de volant, les variations de la force motrice en dessus ou en dessous de sa valeur moyenne n'ont pas la même importance. L'effet en est couvert, en quelque sorte, soit par celui du volant, soit par cette circonstance que le maximum de pression a lieu près du point mort, c'est-à-dire quand le déplacement virtuel de la puissance est plus petit que celui de la résistance principale, qui agit souvent d'une manière uniforme sur l'axe du volant. Il en résulte que le règlement de la machine peut n'être pas aussi exact qu'il est nécessaire de l'avoir dans les machines à mouvements alternatifs. Mais, pour être en quelque sorte à *l'état latent*, l'excès de fatigue n'en subsiste pas moins, et pour une machine fonctionnant dans des conditions données de puissance et de vitesse de rotation, les transmissions souffriront beaucoup plus, les pièces auront plus de tendance à vibrer et à prendre du jeu, lorsqu'on fonctionnera à large détente dans un seul cylindre, qu'en fonctionnant sans détente. La machine devra, en outre, pour obtenir un degré déterminé de régularité dans sa vitesse, avoir un volant plus puissant, dans un rapport qu'il serait facile de déterminer.

En *troisième lieu* enfin, inconvénient qui peut paraître secondaire à côté de l'ensemble des deux premiers, mais qui a néanmoins son importance et auquel on remédie en partie avec la chemise de vapeur, le cylindre se refroidit pendant la marche, *même du côté où la vapeur agit*, et il y a, par suite, plus de condensation de vapeur au coup de piston suivant, pendant la période d'admission.

(**601**) Tous ces inconvénients disparaissent, ou du moins s'atténuent dans une forte proportion, comme nous allons le voir, lorsqu'on emploie la détente dans un cylindre *distinct de celui où la vapeur agit à pleine pression*.

Le type le plus ordinaire des machines qui fonctionnent dans ces conditions est connu sous le nom de *Machine de Woolf* ou *d'Edwards*. Quoiqu'il ait été l'objet de certaines critiques, sur lesquelles nous reviendrons, il est encore très-répandu dans l'industrie, et il prévaut notamment dans les grands établissements, tels que ceux de Mulhouse, de Rouen, etc., etc., où l'on se préoccupe plus d'avoir de bonnes machines que de faire, sur leurs frais d'achat et d'installation, une économie qui est insignifiante devant le capital à immobiliser dans l'établissement tout entier.

Ces machines sont généralement à balancier (fig. 187 et 187 *bis*); la tige du grand piston est fixée à l'extrémité du lien AC du parallélogramme (au point C de la figure 168).

L'autre piston a un moindre diamètre, et il a en même temps une moindre course, parce qu'il est fixé aux points C_1 ou C_2 de la même figure.

En même temps que la vapeur agit, par exemple *au-dessus* du petit piston, la vapeur qui avait été admise *par-dessous* pendant la course ascendante précédente, au lieu d'être mise en communication avec le condenseur, passe *au-dessus* du grand, et c'est le dessous de ce dernier qui communique avec le condenseur. Le diagramme de la figure 187 explique entièrement la marche de ces machines.

Lorsque la course s'achève, le *petit* cylindre est rempli de vapeur soit à la pression initiale, soit déjà plus ou moins détendue, et la cylindrée précédente remplit le *grand* cylindre, ayant subi, par le fait de son passage du petit au grand, une détente totale ou une augmentation de détente marquée par le rapport des capacités de ces deux cylindres.

A un instant quelconque de la course, le moment de la force motrice agissant sur le balancier s'obtiendra en prenant, pour chaque piston, la différence des efforts exercés sur ses deux faces, multipliant ces deux différences par leurs bras de leviers respectifs, dont les longueurs sont proportionnelles aux longueurs OA et OB de la figure 168, et ajoutant ces deux produits.

Si l'on désigne par R et r. H et h, les rayons et les courses des deux pistons, le degré de détente, dans le cas où l'on marche sans détente dans le petit cylindre, est donné par le rapport $\frac{r^2 h}{R^2 H}$. On a assez souvent $\frac{r^2}{R^2} = \frac{1}{2}$ $\frac{H}{h} = \frac{1}{2}$ à $\frac{2}{3}$, et par suite on détend dans ce cas au quart et au tiers.

On peut augmenter facilement le degré de détente, en commençant, comme nous venons de le dire, par détendre dans le petit cylindre, et envoyant dans le grand de la vapeur déjà détendue. Si α est le degré de cette première détente, le degré de la détente finale est évidemment $\alpha \frac{r^2 h}{R^2 H}$.

(**602**) On voit facilement, dans ce système, que la détente peut être poussée plus loin qu'avec un seul cylindre, dans le rapport marqué par $\frac{r^2 h}{R^2 H}$; car on pourrait pousser d'abord à sa limite pratique la détente dans le petit cylindre, puis la prolonger en faisant passer dans le grand la vapeur déjà détendue.

On voit encore que l'on peut dans le petit cylindre, à la condition de n'y pas pousser trop loin la détente (sauf à la compléter au degré voulu en augmentant les dimensions du grand), réduire beaucoup l'influence de l'espace nuisible, en interrompant la communication entre les deux cylindres avant la fin de la course. La vapeur, ainsi interceptée dans le petit cylindre, s'y comprimera ; au point mort, elle n'occupera plus que l'espace nuisible où elle aura été refoulée entièrement dans les derniers instants de la course; et l'on comprend que si la communication a été coupée assez tôt, la quantité de vapeur soit assez grande pour que, refoulée dans un espace aussi restreint, elle ait repris une pression égale ou comparable à la pression initiale.

(**603**) Si nous négligeons la contre-pression, et si nous désignons par P la pression initiale et par p la pression finale de la vapeur détendue, le rapport $\frac{p}{P}$ est précisément, dans une machine qui admet et détend dans le même cylindre, le rapport de l'effort *final* à l'effort *initial*.

Avec la détente opérée à l'aide de deux cylindres, en désignant par B et b les bases des pistons, et par L et l les bras de levier des tiges de ces pistons par rapport au centre du balancier, bras de levier qui sont proportionnels aux courses II et h de ces pistons, et en supposant, pour simplifier, que l'on ne détende pas dans le petit cylindre la valeur du *moment initial* de la puissance, c'est-à-dire du moment qui a lieu au point mort, lorsqu'on fait affluer la vapeur sur l'une des faces du petit piston et qu'on met l'autre face en communication avec le grand, sera simplement donnée par l'expression PBL, car il y a équilibre de pression sur les deux faces du petit piston.

Le moment final a pour valeur

$$(P - p)\, bl + p BL.$$

D'ailleurs, dans les calculs de ce genre, il est permis de poser la relation $Pbl = pBL$, ou $\frac{bl}{BL} = \frac{p}{P}$. Cette relation est précisément celle qui aurait lieu si la détente se faisait suivant la loi de Mariotte. Elle sera d'autant moins inexacte que la chemise de vapeur fonctionnera plus efficacement, et que la vapeur employée sera plus humide.

Le moment final devient, en remplaçant Pbl par la valeur pBL :

$$(P - p)\, bl + pBL = p\,(2BL - bl).$$

et par suite le rapport du moment final au moment initial devient :

$$\frac{p\,(2\mathrm{BL} - bl)}{\mathrm{PBL}} = \frac{p}{\mathrm{P}}\cdot\left(2 - \frac{bl}{\mathrm{BL}}\right) = \frac{p}{\mathrm{P}}\left(2 - \frac{p}{\mathrm{P}}\right).$$

Cette quantité est toujours plus grande que $\frac{p}{\mathrm{P}}$, puisque $\frac{p}{\mathrm{P}}$ étant une fraction, le terme $2 - \frac{p}{\mathrm{P}}$ est plus grand que l'unité ; elle tend à en devenir le double de $\frac{p}{\mathrm{P}}$ à mesure que cette quantité diminue.

Ainsi le rapport qui définit, en quelque sorte, le degré de régularité de la force motrice tend à être, pour une grande détente à deux cylindres, *double* de ce qu'il est pour la même détente dans un seul cylindre.

On se rapproche donc davantage, dans le premier système, de la douceur de marche et de la régularité qui caractérisent les machines sans détente.

On voit encore que l'on évite dans ce système les refroidissements périodiques du cylindre qui admet la vapeur, et les condensations parasites qui sont les conséquences de ces refroidissements, ainsi qu'on l'a dit plus haut au n° **600**.

C'est un avantage appréciable, d'autant plus grand que l'on pousse la détente plus loin. Il est *du même ordre* (nous ne disons pas de la même importance) que celui que Watt a recherché et a si bien obtenu par l'emploi d'un condenseur à injection séparé du cylindre.

On peut dire encore que l'interposition de deux pistons, entre la pression dans la chaudière et la contre-pression dans le condenseur, diminue évidemment, pour une chute donnée de pression entre ces deux appareils, l'écart moyen de pression qui existe entre les deux faces de chaque piston, et par conséquent aussi l'écart des températures.

Il en résulte, d'une part, que les garnitures des pistons ont besoin d'être tenues moins serrées, ou qu'il y a moins de frottements et moins de fuites pour un degré donné de serrage, et un entretien comportant moins de sujétions ; d'autre part, que les phénomènes de condensation et de vaporisation que produisent les différences de température d'une face à l'autre du piston, pendant qu'il se meut dans le cylindre, n'ont pas la même intensité que si ces deux faces communiquent l'une avec la chaudière, l'autre avec le condenseur.

On répète enfin qu'à ces divers avantages, dont l'ensemble ne laisse pas que d'être important, s'ajoute celui de pouvoir pousser la détente plus loin que dans un seul cylindre, par les motifs indiqués au n° **602**.

Tels sont les divers motifs qui doivent, à mon avis, faire préférer sans hésitation la détente dans deux ou plusieurs cylindres à la détente dans un seul.

On a fait à ce système une objection que j'appellerai *de principe*, qui est assez spécieuse, et qu'il importe d'examiner.

On a dit, et cela est exact, que la vapeur, à la fin de la détente, occupant la totalité de la capacité du grand cylindre, et ayant nécessairement un volume spécifique en rapport avec la pression finale, il fallait, pour un poids donné de vapeur dépensée par coup de piston, que ce grand cylindre eût toujours la même capacité que si le petit n'existait pas ; de sorte que l'on compliquait inutilement la machine, sans obtenir un résultat final autre que si la vapeur avait été directement admise et détendue dans le grand cylindre. On en concluait que le petit cylindre était une superfétation.

Il est bien dans la nature des choses qu'un degré déterminé de détente doive donner lieu à un travail utile théoriquement indépendant du procédé de détente employé, et nous ne disons pas que ce travail sera plus grand avec la machine de Woolf qu'avec la machine ayant *un seul cylindre égal au grand cylindre de la première* ; mais ce travail sera produit sur d'autres organes, et réparti d'une autre manière.

L'artifice employé n'a pas pour objet, et il ne peut avoir pour résultat une augmentation théorique du travail de la vapeur.

Le but qu'on se propose est *principalement* d'arriver à une plus grande uniformité, ou, plus exactement, à une moindre irrégularité dans les efforts que les pièces de la machine ont à supporter, et dans la vitesse que prend la machine ; et accessoirement, en même temps, on réalise les divers avantages énumérés au numéro précédent.

On fait d'autres objections de détail, portant sur la plus grande complication de la machine, qui la rend plus coûteuse à établir et l'expose à avoir plus de pièces à entretenir, ainsi que sur les résistances passives qui doivent être plus considérables qu'avec un seul cylindre, etc.

Ces inconvénients ne peuvent pas être contestés d'une manière absolue; mais ils ne semblent pas avoir une très-grande importance.

L'excédant de prix se borne au coût du petit cylindre et de ses accessoires, puisque le grand cylindre de la machine à deux cylindres doit avoir exactement les dimensions du cylindre unique de l'autre machine. L'excédant de prix est même en réalité un peu moindre qu'on ne vient de le dire; car les pièces du grand cylindre fatiguent beaucoup moins que les pièces correspondantes du cylindre unique. Elles peuvent donc être tenues plus faibles, ou, à force égale, elles donnent plus de solidité à la machine.

Quant à l'entretien d'un plus grand nombre de pièces, il peut bien être compensé par l'entretien moins fréquent et plus facile de chacune d'elles en particulier.

Enfin, quant à l'accroissement des résistances passives, il est lui-même peu important; car *pour une force donnée* à transmettre, les transmissions *n'ont pas besoin* d'être plus importantes, et elles *peuvent* l'être un peu moins, puisque les forces en jeu sont plus régulières.

On n'a donc réellement en plus que les frottements dus au petit piston, et encore sont-ils compensés en partie par la diminution de ceux du grand, due à la moindre pression moyenne sur laquelle il fonctionne.

En somme, les inconvénients indiqués ne me paraissent pas devoir compenser les avantages supérieurs qui résultent soit de la possibilité de pousser pratiquement la détente plus loin, soit de la moindre fatigue éprouvée et de la plus grande régularité obtenue pour un degré donné de détente; soit enfin, pour un degré donné de fatigue, de la possibilité de partir d'une pression initiale plus élevée.

Je conclus que lorsqu'on cherche, *avant tout*, à économiser *le plus possible* le combustible, ce qui conduit à marcher à très-haute pression et avec une très-longue détente, et qu'on veut en même temps ménager ses machines, et pouvoir compter sur la marche la plus régulière, *la solution la plus satisfaisante est assurément d'effectuer, ou plutôt de compléter la détente à l'aide des cylindres combinés.*

Cette conclusion me paraît pouvoir être posée comme une régle *incontestable*, sinon encore incontestée.

(**605**) Nous dirons ici, en passant, qu'il est une catégorie de machines chaque jour plus importante, celle des bateaux naviguant sur mer, qui a été longtemps dans un grand état d'infériorité sous le rapport de la consommation du combustible, et qui, au contraire, depuis quelques années, par l'application du système décrit en dernier lieu, a réalisé les progrès les plus remarquables.

Les machines des navires ont des sujétions *très-impérieuses*, qui n'atteignent pas, ou du moins n'atteignent pas au même degré les machines qui fonctionnent à terre.

Il faut qu'elles donnent lieu, elles et leurs générateurs à peu d'entretien ; car les réparations sont difficiles à bord, et un dérangement inopportun du système peut compromettre la sûreté même du navire.

Il faut qu'elles soient peu encombrantes ; car l'espace est rare à bord d'un navire, et celui qu'occupe en excès une machine donnée, est pris aux dépens de l'emplacement qu'on aurait pu affecter à la cargaison et aux passagers.

Il faut, enfin, surtout pour les longues traversées, qu'elles s'économisent le charbon, soit parce qu'il coûte souvent fort cher dans les stations lointaines, soit, surtout, parce que la grande quantité à embarquer, pour un long voyage sans escales, diminue beaucoup le tonnage utile du navire.

La première obligation a conduit pendant longtemps à marcher *avec des pressions réduites*. Ainsi, il y a moins de quarante ans, on marchait exclusivement à la basse pression proprement dite, c'est-à-dire *à moins d'une atmosphère et demie de pression totale;*

puis on est passé progressivement à deux et deux et demi et même un peu au delà. Mais les difficultés pratiques augmentaient très-rapidement avec la pression, parce que l'eau de mer employée à l'alimentation des chaudières les incrustait d'autant plus abondamment qu'on voulait former la vapeur à une température plus élevée.

On était donc réduit à ce que peut donner de la vapeur à basse ou, tout au plus, à moyenne pression, avec la détente restreinte qu'elle comporte.

En même temps qu'on essayait de pousser peu à peu la pression aussi haut que le permettait la nature des eaux employées à l'alimentation, on faisait bien, dans divers sens, des tentatives plus ou moins efficaces d'amélioration.

On modifiait la forme des machines ; on les rendait moins lourdes et moins encombrantes, tant par suite de ces modifications de forme que par une plus grande vitesse donnée au piston ; on en rendait les diverses parties plus solidaires les unes des autres, pour mieux soustraire la coque du navire aux réactions des forces en jeu pendant la marche ; on substituait aux roues à aubes l'hélice qui, sans avoir peut-être une supériorité décidée comme propulseur fonctionnant dans des conditions normales, se prête mieux aux conditions si variables de l'état de la mer, ainsi qu'aux changements du tirant d'eau selon le poids du changement ; on augmentait le tonnage des navires et la force des machines ; on remplaçait les coques en bois par les coques en fer, etc., etc.

Mais, *au point de vue mécanique,* toutes ces modifications étaient *secondaires.* On restait avec de fortes consommations, et l'on tournait, en quelque sorte, autour de cette question économique, sans l'aborder sérieusement.

C'est seulement du jour où l'on a pu employer avec succès le condenseur à surface et l'alimentation monhydrique, que la question s'est trouvée résolue, par la possibilité d'alimenter les chaudières en grande partie avec de l'eau distillée, de prévenir, ou au moins de réduire beaucoup les incrustations, et, comme conséquence immédiate, de marcher *à telle pression initiale qu'on a jugé convenable, et avec une détente correspondante.*

Ce jour-là, on peut dire *qu'une sorte de révolution* a été introduite dans la navigation maritime. On a pu abaisser beaucoup, souvent de moitié et même au delà, la consommation de charbon nécessaire à une traversée, et l'on comprend aisément quelle a pu être la portée d'une telle amélioration, pour des paquebots, qui, dans une longue traversée, consommaient il y a dix ou quinze ans 1000 tonnes et plus de charbon, et qui n'en consomment pas 500 aujourd'hui.

On a dû naturellement tâcher de conserver en même temps aux machines, autant que possible, les avantages de régularité et de douceur que comportaient les moyennes pressions et les faibles détentes usitées antérieurement, et la majeure partie des bons constructeurs tend à arriver, et avec raison selon moi, aux mêmes hautes pressions de 5 ou 6 atmosphères que l'on emploie dans la plupart des industries, et à la détente par cylindres combinés plus ou moins analogues à la machine ordinaire de Woolf. C'est le principe qui prévaut presque partout aujourd'hui, notamment en Angleterre, où les machines établies sur ce principe sont connues sous le nom de *Compound Engines*.

On pourrait penser que si ce système satisfait aux autres conditions à demander aux machines marines, il n'a pas du moins l'avantage du volume réduit, et qu'il est, au contraire, plus encombrant que les machines à un seul cylindre. On peut répondre *en fait* qu'une machine à cylindres combinés du système actuel occupe, avec les chaudières, *moins de place*, et non pas plus de place qu'une ancienne machine, pour produire la même force. Cela tient à ce que la vapeur étant mieux employée, on en dépense moins, et on en a, par conséquent, moins à produire. Si, par exemple, on fait 50 pour 100 d'économie sur le combustible, on peut réduire de moitié les chaudières, et en proportion l'importance de tous les appareils relatifs à l'alimentation et à la condensation ; il faut, en outre, ajouter à l'économie de place et de poids faite sur ces appareils, celle, plus importante encore, obtenue sur les approvisionnements de charbon.

En un mot, ce qu'on a pu perdre de place sur le récepteur utilisant *la vapeur produite*, on l'a regagné très-amplement sur tous les éléments qui concourent à la *production de cette vapeur*, et l'on peut poser cette conclusion très-nette que l'amélioration obtenue sur la consommation des machines l'a été, non *aux dépens*, mais, au contraire, *au très-grand profit* du tonnage utile des navires, si l'on a maintenu la vitesse, ou de la vitesse si l'on a maintenu le tonnage.

(**606**) Il doit être entendu que la machine de Woolf, telle qu'on la rencontre le plus souvent dans l'industrie, c'est-à-dire la machine de rotation à balancier et à deux cylindres (*fig.* 187 et 187 *bis*), n'est nullement un type obligatoire pour employer la détente à cylindres combinés.

On peut également adopter l'une quelconque des dispositions applicables à des machines à plusieurs cylindres.

On peut, par exemple, faire commander une même bielle par les tiges des deux pistons, qui auront alors même course et ne différeront que par le diamètre.

On peut les placer horizontalement ; on peut les atteler à deux manivelles à 180° l'une de l'autre, de manière qu'ils fassent leurs oscillation en sens contraire, ce qui permet de mettre les deux cylindres en communication par leurs extrémités qui se regardent, et réduit ainsi l'espace nuisible qui les sépare (fig. 189 et 189 *bis*).

On emploie aussi le même point d'attache pour les deux pistons, soit en mettant les deux cylindres en prolongement l'un de l'autre et leur donnant une tige commune (fig. 190), soit en employant deux cylindres concentriques de même course, dans lesquels le petit piston est muni d'une tige unique, et le piston annulaire de deux tiges, qui se relient toutes trois à une pièce unique en T.

Cette dernière disposition augmente les frottements des pistons et expose le petit cylindre à des refroidissements qu'il convient d'éviter.

Enfin nous pouvons encore citer l'emploi d'un cylindre unique à fourreau. Le fourreau n'existe alors que sur une seule des deux faces du piston ; c'est sur cette face que la vapeur arrive à pleine pression, et la détente se fait sur l'autre face.

Pendant l'admission sur la première face, la seconde communique avec le condenseur ; la détente se fait pendant l'excursion inverse du piston, en mettant en communication les deux faces, et fermant l'échappement vers le condenseur.

(**607**) Ces différentes dispositions, et toutes celles que l'on pourrait proposer, dans lesquelles les pistons arrivent *ensemble* à leurs points morts, dispositions que l'on peut caractériser par la désignation générale de machines à cylindres accouplés, ont ou entièrement, ou même en les exagérant, tous les inconvénients d'un cylindre unique, savoir : le besoin d'être régularisées par un volant puissant, et les difficultés soit pour la mise en train dans certaines positions de la machine, soit pour faire les changements de marche (Voir n° **596**.)

On peut faciliter la mise en train, dans les machines à rotation continue, simplement en donnant à la manivelle que conduit le grand piston une certaine avance angulaire qui peut être poussée jusqu'à 40 ou 45°.

L'arbre du volant est coupé en deux parties dont les extrémités en regard portent chacune la manivelle d'un des pistons, et ces deux manivelles sont rendues solidaires par un lien qui va d'un bouton à l'autre et les maintient dans la position relative indiquée.

Il est facile de voir que lorsque le grand piston commence sa course dans un sens, le petit n'a pas encore tout à fait terminé la sienne en sens contraire. D'une part, on ouvre donc un peu prématurément la communication entre les deux faces convenables des deux pistons, et d'autre part, on comprime la vapeur sur l'autre face du petit piston ; le premier fait est sans inconvénient, et le second en a fort peu, parce qu'il se produit à la fin de la période de détente ; il contribue même, comme on l'a vu, à réduire l'influence de l'espace nuisible.

(**608**) Mais on peut aller plus loin, en établissant nettement, comme dans les machines à cylindres conjugués ordinaires, les deux manivelles à 90° l'une de l'autre.

Ce système est employé principalement dans la marine.

C'est, à proprement parler, celui que les Anglais désignent sous le nom de *Compound Engines.*

Il s'applique parfaitement aux grandes machines de bateaux, dans lesquelles les changements de marche n'ont pas besoin d'être effectués avec la précision que demandent les machines d'extraction, ni la justesse qu'exigent les locomotives. Il évite complétement les points morts, et il donne à l'arbre des roues à aubes ou des hélices la douceur et la régularité de marche désirables.

Le système consiste essentiellement à admettre la vapeur de la chaudière dans un premier petit cylindre, avec un degré quelconque et variable de détente, ensuite à envoyer cette vapeur déjà détendue dans un réservoir d'une certaine capacité, qu'il est bon d'envelopper d'une chemise de vapeur ou de plonger dans le réservoir de vapeur de la chaudière, et enfin à la débiter de ce réservoir dans un ou plusieurs cylindres, où elle continue de se détendre jusqu'à la limite voulue.

Si l'on désigne par P la pression initiale, P′ la pression dans le réservoir, P″ la pression à la fin de la détente, p la contre-pression du condenseur, V, V′ et V″, les volumes de la vapeur aux pressions P, P′ et P″, le système doit être réglé de la manière suivante :

Le volume V étant le volume admis à chaque course du petit piston, et le volume V′ étant, par suite, le volume total du petit cylindre, la vapeur dépensée par la chaudière pour un nombre n de tours est $2nV$, et le volume de vapeur évacué en même temps au réservoir intermédiaire est $2nV'$; ce même volume $2nV'$ doit être égal au volume total *admis* dans le même temps dans le cylindre ou dans l'ensemble des cylindres de détente, et le volume total de la vapeur évacuée de ces mêmes cylindres doit être égal à $2nV''$.

La condition que le volume émis par le petit cylindre soit égal au volume admis dans les cylindres de détente est nécessaire et suffisante pour que la pression P′ se maintienne dans le réservoir, sauf les petites oscillations qui pourront résulter du défaut de concordance, à un moment donné, entre l'émission et l'admission élémentaires.

Les grands cylindres marcheront donc nécessairement à *détente fixe*, et la détente variera en la faisant simplement varier dans le premier cylindre.

Ainsi le premier cylindre constitue une machine qui fonctionne par admission à la pression P, et par détente dans un seul cylindre jusqu'à la pression limite P′ égale à la contre-pression ; les cylindres de détente fonctionnent individuellement comme des machines admettant à la pression P′, et détendant à la pression P‴ avec une contre-pression p.

Le résultat final est le même que si l'on avait détendu en une fois depuis la pression P jusqu'à la pression P‴. Cela se conçoit *a priori*, et on le vérifie facilement, en remarquant que le travail résistant de *la contre-pression* P′ dans le petit cylindre compense exactement le travail moteur de l'admission à *la pleine pression* P′ dans les cylindres de détente.

Ce système est donc bien équivalent à la machine de Woolf au point de vue du travail, et il a de plus les avantages des cylindres conjugués, ou à marche croisée.

En outre il a divers avantages accessoires :

Par suite de l'interposition du réservoir, l'influence du long espace nuisible qui existe dans les machines de Woolf, pour le passage du petit au grand cylindre se trouve supprimé.

Le petit cylindre est mieux préservé du refroidissement parce qu'il n'est jamais en relation directe avec l'échappement.

La vapeur, en passant par le réservoir intermédiaire, se purge de l'eau qu'elle contient, qui se dépose, ou qui se vaporise au contact des parois, et elle agit ensuite plus efficacement dans les cylindres de détente, lesquels d'ailleurs doivent en général être enveloppés, comme le réservoir, par des chemises de vapeur en relation directe et immédiate avec la chaudière.

Enfin il est facile de comprendre que le système a, au point de vue de la douceur de la marche et de la fatigue des pièces, un avantage sur la machine de Woolf ordinaire, analogue à celui qu'a cette dernière sur la machine à détente dans un cylindre unique.

Ce système, qu'on peut désigner sous le nom de machines *à cylindres combinés*, comporte diverses dispositions.

On peut avoir un seul système (fig. 191) composé d'un petit et d'un grand cylindre ; ou bien, pour plus de régularité, 2 systèmes semblables avec leurs 4 manivelles partageant la circonférence en 4 quadrants ; ou bien encore, suivant la combinaison de M. Dupuy de Lôme, un seul cylindre pour l'admission placé entre 2 cylindres pour la détente, avec leurs 3 manivelles à 120°, etc., etc.; ces divers cylindres peuvent d'ailleurs être fixes ou oscillants, verticaux ou horizontaux, etc.

Toutes ces variantes sont *d'une importance secondaire*, pourvu que les conditions d'emploi ci-dessus définies soient satisfaites.

Ces conditions sont d'abord, *comme dans tous les cas*, l'emploi d'une haute pression, d'une longue détente et de la condensation, indispensables à l'économie de combustible, et en outre, *au cas particulier*, le partage de la chute de pression entre la chaudière et le condenseur en deux chutes qui agissent sur des cylindres distincts formant deux récepteurs dont les mouvements sont convenablement croisés.

Si l'on désigne par t, t', t'', les températures correspondantes aux pressions P, P', et P'', la théorie mécanique de la chaleur nous indique que les forces transmises à ces deux récepteurs seront proportionnelles aux quantités $\dfrac{t-t'}{a+t}$ et $\dfrac{t'-t''}{a+t'}$. Cette considération fixerait la température t', ou la pression P' correspondante que l'on devrait établir dans le réservoir intermédiaire, si l'on voulait, ce qui n'est d'ailleurs pas nécessaire, que les deux cylindres donnassent la même force par coup de piston, comme le font deux cylindres conjugués égaux.

On tire de l'égalité $\dfrac{t-t'}{a+t}=\dfrac{t'-t''}{a+t'}$ la relation

$$t' = -a + \sqrt{a^2 + a(t + t'') + tt''}$$

ou bien

$$a + t' = \sqrt{a^2 + a(t + t'') + tt''} = \sqrt{(a+t)(a+t'')},$$

quantité que l'on reconnaît bien être comprise entre $a+t$ et $a+t''$, ainsi que cela doit être.

(**609**) Nous venons de voir les dispositions cinématiques très-variées à l'aide desquelles le travail de la vapeur peut être communiqué au piston unique, ou à l'ensemble des pistons destinés à le recevoir, et transmis depuis ces organes récepteurs jusqu'à l'origine des pièces qui composent les transmissions spéciales à l'appareil opérateur.

Qu'il s'agisse d'une machine à vapeur à mouvements alternatifs, à balancier ou à traction directe, ou bien d'une machine à mouve-

ment continu ou de rotation, à balancier ou à connexion directe ;
que la machine soit avec un seul cylindre ou à cylindres conjugués ; qu'elle soit sans détente, ou qu'elle détende soit dans un cylindre unique, soit dans un système de cylindres avec mouvements
concordants ou mouvements croisés, on a toujours pour toutes ces
machines diverses, *la même question à résoudre ;* c'est de faire qu'à
un moment donné on puisse ouvrir ou fermer un orifice ou des orifices faisant communiquer une des faces d'un piston, tantôt avec
la chaudière, tantôt avec l'échappement, tantôt enfin avec une des
faces d'un autre piston ou avec l'autre face du même piston, soit
directement, soit en passant par un réservoir intermédiaire.

Ces diverses manœuvres doivent, en général, se faire automatiquement, le mécanicien n'ayant qu'à surveiller la marche de la machine, et n'intervenant que lorsqu'il y a lieu de modifier cette
marche, soit pour en faire varier la vitesse, soit pour les manœuvres spéciales *d'arrêt* ou *de changement de marche*, que peuvent
nécessiter certaines machines, comme les machines de bateau, les
machines d'extraction des mines, les locomotives, etc., etc.

Les organes à l'aide desquels se résout la question ci-dessus
énoncée se nomment *des organes de distribution*, ou plus simplement *la distribution*. Ces organes ont reçu des dispositions très-
variées, soit quant à ces appareils eux-mêmes, soit quant à la manière de les mettre en jeu.

Beaucoup d'inventeurs s'en sont occupés, et plusieurs des
systèmes sont connus sous le nom du constructeur qui les a proposés ou spécialement employés. Ces systèmes peuvent comporter
des combinaisons cinématiques plus ou moins complexes ; mais le
but qu'on se propose d'atteindre une fois bien défini, leur étude est
purement géométrique, et n'offre aucune difficulté mécanique. Ils
peuvent d'ailleurs, malgré leur diversité, plus apparente que réelle,
donner lieu à quelques observations générales que nous devons
d'abord présenter.

(**610**) Les organes qui masquent ou démasquent au moment
opportun les orifices servant à la circulation de la vapeur, ou qui
établissent ou interrompent la communication entre deux de ces

orifices, peuvent recevoir des dispositions très-variées ; mais la plupart de ceux que l'on rencontre se rapportent aux deux types de la *soupape* et du *tiroir*.

La soupape agit en s'abaissant ou s'élevant d'une petite quantité *perpendiculairement au plan* de l'orifice qu'il s'agit de fermer ou d'ouvrir (fig. 192). Le tiroir agit comme une sorte de vanne, en glissant *dans le plan* même de cet orifice (fig. 193).

Ces appareils sont liés à une tige qui passe à travers une petite boîte à étoupe, et apparaît au dehors pour recevoir l'action de la pièce destinée à produire son mouvement de va-et-vient.

Il importe à la bonne marche de la machine que tous ces orifices par lesquels doit passer un courant de vapeur, aient une grande section, pour éviter les étranglements, ou ce qu'on appelle *les étirages* de vapeur, qui produisent des chutes de pression toujours nuisibles.

On admet que les tuyaux de prise de vapeur doivent avoir, pour les vitesses ordinaires du piston, $\frac{1}{25}$ de la section du cylindre, et les tuyaux d'échappement $\frac{1}{16}$, soit respectivement le 5me et le quart du diamètre. On augmente ces proportions dans les machines à grande vitesse ; il est possible de les réduire un peu dans les grandes machines à petite vitesse, pour éviter d'avoir de trop gros tuyaux.

La condition d'avoir de grands orifices à masquer et à démasquer a cette conséquence que les appareils obturateurs, dans les grandes machines à haute pression, sont soumis par la vapeur à des efforts considérables, qui se comptent souvent par un certain nombre *de centaines de kilogrammes.*

Lorsqu'on emploie des soupapes, on ne peut pas dire que ces efforts donnent lieu à des pertes *notables* de travail ; car ils disparaissent, ou à peu près, dès que la soupape étant levée l'équilibre de pression tend à s'établir sur ses deux faces.

Mais s'il n'y a pas *travail* dans le sens mécanique du mot, puisqu'il n'y a pas espace sensible parcouru pendant que les efforts s'exercent, ces grands efforts sont toujours fâcheux, en ce qu'ils *fatiguent* les leviers et les articulations à l'aide desquels on met les soupapes en jeu, ainsi que les sièges sur lesquels ces soupapes viennent se poser.

Il est utile dans *toutes* les machines, et il est *nécessaire* dans *les grandes*, de remédier à ces inconvénients. On y parvient facilement à l'aide des soupapes *à double siége*, dites soupapes *du Cornouailles*, ou *de Hornblower*. Ces appareils, tels qu'on les établit le plus communément, sont représentés figure 194. L'orifice à recouvrir se prolonge par une sorte de lanterne à jour terminée par un fond plein. La soupape est ouverte de part en part et renflée en son milieu. Elle présente deux rebords exactement tournés qui viennent reposer à la fois, celui du bas sur un siége ménagé au niveau de l'orifice, celui du haut sur un autre siége ménagé au pourtour du fond fixe. On voit que la soupape venant à reposer sur son double siége l'orifice est entièrement fermé ; que la principale partie de la pression est supportée par le fond fixe, et qu'enfin un large débouché est ouvert à la vapeur, à la fois par le haut et par le bas de la soupape, dès que celle-ci est soulevée.

D'autres fois (dans les soupapes dites américaines), le fond plein supérieur est supprimé, la vapeur arrive entre les deux siéges et ses pressions s'équilibrent, dans la mesure que l'on veut, en agissant en sens contraire sur les parois opposées (fig. 194 *bis*).

D'autres artifices encore peuvent être employés :

L'un (fig. 194 *ter*) consiste à ne mettre qu'un siége, et à former la soupape d'une sorte de tuyau creux, mobile dans une boîte à étoupe étanche.

Un autre (fig. 194 *quater*) consiste, au contraire, à faire pleine la tige qui sert à manœuvrer la soupape, et à lui donner une section égale, ou presque égale à celle de la soupape elle-même. Il est clair en effet que la pression de la vapeur ne s'exerce que sur une aire égale à la différence de ces sections, et qu'ainsi son influence peut être atténuée autant qu'on le voudra, quelque grande que soit la section de la soupape.

(**611**) Lorsque les appareils de distribution sont des tiroirs du type le plus ordinaire, ou *tiroirs à coquille*, la pression de la vapeur joue encore un rôle plus important, parce que la surface pressée est plus grande, soit à cause de la largeur des rebords, soit à cause de l'obligation où l'on est de faire porter la pièce à la fois au-dessus de plusieurs ouvertures, ou *lumières*, afin de les mettre par son *creux* en relation l'une avec l'autre.

D'un autre côté, le travail résistant produit par le frottement du tiroir, est proportionnel à l'étendue du glissement de cette pièce sur sa table.

Il faut chercher à diminuer *la pression* totale, le *frottement* qui en résulte et l'*étendue du glissement*.

On a deux moyens de réduire *la pression totale*.

L'un consiste à réduire, autant que possible, l'étendue de la surface sur laquelle agit la pression de la vapeur. A cet effet, on préférera souvent, surtout avec des cylindres à longue course, avoir une boîte spéciale de distribution pour le haut et le bas, et un petit tiroir dans chaque boîte, au lieu d'une boîte et d'un tiroir uniques servant pour les deux faces du piston. On parvient par là à réduire, en même temps que la surface frottante, la grandeur de l'espace nuisible.

Le second moyen consiste à employer les tiroirs dits à pression équilibrée, qui sont disposés de manière à annuler l'influence de la pression sur une partie plus ou moins considérable de leur surface externe.

On y parvient par divers artifices, par exemple en plaçant sur leur dos un cylindre creux muni d'un rebord extérieur, qui traverse dans une large boîte à étoupe le couvercle de la boîte de distribution (fig. 195). Cette disposition supprime la pression de la vapeur sur une surface du tiroir égale à la section du cylindre. On parvient à un résultat analogue, en reliant le dos du tiroir, par une courte bielle, avec un gros piston étanche placé dans un cylindre alésé, où il exécute de petites oscillations à la demande de l'inclinaison variable que prend la bielle, en suivant celles du tiroir sur sa table (voir tome Ier, fig. 119).

On réduit l'intensité du frottement par un bon choix et une bonne préparation des matières avec lesquelles sont construites les glaces du tiroir et de sa table, et en ayant soin de les entretenir dans un état de lubrifaction convenable.

Enfin, on réduit l'*étendue du glissement*, tout en conservant aux orifices la section qui convient, en leur donnant une section rectangulaire, *étroite* dans le sens du glissement du tiroir, et *étendue* dans le sens perpendiculaire.

On accroît l'efficacité de cette dernière disposition, quand il s'agit simplement d'ouvrir ou de fermer un passage, et en même temps on a l'avantage de l'ouvrir et de le fermer plus brusquement, en le faisant aboutir à *plusieurs* lumières rectangulaires distinctes, qui peuvent être masquées ou démasquées *à la fois*, par une simple plaque glissante percée du même nombre de lumières ; il suffit de faire correspondre les lumières de la table fixe tantôt aux lumières, tantôt aux pleins de la plaque mobile (fig. 196).

D'autres fois, on prend une disposition inverse ; par exemple, lorsqu'il s'agit de la prise de vapeur, qu'on veut se réserver de pouvoir ouvrir très-graduellement, si l'on a des manœuvres délicates à faire à très-petite vitesse.

Dans ce cas, la lumière que démasque le jeu du tiroir est triangulaire, et c'est par la pointe qu'elle est d'abord démasquée (fig. 197).

(**612**) Les organes de distribution (soupapes ou tiroirs) doivent en général, ainsi que nous l'avons dit plus haut, (n° **604**), être mus par des pièces de la machine, afin que celle-ci puisse d'elle-même s'entretenir en mouvement. Cette condition, qui paraît aujourd'hui si simple et si naturelle, n'a pas toujours été remplie, et dans les premières machines, le soin de régler la distribution était confié à un ouvrier spécial, qui avait une manœuvre à faire à chaque excursion du piston.

Il est bon de remarquer qu'il en est encore de même aujourd'hui dans quelques cas particuliers.

Ainsi dans l'emploi de certains outils ayant leur moteur spécial, il importe souvent à la bonne exécution du travail que les coups de piston puissent être variés incessamment, quant à leur intensité et à leur rapidité, qu'ils puissent être interrompus et repris à volonté, etc., etc. Tel est, par exemple, le cas d'un marteau pilon dans une forge. On trouve le plus souvent convenance à le faire manœuvrer à la main, par un ouvrier attentif aux indications du chef marteleur.

La même disposition sera prise parfois pour la conduite d'une machine d'épuisement fonctionnant sur une avaleresse. Le motif en est que cette machine est ordinairement à simple effet, qu'une telle machine comporte normalement *un règlement précis* et une marche assez lente, tandis que dans un fonçage d'avaleresse, elle rencontre des conditions de marche assez irrégulières, et l'obligation très-fréquente de marcher *avec son maximum de vitesse*, afin de faire baisser les eaux dans le puits aussi rapidement que possible, lorsqu'on reprend l'épuisement après un arrêt.

Hors ces cas particuliers, on peut dire que *la règle* est de faire marcher la distribution par la machine elle-même.

Le mouvement peut être emprunté soit à un arbre tournant, qui sera ou l'arbre du volant, ou un petit arbre spécial commandé par lui à l'aide d'un engrenage, soit à une pièce oscillante, qui sera le plus souvent la tige de la pompe à air, ou, à son défaut, une tige spéciale nommée *la poutrelle de distribution*.

La première combinaison est de beaucoup la plus usitée dans les machines de rotation.

Le mécanisme le plus ordinaire consiste (fig. 198) en une poulie à gorge calée excentriquement sur l'arbre, et que l'on nomme *l'excentrique*.

Cette poulie reçoit un collier, ou bague, qui peut tourner à frottement doux sur la poulie. A cette bague est fixée une longue bielle dont l'extrémité va s'enclancher habituellement soit à l'extrémité d'une tige qui en forme comme le prolongement et qui reçoit ainsi un mouvement de va-et-vient longitudinal, soit sur le bouton d'un levier ayant un point fixe qui prend un mouvement d'oscillation.

Il est clair que l'excentrique fonctionne, par rapport à sa bielle, exactement comme une manivelle dont le bouton aurait le diamètre de la poulie à gorge, et dont le rayon serait la distance entre l'axe de la poulie et l'axe de l'arbre sur lequel elle est calée, ou ce qu'on appelle *l'excentricité*.

L'extrémité de la bielle décrira donc, dans son mouvement de va-et-vient, un espace linéaire égal au double de l'excentricité. On pourra disposer de ce mouvement, comme on vient de le dire, soit directement, soit en le modifiant d'une manière quelconque à l'aide d'un système de leviers articulés, pour venir imprimer à l'organe de distribution le mouvement qu'il doit recevoir. Il le recevra à un instant opportun, moyennant un calage convenable de l'excentrique.

Ce mouvement pourra être *continu*, comme il convient à un tiroir, si les leviers sont articulés entre eux sans jeu sensible. Il pourra être *discontinu* et n'avoir lieu que vers une extrémité de la course, ou bien vers les deux, comme il peut convenir à une soupape, en intercalant dans les articulations un œil oblong dans lequel le bouton du levier conducteur aura un jeu plus ou moins étendu.

Tel est sommairement le principe de cette distribution à l'aide d'excentrique, sur laquelle nous aurons lieu plus loin de revenir en détail.

(**613**) Au lieu de ce système, que l'on connaît sous le nom *d'excentrique circulaire*, on emploie quelquefois le mécanisme connu sous le nom assez impropre *d'excentrique à ondes*, ou de *came à ondes*.

On sait qu'un excentrique à ondes convenablement tracé, étant mis en relation avec la queue d'un levier, comme il est indiqué sur la figure 199, ce levier peut recevoir un mouvement varié suivant une loi quelconque. Il reste immobile tant que sa queue est en contact avec un profil circulaire concentrique à l'arbre sur lequel la pièce est calée. Il oscille dans un sens ou dans un autre, lorsque la queue passe d'un profil circulaire donné à un autre profil concentrique extérieur ou intérieur au premier. On est donc maître d'imprimer au levier, pendant un tour de l'arbre portant l'excentrique, des mouvements continus ou discontinus, d'une amplitude et d'un sens déterminés ; ce qui suffit pour concevoir, d'une manière générale, que, moyennant une vitesse angulaire appropriée au tracé de l'excentrique, et un calage convenable, le levier puisse servir à conduire, suivant une loi donnée, un appareil de distribution quelconque.

Assez souvent l'excentrique à ondes ne sert pas à régler l'admission et l'échappement dans le cylindre, mais seulement la détente. Son emploi se combine alors avec celui de l'excentrique circulaire. Ce dernier est réglé comme si l'on devait marcher sans détente, c'est-à-dire que l'admission d'un côté du piston et l'échappement de l'autre restent ouverts pendant toute la course. L'excentrique à ondes fait simplement mouvoir au moment opportun, soit une soupape, soit une plaque ou tuile de détente, qui ouvre ou ferme le tuyau d'admission venant de la chaudière.

Le degré de détente dépend du tracé de l'excentrique, et *pour faire varier la détente* il faut *modifier ce tracé*. Cela peut se réaliser pratiquement, en employant, au lieu d'une came peu épaisse, un long manchon, dit *manchon à bosse*, qui peut glisser sans tourner sur son arbre. La section droite de ce manchon varie graduellement dans le sens de la longueur, et l'on change sa position sur l'arbre de manière que la section en contact avec le levier réponde au degré de détente avec lequel on veut marcher.

Cette position peut être changée à la main, ou automatiquement par la machine même selon la vitesse qu'elle prend.

Dans ce dernier cas, le déplacement du manchon s'effectue par le jeu d'un appareil régulateur, qui est le plus souvent le pendule à force centrifuge de Watt, fonctionnant dans un sens tel que l'étendue de l'admission *diminue* ou *augmente* à mesure que la machine *s'accélère* ou se *ralentit*. Ce système est représenté figure 200.

(**614**) Dans les machines sans volant et à double effet, il est *nécessaire*, et dans les machines de rotation dont nous venons de parler il est *possible*, d'emprunter le mouvement à la poutrelle de distribution.

Sans entrer dans le détail, quelquefois assez complexe, des articulations et des encliquetages mus par cette poutrelle, qui composent ce qu'on nomme, dans une machine, *le jeu de fers* de la distribution, il est facile de comprendre, d'une manière générale, comment se manœuvrera un organe quelconque de distribution (le plus souvent une soupape, quelquefois un tiroir). Lorsque cet organe n'aura de mouvement à prendre que vers la fin de la course du piston, sa tige sera munie d'un levier mobile autour d'un point fixe, dont la queue viendra sur le côté de la poutrelle, et rencontrera *à la fin de la course descendante* un tasseau qui l'abaissera, et *à la fin de la course ascendante* un autre tasseau qui la ramènera à sa position primitive.

On pourra toujours s'arranger pour que l'un quelconque des mouvements ouvre un certain orifice, et par suite, le mouvement inverse le refermera. La figure 201 donne un exemple de ce système appliqué au mouvement alternatif d'un tiroir. On n'a pas toujours besoin d'autant de tasseaux que de soupapes ; car il arrive souvent que celles-ci peuvent être rendues solidaires deux à deux, à l'aide de longues tringles reliant, par exemple, la soupape d'admission du haut à la soupape d'échappement du bas, et inversement.

Pour une soupape qu'il faut fermer en pleine course, comme c'est, par exemple, le cas pour une soupape qui doit produire de la détente, son levier de manœuvre recevra une queue infléchie de manière à devenir tangente au tasseau qui la conduit, lorsque la soupape a pris la position qu'on veut lui donner (*fig.* 202).

Lorsqu'un des tasseaux d'une poutrelle de distribution agit sur un levier qui fait mouvoir un tiroir, celui-ci tend à rester dans la position où l'amène son levier, même après que le tasseau a cessé d'agir, et le tiroir peut être abandonné à lui-même, si son poids est, d'ailleurs, convenablement équilibré. Il n'en est pas de même avec une soupape, qui ne saurait être ainsi abandonnée et comme flottante, entre les positions extrêmes qu'elle doit prendre. Il faut qu'elle soit *maintenue* dans chacune de ces positions.

Elle l'est dans l'une d'elles, à l'aide d'un contre-poids agissant à l'extrémité d'un levier mobile, autour d'un point fixe. Elle l'est dans l'autre, à l'aide d'un encliquetage, convenablement disposé. On manœuvre la soupape dans un sens, en dégageant le cliquet qui retient le contre-poids ; on la manœuvre en sens contraire, en relevant le contre-poids et mettant de nouveau le cliquet en prise.

Ces divers mouvements de la soupape doivent se faire rapidement et dans toute leur amplitude, pour éviter *les étirages de vapeur* à travers des orifices insuffisants. Il faut cependant qu'ils se ralentissent graduellement à la fin de la course, pour éviter les à-coups et pour arriver, lors de la fermeture d'une soupape, à la faire reposer sur son siége sans choc plus ou moins violent. Il suffit pour cela que les leviers et les tringles qui conduisent la soupape ou qui portent les contre-poids, puissent être assimilés à une petite manivelle et à sa bielle, faisant entre elles un angle prononcé au commencement d'un des mouvements de la soupape et un angle presque nul à la fin. Ce mouvement se ralentit alors de lui-même, comme fait celui d'un piston qui approche de son point mort. Cette combinaison cinématique est indiquée sur la figure 203, pour laquelle nous renvoyons à la légende des planches.

(**615**) Dans le cas des machines à simple effet, il arrive assez souvent qu'elles ne marchent pas d'une manière continue, en ce sens qu'après une excursion double du piston, quelquefois même après chaque excursion simple, il se produit dans la machine un temps *d'arrêt complet*, plus ou moins long.

Ce n'est donc pas aux derniers moments d'une excursion dans un sens, et par le fait du mouvement que possèdent encore dans ce sens les diverses pièces de la machine, que se prépare la distribution pour l'excursion en sens contraire.

L'excursion s'achève : la machine *tout entière* est amenée au repos ; puis, *quelques instants après*, la distribution se modifie. C'est donc à un système spécial, *en dehors de la machine même*, qu'est emprunté le mouvement que comporte cette modification.

Ce système spécial joue ici un rôle analogue à celui de l'appareil régulateur décrit au n° **274**, avec cette différence que ce dernier est *indispensable* dans les machines à colonne d'eau et à simple effet, où il est employé.

On peut encore l'assimiler au régulateur à piston flottant, souvent appliqué anciennement aux machines soufflantes dans lesquelles il n'existait point de volant.

A la rigueur, ce système n'est pas indispensable, et l'on pourrait très-bien concevoir une machine à simple effet, marchant d'une manière continue comme une machine à double effet sans volant, et celle-ci pourrait, réciproquement, recevoir une marche intermittente. Mais la discontinuité est fort utile dans les cas où on l'emploie.

On l'applique, en effet, particulièrement à de très-grandes machines affectées à l'exhaure des mines.

Ces machines mettent, en général, en mouvement des masses énormes ; elles ne comportent que de faibles vitesses, et elles ont à faire un travail qui varie beaucoup d'une saison à l'autre. Le temps d'arrêt complet, entre deux corps de piston, y est utile pour *éteindre* les vibrations de ces grandes masses, et ne pas les laisser, pour ainsi dire, *s'accumuler dans l'appareil*, en faisant succéder trop vite un coup de piston à un autre. Ces temps d'arrêt doivent être *très-marqués*, même lorsque la machine marche à son maximum de vitesse; aussi, le nombre de coups de piston de ces machines est-il toujours assez limité.

L'appareil régulateur de la durée de ces temps d'arrêt, dont la figure 204 peut donner une idée, se nomme *une cataracte*. Il se compose d'une petite pompe dont le tuyau d'aspiration plonge dans une bâche pleine d'eau. Cette pompe est munie d'un piston plein que l'on charge à l'aide d'un contre-poids, et qui est en relation avec une tringle verticale munie de tasseau. Un tasseau fixé sur la poutrelle de distribution agit, à un moment donné, sur la queue d'un levier qui relève ce piston, et l'on remplit ainsi d'eau le petit corps de pompe. Le piston abandonné à l'action de son contre-poids, redescend avec une vitesse que l'on règle, soit en forçant la soupape d'aspiration à rester légèrement ouverte, soit en laissant cette soupape se refermer entièrement, mais alors en employant un robinet qui étrangle, autant qu'on le veut, un tuyau par lequel l'eau est refoulée. Ce mouvement très-lent de descente du piston produit l'élévation, très-lente également, de la tringle, dont les tasseaux viennent agir, dans l'ordre voulu, sur les encliquetages retenant les contre-poids des diverses soupapes, lesquelles, dès le moment que leurs contre-poids sont dégagés, ouvrent en grand ou referment entièrement les orifices qui leur correspondent.

(**616**) Les divers appareils énumérés ci-dessus (n^os **573** et suivants), constituent les parties essentielles de la machine à vapeur, c'est-à-dire : 1° le récepteur proprement dit, sur lequel agit directement la force motrice; 2° les pièces, à l'aide desquelles le mouvement communiqué au récepteur est transmis, convenablement modifié, jusqu'à la pièce qui commande l'appareil opérateur, ou les transmissions; et 3° enfin les organes spéciaux, à l'aide desquels s'opère sur le récepteur la distribution convenable de la vapeur.

Avec ces appareils la machine est *complète*, en ce sens que mise en marche elle pourrait d'elle-même entretenir son mouvement et donner *un certain nombre de coups de piston consécutifs.*

Au milieu de la grande variété d'aspects sous lesquels se présentent les appareils à vapeur employés dans l'industrie, il sera toujours possible, avec un peu d'habitude et d'attention, de distinguer, dans une machine donnée, les diverses parties que nous venons d'indiquer, et de reconnaître auquel des types ci-dessus énumérés en termes généraux chacune des parties peut se rapporter.

Mais réduite à ces organes la machine n'aurait encore qu'une marche, en quelque sorte, éphémère. Il faut, pour assurer la régularité et la continuité de cette marche, pourvoir à l'alimentation du générateur et entretenir le jeu du condenseur. Il faut, en outre, approprier la machine aux manœuvres diverses que son emploi industriel peut réclamer. Nous avons donc à ajouter à la machine, telle que nous la connaissons déjà par ce qui précède, un certain nombre d'organes qui, pour être *des accessoires*, au point de vue théorique, n'en sont pas moins pratiquement des *annexes indispensables.*

Nous présenterons sur ces appareils quelques indications générales, analogues aux aperçus qui précèdent, en distinguant les appareils d'alimentation, le condenseur et les divers organes qui s'y rattachent, les divers moyens de règlement qui fonctionnent automatiquement, ou qui sont à la disposition du mécanicien dans le cas général des machines à mouvement régulier et continu, enfin les appareils spéciaux, ou *les changements de marche*, qui servent dans le cas spécial, mais fort étendu, des machines à vitesses variables et intermittentes et à renversement de mouvement.

(**617**) *Appareils d'alimentation.* En dehors du cas purement théorique de la compression finale produisant la condensation complète de la vapeur et en même temps le retour de l'eau à la température et à la pression du générateur, on doit considérer qu'en pratique on alimente habituellement avec de l'eau que l'on prend à l'état liquide, à la pression atmosphérique ordinaire, et que, dans ces conditions, l'introduction de cette eau dans la chaudière, c'est-à-dire dans un milieu où la pression totale est de n atmosphères, revient, au point de vue mécanique, à l'élever à une hauteur

$h = (n - 1)\, 10^{m}334$, en dépensant par kilogramme d'eau une quantité de kilogrammètres numériquement égale à cette quantité h.

Au point de vue mécanique, ce travail est très-faible, et en quelque sorte insignifiant (abstraction faite des résistances passives) relativement à celui que peut produire le même poids de vapeur. On pourra donc sans inconvénient calculer les dimensions de cette pompe pour refouler une quantité d'eau double ou triple de la quantité nécessaire, afin de parer très-largement au déchet de la pompe et aux fuites d'eau et de vapeur dans le générateur, ainsi qu'aux fuites et aux condensations de vapeur dans la machine, ou à l'eau mécaniquement entraînée par la vapeur, sauf à suspendre de temps en temps le jeu de cette pompe quand la chaudière se trouve surabondamment remplie. Sa construction ne présente en général rien de particulier; cette pompe est habituellement aspirante et foulante à piston plongeur.

Au point de vue de l'emploi de la chaleur, il est très-important de prendre l'eau d'alimentation à une température aussi rapprochée que possible de celle qu'elle doit avoir dans la chaudière avant de s'y vaporiser. Les calories employées à réchauffer l'eau dans la chaudière sont, en effet, perdues pour le travail transmis à la machine ; car elles ne correspondent à aucun travail extérieur appréciable. D'un autre côté leur quantité n'est nullement négligeable devant celle des calories qui travaillent dans la machine.

De là une perte sensible, dont il est possible, ainsi que nous l'avons déjà vu, de se rendre compte dans chaque cas particulier, par un examen spécial. Pour préciser parfaitement ce point important, reprenons l'exemple déjà plusieurs fois considéré, de la vapeur employée à six atmosphères de pression totale, et supposons qu'on alimente successivement avec de l'eau à la température moyenne ambiante ou à 10°, puis à 40° (ce qui est *toujours possible* avec un condenseur), ou enfin avec de l'eau à 80° (ce qui est le plus souvent possible avec les détentes ordinaires, en chauffant cette eau à l'aide de la chaleur empruntée à la vapeur d'échappement, dans son trajet du cylindre au condenseur ou à l'air libre).

Nous savons que la quantité totale de chaleur contenue dans un kilogramme de vapeur d'eau (en sus de ce que contient l'eau liquide

à zéro) est pour la pression de 6 atmosphères égale à $\lambda_2 = 655,21$;
de sorte que la quantité de chaleur enlevée à la chaudière pour produire cette vapeur, en prenant l'eau non pas à zéro, mais à une température t_1, a pour valeur générale $\lambda_2 - \mu.\,t_1$... qui devient :

$$
\begin{aligned}
\text{Pour } t_1 &= 10... & 655.21 - 10 & = 645.21 \\
- \quad t_1 &= 40... & 655.21 - 40 & = 615.21 \\
\text{et enfin pour } t_1 &= 80... & 655.21 - 80.10 &= 575.11
\end{aligned}
$$

Ainsi, pour un mode déterminé d'emploi de la vapeur prise à six atmosphères, *le même travail* est obtenu par les *diverses dépenses effectives* ci-dessus indiquées, selon la température à laquelle se trouve l'eau qu'on emploie à l'alimentation.

Si l'on prend pour unité la dépense qui correspond à l'alimentation à l'eau froide, les économies de combustible à attendre de l'alimentation à 40° et 80° sont respectivement données par les relations

$$
\frac{645,21 - 615,21}{645,21} = 0,046 \quad \text{et} \quad \frac{645,21 - 575,11}{645,71} = 0,109.
$$

On voit qu'il n'est pas sans quelque intérêt de chauffer l'eau d'alimentation le plus possible ; ce chauffage est d'ailleurs facile, tant qu'il ne correspond qu'à une fraction de l'excès de chaleur que possède la vapeur détendue à sa sortie du cylindre. Il en résulte que l'économie à atteindre peut être réalisée par un appareil simple, qui n'aura habituellement que des organes fixes n'augmentant pas les chances d'arrêt de la machine.

Quelquefois, par exemple, on se borne à faire tomber l'eau en pluie dans une longue bâche verticale remplie de fragments quelconques (de coke par exemple), au bas de laquelle arrive la vapeur d'échappement. Quand il y a un condenseur, l'appareil doit être clos, et placé sur le trajet de la vapeur allant du cylindre au condenseur. Il doit être en outre placé, non sur *l'aspiration*, mais sur *le refoulement* de la pompe alimentaire, aussi près que possible de la chaudière, afin de diminuer les pertes de chaleur par rayonnement, et d'éviter quelques difficultés qui se présentent dans le jeu des pompes, quand on leur donne à aspirer de l'eau trop chaude.

L'appareil a reçu des dispositions assez variées. La plus efficace consiste en une sorte de renflement cylindrique traversé par un

faisceau tubulaire. Tantôt ce renflement appartient au tuyau de
refoulement de la pompe alimentaire, et les tubes sont alors traversés par la vapeur ; tantôt au contraire, il appartient au tuyau
d'échappement de la vapeur, et les tubes sont des sortes de ramifi-
cations du tuyau de refoulement.

On préférera ce dernier système au premier, ou inversement,
selon que la capacité des tubes y sera *inférieure* ou *supérieure* à
l'espace libre qu'ils laissent entre eux. Quant à la pompe alimentaire, il est facile de prendre son mouvement sur divers points de la
machine. Par exemple, dans une machine munie d'un balancier, sa
tige sera attelée à un bouton fixé en un point de ce balancier ; dans
une machine à connexion directe, on pourra la rattacher par une
crosse à la tige du piston moteur.

Souvent aussi, dans les grandes machines, on la fait mouvoir par
un appareil spécial qu'on appelle *un petit cheval*. C'est une petite
machine à vapeur dont le piston à vapeur et le piston de la pompe
sont fréquemment sur la même tige, afin de simplifier le système
autant que possible.

Le petit cheval est commode en ce qu'il permet d'alimenter sans
être obligé de mettre la grande machine en marche, et, en outre,
de placer l'appareil d'alimentation à la portée du chauffeur.

Nous nous bornons, quant à présent, à ces indications. Nous reviendrons sur d'autres appareils d'alimentation, notamment sur
l'injecteur Giffard et sur *la bouteille alimentaire, ou retour d'eau,*
qui sont indépendantes de la machine, et qui sont nécessaires pour
alimenter les générateurs, très-nombreux dans l'industrie, qui ne
sont pas destinés à fournir de la force motrice. Leur description
viendra naturellement lorsque nous parlerons des chaudières à vapeur en général, considérées en elles-mêmes, indépendamment des
machines.

(**618**) *Appareils de condensation.* Ayant reconnu qu'il n'y a pas
lieu, dans une machine à vapeur, d'épuiser l'action de la détente,
en la prolongeant jusqu'à ce que le mélange d'eau et de vapeur ait
pris la température du condenseur ; qu'il convient même, au point
de vue de l'effet utile, et à cause des résistances passives propres au

récepteur, de s'arrêter notablement au-dessus de cette limite, on voit que lorsqu'on vient à ouvrir l'échappement à la fin de la course du piston, on met en communication deux milieux, le cylindre à vapeur d'une part, le condenseur de l'autre, entre lesquels il existe *une différence finie* de pression et de température.

Dès que la communication est ouverte, il y a donc afflux de vapeur du premier dans le second, et condensation dans ce dernier ; bientôt il s'établit entre les deux milieux un état d'équilibre, non de température, mais de pression, la pression commune étant uniquement déterminée par la température du milieu le moins chaud, et sans aucune relation nécessaire avec la température qui peut subsister dans l'autre milieu.

Cette chute brusque de pression ne correspond à aucun travail produit ; elle occasionne une perte de chaleur et par conséquent de travail, assimilable à la perte de force vive que produit un choc ou une variation brusque de vitesse. L'étendue de cette perte peut se calculer, ou bien se mesurer sur un diagramme analogue à celui de la figure 162, par l'aire qui se trouve supprimée au delà du point où l'on arrête la détente.

L'action du condenseur se résume donc en ce fait que cet appareil étant maintenu soit à 40°, soit *à toute autre température déterminée*, si un cylindre rempli de vapeur, *à une température supérieure quelconque*, vient à être mis en facile communication avec lui, la pression dans ce cylindre sera, *au bout d'un temps très-court*, celle qui correspond *à la température du condenseur*.

Cette propriété remarquable ressort clairement de cette simple remarque, que tant que l'on veut supposer cette pression plus élevée, il y a, par suite de l'excès de pression, un courant de vapeur du cylindre vers le condenseur.

Toute la question, pour avoir un condenseur efficace, est donc de le maintenir à une température constante, malgré la chaleur dégagée par la vapeur qui y afflue et qui s'y condense. L'agent qu'on emploie à cet effet est l'eau, prise soit à la température ambiante, qui varie selon les saisons, soit l'eau de puits ou de source, qui est à une température à peu près invariable, égale à la température moyenne de l'année (10° environ dans nos climats).

Il est facile de voir que pour maintenir une température assez basse dans le condenseur, il faut employer un poids d'eau assez grand relativement à celui de la vapeur. Si l'on veut avoir *un premier aperçu* de ce poids, on supposera que l'on emploie, par exemple, de la vapeur à six atmosphères ou à la température de 159°22.

Soit $t' = 12°$ la température de l'eau d'injection à son entrée dans le condenseur ;

$0 = 40°$ la température commune après la condensation ;

Q le poids d'eau à injecter pour effectuer la condensation d'un kilogramme de vapeur.

Le kilogramme de vapeur a demandé l'application d'un nombre de calories égal à $\lambda = 655°21$. (Voir le tableau du n° **508**.)

A l'état d'eau liquide à la température θ, il n'en contient plus que la quantité $\int_0^\theta c\,dt = 0$.

Il en a donc disparu $\lambda - \theta$.

D'autre part, les Q kilogrammes d'eau injectée en ont gagné $\theta - t'$ par kilogramme, ou en totalité $Q(\theta - t')$.

Si l'on suppose qu'il n'y ait point d'autre phénomène qu'une transmission de chaleur entre la vapeur produite dans la chaudière et l'eau d'injection, hypothèse inexacte, mais conforme aux idées qui avaient cours il y a quelques années, le raisonnement le plus élémentaire fait poser l'équation

$$\lambda - \theta = Q(\theta - t')\ldots \quad Q = \frac{\lambda - \theta}{\theta - t'}$$

d'où l'on déduit la valeur numérique $Q = 21,97$, ou, en nombre rond, $Q = 22$ kilogrammes.

En comparant les diverses valeurs numériques que fournit la formule ci-dessus avec d'autres données, on reconnait que la quantité d'eau d'injection croit *lentement* avec la pression, comme la quantité λ, et qu'elle croit au contraire *très-rapidement*, à mesure que l'on veut condenser à une température θ plus basse avec de l'eau d'injection à une températurature t' plus élevée. En pratique, on dépasse ordinairement, et même dans une assez large mesure, la quantité d'eau indiquée par le calcul précédent, sur lequel nous aurons à revenir.

Il vaut mieux pécher *par excès* que *par défaut*.

Cette dernière assertion est tout à fait exacte dans les machines *théoriques* qui fonctionnent suivant le cycle de Carnot.

Mais, *en pratique*, elle ne doit pas être admise sans une certaine réserve; on conçoit, en effet, que si l'on a réalisé dans le condenseur une température déjà assez basse pour que la pression y soit *extrêmement faible*, et si l'on alimente avec de l'eau extraite du condenseur, on n'ait plus d'intérêt à chercher une température encore plus basse; car on arriverait à dépasser pour le chauffage de l'eau dans la chaudière un *supplément de calories* plus qu'équivalent au *supplément de travail* utile résultant de la réduction de contre-pression.

En fait, on ne descend jamais au-dessous de 38 à 40°, et assez souvent on reste à 50 et à 55° et même au-dessus.

(**619**) L'eau servant à la condensation peut être employée de deux manières principales, ou par injection à l'intérieur du condenseur (c'est le cas le plus ordinaire), ou extérieurement par simple contact avec les parois de l'appareil.

Avec une quantité d'eau déterminée, *les condenseurs à injection* sont certainement supérieurs aux *condenseurs à surface*, soit au point de vue de la température qu'ils établissent à l'intérieur de l'appareil, soit surtout au point de vue *de la rapidité de la condensation*. Le contact des parois du condenseur à surface avec la masse de vapeur qui y afflue au moment de l'échappement, ne peut avoir, par suite du peu de conductibilité des corps à l'état de fluides aériformes, l'instantanéité d'action d'une gerbe d'eau introduite au milieu même de cette masse, et *saisissant*, en quelque sorte, chacun de ses éléments. Cette différence d'action est d'autant plus importante, qu'il s'agit de machines marchant à une plus grande vitesse de rotation. On n'emploiera donc ordinairement le condenseur à surface que pour de grandes machines ne donnant pas un trop grand nombre de coups de piston par minute, et à la condition de les régler, comme il sera expliqué plus loin, avec *une avance à l'échappement* suffisante.

Le condenseur à injection nécessite l'emploi d'une pompe, qui sert d'abord à le vider à la fois de l'eau injectée et de l'eau condensée.

Mais ce n'est pas la seule fonction de cette pompe.

Il faut concevoir que l'eau d'injection qui arrive dans le condenseur, contient en dissolution une certaine quantité d'air, qui est proportionnelle, comme l'on sait, à la pression de l'atmosphère avec laquelle cette eau a été en contact suffisamment prolongé. Arrivée dans le condenseur, l'eau ne peut plus en dissoudre qu'une quantité en rapport avec la pression nouvelle qui règne dans cet appareil. La plus grande partie se dégage donc ; et il existe dans l'appareil, au-dessus de l'eau liquide, une atmosphère saturée dans laquelle la pression de la vapeur, en relation avec la seule température, et la pression de l'air, en relation à la fois avec la quantité dégagée, le volume qu'elle occupe et la température, s'ajoutent pour former la contre-pression qui s'exerce réellement sur le piston.

L'expérience montre que la présence de l'air, quelque raréfié qu'on le suppose, agit, non-seulement en augmentant cette contre-pression, mais encore en ralentissant singulièrement la condensation. Ces deux inconvénients distincts augmentent, d'ailleurs, avec la quantité d'air contenue dans l'unité de volume. Il importe de donner au condenseur une capacité en rapport avec la quantité d'eau injectée en un temps donné, et de le purger à chaque coup de piston de sa pompe, non-seulement de l'eau injectée et condensée, mais encore d'une quantité d'air égale à la quantité qui s'en dégage entre deux coups de piston consécutifs. La pompe doit donc être disposée de manière à remplir cette double destination, c'est-à-dire à aspirer l'air aussi bien que l'eau ; d'où lui vient le nom de *pompe à air*, sous lequel on la désigne habituellement.

La pompe à air a donc une importance beaucoup plus grande que la pompe alimentaire. En outre, elle fatigue beaucoup plus, par suite de la double fonction qu'elle a à remplir ; car elle est dans les conditions d'une pompe quelconque dont le tuyau d'aspiration aspirerait à la fois de l'eau et de l'air. Il se produit des à-coups dans la marche de la pompe, parce que les clapets, au lieu de fonctionner seulement aux points morts, s'ouvrent brusquement quand le piston a déjà acquis une vitesse finie.

Par ce motif, la pompe à air doit marcher à faible vitesse, et sa commande ne saurait se faire directement par l'arbre du volant, si celui-ci fait plus de 20 ou 25 tours par minute, à moins d'augmenter beaucoup son diamètre et de réduire sa course.

(620) L'appareil complet d'un condenseur à injection comprend :

1° Une première pompe spéciale, dite *pompe à eau froide*, ou *pompe de puits*, qui prend, dans un cours d'eau qu'on a à sa portée ou dans un puits, l'eau nécessaire à l'injection ;

2° Une bâche dite *à eau froide*, qui reçoit l'eau élevée par cette première pompe ;

3° Le condenseur proprement dit ; c'est habituellement un cylindre en fonte, portant un fond et un couvercle, pouvant communiquer avec le cylindre à vapeur, et muni en outre d'une tubulure qui communique avec la bâche à eau froide, et dont on règle l'ouverture à volonté à l'aide d'un robinet ou d'une valve. Il est opportun, mais non nécessaire, que le condenseur soit entièrement immergé dans la bâche à eau froide, pour éviter les rentrées d'air par des joints qui seraient imparfaitement étanches ;

4° La pompe à air, qui sert à purger d'eau et d'air le condenseur. C'est un organe important, dont la tige est souvent attelée à un point du parallélogramme de Watt qui assure son mouvement rectiligne (voir n° **586.**) ;

5° La bâche *à eau chaude*, dans laquelle la pompe à air déverse l'eau extraite du condenseur, et d'où il s'en échappe la majeure partie par un tuyau de trop plein ;

6° La pompe alimentaire, ou *pompe à eau chaude*, qui prend dans la bâche ci-dessus l'eau nécessaire à l'alimentation ;

7° Enfin des tuyaux de trop plein qui renvoient au dehors l'eau froide en excès qui n'est pas injectée, ou l'eau chaude en excès qui ne sert pas à l'alimentation.

Tel est le système, assez complexe et demandant assez d'entretien, qu'entraîne l'emploi de la condensation dans une machine à vapeur.

La figure 206 donne la disposition, en quelque sorte *classique*, du
système appliqué à une machine de rotation à balancier.

(621) La condensation a, au point de vue de l'effet utile de la vapeur, les avantages que l'on sait ; indispensable avec les machines à
basse pression, elle augmente à la fois, avec les hautes pressions, le
travail de l'admission et le travail de la détente, d'une part en diminuant la contre-pression, et d'autre part en permettant de pousser
beaucoup plus loin la détente.

Mais elle nécessite une quantité d'eau qu'on n'a pas toujours à sa
disposition. Elle complique sensiblement la machine, et la rend
d'un entretien moins facile. Elle la rend également plus chère et
plus encombrante, soit par la présence même de l'appareil, soit à
cause de la détente plus grande à laquelle on peut marcher, soit
enfin parce qu'étant exclusive des très-grandes vitesses, à moins de
compliquer la machine par une commande spéciale, elle comporte,
pour cette machine, des dimensions au-dessous desquelles il aurait
été possible de se tenir, si l'on avait marché à plus grande vitesse.

Quoi qu'il en soit, on peut poser en principe que, malgré ces inconvénients, le condenseur est *une partie indispensable de toute grande
machine dans laquelle on recherche l'économie de combustible, toutes
les fois qu'il n'est pas impossible de se procurer l'eau nécessaire.*

(622) On a depuis longtemps proposé de substituer au condenseur *à injection* ci-dessus décrit, un condenseur fermé, ou condenseur *à surface*.

Cette substitution a été l'objet de diverses tentatives, dont les
premières remontent à Hall et sont antérieures à 1840. Mais jusqu'à ces derniers temps elles n'avaient pas eu beaucoup de
succès.

Le défaut de ces appareils, lorsqu'ils ne sont pas convenablement
établis, c'est-à-dire lorsque la surface condensante est insuffisante,
ou que la vapeur n'est pas assez subdivisée, est, comme on l'a
déjà dit, d'être moins instantanés que le condenseur à injection.
Ils demandent par suite une moindre vitesse de la machine et une
plus grande avance à l'échappement.

Pour qu'ils soient efficaces, il faut y multiplier beaucoup le contact des parois froides et de la vapeur, employer des parois minces et bien conductrices de la chaleur, et faire circuler une masse suffisante d'eau froide contre ces parois.

La forme qui, pour un encombrement donné de l'appareil, satisfait le mieux à ces conditions est analogue à celle du réchauffeur indiqué au n° **607**.

Qu'il s'agisse en effet de *chauffer l'eau* avec de la vapeur, ou de *refroidir la vapeur* avec de l'eau, la question à résoudre est du même ordre.

Le condenseur consistera donc en un faisceau tubulaire formé d'un très-grand nombre de petits tubes ouverts par les deux bouts traversant les deux parois opposées d'une bâche close dans laquelle arrivera la vapeur d'échappement. Ces tubes seront traversés par un courant d'eau froide, entretenu par une pompe dite de *circulation*, qui joue ici le rôle de la pompe à eau froide du condenseur à injection.

La pompe de circulation sera actionnée soit par la machine principale, soit de préférence par un *petit cheval*, qui peut préparer le vide avant la mise en train, et dont la vitesse peut être variée selon la dépense de vapeur de la machine.

On emploiera soit une pompe ordinaire à piston, soit plutôt des pompes centrifuges, qui sont bien indiquées pour un cas où il s'agit de déplacer des masses d'eau sans avoir à les élever.

On a aussi proposé, pour les bateaux marins où se fait l'emploi le plus fréquent et le plus opportun des condenseurs à surface, de faire produire le courant par le sillage même du navire, en admettant l'eau du côté de la proue et la rendant du côté de la poupe. Mais l'inconvénient est de n'avoir pas de courant lorsque le navire est en stationnement, et d'en avoir un, en marche, dont l'intensité est fonction de la seule vitesse du tableau, au lieu de l'être de la quantité de vapeur consommée par la machine.

Le condenseur à surface comporte les mêmes appareils accessoires que le condenseur à injection, sauf que la pompe à air et la bâche à eau chaude y ont beaucoup moins d'importance, puisqu'on n'a à extraire qu'une quantité d'eau *très-faible* et une quantité d'air *proportionnellement plus faible encore.*

Cette moindre proportion résulte de ce que l'air à extraire, dans les condenseurs à injection, vient, pour la plus grande partie, non de la chaudière, mais de l'eau injectée elle-même, qui en contient toujours en dissolution une certaine quantité qu'elle laisse dégager dans le vide du condenseur.

D'ailleurs, comme on alimente avec l'eau condensée, additionnée seulement de la petite quantité d'eau nouvelle nécessaire pour compenser les fuites, la masse d'air introduite dans la chaudière est due presque exclusivement, avec un condenseur à surface, à cette quantité additionnelle.

Cette condition de pouvoir alimenter avec de l'eau distillée, ou d'avoir le système d'alimentation *monhydrique*, a une grande importance pratique, lorsque l'eau dont on dispose contient des matières solides en dissolution.

Telle est notamment l'eau de mer : aussi est-ce surtout aux *machines marines* que les condenseurs à surface sont appropriés.

Leur emploi est ici d'autant plus indiqué que l'eau de mer n'ayant jamais pu être employée à *haute pression*, à cause des incrustations qui se forment alors avec trop d'abondance dans les chaudières, la *véritable question* que l'on résolvait avec le condenseur à surface était, pour les machines marines, celle de l'emploi possible de la haute pression.

Or, on l'a déjà dit, il n'est pas d'application importante de la vapeur, dans laquelle il y ait plus d'intérêt à réduire le poids et l'emplacement de la machine, et surtout la consommation de combustible par cheval et par heure, que dans la navigation à vapeur, surtout lorsqu'il s'agit de navires effectuant sans relâches de grandes traversées, et par suite obligés d'embarquer au départ leur complet approvisionnement de charbon.

L'emploi des condenseurs fermés, dont les figures 207 et 207 *bis* représentent deux dispositions, l'une à tuyaux verticaux, l'autre à tuyaux horizontaux, n'est peut-être pas encore entièrement résolu, du moins en ce sens qu'il présente encore certaines difficultés pratiques. Elles résultent, *pour le condenseur même*, de ce que, par suite du dépôt des corps gras entraînés par la vapeur, dépôt qui se fait à l'intérieur des tubes, l'action refroidissante de leurs parois se réduit au bout d'un certain temps ; *pour les chaudières*, de ce que l'eau qui y fait retour indéfiniment se charge de plus en plus de ces corps gras et a tendance à bouillir tumultueusement. Mais dût-on même avoir le condenseur en double, pour se donner toutes les facilités de nettoyage, et appliquer quelque procédé spécial pour épurer les eaux avant de les renvoyer à la chaudière, j'estime *qu'il faut passer outre* à ces embarras pratiques, en raison des avantages capitaux qui ressortent de l'emploi de ce procédé de condensation.

Si donc, à la fin du numéro précédent, nous avons posé le principe que la condensation doit être employée dans toute grande machine où l'on recherche l'économie de combustible, toutes les fois qu'il n'est pas impossible de se procurer l'eau nécessaire, nous ajouterons, comme second principe, qu'il convient de préférer généralement le condenseur fermé, lorsque cette eau est très-mauvaise pour l'alimentation des chaudières, et que cette préférence doit être considérée aujourd'hui *comme de toute rigueur, pour les machines des navires ayant à effectuer sur mer de longues traversées.* (Voir n° **605**.) En fait, aujourd'hui il ne s'en établit plus d'autre.

(**623**) C'est ici le lieu d'indiquer un troisième système de condenseur, connu sous le nom de condenseur Letoret, qui offre ce caractère commode de n'avoir pas de pompe à air. Mais, par contre, son emploi suppose que la machine marche sans détente, ou du moins que si elle marche à détente, la pression finale est notablement supérieure à la pression atmosphérique.

Le système, représenté figure 208, consiste à envoyer la vapeur d'échappement dans une capacité purgée d'air, à l'intérieur de laquelle un robinet d'injection lance de l'eau, soit d'une manière continue, soit au moment de l'échappement, et qui est munie d'un clapet s'ouvrant du dedans en dehors sous une petite épaisseur d'eau qui prévient les rentrées d'air.

La vapeur d'échappement s'élance avec force dans cette capacité ; elle s'y condense très-rapidement, mais non pas *instantanément*, et le jet persiste pendant un temps assez long et avec une force vive suffisante pour ouvrir le clapet et s'échapper en grande partie au-dehors. Ce jet expulse devant lui l'air et l'eau, qui peuvent se trouver dans le condenseur ; dès que la pression est réduite au-dessous d'une atmosphère, le clapet se referme, l'œuvre de la condensation continue, et bientôt on a un vide aussi parfait au moins qu'avec un condenseur ordinaire.

Ce système ne s'appliquerait pas très-commodément aux machines de rotation. Mais pour des machines comme celles qui servent à l'épuisement des mines, où l'on ne donne qu'un petit nombre de coups de piston par minute, séparés par des temps d'arrêt complet, il peut être considéré comme satisfaisant, toutes les fois qu'on veut se contenter d'une détente restreinte qui permet de réduire beaucoup, comme on l'a dit, la grandeur du cylindre à vapeur et l'importance des masses en mouvement, et d'augmenter, dans une certaine mesure, le nombre de coups de piston par minute.

(**624**) On peut remarquer qu'il ne serait pas impossible de faire fonctionner cet appareil, même avec des détentes plus prolongées qu'on ne le fait habituellement ; il faudrait pour cela que la bouffée de vapeur soulevant le clapet débouchât, non dans l'atmosphère, mais dans un milieu où il existerait une moindre pression.

La condition nécessaire et suffisante à remplir pour le jeu de l'appareil est, en effet, que la pression finale de la vapeur détendue, soit sensiblement supérieure à celle qui règne dans le milieu où elle doit s'échapper. Un tel milieu pourrait être obtenu à l'aide d'une capacité fermée, élevée de quelques mètres au-dessus d'un réservoir d'eau, avec lequel elle communiquerait par un tuyau.

Ce tuyau servirait de trop plein pour écouler l'eau condensée, et l'air qui pourrait s'accumuler avec le temps en serait extrait de temps à autre, soit en purgeant par un jet de vapeur venant directement de la chaudière, comme pour la mise en train de la machine, soit par des manœuvres plus ou moins *analogues*, quoiqu'ayant l'*objet inverse*, à celles que l'on emploie pour renouveler l'air du réservoir des pompes.

Au lieu de supprimer la pompe à air, comme avec le condenseur imaginé par M. Letoret, on peut, dans certains cas, supprimer la pompe et la bâche à eau froide ; c'est lorsque le condenseur est établi *au niveau* ou *peu au-dessus* des eaux du réservoir qui fournit l'eau au condenseur, ou même *au-dessous* comme dans les bateaux à vapeur.

Il suffit alors, en effet, de mettre le robinet d'injection en communication directe, par un tuyau, avec ce réservoir. Cette disposition, qui s'applique naturellement aux machines des bateaux à vapeur, serait impraticable avec une différence de niveau trop grande, parce que l'aspiration produite par le vide du condenseur serait insuffisante ; elle serait même peu recommandable, si cette différence dépassait quatre ou cinq mètres, parce qu'il faut, pour la rapidité de la condensation, que l'injection ait lieu avec une certaine force, qui brise la gerbe d'eau contre les parois et la fasse rejaillir en gouttelettes dans tous les sens.

(**625**) Revenant au condenseur à injection, on voit que le système, assez complexe, comporte la mise en mouvement des tiges de trois pompes, qui sont, par ordre d'importance, la pompe à air, la pompe à eau froide et la pompe alimentaire.

Dans les machines à balancier, la première tige est articulée, soit au point C_1 du parallélogramme, soit à un point tel que C_2 (*fig.* 168), selon qu'il s'agit d'une machine à un seul cylindre ou d'une machine de Woolf ; les deux autres tiges sont, en général, directement attelées au balancier, et assez souvent articulées au point d'attache du piston, pour permettre la petite oscillation de leurs parties supérieures.

Dans les machines à connexion directe, on a des combinaisons cinématiques variées pour donner le mouvement à ces pompes, qui peuvent être, comme le cylindre à vapeur, horizontales ou verticales, qui peuvent être également à simple effet, comme dans la figure 206, ou à double effet, etc., etc.

On doit rappeler ici l'indication d'une disposition générale, applicable à tous les cas, qui consiste à établir une machine condensante spéciale, entièrement distincte de la machine principale, et à laquelle on donne, en outre, à faire l'alimentation (voir n° **617**). Par là, on simplifie beaucoup la machine principale, en la débarrassant de ces fonctions accessoires, et la réduisant à son rôle essentiel d'appareil récepteur.

Cette disposition est particulièrement recommandable, lorsque
'on a à faire mouvoir plusieurs machines principales, dont il importe
d'assurer la continuité et la régularité de marche. On réduit ainsi
chacune d'elles à son maximum de simplicité, et une seule machine
auxiliaire, doublée au besoin si l'on veut être garanti absolument
contre tout chômage, actionne un système d'organes d'alimentation
et de condensation, qui suffit pour toutes les machines.

Ce système offre des avantages évidents au point de vue de la régularité de ces dernières, et même aux points de vue de la dépense de
premier établissement et de l'économie de force. Il mérite d'être
appliqué plus souvent qu'on ne le fait. Il n'y a aucune difficulté à
l'appliquer à un ensemble de machines, même assez éloignées les
unes des autres. On tiendra, et même on favorisera le vide du condenseur, et l'on évitera les rentrées d'air, en établissant les tuyaux
d'échappement sous terre, dans des canaux qu'on entretiendra
pleins d'eau.

(**626**) *Appareils régulateurs.* —Une machine à vapeur, fonctionnant pour obtenir un résultat industriel quelconque, reçoit, par
coup de piston, une certaine quantité de travail, qui dépend de la
quantité et des conditions d'emploi de la vapeur consommée. Cette
quantité de vapeur et ces conditions d'emploi, uniformes en prin-
c'pe, oscillent, en réalité, d'un moment à l'autre, selon l'intensité
de la vaporisation produite dans la chaudière. D'autre part, la machine doit vaincre, indépendamment des résistances passives du
système tout entier, qui varient selon l'état actuel d'entretien et
de graissage des pièces, certaines résistances principales en vue desquelles elle fonctionne, et qui, elles aussi, ne sont pas parfaitement constantes et régulières.

L'équilibre dynamique du système (voir n° **18**) consistera en ce
que, pour une période donnée ou pour une série limitée de périodes,
il y aura égalité entre le travail moteur et les divers travaux résistants ; que la force vive se retrouvera la même au commencement
de chaque période ou série de périodes, et qu'il s'établira ainsi une
sorte de vitesse de régime oscillant entre certaines limites.

Nous avons déjà vu que lorsqu'il s'agit de machines sans volant, soit *à simple* soit *à double effet*, la périodicité correspond à une excursion *double* ou *simple* du piston, et la force vive est nulle à la fin de chaque période. Une machine de ce genre, à moins d'être conduite à la main, ne convient qu'aux opérateurs qui consomment, à chacune de ces excursions du piston, une quantité de travail bien constante. Tels peuvent être les cas où l'on n'a à exécuter qu'une opération simple, qui se reproduit indéfiniment, et par périodes concordantes avec les coups de piston de la machine, comme sera, par exemple, le jeu d'un piston soufflant fonctionnant à une pression constante, ou encore celui d'une pompe élevant l'eau à une hauteur donnée etc.

On doit concevoir qu'une telle machine, une fois réglée avec précision dans sa distribution, continuera à se mouvoir, tant qu'elle sera régulièrement alimentée en vapeur.

Nous avons vu également qu'une machine munie d'un *volant* n'a pas besoin d'être réglée avec la même précision. Elle se prête aux variations périodiques ou irrégulières, même aux intermittences du travail résistant principal, ainsi qu'aux petites irrégularités qu'il n'est guère possible d'éviter dans la production de la vapeur. Il en résulte qu'il n'y a d'égalité sensible entre le travail moteur et le travail résistant produit sur la machine, que si l'on considère sa marche pendant une durée assez longue, tandis qu'il y a, au contraire inégalité, sinon nécessaire, du moins habituelle, dans les éléments de ces quantités, et même inégalité *possible* et habituelle entre les intégrales de ces éléments, étendues à une période simple embrassant une évolution complète du système cinématique que présente la machine.

(**627**) Le volant dont nous avons défini les fonctions essentielles aux n^{os} **19** et **20**, est un premier moyen de remédier à ces inégalités périodiques ou irrégulières. Théoriquement on peut donner à un volant, en marche normale, une force vive suffisante pour qu'une variation de sa vitesse moyenne *aussi petite que l'on voudra* puisse correspondre à un écart *aussi grand que l'on voudra* entre le travail moteur et le travail résistant produit pendant une période donnée.

La condition à remplir est de donner au volant *un moment d'i-*

nertie suffisant par rapport à son axe de rotation et *une vitesse angulaire suffisante* autour de cet axe. Si la vitesse angulaire est donnée, on a encore deux éléments disponibles, la masse et le rayon de gyration du volant.

Dans chaque cas particulier, la question pourra être résolue, comme on l'a indiqué au n° **19**, lorsque l'on connaîtra le mode d'action de la vapeur, la nature et le mode d'action de la résistance principale, la constitution géométrique du système et le degré de régularisation qu'on veut obtenir.

Ce dernier élément peut, et même doit être variable selon les cas, et il serait inexact de penser que la régularité la plus grande possible soit toujours la condition à rechercher.

Cela peut être vrai pour certains opérateurs dont le bon fonctionnement industriel demande une vitesse bien régulière. Tels seront, par exemple, les métiers à filer.

L'inverse peut avoir lieu dans d'autres cas, par exemple pour les machines faisant mouvoir des pompes.

Il convient, dans ce dernier cas, que la vitesse se réduise aux environs des points morts des pompes, pour diminuer les effets fâcheux qui tendent à se produire lorsque les clapets sont en jeu et que la vitesse de l'eau dans les tuyaux doit se modifier trop brusquement.

Pour une application de ce genre, il est possible et même opportun que le volant reçoive une puissance simplement suffisante pour franchir le point mort du piston à vapeur, et *très-inférieur* à ce que la même machine recevrait si elle avait à faire mouvoir une filature.

J'ajoute que le volant doit varier, non-seulement avec l'usage industriel auquel la machine est destinée, mais encore avec le mode d'emploi de la vapeur. Il faut un volant plus puissant avec une machine à détente qu'avec une machine sans détente, plus puissant si la détente a lieu dans un seul cylindre qu'avec une machine de Woolf, etc.

La même puissance peut d'ailleurs être obtenue, quelle que soit la vitesse de rotation de la machine, pourvu que le moment d'inertie soit en raison inverse de cette vitesse.

Enfin nous rappelons qu'indépendamment de son rôle comme organe régulateur de la vitesse de la machine, le volant d'une machine à vapeur a encore, à cause de la bielle et de la manivelle qui le mettent en mouvement, un rôle cinématique capital, qui est de limiter géométriquement la course du piston, ce qui permet de donner à la machine une allure beaucoup plus franche et plus rapide.

(**628**) Un second appareil régulateur qui existe dans toutes les machines, soit à simple, soit à double effet, est le papillon, soupape à gorge, ou régulateur, dont nous avons parlé au n° **577**, comme pouvant servir à *diminuer la quantité d'eau liquide arrivant au cylindre avec la vapeur.*

Mais ce n'est pas là son rôle essentiel. Sa fonction principale est de créer entre la chaudière et le cylindre à vapeur *une certaine chute de pression.* Cette condition peut sembler *contradictoire* avec la règle qui a été énoncée, de donner à tous les passages de vapeur les plus grandes sections que l'on peut, précisément pour éviter ces chutes de pression.

Il est facile de voir cependant qu'il convient, à la fois, de satisfaire à la règle *en général*, et d'y faire *l'exception particulière* dont nous parlons.

En effet, la pression en aval de la soupape à gorge est celle sous laquelle la machine doit marcher, et il convient d'en perdre le moins possible *depuis ce point jusqu'au cylindre.* La pression en amont doit être celle de la chaudière, et il convient également d'en perdre le moins possible *depuis la chaudière jusqu'à ce même point.* Quant à ce qui est de la chute brusque que l'on consent à subir en ce point, on l'accepte comme moyen de régularisation de la marche de la machine. On doit considérer qu'ayant calculé la machine pour marcher normalement à une pression donnée (6 atmosphères par exemple), il convient de pouvoir, au besoin, marcher accidentellement à une pression différente, un peu plus forte ou un peu plus faible. L'écart en plus ou en moins pourra être, par exemple, d'une demi-atmosphère. On établira donc la chaudière pour fonctionner, je suppose, à 6 atmosphères et demie.

On marchera avec la soupape assez étranglée pour produire la chute normale d'une demi-atmosphère, et l'on aura la faculté soit de *réduire*, soit d'*augmenter encore* cette chute, en *diminuant* ou en *accroissant* l'étranglement.

Dans une machine sans volant, cette manœuvre de la soupape à gorge se fait à la main et à de rares intervalles.

Dans une machine à volant, elle est, au contraire, presque incessante, et elle se fait automatiquement. Le moyen ordinaire de la produire est d'employer le régulateur à force centrifuge, connu sous le nom de pendule conique, ou pendule de Watt, déjà mentionné au n° **608**. Plus généralement, cette manœuvre peut se faire à l'aide d'un organe quelconque, animé d'un mouvement de rotation autour d'un axe, et susceptible de *changer de forme*, selon que ce mouvement est plus ou moins rapide, soit par l'action combinée de la gravité et de la force centrifuge, soit sans que la gravité ait à intervenir.

Dans le pendule conique ordinaire manœuvrant la soupape à gorge (*fig.* 209), la force centrifuge et la gravité interviennent à la fois, pour déplacer les boules de l'appareil en les écartant de la verticale.

Dans le second cas, l'appareil est indépendant de l'action de la gravité, et agit par le jeu combiné de l'inertie centrifuge et de la tension de certaines pièces élastiques faisant fonction de ressorts.

Il suffit pour cela (*fig.* 210) de remplacer les deux boules, ou lentilles, de l'appareil ordinaire, par quatre boules symétriquement placées deux à deux, par rapport au centre d'oscillation. L'appareil peut alors être installé sur un axe soit horizontal, soit ayant une inclinaison *variable*, comme cela se présente sur un navire, à cause des mouvements de tangage et de roulis.

Cette dernière observation peut être généralisée, et l'on peut voir qu'il convient en général, pour toutes les machines exposées à de fortes vibrations ou à des déplacements finis (telles que les locomotives et plus encore les machines de bateau), d'éviter l'emploi de l'action de la gravité, et de la remplacer par celle de ressorts convenablement tendus, dans divers cas, analogues à celui qui vient d'être indiqué, lorsqu'il s'agit, par exemple, de régler le jeu de divers organes de la distribution, ou bien de charger des soupapes de sûreté, etc., etc.; en un mot dans les cas où l'action *uniforme et continue* de la gravité peut être altérée, soit par des variations dans la position des pièces, soit par des mouvements de trépidation.

Quel que soit, du reste, le système des forces mises en jeu dans le régulateur, si l'on se représente les positions extrêmes que l'appareil puisse prendre en se déformant, et les vitesses de rotation correspondantes à ces positions, l'appareil régulateur devra être établi, pour être *entièrement ouvert* à la position qui correspond à la plus petite vitesse, et *entièrement fermé* avant celle qui correspond à la plus grande, laquelle, par conséquent, ne pourra pas être atteinte d'une manière suivie.

Nous reviendrons plus loin sur la question des régulateurs, en précisant davantage et en étendant les idées générales exposées ci-dessus.

(629) La régularisation de la vitesse peut être obtenue, non pas seulement en faisant varier la pression initiale de la vapeur, mais aussi en faisant varier le degré de la détente. Ce procédé est assez habituel, du moins en France, pour qu'il y ait lieu de distinguer les machines *à détente fixe* et les machines *à détente variable*, et même, parmi ces dernières, les machines où la détente est *variable à la main*, et celles où elle est *variable par le régulateur*.

Le premier système est seul employé dans les machines sans volant; et cette variation à la main, combinée avec celle de l'ouverture de la soupape à gorge, donne au mécanicien toutes facilités pour régler la machine et la faire agir dans des conditions variées. La condition qu'il faut toujours remplir, c'est que la pleine pression et la détente soient réglées de manière à produire par coup de piston une quantité déterminée de travail. On verra, par exemple, qu'une machine fonctionnant d'abord à une allure donnée, on pourra *réduire* la pression en *diminuant* en même temps le degré de la détente; et qu'en marchant dans ces conditions nouvelles, on se trouvera avoir une marche *moins économique*, mais par contre une allure plus douce et moins fatigante pour la machine, et la possibité de lui donner une plus grande vitesse, sous la réserve, qui doit être toujours sous-entendue, que la chaudière s'accommode à débiter *un poids* de vapeur en rapport avec *la pression* et avec *le volume* débité par la machine.

Dans les machines à volant, la détente peut être, à volonté, *variable à la main*, comme dans les machines à mouvements alternatifs, ou *variable par le régulateur*. Ce dernier appareil peut donc agir, soit pour faire varier la pleine pression, comme on l'a dit plus haut, soit, sans toucher à la pleine pression, pour faire varier la détente. Quand la machine s'accélère ou se ralentit, on est conduit soit à *diminuer* ou à *augmenter* la pression, soit à *diminuer* ou à *augmenter* l'admission, c'est-à-dire à pousser la détente *plus* ou *moins* loin.

On peut penser qu'il est *plus rationnel* d'agir sur le papillon que sur l'appareil de détente, en ce sens qu'il semble assez naturel, à mesure que la vitesse de la machine devient trop grande, de dépenser la vapeur dans des conditions de moins en moins favorables à son utilisation. Or, c'est ce qui a lieu dans le premier cas; c'est le contraire qui se produit dans le second. Cette opinion est celle qui prévaut en Angleterre, où la détente variable est beaucoup moins usitée qu'en France.

On remarquera que la force développée sur le régulateur même, par suite de la variation de la vitesse, est en général assez petite, et qu'elle ne suffira pas toujours pour produire l'effet voulu, si on la fait agir directement sur l'organe à déplacer. Elle agira, dans ce cas, comme on l'a indiqué d'une manière générale au n° **18**, sur un organe intermédiaire qui fonctionnera comme une sorte d'embrayage pour déterminer le mouvement de l'organe principal.

Nous reviendrons, d'ailleurs, plus loin sur le régulateur à force centrifuge, dont le mode d'action, très-simple à comprendre en termes généraux, comporte quelques détails dans lesquels il n'y a pas lieu d'entrer en ce moment.

(**630**) Un dernier moyen de régularisation de la marche d'une machine à vapeur quelconque, consiste à agir, non plus sur la machine même, mais *sur son générateur* C'est là, à bien dire, que se trouve la source du travail que l'on pourra développer sur la machine. On ne peut, comme nous l'avons dit, arriver à aucune conclusion *sur la force* d'une machine donnée, si l'on veut la considérer en dehors de ses chaudières ; tandis qu'au contraire on en prend une idée très-précise, même sans rien connaître de ses dimensions, si l'on sait qu'elle débite, dans des conditions d'emploi déterminées, la vapeur que peut engendrer une chaudière dont on se donne la puissance de vaporisation.

On changera donc très-naturellement la force de la machine en changeant cette puissance de vaporisation, c'est-à-dire en entretenant avec plus ou moins d'activité les feux de la chaudière. On poussera les feux si la machine se ralentit ; on les retiendra dans le cas contraire, leur intensité étant déterminée par la double condition d'obtenir un travail déterminé par coup de piston, et un nombre donné de coups de piston par minute,

L'effet du procédé ne sera pas aussi instantané que celui du régulateur sur le papillon. Aussi n'est-ce pas au même genre d'irrégularités qu'il s'applique, mais au cas de variations, longtemps prolongées dans un même sens, du travail qui doit être demandé à une machine. Il se combine très-bien avec l'emploi de la détente variable par le régulateur.

C'est en faisant varier l'activité de leurs feux qu'agissent les chauffeurs d'un bateau pour pouvoir, ou varier leur vitesse de marche, ou la maintenir constante dans des circonstances différentes. C'est encore ce que fait le conducteur d'une locomotive qui doit remorquer des trains plus ou moins lourds, à des vitesses différentes, sur des voies diversement inclinées, etc., etc.

(**631**) *Appareils pour la conduite des machines.* —Une machine à vapeur qui, une fois mise en mouvement, continue de se mouvoir indéfiniment dans le même sens, comme sont la plupart des machines d'usines, ne comporte pas d'appareils autres que ceux que nous avons décrits. Pour la mettre en marche, on commence par y faire circuler un courant de vapeur qui a pour but d'en réchauffer toutes les parties et d'en chasser l'air. Ensuite, après avoir expulsé l'eau condensée à l'aide des robinets purgeurs, on met en marche en ouvrant la prise de vapeur sur la chaudière, et en se portant au volant si

la machine ne part pas immédiatement d'elle-même. On arrête en
fermant la prise de vapeur, et laissant la machine se ralentir progressivement par l'épuisement de sa force vive.

Pendant qu'elle est en marche, le mécanicien n'a qu'à surveiller
le graissage des pièces, tandis que le chauffeur règle ses feux aussi
uniformément que possible, et que le régulateur pare aux petites
irrégularités temporaires qui peuvent être ou le fait du chauffeur,
ou celui des résistances que la machine a à surmonter.

Les machines à marche variable et intermittente et à renversement de mouvement, spécialement les machines d'extraction, celles
de bateau et les locomotives, comportent d'autres dispositions.

Elles auront toujours la soupape à gorge, et rarement le régulateur à force centrifuge, qu'il ne serait pas commode d'approprier
aux diverses vitesses de régime que l'on peut avoir à leur demander.

Par contre, elles auront *assez fréquemment* un frein qui fonctionnera pour arrêter rapidement, et elles auront *toujours* un appareil de changement de marche, à l'aide duquel on pourra, selon
les cas, *marcher en avant*, ou *battre en arrière*.

Elles seront habituellement, mais non obligatoirement, à cylindre
conjugués, (soit à deux cylindres avec leurs manivelles à angle droit,
soit à trois cylindre avec leurs manivelles à 120 degrés), pour éviter les points morts, régulariser le mouvement, s'arrêter promptement, et repartir facilement dans toutes les positions.

Enfin, elles seront *en principe* dépourvues de volant, cette pièce
n'étant pas nécessaire pour régulariser la vitesse, qui l'est *à un
degré suffisant* par l'emploi des cylindres conjugués et par l'inertie
des pièces essentielles au système, telles que les roues à pales ou
l'hélice du bateau, ou les bobines de l'appareil d'extraction, et qui
l'est même *avec excès* dans les chemins de fer, par la masse de la
locomotive et du train qu'elle remorque.

Si les machines d'extraction en ont un habituellement, placé
d'une manière symétrique entre les deux bobines, on doit considérer que sa jante n'a pas à fonctionner par son inertie comme celle
d'un volant, mais qu'elle sert uniquement, ou principalement,
comme poulie de frein.

Il convient donc, pour la facilité et la promptitude des manœuvres qu'entraîne la réception et l'enlevage des cages d'extraction, que cette jante ait seulement l'épaisseur nécessaire à son véritable rôle dans la machine. Quant au diamètre de cette jante, sa destination comme poulie de frein demande qu'il soit, comme si elle avait à fonctionner comme volant, aussi grand que le permettent les convenances de la construction (voir cours d'exploitation n° **436**).

(**632**) Le frein des machines d'extraction est ordinairement mis en serrage, soit par un contre-poids, soit par la pression de la vapeur agissant sur un piston spécial. Ces forces agissent par l'intermédiaire d'un levier et déterminent la pression de la mâchoire du frein sur la jante de la poulie. De cette pression résulte un frottement proportionnel, qui s'exerce toujours en sens contraire du mouvement de la jante.

Cette pression de la mâchoire du frein n'est limitée que par la condition de ne pas altérer les surfaces en contact ; elle peut être d'autant plus grande que ces surfaces sont plus étendues, et le travail résistant qui en résulte sera d'autant plus grand lui-même que l'étendue du glissement sera plus considérable.

Ainsi, les conditions de puissance d'un frein sont une grande pression *totale* exercée sur la jante ; une grande étendue de surface de contact, pour réduire la pression élémentaire, et par conséquent un arc embrassé d'un grand développement et une jante large ; une grande étendue de glissement pour un déplacement angulaire donné et, par suite, une jante d'un grand diamètre ; et enfin, un grand espace angulaire décrit pour un déplacement virtuel donné au piston, ou, ce qui est la même chose, une grande vitesse de rotation de l'arbre sur lequel la poulie du frein est calée.

La puissance du frein doit être assez grande pour arrêter rapidement la machine lancée à sa plus grande vitesse, et pour empêcher sa mise en marche, si elle est arrêtée, même dans la position la plus favorable à l'action initiale de la vapeur.

(**633**) Dans les chemins de fer, il n'y a pas d'autres poulies de frein que les jantes mêmes des roues, soit de la locomotive, soit des wagons qu'elle remorque. La pression est ordinairement produite, non par un contre-poids, ni par la pression de la vapeur agissant sur un piston, mais par un appareil à main qui a reçu des dispositions très-variées. Les freins de wagon diffèrent de ceux des appareils d'extraction, en ce que leur serrage, contrairement à ce qui a lieu pour ceux-ci, est *essentiellement limité*. Il est inutile, en effet, de déterminer une pression à la jante d'une roue, produisant un frottement de glissement, supérieur à l'adhérence totale sur les rails de la paire de roues dont son essieu est muni ; car les deux roues cesseraient de tourner et glisseraient sur leurs rails, comme une sorte de traîneau, en *polygonant* leurs bandages et usant les rails, sans que le travail du frottement fût plus considérable que si le frottement à la jante était réduit à la limite indiquée.

Ainsi, un frein de wagon n'est serré *utilement* que jusqu'au degré où le frottement résultant du serrage *est sur le point d'égaler* l'adhérence de la roue sur le rail.

(634) Les freins propres à arrêter les trains de wagons sont un des points qui, dans ces derniers temps, ont le plus attiré l'attention des inventeurs, obéissant en cela, il faut le reconnaître, aux préoccupations de l'opinion publique.

Ce que demande le public, c'est un moyen *instantané* d'arrêter un train lancé à *grande vitesse*, afin d'éviter les conséquences possibles d'un déraillement ou d'une rencontre.

Mais ces deux conditions *d'effet instantané* du frein et de *grande vitesse* du convoi s'excluent absolument.

A moins de se heurter contre un obstacle fixe, ce qui serait un remède pire que le mal, un train d'un poids P animé d'une vitesse V, ou possédant une demi-force vive $\frac{PV^2}{2g}$, ne peut trouver en lui-même de moyen d'arrêt plus puissant que celui qui consisterait à serrer très-rapidement *toutes les roues* jusqu'à la limite ci-dessus indiquée. Si donc on désigne par f le coefficient de glissement des roues sur les rails, par θ le temps nécessaire à l'arrêt, et par l l'espace parcouru par le train jusqu'à l'arrêt complet (en négligeant le temps écoulé et l'espace parcouru pendant la mise en action des freins, ainsi que les autres forces agissant sur le système en même temps que le frottement de ces freins), on aura à poser les deux équations :

$$fP\theta = \frac{P\,V}{g},$$

$$fPl = \frac{PV^2}{2g},$$

l'une relative aux quantités de mouvement, l'autre à la force vive.

On en tire $\theta = \dfrac{V}{gf}$, $l = \dfrac{1}{f}\dfrac{V^2}{2g}$.

Si, par exemple, le train est un express lancé à 60 kilomètres à l'heure, ou de $\dfrac{60000}{3600} = 16^m7$ par seconde, la quantité $\dfrac{V^2}{2g}$ est égale à un peu plus de 14 mètres, et la quantité $\dfrac{V}{g}$ égale à $1'',7$. Ce seraient l'espace parcouru et la durée correspondante, si l'arrêt avait lieu *sous l'action de la gravité*; mais ces quantités doivent être respectivement multipliées par le facteur $\dfrac{1}{f}$ qui est d'autant plus grand que f est plus petit, ou que l'état actuel des rails rend le patinage plus facile. Si l'on suppose pour f la valeur moyenne $\dfrac{1}{10}$, on en conclura $\theta = 17''$ et $l = 140^m$ pour le temps et l'espace nécessaires à l'arrêt d'un train lancé sur une voie de niveau dans les conditions de vitesse ci-dessus, à partir du moment où tous les freins sont serrés à fond, *et en supposant qu'il y en ait un à toutes les paires de roues.*

(**635**) Il y a lieu d'indiquer ici un frein spécial particulièrement appliqué aux locomotives, soit pour le service d'arrêt dans les gares, soit surtout pour descendre les longues pentes sur lesquelles l'action de la gravité est prépondérante. Ce frein consiste dans l'emploi de la marche à *contre-vapeur*, présentée par M. Lechatelier, et devenue aujourd'hui d'un emploi à peu près général, sur les chemins de fer à profil accidenté.

On se rend facilement compte que si la distribution d'une machine est actuellement réglée pour marcher dans un certain sens, et que la machine cependant marche en sens contraire, les circonstances de la distribution sont complétement modifiées.

En supposant, *dans un simple aperçu*, la distribution réglée de manière que l'échappement ait lieu d'un côté, et l'admission, puis la détente de l'autre, *pendant la course entière du piston* (nous verrons pourquoi on s'écarte un peu de ces conditions normales dans les locomotives comme dans toutes les machines à grande vitesse), on voit que la face du piston, qui devrait recevoir l'action de la vapeur motrice, sera en communication avec l'atmosphère et aspirera de l'air, tandis que l'autre face, au lieu d'être en communication avec l'atmosphère, comprimera, pendant ce qui eût été la période de détente, l'air aspiré dans l'excursion précédente; puis, pendant ce qui eût été la période d'admission à pleine pression, cet air comprimé prendra la pression de la chaudière et y sera refoulé.

Ainsi, dans cette marche, le piston, au lieu de recevoir du travail moteur de la vapeur, doit surmonter un travail résistant qui correspond d'abord à la compression de l'air aspiré, puis à son refoulement dans la chaudière sous une pression égale à celle qui y règne. Ce travail *résistant* est tout à fait *comparable* au travail *moteur* de la marche ordinaire; en effet, celui *de la compression* n'est guère moindre que celui de la détente (bien que la pression initiale dans le cas de la compression de l'air soit moindre que la pression finale dans le cas de la détente de la vapeur), et celui *du refoulement* est au moins égal à celui de l'admission à pleine pression.

Le travail résistant ainsi produit sur la machine vient en déduction du travail produit par la gravité, ou atténue la force vive acquise par le train. La machine, au lieu d'être motrice, agit dans le même sens que les freins ordinaires, dont elle complète ou remplace même entièrement l'action.

Telles sont les circonstances qui se produiraient, si l'on se bornait simplement, comme on vient de le dire, à renverser la distribution et à aspirer l'air par les tuyaux d'échappement qui vont, comme l'on sait, déboucher dans la cheminée pour activer le tirage.

Il est facile de comprendre que cette marche aurait de grands inconvénients, qui ne tarderaient pas à se manifester, si l'on y avait souvent recours, et surtout si l'on voulait la soutenir pendant un certain temps.

L'air aspiré, pris dans la cheminée, amènerait avec lui les fumées et les escarbilles légères qu'entraîne le courant d'air alimentant le foyer, et les pièces du mécanisme de distribution se trouveraient ainsi exposées à des frottements anormaux et à une usure rapide.

Cet air serait pris déjà à une température élevée ; cette température s'accroîtrait beaucoup par la compression première qu'il recevrait, et surtout par le complément considérable que subirait cette compression au moment du refoulement dans la chaudière (voir n° **378**). On atteindrait ainsi une température suffisante pour détruire toutes les matières lubréfiantes et toutes les garnitures, et produire bientôt le grippement des surfaces frottantes.

Enfin ces gaz comprimés introduits dans la chaudière augmenteraient rapidement la pression, qui cesserait d'être en rapport avec la température de l'eau, ainsi qu'elle l'est lorsque le réservoir de vapeur ne contient pas de gaz permanent.

On aurait donc, au bout d'un temps assez court, des traces d'échauffement dans les cylindres, les huiles volatilisées, les garnitures des boîtes à étoupes brûlées et carbonisées, les surfaces frottantes rapidement altérées, une augmentation de pression dans la chaudière accusée par le soufflement anormal des soupapes de sûreté ; enfin (chose *secondaire*, si l'on veut, au premier moment, mais qui devient *capitale* lorsque l'état se prolonge) le jeu des injecteurs Giffard paralysé, par la raison que nous indiquerons en parlant de cet appareil, et par conséquent l'alimentation compromise, si ces injecteurs étaient le seul procédé d'alimentation installé sur la machine.

(**636**) Tous ces inconvénients rendent *pratiquement impossible* l'emploi quelque peu prolongé de la marche avec la distribution renversée, et avec aspiration d'air dans la cheminée. Ces mêmes inconvénients *disparaissent tous*, à l'aide d'un artifice très-simple qui motive le nom de marche à contre-vapeur donné par M. Lechatelier au procédé modifié.

Cet artifice consiste à envoyer dans le tuyau d'échappement ou

sous les tiroirs, à l'aide de prises spéciales dont on règle convenablement les ouvertures, une certaine quantité d'eau liquide et de
vapeur prises à la chaudière. On introduit ainsi dans la cheminée
une sorte de buée qui bientôt la remplit et s'échappe par la partie
supérieure en forme de panache blanchâtre. En renversant alors la
distribution, les cylindres reçoivent, non plus les produits gazeux
de la production, mais de la vapeur humide, ou sursaturée, à la pression atmosphérique ordinaire, et par conséquent refroidie à 100°,
par une évaporation partielle de l'eau en excès.

Cette espèce de nuage de vapeur ainsi aspiré tend à rafraîchir l'intérieur du cylindre ; l'eau en excès agit en outre pour lubréfier les
surfaces, et l'échauffement résultant de la compression finale ne
peut, en l'absence de gaz permanents et avec la présence de l'eau en
excès, amener une température supérieure à celle de la chaudière.
Ainsi, loin que la prolongation de la marche échauffe les cylindres,
elle tend à en réduire plutôt la température. La pression de la
chaudière ne s'élève pas, et l'absence de gaz permanent permet
au jet de vapeur agissant sur le Giffard de fonctionner comme à
l'ordinaire.

Dans ces conditions, rien ne s'oppose à ce que la marche à contre-
vapeur se continue indéfiniment, et se répète aussi souvent qu'on le
voudra. La machine devient, entre les mains du mécanicien, un frein
puissant, toujours prêt, avec lequel on ne risque pas, comme avec
les freins ordinaires qu'on vient à serrer avec excès, de détériorer
le matériel roulant.

Tel est le système très-simple, et en même temps très-efficace,
appliqué depuis quelques années. On peut le regarder comme ayant
amélioré, *dans une mesure très-considérable*, l'exploitation des chemins de fer *à profil accidenté*, dont on a été obligé d'aborder la construction dans ces derniers temps.

Jusqu'ici on n'emploie guère la contre-vapeur que sur les locomotives. On conçoit qu'elle pût l'être dans d'autres circonstances,
par exemple sur les appareils d'extraction, soit pour abréger la période du ralentissement à la fin de la course et accélérer ainsi les
manœuvres de réception des cages, soit pendant les périodes, s'il
s'en présentait, où le moment de la tension du câble qui descend la

cage vide serait notablement prépondérant sur celui du câble qui monte la cage pleine.

Mais la contre-vapeur ne dispenserait pas de l'emploi du frein ordinaire, qui devrait toujours être serré à fond pendant les temps d'arrêt de la machine, et desserré seulement par le mécanicien lui-même au commencement de chaque manœuvre d'extraction.

(**637**) Quant aux appareils à l'aide desquels *les changements de marche* s'effectuent, il faut, pour en comprendre le principe général, se représenter que, dans une distribution par tiroirs, qui est le mode de distribution le plus ordinaire, l'excentrique qui mène le tiroir est calé de manière à le placer *à peu près* au milieu de sa course dans un sens quand le piston est à son point mort et va commencer la sienne dans *le même sens*, ou plus exactement (comme on le verra plus loin) un peu au delà de ce point milieu. Dès lors le rayon d'excentricité, si l'on suppose la bielle d'excentrique attaquant *directement* la tige du tiroir, et la glace de ce tiroir parallèle à l'axe du cylindre, est *en avant du rayon de la manivelle* d'une quantité angulaire un peu supérieure à 90°, soit d'un angle 90° $+ \alpha$, α étant ce qu'on appelle *l'angle d'avance* ou *l'avance angulaire*. Si l'on suppose que le mouvement de rotation doive se produire dans l'autre sens, l'excentrique devrait être en avant du même angle dans cet autre sens. L'excentrique, pour marcher *en avant*, ne peut donc être placé comme il doit l'être pour marcher *en arrière*, et les deux rayons d'excentricité qui correspondent à ces deux positions distinctes sont séparées par un espace angulaire égal à $2 \times (90° + \alpha) = 180° + 2\alpha$, ou font entre eux un angle plus petit que 2 droits égal à $180° - 2\alpha$.

En résumé, il faut s'arranger pour que, suivant que l'on marche *en avant* ou que l'on bat *en arrière*, l'excentrique qui commande le tiroir de la distribution ait *ou l'une, ou l'autre* de ces deux positions déterminées.

Le mécanisme de changement de marche est la disposition par laquelle on obtient le résultat ci-dessus. Il faut que la manœuvre en soit simple, facile, bien caractérisée, de manière que, dans les moments urgents, le mécanicien puisse la faire sans hésitation et sans risque d'erreur.

(638) On peut y parvenir de plusieurs manières, qui ont été successivement employées. Nous mentionnerons d'abord le système de *l'excentrique à tocs* représenté figure 211. C'est un excentrique qui, au lieu d'être calé invariablement sur l'arbre, y est à frottement doux, et porte *un toc*, ou arrêt, qui vient butter contre un autre arrêt fixé à l'arbre, lorsque l'on fait tourner l'arbre sans faire tourner l'excentrique. Les deux tocs, celui de l'arbre et celui de l'excentrique, peuvent entrer en prise par l'une ou par l'autre de leurs extrémités, et ils occupent ensemble un espace angulaire égal à $180° + 2\alpha$. Lorsque l'arbre tourne dans un sens, les deux tocs sont en prise par les faces qui donnent à l'excentrique la position qui lui convient. Si à ce moment on vient à faire tourner l'arbre en sens contraire, en manœuvrant le tiroir à la main, les deux tocs se dégagent, et l'excentrique cesse d'être conduit jusqu'à ce que l'arbre, ayant tourné par rapport à lui d'une quantité égale à $180° - 2\alpha$, les tocs entrent de nouveau en prise par leurs extrémités opposées. Les deux positions de l'excentrique ont donc l'écart angulaire voulu pour que l'un étant bien placé pour la marche en avant, l'autre le soit aussi, par cela même, pour la marche en arrière.

Pour se servir de cet appareil, il faut commencer par ralentir la machine et par déclancher un instant la bielle d'excentrique du bouton qui lui sert à commander le tiroir ; puis, en agissant directement sur le tiroir avec une manette, conduire à la main jusqu'à ce que le sens du mouvement soit renversé ; alors enclancher de nouveau la bielle, dont l'excentrique a pris de lui-même la position convenable, pour continuer ce mouvement, et enfin abandonner la manette.

La figure 212 donne un exemple des dispositions très-variées dans le détail, suivant lesquelles peuvent s'établir ces appareils de déclanchement et ces manettes.

Le système de l'excentrique à tocs n'est guère applicable qu'aux machines à mouvements peu rapides, et ne comporte pas facilement de manœuvres bien précises, comme celles que demandent, par exemple, des machines d'extraction pour la réception des cages qui portent les wagonnets.

Il n'emploie qu'un seul excentrique par cylindre, ou deux pour une machine à cylindres conjugués.

(639) Dans les locomotives, la grande vitesse de rotation que doivent prendre les roues motrices rendrait impraticable, à cause des chocs, l'emploi du système des excentriques à tocs. (On a bien d'abord employé un système disposé autrement, mais produisant au fond, le même effet; mais on y a depuis longtemps renoncé).

On établit invariablement aujourd'hui, pour chaque cylindre de ces machines, non plus un excentrique unique mobile pouvant occuper alternativement deux positions distinctes, mais deux excentriques fixes occupant ces deux positions et commandant *alternativement* le tiroir.

Cette alternance est obtenue de plusieurs manières.

On peut d'abord employer ce qu'on appelle des fourches, ou pieds de biche (fig. 213), que l'on dispose à l'extrémité de chacune des bielles d'excentriques. En les manœuvrant à la fois à l'aide d'un système articulé mû par une manette à la portée du mécanicien, l'une des fourches abandonne, et ensuite l'autre saisit entre ses branches et ramène à la position voulue un bouton qui commande, directement ou à l'aide d'un système quelconque de leviers, le mouvement de la tige du tiroir.

La figure 213 donne un exemple de ce système qui comporte des combinaisons variées de leviers.

Il doit être entendu que, dans la position où l'une des fourches vient d'abandonner et l'autre n'a pas encore saisi le bouton du tiroir, le tiroir est immobile, la distribution ne se fait pas, et la machine marche par la vitesse acquise.

L'emploi des excentriques et des pieds de biche est compatible avec des mouvements assez rapides de la machine, quoique ces embrayages successifs ne se fassent pas sans quelques à-coups.

Mais elle a un inconvénient, qu'elle partage du reste avec l'excentrique à tocs, c'est de ne comporter que deux positions distinctes, et par suite deux règlements seulement de la distribution, un pour la marche en chaque sens.

(640) Aujourd'hui les excentriques à tocs et les pieds de biche sont à peu près universellement remplacés par le système de la coulisse Stephenson.

Ce système a été étudié par un grand nombre d'ingénieurs, no·
tamment par M. Phillips, un des premiers, et en dernier lieu par
M. G. Zeuner de Zurich ; le tracé en a été modifié de plusieurs
manières, en vue d'obtenir certains avantages de distribution.

Mais le principe, dont j'ai seulement à m'occuper en ce moment,
est resté le même.

La figure 214 donne une idée précise de ce remarquable mécanisme de la coulisse.

La tête de la tige du tiroir est en relation avec un coulisseau qui
peut se mouvoir dans une glissière, *ou coulisse*, dont les deux extrémités sont liées chacune à la bielle d'un des deux excentriques. En
abaissant ou en élevant la coulisse, on met le coulisseau principalement en relation tantôt avec l'une, tantôt avec l'autre de ces bielles.
La bielle ainsi commandée est celle qui conduit alors le tiroir, et
l'autre ne fait qu'imprimer à la coulisse, autour du coulisseau,
un petit mouvement de balancement qui n'altère pas d'une manière
sensible le mouvement longitudinal communiqué au tiroir.

On passe d'une position à l'autre à toute vitesse de la machine,
parce qu'il n'y a aucun jeu sensible entre les pièces mises en mouvement par le changement de marche, et par conséquent il ne se produit que des glissements sans chocs.

On doit concevoir que la coulisse dans sa position moyenne, *ou à
son point mort*, laisse le tiroir *à peu près immobile*, parce que les
deux tiroirs tendent à lui imprimer des mouvements en sens contraire ; de sorte que l'on a pour le levier de changement de marche
qui manœuvre la coulisse, deux positions extrêmes et une position
intermédiaire ; les deux premières correspondent, l'une à la marche
en avant et l'autre à la marche en arrière, et la dernière à une admission nulle.

Ces trois positions doivent être nettement indiquées, et le mécanisme doit pouvoir rapidement passer de l'un à l'autre et fixer invariablement, pour chacune d'elles, le levier de changement de
marche dans la position correspondante.

(**644**) Mais ce n'est pas tout, et la coulisse de Stephenson a une
autre propriété d'une grande importance pratique, que pour le mo-

ment, nous ne faisons qu'indiquer, et qui assure sa supériorité complète sur les systèmes de l'excentrique à tocs ou du pied de biche.

Nous avons dit que la coulisse, placée *aux extrémités* de sa course, produit l'excursion entière du tiroir par le seul effet de la bielle d'excentrique qui le commande ; et qu'*au milieu* de sa course elle est sensiblement immobile, parce qu'elle est sollicitée en sens contraire, et à peu près également, par les deux bielles de la marche en avant et de la marche en arrière. On comprend que si elle est placée *dans une position intermédiaire* le tiroir sera commandé *principalement* par la bielle la plus rapprochée, mais que son mouvement sera contrarié et l'amplitude de sa course réduite par l'action de l'autre bielle.

On reconnaît qu'on peut ainsi modifier les circonstances de la distribution, et que la coulisse devient non-seulement un appareil *de changement de marche*, mais *un appareil de détente variable*, détente d'autant plus étendue qu'on tient le levier de changement de marche plus rapproché de sa position moyenne.

Ce simple levier est donc, non-seulement suffisant pour renverser le mouvement et pour arrêter la machine, mais encore approprié à donner à la machine des vitesses variables.

Le mécanicien a ainsi en sa possession, avec un seul et même levier, mu soit directement à la main, soit par l'intermédiaire d'un mécanisme quelconque, tous les moyens d'action qui lui sont nécessaires, pour toutes les circonstances normales du service.

Il les complète, en cas de besoin, par le serrage des freins dont il donne le signal à son chauffeur ou aux agents du train, ou par l'emploi de la contre-vapeur que l'ouverture d'un simple robinet met à sa disposition.

Il est difficile de comprendre les choses réduites à une plus simple expression.

(**642**) Nous avons à ajouter à ce qui précède l'indication de la manière que le mécanicien peut employer pour exécuter les mouvements divers indiqués aux nᵒˢ **637** et suivants.

En général, le déplacement d'un tiroir à la main, soit directement comme dans l'excentrique à tocs, soit indirectement, par suite du mouvement de la coulisse, est une manœuvre qui exige un assez grand effort, croissant avec l'étendue du tiroir et la pression de la vapeur. Cet effort, pour une grande machine, dépasse ordinairement celui qu'un homme peut exercer directement à l'aide d'un levier unique, et si l'on cherche à multiplier ce dernier effort à l'aide d'une combinaison de leviers, la manette doit recevoir une excursion trop grande, et le mouvement du tiroir est trop lent.

On peut alors recourir à trois moyens différents :

1° Faire précéder la manœuvre du levier par la fermeture du régulateur, afin de faire disparaître momentanément la pression sur le dos du tiroir, fixer le levier dans la position voulue au moyen du verrou et des crans d'arrêt de la figure 214; puis, aussitôt après, rouvrir le régulateur;

2° Remplacer la manœuvre à la main par un procédé plus énergique qui dispense de la fermeture préalable du régulateur, et compenser ainsi, plus ou moins complétement, par la suppression de cette fermeture, la durée un peu plus longue de la manœuvre du levier, et, en outre, assurer le mécanicien contre les mouvements brusques que prend quelquefois le levier ordinaire, quand il n'a pas été correctement enclanché. Ce système, dit *à vis*, représenté figure 215, satisfait bien aux conditions voulues de puissance, de rapidité et de sécurité;

3° Enfin, dans les grands appareils comme ceux des grands bateaux à vapeur, au lieu d'opérer directement sur le changement de marche de la machine principale, se servir d'une machine auxiliaire, ou *petit cheval*, dont le piston peut être déplacé en manœuvrant à la main sa distribution, et agir ainsi par sa tige sur le levier de la grande machine.

(**643**) Ce dernier système, dont on comprend aisément le principe, demande une disposition spéciale pour être appliqué comme il convient.

Il faut remarquer, en effet, que le piston auxiliaire est abandonné à lui-même pendant sa course et reste indépendant de l'action immédiate du mécanisme, qui ne conduit que le tiroir; d'où il suit que ce piston ne peut être commodément arrêté dans une position intermédiaire, qu'il est, en quelque sorte, flottant et en équilibre instable, pouvant passer instantanément, sans cause apparente ou pour le moindre déplacement accidentel de son tiroir, d'une extrémité à l'autre de sa course. Pour éviter ces inconvénients, MM. Farcot ont ajouté à l'emploi de ce piston auxiliaire un dispositif, à l'aide duquel ils parviennent à être entièrement maîtres de tous ses mouvements, à l'arrêter dans une position quelconque, à le remettre en mouvement dans un sens ou dans l'autre et à régler, par conséquent, à volonté, tous les détails de la distribution de la grande machine.

Ce dispositif est désigné par MM. Farcot sous le nom de *servo-moteur*, voulant exprimer par là qu'il leur sert à *asservir*, en quelque sorte, le moteur principal, c'est-à-dire à l'obliger de se conformer fidèlement et avec la plus grande précision, à toutes les manœuvres de mouvement direct ou rétrograde, d'arrêt, d'accélération ou de ralentissement que le conducteur de la machine veut exécuter. Ce dispositif, que les auteurs ont varié d'un grand nombre de manières, a été appliqué par eux d'une manière très-satisfaisante au mouvement du gouvernail d'un navire, en y ajoutant l'emploi d'un cylindre hydraulique régulateur et d'une soupape d'équilibre ou de flexion, approprié aux chocs considérables auxquels l'appareil est exposé dans les gros temps (voir la notice sur le servo-moteur ou moteur asservi, etc., par J. Farcot, 1873). Sans entrer ici dans les détails de cette application spéciale (quelque intéressants qu'ils soient), nous indiquerons seulement le principe du *servo-moteur*.

On doit se représenter que le piston auxiliaire est mû à l'aide d'un tiroir facile à déplacer et de course réduite, et que, dans sa course, il commande directement, ou à l'aide d'un système quelconque de forts leviers, l'appareil de changement de marche de la grande machine.

Quant au changement de marche du piston auxiliaire lui-même, il se fait à la main à l'aide d'une manette qui est liée à ce système de leviers. La liaison est telle, que si cette manette est immobile sur le levier auquel elle est fixée, le tiroir du piston auxiliaire reste sensiblement immobile, et qu'il ne se déplace qu'en vertu *d'un mouvement relatif* donné à cette manette par le mécanicien. Celui-ci la tient dans la main, se bornant à accompagner le mouvement du levier principal sur lequel elle est portée, tant que le levier doit rester immobile, lui imprimant un certain mouvement en avant pour déplacer le tiroir dans un sens déterminé, un mouvement plus petit en arrière pour l'amener au repos dans sa position moyenne, enfin, un mouvement plus étendu pour le ramener en arrière et changer la distribution, etc.

Quant à la manière d'obtenir que le tiroir ne prenne de mouvement sensible qu'en vertu du mouvement relatif de la manette sur le levier principal qui la porte, il suffit de supposer que, dans le système spécial de petits leviers et de petites bielles, qui transmet le mouvement de la manette au tiroir, il y ait un point d'articulation d'une bielle et d'un levier qui soit, dans sa position moyenne, sur le prolongement de l'axe de rotation du levier principal. Ce point-là est évidemment *immobile* dans un mouvement de rotation autour de cet axe, et *il en est de même* de toute la partie de la transmission, qui va de ce point jusqu'au tiroir.

Ce système géométrique comporte, d'ailleurs, de nombreuses variantes, pour lesquelles nous ne pouvons que renvoyer au mémoire précité.

M. Jacquemier, lieutenant de vaisseau, a imaginé, de son côté, un appareil, qu'il désigne sous le nom de *conducteur autonome*, qui fonctionne sur des principes analogues à ceux du servo-moteur de M. Farcot (voir le Portefeuille d'Oppermann, octobre 1874, auquel nous renvoyons également).

(644) Dans les appareils de changements de marche ci-dessus indiqués, nous avons supposé que la distribution se faisait à l'aide de tiroirs et d'excentriques. Cette supposition n'est point nécessaire, et il est facile de concevoir que les mêmes changements de marche puissent s'effectuer avec des soupapes.

Ainsi, par exemple, le mécanisme de distribution à détente variable à l'aide de manchons à bosses, décrit au n° **613**, actionnant directement, non pas une soupape spéciale de détente, mais les soupapes mêmes d'admission, est un moyen de distribution très-simple et très-pratique, qui peut très-facilement devenir, en même temps, un appareil de changement de marche.

Il suffit pour cela de prolonger le manchon à bosses, et de le composer de deux parties, en prolongement l'une de l'autre, disposées, l'une pour la marche en avant, l'autre pour la marche en arrière. Ce système, qui supprime les excentriques et la coulisse de Stephenson et permet de les remplacer par un simple levier à fourchette, déplaçant le manchon dans le sens de son axe, résout de la manière la plus simple ce problème complexe qui consiste à obtenir, à la fois, la détente variable et le changement de marche. Il me semble peut-être préférable aux appareils décrits aux n^os **439-441** du cours d'exploitation. Ce système a été appliqué, assez récemment, par M. Kraft à un puits d'extraction du pays de Liége.

(**645**) Les machines à vapeur, dans lesquelles le récepteur est composé, ainsi qu'on l'a dit au n° **583**, d'un piston mobile dans un cylindre alésé, forment l'immense majorité des appareils employés dans l'industrie. Mais cette combinaison n'a rien de *nécessaire*, et *en principe* toute capacité disposée dans les conditions rappelées au n° **581** pourra fonctionner comme récepteur.

De nombreuses tentatives ont été faites, notamment pour composer des machines à vapeur *rotatives* (qu'il ne faut pas confondre avec les machines *de rotation* ou à volant, dont il a été question précédemment).

La surface du piston animé *d'un mouvement rectiligne alternatif* est alors remplacée par celle d'un disque relié directement à l'arbre du volant, et participant à son *mouvement continu de rotation.*

Au point de vue théorique, ce système, *quel qu'il soit,* est parfaitement équivalent au système ordinaire du piston, si le mécanisme de la distribution fait fonctionner la vapeur dans les mêmes conditions de pression initiale, de détente et de contre-pression. L'avantage *principal* qu'on a recherché dans les machines rotatives est la suppression des organes intermédiaires entre l'appareil récepteur et l'arbre du volant, duquel partent les transmissions qui font mouvoir les opérateurs. Cette suppression est complète, et l'ensemble de la machine atteint son maximum de simplicité, lorsque ces opérateurs sont sur l'arbre même du volant. On réduit ainsi la perte de travail due aux frottements, et *en outre* celle qui, sans être aussi apparente, n'en existe pas moins, par suite des déformations que prennent nécessairement les pièces d'une machine à vapeur ordinaire, qui se trouvent soumises alternativement à de grands efforts dans les deux sens (comme les tiges de piston, les balanciers, les bielles, etc.). Ces déformations, pour ne pas être permanentes, et pour se faire tantôt dans un sens, tantôt dans un autre, n'en donnent pas moins lieu à *une perte* de travail ; le travail moteur dépensé pendant une déformation n'étant pas restitué intégralement pendant le retour à la forme primitive, parce qu'une partie plus ou moins importante, impossible d'ailleurs à calculer, en est dépensée en vibrations, qui se reproduisent à mesure qu'elles se dissipent en se transmettant à l'air ambiant et aux supports de la machine. (Voir n°ˢ **24** et **25**.) Cette considération a d'autant plus de valeur que la transmission est plus complexe, et que la machine est composée de pièces qu'il est plus difficile, à cause de leurs formes ou de leurs dimensions, d'établir dans des conditions rapprochées de celles d'une complète rigidité. Ainsi, sous ce rapport, les machines rotatives ont, *en principe*, une certaine supériorité sur les machines ordinaires de rotation, comme parmi ces dernières les machines à connexion directe en auraient peut-être une sur les machines à balancier.

C'est un point de vue que je signale, parce qu'il ne me paraît pas être toujours compris, et qu'on va trop loin, lorsque l'on conclut de l'*équivalence théorique* ci-dessus indiquée, *à l'inutilité absolue* de chercher à résoudre le problème d'une bonne machine à vapeur rotative.

Il est certain que les résultats économiques à attendre ne peuvent être bien importants; mais enfin, pour un certain travail transmis d'une part au piston d'une machine ordinaire, et d'autre part au disque d'une machine rotative placé directement sur l'arbre du volant, il n'est pas absurde de penser qu'avec des dispositions bien étudiées, on puisse arriver à en recueillir *un peu plus*, ou à en perdre *un peu moins en route* par les frottements ou par des mouvements parasites, dans le second cas que dans le premier.

Il est certain toutefois que jusqu'à présent le problème, bien qu'étudié par des mécaniciens très-intelligents, notamment par M. Pecqueur, n'a pas été résolu de manière à passer un peu largement dans la pratique. Il n'a même été abordé que pour des appareils de peu d'importance.

Nous nous bornons, sans revenir sur les essais anciens, qui n'ont qu'un intérêt historique, à mentionner, à titre d'exemple, la dernière combinaison qui se soit produite, celle de la machine américaine Behrens, dont la figure 216 représente une coupe perpendiculaire à l'axe.

Cette machine comprend deux arbres parallèles qui se commandent par deux engrenages égaux, et sont munis de cames recevant alternativement sur une de leurs tranches l'action de la vapeur.

La machine rotative dont il s'agit trouve une application spéciale pour faire mouvoir des pompes rotatives, dont l'emploi se répand beaucoup, comme nous l'avons déjà dit, lorsqu'on a à élever de grandes masses d'eau à de faibles hauteurs. (Voir fig. 217.)

Les deux appareils, récepteur et opérateur, peuvent alors être établis en prolongement l'un de l'autre, et présenter le même système cinématique ; car une machine qui fonctionne sous l'action d'un fluide dont elle dépense un certain volume, peut, en général, être *réciproque*, c'est-à-dire, en renversant son mouvement, refouler un fluide quelconque en sens contraire.

Les diagrammes fig. 218 A à 218 C montrent les cames dans trois positions successives, qui correspondent à une demi-circonférence décrite par leurs arbres.

On voit, à l'inspection des figures, comment la vapeur a fonctionné en passant de la première position à la troisième. On reproduira les mêmes phases en continuant la rotation dans le même sens, jusqu'à ce qu'on soit revenu à la première position.

(**646**) Un autre système de machines rotatives consiste à utiliser la vapeur par sa réaction sur une série de canaux fixes liés à un arbre vertical ou horizontal. C'est, à proprement parler, une *turbine à vapeur*. Il doit être entendu qu'au lieu d'employer la vapeur directement par sa pression sur des parois mobiles, on emploie cette pression à lui donner de la vitesse, et l'on utilise la force vive correspondante par sa réaction sur des surfaces mobiles le long desquelles circule la vapeur. Ces machines sont, en quelque sorte, aux *machines rotatives* décrites ci-dessus ce que sont les turbines aux roues mues par le poids de l'eau, et aux *machines ordinaires à pis-*

ton ce que sont ces mêmes turbines aux machines à colonne d'eau.

Dans cet ordre d'idées, comme une pression de plusieurs atmosphères imprime à la vapeur une vitesse qui se compte par plusieurs centaines de mètres, on rencontre immédiatement la difficulté signalée au n° **295** pour les très-grandes chutes, c'est-à-dire l'obligation de donner aux surfaces mobiles des vitesses excessives, afin de pouvoir utiliser à peu près la force vive de la vapeur; d'où résultent de grands frottements et une vitesse de rotation généralement inacceptable.

Ainsi, sans qu'on puisse dire qu'en principe il y ait un vice radical dans le système des turbines à vapeur, et en remarquant même qu'à la rigueur on peut y appliquer la condensation, en faisant déboucher les canaux mobiles dans un milieu vide d'air et maintenu à la température ordinaire des condenseurs, on doit regarder ces machines *à force vive* comme inférieures aux machines *à pression*, l'infériorité s'accusant d'autant plus que la chaudière produit la vapeur à une pression plus élevée. Les seuls usages qui en aient été faits jusqu'ici, à ma connaissance, sont la commande directe de certaines essoreuses et celle des scies circulaires, employées dans les forges pour affranchir les bouts des barres de fer marchand, à leur sortie des laminoirs, lorsqu'elles sont encore rouges.

Ce dernier travail prend peu de force, ou plutôt une force variable à volonté, en faisant mordre la scie plus ou moins profondément, et il demande qu'on imprime à la scie une très-grande vitesse de rotation. La machine peut être disposée sur l'arbre même de la scie, comme une sorte de tourniquet pneumatique. La vapeur est prise sur les chaudières qui alimentent les grandes machines de la forge. Sa dépense, qui est d'ailleurs essentiellement discontinue, peut être négligée. Il peut même arriver, si les temps d'arrêt sont longs relativement à la durée de chaque opération de la scie, qu'on ne dépense pas plus de vapeur, ou peut-être qu'on en dépense *moins*, qu'en prenant le mouvement sur les grandes machines à l'aide d'une transmission plus ou moins complexe, qui, jusqu'à la poulie commandant l'arbre de la scie, marcherait continuellement.

Il me paraît que c'est à des cas tout à fait spéciaux, analogues aux précédents, que doit se borner l'emploi des machines utilisant la force vive de la vapeur.

(**647**) Les machines thermiques ordinaires, alimentées par *de la vapeur d'eau* produite à l'aide de la combustion *de la houille*, peuvent encore être modifiées à trois points de vue : on peut ou bien changer le combustible, ou bien remplacer la vapeur d'eau par un autre corps, ou bien enfin faire à la fois les deux modifications.

La première de ces modifications, le remplacement de la houille par un autre combustible est une question essentiellement économique. Il s'agit simplement de savoir quel est le combustible qui, eu égard à son prix de revient et à son pouvoir calorifique, et à toutes les circonstances accessoires de son emploi produit au meilleur marché les calories qui sont utilisées dans la chaudière.

La disposition des foyers devra varier selon le combustible ; mais, en général, on parviendra, par une disposition appropriée, à brûler convenablement même les plus difficiles. C'est ainsi que M. Sainte-Claire Deville est parvenu à brûler parfaitement les divers résidus (huiles lourdes) provenant de la distillation des goudrons et des pétroles. Le principe de ses procédés est d'employer le combustible d'autant plus subdivisé, et dans une enceinte portée à une température d'autant plus élevée qu'il est, par sa nature, plus difficile à enflammer.

Au besoin, on emploierait, pour faciliter la combustion, un courant d'air forcé, injecté à une haute température.

En fait, dans la plupart des localités industrielles, la houille est de beaucoup le combustible le plus économique. Il peut en être autrement *dans quelques localités spéciales*, par exemple au voisinage des tourbières, ou des gisements de pétrole, ou bien, pour *quelques industries*, par exemple pour une scierie, où la sciure et les déchets sans valeur suffisent, et au delà, pour chauffer les machines qui actionnent les scies. Mais généralement, en Europe, les divers combustibles, même les dérivés du pétrole, malgré leur pouvoir calorifique plus élevé, ne peuvent pas lutter contre la houille.

Il en est de même du gaz d'éclairage qui ne s'est répandu pour le chauffage domestique qu'en raison d'avantages secondaires, pri-

mant, pour certaines consommations, les inconvénients de son prix
de revient élevé ; mais il n'est employé à la production de la force
motrice que *sur une échelle très-restreinte*, et surtout pour des
usages discontinus, dans les ateliers où s'exercent un grand nombre
de petites industries urbaines n'ayant besoin que de forces restreintes. Il est plus commode et il peut ne pas être plus coûteux, de
tourner un robinet et d'allumer un bec de gaz, au moment seulement où l'on va avoir besoin de vapeur, que d'avoir à activer le feu
d'un foyer ordinaire constamment allumé, qui prend plus de place,
absorbe de la main d'œuvre et a les inconvénients de la poussière
et de la fumée.

(**648**) Quant à la substitution d'un autre corps à la vapeur d'eau,
nous avons déjà dit qu'on pourrait concevoir un liquide ayant un
ensemble de propriétés de nature à le faire préférer à l'eau ; mais
que si l'on peut définir ces propriétés, on ne connaît point encore
de liquide qui les réunisse.

A défaut de vapeurs, on peut employer les fluides élastiques, et
la théorie générale nous a montré que pour une même température
initiale et pour une même chute de chaleur, ils sont simplement
équivalents à la vapeur d'eau.

Les raisons d'abondance et de gratuité, ou de prix peu élevé, qui
font employer l'eau quand il s'agit de vapeurs, conduisent à employer l'air atmosphérique quand il s'agit de fluides élastiques, et
l'on a ainsi les machines *à air* comme on a les machines *à vapeur*.
Cette idée des machines à air a été depuis longtemps indiquée, notamment par M. l'ingénieur Burdin dès 1835. Plus tard vers 1850,
elle a été reprise par Ericsson aux États-Unis, où elle a eu un moment de grand retentissement. M. Franchot, à l'Exposition universelle de 1855, avait présenté une disposition de son invention, qui a
été décrite par M. Combes en 1867, dans son *Exposé des principes
de la théorie mécanique de la chaleur*.

Quel que soit le mode de fonctionnement particulier de la machine, que l'on passe de la température supérieure à la température
inférieure, et inversement, à l'aide de courbes adiabatiques, ou à
l'aide de régénérateurs ; pourvu qu'après une évolution complète,

l'air reprenne son état initial de pression et de température, et que les conditions de reversibilité voulues aient été satisfaites pendant toutes les phases de l'évolution, on pourra. *en premier lieu*, affirmer que les calories enlevées au calorifère ont eu un effet utile théorique marqué par la quantité $\frac{t_2 - t_1}{a + t_2}$, et *en second lieu*, connaître le nombre de ces calories, et par conséquent la quantité de travail effectivement produite, lorsque l'on connaîtra, pour une masse donnée d'air, l'état initial et l'état final de la période de communication de cette masse avec le calorifère.

On peut, comme dans les machines de M. Franchot, utiliser indéfiniment la même masse d'air, emprisonnée dans une enceinte fermée comprenant à la fois le cylindre travaillant et le cylindre alimentaire.

On peut aussi, comme dans la machine Ericsson, emprunter à chaque évolution une nouvelle masse à l'air ambiant, sous la condition *théoriquement nécessaire et suffisante* que la masse qu'elle remplace s'échappe à la pression, et en même temps à la température ordinaires.

Le rendement *théorique* de la machine à air pourra être *supérieur* à celui de la machine à vapeur, s'il est possible d'augmenter la fraction $\frac{t_2 - t_1}{a + t_2}$, soit en augmentant t_2 soit en diminuant t_1.

Pour t_1 on peut remarquer, comme au n° **534**, que sa limite naturelle est la température moyenne du lieu où la machine fonctionne, soit par exemple $t_1 = 10°$ et que cette limite peut être plus facilement atteinte, dans le cas de l'air, par le simple effet de la dilatation, que dans le cas de la vapeur d'eau, dont le refroidissement est contrarié par la chaleur latente que dégage la vapeur à mesure qu'elle se condense.

Quant à la température supérieure t_2, on a vu, au n° **332**, que la condition, accessoire d'ailleurs, d'obtenir le meilleur tirage, au n° **419**, que la condition, beaucoup plus importante, d'obtenir le plus grand effet utile mécanique d'un poids donné de combustible appliqué au chauffage d'un calorifère, et enfin, au n° **536**, que celle d'assurer la conservation et le bon fonctionnement des pièces de la machine et des corps lubréfiants, *s'accordaient* dans le cas général, pour la limiter *aux environs de* 500°.

Il n'existe point d'ailleurs avec l'air, comme avec la vapeur d'eau saturée, la difficulté signalée au n° **536** pour atteindre cette limite.

Nous pouvons donc, dans un premier aperçu, quand il s'agit d'air atmosphérique, poser la limite $t_1 = 10$, et faire, pour simplifier les calculs, $\dfrac{a + t_2}{a + t_1} = 2$, ou $a + t_2 = 2a + 2t_1$, $t_2 = a + 2t_1 = 293°$;

d'où il résulte $\dfrac{t_2 - t_1}{a + t_2} = \dfrac{293 - 20}{273 + 293} = \dfrac{273}{566} = 0,482$.

Ainsi, dans les conditions d'emploi ci-dessus, une machine à air peut rendre 0,482, tandis que la machine à vapeur, dans les conditions très-pratiques définies au n° **510** (6 atmosphères, détente complète et condensation), rend seulement 0,276.

D'où un écart proportionnel de $\dfrac{482 - 276}{482} = 0,43$, mesurant l'excès de consommation de combustible auquel *il semble* qu'on se résigne, en employant la machine à vapeur au lieu de la machine à air, dans les conditions que rendent possible les propriétés physiques de ces deux fluides.

(**649**) L'avantage théorique de la dernière machine est, comme l'on voit, assez considérable.

Si l'on y ajoute le double avantage de pouvoir fonctionner partout sans avoir besoin d'eau, d'être exempte des dangers d'explosion que présentent les chaudières à vapeur, on pourrait s'étonner que les machines à air ne se répandent pas davantage dans la pratique et qu'elles n'arrivent pas à remplacer peu à peu les machines à vapeur.

Il n'en est rien cependant, et *en fait*, quoique la question des machines à air soit posée depuis longtemps, elles ne parviennent pas à prendre dans l'industrie une place importante.

Il y a deux motifs pour qu'il en soit ainsi :

Un motif accessoire se trouve dans les meilleures conditions où l'on se place, tant au point de vue de la conservation des organes qu'à celui de la douceur des frottements, à mesure qu'on se résoud à abaisser la température au-dessous de 500°, et lorsqu'on substitue à un gaz chaud et sec une vapeur plus ou moins sursaturée.

Mais le motif principal se tire des dimensions *essentiellement différentes* qu'il faut donner aux appareils récepteurs, selon qu'il s'agit d'appareils à vapeur ou d'appareils à air fonctionnant dans les conditions indiquées. Ce point demande quelque développement, et a besoin pour être mis en relief, qu'on pousse la comparaison entre les deux systèmes jusqu'aux valeurs numériques.

Supposons donc, d'une part, la machine à vapeur fonctionnant dans les conditions d'emploi définies au n° **521**, c'est-à-dire produisant 57831 kilogrammètres par kilogramme de vapeur.

Supposons, d'autre part, que l'on prenne un kilogramme d'air, et qu'on le fasse fonctionner dans les conditions du n° **444**.

Je désigne par P, P′, P‴, P‴ et par V, V′, V″, V‴, les pressions et les volumes qui correspondent au commencement de chacune des 4 périodes de dilatation isothermique et de dilatation adiabatique, d'un côté, et de compression isothermique et de compression adiabatique, de l'autre, constituant les phases successives 2 à 5 du numéro précité.

Je désigne par t_1 et t_2 les températures inférieure et supérieure par lesquelles passe cette masse d'air pendant une évolution complète, et par μ le rapport que l'on établit entre les pressions extrêmes qui ont lieu au commencement de la dilatation isothermique et à la fin de la dilatation adiabatique.

On a évidemment les relations suivantes :

$$(\alpha)\dots \quad P = \mu . P''$$
$$(\beta)\dots \quad PV = P'V' = R\,(a + t_2)$$
$$(\gamma)\dots \quad P'V'^k = P''V''^k$$
$$(\delta)\dots \quad P''V'' = P'''V''' = R\,(a + t_1)$$
$$(\varepsilon)\dots \quad P'''V'''^k = PV^k.$$

De l'égalité (γ) on déduit :

$$P'V'V'^{k-1} = P''V''V''^{k-1}\dots$$

d'où l'on tire :

$$\left(\frac{V'}{V''}\right)^{k-1} = \frac{P''V''}{P'V'} = \frac{a + t_1}{a + t_2} \dots \frac{V'}{V''} = \left(\frac{a + t_1}{a + t_2}\right)^{\frac{1}{k-}}$$

L'égalité (ε) nous donne de même

$$P'''V'''V'''^{k-1} = PVV^{k-1}$$

et l'on en déduit

$$\left(\frac{V}{V'''}\right)^{k-1} = \frac{P'''V'''}{PV} = \frac{a+t_2}{a+t_2} \cdots \frac{V}{V'''} = \left(\frac{a+t_1}{a+t_2}\right)^{\frac{1}{k-1}}$$

On vérifie ainsi que $\dfrac{V'}{V''} = \dfrac{V}{V''}$, ou $\dfrac{V}{V'} = \dfrac{V'''}{V''}$, ce qui est, d'après le numéro **445**, la condition connue pour que le cycle se ferme, ou que la masse d'air se retrouve à la fin d'une évolution dans les mêmes conditions qu'au commencement.

(**650**) Les relations ci-dessus permettent de trouver les rapports des diverses pressions et des divers volumes à la pression P'' et au volume V'', qui ont lieu lorsque s'ouvre la communication avec le réfrigérant.

On a en effet :

$$A\ldots\ldots \qquad \frac{P}{P''} = \mu.$$

$$B\ldots\ldots \qquad \frac{P'}{P''} = \left(\frac{V''}{V'}\right)^k = \left(\frac{a+t_2}{a+t_1}\right)^{\frac{k}{k-1}}$$

$$C\ldots\ldots \qquad \frac{P'''}{P''} = \frac{P}{P''} \times \frac{P'''}{P} = \mu\left(\frac{V}{V'''}\right)^k = \mu\left(\frac{a+t_1}{a+t_2}\right)^{\frac{k}{k-1}}$$

et l'on a également

$$A'\ldots\ldots \qquad \frac{V}{V''} = \frac{PV}{P''V''} \times \frac{P''}{P} = \frac{1}{\mu}\frac{a+t_1}{a+t_2}$$

$$B'\ldots\ldots \qquad \frac{V'}{V''} = \left(\frac{a+t_1}{a+t_2}\right)^{\frac{k}{k-1}}$$

$$C'\ldots\ldots \qquad \frac{V'''}{V''} = \frac{P''}{P'''} = \frac{1}{\mu}\left(\frac{a+t_2}{a+t_1}\right)^{\frac{k}{k-1}}$$

Ces relations permettront de se rendre compte de toutes les circonstances d'une évolution, de calculer les dimensions à donner à la machine, et de déterminer facilement le travail, soit moteur, soit résistant, qui correspond aux six phases considérées dans le n° **444** précité.

On trouvera ainsi :

1° Pour le travail moteur de l'admission à la pression P,

$$T_m = PV = R (a + t_2) ;$$

2° Pour le travail moteur de la détente à la température supérieure, depuis le volume V jusqu'au volume V', ou depuis la pression P jusqu'à la pression P',

$$T_m = PVl\frac{P}{P'} = R (a + t_2) \, l\frac{P}{P''} \times \frac{P''}{P'} = R (a + t_2) \, l\mu. \, \frac{a + t_1}{a + t_2}^{\frac{k}{k-1}} ;$$

3° Pour le travail moteur de la détente adiabatique, du volume V' au volume V'', ou de la pression P' à la pression P'',

$$T''_m = \frac{1}{k-1} (P'V' - P''V'') = \frac{R}{k-1} (t_2 - t_1);$$

On trouvera de même :

4° Pour le travail résistant de la compression isothermique, pendant le contact avec le réfrigérant,

$$T_r' = P'''V'''l\frac{V''}{V'''} = R (a + t_1) \, l\mu \left(\frac{a + t_1}{a + t_2}\right)^{\frac{k}{k-1}} .;$$

5° Pour le travail résistant de la compression adiabatique,

$$T'_r = \frac{1}{k-1} (PV - P'''V''') = \frac{R}{k-1} (t_2 - t_1);$$

6° Enfin, pour le travail du refoulement de l'air, ramené à la pression et à la température supérieures par le fait de la compression adiabatique,

$$T''_r = PV = R (a + t_2).$$

Les six expressions ci-dessus donnent lieu à diverses remarques.

On voit d'abord que les phases (1) et (6) du refoulement dans le réservoir et de l'admission dans le cylindre moteur, se compensent exactement, et qu'on peut ainsi faire abstraction de ce réservoir et considérer seulement, dans le diagramme analogue à celui de la figure 162, l'aire comprise entre les deux courbes isothermiques et les deux courbes adiabatiques.

On voit ensuite qu'il y a, de même, égalité entre les phases 3 et 5, qui correspondent l'une à la détente, l'autre à la compression adiabatiques, pendant que la température passe de la température t_2 à la température t_1, ou inversement.

Il ne reste donc comme travail utilisable que la quantité

$$T'_m - T_{r'} = R\,(t_2 - t_1)\, l\mu\, \left(\frac{a+t_1}{a+t_2}\right)^{\frac{k}{k-1}}$$

Cette quantité est nulle, soit si $t_2 = t_1$, ce qui est évident, soit si l'on a $\mu\, \left(\dfrac{a+t_1}{a+t_2}\right)^{\frac{k-1}{k}} = 1$.

Ainsi une condition doit nécessairement être remplie, pour que la machine donne un travail utilisable, c'est que l'on ait

$$\mu > \left(\frac{a+t_2}{a+t_1}\right)^{\frac{k}{k-1}}$$

Cette condition établit donc une relation entre le degré de compression qu'il faut donner à l'air, et la température t_2 à laquelle cet air peut être porté.

Si l'on donne à la quantité $\dfrac{a+t_2}{a+t_1}$ les valeurs successives 2, 3, 4, etc..., en donnant à t_1 la valeur constante $t_1 = 10$, et en remarquant que $k = 1{,}408$ ou $\dfrac{k}{k-1} = 3{,}451$, on trouve pour t_2 les valeurs $t_2 = 293$, $t_2 = 576$, $t_3 = 859$, et l'on en déduit :

Dans le premier cas. . $\mu > 10.93$
Dans le second cas. . $\mu > 44.00$
Et dans le troisième cas $\mu > 120.00$

On conclut de là que la condition de ne pas fonctionner *à des pressions inacceptables* emporte nécessairement, si l'on veut avoir un cycle reversible, celle de ne fonctionner qu'à *des températures modérées*.

(**651**) Ainsi la température est limitée dans les machines à air, comme dans les machines à vapeur, par la considération de ne pas arriver à de trop grandes pressions. La limite est seulement plus élevée pour les premières machines que pour les secondes.

Supposons que l'on pose effectivement $t_1 = 10$ et $t_2 = 293$, ou $\dfrac{a + t_2}{a + t_1} = 2$, et que l'on prenne P'' égal à la pression atmosphérique ordinaire, on devra, pour avoir un travail disponible appréciable, dépasser pour P la pression de $10^a,93$.

Supposons que l'on prenne 14 atmosphères, ce qui est déjà bien élevé, ou que l'on pose $\mu = 14$, les relations ci-dessus établies deviendront :

$$(A)\dots \qquad \frac{P}{P''} = 14$$

$$(B)\dots \qquad \frac{P'}{P''} 2^{3.451} = 10.936$$

$$(C)\dots \qquad \frac{P'''}{P''} = 14 \times \left(\frac{1}{2}\right)^{3.451} = \frac{14}{10.936} = 1.280$$

$$(A')\dots \qquad \frac{V}{V''} = \frac{1}{14} \times 2 = 0.1427$$

$$(B')\dots \qquad \frac{V'}{V''} = \left(\frac{a + t_1}{a + t_2}\right)^{\frac{1}{k-1}} = \left(\frac{1}{2}\right)^{2.451} = 0.185$$

$$(C')\dots \qquad \frac{V'''}{V''} = \frac{1}{14} 2^{3.451} = \frac{10.936}{14} = \frac{1}{1.28} = 0.781$$

On aura d'ailleurs $P'' = 10{,}334^k$.

$$V'' = \frac{R(a + t_1)}{P''} = 29.271 \times \frac{283}{10.334} = 0^m.8016$$

Les valeurs correspondantes du travail moteur ou résistant pour les six périodes considérées deviennent :

$$(1)\dots \qquad T_m = R\,(a + t_2) = 29.271 \times 566 = 16.567^{km.}$$

$$(2)\dots \qquad T'_m = R\,(a + t_2)\, l\, 1.280 = 4.092^{km.}$$

$$(3)\dots \qquad T''_m = \frac{29.271}{0.408} \times 283 = 20.303^{km.}$$

$$(4)\dots \qquad T_r = R\,(a + t_1)\, l\, 1.280 = 2.046^{km}$$

$$(5)\dots \qquad T' = T_m'' = 20.303^{km.}$$

$$(6)\dots \qquad T'' = T_m = 16.567^{km.}$$

et enfin le travail disponible

$$T'_m - T_r = 2.046^{km}.$$

Ainsi, dans les conditions indiquées, un kilogramme d'air, occupant, à la pression atmosphérique et à 10°, un volume de $0^m.8016$, ne donne qu'un travail définitivement disponible de 2046 kilogrammètres, parce que la plus grande partie du travail moteur produit pendant les phases *d'admission et de détente* est détruit pendant les phases *de compression et d'alimentation*.

On voit de suite quelle doit être, en pratique, l'importance des résistances passives, dans une machine où *la plus grande partie du travail moteur développé* est employée à vaincre *un travail résistant inhérent au jeu même de la machine.*

En outre, si l'on compare le travail disponible d'un kilogramme d'air (2046 kilogrammètres) à celui qu'on a trouvé au n° **521** pour un kilogramme de vapeur (57831 kilogrammètres), on voit que, pour remplacer l'effet d'un kilogramme de vapeur, il faudrait employer $\dfrac{57831}{2046} = 28^k3$ d'air atmosphérique.

Le volume final de cet air serait $28,5 \times 0^m.8016 = 22^m.656$ et son volume initial $22,656 \times \dfrac{V}{V''} = 5^m,257$. Les volumes correspondants pour la vapeur d'eau seraient, comme on l'a vu au n° **521**, respectivement $16^m.022$ et $0^m.306$;

Ainsi le volume final de l'air serait plus grand que le volume final de la vapeur dans le rapport de $22^m,656$ à $16^m.022$; d'où l'on conclut qu'à force et à vitesse égales, la machine à air serait plus volumineuse, ou, comme on dit, *plus encombrante* que la machine à vapeur.

La figure 218 à laquelle nous renvoyons, est construite à la même échelle, tant pour les pressions que pour les volumes, que la figure 162.

De même que l'aire du diagramme de cette dernière figure représente le travail d'un kilogramme de vapeur agissant dans les conditions spécifiées au n° **421**, celle du diagramme de la figure 218 représente le travail correspondant aux $22^m.656$ d'air agissant dans les conditions définies en dernier lieu, et les aires des deux diagrammes sont égales, d'après ce qui vient d'être dit.

On remarquera que l'encombrement serait, en pratique, *beaucoup plus considérable* que ne semblent l'indiquer les deux chiffres de $22^m,656$ et de $16^m,022$, et cela par les deux raisons suivantes :

En premier lieu, si l'on voulait avoir, non pas le même effet utile théorique, mais le même rendement pratique, il faudrait, à cause de l'importance plus grande des frottements, que l'effet théorique de la machine à air fût sensiblement plus grand que celui de la machine à vapeur.

Mais en outre, et c'est là sans doute la raison principale, le volume ci-dessus indiqué de $16^m,022$ suppose qu'on a épuisé l'action de la détente de la vapeur, tandis qu'on a vu (n° **550**) qu'on pouvait, non-seulement sans inconvénient, *mais encore avec avantage au point de vue pratique*, supprimer les dernières portions de la détente, qui correspondent à un *très-petit surcroît de travail utile*, pour une *très-grande augmentation de volume*, et pour une certaine augmentation correspondante du travail des résistances passives. On aurait donc un volume final, non pas de $16^m,022$, mais de 4 à 5 mètres cubes au plus. Une suppression analogue n'est pas possible avec l'air, à raison de la forme essentiellement différente de la courbe adiabatique.

Ainsi, dans les conditions que nous comparons, l'air devrait avoir un volume initial *plus de dix fois plus grand* et un volume final *au moins quatre ou cinq fois plus grand* que la vapeur d'eau. Les frottements seront donc beaucoup plus importants dans la première machine que dans la seconde, d'autant plus que la pression moyenne y sera en même temps plus forte. La conclusion est qu'en réalité, malgré sa supériorité théorique, l'emploi de l'air comprimé, *dans les conditions de fonctionnement définies ci-dessus*, n'offrira pas en général d'avantage pratique important.

C'est l'opinion qui semble prévaloir chez la plupart des ingénieurs, plus préoccupés aujourd'hui de perfectionner l'emploi de la vapeur que de chercher à lui substituer celui de l'air chaud.

(**652**) Cette opinion doit-elle être acceptée comme définitive, et

n'y a--il en effet rien d'important à attendre de cette substitution ?
La réponse est évidemment affirmative, en tant qu'il s'agit de machines à air fonctionnant dans les conditions exposées ci-dessus,
c'est-à-dire de machines pour lesquelles *la température supérieure
est limitée* par la considération *du degré de compression à produire
pour réaliser cette température*, et pour lesquelles aussi cette température est maintenue, pendant la détente isothermique, par l'action d'un foyer de chaleur *extérieur à la masse d'air qui est en jeu
dans la machine.*

La première circonstance empêche l'emploi d'une température
élevée qui correspondrait à des pressions absolument inadmissibles,
et la seconde tendrait à rendre, en tous cas, le procédé inopportun,
en diminuant, par cet emploi de températures très-élevées, la quantité de chaleur transmise à l'air, pour une quantité donnée dégagée
sur le foyer. (Voir n° **479**.)

Mais il ne paraît pas impossible de surmonter l'une et l'autre de
ces deux difficultés.

(**653**) Pour la première, on pourra avoir recours aux régénérateurs dont on a parlé aux n°s **456** et suivants.

Supposons un de ces appareils maintenu à ses deux extrémités
aux températures t_1 et t_2.

On pourra, par exemple, alimenter la machine en prenant 1 kilogramme d'air occupant un volume d'air V'' à la pression atmosphérique P'' et à la température t_1.

On le comprimera, *à cette température*, jusqu'à la pression P sous
laquelle on veut le faire agir ; puis on le fera passer à travers le régénérateur, pour le porter, *sous cette même pression*, à la température t_2. Il aura alors un volume V, la température t_2 et une pression P *qui n'a pas de relation avec cette température.*

On fera agir l'air sur un piston en admettant ce volume, puis le
laissant se dilater *à température constante* jusqu'à ce qu'il ait repris
la pression initiale P''. On le fera passer alors, en sens contraire, à
travers le régénérateur, qui le ramènera à la température initiale t_1
sans changer la pression P''.

Désignons par V' et par V''' les volumes qu'occupent l'air à la fin des périodes de compression et de détente isothermiques.

Le travail moteur de la dilatation et le travail résistant de la compression isothermiques ont respectivement pour expression

$$T_m = PVl\,\frac{P}{P''}.$$

$$T_r = P''V''l\,\frac{P}{P''}$$

et leur différence, à cause des relations $PV = R\,(a + t_2)$ et $P''V'' = R\,(a + t_2)$, est égale à

$$T_m - T_r = R\,(t_2 - t_1)\,l\,\frac{P}{P''}.$$

Il se produit, en outre, sur le piston moteur un travail moteur dû à l'introduction du volume V à la pression P et à la température t_2, et un travail résistant dû au refoulement du volume V''' à la pression P''' et à la même température, donnant lieu par leur ensemble au travail résultant

$$PV - P''V'''.$$

On verra de même que l'aspiration par le piston alimenteur du volume V'' à la pression P'' et à la température t_1, et le refoulement du volume V' à la pression P et à la température t_1 donnent lieu au travail résultant

$$P''V'' - PV'.$$

Il est facile de voir que ces deux résultantes sont chacune identiquement nulles, attendu que l'on a

$$PV = P''V''' = R\,(a + t_2)$$
$$P''V'' = PV' = R\,(a + t_1).$$

Le travail disponible se réduit donc à la quantité

$$T_m - T_r = R\,(t_2 - t_1)\,l\,\frac{P}{P''} = R\,(t_2 - t_1)\,l\varphi.$$

Cette quantité doit être rapprochée de celle qu'on a établie plus haut (n° **650**).

$$T'_m - T'_r = R\,(t_2 - t_1)\,l\varphi\left(\frac{a + t_1}{a + t_2}\right)^{\overline{\quad}}$$

Elles diffèrent essentiellement, en ce que, dans la première, on peut augmenter t_2 ou la différence $t_2 - t_1$, en prenant arbitrairement le rapport $\mu = \dfrac{P}{P''}$, tandis que, dans la seconde, le facteur $\left(\dfrac{a + t_1}{a + t_2}\right)^{\frac{k}{k-1}}$ diminuant rapidement à mesure que t_2 augmente, on est obligé de donner à μ des valeurs rapidement croissantes et bientôt inadmissibles, pour ne pas trop réduire $T'_m - T'_r$.

Si l'on suppose que l'on pose dans la première formule $\mu = 7$, ce qui nous donne une pression initiale égale aux plus hautes qu'on emploie dans les machines à vapeur ordinaires, et si l'on suppose $t_2 = 410$ ou $t_2 - t_1 = 400$ en nombre rond, on aura

$$
\begin{aligned}
T_m - T_z &= 29,271 \times 400 \times l7 \\
&= 29,271 \times 400 \times 1.9459 \\
&= 22783 \text{ kilogrammètres.}
\end{aligned}
$$

On voit que, pour remplacer 1 kilogramme de vapeur, il suffirait, dans ces nouvelles conditions d'emploi, d'utiliser $\dfrac{57831}{22783} = 2^k,53$ d'air, occupant, comme on l'a vu, $0^m,8016$ par kilogramme à la pression et à la température ordinaires, ou en totalité $2^m,028$. Ainsi, contrairement à ce qui a été dit plus haut, la machine à air, dans ces conditions nouvelles, serait *moins encombrante* que la machine à vapeur à haute pression et à grande détente que nous prenons pour terme de comparaison.

La figure 219 représente le diagramme figuratif du travail, construit aux mêmes échelles des pressions et des volumes que les deux figures 218 et 162, et pour un volume de $2^m,028$ d'air pris à la pression atmosphérique. Il en résulte que les aires des trois diagrammes sont égales.

On voit que les courbes qui limitent ces aires sont essentiellement différentes, et leur discussion géométrique ferait ressortir les diverses propriétés qui ont été signalées précédemment.

On reconnaît que la machine à air, fonctionnant dans les conditions de la figure 219, n'a pas, au point de vue de l'encombrement, de désavantage théorique sur la machine à vapeur ; elle pourrait n'avoir pas sensiblement plus de frottements, et elle aurait d'ailleurs l'avantage théorique d'un meilleur rendement des calories employées, par suite d'un plus grand écart des températures.

On peut conclure de ce qui précède qu'on est généralement, et Ericsson tout le premier, sorti de la véritable voie ouverte par cet ingénieur, en supprimant l'emploi des régénérateurs d'abord proposés par lui, et qu'il faut y revenir.

Il resterait à résoudre les difficultés pratiques, peut-être très-grandes, que peut avoir, au point de vue de la conservation des pièces et à celui de l'importance des frottements, l'emploi des températures élevées.

Mais, ainsi qu'on l'a déjà dit, la question est tranchée au point de vue mécanique, et les difficultés qui restent à résoudre sont du domaine de la physique appliquée, et non de celui de la mécanique pure.

(654) Pour la seconde difficulté, la perte de chaleur qui se produit par l'emploi *d'un foyer extérieur*, à cause de la chaleur qu'entraînent avec eux les produits de la combustion, elle paraît assez difficile à éviter dans le cas de la machine à vapeur d'eau.

Toutefois, on a déjà indiqué l'emploi possible d'un mélange d'air chaud et de vapeur qu'on obtiendrait de diverses manières, par exemple en opérant la combustion sur un foyer à l'aide d'un courant d'air forcé, et saturant de vapeur d'eau les produits gazeux de la combustion avant d'aller les faire agir sur le piston d'une machine à air. Cette vapeur serait formée en projetant sur le foyer même, ou dans le trajet du foyer à la machine, une certaine quantité d'eau liquide.

Cette disposition n'a rien d'irrationnel, et l'on peut penser que la vapeur ainsi mêlée aux gaz chauds aurait accessoirement un effet favorable au point de vue des frottements de la machine, en même temps qu'elle éviterait une partie de la perte de chaleur qui a lieu, dans le chauffage ordinaire des générateurs, par communication avec les corps environnants ou par la nécessité d'activer le tirage.

Ce système, qui constitue comme une sorte de machine mixte *à air et à vapeur*, se combinerait facilement avec l'emploi du régénérateur.

L'air, après sa compression et à sa sortie du régénérateur, rencontrerait une enceinte à *l'intérieur* de laquelle serait le foyer chargé de coke et maintenu en activité par l'oxygène de cet air même, fonctionnant comme calorifère pour entretenir la température constante pendant la période de détente isothermique.

Ce chauffage *interne*, en quelque sorte, aurait sur le chauffage *externe* ordinaire produit par une masse d'air étrangère à la machine, un avantage économique d'autant plus important qu'il s'agirait de fonctionner à des températures plus élevées.

En le combinant avec l'emploi du régénérateur, et avec une certaine injection d'eau, on aurait l'avantage :

1° D'augmenter le *coefficient économique des calories employées*, en marchant à des températures élevées, et *le nombre de ces calories*, en supprimant les pertes dues au tirage ;

2° De pouvoir marcher, grâce au régénérateur, à des *pressions limitées* sans rapport avec ces températures ;

3° Et enfin d'adoucir les frottements et de tempérer les excès de chaleur, par l'emploi accessoire de la vapeur d'eau.

Il me paraît que c'est dans cette voie que doit être cherchée la solution pratique des machines à air.

(**655**) Il est bon de remarquer que cet emploi simultané de l'air et de la vapeur n'est pas nouveau, et qu'en ce moment même il est encore l'objet de quelque attention en Angleterre.

Mais dans le système de l'auteur, M. Warsop, la vapeur d'eau est le corps principal, et l'air insufflé dans la chaudière n'est qu'un accessoire fort secondaire.

Cet air est chauffé par la chaleur perdue des gaz, et sous ce rapport il peut y avoir quelque légère économie de combustible ; mais on la réaliserait *aussi sûrement* par une augmentation de surface de chauffe qui permettrait un refroidissement équivalent de ces gaz.

S'il y a quelques avantages à espérer du procédé, ce ne peut être que dans la facilité que le mélange d'air apporterait au dégagement de la vapeur, ou dans la moindre condensation que la vapeur éprouverait pendant qu'elle agit dans la machine.

Mais par contre, cette injection d'air peut empêcher l'emploi du

Giffard, et retarder la condensation. On peut donc penser que si elle a quelque avantage *dans le cylindre*, elle devient radicalement désavantageuse *dans le condenseur*, pour les machines munies de ce dernier organe.

En somme le procédé Warsop ne peut être considéré que comme un accessoire d'un intérêt fort douteux des machines à vapeur ordinaires.

C'est en France, par M. Belou, qu'a été expérimenté, vers 1860. le système consistant à utiliser le produit gazeux de la combustion comme agent à peu près exclusif; puis M. Pascal a présenté un système analogue, dans lequel il a fait intervenir la vapeur d'eau d'une manière plus prononcée, mais encore secondaire.

Ces essais ont attiré vivement l'attention, lorsqu'ils se sont produits. Toutefois il ne paraît pas que les appareils dont il s'agit, soient parvenus à prendre place dans la pratique.

Ils ont un défaut commun à tous les appareils dans lesquels on introduit à l'intérieur d'une machine les produits gazeux de la combustion. Quelque soin que l'on prenne, on n'est pas parvenu jusqu'ici à empêcher l'introduction simultanée des produits solides (fumée, poussière, escarbilles légères), qui encrassent fortement la machine, usent les surfaces frottantes et nécessitent des arrêts fréquents.

C'est peut-être ce défaut, insignifiant en théorie, qui sera, en pratique, l'obstacle contre lequel viendront échouer ces foyers intérieurs alimentés à l'air comprimé.

En outre, ces mêmes appareils, tels que MM. Belou et Pascal les établissaient, avaient un vice de principe, consistant, comme dans les dernières machines d'Ericsson, dans l'absence des régénérateurs, indispensables pour avoir *à la fois* des températures *assez élevées* et des pressions *assez modérées*.

Ce vice de principe est certainement ce qui a empêché le développement des machines à air.

On n'en trouve guère qu'en Amérique, et seulement pour de petites forces, parce qu'au point de vue de la consommation de combustible, elles n'ont offert aucun avantage sur les machines à vapeur les plus ordinaires.

(656) Le système de chauffage intérieur dont nous venons de parler est pratiqué, sous une forme un peu différente, dans les machines à gaz, connues sous le nom de machines Lenoir, du nom de leur inventeur. Dans ces machines, on emploie, au lieu du combustible ordinaire, le gaz d'éclairage. On le fait arriver dans le cylindre moteur en une série de filets parallèles, entre lesquels sont compris des filets d'air aspiré directement dans l'atmosphère. Il se forme ainsi des mélanges détonants que l'on enflamme périodiquement, soit avec l'étincelle électrique, soit, suivant le système simplifié de M. Hugon, à l'aide d'un petit bec de gaz fixé dans le creux du tiroir. Ce bec est soufflé à chaque explosion; mais il se rallume, à chaque excursion du tiroir, au contact d'un bec extérieur avec lequel le creux du tiroir est mis en relation à l'extrémité de la course.

On voit que la machine Lenoir diffère d'une machine à vapeur, à la fois, par la nature du corps employé comme intermédiaire et par la nature du combustible. C'est un exemple du 3ᵉ cas indiqué au n° **647.**

La machine Lenoir est une machine *à air* employant *le gaz d'éclairage* comme combustible.

Mais c'est une machine qui ne fonctionne point du tout dans les conditions du cycle de Carnot; car il s'y produit des changements brusques de pression et de température, et des changements de volume dus à des phénomènes chimiques, qui ne permettraient point du tout *la reversibilité*, caractère essentiel auquel on reconnaît un fonctionnement régulier et normal du phénomène de la transformation de la chaleur en travail.

En outre, les explosions successives qui ont lieu dans le cylindre, le portent bientôt à une très-haute température, et il faut généralement, pour que la machine puisse continuer de fonctionner, rafraîchir le cylindre, soit par une circulation abondante d'eau froide dans une double enveloppe, soit en le tenant plongé dans l'eau froide. Il y a là un vice essentiel, analogue à celui que présentaient les premières machines à vapeur, antérieurement à l'emploi d'un condenseur séparé du cylindre à vapeur. Ce courant d'eau est tel que la machine dépense en réalité, pour une force donnée, *beaucoup plus d'eau* qu'une machine à vapeur; son échauffement doit être

considéré comme un emploi parasite et inutile de la chaleur produite.

La machine Lenoir est, en définitive, une *machine à air* fonctionnant dans de *médiocres conditions théoriques*, et utilisant ainsi
assez mal un combustible *très-cher*.

Son emploi est limité jusqu'à présent à de petites forces ayant à
travailler d'une manière intermittente.

Elle a, au point de vue du combustible, les avantages accessoires
indiqués à la fin du n° **647**, et l'avantage théorique plus important de la suppression du chauffage extérieur. Tout danger d'explosion est écarté par l'absence de la vapeur. Elle peut être mise en
jeu et arrêtée instantanément, en tournant un robinet, et l'on économise ainsi, dans une marche très-discontinue, le combustible qui
se consomme inutilement sur un foyer brûlant de la houille, soit
pendant les temps d'arrêt pour entretenir le foyer allumé, soit au
moment de chaque mise en train pour le ranimer.

On ne peut pas ajouter à cet avantage celui de ne pas avoir besoin d'eau. Nous venons de dire, au contraire, qu'il lui en faut,
pour rafraîchir le cylindre, beaucoup plus qu'il n'en faudrait pour
alimenter de vapeur une machine de même force.

(**657**) En résumant tout ce qui précède, on peut dire :

En premier lieu, que la théorie de la machine à vapeur, ainsi
qu'on l'a déjà énoncé au n° **533**, est établie aujourd'hui sur des
bases certaines tout à fait comparables à celles des moteurs hydrauliques ; qu'il n'y a point à attendre, pour ce moteur, des perfectionnements radicaux comme ceux qu'on a pu espérer, en se plaçant
à un point de vue théoriquement inexact, d'après ce fait, mal observé et plus mal interprété, qu'on retrouvait dans la vapeur, *au
sortir de la machine*, la chaleur qu'elle y avait apportée *en venant
de la chaudière* ;

Qu'on sait parfaitement la limite d'effet utile à obtenir pour un
emploi de la vapeur dans des conditions données, ainsi que les principes à appliquer pour se rapprocher de cette limite ;

Qu'ainsi, en réalité, les ingénieurs ou constructeurs n'ont pas
aujourd'hui d'autre but à donner à leurs études sur les appareils à

vapeur, que des améliorations d'*ordre secondaire*, en vue de perfectionner les appareils propres à l'application de ces principes, ou en vue de satisfaire à quelque convenance spéciale d'emplacement, de poids, de facilité de réparation, etc., etc.

En second lieu, que les machines à air, fonctionnant purement et simplement dans des conditions plus ou moins rapprochées du cycle de Carnot, avec chauffage extérieur, ne peuvent remplacer avantageusement les machines à vapeur ordinaires, beaucoup moins encombrantes, présentant beaucoup moins de frottements, plus faciles à entretenir en bon état, et compensant ainsi, par divers avantages pratiques, une certaine infériorité du coefficient économique de la chaleur dépensée par elle.

Mais qu'il n'en est plus de même, et que le résultat est même tout à l'avantage des machines à air, lorsqu'elles fonctionnent *avec des régénérateurs*, qui permettent, *pour une pression donnée*, l'emploi d'une température beaucoup plus élevée, et *avec la combustion intérieure*, qui supprime la perte inhérente aux foyers extérieurs et *rend possible*, sans autres pertes que celle due au rayonnement, *l'emploi de cette haute température*.

De ce résumé, malgré les inconvénients de plus d'un genre inhérents à cette haute température et à l'emploi direct des produits de la combustion, et tout en pensant qu'on aura toujours une marche moins sûre et moins commode qu'avec l'emploi de la vapeur, on peut conclure que les avantages économiques à espérer des machines à air *convenablement établies* ne seront pas toujours négligés ; que la cherté croissante du combustible, fait économique inévitable et destiné à s'accentuer de plus en plus, rendra ces avantages économiques de plus en plus importants ; et, finalement, que l'ingénieur qui parviendra à construire ces machines à air sur une grande échelle, en leur donnant le caractère pratique qui leur a fait défaut jusqu'ici, aura rendu à l'industrie un service de premier ordre.

CHAPITRE XVIII

DÉTAILS SUR LES ORGANES DES MACHINES A VAPEUR

658) Nous avons vu, dans le chapitre précédent, en nous appuyant sur les notions nouvellement précisées d'équivalence entre la chaleur et le travail, la théorie générale des machines à feu.

Nous avons appliqué cette théorie aux machines à vapeur, ce qui nous a permis de calculer l'effet obtenu dans des conditions déterminées d'emploi, et, par suite, de préciser dans quel sens doivent varier ces conditions pour obtenir l'effet le plus avantageux.

Ensuite nous avons examiné, en termes généraux, l'ensemble et les principaux organes des appareils récepteurs à l'aide desquels ces conditions d'emploi peuvent être réalisées, et nous avons terminé par une appréciation de ce qu'on peut attendre de la substitution de l'air à la vapeur d'eau.

L'ensemble de ces notions devrait être familier à tous les industriels qui ont à employer des machines à feu dans leurs établissements.

Il leur serait permis, à l'aide de ces notions, de se faire une idée très nette de la valeur des appareils qui fonctionnent chez eux, et de discuter avec les hommes spéciaux le mérite et la vraie portée des modifications qui peuvent leur être proposées.

Mais les ingénieurs ne peuvent pas se borner à ces indications générales : il leur faut aller plus loin, et arriver jusqu'à la détermination précise, graphique ou numérique, de toutes les parties d'une machine dont ils ont à étudier le projet en vue d'une application industrielle donnée.

Tel est l'objet du présent chapitre, dans lequel, nous bornant aux machines à vapeur, nous allons reprendre, pour les considérer avec plus de détail, les principaux appareils dont nous avons parlé au chapitre précédent en termes généraux (n°s **605** à **642**). Nous devrons d'ailleurs, pour ne pas étendre ces considérations outre mesure, nous borner à un certain nombre d'exemples principaux, sans prétendre embrasser toutes les variantes qui ont pu être proposées par les divers ingénieurs ou constructeurs, variantes qui se bornent le plus souvent à de simples combinaisons cinématiques, n'offrant pas d'intérêt spécial au point de vue mécanique.

Nous parlerons successivement des appareils de distribution, de la condensation et enfin des régulateurs.

§ 1. — Organes de distribution.

(**659**) L'appareil de distribution le plus simple, et le plus couramment employé dans les machines de rotation, est le tiroir dont nous avons donné une idée générale au n° **611**. Dans ce qu'on appelle le *tiroir normal*, l'admission étant supposée avoir lieu dans la boîte et l'échappement sous le creux du tiroir (*fig.* 220), le système est réglé de telle façon qu'en négligeant l'influence de l'obliquité variable de la bielle d'excentrique, ou en supposant qu'elle reste toujours parallèle à elle-même, supposant, en outre, qu'elle commande directement la tige du tiroir, et qu'enfin le tiroir se meuve parallèlement au piston, ce tiroir est au milieu de sa course *dans un certain sens* lorsque le piston commence la sienne dans le même sens, ou, ce qui revient au même, l'excentrique est calé à 90° *en avant de la manivelle, dans le sens du mouvement.*

Le creux du tiroir est égal à la distance entre les bords internes des deux lumières, et le *rebord* est égal à la largeur de ces mêmes lumières.

Par conséquent, lorsque le piston arrive au point mort, les deux lumières vont commencer à s'ouvrir, d'un côté à l'échappement, de l'autre à l'admission ; elle resteront ouvertes pendant toute la course du piston, et elles se refermeront lorsque le piston sera prêt d'arriver à son autre point mort, pour se rouvrir de nouveau, mais en sens contraire, au moment où commencera l'excursion rétrograde du piston. Ainsi il y a toujours, pendant toute la durée d'une course du piston, admission sur une des faces et échappement sur l'autre.

Soit (*fig.* 221), $OA = \dfrac{L}{2}$ le rayon de la circonférence que décrit le bouton de la manivelle, $OA' = l$ le rayon de celui que décrit le centre de l'excentrique, ou bien L la course totale du piston, et l la largeur du rebord, ou celle des lumières, et $2l$ la course du tiroir.

Supposons que le point A soit un point mort de la manivelle, la bielle et la tige du piston se confondant alors sur la ligne AOX. Le centre de l'excentrique sera en A′ sur la perpendiculaire OA′ à la ligne OX.

Si nous admettons que la manivelle tourne d'un angle $AOB = \beta$, l'excentrique aura tourné d'un angle égal A′OB′, et en négligeant l'influence de l'obliquité des bielles, le piston se sera déplacé de la quantité $x = Ab = \dfrac{L}{2}(1 - \cos \beta)$ *à partir de son point mort*, et le tiroir de la quantité $y = Ob' = l \sin \beta$ à partir *du milieu de la course*, ou de la quantité $l(1 + \sin \beta)$ à partir *de sa position extrême*.

La vitesse actuelle du piston est donnée par la relation

$$\frac{dx}{dt} = \frac{L}{2}\sin\beta\,\frac{d\beta}{dt} = \frac{L}{2}\,\omega\sin\beta$$

en appelant ω la vitesse angulaire.

Si l'on désigne par A la section du piston, la dépense élémentaire de vapeur est égale au volume $A\dfrac{L}{2}\omega\sin\beta dt$.

En même temps, l'ouverture de la lumière du tiroir est proportionnelle au déplacement y du tiroir et égale à $\lambda y = \lambda l \sin\beta$, en désignant par λ la dimension de la lumière dans le sens de la largeur du tiroir. Appelant W la vitesse de la vapeur à la traversée de la lumière du tiroir, la dépense élémentaire est $\lambda l \sin \beta W dt$, et elle doit être égale, si l'on veut éviter tout étirage de vapeur au volume élémentaire qu'engendre la course du piston. Il faut donc poser

$$A \frac{L}{2} \omega \sin \beta dt = \lambda l \sin \beta W dt$$

d'où l'on déduit $W = \dfrac{L}{2} \omega \dfrac{A}{\lambda l}$.

C'est-à-dire, que la vitesse à travers la lumière est constante, et qu'elle est à la vitesse maxima du piston au milieu de sa course, $\dfrac{L}{2} \omega$, comme la section A du piston est à la section totale λl de la lumière. Cette propriété tient à ce que la lumière est démasquée à chaque instant de quantités y proportionnelles à la vitesse $\dfrac{dx}{dt}$ du piston.

Cette propriété remarquable du tiroir normal le rend particulièrement propre à la distribution d'un fluide incompressible tel que l'eau. C'est le règlement de tiroir que l'on adoptera, ainsi que nous l'avons dit au n° **270**, pour les machines à colonne d'eau employant cet appareil de distribution.

On l'emploiera également pour les machines à vapeur *à faible vitesse* et marchant *sans aucune détente.*

Les cinq positions A, B, C, D, E, de la figure 222, indiquent les positions successives du tiroir pour une double excursion du piston.

En A le piston va commencer sa course *de gauche à droite*, le tiroir est au milieu de la sienne *dans le même sens.*

En B le piston est au milieu de sa course; le tiroir à la fin de la sienne et va commencer à rétrograder.

En C le piston est à la fin de sa course sur la droite et va commencer à rétrograder vers la gauche; le tiroir est au milieu de la sienne dans le même sens, etc., etc...

(**660**) Mais le tiroir normal n'est pas le système qu'on emploie le plus habituellement, et on lui substitue généralement le tiroir dit *avec avance et recouvrement.*

L'excentrique, au lieu d'être calé à angle droit sur la manivelle, ou, plus exactement, *à angle droit sur le plan de la glace du tiroir*, est calé *en avant* de cette position (si la commande du tiroir est directe) d'un certain angle α qu'on appelle *l'angle d'avance* ou *l'avance angulaire* (voir n° **637**).

D'après cela, lorsque le piston est à son point mort A (*fig.* 223) le tiroir a dépassé le milieu de sa course d'une certaine quantité qu'on appelle *l'avance linéaire*, et comme on s'impose généralement la condition que l'admission commence avec la course du piston, le tiroir doit avoir un rebord total égal à la lumière augmentée de l'avance linéaire.

Désignant donc par l la largeur de la lumière, et par r le recouvrement, $l + r$ sera la largeur totale du rebord, et en même temps l'excentricité, ou la demi-course du tiroir.

Le tiroir que la figure 224 représente dans sa position moyenne, se déplacera d'une quantité $l + r$ de part et d'autre de cette position et il aura déjà parcouru un espace égal à r dans un certain sens, lorsque le piston commencera sa course dans le même sens.

Pour un espace $x = Ab = \dfrac{L}{2}(1 - \cos \beta)$ parcouru par le piston à partir de son point mort, l'espace total correspondant parcouru par le tiroir à partir de son point milieu sera $Ob' = (l + r).\sin(\alpha + \beta)$, et l'espace total, à partir de son propre point mort, sera

$$y = l + r + (l + r)\sin(\alpha + \beta) = (l + r)[1 + \sin(\alpha + \beta)]$$

et l'on aura une relation générale entre x et y en éliminant l'angle β.

Si d'abord on fait $\beta = 0$, on a $y = (l + r)(1 + \sin \alpha)$ et comme cette valeur de y est égale à $l + 2r$, on en déduit $\sin \alpha = \dfrac{r}{l + r}$, et par suite

$$\cos \alpha = \sqrt{1 - \sin^2 \alpha} = \sqrt{1 - \frac{r^2}{(l + r)^2}} = \frac{\sqrt{l^2 + 2lr}}{l + r}.$$

D'autre part on a $\cos \beta = \dfrac{L - 2x}{L}$, et par suite

$$\sin \beta = \sqrt{1 - \cos^2 \beta} = \frac{2\sqrt{Lx - x^2}}{L}.$$

Remplaçant ces lignes trigonométriques dans l'expression :

$$y = (l + r) (1 + \sin (\alpha + \beta)) = (l + r) (1 + \sin\alpha \cos\beta + \sin\beta \cos\alpha)$$

il viendra successivement :

$$y = (l + r) \left(1 + \frac{r(L - x)}{(l + r) L} + \frac{2\sqrt{Lx - x^2}\sqrt{L^2 + 2lr}}{L (l + r)} \right)$$

$$Ly - (l + 2r)L + 2rx = 2\sqrt{Lx - x^2}\sqrt{L^2 + 2lr},$$

ou, en élevant au quarré de part et d'autre,

$$L^2y^2 + (l + 2r)^2L^2 + 4r^2x^2 - 2L^2y(l + 2r) + 4Lrxy - 4L(l + 2r)rx = 4l(l + 2r)(Lx - x^2)$$

ou enfin

$$L^2y^2 + 4x^2(l+r)^2 + 4Lrxy - 2L^2(l + 2r)y - 4L(l + r)(l + 2r)x + L^2(l + 2r)^2 = 0.$$

Cette équation est évidemment celle d'une ellipse que l'on peut construire, et qui donne par ses abscisses la position du piston, et par ses ordonnées la position correspondante du tiroir, comptées à partir de leurs points morts respectifs pris à l'origine des coordonnées.

On reconnaît que cette ellipse est inscrite dans un rectangle ayant pour base L et pour hauteur $2(l + r)$.

On peut ou discuter cette courbe, qui est représentée par la figure 225, ou, plus simplement, faire varier l'angle β dans les valeurs de x et de y, établies ci-dessus, savoir :

$$x = \frac{L}{2} (1 - \cos\beta)$$

$$y = (l + r) (1 + \sin(\alpha + \beta)).$$

Si l'on donne à β les six valeurs particulières suivantes, on trouve pour x et y les coordonnées des points 1 à 6 de la figure 225, lesquelles correspondent aux positions successives du tiroir marquées sur la figure 236.

(1°) Si l'on fait $\beta = o$, il vient

$$x' = 0$$

$$y' = (l + r) (1 + \sin\alpha) = (l + r) \left(1 + \frac{r}{l + r} \right) = l + 2r;$$

d'où l'on conclut qu'au commencement de la course du piston, le tiroir a dépassé le milieu de la sienne d'une quantité égale à r, ou qu'une lumière va s'ouvrir à l'admission, tandis que l'autre est déjà ouverte à l'échappement de la même quantité r.

(2°) Si l'on fait $\sin(\alpha + \beta) = 1$ ou $\beta = 90° - \alpha$, on a :

$$x'' = \frac{L}{2}(1 - \sin\alpha) = \frac{1}{2} L \cdot \frac{l}{l + r}$$
$$y'' = 2(l + r).$$

Le tiroir est à la fin de sa course et la lumière est ouverte en grand. Le piston n'est pas encore au milieu de sa course, et le tiroir commence à rétrograder. Le point (2) peut se construire graphiquement, en menant par le point (1) une parallèle à la diagonale partant du point O dans le rectangle circonscrit à l'ellipse; car l'abscisse du point ainsi construit est à L comme l est à $2(l + r)$; ce qui donne pour la valeur de cette abscisse $L \times \dfrac{l}{2(l + r)} = x''$.

3° Si l'on fait $\beta = 90°$, ou $\cos\beta = 0$, il vient

$$x''' = \frac{L}{2}$$
$$y''' = (l + r)[1 + \sin(90° + \alpha)(l + r)(1 + \cos\alpha)]$$
$$= (l + r)\left(1 + \frac{\sqrt{l^2 + 2lr}}{l + r}\right).$$

Le piston est au milieu de sa course, le tiroir a déjà commencé à rétrograder; mais il n'est pas revenu au milieu de sa course, car $\sqrt{l^2 + 2lr}$ est toujours plus petit que $l + r$.

4° Si l'on pose $\sin(\alpha + \beta) = \sin\alpha$, ou

$$\alpha + \beta = 180° - \alpha \ldots \quad \beta = 180° - 2\alpha = 2(90° - \alpha)$$

on a d'abord

$$\mathrm{Cos}\,\beta = \cos 2(90° - \alpha) = \cos^2(90° - \alpha) - \sin^2(90° - \alpha)$$
$$= \sin^2\alpha - \cos^2\alpha = 1 - 2\cos^2\alpha.$$

et par suite on trouve

$$y^{\mathrm{IV}} = \frac{L}{2}(1 - \cos\beta) = L\cos^2\alpha = L\frac{l^2 + 2lr}{(r + l)^2}$$
$$a^{\mathrm{IV}} = (l + r)(1 + \sin\alpha) = l + 2r$$

Le tiroir a repris la même position qu'il avait au point mort, mais il marche en sens contraire.

La lumière de gauche, qui *allait s'ouvrir* à l'admission dans la position n° 1, *va se fermer*, et par conséquent il commence à se former une détente dont le degré en volume est marqué par le rapport $\dfrac{x}{L} = \dfrac{l^2 + 2lr}{(l+r)^2}$.

5° Si nous posons $\alpha + \beta = 180°$, ou $\sin(\alpha + \beta) = 0$, $\beta = 180° - \alpha$, $\cos\beta = -\cos\alpha$, il vient

$$x^{v} = \frac{L}{2}(1 + \cos\alpha) = \frac{L}{2}\left(1 + \frac{\sqrt{l^2 + 2lr}}{(l+r)}\right)$$
$$y^{v} = l + r.$$

Le tiroir est au milieu de sa course rétrograde, et le piston est vers la fin de sa course directe.

Un petit mouvement du tiroir va fermer l'échappement sur la face du piston et va l'ouvrir sur la face opposée. Cette circonstance caractérise une période, pour la première face, *de compression derrière le piston*, et pour la seconde, *d'avance à l'échappement*. Cette période arrive toujours après le commencement de la détente, car on a toujours $\dfrac{1 + \cos\alpha}{2} > \cos\alpha > \cos^2\alpha$.

6° Enfin, si l'on pose $\beta = 180°$, d'où l'on déduit $\cos\beta = -1$ et $\sin(\alpha + \beta) = -\sin\alpha$, il vient

$$x^{vi} = L$$
$$y^{vi} = (l+r)\left(1 - \frac{r}{l+r}\right) = l$$

Le piston est arrivé à la fin de sa course, le tiroir n'a plus à parcourir dans sa course rétrograde que l'espace l, c'est-à-dire qu'il a déjà parcouru l'espace $l + 2r$, ou que la course rétrograde du piston va commencer *dans les mêmes conditions que la course directe.*

(**661**) En résumé, si au lieu de caler la poulie d'excentrique à angle droit sur la manivelle, on lui donne une certaine avance angulaire, et au tiroir une certaine avance linéaire et un égal recouvrement r, ces deux avances étant liées l'une à l'autre par la relation $\sin \alpha = \dfrac{l}{l+r}$, on voit qu'il en résultera une certaine détente

dont le degré est donné par la valeur de la fraction $\dfrac{l^2 + 2lr}{(l+r)^2} = \cos^2\alpha$;

qu'en outre il se produira vers la fin de la course du piston un échappement prématuré de la vapeur motrice (ou ce qu'on appelle une avance à l'échappement), et en même temps une compression sur l'autre face du piston, et cela à une fraction de la course du

piston marquée par $\dfrac{1}{2}\left(1 + \dfrac{\sqrt{l^2 + 2lr}}{l+z}\right) = \dfrac{1 + \cos\alpha}{2}$.

Si l'on se donne le degré de la détente $\mu = \dfrac{x}{L} = \dfrac{l^2 + 2lr}{(l+r)^2}$, on en

déduira le rapport $z = \dfrac{r}{l}$ de la largeur du recouvrement à celle de la lumière en posant

$$\mu = \frac{1 + \dfrac{2r}{l}}{\left(1 + \dfrac{r}{l}\right)^2} = \frac{1 + 2z}{(1 + z)^2},$$

d'où l'on déduit successivement

$$\mu\,(1 + 2z + z^2) = 1 + 2z$$
$$z^2 + 2z\left(1 - \frac{1}{\mu}\right) + 1 - \frac{1}{\mu} = 0$$
$$z = \left(\frac{1}{\mu} - 1\right) + \sqrt{\left(\frac{1}{\mu} - 1\right)^2 + \frac{1}{\mu} - 1}$$
$$= \frac{1}{\mu} - 1 + \sqrt{\frac{1}{\mu}\left(\frac{1}{\mu} - 1\right)}.$$

La racine positive étant seule acceptable, on voit qu'à mesure que

μ diminue la quantité $\dfrac{r}{l}$ augmente ; il en est évidemment de même

de $\dfrac{r}{l+r}$, ou de $\sin\alpha$, c'est-à-dire de l'avance angulaire ; mais en

même temps $\dfrac{1 + \cos\alpha}{2}$ diminue, ou l'échappement prématuré et la

compression finale prennent une importance croissante.

Le tableau suivant donne, pour divers degrés de détente, les valeurs numériques des éléments ci-dessus.

VALEURS DE LA DÉTENTE	$\dfrac{r}{l}$	VALEURS CORRESPONDANTES DE	
		α	$\dfrac{1 + \cos\alpha}{2}$
$\mu = 0.70$	1.21	33°	0.92
0.60	1.72	39°	0.88
0.50	2.41	45°	0.85
0.40	3.44	50°	0.82
0.33	4.45	54°	0.79

Ce tableau montre que le degré de détente ne peut pas devenir très-étendu, ou que le point 4 de la figure 225 ne peut pas trop reculer vers la droite, sous peine d'exagérer la période d'avance à l'échappement et de compression finale, en reculant du même côté le point 5.

(**662**) Il importe d'ailleurs de bien comprendre quelles peuvent être les véritables conséquences de l'exagération de ces deux éléments.

Il est clair que si l'avance à l'échappement a lieu avant que la détente ne soit complète, c'est-à-dire avant que la pression de la vapeur détendue ne soit devenue égale à la contre pression, l'échappement donnera lieu à *une chute finie de pression*. De même, si la compression finale ne reforme pas exactement la pression initiale, il y aura, au moment de l'admission, *un accroissement brusque de pression*.

Ces deux circonstances sont, l'une et l'autre, incompatibles avec les conditions de reversibilité du cycle de Carnot, et par conséquent l'on sait d'avance qu'elles ne peuvent que diminuer le coefficient économique des calories dépensées.

C'est d'ailleurs ce qu'il est facile de reconnaître, dans l'espèce, par une considération directe.

On peut voir également, conformément à un théorème de M. Zeuner, simplifié dans sa démonstration par M. M. Desprez, qu'une machine étant donnée avec un espace nuisible et une avance angulaire quelconques, d'où résultent une avance à l'échappement, une compression finale et encore, si l'on veut, une avance à l'admission déterminées, le travail qu'y produit une quantité donnée de vapeur est toujours le même, *pourvu qu'il n'y ait jamais de variations brusques de la tension de la vapeur qui y est en jeu, c'est-à-dire pourvu que la détente soit complète et que la compression finale reproduise exactement la pression du générateur.*

C'est ce qu'il est facile de reconnaître directement d'une manière simple, en considérant une double excursion du piston, et voyant ce qui se passe sur une de ses faces.

Si nous prenons pour unité la longueur de la course du piston, l'espace nuisible pourra être représenté par une fraction e de cette course.

Désignons, en employant une notation analogue, par a et c les volumes engendrés dans la course directe à la fin de l'admission d'une part, et de l'autre à la fin de la détente ou lorsque la lumière s'ouvre à l'échappement, par c' et a' les volumes *restant à engendrer* dans la course rétrograde, lorsque la lumière se ferme à l'échappement et lorsqu'ensuite elle s'ouvre à l'admission.

Le volume $1 - c$ de vapeur détendue qui produit *à la fin de la course directe* un travail moteur sur la face du piston que nous considérons, donne lieu, *au commencement de la course rétrograde*, à un travail résistant égal quand ce même volume fait retour au condenseur, et il n'y a pas à en tenir compte. Vers la fin de la course rétrograde, le volume $c' + e$ de vapeur détendue se comprime de plus en plus, et, par hypothèse, lorsqu'il est devenu $a' + e$, il a repris la pression de la chaudière. Alors commence l'admission prématurée, et la vapeur comprimée est refoulée dans la chaudière jusqu'à ce que le piston soit à son point mort.

Le travail résistant ainsi produit pendant cette période de compression, puis celui du refoulement dans la chaudière, seront restitués dans la course directe suivante, *le second* pendant la période d'admission, *le premier* pendant la période de détente, et cette restitution doit être considérée comme ayant lieu intégralement dans l'hypothèse où l'on se place d'un milieu imperméable à la chaleur. On peut donc encore faire abstraction de l'un et de l'autre de ces travaux, et considérer qu'ils sont produits par une sorte de *matelas de vapeur*, d'une masse constante, qui tantôt sort de la chaudière et se dilate, tantôt est comprimée et y retourne, et il ne reste en somme de travail disponible *que celui du volume $a - a'$ de vapeur sorti à pleine pression du générateur, et évacué définitivement du cylindre après détente complète.*

Si, d'après ce qui précède, le travail produit sur la machine par *un volume donné de vapeur* est constant, il n'en est pas de même de celui *d'un coup de piston.*

En effet le volume a est déterminé par la condition que le volume total $a + e$ de vapeur à pleine pression devienne, en se détendant complétement, le volume $c + e$; de telle sorte que le rapport $\dfrac{a + e}{c + e}$ est entièrement déterminé, et égal au nombre donné $\mu < 1$.

D'où l'on tire $a = \mu c - e(1 - \mu)$, et par suite

$$a - a' = \mu c - e(1 - \mu) - a'.$$

Cette quantité est nécessairement *moindre* que la quantité $a = \mu - e(1 - \mu)$ qu'on obtient en faisant $c = 1$ et $a' = o$, et qui représenterait le volume de vapeur dépensée dans la machine, si elle fonctionnait avec le tiroir normal.

En résumé, le système du tiroir avec avance et recouvrement *peut,* dans les conditions énoncées ci-dessus, *ne pas être nuisible* à l'action de la vapeur dépensée; mais la dépense par cylindrée est moindre, et il faut que la machine marche plus vite, si l'on veut avoir la même dépense et par suite le même travail; résultat analogue à celui qu'on a trouvé au n° **528**, en comparant l'emploi de la vapeur sèche à celui de la vapeur d'eau plus ou moins sursaturée.

(**663**) Dans la pratique, on peut pousser la détente jusqu'à $\mu = 0.50$.

A cette limite l'avance à l'échappement et la compression finale ne diminuent pas trop la force de la machine par coup de piston. Elles sont même alors considérées comme avantageuses, particulièrement dans les machines rapides, en préparant, vers la fin de la course du piston, son mouvement rétrograde, par une réduction de la pression sur sa face d'arrière et surtout par son augmentation sur la face d'avant. On a, en outre, l'avantage que la pression motrice est établie dès le début de la course suivante.

Quelquefois on diminue un peu le rebord extérieur, sans changer l'angle de calage ; cela revient, comme il est facile de le comprendre, à créer une petite avance à l'admission, et à retarder un peu le commencement de la détente. Ordinairement l'avance à l'admission reste assez faible, et sauf dans le cas de machines très-rapides, on ne l'emploie guère que pour compenser le retard qui se crée dans la position du tiroir pendant la marche, par suite de l'extension ou du raccourcissement qu'éprouvent les pièces qui le conduisent, suivant qu'elles agissent en tirant ou en poussant.

On donne quelquefois aussi un petit recouvrement *intérieur* (*fig.* 227), en réduisant la dimension du creux du tiroir. Cela revient à retarder un peu l'échappement prématuré, et à hâter au contraire le commencement de la période de compression. Ce recouvrement doit toujours être très-faible, et ne jamais être remplacé par un découvert, tel que celui de la figure 228, qui mettrait hors de propos les deux faces du piston en relation directe l'une avec l'autre en passant par le creux du tiroir.

(**664**) Lorsqu'on trace par points une courbe dont les abscisses sont les espaces parcourus par le piston, et les ordonnées les espaces correspondants parcourus par le tiroir, cette courbe, dans les conditions géométriques définies plus haut, est précisément l'ellipse dont on a donné ci-dessus l'équation. Dans le cas où ces diverses conditions ne seraient pas toutes exactement remplies (ce qui est le cas habituel, ne fût-ce qu'à cause de l'obliquité de la bielle), la courbe n'est plus une ellipse, mais elle en a à peu près la forme, quoiqu'elle ne soit plus entièrement symétrique. Après qu'elle a été tracée, elle peut servir à reconnaître graphiquement toutes les circonstances de la distribution. Il suffit pour cela de figurer sur l'axe des ordonnées, par rapport au point milieu de la course du tiroir, les positions de l'échappement et des lumières, et de promener le long de cet axe une sorte de gabarit représentant le tiroir avec son creux et ses rebords. L'ordonnée de la partie inférieure de ce gabarit sera l'ordonnée y de la courbe. On verra ainsi quelle position du tiroir correspond à une position donnée du piston, et

par conséquent on pourra connaître comment s'opère la distribution, et chercher par un tâtonnement facile, en modifiant le creux
ou les rebords du tiroir, à arriver à la rendre convenablement symétrique, malgré l'irrégularité de la courbe.

Ce procédé graphique dû à M. Fauveau, ingénieur de la marine,
a l'inconvénient de ne convenir que pour une avance angulaire
donnée ; car la courbe change essentiellement de forme, quand on
fait varier cette avance.

Un autre ingénieur de la marine, M. Moll, a substitué à l'ellipse
de Fauveau les deux sinusoïdes dont les équations sont respectivement

$$x = \frac{L}{2}(1 - \cos\beta)$$

$$y = e\,[1 + \sin(\alpha + \beta)]$$

Équations qui sont identiquement celles du n° **660**, sauf le remplacement de la quantité $l + r$ par l'excentricité e qui lui est égale.

Les quantités x et y, espaces correspondants parcourus par le
piston et par le tiroir, sont les ordonnées de ces courbes dont les
abcisses sont proportionnelles à l'angle β. — (*Voir* figure 229).

Pour $\beta = o$, on trouve $x = o$ et $y = e\,(1 + \sin\alpha)$. Les diverses sinusoïdes qu'on obtient en faisant venir l'angle α, dans la valeur de y,
sont une seule et même courbe, transportée parallèlement à elle-
même le long de l'axe des abcisses ; de telle sorte que si α devient
$\alpha + \Delta\alpha$, il suffit de remplacer β par $\beta - \Delta\alpha$ pour avoir la même ordonnée. Il en résulte que le même gabarit suffit pour étudier les
variantes qu'amène dans la distribution le changement de l'avance
angulaire.

(**665**) A ces deux tracés, M. G. Zeuner, de Zurich, a proposé de
substituer avec beaucoup d'avantage un diagramme en coordonnées
polaires, que l'on construit en considérant la formule générale
$y = e \sin(\alpha + \beta)$, dans laquelle e est l'excentricité, α l'avance angulaire, β un angle quelconque compté à partir du point mort du piston, et y l'espace parcouru par le tiroir, non depuis son point
mort, mais bien à *partir de sa position moyenne.*

Il est facile de voir que cette équation, qui est de la forme $y = e \sin\theta$, et qui représente *en coordonnées rectangulaires* une sinusoïde, donne *en coordonnées polaires*, une circonférence de diamètre e, rapportée à une tangente *comme axe polaire* et au point de contact de cette tangente *comme origine*; car si l'on mène le rayon vecteur faisant l'angle θ avec l'axe OX (*fig.* 250), on aura la quantité y à porter sur ce rayon vecteur, en menant la perpendiculaire OA sur l'axe, prenant OA $= e$, et abaissant la perpendiculaire AB sur ce rayon. On a en effet, OB $=$ OA sin BAO $= e$ sin θ, et l'angle B, qui est droit, a son sommet sur la circonférence de diamètre AO.

Prenons donc (*fig.* 231) COX $= \alpha$, la ligne OC $= e$ sin α sera l'avance linéaire qui correspond à cette avance angulaire, et OB $= e$ sin $(\alpha + \beta)$ sera l'espace parcouru par le tiroir, depuis son point milieu, lorsque l'espace angulaire β aura été parcouru par la manivelle depuis son point mort.

On peut vérifier facilement sur la figure les divers résultats énoncés au n° **660**.

Ainsi par exemple, le tiroir est à l'extrémité de sa course, lorsque OB coïncide avec OA, ou si l'on a la relation $\beta = 90° - \alpha$.

Ainsi encore, si l'admission a commencé avec la course du piston, c'est-à-dire en C, elle se terminera, et la détente commencera au point C', symétrique du point C, ou pour $\beta = 180 - 2\alpha = 2 (90° - \alpha)$.

De même, le tiroir sera revenu au milieu de sa course lorsque le rayon vecteur coïncidera avec la tangente, c'est-à-dire pour $\beta = 180° - \alpha$, et ce sera le moment où commenceront l'échappement prématuré sur une face du piston et la compression sur l'autre face.

Enfin, lorsqu'on aura $\beta = 180°$, le rayon vecteur sera sur le prolongement de OC; mais sa valeur sera $y = e$ sin $(180° + \alpha) = - e$ sin α, c'est-à-dire que l'espace y sera négatif, ou devra être compté en sens contraire de OC'', ce qui redonnera précisément le point C. La distribution pendant la course rétrograde du piston se fait donc exactement dans les mêmes conditions que pendant la course directe.

L'épure de M. Zeuner est beaucoup plus commode en pratique que celles de MM. Fauveau et Moll.

D'abord, on voit que la circonférence OA de diamètre e une fois tracée, on pourra étudier les effets des diverses avances angulaires simplement en changeant la direction de la ligne OC, à partir de laquelle sont comptés les angles β.

Ensuite, après avoir mesuré exactement les distances des bords internes et externes des lumières à la position moyenne du tiroir, on prendra ces distances pour rayons de circonférences tracées du point O comme centre, et ces circonférences donneront sur chaque rayon vecteur la position des lumières. Prenant, pour un rayon vecteur déterminé, la position correspondante des rebords internes et externes du tiroir, on saura comment s'opèrent, dans cette position, la distribution et l'échappement.

On remarquera que l'épure de Zeuner donne, non-seulement la position du tiroir pour un angle β quelconque, mais encore, dans cette position, la vitesse de ce tiroir.

Cette vitesse a, en effet, pour valeur générale :

$$\frac{dy}{dt} = e \cos (\alpha + \beta) \frac{d\beta}{dt} = e\omega \cos (\alpha + \beta)$$

Il suffit donc de tracer le cercle de diamètre $OA' = e\omega$, qui a son centre sur OX, ou qui est tangent en O au diamètre OA (fig. 252).

On a évidemment $OB' = OA' \cos B'OA'$, de même que l'on a $OB = OA \sin BAO$.

Ainsi, tandis que OB représente l'espace parcouru par le tiroir pour l'angle $XOB = \alpha + \beta$, OB' représente au même instant sa vitesse.

On vérifie ainsi que, lorsque OB coïncide avec OA, ou que le tiroir est à son point mort, sa vitesse est nulle, attendu que le point B' de la ligne OB' vient alors se confondre avec le point O.

(**666**) On remarquera que les différentes épures ci-dessus (l'ellipse de Fauveau, les sinusoïdes de Moll et la circonférence de Zeuner) supposent toutes les trois la bielle d'excentrique *infinie*, c'est-à-dire qu'on néglige son obliquité variable, et qu'on regarde le tiroir comme ayant un déplacement égal à la projection sur l'axe de la bielle du déplacement du centre de l'excentrique.

Cela n'est pas tout à fait rigoureux, et ces épures ne donnent ainsi que des résultats approchés. Il pourra y être fait définitivement quelques corrections, en faisant un dernier tracé géométrique à grande échelle, et procédant à l'aide de quelques tâtonnements.

On peut d'ailleurs calculer ce que l'on néglige en faisant l'hypothèse de la bielle infinie. En effet, si l'on désigne par b la longueur de la bielle et par z la distance variable de l'attache de la tige du tiroir au centre de l'arbre du volant, on a (fig. 233) :

$$z = e \sin(\alpha + \beta) + \sqrt{b^2 - e^2 \cos^2(\alpha + \beta)}$$

Cette valeur de z devient pour $\beta = 0$:

$$z' = e \sin\alpha + \sqrt{b^2 - e^2 \cos^2\alpha}$$

et pour $\beta = 180°$:

$$z'' = - e \sin\alpha + \sqrt{b^2 - e^2 \cos^2\alpha}$$

On en conclut pour la position moyenne du tiroir $\dfrac{z' + z''}{2} = \sqrt{b^2 - e^2 \cos^2\alpha}$ et la véritable valeur de la quantité y distance du tiroir à sa position moyenne devient :

$$y = z - \frac{z' + z''}{2} = e \sin(\alpha + \beta) + \sqrt{b^2 - e^2 \cos^2(\alpha + \beta)} - \sqrt{b^2 - e^2 \cos^2\alpha}$$

$$= e \sin(\alpha + \beta) + b \left(\sqrt{1 - \frac{e^2}{b^2} \cos^2(\alpha + \beta)} - \sqrt{1 - \frac{e^2}{b^2} \cos^2\alpha} \right)$$

Le second terme représente le terme de correction, variable avec β, qu'il faudrait faire subir à la valeur $y = e \sin(\alpha + \beta)$ employée dans le tracé graphique de Zeuner, pour avoir la véritable position du tiroir. Ce terme est nul, si $\beta = o$, et *il est toujours très-petit, quel que soit* β, si $\dfrac{e}{b}$ est une quantité très-petite, comme il arrive ordinairement.

En tous cas, on peut développer en série les deux radicaux qui sont tous deux de la forme $\sqrt{1 + \lambda}$, et s'arrêter aux deux premiers termes de ces développements, ou à $1 + \dfrac{\lambda}{2}$, puisque la quantité $\dfrac{e}{b}$

est très-petite. Il vient donc pour la valeur approchée du terme de correction :

$$\delta = b\left(1 - \frac{e}{2b^2}\cos^2(\alpha+\beta) - 1 + \frac{e^2}{2b^2}\cos^2\alpha\right)$$

$$= \frac{e^2}{2b}\left[\cos^2\alpha - \cos^2(\alpha+\beta)\right]$$

$$= \frac{e^2}{2b}\cos^2\alpha - (\cos\alpha\cos\beta - \sin\alpha\sin\beta)^2$$

$$= \frac{e^2}{2b}(\cos^2\alpha - \cos^2\alpha\cos^2\beta - \sin^2\alpha\sin^2\beta + 2\cos\alpha\cos\beta\sin\alpha\sin\beta)$$

$$= \frac{e^2}{2b}\sin\beta\left[2\sin\alpha\cos\alpha\cos\beta + \sin\beta(\cos^2\alpha - \sin^2\alpha\right]$$

$$= \frac{e^2}{2b}\sin\beta(\sin 2\alpha\cos\beta + \sin\beta\cos 2\alpha)$$

$$= \frac{e^2}{2b}\sin\beta\sin(\beta + 2\alpha).$$

C'est sous cette dernière forme que le terme de correction est indiqué dans le traité de M. Zeuner sur les distributions par tiroirs.

(**667**) Ce qui précède renferme la théorie de la distribution simple avec un seul tiroir à coquille muni d'un recouvrement, auquel on donne une certaine avance angulaire et qui fonctionne ainsi avec une détente fixe.

Une théorie analogue s'applique dans les distributions à renversement de mouvement et à détentes variables, c'est-à-dire aux machines qui sont encore avec un seul tiroir, mais où les circonstances de la distribution sont rendues variables à l'aide de la coulisse de Stephenson, ou d'une de ses nombreuses variétés.

Ce système, dont le mode d'action et les propriétés essentielles ont été indiqués en termes généraux, aux n^{os} **640** et **641**, doit être considéré comme très-pratique et très-satisfaisant, en ce sens que par le seul déplacement d'un levier et des quelques pièces qu'il commande, on obtient des effets très-variés et très-complexes, qui ne semblent réalisables, au premier abord, qu'à l'aide de dispositifs extrêmement compliqués.

Aussi son usage devient-il presque universel, pour les locomotives, les machines marines, les machines d'extraction, et en général toutes les machines à renversement de mouvement, *principalement* comme mécanisme de changement de marche et d'arrêt, *accessoirement* comme moyen de détente variable.

Les effets de la coulisse ne sont pas obtenus avec une exactitude géométrique, et, sous ce rapport, ce mécanisme peut être, jusqu'à un certain point, rapproché du parallélogramme de Watt employé pour guider la tige du piston.

La coulisse et le parallélogramme ne donnent que des résultats approchés. Dans le parallélogramme, l'approximation est parfaitement suffisante, l'élasticité des pièces rachetant les petits écarts de position que peut donner un tracé géométrique rigoureux.

L'approximation n'est pas tout à fait du même ordre avec la coulisse ; elle est néanmoins encore suffisante entre certaines limites, et elle reste avec ses avantages incontestables de simplicité et de facilité de manœuvres, qui en font un appareil *précieux* pour toutes les machines à changements de marche, et peut être *indispensable*, dans l'état actuel des choses, lorsque les manœuvres doivent être fréquentes et rapides comme dans le service des locomotives.

(**668**) Nous considèrerons ici la coulisse de Stephenson proprement dite, qui est encore aujourd'hui la plus usitée dans les locomotives.

Nous supposons des avances angulaires égales pour les deux tiroirs ; désignons par α cette avance angulaire, par β l'angle de rotation décrit par la manivelle depuis son point mort, par b la longueur commune des deux bielles d'excentrique, par $2c$ la longueur de l'arc de la coulisse, par u la distance du coulisseau au point milieu de la coulisse qu'on appelle aussi son point mort, enfin par θ l'angle variable de la corde de la coulisse avec la verticale.

La question à résoudre est de trouver les positions correspondantes du tiroir et du piston. Cette question, pour être abordable au calcul, nécessite quelques simplifications ; ainsi nous confondrons l'arc de la coulisse avec sa corde, ce qui revient à supposer très-grand le rayon ρ de cet arc, et nous supposerons que cette corde, qui est évidemment verticale quand le piston est au point mort de la manivelle et le coulisseau au point mort de la coulisse, ne fasse jamais qu'un angle θ assez petit avec la verticale. Considérons la figure 234, qui est la figure 214 dans laquelle les pièces principales sont réduites à leurs axes et amplifiées pour plus de clarté, et cherchons pour l'angle β la distance y du coulisseau au centre de l'arbre du volant. Cette distance est égale à OM, et l'on a sur la figure

$$Om = OD - Dm_1 + m_1 m.$$

D'ailleurs

$$Dm_1 = (c - u)\sin\theta = (c - u)\,\frac{OD - OD'}{2c},$$

et d'autre part en considérant que mm' ne fait avec le rayon de l'arc de la coulisse correspondant au point m qu'un angle fort petit, on a

$$mm_1 \times (2\rho - mm_1) = (c + u)(c - u)$$
$$mm_1 = \frac{c^2 - u^2}{2\rho - mm_1} = \frac{c^2 - u^2}{2\rho\left(1 - \dfrac{mm_1}{2\rho}\right)},$$

ou, en négligeant le terme $\dfrac{mm_1}{2\rho}$ devant l'unité,

$$mm_1 = \frac{c^2 - u^2}{2\rho}.$$

Il vient donc

$$y = OD - (c - u)\,\frac{OD - OD'}{2c} + \frac{c^2 - u^2}{2\rho}$$

Il reste, pour connaître y, à déterminer les valeurs OD et OD'.
Or on a évidemment sur la figure

$$OD = c\sin(\alpha + \beta) + \sqrt{b^2 - (CD - B'b')^2}$$
$$= c\sin(\alpha + \beta) + \sqrt{b^2 - [(c - u)\cos\theta - c\cos(\alpha + \beta)]^2}$$
$$= c\sin(\alpha + \beta) + b\sqrt{1 - \frac{[(c - u)\cos\theta - c\cos(\alpha + \beta)]^2}{b^2}}$$

En remarquant que le second terme sous le radical est fort petit, parce que b est grand relativement à c et même à $c - u$, et faisant $\cos\theta = 1$, il vient en développant

$$OD = c\sin(\alpha + \beta) + b - \frac{(c - u)^2}{2b} - \frac{c^2\cos^2(\alpha + \beta)}{2b} + \frac{(c - u)\,c\cos(\alpha + \beta)}{b}$$

On aura de même pour OD', en refaisant les calculs analogues :

$$OD' = c\sin(\alpha - \beta) + b - \frac{(c + u)^2}{2b} - \frac{c^2}{2b}\cos^2(\alpha - \beta) + \frac{(c + u)\,c\cos(\alpha - \beta)}{b}$$

équation qui peut se déduire de la précédente en changeant les signes de β et de u.

On en tire pour le sinus de l'angle θ :

$$\sin\theta = \frac{1}{2c}\,(\mathrm{OD} - \mathrm{OD}')$$

$$= \frac{1}{2c}\left[e\sin(\alpha+\beta) - \sin(\alpha-\beta)\right] + \frac{2uc}{b} + \frac{e^2}{2b}\left[\cos^2(\alpha-\beta) - \cos^2(\alpha+\beta)\right]$$

$$- \frac{ce}{b}\left[\cos(\alpha-\beta) - \cos(\alpha+\beta)\right] - \frac{ue}{b}\left[\cos(\alpha-\beta) + \cos(\alpha+\beta)\right]$$

$$= \frac{1}{2c}\left(2e\sin\beta\cos\alpha + \frac{2uc}{b} - \frac{2ce}{b}\sin\alpha\sin\beta - \frac{2ue}{b}\cos\alpha\cos\beta\right.$$

$$\left. + \frac{e^2}{2b}\left[\cos^2(\alpha-\beta) - \cos^2(\alpha+\beta)\right]\right)$$

$$= \frac{e}{c}\sin\beta\cos\alpha + \frac{u}{b} - \frac{e}{b}\sin\alpha\sin\beta - \frac{ue}{bc}\cos\alpha\cos\beta$$

$$+ \frac{e^2}{4bc}\left[\cos^2(\alpha-\beta) - \sin^2(\alpha+\beta)\right].$$

Remplaçant dans la valeur de y, il vient :

$$y = e\sin(\alpha+\beta) + b - \frac{(c-u)^2}{2b} - \frac{e^2\cos^2(\alpha+\beta)}{2b} + \frac{(c-u)\,e\cos(\alpha+\beta)}{b}$$

$$- (c-u)\left(\frac{e}{c}\sin\beta\cos\alpha + \frac{u}{b} - \frac{e}{b}\sin\alpha\sin\beta - \frac{ue}{bc}\cos\alpha\cos\beta\right.$$

$$\left. + \frac{e^2}{4bc}\left[\cos^2(\alpha+\beta) - \cos^2(\alpha+\beta)\right] + \frac{c^2-u^2}{2\rho}\right).$$

Remplaçant $\sin(\alpha+\beta)$ et $\cos(\alpha+\beta)$ par leurs valeurs, et faisant toutes les réductions qui se présentent, il vient successivement :

$$y = e(\sin\alpha\cos\beta + \sin\beta\cos\alpha) + b - \frac{(c-u)^2}{2b} - \frac{e^2}{2b}\cos^2(\alpha+\beta)$$

$$+ \frac{(c-u)e}{b} - (\cos\alpha\cos\beta - \sin\alpha\sin\beta)$$

$$- (c-u)\left(\frac{e}{c}\sin\beta\cos\alpha + \frac{u}{b} - \frac{e}{b}\sin\alpha\sin\beta - \frac{ue}{bc}\cos\alpha\cos\beta\right.$$

$$\left. + \frac{e^2}{4bc}\left[\cos^2(\alpha-\beta) - \cos^2(\alpha+\beta)\right] + \frac{c^2-u^2}{2\rho}\right)$$

$$= e\sin\alpha\cos\beta + \frac{ue}{c}\sin\beta\cos\alpha + e\cos\alpha\cos\beta\,\frac{c^2-u^2}{bc} + b + \frac{(c^2-u^2)}{2}\left(\frac{1}{\rho} - \frac{1}{b}\right)$$

$$- \frac{e^2}{4bc}\left[(c-u)\cos^2(\alpha-\beta) + (c+u)\cos^2(\alpha+\beta)\right]$$

$$= e\left(\sin\alpha + \cos\alpha\,\frac{c^2-u^2}{bc}\right)\cos\beta + \frac{ue}{c}\cos\alpha\sin\beta + b + \frac{c^2-u^2}{2}\left(\frac{1}{\rho} - \frac{1}{b}\right)$$

$$- \frac{e^2}{4bc}\left[(c-u)\cos^2(\alpha-\beta) + (c+u)\cos^2(\alpha+\beta)\right]$$

Cette équation donne la valeur de y qui correspond à une valeur de β, et fait connaître ainsi la loi du mouvement du tiroir.

On aura les valeurs qui correspondent aux points morts de la manivelle en faisant successivement $\beta = o$ et $\beta = 180°$.

Pour $\beta = o$, on trouve :

$$y' = e\left(\sin\alpha + \cos\alpha\,\frac{c^2-u^2}{bc}\right) + b + \frac{c^2-u^2}{2}\left(\frac{1}{\rho} - \frac{1}{b}\right) - \frac{e^2}{2b}\cos^2\alpha$$

et pour $\beta = 180°$

$$y'' = -e\left(\sin\alpha + \cos\alpha\,\frac{c^2-u^2}{bc}\right) + b + \frac{c^2-u^2}{2}\left(\frac{1}{\rho} - \frac{1}{b}\right) - \frac{e^2}{2b}\cos\alpha.$$

Le point milieu est donné par la valeur.

$$y_0 = \frac{y'+y''}{2} = b + \frac{c^2-u^2}{2}\left(\frac{1}{\rho} - \frac{1}{b}\right) - \frac{e^2}{2b}\cos^2\alpha.$$

Si l'on veut que ce point milieu soit indépendant de u, condition nécessaire pour une distribution convenablement symétrique dans toutes les positions de la coulisse, il faut poser $\rho = b$ afin de faire disparaître le troisième terme de la valeur ci-dessus.

On en déduit cette règle importante du tracé que *la coulisse de Stephenson doit être courbée suivant un arc de cercle dont le rayon soit égal à la longueur des barres d'excentrique.*

Cette condition remplie, la valeur de y_0 se réduit à

$$y_0 = b - \frac{e^2}{2b}\cos^2\alpha.$$

Reportant le résultat $\rho = b$ dans la valeur générale de y il vient

$$y = e\left(\sin\alpha + \frac{c^2-u^2}{bc}\cos\alpha\right)\cos\beta + \frac{ue}{c}\cos\alpha\sin\beta + b$$
$$- \frac{e^2}{4bc}[(c-u)\cos^2(\alpha-\beta) + (c+u)\cos^2(\alpha+\beta)]$$

et par suite on a, pour l'écart du tiroir autour de sa position moyenne :

$$y - y_0 = e\left(\sin\alpha + \frac{c^2-u^2}{bc}\cos\alpha\right)\cos\beta + \frac{ue}{c}\cos\alpha\sin\beta$$
$$+ \frac{e^2}{4bc}[2c\cos^2\alpha - (c-u)\cos^2(\alpha-\beta) - (c+u)\cos^2(\alpha+\beta)]$$

Cette expression est de la forme :

$$y - y_0 = A \cos\beta + B \sin\beta + R.$$

On remarquera que le dernier terme est toujours très-petit à cause du facteur $\dfrac{e^2}{4bc} = \dfrac{1}{4} \times \dfrac{e}{b} \times \dfrac{e}{c}.$

On peut donc dire que le mouvement du tiroir, autour de son point milieu supposé invariable, est représenté à peu près exactement par la formule

$$Z = y - y_0 = A \cos\beta + B \sin\beta,$$

la quantité R représentant un terme de correction qui varie périodiquement avec β, mais qui reste toujours très-petit.

(669) Il est facile de voir que cette équation représente en coordonnées polaires une circonférence de cercle tangente à l'origine à l'axe polaire, et dont les coordonnées rectilignes du centre sont respectivement $\dfrac{A}{2}$ et $\dfrac{B}{2}$.

En effet le binôme $A \cos\beta + B \sin\beta$ prend successivement, pour $\beta = 0$ et pour $\beta = 90$, les valeurs A et B. La valeur générale du binôme est la projection sur le rayon vecteur défini par l'angle β de *la résultante* des deux lignes A et B : c'est-à-dire que cette résultante est le diamètre d'une circonférence lieu géométrique des extrémités de sa projection sur les rayons vecteurs successifs qu'on obtient en faisant varier l'angle β. La valeur de ce diamètre est égale à $\sqrt{A^2 + B^2}$, et les coordonnées du centre sont respectivement :

$$X = \frac{A}{2} = \frac{e}{2}\left(\sin\alpha + \frac{e^2 - u^2}{bc}\cos\alpha\right)$$
$$Y = \frac{B}{2} = \frac{e}{2}\frac{u}{c}\cos\alpha.$$

Ces valeurs générales deviennent pour $u = o$, c'est-à-dire si le coulisseau est au point mort de la manivelle,

$$X' = \frac{e}{2}\left(\sin\alpha + \frac{c}{b}\cos\alpha\right)$$
$$Y' = 0$$

et pour $u = c$, c'est-à-dire si l'on conduit exclusivement par un tiroir :

$$X'' = \frac{c}{2} \sin \alpha,$$

$$Y'' = \frac{c}{2} \cos \alpha.$$

Ces derniers résultats redonnent précisément, en grandeur et en position, ainsi que cela doit être, le diagramme circulaire décrit au n° **665**.

Si l'on considère la valeur $X - X' = -\dfrac{c}{2} \dfrac{u^2}{bc} \cos \alpha$, ce qui revient à prendre pour origine des coordonnées rectangulaires le centre du cercle $(X' Y')$, on en tire

$$u^2 = \frac{2bc}{c \cos \alpha} (X' - X),$$

et si l'on remplace u^2 par sa valeur générale

$$u^2 = \frac{4c^2 Y^2}{c^2 \cos^2 \alpha},$$

il vient

$$\frac{4c^2 Y^2}{c^2 \cos^2 \alpha} = \frac{2bc}{c \cos \alpha} (X' - X)$$

$$Y^2 = \frac{cb \cos \alpha}{2c} (X' - X)$$

c'est-à-dire que la courbe lieu des centres des diagrammes circulaires qui varient avec u, est une parabole dont le sommet est au point $(X' Y')$ sur l'axe polaire, dont l'axe coïncide avec cet axe polaire, et qui tourne sa concavité du côté de l'origine.

(**670**) On saura, par ce qui précède, tracer ces diverses circonférences qui correspondent aux diverses valeurs de u, depuis $u = o$ jusqu'à $u = c$. Ces circonférences varient de rayon depuis la valeur $c \left(\sin \alpha + \dfrac{c}{b} \cos \alpha \right)$, jusqu'à la valeur c, tous leurs centres sont sur la parabole et elles passent toutes par le pôle.

Chacune d'elles, une fois tracée, pourra être traitée comme la circonférence considérée au n° **665**. On mènera donc un rayon vecteur correspondant à un angle β quelconque. Le point où il rencontrera une circonférence donnée déterminera, pour cet angle, l'écart du tiroir à partir de sa position moyenne, et permettra ainsi de tracer la position correspondante des rebords internes et externes du tiroir. Des circonférences concentriques permettront, d'un autre côté, de tracer, sur tous les rayons recteurs, les rebords internes et externes des lumières. On aura donc ainsi, sur un rayon vecteur, donné la position relative des rebords des lumières *qui sont fixes* et des rebords du tiroir *qui varient avec la quantité u*, c'est-à-dire en définitive que l'on saura de quelle manière s'opère la distribution.

Inversement, on pourra par les plus simples considérations géométriques, et en quelque sorte par la seule inspection de la figure, déterminer les tracés propres à satisfaire à des conditions données.

C'est ainsi, par exemple, qu'on reconnaît qu'à mesure qu'on se rapproche du point mort de la coulisse, la période d'admission diminue et qu'elle peut devenir nulle; qu'en même temps la période d'échappement prématuré et de compression finale augmente, etc.

Le problème de la distribution par la coulisse, c'est-à-dire par un tiroir unique et par deux excentriques, est donc par là résolu comme celui de la distribution avec un simple tiroir, et à l'aide de procédés graphiques tout à fait semblables.

Cette solution est due à M. Zeuner, qui l'a étendue, à l'aide de calculs analogues aux précédents, soit à la coulisse Stephenson avec avances variables à l'avant et à l'arrière, ou avec les deux barres d'excentriques croisées, soit aux autres coulisses dérivées de celle de Stephenson. Nous renvoyons pour ces cas particuliers, qui intéressent spécialement les locomotives, au traité de M. Zeuner sur la matière, nous contentant d'avoir sur un cas particulier indiqué l'esprit de sa méthode.

Nous ajouterons seulement une observation : nous avons supposé dans les calculs que pendant l'excursion d'un tiroir, pour une position quelconque de la coulisse, la quantité correspondante u était invariable, ou que le point mort avait un mouvement sensiblement parallèle à celui de la tige du tiroir.

C'est dans cette hypothèse que sont tracés les cercles de l'épure qui correspondent aux diverses valeurs de u.

Pour que cette condition soit satisfaite, la position et la grandeur des leviers de suspension ne sont pas arbitraires.

M. Zeuner a étudié cette question dans le traité précité. Il a montré que le plus souvent on ne donnait pas au levier X de la figure 214 une longueur suffisante, et qu'il en pouvait résulter dans la distribution des perturbations assez importantes. Cette longueur devrait être celle même des bielles d'excentrique.

(**671**) Nous venons de voir dans ce qui précède, en premier lieu, le cas simple *d'un seul excentrique* avec détente fixe, en second lieu, le cas plus complexe *de deux excentriqaes* produisant *principalement* les changements de marche et *accessoirement*, dans une certaine mesure, la détente variable.

Nous avons à considérer actuellement les distributions à l'aide de deux tiroirs, dont *le but essentiel* est, au contraire, la détente, ou fixe ou variable.

On aura un aperçu théorique de ces systèmes, en se représentant que l'on ait un premier tiroir qui soit ou simplement *le tiroir normal*, ou ce tiroir avec une légère avance angulaire et des recouvrements disposés pour produire un peu d'avance à l'admission et à l'échappement, et une légère période de compression finale (circonstances qui sont, on l'a déjà dit, d'autant plus favorables que les machines sont à marche plus rapide); puisque l'on effectue la détente à un degré quelconque, à l'aide d'un second tiroir convenablement réglé, glissant soit sur le dos même du premier, soit sur celui de sa boîte, et permettant d'ouvrir et de fermer l'admission à volonté, et d'une manière aussi prompte que possible.

Ces systèmes présentent divers dispositifs, parmi lesquels nous distinguerons ceux de Saulnier et de Gonzenbach, dont le tiroir de détente agit sur le dos de la boîte du tiroir, et ceux de Meyer et de Farcot, où le tiroir de détente et le tiroir de distribution glissent directement l'un sur l'autre, ce qui réduit l'importance de l'espace nuisible.

(**672**) Dans l'appareil de M. Saulnier, on dispose le tiroir, ou la tuile de détente, de manière que la lumière se démasque au point

mort du piston, et se referme par le mouvement rétrograde de la
tuile, pour être prête à se rouvrir de nouveau à l'autre point mort
du piston. Ainsi le tiroir de détente doit faire deux excursions simples pendant une course du piston, tandis que le tiroir de distribution n'en fait qu'une seule.

Il doit donc être calé sur un arbre faisant deux tours pendant
que l'arbre du volant n'en fait qu'un. On obtient ce résultat en commandant cet arbre auxiliaire à l'aide d'une paire de roues d'engrenage ayant les dents dans ce même rapport de 2 à 1 sur l'arbre
menant et sur l'arbre *mené*.

Les figures 235, 1 à 8, montrent les positions successives du tiroir pendant un coup de piston. Il y a admission pendant que le tiroir va de A en B, et revient de B en A' (*fig.* 1 à 5) ; la détente se fait
pendant qu'il va de A' en C et de C en A'' (*fig.* 5 à 7). Si l'on reporte sur la figure 7 en b_1 et en c_1 les points B et C, la course entière du tiroir est b_1c_1, et en rabattement (*fig.* 8), on voit qu'il y a
admission pendant que l'excentrique parcourt l'arc $a'_1b_1a_1$, et détente
pendant qu'il parcourt l'arc $a_1c_1a'_1$.

L'appareil peut donc produire tous les degrés de détente que l'on
voudra, suivant la position du bord A de la lumière projetée en $a_1a''a'_1$,
perpendiculairement à b_1c_1. Si cette projection passait au point b_1,
l'admission serait nulle ; si elle passait au contraire au point c_1, il y
aurait admission pendant toute la course. Mais on se tromperait
si l'on croyait changer le degré de détente en changeant la position du tiroir, par rapport au bord A de la lumière, par le simple
allongement ou raccourcissement de la tige du tiroir. En effet, la
position du tiroir en A ou en A'' doit correspondre toujours au point
mort du piston, et par conséquent le calage de l'excentrique devrait
être changé en même temps que la longueur de la tige. L'appareil
est donc *à détente fixe* si le calage est invariable.

(**673**) Dans la détente de Gonzenbach, la tuile de détente est
percée de deux orifices qui peuvent être mis en rapport avec deux
lumières ménagées sur le dos de la boîte.

Ces lumières peuvent ainsi être ouvertes, puis refermées *par la
même oscillation* simple du tiroir, et dès lors celui-ci ne doit plus,

comme dans le dispositif précédent, aller deux fois plus vite que le tiroir de distribution.

Quant aux deux lumières, elles jouent le même rôle qu'une seule, sauf qu'elles ouvrent et coupent plus rapidement l'admission. Il suffit pour l'intelligence du mécanisme d'en considérer une seule.

Ce mécanisme est représenté figure 236. Il comprend d'abord un système de deux excentriques et d'une coulisse analogue à celle de Stephenson, pour produire la marche en avant et en arrière. Ces excentriques agissent sur un tiroir normal, ou du moins n'ayant qu'une faible avance et un léger mouvement correspondant. En outre, sur l'excentrique de la marche en arrière est un bouton b, qui commande par un levier une seconde coulisse mobile autour d'un point fixe 0. Le mouvement d'oscillation de cette coulisse se transmet à un coulisseau qui commande le tiroir de détente, et dont la course se réduit ou s'accroît, selon qu'à l'aide d'un levier de relevage on le rapproche ou on l'éloigne du point fixe.

Les lumières du tiroir de détente sont un peu plus larges que les orifices ménagés dans le dessus de la boite de distribution, comme on le voit sur la figure 237. Cette figure représente le tiroir au milieu de sa course, et il est clair, si nous supposons la machine marchant en avant, et le tiroir en mouvement dans le sens de la flèche, qu'il a déjà dépassé d'une quantité ab égale à la demi-somme, $\dfrac{l+l'}{2}$, des largeurs des orifices, le point où l'admission a commencé. L'excentrique qui le conduit, lequel est, comme nous venons de le dire, l'excentrique de la marche en arrière, doit donc être calé, non pas avec une certaine avance, mais au contraire avec *un certain retard* angulaire, ce qui revient, si l'on suppose que les dimensions des lumières soient telles que ce retard soit égal à l'avance donnée au tiroir de distribution, à conduire, *pour la marche en avant*, le tiroir de détente *par l'excentrique de la marche en arrière*, comme le suppose la figure ci-dessus.

On remarquera que l'admission se fait pendant que le tiroir parcourt un espace double de la longueur ab ou égale à la somme des largeurs de la lumière mobile et de la lumière fixe. L'étendue de la détente *augmente* donc avec la course totale du tiroir; et elle devient nulle, au contraire, dès que cette course est réduite à être égale ou inférieure à la somme indiquée ; au-dessous de ce point, le tiroir de détente est sans utilité, et il est même plutôt nuisible, comme rétrécissant plus ou moins les lumières fixes sans les intercepter complétement. Le système a donc ce caractère fâcheux de donner une détente variable entre des limites assez restreintes. En outre, comme la détente pour la marche en avant est conduite par l'excentrique de la marche en arrière, elle ne peut plus être convenablement employée quand on marche en arrière ; car alors le tiroir de la détente se trouverait mû par un excentrique ayant de l'avance et non du retard. Il convient donc, en même temps que l'on bat en arrière, de relever le coulisseau du tiroir de détente vers le point fixe de la seconde coulisse.

Cette propriété de ne permettre la détente que dans un sens déterminé n'a pas d'importance dans les machines qui n'ont pas à effectuer de changement de marche. Elle n'a même pas dans les locomotives un bien grand inconvénient ; car la marche en arrière n'est qu'une exception, et elle peut se faire en supprimant temporairement la détente, sauf à diminuer en outre l'ouverture du régulateur, si cette marche doit être continuée un certain temps.

Il n'en serait pas de même dans une machine d'extraction ordinaire à deux câbles, qui doit pouvoir marcher également dans les deux sens.

(**674**) La détente Meyer s'obtient à l'aide d'un tiroir de distribution que l'on peut considérer comme étant exactement, ou à très-peu près, le tiroir normal, avec cette différence qu'il admet la vapeur, non par ses extrémités, mais à travers des orifices percés dans toute son épaisseur (*fig.* 258).

Si ces orifices restent constamment ouverts à la partie supérieure, l'admission se fait pendant toute la course ; au contraire, il se produit de la détente, si ces orifices sont entièrement bouchés pendant une partie plus ou moins grande de la course.

Cette fermeture se produit à l'aide d'un tiroir de détente représenté figure 259. En principe, il se compose d'une plaque, ou tuile, mue par un tiroir spécial ; mais cette plaque est en quelque sorte *dilatable*, parce qu'elle se compose de deux parties distinctes dont on règle à volonté l'écartement. A cet effet la tige du tiroir porte vers son extrémité deux pas de vis de sens contraires, pour chacun desquels l'une des plaques fait fonction d'écrou. En imprimant à la tige un mouvement de rotation, on force les deux plaques, soit à se rapprocher, soit à s'écarter. Ce mouvement de rotation est donné ordinairement à la main, comme il est indiqué, soit sur la figure 239 qui représente un appareil complet de détente, soit sur la figure 239 *bis* qui représente spécialement un dispositif un peu différent pour produire la rotation de la tige du tiroir. Il est facile également de faire varier la détente en agissant sur le petit volant de la dernière figure par le moyen du pendule conique. Dans l'un comme dans l'autre cas, ces variations de détente se font en pleine marche, sans avoir besoin même de ralentir la machine.

On comprend qu'avec des plaques très-rapprochées les lumières du tiroir puissent ne pas les rencontrer, et qu'avec des plaques très-écartées ces mêmes lumières soient au contraire constamment couvertes ; la détente peut donc, en principe, varier entre les limites les plus étendues. C'est un avantage considérable de ce système.

L'excentrique du tiroir de détente est ordinairement calé avec une avance angulaire assez considérable, qui va quelquefois jusqu'à près de 90°, tandis que celle du tiroir de distribution peut être au contraire très-faible sinon nulle.

Dans un cas semblable, le tiroir de détente exécute ses oscillations à peu près en sens contraire de celles du piston, ou croisées avec celles du tiroir de distribution.

En général, l'avance angulaire du tiroir de détente n'est pas arbitraire ; elle est en rapport avec les éléments géométriques qui définissent le système, notamment les rayons des deux excentriques, et les largeurs et les positions des ouvertures du tiroir et des lumières fixes.

On se bornera à remarquer que les deux tiroirs ont en définitive un mouvement de même nature, et qu'ils diffèrent seulement par le rayon et par l'avance angulaire de l'excentrique qui les mène. Chacun d'eux peut donc donner lieu à la construction d'un diagramme circulaire de Zeuner. Ces deux diagrammes peuvent être tracés sur la même figure, et en portant sur divers rayons vecteurs successifs, la position des lumières fixes et celles des rebords, soit des ouvertures du tiroir de distribution, soit des plaques de détente, on a tous les éléments nécessaires pour étudier en détail toutes les phases de la distribution de la vapeur. (*Voyez* Zeuner 2ᵉ partie, chapitre ɪɪ).

(**675**) La détente de Farcot (*fig.* 240) diffère, en principe, de la détente Meyer, en ce que le tiroir de détente, au lieu d'être mû tout d'une pièce par un excentrique spécial, est composé de deux parties symétriques, indépendantes, qui sont entraînées par suite de leur adhérence avec le tiroir de distribution, jusqu'à ce qu'elles rencontrent à tour de rôle, des butoirs contre lesquels elles s'arrêtent, éprouvant ainsi un certain déplacement relatif sur le tiroir qui continue son mouvement.

Pour chacune des plaques, la manœuvre de l'admission et de la détente qu'elle produit comporte deux temps d'arrêt : l'un quand le piston va arriver au point mort, a pour objet d'amener en face les unes des autres les ouvertures dont la plaque est munie et celles qui sont pratiquées dans le dos du tiroir ; l'autre, quand la détente doit commencer, pour masquer ces dernières par les parties pleines de la plaque. Le 1ᵉʳ butoir est fixe, le second qui doit agir en sens contraire du premier, est variable de position, selon le degré de détente qu'on veut obtenir. Ce résultat s'obtient à l'aide d'une double came centrale présentant deux profils en forme de développantes de cercle.

On voit de suite que ce degré de détente n'est pas arbitraire ; car le déplacement qui amène la détente doit se faire nécessairement avant que le tiroir n'arrive à son point mort, c'est-à-dire (en admettant le cas du tiroir normal) *avant que le piston ne soit au milieu de sa course*. Il faut donc ou marcher sans détente, si la came ne fonctionne pas, ou marcher avec une détente marquée par la fracture $\frac{1}{2}$, ou *par toute autre fracture moindre*, si la came fonctionne.

Par suite de son profil en développante du cercle, on voit qu'en faisant tourner la came autour d'un axe perpendiculaire au plan du tiroir, on arrête plus ou moins promptement les plaques de détente à partir du point mort du tiroir, et on les arrête toujours par un profil qui leur est tangent.

Cette rotation de l'axe de la came est donnée du dehors, soit à la main, soit par le jeu d'un régulateur.

Enfin, on remarquera, sur la figure, la forme évasée donnée aux ouvertures qui traversent le tiroir de distribution, et l'artifice déjà cité, (*fig.* 196), qui permet de masquer presque instantanément *ces grandes ouvertures* par un *très-petit mouvement* des plaques de détente.

Ce système de détente a été successivement perfectionné dans tous ses détails par M. Farcot, et il est devenu aujourd'hui parfaitement pratique.

Il s'applique aux machines dans lesquelles on veut pousser la détente assez loin. Mais l'appareil est un peu complexe, et par là plus spécialement approprié aux machines marchant à petite vitesse. On l'appliquera très-bien, par exemple, aux machines à balancier ; mais pour les grandes vitesses, il me paraîtrait préférable d'employer un dispositif qui ne comporte ni pièces isolées, ni ressorts, ni arrêts brusques, tels que celui de Meyer, par exemple.

Ainsi, on ne songerait pas, à mon avis, à appliquer la détente Farcot à des machines rapides, telles que les locomotives ; c'est à peine même si l'on ose leur appliquer couramment la détente Meyer, tant on prise les avantages de la plus grande simplicité possible du mécanisme. Peut-être est-ce pousser la chose à l'excès, et il me paraît que si pour les grandes détentes et les petites vitesses, la détente Farcot ne laisse rien à désirer, le procédé Meyer a le double avantage de permettre de faire varier la détente entre de plus larges limites, et de pouvoir s'appliquer sur des machines plus rapides, et même, peut-être plus souvent qu'on ne le fait aujourd'hui, jusque sur des locomotives, où la très-grande vitesse et les trépidations semblent exclure absolument l'emploi du procédé de M. Farcot.

(**676**) Nous venons de voir comment se fait la distribution par tiroir dans les machines à un seul cylindre fixe. Nous devons considérer un instant le cas des machines à cylindre oscillants et celui des machines de Woolf.

Les machines oscillantes, introduites en France par Cavé vers 1850, ont été, pendant un certain nombre d'années, l'objet d'essais variés de la part des constructeurs, que séduisaient et la simplicité de la combinaison cinématique transmettant l'action du piston à l'arbre du volant et le peu d'emplacement occupé par la machine dans le sens de sa longueur.

Mais ces avantages sont considérés comme secondaires pour les machines d'ateliers, et l'on préfère généralement aujourd'hui les cylindres fixes, comme formant un système plus solide, plus durable et où la distribution est plus facile à établir. On n'emploie donc plus les machines oscillantes que dans le cas où la question d'emplacement, comme sur les bateaux à vapeur, prend une importance particulière, notamment dans les bateaux à roues, lorsque l'arbre des roues, placé au niveau du pont, laisse au-dessous de lui la place suffisante pour y loger ces machines.

C'est surtout à la distribution que se sont attaqués les inventeurs qui ont construit des machines oscillantes. Il y a là, en effet, une difficulté, lorsqu'on veut, comme on le fait habituellement dans les machines à cylindres fixes, prendre sur l'arbre du volant, *dont l'axe est fixe dans l'espace*, la commande d'une pièce *qui participe au mouvement d'oscillation du piston*. La difficulté a été résolue de diverses manières.

Dans un premier système on a remplacé le mouvement de va-et-vient du tiroir par le mouvement de rotation continu d'un appareil de distribution ressemblant à une sorte de robinet à plusieurs eaux. L'axe de ce robinet comprenait deux parties : une première qui était fixe dans l'espace, placée dans le plan passant par l'axe du volant et par celui de la tige du piston en ses points morts, et ordinairement parallèle à cette tige. Elle était commandée par une roue d'angle calée sur l'arbre du volant. L'autre partie opérant la distribution faisait corps avec le système oscillant, et se réunissait à la première par un joint de Cardan, dont le centre était sur l'axe même d'oscillation. Ce système a été abandonné, en même temps qu'on a renoncé aux *pièces tournantes*, soit robinets, soit disques circulaires, pour opérer la distribution, parce que ces pièces, s'usant inégalement dans leurs diverses parties, sont très-difficiles à tenir bien étanches, et demandent beaucoup d'entretien.

Un second système a consisté à produire *l'équivalent* d'un tiroir ordinaire, en établissant, tantôt *dans les tourillons* d'une part et dans *leurs coussinets et leurs supports* de l'autre, tantôt *entre deux parois planes en contact*, l'une fixe, l'autre oscillant avec le cylindre, des lumières que le mouvement d'oscillation masquait ou démasquait à propos.

On peut encore, comme troisième système, employer, presqu'aussi bien qu'avec des cylindres fixes, tous les dispositifs dans lesquels le mouvement de la distribution a son origine non sur l'arbre du volant, mais sur le piston ou sur sa tige, par exemple commander le tiroir par mouvements brusques produits à l'aide de taquets ou de ressorts agissant aux extrémités de la course du piston.

Mais on peut objecter au second système, comme on l'a fait au premier, la difficulté d'éviter les fuites, et objecter au troisième les inconvénients inhérents à l'emploi des combinaisons cinématiques donnant lieu à des changements brusques de vitesses.

Tout ces systèmes n'ont été essayés que sur d'assez faibles machines, et la pratique les a aujourd'hui abandonnés. On en est venu à leur préférer les tiroirs ordinaires avec admission et échappement par l'intérieur des tourillons, et il reste à voir comment on arrive à leur imprimer le mouvement qu'ils doivent posséder pour opérer régulièrement la distribution.

(**677**) D'une manière générale, on peut se représenter qu'on ait construit graphiquement, sur le cylindre regardé comme fixe, les positions qui conviennent au tiroir pour diverses positions du piston, et qu'on ait tracé le lieu géométrique que décrit dans l'espace, pendant que le cylindre oscille, un bouton, ou coulisseau, placé à l'extrémité de la tige du tiroir. Une coulisse fixe étant disposée suivant ce lieu géométrique et recevant le coulisseau, le tiroir se trouvera à son tour convenablement guidé par elle et prendra successivement pendant la course du piston les positions qu'il doit occuper.

On pourra même aller plus loin, et emprunter le mouvement à des excentriques ordinaires, en procédant de la manière suivante :

L'excentrique unique, ou, s'il y a lieu, les deux excentriques de la marche en avant et de la marche en arrière, commanderont directement, ou à l'aide d'une coulisse Stephenson, un bouton ou un manchon placé en tête d'une sorte de coulisse dont le mouvement rectiligne sera assuré au moyen de glissières fixes (*fig.* 241). Si le cylindre à vapeur était fixe lui-même, cette pièce pourrait commander directement le tiroir, et il n'y aurait rien de changé au système ordinaire. Mais on veut qu'elle le commande, *sans troubler son mouvement relativement au cylindre oscillant*, ou, en d'autres termes, qu'en vertu de ce mouvement d'oscillation, un bouton qui commande le tiroir, soit directement, soit à l'aide d'un système articulé quelconque lié au cylindre, puisse *glisser librement* dans cette coulisse au lieu d'y être lié d'une manière invariable. Pour que cela pût avoir lieu rigoureusement, il faudrait qu'à chaque instant l'élément parcouru par le bouton dans la coulisse fût un arc de cercle ayant son centre sur l'axe d'oscillation du cylindre. Cette condition n'est pas possible à remplir d'une manière absolue, le rayon de cet arc changeant incessamment avec la position du tiroir.

On aura un résultat *approché*, en prenant la position moyenne et les positions extrêmes du cylindre et du tiroir, traçant les positions correspondantes du bouton, et faisant passer un arc de cercle par les trois points ainsi déterminés. Ce résultat sera d'autant plus approché et l'arc obtenu se confondra d'autant plus avec un arc de cercle ayant son centre sur l'axe d'oscillation, que la coulisse sera moins étendue et plus distante de ce centre.

(**678**) Dans les machines de Woolf, la distribution peut se faire, comme dans les machines fixes à un seul cylindre, à l'aide d'un tiroir unique, à la condition toutefois d'en modifier la forme. La figure 242 donne un exemple des dispositions qui peuvent être prises. On voit que le tiroir se compose de deux coquilles concentriques faisant corps ensemble et glissant sur la même table percée de cinq lumières. Les deux lumières extrêmes communiquent avec le petit cylindre, et sont en relation tantôt avec l'admission, tantôt avec l'espace compris entre les deux coquilles; les deux lumières voisines communiquent avec le grand cylindre et mettent chacune des faces du grand piston, tantôt avec l'espace ci-dessus, et par conséquent avec le petit

cylindre, tantôt avec la cinquième lumière centrale, qui correspond
à l'échappement.

(**679**) Les descriptions qui précèdent (n^os **659** à **678**), se rapportent principalement aux tiroirs mus par des excentriques circulaires et prenant un mouvement continu (ce qui est le cas que l'on
rencontre le plus habituellement dans la pratique). Mais, comme on
l'a déjà indiqué, on comprend la possibilité de les faire mouvoir
suivant une loi quelconque, continue ou discontinue, empruntant le
mouvement soit à des poutrelles spéciales de distribution, soit à la
tige même du piston, soit à des cames à ondes convenablement pro-
filées.

On peut concevoir, pour les machines sans détente, un tiroir
normal qui prendra successivement *vers la fin d'une course*, l'une
des deux positions de la figure 243, pour préparer la course suivante (la course de gauche à droite dans la première figure, la course
inverse dans la seconde).

On peut combiner ce système avec un appareil quelconque de
détente agissant sur l'admission dans la boîte du tiroir. Mais on
peut aussi produire la détente avec ce système lui-même, simplement en augmentant le creux du tiroir de manière qu'un premier
mouvement puisse fermer la lumière d'admission en laissant ouverte la lumière d'échappement. C'est ce qui est représenté par les
figures 244, 1 à 5, donnant les positions successives qu'occupe le
tiroir pour une double oscillation du piston.

La première donne la position du tiroir au moment où le piston
va commencer sa course de gauche à droite.

La deuxième donne le commencement de la détente.

La troisième, la position que prend le tiroir à la fin de la course
du piston de gauche à droite, pour préparer sa course en sens contraire.

La quatrième marque le commencement de la détente pendant
cette course rétrograde.

La cinquième enfin, identique à la première, est la position prise
à la fin de la course de droite à gauche, pour préparer la course
de gauche à droite suivante.

On voit qu'il suffit d'imprimer brusquement, à la fin de chaque course, un déplacement égal à deux fois la hauteur des lumières dans le sens du mouvement que va prendre le piston, et au moment où commencera la détente un déplacement de sens contraire, mais d'une amplitude moitié moindre. Ce système a l'inconvénient de présenter un assez grand *découvert intérieur*, qui fait, mais seulement aux points morts, communiquer un instant les deux faces du piston.

(**680**) Nous avons supposé, dans toutes les figures qui précèdent, que le tiroir était le tiroir dit *à coquille*, à cause de sa forme, et qu'il avait une étendue en longueur suffisante pour que *le même creux* s'étende successivement sur chacune des deux lumières et en même temps sur l'échappement.

Il en résulte, quand on a des cylindres à longue course, ou bien que le tiroir est long lui-même et donne lieu à un très-grand frottement, ou bien que les tuyaux d'admission offrent un grand espace nuisible entre la boîte du tiroir et les extrémités du cylindre.

On évite l'alternative de ces inconvénients, fâcheux l'un et l'autre, en modifiant la forme du tiroir, ou, plus exactement, en revenant à la forme primitive adoptée par Watt, inventeur de ce mécanisme.

Le tiroir de Watt est connu aussi sous le nom de tiroir en D, à cause de la forme particulière que présente la section faite vers les deux extrémités perpendiculairement à sa longueur (Voir *fig.* 245). La boîte du tiroir est demi-cylindrique, et les parties arrondies du tiroir frottent contre les garnitures de presse-étoupes demi-circulaires qui isolent complètement la partie moyenne de la boîte des deux parties extrêmes. Celles-ci sont en relation l'une avec l'autre par l'intérieur du tiroir qui affecte la forme d'un tuyau creux.

On peut à volonté faire l'admission par la partie moyenne et l'échappement par les parties extrêmes, ou inversement.

Dans l'un comme dans l'autre cas, la pression du tiroir sur sa glace est déterminée, non par la pression de la vapeur sur une étendue plus ou moins grande, mais par celle des garnitures des presse-étoupes. On peut donc avoir un cylindre d'une course quelconque, et donner au tiroir une longueur égale à cette course, sans accroître en proportion l'intensité des frottements ni l'étendue des espaces nuisibles. Par contre, on a l'inconvénient de l'entretien des deux presses-étoupes, et celui du refroidissement qu'éprouve le tiroir toujours en communication par une surface étendue avec le condenseur. En fait le tiroir en D est aujourd'hui assez peu usité. On lui préfère le tiroir en coquille, et, lorsqu'on redoute les inconvénients d'une trop grande longueur de ce tiroir, on peut avoir recours à un artifice qui consiste à remplacer cette pièce unique par deux courtes pièces fixées à la même tige, dont chacune effectue une distribution complète pour une des deux faces du piston. Il faut alors avoir deux lumières d'échappement distinctes se réunissant en un canal unique. Quant à la boîte de distribution, elle peut être unique, et de toute la longueur du cylindre à vapeur, ou bien composée de deux courtes boîtes isolées (Voir *fig.* 246).

(**681**) La distribution par tiroir, et spécialement par tiroir à coquille, est aujourd'hui celle qui est appliquée au plus grand nombre des machines à vapeur de rotation. Elle comporte différentes variantes, qui répondent, ainsi qu'il résulte des numéros précédents, aux diverses circonstances qui peuvent se présenter dans la pratique (machines à un ou plusieurs cylindres), à cylindres fixes ou cylindres oscillants, avec ou sans détente, avec détente fixe ou variable, soit à la main, soit par le modérateur avec ou sans changement de marche, etc., etc.

Entre les dispositions cinématiques à l'aide desquelles le mouvement peut être, dans ces diverses circonstances, imprimé aux tiroirs, on préférera *en principe* celles qui donnent des mouvements continus et réguliers, à celles qui fonctionnent avec des à-coups ou des changements plus ou moins brusques de vitesse ; ainsi on préférera l'excentrique circulaire à la poutrelle de distribution, peut-être même aux excentriques à ondes ; le changement de marche de Stephenson, à l'excentrique à tocs, ou aux pieds de biche ; la détente Meyer à celle de Farcot, etc., etc. Cette préférence sera d'autant mieux justifiée qu'il s'agira de machines plus puissantes et don-

nant un plus grand nombre de coups de piston par minute; car
l'inertie entre en jeu d'une manière d'autant plus prononcée que
les pièces sont plus importantes et qu'elles doivent subir de plus
grandes variations de vitesse.

(**682**) Ce sont ces mêmes considérations qui font que la distribution par soupapes est le plus habituellement réservée aux machines
à mouvements alternatifs, dans lesquelles on n'a point de pièce
animée d'un mouvement de rotation pouvant recevoir des excentriques.

Les soupapes servent dans ce cas, même pour les plus grandes
machines, telles que celles qui sont appliquées à l'assèchement
des mines (*Cours d'exploitation* n° (**529**) : mais alors ces machines
ne comportent *qu'un petit nombre de coups de piston par minute*, et
personne ne songerait à appliquer le même système aux machines
de rotation, souvent plus puissantes encore, en usage sur les bateaux, qui marchent à beaucoup plus grande vitesse et où l'emploi
de l'excentrique circulaire et du tiroir est, je pense, à peu près
universel.

Quoi qu'il en soit, lorsqu'on veut employer les soupapes, elles
doivent être généralement au nombre de quatre *dans les machines
à double effet*, et fonctionner deux à deux dans des boîtes de distribution qui servent chacune pour une des faces du piston. *Dans
les machines à simple effet*, il suffit de trois soupapes : une pour
l'admission, une pour l'échappement, la troisième, dite soupape
d'équilibre, qui met en relation les deux faces du piston, lorsque la
vapeur ne doit pas agir.

Une boîte à soupapes est en général (*fig.* 247), séparée en trois
parties distinctes par des diaphragmes; une d'elles communique
avec la prise de vapeur, une autre avec l'échappement (soit à l'air
libre, soit au conducteur), l'intermédiaire enfin avec une lumière
qui est en relation avec le cylindre à vapeur. Les diaphragmes portent les soupapes d'admission et d'échappement; la première est
ouverte soit pendant toute la course du piston, soit pendant telle
portion de la course qui correspond au degré de détente que l'on
veut obtenir ; l'autre est en même temps fermée et ne s'ouvre que

pour la course en sens inverse. La figure 247 représente, pour une machine à double effet, l'ensemble des deux boîtes ainsi que les tuyaux qui les mettent en relation, l'un avec la prise de vapeur et l'autre avec l'échappement. Habituellement la boîte a assez de largeur pour que les deux soupapes ne se confondent pas en projection horizontale; quelquefois, au contraire, (*fig.* 247 *bis*), elles ont même axe, et sont dites soupapes *à tiges enfilées*. Dans ce cas, la tige de la soupape supérieure est creuse, et munie d'une petite boîte à étoupes, pour laisser passer la tige de la soupape inférieure et permettre le jeu relatif des deux tiges.

Il arrive assez souvent, dans un simple but d'ornementation, que l'ensemble des boîtes et des tuyaux de la figure 247 reçoit extérieurement les formes nécessaires pour donner à l'ensemble une disposition symétrique figurant deux colonnes avec un soubassement et un chapiteau communs.

Pour une machine à simple effet, en supposant le cylindre vertical et la vapeur agissant de haut en bas, la boîte supérieure porte la soupape d'admission et la soupape d'équilibre, la boîte inférieure porte la soupape d'échappement (*fig.* 248).

L'admission a toujours lieu dans la boîte supérieure, et l'échappement à partir de la boîte inférieure. L'ensemble pourra donc figurer, non pas deux colonnes, mais une colonne unique avec son soubassement et son chapiteau.

(**683**) Dans ces machines à simple effet, un double coup de piston, après le moment de repos déterminé par le règlement de la cataracte, a lieu dans les conditions suivantes :

Les trois soupapes étant fermées, la cataracte ouvre *d'abord* l'échappement vers le conducteur, pour préparer le vide sous le piston, *puis*, l'instant d'après, l'admission, pour déterminer le départ du piston.

La machine se met en marche d'un mouvement accéléré, parce que la pression de la vapeur l'emporte sur les résistances.

Bientôt on ferme l'admission, la vapeur se détend, l'excès de la pression de la vapeur sur les résistances diminue de plus en plus, et bientôt devient nul. La machine atteint alors son maximum de vitesse, et à partir de ce moment la résistance devenant de plus en plus prépondérante, la machine se ralentit, et le point où l'on a opéré la détente est réglé par la condition que la machine et tout l'attirail qu'elle met en mouvement arrivent avec une vitesse nulle à la fin de la course descendante.

A ce moment la soupape d'échappement se ferme pour ne pas produire de refroidissement nuisible, par suite d'une trop longue communication avec le conducteur. La soupape d'équilibre s'ouvre bientôt après, ou même par le seul fait de la fermeture de la soupape d'échappement. Le piston, également pressé sur ses deux faces, remonte sous l'action du poids de l'attirail qu'il a entraîné dans sa course descendante. Il tend à remonter d'un mouvement accéléré ; mais on modère cette accélération, soit en étranglant l'ouverture de la soupape d'équilibre (ce qui est vicieux en principe), soit plutôt en la fermant tout à fait avant la fin de la course, pour comprimer la vapeur dans l'espace nuisible au-dessus du piston, et la dilater au-dessus.

Cette fermeture prématurée de la soupape d'équilibre doit amener le piston à la fin de sa course ascendante en amortissant toute la vitesse du système.

Tout est alors au repos, toutes les soupapes sont fermées, et les choses sont disposées pour donner le coup de piston suivant, lorsque la cataracte fera jouer de nouveau la soupape d'échappement d'abord, puis celle d'admission.

(**684**) Le jeu des machines à simple effet, tel qu'on vient de l'expliquer, peut être soumis au calcul de la manière suivante :

Désignons par :

A, la section du piston en mètres carrés ;

P, la pression de la vapeur motrice, ou plus exactement, l'excès de cette pression sur la contre-pression du condenseur, l'une et l'autre exprimées en kilogrammes par mètre carré;

E, l'effort en kilogrammes, rapporté à la vitesse du piston, qu'exerce *le poids non équilibré* du système en mouvement avec le piston ;

F, la valeur du frottement rapporté à la même vitesse ;

Q, le poids total du système, rapporté encore à la même vitesse, ou $\frac{Q}{g}$ la masse correspondante, et enfin $\frac{dv}{dt}$ l'accélération que prend le système.

On a évidemment la relation :

$$AP = E + F + \frac{Q}{g}\frac{dv}{dt}$$
$$\frac{dv}{dt} = \frac{AP - E - F}{Q}\,g.$$

On voit d'abord que l'accélération $\frac{dv}{dt}$ est d'autant plus grande, toutes choses égales d'ailleurs, que la masse Q est plus petite.

On voit, en outre, que pour une masse Q donnée, l'accélération augmentera avec le degré de détente, parce que la valeur de la pression *initiale* P augmentera relativement à la valeur moyenne à mesure que l'on voudra marcher à une détente plus prolongée.

Or, abstraction faite de la gravité, c'est l'accélération $\frac{dv}{dt}$ qui sert de mesure à la fatigue qu'éprouvent les pièces par suite de la force d'inertie. Il est donc important, pour ménager la machine, qu'elle mette de grandes masses en mouvement, et des masses d'autant plus grandes que l'on entend marcher avec une détente plus prolongée. Ainsi l'économie de vapeur qu'on trouve à prolonger la détente, s'achète par la masse plus considérable qu'il faut donner à l'attirail mis en mouvement.

La machine s'accélère tant qu'on marche à pleine pression, et elle s'accélère encore lorsqu'on a commencé à détendre, jusqu'à ce qu'on ait une pression P′ satisfaisant à la relation

$$AP' = E + F \ldots P' = \frac{E + F}{A}.$$

Si l'on désigne par h l'espace parcouru au moment où la détente commence, par h' l'espace parcouru quand la pression est devenue P′, on a *à peu près* P′h' = Ph, égalité qui revient à supposer que cette première partie de la détente se fait suivant la loi de Mariotte.

Cette égalité nous donne $h' = \frac{P}{P'}h = \frac{AP}{E + F}h.$

La vitesse, à la fin de la période d'admission, est donnée par la relation

$$\frac{Q}{2g} V^2 = (AP - E - F)h$$

$$V^2 = 2gh \cdot \frac{AP - E - F}{Q} = 2gh \frac{AP}{Q}\left(1 - \frac{E + F}{AP}\right)$$

La vitesse maxima serait donnée par la relation

$$\frac{2g}{Q}(V'^2 - V^2) = APh \, l \frac{P}{P'} = APh \, l \cdot \frac{AP}{E + F}$$

$$V'^2 = V^2 + 2g \frac{Aph}{Q} l \frac{AP}{E + F}$$

$$= 2gh \left(\frac{Ap - (E + F)}{Q} + \frac{Ap}{Q} l \frac{AP}{E + F}\right)$$

$$= 2gh \frac{AP}{Q}\left(1 - \frac{E + F}{AP} + l \frac{AP}{E + F}\right)$$

Quant à la condition de revenir sans vitesse à la fin de la course, elle fournit, en désignant par H la course totale du piston, la relation :

$$Aph\left(1 + l\frac{H}{h}\right) = (E + F)H$$

d'où l'on tire :

$$\frac{AP}{E + F}\left(1 + l\frac{H}{h}\right) = \frac{H}{h}.$$

On voit par cette dernière équation que $\frac{AP}{E + F}$ doit augmenter un peu plus vite que la quantité $\frac{H}{h}$ inverse de la quantité $\frac{h}{H}$, qui peut approximativement servir de mesure au degré de détente. D'autre part, les valeurs de V et de V' montrent qu'à mesure que les quantités $\frac{AP}{E + F}$ et par conséquent AP vont en augmentant, il en sera de même de ces vitesses, à moins d'augmenter en même temps la quantité Q.

Ainsi l'emploi *des grandes détentes*, nécessaire pour économiser le combustible, *impose*, comme on vient déjà de le dire, l'emploi *des très-grandes masses* en mouvement. On voit, par aperçu, que, dans les machines à un seul cylindre, la condition de ne pas dépasser pendant la marche *une vitesse maxima donnée* entraîne l'emploi de masses totales croissant plus rapidement que le degré de détente ne diminue.

Ces considérations sont pleinement confirmées par la pratique, et l'on sait qu'un système de grandes pompes d'épuisement s'établit dans des conditions toutes différentes, selon qu'on veut employer des machines à longue détente, comme dans la Cornouailles, ou bien des machines presque sans détente, comme on le fait souvent sur les houillères où l'on regarde moins à la consommation du combustible.

Si l'on établit ces dernières machines à haute pression, presque sans détente et sans condensation, on a les avantages d'avoir une machine plus simple et moins encombrante pour une force donnée, et un attirail de pompes moins lourd et moins coûteux; ces avantages sont encore accentués par la possibilité où l'on se trouve de faire marcher la machine plus vite.

Mais ces avantages sont assurément compensés par une plus grande consommation de combustible. C'est une comparaison à établir dans chaque cas particulier, et c'est principalement le prix du combustible sur le lieu de consommation qui doit faire pencher la balance en faveur de l'un ou de l'autre des deux systèmes, dont l'un est assurément préférable *au point de vue technique*, tandis que l'autre peut le devenir *au point de vue économique* dans des circonstances données.

(**685**) Ainsi que nous l'avons dit d'une manière générale au chapitre précédent, les soupapes sont *nécessairement* conduites dans les machines à simple effet, et *elles peuvent l'être*, dans les machines à double effet, par des encliquetages et une poutrelle quelconque de distribution ; mais elles peuvent l'être aussi, dans ce dernier cas, par des excentriques, soit circulaires, soit à ondes.

Un même excentrique circulaire peut mener, par un système de leviers, les deux soupapes d'échappement d'une machine de rotation, en les tenant alternativement ouvertes pendant l'excursion entière du piston. La figure 249 donne un exemple du mécanisme qui peut être employé, et qui d'ailleurs comporte une foule de variantes de détail. Quelle que soit la combinaison adoptée, il convient que ces soupapes s'ouvrent et se ferment rapidement. A cet effet, l'excentrique sera calé sans avance angulaire, de manière que sa bielle ait son maximum de vitesse longitudinale au point mort du piston, c'est-à-dire au moment où ces soupapes doivent être manœuvrées.

Le même excentrique peut servir à manœuvrer les soupapes d'échappement restant ouvertes pendant toute la course, et aussi les soupapes d'admission, si l'on marche *sans détente*.

Pour marcher avec détente, il faut que la soupape d'admission, ouverte au commencement de la course du piston, se referme *avant la fin*. Il faut donc que les deux mouvements inverses d'ouverture et de fermeture de la soupape ne correspondent pas à une course complète du piston, ou à un angle de 180° décrit par la manivelle ou par l'excentrique, et comme le temps d'arrêt qui sépare ces deux mouvements inverses se trouve évidemment au point mort du tiroir, il faut caler l'excentrique avec une avance α telle que l'angle 180° — 2α qui correspondra à l'ouverture de la soupape, à partir du point mort du piston, corresponde en même temps au degré de détente que l'on veut obtenir.

Il n'y aurait pas de détente pour $\alpha = 0$; l'admission deviendrait nulle au contraire pour $\alpha = 90°$. On peut donc donner un degré quelconque de détente, mais une *détente fixe*, car le degré ne dépend que de l'angle du calage.

A ce point de vue, le système n'offre pas l'élasticité que présentent les distributions par tiroirs. Comme d'ailleurs il ne paraît pas présenter d'avantage théorique, et qu'en tous cas il paraîtrait devoir être limité aux machines à petite vitesse, le raisonnement, confirmé en cela par la pratique, fait habituellement préférer aujourd'hui l'emploi des tiroirs à celui des soupapes.

Celles-ci ne servent habituellement que comme appareils de détente, jouant un rôle analogue à celui du tiroir de détente de Gonzenbach, relativement à la boîte dans laquelle fonctionne le tiroir de distribution, qui peut alors être un tiroir simple. Sauf l'inconvénient de l'espace nuisible que présente la boîte, ce système est très-pratique et très-employé dans l'industrie pour les machines à mou-

vement de rotation continue. Il réduit la distribution proprement
dite à son maximum de simplicité, et il n'ajoute à la machine qu'un
organe spécial facile à entretenir et facile à régler, soit par la main
du mécanicien, soit automatiquement par le jeu d'un régulateur.

(**686**) Les détails ci-dessus (nᵒˢ **659** à **685**) se rapportent au
plus grand nombre des machines employées par les diverses industries, et il me paraît inutile d'entrer, sur cette question de la distribution, dans des détails plus étendus, pour décrire des combinaisons
cinématiques dont quelques-unes, notamment celle de M. M. Desprez, sont fort ingénieuses, mais que l'on ne rencontre pas habituellement.

Des considérations géométriques élémentaires et l'examen attentif
des plans suffiront, en général, pour arriver à s'en rendre compte ;
elles n'offrent pas d'ailleurs, pour la plupart, de résultat essentiel
qui ne puisse être réalisé par les mécanismes ci-dessus décrits.

Nous nous bornerons ici, en ce qui concerne les procédés de détente, à présenter les deux observations suivantes :

En premier lieu, si la question d'économie de combustible prime
toutes les autres considérations, la détente doit être poussée très-
loin ; dans ce cas, les procédés de détente dans un seul cylindre,
quels qu'ils soient, ne donnent qu'une solution incomplète ou peu
satisfaisante, et il convient de recourir à l'emploi de deux cylindres, soit dans le système de Woolf, soit, mieux encore, dans le système des machines à cylindres combinés.

En second lieu, cette question économique devient de jour
en jour plus importante, à cause de la valeur rapidement croissante
du combustible ; de telle sorte qu'on est conduit, par la nature des
choses, à faire l'emploi de la détente de plus en plus fréquemment
et sur une échelle de plus en plus large, dans la limite extrême que
comportent les sujétions diverses auxquelles la machine peut avoir
à satisfaire. Cet emploi des grandes détentes est aujourd'hui une
nécessité reconnue pour les machines marines, et est même, on
peut le dire, un fait accompli. Nous croyons que cet emploi ne peut
que se propager dans les locomotives, à mesure qu'on marchera à
des pressions plus fortes, malgré les obstacles qu'y apportent

nécessairement les grandes vitesses demandées à ces machines.

Nous croyons enfin qu'il doit se généraliser dans toutes les grandes machines, même dans celles où des conditions spéciales de marche peuvent d'abord paraître rendre cet emploi peu opportun ou peu praticable.

Tel est notamment le cas des machines d'extraction dont la marche est essentiellement intermittente et périodique, et auxquelles, en outre, on demande un travail essentiellement variable d'un instant à l'autre pendant la durée d'une période (voir *Cours d'exploitation*, n^{os} **438** à **441**).

§ 2. — Appareils de condensation.

(**687**) Nous avons considéré d'une manière générale, dans le chapitre précédent (n^{os} **618** à **625**), les appareils de condensation.

Ces appareils doivent être regardés comme ayant pour objet, *au point de vue théorique le plus élevé*, d'abaisser la température de la vapeur à la fin de son action sur la machine, et d'augmenter ainsi l'écart des températures entre lesquelles elle est employée, ou bien, *à un point de vue plus élémentaire*, de réduire la contre-pression qui s'exerce sur une des faces du piston en sens contraire de la pression motrice de la vapeur.

Dans l'un comme dans l'autre de ces ordres d'idées, on arrive à la même conséquence pratique, qui est de pouvoir, par l'artifice de la condensation, en augmentant l'effet de l'admission à pleine pression, y ajouter celui d'une détente plus étendue, dont la limite théorique est donnée soit par la température qu'on établit dans le condenseur, soit (ce qui revient au même) par la contre-pression correspondante qui en résulte sous le piston.

Quant à cette température même, nous savons qu'elle a une limite inférieure naturelle, qui est celle de l'eau dont on peut disposer dans le pays, et l'on s'en rapprochera plus ou moins selon la quantité d'eau employée. Le refroidissement sera d'ailleurs produit, tantôt par le contact direct et plus ou moins intime de l'eau avec la vapeur, tantôt par son action réfrigérante s'exerçant par l'intermédiaire de parois minces et conductrices de la chaleur.

Le premier mode constitue les condenseurs *à injection;* le second les condenseurs *à surface.*

Il nous reste à revenir sur ces appareils, d'abord pour donner quelques exemples des dispositifs variés qu'on peut employer, selon le type de machine auquel on a à les appliquer, et puis pour indiquer comment on peut calculer rationnellement la quantité d'eau froide à employer, ainsi que les dimensions à donner à leurs divers organes.

L'appareil ordinaire des machines à balancier, tel qu'il est représenté figure 206, a ses trois pompes verticales et à simple effet, et leurs tiges trouvent facilement leur attache soit en des points convenablement choisis sur le parallélogramme articulé, soit en des points quelconques de l'axe du balancier.

Mais pour ces trois pompes, même pour la pompe à air la plus importante des trois, ce dispositif n'est nullement obligatoire, et on peut les établir à double effet comme à simple effet, horizontales ou inclinées aussi bien que verticales. On se guide principalement à cet égard sur la disposition cinématique de la machine, en tâchant de simplifier le plus possible le système des transmissions.

Peut-être, cependant, pourrait-on dire qu'en principe la pompe à air à double effet a quelque supériorité sur celle à simple effet, comme pouvant être deux fois moins volumineuse et comme ayant sur le condenseur une action en concordance avec celle de la vapeur sur le piston.

Nous rappelons d'ailleurs que l'on peut établir l'attirail du condenseur tout à fait distinct de la machine, en le faisant mouvoir par un moteur spécial; ce qui est une grande simplification, comme on l'a déjà dit, lorsque ce moteur peut servir à la fois pour plusieurs machines.

Les figures 250 à 254, pour lesquelles il est nécessaire de recourir à la légende des planches, donnent quelques exemples d'appareils présentant soit diverses dispositions du condenseur proprement dit, soit quelques-unes des variantes qui viennent d'être indiquées pour les pompes.

(688) Nous avons vu, au n° **618**, comment on peut se faire une idée approchée de la quantité d'eau d'injection nécessaire à la condensation d'un kilogramme de vapeur.

Le résultat obtenu est *théoriquement* un maximum ; car il suppose que toute la chaleur dépensée dans l'acte de la vaporisation passe au condenseur, tandis qu'il s'en perd *en route*, non-seulement par conductibilité et par rayonnement, mais encore et surtout par suite du travail produit.

Nous avons dit que ce maximum théorique est pratiquement *un minimum*, en ce sens que l'on dépasse habituellement, dans une assez large mesure, la quantité que donne la formule.

Il peut donc paraître oiseux de chercher à en établir une autre, qui pourra être plus rigoureuse et plus conforme aux principes, mais qui, donnant un résultat numérique plus faible que la première, devra être corrigée, pour les applications, dans une mesure plus large encore.

Nous ferons cependant cette recherche, comme un exemple d'application du nouveau principe de la théorie mécanique de la chaleur.

Nous prendrons la vapeur d'abord à un instant quelconque de son action sur la machine, puis après qu'elle s'est condensée, et nous exprimerons que la chaleur interne qu'elle a perdue dans l'intervalle se retrouve dans la chaleur communiquée à l'eau d'injection, non pas *en quantité égale*, mais avec *une différence*, qui correspond aux phénomènes dynamiques divers qui ont pu se produire entre les deux instants considérés.

Prenons-la, par exemple, à la fin de la détente. Elle est alors, comme l'on sait, sursaturée, et un kilogramme comprend le poids m de vapeur et le poids $(1 - m)$ d'eau à l'état liquide.

Si p est la pression qui a lieu en ce moment et t la température correspondante, la chaleur interne contenue a pour expression

$$m (\lambda - \mu - A p u) + \int_0^t c\, dt \text{ (voir n}^{os} \text{ } \textbf{512} \text{ et suivants).}$$

En second lieu, si nous désignons par p' la pression dans le condenseur, la contre-pression qui en résulte sur le piston produit un travail de compression, d'où résulte, à l'intérieur du condenseur, un dégagement de chaleur ; le volume comprimé est précisément le volume mu de la vapeur à la fin de la détente, et, par conséquent, la chaleur dégagée a pour expression $mAp'u$.

Si ensuite on considère l'eau d'injection, le poids Q de cette eau est introduit d'un milieu où la pression est purement la pression atmosphérique p_0, dans un milieu où la pression est p', ce qui produit un travail moteur $Q\dfrac{p_0 - p'}{1000}$, qui se trouve perdu en mouvements de remous et en rejaillissements donnant lieu à un dégagement de chaleur $\dfrac{AQ\,(p_0 - p')}{1000}$. En outre, ce même poids Q a un volume de $\dfrac{Q}{1000}$ mètres cubes, qui en entrant dans le condenseur produit un refoulement analogue à celui du piston ; d'où un dégagement de chaleur égal à $\dfrac{AQp'}{1000}$.

Enfin, ce même poids d'eau à la température t' contient la quantité de chaleur $Q\displaystyle\int_0^{t'} cdt$.

Le système matériel formé de la vapeur plus ou moins condensée et de l'eau d'injection contient donc à l'avance, ou produit, par suite des phénomènes qui accompagnent la condensation, la quantité de chaleur totale

$$m\,(\lambda - \mu - Apu) + \int_0^t cdt + mAp'u + \frac{AQ(p_0 - p')}{1000} + \frac{AQP'}{1000} + Q\int_0^{t'} cdt.$$

Après la condensation, en négligeant le poids qui peut rester à l'état de vapeur, on trouve la chaleur totale

$$(Q + 1)\int_0^{\theta} cdt.$$

Ces deux quantités doivent être égales et l'on a par conséquent, en réduisant :

$$m\,[\lambda - \mu - Au\,(p - p')] + \int_0^t cdt = Q\left(\int_0^{\theta} cdt - \frac{Ap_0}{1000}\right)$$

$$Q = \frac{m\,(\lambda - \mu - Au\,(p - p') + \displaystyle\int_0^t cdt}{\displaystyle\int_{t'}^{\theta} cdt - \dfrac{Ap_0}{1000}}.$$

Cette formule diffère essentiellement de celle du n° **618**. Elle ne comprend point explicitement la pression sous laquelle fonctionne la chaudière ; car les nombres λ, μ, p et u se rapportent au dernier moment de la détente. Il semble donc que la quantité Q soit indépendante de la pression à laquelle on produit la vapeur dans la chaudière, résultat évidemment paradoxal ; mais cet élément est pris *indirectement* en considération, en ce sens que, pour une pression et une température finales données, la quantité m de vapeur qui subsiste augmente avec la pression et avec la température initiale.

Supposons, pour faire les idées par un exemple numérique, que l'on fasse

$$t = 100° \text{ et } p = 10530^{k\cdot}$$
$$\theta = 40°$$
$$t' = 12°$$
$$m = 0.90$$
$$p_0 = p = 10530$$
$$p' = \frac{1}{10} \times 10530$$

On trouvera, en recourant aux tableaux du n° **508** et en remplaçant A par sa valeur $\frac{1}{425}$

$$Q = \frac{0.90\left[556.50 - 40.092\left(1 - \frac{1}{10}\right)\right] + 100.55 - 40}{\theta - t' - \dfrac{10530}{425000}}$$

$$= \frac{0.90 \times 500.22 + 60.55}{28 - 0.024} = \frac{510.75}{27.976} = 18.25$$

Soit, en nombre rond $Q = 18^{k}$, au lieu du nombre 22^{k} trouvé au n° **618** précité.

Ce nombre diminuerait avec une détente plus prolongée ; il augmenterait au contraire avec une moindre détente. On remarque que la formule ci-dessus se confondrait avec celle du n° **618**, si l'on supposait $A = 0$, c'est-à-dire, si l'on négligeait la perte de chaleur due au travail, et si l'on supposait en même temps que l'on marchât sans détente ; car on serait conduit à faire $m = 1$, et à prendre pour t la température dans la chaudière. La formule deviendrait en effet

$$Q = \frac{\lambda - \int_0^t cdt + \int_0^t cdt}{\int_{t'}^0 cdt} = \frac{\lambda - \int_0^0 cdt}{\int_{t'}^0 cdt} = \frac{\lambda - \theta}{\theta - t'}.$$

En pratique, on prend ordinairement Q, pour assurer l'efficacité et la rapidité de la condensation, égal à 25 ou 30 kilogrammes.

(**689**) La quantité d'eau d'injection n'est pas le seul élément qu'il importe de considérer. Il faut encore, pour qu'un condenseur fonctionne convenablement, remplir deux autres conditions.

La première est d'introduire cette eau dans le plus grand état possible de division, soit en nappe mince occupant la section entière du condenseur, comme il est indiqué sur la figure 250, soit sous formes de gerbes divisées en un grand nombre de filets, jaillissant dans tous les sens comme il est indiqué aux figures 251 à 255. Cette condition a pour but de rendre le phénomène de la condensation aussi instantané que possible, afin que la contre-pression finale s'établisse dès les premiers moments de la nouvelle course du piston.

La seconde condition est relative à la capacité du condenseur, qui ne doit pas être trop restreinte. Cette autre condition se motive par l'air qui est ordinairement dissous dans l'eau d'injection, et qui se dégage lorsque cette eau passe de la pression atmosphérique ordinaire à la pression réduite existant dans le condenseur. La pression de l'air ainsi dégagé s'ajoute à celle de la vapeur, et il faut que l'espace occupé soit *assez grand* pour que cette pression, qui dépend de la masse d'air et de sa température, reste faible, et qu'ajoutée à celle de la vapeur elle-même, le total ne dépasse pas une limite donnée.

Cette seconde condition demande un examen spécial.

On admet généralement que l'eau prise à la pression et à la température ordinaires dissout $\frac{1}{15}$ de son volume d'air. Un nombre Q

de kilogrammes ou de litres d'eau dégage donc $\frac{Q}{15}$ litres d'air à la pression atmosphérique et à la température ordinaire, soit à la pression de 760 millimètres de mercure et à 12°.

On veut, je suppose, que la pression de cet air amené à 40°, ajoutée à celle de la vapeur saturée à la même température donne une pression totale d'un dixième d'atmosphère, ou représentée par une colonne barométrique de 76 millimètres. Celle de la vapeur étant à 40° de 54 millimètres (1re table du n° **508**), on en conclut que celle de l'air devra être seulement de $76 - 54 = 22$ millimètres. Son volume calculé des lois de Mariotte et de Gay-Lussac sera

donc $\dfrac{Q}{15} \times \dfrac{a + 40}{a + 12} \times \dfrac{760}{22} = 2,5\,Q$, et par conséquent le volume total du condenseur doit donc être égal à 2,5 Q, augmenté du volume Q d'eau injectée, et encore du volume du kilogramme de vapeur condensée, en négligeant la petite quantité qui reste à l'état de vapeur dans l'atmosphère du condenseur.

Le volume $2,5\,Q + Q + 1 = 3,5\,Q + 1$ est un minimum. Une capacité plus faible entraverait une contre-pression supérieure à $\dfrac{1}{10}$ d'atmosphère. Si l'on prend $Q = 30$, cette capacité devient égale à 106 litres.

On peut admettre, en nombre rond, un hectolitre, et énoncer ce résultat :

Que, dans le cas assez ordinaire où la machine est à double effet et la pompe à air à simple effet, il faudra donner au condenseur *une capacité d'autant d'hectolitres qu'on dépensera de kilogrammes de vapeur par tour de l'arbre du volant.*

La dimension du condenseur ainsi déterminée, si l'on veut que le vide s'entretienne et ne dépasse pas la limite donnée de $\dfrac{1}{10}$ d'atmosphère, il faut que la pompe à air enlève à chaque coup de son piston, sous cette pression, toute la quantité d'eau et d'air qui est admise en deux coups de piston à vapeur. On en conclut que le volume engendré par la course du piston de la pompe à air doit être au moins égal au volume calculé ci-dessus.

Dans les machines de Watt, le diamètre et la courbe de la pompe à air sont respectivement les deux tiers et la moitié des éléments correspondants du cylindre à vapeur ; d'où l'on déduit que le volume en est les $\frac{2}{9}$, ou que le volume engendré par la course de cette pompe pour vider le condenseur est un neuvième du volume de la vapeur dépensée par la machine.

Comme, d'ailleurs, le kilogramme de vapeur à basse pression occupe 1646 litres (2e table n° **508**), on en conclut, pour le volume de la pompe à air, une capacité de $\frac{1646}{9} = 183$ litres par kilogrammètres de vapeur consommée dans une double excursion du piston. C'est plus de $\frac{2}{3}$ en sus de la capacité nécessaire. Il paraît possible de se tenir un peu au-dessous des dimensions adoptées par Watt, surtout si l'eau d'injection reste au-dessous de 30 kilogrammes par kilogrammètres de vapeur.

On peut donc adopter un volume de 150 litres de pompe à air *à simple effet*, pour 1^k de vapeur à condenser par tour du volant, ou un volume moitié moindre, si cette pompe est à simple effet.

(**690**) Il est facile actuellement de calculer le travail théorique que consomment les 5 pompes d'un condenseur ordinaire, par 1^k de vapeur consommée. Pour la pompe à eau froide, ce travail est égal à $Q \times H$, H étant en mètres la différence des niveaux de l'eau dans le bassin où l'on puise les eaux et dans la bâche à eau froide.

Pour la pompe à eau chaude, il est égal à $1 \times \frac{p - p_0}{1000}$, $p - p_0$ étant la pression effective dans la chaudière, ou l'excès de la pression intérieure sur la pression atmosphérique extérieure, l'une et l'autre étant mesurées en kilogrammes par mètre carré. Quant à la pompe à air, elle doit d'abord extraire du condenseur le volume total d'eau $Q + 1$, ce qui demande un travail égal à

$$(Q+1) \frac{p_0 - p'}{1000},$$

ou, si $p' = \frac{1}{10} p$,

$$(Q + 1) \times 0.9 \times 10530 = (Q + 1) \times 9.297.$$

Elle doit en outre extraire l'air, ou le ramener, en le comprimant, de la pression de 22^{mm} à la pression atmosphérique ordinaire, ou plutôt, puisqu'il reste saturé de vapeur, à la pression atmosphérique diminuée de 22 millimètres. Cette compression se fait évidemment sous température constante, à cause du grand excès d'eau en présence. La formule générale $T_m = P_1 V_1 \log, \text{hyp.} \frac{P_2}{p_1}$ devient au cas particulier :

$$T_m = \frac{1}{1000} \frac{Q}{15} \frac{a + 0}{a + t'} 10.330 \times l \cdot \frac{760 - 22}{22}.$$

Enfin la même pompe a encore à extraire la vapeur non condensée ; mais cette vapeur reste saturée à la même température et par conséquent à la même pression de 54 millimètres. Son état final dans l'air comprimé expulsé par la pompe à air est le même que dans l'air dilaté du condenseur; on peut n'en pas tenir compte, parce qu'elle ne fait en quelque sorte que traverser le piston de la pompe à air en exerçant à chaque instant la même pression sur ses deux faces.

En appliquant les calculs ci-dessus dans l'hypothèse de $Q = 50^k$, de $H = 15^m$ et d'une pression de marche de 6 atmosphères, on trouve les résultats numériques suivants qui s'appliquent, on le rappelle, à la consommation d'un kilogramme de vapeur sur la machine.

1° Travail de la pompe à eau froide :
$$50 \times 15 = 450 \text{ kilogrammètres} ;$$
2° Travail de la pompe à eau chaude :
$$1 \times \frac{5 \times 10330}{1000} = 51 \text{ kilogrammètres};$$
3° Travail de la pompe à air :
(α) Pour expulsion de l'eau
$$51 \times 0.9 \times 10330 = 51 \times 9.297 = 288 \text{ kilogrammètres}$$
(β) Pour l'expulsion de l'air :
$$0.002 \frac{513}{285} 10330 \, l . 33.6 = 22.6 \times 3.515 = 79 \text{ kilogrammètres}$$
Soit en totalité 868 kilogrammètres.

Ce travail, qui se réduirait à $51 + 288 + 79 = 418$ kilogrammètres, si l'eau affluait d'elle-même dans la bâche à eau froide, n'est qu'une fort petite fraction (quelques centièmes) du travail que produit la simple admission à pleine pression.

La condensation offre donc *un grand avantage*, même dans les machines sans détente ; et en outre elle en offre un *beaucoup plus important* dans les machines à détente, c'est qu'elle permet de pousser la détente beaucoup plus loin.

Dans ce dernier cas des détentes étendues, le travail des trois pompes, même en le triplant ou le quadruplant, pour tenir compte largement de leurs résistances passives, n'est qu'une très-petite fraction, 5 ou 6 p. 100 au plus du travail théorique de la vapeur, ou 10 à 15 pour 100 peut-être de son rendement pratique.

(**691**) Lorsque, au lieu de considérer les condenseurs à injection, on considère les condenseurs à surface, on reconnaît que les deux éléments dont il y a lieu de se préoccuper sont le volume de l'eau froide employée et l'étendue de la surface condensante.

On comprend que si l'on veut obtenir, avec la même température initiale t', la même température finale θ, et si l'étendue de la surface condensante est assez grande pour mettre à peu près en équilibre de température les deux parois des dernières parties du circuit, parcouru par l'eau, il faudra précisément *la même quantité d'eau* que pour les condenseurs à injection. Mais pour ne pas avoir besoin de trop développer la surface réfrigérante et surtout pour activer la condensation, on emploie en général une plus grande quantité d'eau avec le condenseur à surface ; soit par exemple 35 à 40^k (au lieu de 25 à 30^k) par kilogramme de vapeur à condenser.

Quant à la surface condensante, on peut la comparer à la surface de chauffe de la chaudière.

Si le kilogramme de vapeur a dû enlever à la chaudière $\lambda - 0$ calories (soit $655,21 - 40 = 615,21$ calories, quand on marche à 6 atmosphères, et qu'on alimente avec de l'eau venant du condenseur), ce même kilogramme de vapeur détendue jusqu'à une atmosphère, par exemple, devra en céder au condenseur 560,72 d'après ce qu'on a vu au n° **688**.

D'un autre côté, la quantité de chaleur qui traverse une paroi métallique d'une étendue donnée est directement proportionnelle à l'écart des températures qui ont lieu sur les deux faces opposées, et inversement proportionnelles à l'épaisseur de la paroi. Supposons pour la chaudière la température intérieure de 159°22 et la température moyenne des gaz de 500° par exemple, et pour le condenseur à surface les températures moyennes de $\dfrac{100 + 40}{2} = 70°$ du côté

de la vapeur et $\dfrac{40 + 12}{2} = 26°$ du côté de l'eau condensante. Supposons enfin, pour achever de fixer les idées, que l'épaisseur moyenne des tôles soit de 10 millimètres pour la chaudière et de 1 millimètre pour le faisceau tubulaire du condenseur, et que les deux parois aient le même coefficient de conductibilité.

Il résultera de ces diverses hypothèses que les quantités de chaleur traversant le mètre carré de la surface de chauffe de la chaudière et de la surface tubulaire du condenseur seront comme les produits $(500 - 159,22) \times 0,001 = 0,34$ et $(70 - 26) \times 0,01 = 0,44$, et que les étendues des surfaces seront comme les produits $0,34 \times 615,21$ et $0,44 \times 560,72$, c'est-à-dire dans le rapport des nombres 1 et 1,07 environ, ou, en d'autres termes, que la surface condensante sera *très-comparable en étendue* à la surface de chauffe de la chaudière. La première augmenterait d'ailleurs relativement à la seconde, si celle-ci était en grande partie tubulaire ; elle tendrait au contraire à diminuer, à mesure que l'on augmenterait la quantité d'eau condensante, ou à mesure que les chaudières seraient recouvertes d'incrustations plus épaisses diminuant, dans une mesure très-importante, la conductibilité de ses parois.

Nous nous bornons à cette indication générale, qui peut servir à l'étude d'un avant-projet, en attendant qu'une expérience plus prolongée ait donné des résultats numériques applicables aux diverses circonstances que la pratique peut rencontrer.

On fera d'ailleurs ici une remarque importante, que nous aurons à reproduire en parlant des générateurs, c'est que ces deux éléments, la quantité d'eau et la surface condensante, ne sont pas susceptibles d'une détermination numérique bien précise. Ils peuvent varier *tous deux en sens inverses* en donnant le même résultat final, et chacun d'eux peut même varier seul entre certaines limites, sans entraîner pour ce résultat final une variation d'une amplitude proportionnelle. Il est clair, par exemple, que si l'on diminue la surface condensante dans une certaine mesure, l'eau de condensation se trouve à la fin de son circuit un peu moins réchauffée ; mais aussi chaque mètre carré aura été en contact avec de l'eau plus froide en moyenne, et aura eu par suite une action réfrigérante plus énergique tendant à compenser partiellement la moindre étendue de la surface totale.

Il se produira un effet de compensation *analogue*, si l'on augmente la surface condensante, en même temps que l'on diminue l'affluence de l'eau, etc., etc.

Pour que la vapeur d'échappement arrive facilement dans le condenseur à surfaces, il convient que le faisceau tubulaire dans lequel la vapeur doit pénétrer, présente une section totale *suffisante*, au moins égale à la section du tuyau d'échappement, et il convient en outre de prendre les dispositions nécessaires pour que la pénétration ait lieu à peu près avec la même vitesse dans tous les tubes, sans quoi il y aurait une partie de la surface réfrigérante qui ne travaillerait pas convenablement.

Avec cette précaution et avec une étendue suffisante de surface réfrigérante, et en faisant d'ailleurs circuler entre les tubes une quantité d'eau appropriée, la condensation par surface se fait d'une manière convenable, du moins pour toutes les machines qui ne marchent pas à une vitesse excessive, et la question de l'emploi de ce mode de condensation, longtemps douteuse, peut être regardée aujourd'hui comme résolue.

Cette solution a, comme nous l'avons déjà vu, des conséquences capitales, lorsqu'on a des eaux, comme celles de la mer, assez incrustantes à haute température pour exclure l'emploi des fortes pressions. Mais nous la considérons spécialement ici au point de vue des fonctions des trois pompes accessoires de tout appareil de condensation.

En ce qui concerne d'abord la pompe à air, on reconnaît que si l'on alimente avec l'eau provenant de la condensation de la vapeur, on n'a plus d'air dans le condenseur, sinon celui que peuvent produire, pendant les dernières parties de la période de détente et pendant celle d'échappement, les rentrées d'air par les joints et les presse-étoupes, ou encore celui qu'amène la petite quantité additionnelle d'eau qu'il faut introduire dans la chaudière pour compenser les fuites de vapeur.

En se reportant aux résultats (α) et (β) du n° **690**, on voit que le travail de la pompe à air sera réduit dans une mesure considérable ; théoriquement le terme (β) disparaîtra, et le terme (α) sera réduit au 51° de sa valeur ; il est bien vrai que cette suppression *presque complète* d'une quantité qui est *très-petite*, ne semble pas avoir une grande importance pratique ; mais cette possibilité de réduire beaucoup l'importance de la pompe à air fait gagner en même temps sur les résistances passives qu'entraîne son fonctionnement.

Pour la pompe alimentaire, on n'a pas de réduction équivalente à attendre.

Enfin, en ce qui concerne la pompe de *circulation*, qui force l'eau à cheminer entre les tubes pour exercer son effet réfrigérant, on conçoit qu'elle demande une force qui varie essentiellement avec la section des espaces intertubulaires. Assez généralement on emploie des tubes de 20 millimètres, distants de 50 millimètres de centre en centre. Il en résulte que l'espace réservé à l'eau est à peu près double de l'espace occupé par la vapeur. Si les tubes ont une section totale égale à celle du tuyau d'échappement, ou au 16° de la section du cylindre à vapeur, la section réservée à l'eau est le huitième de cette dernière.

Si la vapeur est par exemple à la pression moyenne de 3 atmosphères, ou occupe 585 litres par kilogrammes, la quantité de 40 kilogrammes nécessaire pour la condenser aura dans le condenseur une vitesse qui sera à celle du piston à vapeur dans le rapport

$$\frac{40 \times 8}{585} = 0,56.$$

C'est une vitesse qui pourra être ordinairement donnée par une hauteur motrice d'un petit nombre de mètres ; d'où la facilité déjà indiquée de se servir de pompes rotatives. On voit, en résumé, que l'emploi des condenseurs fermés conduira à employer un système de pompes demandant une force totale *comparable* à celle des pompes du condenseur à injection.

Dans les machines qui ont de mauvaises eaux d'alimentation, et tout spécialement dans les machines marines, l'emploi du condenseur à surface a des effets bien plus importants qu'une certaine variation en plus ou en moins dans une dépense de force qui reste toujours fort petite.

En permettant d'alimenter avec de l'eau distillée, il rend possible la suppression des *extractions* pendant le cours d'une traversée d'un longueur donnée, ou tout au moins il rend beaucoup moins fréquents les chômages nécessaires pour nettoyer les chaudières de leurs incrustations, ou bien il permet d'obtenir un état moyen de propreté beaucoup plus satisfaisant, pour des nettoyages opérés à des intervalles donnés.

En définitive, on peut regarder comme établi que les condenseurs à surface constituent dans certaines circonstances, c'est-à-dire avec de mauvaises eaux, *un perfectionnement de premier ordre*, dont l'emploi est assurément appelé à recevoir une grande extension.

§ 3. — Des appareils régulateurs.

(**693**) Sans reparler ici ni de l'action régulatrice du volant (indiquée au n° **626**), ni de celle que peuvent exercer les chauffeurs par la conduite de leur feu (n° **630**), nous reviendrons seulement sur les appareils régulateurs proprement dits (le pendule à force centrifuge de Watt ou ses dérivés), et sur les diverses manières dont leur action peut être utilisée.

La théorie du pendule conique (*fig.* 255) est très-simple. Considérons ses deux bras de longueur l faisant un angle α avec la verticale, et ses boules de masse m assimilées à des points matériels et animées de la vitesse angulaire ω. Le système sera évidemment en équilibre, sous l'action de la gravité et de la force centrifuge, si l'on a la proportion $\dfrac{m\omega^2 r}{mg} = \dfrac{r}{h}$, en négligeant les masses autres que celles des boules.

On en déduit $h = \dfrac{g}{\omega^2}$; et comme d'ailleurs $h = l \cos \alpha$, on en tire

$$\cos \alpha = \frac{g}{\omega^2 l}.$$

Cette dernière relation montre que la vitessse ω n'est pas *entiè-*

rement arbitraire, mais qu'elle doit satisfaire à l'inégalité $l\omega^2 > g$.

Ainsi l'écart des boules augmente avec ω, à partir de la valeur $\omega = \sqrt{\dfrac{g}{l}}$, et pour $\omega = \infty$ on trouverait $\cos\alpha = 0$, ou $\alpha = 90°$.

L'inégalité ci-dessus peut s'écrire $\dfrac{1}{\omega} < \sqrt{\dfrac{l}{g}}$, ou, en multipliant par π... $\dfrac{\pi}{\omega} < \pi\sqrt{\dfrac{1}{g}}.$

La quantité $\dfrac{2\pi}{\omega}$ est, en secondes, la durée d'une révolution du pendule, et en la désignant par t, on peut écrire $\dfrac{t}{2} < \pi\sqrt{\dfrac{l}{g}}.$

Les deux relations $l\omega^2 > g$, $\dfrac{t}{2} < \pi\sqrt{\dfrac{l}{g}}$, qui expriment, l'une et l'autre, sous une forme différente, la même condition à remplir pour que le pendule fonctionne, donnent lieu aux énoncés suivants :

1° *Il faut que l'accélération centrifuge $\omega^2 l$, que l'on déduirait de la vitesse angulaire des boules supposées décrire un cercle de longueur l, soit plus grande que l'accélération de la pesanteur;*

2° *Il faut que le temps d'une demi-révolution soit moindre que la durée d'une oscillation du pendule simple de longueur l, ou, en d'autres termes, que le mouvement d'oscillation du pendule en projection sur un plan vertical quelconque soit plus rapide que celui de ce pendule simple.*

La relation $h = \dfrac{g}{\omega^2}$ montre comment les boules *s'élèvent*, à mesure que la vitesse angulaire *augmente*.

Si l'on suppose, figure 256, deux autres bras articulés d'une part sur ceux des boules, et d'autre part sur une chape placée sur l'axe de rotation du système, de manière à former le losange OCO'D, on aura, en désignant par l' le côté de ce losange, et par h' la distance des points C et D au-dessous du point O :

$$\frac{h'}{h} = \frac{l'}{l} \ldots h' = \frac{g}{\omega^2} \times \frac{l'}{l},$$

et la distance h'' parcourue par le point O' sera évidemment double
de la précédente, c'est-à-dire que l'on aura

$$h'' = 2\,\frac{g}{\omega^2}\,\frac{l'}{l} = 2\,l'\cdot\frac{g}{\omega^2 l}.$$

Au repos, la quantité h'' est précisément égale à $2l'$; les déplacements de la chape, à partir du point de repos, sont donc
$x = 2l'\left(1 - \dfrac{g}{\omega^2 l}\right)$; ils augmentent avec ω, avec l et avec l'.

Ces déplacements de la chape peuvent être utilisés, pour faire
mouvoir, à l'aide d'un système quelconque de leviers articulés,
un certain organe dont le jeu produira la régulation que l'on a en
vue ; cet organe pourra être, par exemple, comme on l'a déjà indiqué, le papillon, ou soupape à gorge, ou bien la came centrale
d'une détente Farcot, etc., etc.

On voit facilement, dans le cas du papillon, que la transmission
peut être réglée de manière que, pour une certaine vitesse angulaire
donnée de l'axe du pendule, ce papillon ferme entièrement le tuyau
d'admission. On est certain que cette vitesse est, quoi qu'il arrive,
un maximum qui ne pourra être atteint d'une manière permanente.

Il importe de remarquer que les déplacements calculés ci-dessus
pour la chape supposaient que celle-ci obéit *sans résistance* à l'action des boules, puisqu'on dit que le système est en équilibre sous
les seules actions de la force centrifuge et de la gravité agissant uniquement sur les boules. Ces déplacements n'auraient pas lieu avec
la même amplitude, ou même pourraient n'avoir pas lieu du tout,
si la chape avait à surmonter une résistance notable.

Il est donc entendu que le pendule de Watt ne peut être appliqué
directement que sur un organe régulateur n'offrant pas de résistance sensible pour être mis en jeu.

Tel est bien le cas du papillon, à la condition de le composer d'un
disque plein mobile *autour d'un diamètre* ; car alors les pressions
sur la surface totale de ce disque s'équilibrent toujours autour de
son axe de rotation.

Une seconde remarque doit être faite, c'est que, l'appareil fonctionnant comme il vient d'être dit, *n'empêche pas* les variations de

vitesse de la machine, puisqu'il ne fonctionne que *par le fait même de ces variations;* il ne sert donc qu'à *réduire,* sans pouvoir l'annuler, *l'amplitude de ces variations.*

(694) On a cherché à faire disparaître ces deux imperfections.

Pour la première, l'artifice que l'on emploie consiste à transmettre le mouvement de la chape, mouvement essentiellement limité en amplitude, en énergie et en durée, non pas directement à l'appareil régulateur que l'on veut mettre en jeu et qui est supposé exercer une résistance plus ou moins importante, mais bien à une pièce intermédiaire, facile à déplacer et fonctionnant comme une sorte d'embrayage, qui, par l'effet de ce déplacement, met et entretient en mouvement les organes devant servir à faire fonctionner l'appareil régulateur.

Les leviers mus par la chape feront mouvoir, par exemple, une fourchette d'embrayage proprement dite, qui fera passer une courroie d'une poulie folle sur une poulie fixe, et mettra ainsi en mouvement continu l'arbre de cette seconde poulie. Les leviers, en se mouvant dans un sens, embraieront une courroie à brins parallèles, et en se mouvant en sens opposé, une autre courroie à brins croisés, et le sens de la rotation de l'arbre sera ainsi renversé, selon le sens du déplacement subi par la chape.

Cette disposition permet de mettre en mouvement des pièces aussi considérables que l'on veut; c'est ainsi, par exemple, que, dans les grandes roues hydrauliques, on fait varier automatiquement la levée des vannes.

(695) On doit à M. Farcot un dispositif qui, sous une autre forme, produit des effets analogues, et qu'il applique à faire tourner autour de son axe la double came centrale de son appareil de détente variable (n° **675**).

Le déplacement communiqué à la chape par les boules met en prise tantôt l'un, tantôt l'autre de deux systèmes de cônes de frictions qui commandent chacun par une roue d'angle une même roue calée sur l'axe de la came. L'arbre du pendule tournant dans un *sens constant,* l'arbre de la came tourne dans le *même sens* ou en *sens contraire*, selon qu'il est commandé par la roue du haut ou par celle du bas. Il reste immobile lorsque la vitesse du pendule est comprise entre des limites telles que ni l'un ni l'autre des cônes ne soit embrayé.

La figure 257 représente l'ensemble de ce système, très-bien étudié dans ses détails, et très-efficace pour restreindre, entre des limites qu'on est maître de se fixer aussi rapprochées qu'on le désirera, les variations de la vitesse normale de la machine.

(**696**) Ces variations peuvent ainsi être fort restreintes ; mais elles ne peuvent être *nulles*, parce qu'il faut bien un certain jeu entre les positions qui correspondent à l'embrayage des deux cônes.

On a cherché à construire des appareils ne présentant pas ces petites oscillations. Ces appareils sont désignés sous la qualification d'*isochromes*, parce qu'ils ramènent toujours la vitesse de la machine à être la même.

Tel est le pendule dit *parabolique*, dans lequel le centre des boules, au lieu de se mouvoir suivant un arc de cercle, décrit une parabole dont l'axe se confond avec celui de l'appareil.

La relation trouvée au n° **671** ci-dessus, $h = \frac{g}{\omega^2}$, est obtenue en exprimant que la résultante de la force centrifuge et de la gravité passe par le point O, ou, plus généralement, que cette résultante est normale à la courbe que le centre des boules est assujetti à décrire.

On voit que, pour la courbe d'équilibre qui correspond à une vitesse donnée ω, cette quantité h, qui est la sous-normale à la courbe, est constante (*Voir* la fig. **258**).

Ainsi la courbe d'équilibre, pour un point assujetti à tourner autour d'un axe fixe avec une vitesse constante, est celle qui satisfait à la condition analytique d'avoir une sous-normale constante et égale à une quantité donnée $\frac{g}{\omega^2}$.

C'est une propriété caractéristique de la parabole ayant pour axe la verticale ZO et définie par l'équation $z^2 = 2px = 2\frac{g}{\omega^2}x$.

Chaque valeur de ω comporte une parabole déterminée, dont le paramètre est d'autant plus petit que la vitesse angulaire est plus grande.

Ayant construit la parabole qui correspond à une certaine vitesse angulaire ω, et la boule étant placée en équilibre en un quelconque de ses points, comme sur une sorte de plan incliné, elle cesse d'être en équilibre, si la vitesse varie, et elle se déplace soit en montant et s'éloignant de l'axe, soit au contraire en descendant, selon que la vitesse a augmenté ou a diminué. Ce déplacement occasionne celui de la chape, et tous deux persistent dans le même sens, jusqu'à ce que, la machine se retardant ou s'accélérant, les boules aient repris précisément la vitesse qui correspond au profil parabolique sur lequel elles sont assujetties à se mouvoir.

Ainsi la propriété régulatrice du pendule parabolique est essentiellement distincte de celle du pendule ordinaire. Celui-ci *restreint les variations de vitesse de la machine*; le premier *ramène exactement à la même vitesse*.

On peut réaliser matériellement la combinaison de plusieurs manières.

Ainsi d'abord on peut assujettir les deux boules du régulateur à rester dans un même plan passant par l'axe, en roulant comme deux galets sur deux courbes tracées de telle manière que les centres des boules décrivent précisément la parabole $z^2 = 2\,\dfrac{g}{\omega^2}\,x$.

Les bras portant la chape seront articulés sur les axes de ces galets, et cette chape montera ou descendra, selon que ces galets s'écarteront ou se rapprocheront (*fig.* 259).

Une autre combinaison, analogue à celle d'un pendule cycloïdal, consistera à suspendre les tiges du pendule non en un point de l'axe, mais *en deux points distincts* de la développée de la parabole. Les tiges de suspension seront alors méplates et flexibles, et en s'enroulant et se déroulant sur les deux branches de *la développée*, elles obligeront le centre des boules à décrire *la développante*, c'est-à-dire la parabole elle-même (Voir *fig.* 260).

(**697**) On voit sur cette dernière figure, d'après la forme connue de la développée de la parabole, que la boule de droite a son point de suspension à gauche, et inversement pour la boule de gauche.

Cette observation a conduit MM. Farcot et fils au système des régulateurs dits *à bras croisés*, dans lesquels les tiges, au lieu d'avoir une articulation commune sur l'axe, sont articulées en deux points distincts placés en dehors de l'axe. Cela revient pratiquement à assimiler chacun des arcs de paraboles, à partir du sommet, à un arc de cercle pour lequel on trouve approximativement le rayon et la position du centre, en prenant un point convenable voisin de la développée.

Le système est représenté sur la figure 261 ; on voit sur cette figure que les attaches du manchon à ses leviers sont placées directement au-dessous des suspensions des leviers des boules. Il en résulte que la figure formée par les 4 points d'intersection de ces 4 leviers est toujours un losange, comme dans la figure 256.

La disposition ci-dessus, qui consiste à substituer une combinaison approchée à une combinaison géométrique rigoureuse, semble présenter moins de frottements que la directrice parabolique de la figure 259, et plus de solidité que les tiges flexibles de la figure 260. On lui donnera donc en pratique la préférence. Pour que l'appareil ait une complète régularité, il faut que le système de la chape O′ et des pièces qu'elle fait mouvoir soit équilibré, de manière que la chape et les pièces qui en dépendent ne tendent, par elles-mêmes, ni à monter ni à descendre en vertu de leur poids.

On peut y parvenir en les équilibrant par un ressort à boudin enfilé sur l'axe de l'appareil dans le sens convenable, et dont la longueur, *dans la position moyenne des boules*, soit assez grande pour qu'on puisse négliger devant elle les variations qu'elle subit *dans leurs positions extrêmes ;* d'où il résulte que sa tension peut être regardée comme sensiblement constante.

Une autre combinaison peut consister à soutenir le système de la chape par une fourchette placée à l'extrémité d'un levier articulé autour d'un point fixe, et dont la queue porte un contre-poids convenable. Les branches de la fourchette doivent avoir en projection verticale un profil suivant la développante d'un cercle ayant son centre au point fixe et tangent à l'axe vertical du régulateur.

MM. Farcot ont encore pris soin de tenir compte de ce que l'action de la force centrifuge agissant sur l'appareil varie à mesure
que les boules s'écartent, parce qu'une partie des bras croisés,
dont la masse n'est pas absolument négligeable devant celle des
boules, passe d'un côté à l'autre de l'axe vertical du régulateur. Il
est facile de voir qu'il en résulte une augmentation dans l'action de
la force centrifuge, qui tendrait à relever la chape à mesure que les
boules s'écarteraient. On compense cet effet par un ressort à boudin
enfilé sur l'axe, comme celui dont il vient d'être parlé, ayant son
point fixé à sa partie supérieure et agissant sur le dessus du manchon avec une tension croissante à mesure que les boules s'élèvent,
pour compenser l'influence perturbatrice également croissante de
la force centrifuge.

L'expérience a montré que ces appareils, montés avec soin et bien
réglés, font un excellent service, et que les plus grands écarts dans
la résistance principale, par suite d'embrayages et de débrayages
successifs, sont sans influence appréciable sur la vitesse de régime
de la machine, vitesse que l'on doit s'être donnée une fois pour
toutes. On peut dire que ces appareils ne sont pas aussi répandus
qu'ils devraient l'être dans les usines où l'on attache un grand prix
à avoir une vitesse bien uniforme.

(**698**) Un appareil comme celui qui vient d'être décrit, qui fonctionne sous l'action combinée de la force centrifuge et de la gravité
sur les boules, ne convient pas pour les machines qui ne sont pas
ou entièrement fixes, ou tout au moins animées d'un mouvement
d'ensemble en vertu duquel tous les points du système ont la même
vitesse verticale.

Tel est le cas des machines marines, à cause des mouvements
irréguliers que les vagues impriment aux navires.

On connaît sous le nom de *pendules sans pesanteur*, ou *régulateurs marins*, des appareils dans lesquels les boules agissent *par
leurs masses*, en vertu de la force centrifuge due à leur mouvement
de rotation autour d'un axe, sans que *leur pesanteur* intervienne,
et, par suite, quelle que soit l'orientation actuelle de cet axe.

On reconnaît, en faisant abstraction du mouvement d'entrainement de la machine, et traitant le mouvement relatif du système des boules comme un mouvement absolu, qu'il faut et qu'il suffit, pour que ce mouvement relatif soit indépendant de l'action de la pesanteur, que le centre de gravité de ce système tombe toujours au même point de l'axe. C'est ce qui pourra avoir lieu de diverses manières, par exemple si les bras se prolongent de quantités égales de chaque côté de leur articulation, et sont chargés de 4 boules égales, comme il est indiqué figure 262.

Le système ainsi établi tendrait à s'ouvrir entièrement à la moindre vitesse, par l'action de la force centrifuge, si celle-ci n'était contre-balancée par une autre force, réglée de telle façon que chaque position des boules corresponde à une valeur déterminée de la vitesse de rotation de l'appareil.

Pour cela, on fait intervenir soit un système de ressorts qui agissent transversalement sur les bras pour les empêcher de s'écarter, soit un ressort unique longitudinal qui agit sur la chape pour l'empêcher de se mouvoir le long de l'axe. Dans le premier cas (*fig.* 262), si l'on suppose les ressorts agissant sur chacun des bras avec une force P, on a évidemment pour l'équilibre

$$4m\omega^2 r dr = 4 P dr'$$

avec la relation $\dfrac{r}{r'} = \dfrac{l}{l'}, \dfrac{dr}{dr'} = \dfrac{l}{l'}$, d'où l'on déduit

$$P = m\omega^2 r \frac{l}{l'}.$$

c'est-à-dire que la tension P de chaque ressort est proportionnelle à r, ou que la tension nulle du ressort correspond à $r = 0$.

Le ressort qui agit sur un des bras tels que OA (*fig.* 262 *bis*) doit donc avoir son point d'attache du côté du bras OA' en un point tel que E. Sa longueur naturelle sera EF, et sa tension sera, dans la position de la figure, proportionnelle à son allongement FF', ou à la quantité r'.

(**699**) Dans le second cas (*fig.* 263), en désignant par P' la tension du ressort longitudinal, l'équation d'équilibre sera évidemment

$$4m\omega^2 r\, dr = -\mathrm{P}'\, dh$$

D'ailleurs

$$h = 2l' \cos\alpha \ldots dh = 2l' \sin\alpha\, d\alpha$$
$$r = l \sin\alpha \ldots dr = l \cos\alpha\, d\alpha.$$

d'où on déduit

$$4m\omega^2 r l \cos\alpha = 2\mathrm{P}' l' \sin\alpha$$
$$\mathrm{P}' = 2m\omega^2 r\, \frac{l}{l'}\, \frac{1}{\operatorname{tang}\alpha} = 2\mathrm{P} \times \frac{1}{\operatorname{tang}\alpha}$$

On voit d'abord que le rapport des deux forces calculées P et P' est marqué par le rapport $\dfrac{\operatorname{tang}\alpha}{2} = \dfrac{1}{2}\dfrac{2r'}{h} = \dfrac{r'}{h}$, comme il est facile de le voir directement, en remarquant que ces forces forment deux systèmes dont chacun est équivalent au système des quatre forces $m\omega^2 r$.

La force P' devient égale à $\mathrm{P} \times \dfrac{h}{r'} = \dfrac{m\omega^2 r}{r'}\dfrac{l}{l'} h$, ou à cause de la proportion $\dfrac{r}{r'} = \dfrac{l}{l'} \ldots \mathrm{P}' = m\omega^2 h\, \dfrac{l^2}{l'^2}.$

On reconnaît que la tension P' est proportionnelle à h. De telle sorte que le ressort longitudinal qui doit agir en sens contraire de la force centrifuge, et par conséquent pour augmenter h, devrait se tendre de plus en plus à mesure que cette augmentation se produirait. C'est une combinaison irréalisable, en ce sens qu'un ressort bandé pour produire un certain effet quelconque, ne peut que se débander à mesure que cet effet se produit.

Mais on remarquera que h varie comme le cosinus de l'angle α, c'est-à-dire qu'il varie très-peu, si l'angle α varie en restant assez petit.

On disposera donc un ressort à boudin assez long pour que les variations de la quantité h changent peu son allongement relatif et par conséquent sa tension.

Cette hypothèse d'une tension constante est favorable à la stabilité, ou propre à diminuer les variations de la vitesse angulaire ; car si, par exemple, cette vitesse venait à augmenter, P' devrait diminuer pour maintenir l'équilibre; s'il reste constant il restreint évidemment la variation de cette vitesse.

(**700**) Les ressorts transversaux et le ressort longitudinal comportent des tensions qui varient, pour une position donnée des boules, avec la vitesse angulaire. Si donc on veut régler le régulateur pour marcher à des vitesses normales différentes, il faut, dans le cas des ressorts transversaux, arrêter la machine, et disposer les choses pour agir avec un ressort dont l'extrémité libre soit toujours au point F de la figure 262 *bis*, quand la tension est nulle, et dont un allongement absolu donné FF' corresponde à une tension différente; ce qui aura lieu, soit en substituant un autre ressort, soit même en le conservant, pourvu que l'on s'arrange, dans ce dernier cas, de façon que l'*allongement absolu* FF' corresponde à un *allongement relatif* différent, ce qu'on obtiendra en fixant avec une vis butante un point convenablement choisi sur la longueur EF du ressort à son état naturel.

Dans le cas d'un ressort longitudinal, il est plus pratique, au lieu de l'enfiler sur l'axe du régulateur, de le placer en dehors de cet axe et de le faire agir sur la chape par l'intermédiaire d'un levier mobile autour d'un point fixe.

Ce ressort sera assez long pour que les variations de longueur produites par les oscillations de la chape ne modifient pas sensiblement son état actuel de tension.

Cet état pourra d'ailleurs être modifié, selon les besoins, pour correspondre aux diverses vitesses normales de la machine, en déplaçant la position du point fixe sur le levier. Ce déplacement peut s'effectuer facilement par un petit mouvement à vis, et sans qu'il soit besoin d'arrêter la machine comme avec les ressorts transversaux.

MM. Farcot ont modifié la disposition précédente, et se sont arrêtés à un type définitif dans lequel ils emploient un pendule à deux boules seulement et à bras croisés, dont les boules sont équilibrées par un contrepoids placé sur l'axe de l'appareil (*fig.* 264).

Il est facile de comprendre, sur cette figure, que si les articulations $OO'O_1O'_1$ sont à la même distance de l'axe, si en outre, les triangles OBO_1, $O'B'O_1'$ sont isocèles, et si enfin les points AOB et A'O'B' sont en ligne droite, les distances des boules A et A' et du contrepoids C au plan mené par OO' perpendiculairement à l'axe, varieront proportionnellement, et que si le centre de gravité du système des trois corps A,A' et C est dans ce plan pour une position donnée, il y restera dans toute autre position.

Dans leurs appareils les plus perfectionnés, MM. Farcot ont ajouté deux autres dispositions.

En premier lieu, ils emploient, non pas un ressort unique longitudinal, mais un ensemble de deux ressorts égaux agissant l'un sur l'autre par l'intermédiaire d'un petit balancier.

Leurs poids sont ainsi équilibrés dans toutes les positions que peut prendre l'appareil, et ne troublent point sensiblement la tension qu'ils transmettent au manchon du régulateur, comme s'ils n'étaient pas pesants.

La seconde disposition a pour but de faire que, dans les variations brusques de vitesse, les boules ne prennent pas, à cause de leur inertie, des mouvements d'oscillations désordonnées. Elle consiste dans un appareil dit *gouverneur*, qui sans modifier la position finale des boules, ne leur permet de passer que lentement d'une position à l'autre.

Ce gouverneur est un petit piston mobile dans un cylindre fermé, dont les deux fonds communiquent par un petit tuyau muni d'un robinet servant à régler l'ouverture à volonté.

Ce piston est solidaire de la chape et dès qu'il commence à se mouvoir dans un sens quelconque, il éprouve une double résistance due à ce que l'air se comprime sur sa face d'avant et se dilate sur sa face d'arrière.

La figure 265 représente l'ensemble et les détails d'un pendule du dernier type adopté, avec les deux dispositions qui viennent d'être indiquées. En y ajoutant le moyen indiqué ci-dessus, par lequel *a tension constante* d'un ressort peut produire un effort *variable* sur la chape, en changeant les deux bras du levier par l'intermédiaire duquel la tension agit, on a les plus grandes facilités pour faire varier d'un instant à l'autre, et sans arrêt de la machine, la vitesse normale à laquelle on veut régler sa marche.

Cette disposition est d'un grand intérêt pour les machines marines. Elle a sur celles décrites au n° **697** l'avantage, très-appréciable pour des bateaux, de s'accommoder facilement aux diverses vitesses normales sous lesquelles on veut faire fonctionner les machines.

Le défaut de cet appareil est d'être un peu complexe.

(**701**) Telles sont les principales dispositions à l'aide desquelles on peut dire que se trouve résolu, dans toutes les machines de rotation (machines fixes ou machines marines) le problème d'un emploi d'un régulateur à force centrifuge.

Les diverses machines de rotation, sauf les locomotives et les machines d'extraction qui sont toujours conduites à la main, sont habituellement munies d'un appareil identique ou au moins analogue à l'un de ceux qui viennent d'être décrits.

Un de ces appareils, tant qu'il reste en relation avec la machine, lui conserve une vitesse uniforme, ou tout au moins il l'empêche de prendre des vitesses excessives, ou de *s'emporter*, quand même une rupture de pièces, ou un débrayage inopportun viendraient à supprimer subitement la plus grande partie, ou même la totalité des résistances principales.

Ainsi qu'on l'a dit, le régulateur peut être établi dans des conditions cinématiques telles que, pour une position donnée des boules, l'admission soit *entièrement fermée*.

La vitesse qui correspond à cette position est évidemment *une limite* qui ne pourra pas être atteinte, du moins d'une manière durable, *tant que le régulateur fonctionnera*.

Mais s'il ne fonctionnait pas, la machine pourrait s'emporter en effet dans les circonstances que nous venons de mentionner.

On n'est plus alors dans une situation normale, et un accident est imminent.

Le travail moteur produit sur la machine va en effet s'y accumulant sous forme de force vive, les pièces entrent en vibration par l'effet de leurs vitesses rapidement croissantes et sous l'action des forces d'inertie qui sont mises en jeu avec une intensité qui croît plus rapidement encore, et bientôt il se produit quelque rupture, sur la pièce qui atteint avant les autres la limite de la résistance dont elle est susceptible.

Il est prudent, en établissant une machine, de prévoir le cas de ces mouvements désordonnés, et d'être en mesure d'y parer le plus promptement possible.

On a, pour cela, de nombreux dispositifs qui doivent ou fonctionner automatiquement, ou être mis en jeu par le mécanicien dans le plus bref délai. Les uns peuvent être appliqués indifféremment à toutes les machines ; les autres peuvent être spéciaux à de certaines machines ou à de certains emplois industriels, etc.

Le moyen le plus général, applicable à toutes les machines à vapeur, est de commencer par fermer, aussi promptement que possible, la prise de vapeur sur le système des chaudières. Cette prise de vapeur existe toujours indépendamment des soupapes d'admission propres à la machine. C'est tantôt un tiroir manœuvré par une manette, comme dans les locomotives, tantôt une soupape qu'on lève ou qu'on baisse à l'aide d'un mouvement à vis commandé par un petit volant à manivelle, etc. L'appareil doit être bien en vue, facilement accessible et d'une manœuvre prompte.

Dans les machines *sans volant*, des heurtoirs fixes, d'une élasticité convenable, doivent être disposés, pour arrêter le piston à la fin de sa course, dans le cas où la machine serait mal réglée, ou si quelque rupture venait à supprimer instantanément les résistances. Ces heurtoirs peuvent agir soit sur le piston même, soit sur le balancier, soit sur l'attirail mû par la machine, etc., etc.

Dans les machines *à volant*, où la manivelle limite l'excursion du piston, le même effet n'est pas à redouter, à moins de rupture antérieurement produite, et les heurtoirs n'existent pas.

Dans les machines d'extraction qui sont toujours munies d'un frein puissant, le mécanicien doit pouvoir le serrer presque instantanément. On peut d'ailleurs concevoir qu'il se serre automatiquement si la machine s'emporte et fait dépasser aux cages la position à laquelle on doit les arrêter au jour, ou même simplement si elle prend une vitesse trop grande sans risquer encore de porter les cages aux poulies. Dans le premier cas, il faudra disposer, sur la cage ou sur le dos du câble, un arrêt qui viendra, ou fermer l'admission, ou mettre le frein en jeu, ou faire les deux manœuvres (Cours d'exploitation n° **474**). Dans le second cas, on pourrait concevoir les mêmes effets produits par le jeu d'un régulateur à boules ; cet appareil devrait être établi pour être au repos dans les vitesses ordinaires qu'emploie le mécanicien pendant ses manœuvres, et pour n'entrer en fonction que lorsqu'il se produirait des vitesses tout à fait désordonnées.

On peut encore avoir des appareils modérateurs qui causent *peu de résistance* pendant la marche ordinaire, mais dont la résistance *croît rapidement* avec la vitesse, et diminue ainsi l'accélération anormale de la machine.

Tels sont les freins hydrauliques, mentionnés aux n°ˢ **491** et **492** du cours d'exploitation.

Dans le second de ces appareils, on peut concevoir que l'on remplace l'eau par l'air, et qu'on ait un piston jouant dans un long cylindre fermé aux deux bouts et muni d'un tuyau mettant en relation le dessus et le dessous du piston.

Ce tuyau serait assez grand pour qu'à de faibles vitesses, l'air passât facilement d'un côté à l'autre pendant les oscillations du piston.

Mais la résistance croîtrait *comme le carré de la vitesse*, si la section restait constante, et l'on pourrait se réserver d'accroître encore cette force, au moment du besoin, en réduisant alors la section par la manœuvre d'un papillon.

On créerait ainsi une très-grande résistance, d'une façon moins instantanée et moins fatigante pour les pièces de la machine qu'avec un liquide incompressible tel que l'eau. Cet appareil fonctionnerait sur le même principe que *le gouverneur* appliqué par MM. Farcot à leurs régulateurs marins (voir le numéro précédent).

CHAPITRE XIX

CLASSIFICATION DES MACHINES A VAPEUR

(**702**) Les notions exposées dans le chapitre précédent complètent celles que doit posséder un ingénieur, pour pouvoir étudier, comprendre dans son ensemble et dans ses détails et apprécier une machine à vapeur donnée, ou, inversement, pour déterminer le système et les éléments principaux d'un projet de machine devant satisfaire à un programme déterminé. Sauf quelques dispositions cinématiques spéciales dont on arrivera plus ou moins facilement à se rendre compte, telles par exemple que le balancier d'Oliver Evans, pour transmettre le mouvement du piston au volant, ou encore le dispositif ingénieux de M. M. Desprez, déjà signalé au n° **686**, ou encore ceux de Corliss, Inglis et autres, pour régler la distribution, on ne trouvera, dans la très-grande majorité des machines employées dans l'industrie, que les mécanismes décrits ci-dessus, qui me paraissent en effet répondre à tous les besoins.

Une machine différera d'une autre, soit par la manière dont la vapeur y fonctionnera, soit par la manière dont ces divers mécanismes y seront groupés et combinés, soit par quelque détail spécial approprié à un usage industriel déterminé, ou bien particulièrement employé par un constructeur et qui est, pour ainsi dire, comme sa *marque de fabrique*.

On peut donc, malgré l'extrème variété des machines que l'on rencontre dans l'industrie, les rapporter à un nombre restreint de types dont on doit connaitre la nomenclature, de manière à pouvoir définir, en un petit nombre de mots et avec une suffisante précision, une machine donnée.

Cette classification peut se faire, ainsi qu'il est facile de le comprendre, à divers points de vue. Le plus important est évidemment celui de la manière dont la vapeur est employée dans la machine. On peut également considérer une classification basée sur la disposition du récepteur proprement dit, sur le système cinématique employé soit pour transmettre le mouvement du récepteur, soit pour opérer la distribution, ou encore selon que la machine est destinée à marcher à grande ou à petite vitesse, etc., etc.

Nous allons entrer dans quelques détails sur ces diverses catégories d'appareils, en rappelant aussi brièvement que possible l'objet essentiel de chaque dispositif.

(703) Pression à laquelle on produit la vapeur. — On distingue les machines à basse, à moyenne et à haute pression, selon que la pression totale dans la chaudière est d'une atmosphère et demie et au-dessous, ou entre une et demie et cinq atmosphères exclusivement, ou enfin de cinq atmosphères et au-dessus.

En principe, les plus hautes pressions sont les plus avantageuses au point de vue de la consommation de charbon. Elles permettent en outre d'avoir des machines moins encombrantes et moins chères. Mais on est essentiellement limité par les difficultés de l'entretien tant de la machine que des chaudières, pour prévenir les fuites.

En supposant que la pression de 7 à 8 atmosphères soit *le maximum* adopté par la pratique actuelle pour les machines fixes, maximum appelé vraisemblablement à être dépassé avec le temps, à mesure que les charbons deviennent plus chers et que la fabrication des machines se perfectionne, on pourra être conduit à se tenir d'autant plus loin de ce maximum qu'on aura un plus grand intérêt à éviter les chômages; que le combustible sera moins cher; que les chaudières alimentant la machine seront en plus grand nombre et plus difficiles à maintenir en bon état, soit à cause de la nature des eaux, soit à cause du mode de chauffage.

On explique et l'on justifie ainsi le maintien même de la basse pression, dans certains établissements (voir n° **542**); mais cet état de choses ne semble pas appelé à durer, et l'emploi de la basse pression proprement dite devient de plus en plus rare.

(704) Mode d'emploi de la vapeur dans la machine. — La vapeur admise à une pression donnée dans la machine peut y être employée de diverses manières.

Si l'on marche à haute pression, on peut ne pas avoir de condenseur.

Qu'il y ait, ou non, un condenseur, on peut marcher soit sans détente, soit avec une détente plus ou moins prolongée, dont la limite théorique est, dans un premier aperçu, donnée par la valeur de la contre-pression.

Cette détente peut être fixe ou variable. Dans le dernier cas la variation peut être obtenue soit à la main, soit par le jeu du régulateur.

La machine sera entièrement définie au point de vue du mode d'action de la vapeur, si l'on dit *à quelle pression* déterminée elle admet la vapeur, si elle marche *avec* ou *sans condensation*, si elle est *avec* ou *sans détente*, si la détente est *fixe* et quel en est le *degré*, ou encore si étant variable, elle l'est *par la main du mécanicien* ou *automatiquement*.

Tous ces éléments, sauf le dernier, sont *nécessaires*, et ils sont en même temps *suffisants*, pour apprécier si l'on fonctionne dans de bonnes conditions économiques.

Il sera en outre *nécessaire* et *suffisant* de connaître le volume ou le poids de la vapeur effectivement fournie par le générateur à la machine, pour savoir la force théorique qui lui est transmise, *sans avoir aucune donnée sur ses dimensions*; car ce poids ou ce volume pourrait être également débité par deux machines *géométriquement semblables* et *réglées au même degré de détente*, dans lesquelles les nombres de coups de piston seront en raison inverse du cube des dimensions homologues.

Nous avons vu que l'économie de combustible est étroitement liée à l'emploi d'une assez haute pression initiale, de la condensation et surtout d'une détente prolongée rendue possible par cette haute pression même et par la condensation.

Ces conditions *devront être toutes remplies*, quand l'économie de combustible sera l'objectif principal.

Nous avons vu, ou plutôt rappelé, au numéro précédent, comment on peut être conduit à diminuer la pression initiale.

De même, on pourra supprimer la condensation pour simplifier le mécanisme de la machine, la détente pour en diminuer le poids ou l'encombrement et par conséquent le prix d'établissement. La condensation sera forcément supprimée si l'on n'a pas d'eau disponible, etc., etc.

Le mode d'emploi de la vapeur peut encore s'entendre dans un autre sens, en distinguant les machines à simple effet ou à mouvements rectilignes alternatifs, et les machines à double effet et parmi celles-ci les machines à mouvements alternatifs sans volants ou avec volants, et les machines à mouvements continus ou *de rotation*, essentiellement munies de volants plus ou moins puissants.

Les machines à mouvements alternatifs se motivent par l'usage industriel spécial auquel elles sont destinées. Lorsque l'opérateur doit prendre lui-même un mouvement alternatif, il peut être plus simple, même lorsqu'il travaille dans les deux sens, de lui transmettre directement ou avec un balancier le mouvement du récepteur, sans passer par l'intermédiaire du volant qui peut obliger à une double transformation de mouvement, d'abord pour passer du mouvement rectiligne alternatif au mouvement circulaire, puis pour revenir de celui-ci au premier.

Cependant même alors le mécanisme de la bielle, de la manivelle et du volant peut être fort utile, ainsi qu'on l'a déjà dit, non comme intermédiaire entre le récepteur et l'opérateur, mais comme un appareil *juxta posé*, en quelque sorte, à ces deux parties du système, ayant *pour but principal* de limiter l'amplitude de la course du piston, et en même temps *pour effet très-appréciable* de permettre l'augmentation du nombre des coups de piston, et par conséquent, de diminuer l'importance des appareils destinés à développer et à utiliser une force donnée. Dans les machines de rotation, la présence du volant s'explique par les motifs déjà indiqués, c'est-à-dire par la nécessité de franchir les points morts et par l'utilité habituelle de régulariser la vitesse de rotation de l'arbre sur lequel on prend la commande des opérateurs.

(705) Question de la vitesse de la machine. — Nous venons de rappeler qu'une machine *d'une dimension donnée* n'est nullement une machine *d'une force donnée*, même quand on connaît complétement les conditions dans lesquelles la vapeur y fonctionne. Car ce qui fait la force de la machine, c'est, on le répète, la *quantité de vapeur* qu'elle débite par unité de temps dans ces conditions définies.

On n'en peut avoir *aucune idée*, lorsque l'on ne sait pas à quelle vitesse elle fonctionne.

Cette remarque conduit naturellement à poser la question de savoir quel est le meilleur système, d'une grande machine à petite vitesse, ou d'une petite machine à grande vitesse ayant la même puissance de débit.

Reprenons, pour simplifier la question, le cas indiqué au numéro précédent, de deux machines géométriquement semblables.

Désignons par μ le rapport de similitude de la grande à la petite machine, et par n et N leurs nombres de tours respectifs. On a évidemment la relation $\mu^3 n = N$, pour exprimer que les deux machines ont le même débit de vapeur ou *la même force théorique*.

Pour en déduire l'effet utile, déduction faite des résistances passives, on remarquera que *l'intensité des frottements* dépend à la fois du poids des pièces et de la grandeur des forces que la vapeur met en jeu dans la machine, et que le travail de ces mêmes frottements dépend, en outre, de l'étendue des glissements. Les poids sont dans le rapport de μ^3 à 1 ; les forces dues à l'action de la vapeur sont proportionnelles aux sections des pistons, ou dans le rapport de μ^2 à 1.

Si donc le frottement de la petite machine est de la forme $f(\alpha + \beta)$, le terme α dépendant du poids des pièces et le terme β de la pression de la vapeur, il sera de la forme $f(\mu^3\alpha + \mu^2\beta)$ pour la grande.

Ces termes doivent être multipliés respectivement par le rapport constant des vitesses de glissement qui animent les pièces dans des positions homologues.

Si l'on désigne par R et r les rayons des manivelles, ces vitesses sont évidemment proportionnelles aux nombres $\dfrac{n \times 2\pi R}{60}$ et $\dfrac{N \times 2\pi r}{60}$, dont le rapport est égal à

$$\frac{n\mathrm{R}}{\mathrm{N}r} = \frac{n}{\mathrm{N}} \times \frac{\mathrm{R}}{r} = \frac{1}{\mu^3} \times \mu = \frac{1}{\mu^2}.$$

Le travail des frottements est donc de la forme $f(\alpha + \beta)\,\mathrm{V}$ pour la petite machine, et pour la grande de la forme

$$f(\mu^3\alpha + \mu^2\beta)\,\frac{\mathrm{V}}{\mu^2} = f(\mu\alpha + \beta)\,\mathrm{V}.$$

Le rapport de ces deux quantités est égal à $\dfrac{\alpha + \beta}{\mu\alpha + \beta}$, et il est plus petit que l'unité, si μ est un nombre plus grand que l'unité, comme on l'a supposé.

Ainsi la *petite* machine à *grande* vitesse éprouve un peu moins de perte de force par les frottements que la *grande* machine à *petite* vitesse. (Je dis *un peu* moins, d'abord parce que β est plus grand que α, et ensuite parce que μ ne peut pas être un grand nombre ; en effet, si l'on donne seulement à μ la valeur 2, on a $\mu^3 = 8$, et la petite machine devrait faire 8 *fois plus de tours par minute* que la grande.) La petite machine est donc avantageuse, sous le rapport *des frottements*, comme elle l'est sous celui du *poids*, du *volume* et du *prix*.

Peut-être pourrait-on dire encore : 1° que le grand nombre des coups de piston diminue l'importance des précipitations de vapeur qui se font à chaque coup de piston, lorsque la vapeur agit sur une face qui vient d'être trop longtemps en communication avec l'échappement ; 2° qu'une quantité donnée de vapeur qui afflue dans une machine correspond à un afflux déterminé de calories dans un temps donné, dont la perte par rayonnement, ou par communication avec les corps environnants, variera dans le même sens que le volume sous lequel la vapeur viendra se dépenser dans la machine.

Ces avantages divers de la grande vitesse sont nombreux et appréciables ; on comprend qu'ils aient attiré l'attention, et qu'à plusieurs reprises des constructeurs distingués se soient consacrés à la spécialité de ces machines rapides.

On peut leur faire, il est vrai, un reproche *de principe*, résultant de ce que ces grandes vitesses sont incompatibles avec la *récipro-*

cité ou *reversibilité* que l'on suppose en théorie, lorsqu'on applique les notions du cycle de Carnot, incompatibilité qui se traduit en fait par des étirages de vapeur ou des excès de contre-pression pendant l'admission et pendant l'échappement.

(**706**) Mais ce reproche aurait en pratique assez peu d'importance. Là n'est pas la vraie difficulté qui s'oppose, et qui s'opposera toujours, à une application trop étendue de ce principe des grandes vitesses. L'obstacle principal et essentiel est que les pièces de la machine (ainsi qu'on a eu déjà occasion de le dire au n° **701**) éprouvent une fatigue croissant très-rapidement avec la vitesse, par suite des *forces d'inertie* qui se trouvent alors mises en jeu, forces que nous avons négligées dans la comparaison établie au numéro précédent. On doit considérer, ainsi qu'on le voit quand on en vient aux applications numériques, qu'au delà de certaines limites de vitesse ces forces *intérieures* deviennent comparables, supérieures même aux forces *extérieures* (la gravité et les pressions de la vapeur) qui sont en jeu dans le système.

A mesure qu'on se rapproche de ces limites, et plus encore si on les dépasse, il faut donner aux pièces un supplément de résistance en y employant des matériaux de qualité supérieure ; il faut soigner particulièrement la confection et l'entretien des assemblages, car le moindre jeu inutile produit des battements, une sorte de martelage qui dégrade très-vite la machine. Quoi qu'on fasse d'ailleurs, une machine à trop grande vitesse est une machine qui demande un entretien très-grand, et qui dépérit très-vite.

(**707**) Pour bien préciser ce point, considérons les deux machines *semblables et d'égale force*, faisant n et N tours par minute, et ayant respectivement D et d pour diamètre de piston, et R et r pour rayons de leurs manivelles.

On voit *d'abord* que *la similitude géométrique*, c'est-à-dire la proportionnalité de toutes les dimensions linéaires, est bien la relation qui doit exister, du moins au point de vue *de la force principale*, la pression de la vapeur. Les pressions totales sur les pistons, par exemple, sont comme les carrés de leurs diamètres, et ce rapport est précisément celui des résistances qu'offrent les tiges des pistons.

Mais on voit en second lieu que ce même rapport de similitude n'est pas celui qui convient pour les forces *intérieures* dont nous nous occupons. On reconnaît, en effet, et j'admets ici que ces forces sont, comme l'est la force centrifuge, proportionnelles, *pour un point donné*, au carré de la vitesse angulaire, et en passant d'un point à un autre de la même machine proportionnelles à leurs vitesses absolues, ou, en d'autres termes, qu'elles sont de la forme générale $m\omega^2 r$.

Pour la grande machine, on aura $M\omega^2 R$, et pour la petite, $m\Omega^2 r$.

On a d'ailleurs évidemment pour deux points homologues $M = \mu^3 m$, $R = \mu r$; on a en outre établi au n° **705** la relation $\dfrac{N}{n} = \dfrac{\Omega}{\omega} = \mu^3$, d'où $\dfrac{\omega^2}{\Omega^2} = \mu^6$.

Le rapport $\dfrac{M\omega^2 R}{m\Omega^2 r}$ est donc égal à $\mu^3 \times \dfrac{1}{\mu^6} \mu = \dfrac{1}{\mu^2}$. D'autre part, les sections résistantes sur lesquelles agissent ces forces sont dans le rapport de μ^2 à 1. La fatigue qui en résulte par unité de surface est donc $\dfrac{\frac{1}{\mu^2}}{\mu^2} = \dfrac{1}{\mu^4}$ dans la grande machine, quand elle est égale à 1 dans la petite.

Si l'on fait $\mu = 2$, la quantité ci-dessus devient égale à 16; elle serait 81 pour $\mu = 3$, et ainsi de suite.

On voit combien cette fatigue augmente, à mesure que la machine devient plus petite *en conservant sa puissance*. Elle peut être négligeable pour une machine ordinaire, et dépasser les charges pratiques, ou même la limite d'élasticité, ou même encore la limite de rupture, si l'on veut *la même force*, en réduisant au tiers les dimensions linéaires de la machine, ce qui exige une vitesse angulaire 27 fois plus grande.

On peut reconnaître d'une manière générale qu'on ne parerait pas complétement à ces excès de fatigue, s'ils prenaient des proportions inquiétantes, en construisant les pièces de la petite machine d'une manière plus robuste que celles de la grande; de telle sorte qu'après avoir réduit dans le rapport de μ à 1 les dimensions principales, telles que le diamètre et la course du piston, d'où résultent l'égalité de force des deux machines considérées, on voulût augmenter dans le rapport de 1 à λ les éléments linéaires desquels résulte la résistance des pièces, tels que le diamètre de la bielle par exemple. En effet, par suite de cette augmentation de diamètre, le facteur m de la quantité $2m\Omega^2 r$ devrait être remplacé par $m\lambda^2$; mais l'effort $m\lambda^2\Omega^2 r$ serait réparti sur une section augmentée dans le même rapport de 1 à λ^2; d'où il suit que l'effort *par unité de section* ou la fatigue de la pièce serait la même. Ainsi le remède pour augmenter la solidité de cette bielle, eu égard à l'influence des forces d'inertie, serait, non pas d'augmenter *les dimensions transversales*, mais d'employer des matériaux présentant, avec *la même densité* et *les mêmes dimensions*, une plus grande résistance à la rupture.

Cette remarque ne s'applique que lorsque les forces d'inertie sont assez développées pour que, par rapport à elles, les forces extérieures puissent être négligées.

C'est ce qui n'a pas lieu en général, et alors il n'est plus vrai de dire que la machine ne devient pas plus solide en marche normale lorsqu'on renforce ces pièces. Seulement cet excès de solidité s'atténue dans les cas où la machine s'emporte, et la petite machine renforcée ne résiste guère mieux que la grande aux ruptures qui surviennent par suite de l'exagération accidentelle de ces forces d'inertie.

(**708**) Pour épuiser cette question de la vitesse de marche des machines, on peut encore considérer deux machines semblables dans lesquelles la vapeur agit de la même manière, mais qui ne sont plus assujetties à être de la même force.

Soient d et d', r et r' et ω et ω' les diamètres des pistons, les rayons des manivelles et les vitesses angulaires des volants des deux machines considérées.

La relation $r\omega = r'\omega'$ indiquera que les deux pistons ont la même vitesse linéaire moyenne.

La relation $d^2 r\omega = d'^2 r'\omega'$ indiquera que les machines ont la même puissance.

On exprimera de même par la relation $\omega = \omega'$ que les pistons ont la même vitesse angulaire, ou que les machines font le même nombre de tours par minute, et enfin par la relation $\omega^2 r = \omega'^2 r'$ que l'inertie y entre en jeu de la même manière.

A l'aide de ces quatre relations, on se rendra facilement compte des effets que produiront les diverses circonstances dans lesquelles on pourra vouloir successivement se placer.

Ainsi, si l'on veut pouvoir augmenter la vitesse angulaire d'une machine d'une force déterminée, par exemple sur un bateau commander directement l'arbre de l'hélice sans l'emploi d'un engrenage accélérateur, on se dira d'abord que la quantité $d^2 r \omega$ est donnée, puis qu'on veut donner à ω une certaine valeur et par conséquent que $d^2 r$ est déterminé. Si l'on se dit ensuite que l'on ne veut pas, quand on fera varier ω, augmenter l'influence des forces d'inertie, il faut que la quantité $\omega^2 r$ reste contante.

On doit donc avoir à la fois les deux relations $d^2 r \omega = A$ et $\omega^2 r = B$.

On en déduit d'abord $r = \dfrac{B}{\omega^2}$, et ensuite, par l'élimination de la quantité r, $d^2 = \dfrac{A \omega}{B}$.

On voit comment on est conduit, à mesure que l'on demande une vitesse de rotation plus grande, à réduire la course du piston en raison inverse du carré de cette vitesse et à augmenter sa section en raison directe de la première puissance de cette même vitesse : de là ces cylindres *à grand diamètre* et *à très-petite course*, que l'on rencontre spécialement sur les bateaux à hélice.

Supposons, pour second exemple, que l'on veuille comparer les forces d'inertie en jeu dans deux machines qui ont la même vitesse linéaire du piston.

On a d'abord, par hypothèse, la relation $\omega r = \omega' r'$; on en déduit

$$\frac{\omega^2 r}{\omega'^2 r'} = \frac{\omega r}{\omega' r'} \times \frac{\omega}{\omega'} = \frac{\omega}{\omega'} = \frac{r'}{r},$$

c'est-à-dire que les forces d'inertie sont directement proportionnelles aux vitesses angulaires des deux machines, ou, ce qui revient au même, *en raison inverse* des rayons des manivelles ou des courses des pistons.

On voit que c'est la machine dont la course est la plus faible qui met l'inertie en jeu de la manière la plus prononcée.

C'est assez ordinairement la vitesse linéaire du piston que l'on considère dans une machine.

Watt, dont l'exemple a toujours une grande autorité, avait adopté une vitesse voisine d'un mètre, ou plutôt *égale à un yard*, mesure anglaise d'environ $0^m,91$. Ce chiffre d'un mètre environ est encore fort usité.

Au-dessous d'un mètre, jusqu'à $0^m,60$ et quelquefois moins, on considère que le piston va *lentement;* de 1 mètre à 2 mètres, cette vitesse est qualifiée de *moyenne*, et au delà de 2 mètres jusqu'à $2^m,50$ ou 3 mètres, chiffre *assez rarement dépassé*, on est dans le cas des *grandes* vitesses.

Si l'on considère une très-grande machine de 3 mètres de course, par exemple, marchant lentement, on aura un rayon de manivelle de $1^m,50$, et pour le piston une vitesse linéaire moyenne que je suppose de $0^m,90$. C'est une machine qui fera par minute un nombre n de tours donné par l'égalité $n = \dfrac{60 \times 0.90}{4 \times 1.50} = 9.$

Dans le cas inverse d'une petite machine à grande vitesse, on pourrait avoir, par exemple, $r = 0.10 \ V = 2^m$, et par suite

$$n = \frac{60 \times 2.}{4 \times 0.10} = 300 \text{ tours.}$$

L'accélération des forces d'inertie dans ces deux machines serait, dans le rapport des nombres, $9^2 \times 1.50$ à $300^2 \times 0.10$, ou de 121,5 à 9000, ou enfin de 1 à 740.

Cette accélération pourrait donc être *absolument négligeable* dans le premier cas, et *prendre la plus grande importance* dans le second. En fait, sa valeur numérique dans la petite machine serait, en remplaçant dans le terme $\omega^2 r$, la quantité ω par sa valeur $\dfrac{n \times 2\pi}{60}$,

$$\left(\frac{300 \times 2\pi}{60}\right)^2 \times 0,10 = 10\pi^2 = 98,$$

soit environ *dix fois* l'accélération due à la pesanteur. On peut croire que c'est là une limite qu'on ne se plairait pas à dépasser.

(**709**) En résumant ce qui précède, on dira que l'élément à prendre en considération, quand on fait intervenir la notion de la fatigue que peuvent amener les forces d'inertie, n'est ni la vitesse linéaire maxima du piston $r\omega$, ni la vitesse angulaire du volant ω, mais bien *le produit $\omega^2 r$ de ces deux quantités*, et que c'est ce produit qui doit rester petit, si l'on veut que l'inertie ne joue pas un rôle important sur le piston, sa tige et la bielle.

Si l'on s'impose la condition que l'accélération centrifuge $\omega^2 r$ ne dépasse pas l'accélération de la gravité pour les grandes machines, et trois ou quatre fois cette quantité pour les petites machines à grande vitesse, construites avec des matériaux de choix, on reconnaît que la grande machine pourrait être lancée à 24 tours par minute, ce qui donnerait au piston une vitesse de $2^m,40$, que la plupart des praticiens considéreraient comme déjà très-forte pour une machine de cette dimension, et que la petite devrait être réduite à 212 tours, ou à une vitesse moyenne de $1^m,40$ pour le piston.

Ces nombres ($2^m,40$ et $1^m,40$) montrent, contrairement à une idée très-répandue, que c'est dans les *grandes* machines, et non dans les *petites*, qu'on peut donner aux pistons *les plus grandes vitesses linéaires*.

Cela tient à ce que, pour une quantité donnée $r\omega = V$, l'accélération $\omega^2 r$ est égale à $\dfrac{V^2}{r}$; de sorte que, si l'on veut avoir la même accélération pour deux machines, il faut que les courses des pistons soient proportionnelles aux carrés de leurs vitesses linéaires. Les vitesses angulaires seront alors, comme il est facile de le voir, en raison inverse de ces vitesses linéaires.

On aura en effet les trois égalités

$$r\omega = V$$
$$r'\omega' = V'$$
$$\frac{V^2}{r} = \frac{V'^2}{r'}.$$

D'où l'on déduit

$$\frac{\omega}{\omega'} = \frac{V}{V'} \times \frac{r'}{r} = \frac{V}{V'} \times \frac{V'^2}{V^2} = \frac{V'}{V}.$$

Ainsi, par exemple, si l'on considère deux pistons de $0^m,50$ et de 2^m de course, et si l'on suppose que le premier fasse trente tours par minute avec une vitesse moyenne d'un mètre par seconde, le second pourrait marcher à la vitesse moyenne de 2^m en faisant 15 tours par minute.

Ce qui précède suppose que les deux machines sont géométriquement semblables. Il n'en serait plus de même si leur constitution géométrique était différente, si l'une, par exemple, était à balancier et l'autre à connexion directe. Dans ce cas une même accélération sur les pistons n'entraînerait pas nécessairement la même fatigue pour les machines, s'il y avait sur l'une d'elles une pièce fatiguant plus que ces pistons.

C'est précisément ce qui aurait lieu le plus souvent pour le balancier dans les conditions où ces pièces sont habituellement établies, et l'on sait qu'une machine à balancier d'une force donnée ne comporte pas la même vitesse de marche que si elle est à connexion directe.

(710) Constitution géométrique de la machine. — Cette constitution peut être examinée à deux points de vue :

A celui de l'appareil récepteur proprement dit ;

A celui des combinaisons cinématiques, à l'aide desquelles le mouvement du récepteur est transmis soit à l'opérateur, soit au moins, jusqu'à l'origine des transmissions qui servent spécialement à le commander.

Les appareils récepteurs se rattachent aux trois types suivants :

1° *Les machines à piston*, qui forment l'immense majorité de celles qu'emploie l'industrie.

2° *Les machines rotatives*, dont il a été fait quelques applications, qui peuvent théoriquement, comme on l'a vu au n° **645**, présenter un léger avantage théorique, amplement compensé, du moins jusqu'ici, par des inconvénients pratiques d'autant plus marqués que les appareils sont plus importants.

3° Enfin les *machines à réaction* ou *à force vive*, dont les inconvénients pratiques sont encore plus frappants, et qui n'ont eu jusqu'ici que quelques rares applications limitées à des opérations devant prendre de très-grandes vitesses de rotation (voir n° **646**).

Nous n'avons à nous occuper ici que du premier type.

Les machines à piston peuvent être *à un seul cylindre*, ou *à deux ou plusieurs cylindres*. Le cylindre unique, ou les divers cylindres sont ou fixes, ou oscillants ; enfin la position invariable des premiers, ou la position moyenne des derniers peut être verticale, horizontale, ou inclinée d'une manière quelconque. Cette diversité de position n'en entraîne aucune dans l'effet de la vapeur sur le piston ; elle n'est habituellement motivée que par des sujétions de local.

Les cylindres verticaux ont, sur les cylindres inclinés ou horizontaux, l'avantage que l'usure du piston s'y fait d'une manière plus uniforme, et que, par suite, les cylindres n'ont pas tendance à s'ovaliser ; mais les cylindres horizontaux, qui prennent en *longueur* l'espace que les autres prennent en *hauteur*, facilitent la surveillance du mécanicien, et peuvent s'installer parfois à moindres frais, au moyen de plaques générales de fondation, dans des conditions convenables de solidité. Les cylindres oscillants tendent à être abandonnés parce qu'ils demandent plus de sujétion dans la construction et dans l'entretien ; on ne les emploie plus que pour satisfaire à des sujétions impérieuses de local, lorsqu'on veut réduire absolument au minimum la distance du cylindre à l'arbre du volant.

Les machines à cylindres multiples ont de deux à quatre cylindres. On peut y faire les catégories suivantes :

(α) Les machines que j'appellerai *à double cylindre*, dans lesquelles il faut considérer qu'on a l'équivalent d'un cylindre unique de *longueur double*, qui exigerait une manivelle deux fois plus longue, et une bielle et une manivelle en proportion. Cette disposition, qui s'applique à des machines horizontales pour bateaux, a pour but, *accessoirement*, de pouvoir réduire un peu la longueur occupée par la machine, *principalement* de reporter l'arbre du volant au milieu de l'espace occupé par la machine, et de répartir symétriquement les pièces à droite et à gauche de cet arbre.

(β) Les machines à cylindres *conjugués*, sont composées, comme les précédentes, de deux cylindres égaux, dans chacun desquels la vapeur agit d'une manière identique ; mais avec cette différence entre les deux systèmes que les pistons, au lieu d'avoir des mouvements concordants (de même sens ou de'sens contraires), ont des mouvements croisés ; leurs manivelles sont à angle droit, au lieu de se confondre en une seule ou d'être à 180°, ou bien ils ont une manivelle commune, et ce sont leurs axes qui sont à angle droit.

L'objet de ce dispositif est *accessoirement* d'éviter les points morts et de régulariser l'action de la force motrice, mais *principalement* de permettre les manœuvres d'arrêt et de renversement de mouvement, dans toutes les positions de la machine.

L'emploi de ce dispositif est indiqué dans les divers cas où l'on a ces manœuvres à faire.

Ainsi l'on ne construit plus guère de machines de bateau ou de machines d'extraction, et l'on ne construit pas une seule locomotive qui ne soit à cylindres conjugués. On a commencé également d'appliquer le système à faire mouvoir des laminoirs à mouvements alternatifs.

(γ). Les machines *à cylindres accouplés*, ou machines à deux cylindres de Woolf ou d'Edwards, dans lesquelles, contrairement à ce qui vient d'être dit, les cylindres sont inégaux, pour produire de la détente par l'effet du passage de la vapeur du petit cylindre dans le grand.

Pour une quantité donnée de vapeur admise dans la machine, la détente définitive n'est pas *théoriquement* plus grande que si le grand cylindre existait seul, mais elle peut l'être pratiquement, par la suppression possible de l'influence de l'espace nuisible. En outre, cette détente se produit dans des conditions plus favorables, parce qu'il y a moins de refroidissements pendant qu'elle a lieu ; enfin, la machine prend une marche plus régulière, et elle fatigue moins que si le même degré de détente était réalisé avec un seul cylindre.

(δ). Enfin les machines *à cylindres combinés*, qui sont aux machines ordinaires de Woolf ce que sont les machines à cylindres conjugués aux machines ordinaires à un seul cylindre, ou aux machines à double cylindre ci-dessus mentionnées.

La vapeur, au lieu de passer directement du petit cylindre dans le grand, ce qui exige que les mouvements des pistons soient concordants, ou que ces pistons arrivent ensemble à leurs points morts, passe par un réservoir intermédiaire, d'où elle est distribuée soit à

un grand cylindre unique, soit à plusieurs cylindres, avec la condition que le volume *admis* dans un temps donné par l'ensemble de
ces cylindres soit égal au volume *évacué* dans le même temps par
le petit.

L'existence de ce réservoir de vapeur permet de croiser les manivelles et d'avoir, par exemple, soit un petit cylindre et un grand
avec leurs manivelles à angle droit, soit trois cylindres, un pour
l'admission, et deux pour la détente avec leurs manivelles à 120°,
selon le système très-rationnel proposé par M. Dupuy de Lôme, etc.

En un mot, on réunit par l'emploi des *cylindres combinés*, tous
les avantages économiques qui résultent de la détente de Woolf aux
avantages de régularité de marche et de facilité de manœuvre qui
résultent de l'emploi des cylindres conjugués.

Ces machines à cylindres combinés sont, quant à présent, *le dernier mot de l'art*, en tant qu'il s'agit de machines de rotation.

On peut encore classer les machines à piston en machines *de rotation* et en machines *à mouvements alternatifs*. Ces dernières peuvent être à un seul cylindre ou à deux cylindres accouplés, à simple
ou à double effet.

(**711**) Quant aux combinaisons cinématiques qui servent à transmettre le mouvement du cylindre ou des cylindres à l'arbre principal, on doit considérer d'une part les machines *à balancier*, d'autre
part les machines *à connexion directe*.

Le mécanisme du balancier et du parallélogramme de Watt est
encore aujourd'hui tel qu'il est sorti des mains de son illustre inventeur, et encore aujourd'hui, si l'on ne redoute pas l'encombrement et le surcroît de dépenses de premier établissement qu'entraîne le système, par suite de sa constitution géométrique et parce
qu'il ne permet pas les grandes vitesses de marche, c'est le système
qui donne lieu, lorsqu'il est bien proportionné, à la marche la plus
douce et la plus régulière, à la meilleure conservation des pièces
et au moindre travail absorbé en résistances passives. C'est lui encore qui permet, avec la moindre complication de pièces supplé-
mentaires, l'emploi des cylindres accouplés et l'emploi de la condensation. Par contre, les machines à connexion directe, qui for-

ment la majorité de celles que l'on établit aujourd'hui, se prêtent mieux aux diverses sujétions de local qu'on peut rencontrer, permettent l'emploi de plus grandes vitesses et sont mieux appropriées à l'emploi des cylindres conjugués ou combinés.

La connexion directe permet d'ailleurs, comme on l'a vu, les dispositions les plus variées. Les cylindres peuvent être verticaux, horizontaux ou inclinés ; ils peuvent avoir leurs axes parallèles l'un à l'autre, ou en prolongement l'un de l'autre, ou au contraire à angle droit, ou à peu près ; leurs bielles peuvent être en prolongement de la tige du piston, ou en retour ; un piston peut avoir une tige unique, pleine, ou deux tiges distinctes, ou une seule tige creuse formant fourreau ; les manivelles des divers pistons peuvent être à 90°, à 120°, à 180° l'une de l'autre, ou elles peuvent se confondre, etc., etc.

On doit considérer que toutes ces combinaisons géométriques, qui ont été précédemment indiquées, sont théoriquement indifférentes au point de vue mécanique, et qu'elles ont pour objet soit d'adapter l'appareil à l'étendue et à la forme du local disponible, soit de répartir convenablement les poids, soit enfin de reporter l'axe de l'arbre principal dans une position donnée appropriée à la fonction qu'il doit remplir. S'il s'agit, par exemple, de l'arbre d'une roue à palettes, son axe devra être établi *transversalement* à une hauteur convenable *au-dessus* de la ligne de flottaison ; s'il s'agit au contraire de l'arbre d'une hélice, on l'établira à une hauteur convenable *au-dessous* de cette même ligne et *dans l'axe du bateau*. Cette différence dans la position de l'arbre justifie à elle seule une différence correspondante dans l'agencement de la machine motrice.

On désigne proprement, sous le nom de machines *à connexion directe*, les machines sans balancier *de rotation*. Celles qui sont à mouvements alternatifs prennent le nom de machines *à traction directe*.

Les machines à connexion directe *ont nécessairement* un volant proprement dit, ou quelque disposition qui en tient lieu.

Les machines à traction directe *peuvent en avoir un* ; ce n'est pas un organe indispensable, mais il évite les inconvénients d'un règlement imparfait de la machine, et permet de marcher à plus grande vitesse.

(712) Appareils de distribution. — On distingue quelquefois les machines par le système de distribution qui leur est appliqué. On aura ainsi les machines à soupapes et les machines à tiroir.

Les soupapes sont considérées par quelques personnes comme préférables, en principe, au tiroir, à cause de leur ouverture instantanée, qui fait que, dès les premiers moments, les orifices sont ouverts *en grand*, à l'admission et à l'échappement. Cela peut avoir quelque intérêt pour l'échappement, afin d'obtenir plus vite l'établissement de la contre-pression finale ; mais cela n'en a guère pour l'admission, à cause de la très-petite vitesse du piston, et du très-petit volume à remplir de vapeur au moment où cette admission commence. L'utilité d'une prompte ouverture serait d'autant plus indiquée qu'il s'agirait de machines plus rapides ; mais c'est précisément pour ces grandes vitesses que l'emploi des soupapes laisse à désirer.

Je pense que l'emploi d'un tiroir mené par un excentrique circulaire est le système à appliquer au plus grand nombre des cas ; ce dispositif donne des mouvements doux, suffisamment rapides, moyennant l'emploi d'une avance angulaire convenable et un recouvrement extérieur correspondant; il est peu sujet aux réparations.

Je le considère comme préférable, en pratique, à la plupart des systèmes préconisés dans ces derniers temps, pour produire brusquement le mouvement des appareils de distribution. Ce qui me paraît acceptable dans ces systèmes, c'est bien moins l'instantanéité du mouvement que les précautions prises pour diminuer les espaces nuisibles et pour prévenir les refroidissements par l'emploi de lumières distinctes, d'un côté pour l'admission, de l'autre pour l'échappement, placées aux deux bouts du cylindre.

(713) Classifications diverses. — Une machine à vapeur donnée peut, en principe, être appliquée à un usage industriel quelconque ; mais il arrive souvent que des emplois spéciaux emportent des dispositions particulières, soit conseillées ou commandées pour la facilité du service, soit consacrées par la pratique habituelle.

Ainsi, en disant d'une machine qu'elle est destinée à *l'épuisement d'une mine*, ou bien qu'elle est destinée à *l'extraction des minerais*,

on donne une idée, non pas nécessaire, mais probable des conditions principales auxquelles on se sera attaché à satisfaire. (Voir
Cours d'exploitation, chapitres xiv et xix.) Il peut en être de même
pour d'autres usages. Nous reviendrons, dans le chapitre suivant,
sur cette question capitale des conditions à demander aux machines
établies en vue de destinations déterminées.

On distingue encore quelques machines par le nom de la localité
où elles sont principalement employées, comme les machines du
Cornouailles (*Cours d'exploitation*, nº **529**), ou par le nom d'un
constructeur, comme Watt, Woolf ou Edwards, Cavé, Farcot, etc.

La machine de Watt proprement dite est essentiellement une
machine à balancier, à basse pression, sans détente et avec condensation.

La Machine dite de Woolf (du nom de son inventeur), ou d'Edwards
(du nom de celui qui l'a importée en France) est une machine à
balancier, à deux cylindres accouplés, à moyenne pression, à détente fixe et à condensation.

Le nom de Cavé rappelle les machines oscillantes que ce constructeur a importées et répandues en France à une certaine époque.

Le nom de M. Farcot rappelle un type très-perfectionné de machines à connexion directe, verticales ou horizontales, à un seul
cylindre, avec double enveloppe, à très-grande détente variable par
le régulateur et à condensation, etc., etc.

Telles sont les principales classifications qu'il nous a paru utile
et suffisant de considérer.

En définissant exactement une machine donnée sous les divers
points de vue que nous venons d'indiquer, on arrivera à en offrir
l'idée la plus précise, et réserve faite de l'exécution matérielle plus
ou moins satisfaisante, point essentiel, mais qui ne peut être ni
défini par le langage, ni même, fort souvent, reconnu à la simple
inspection, on pourra apprécier le mérite, sinon de la machine
elle-même, du moins du système suivant lequel elle est conçue.

CHAPITRE XX

DU CHOIX D'UNE MACHINE A VAPEUR DESTINÉE A UN USAGE INDUSTRIEL DÉTERMINÉ

(**714**) Les chapitres précédents (xii à xix) renferment les notions théoriques et les détails pratiques que nous avons à présenter sur les machines thermiques en général. Nous nous sommes étendus particulièrement sur la machine fonctionnant par l'intermédiaire de la vapeur d'eau, qui est, jusqu'à ce jour, le seul corps dont l'emploi comme agent servant à utiliser la force motrice de la chaleur soit devenu courant et industriel ; de telle sorte que, quant à présent, les expressions de *machines thermiques* et *de machines à vapeur d'eau* ou simplement de *machines à vapeur* sont, en quelque sorte, synonymes, malgré le sens beaucoup plus général que comporte la première.

Réservant entièrement, comme question d'avenir, la substitution éventuelle plus ou moins complète de l'air atmosphérique à la vapeur d'eau, substitution qui présentera un certain avantage théorique dont j'ai indiqué la valeur, mais qui a des inconvénients pratiques incomplétement surmontés, et même, on doit le dire, imparfaitement compris par la plupart des personnes qui s'occupent de ces matières, je ne m'occuperai ici que des machines à vapeur.

Nous avons vu quelles sont les conditions du meilleur emploi de cet agent, et nous avons décrit l'ensemble et les détails des appareils très-variés à l'aide desquels ces conditions peuvent être réalisées.

Ces connaissances permettent d'apprécier d'une manière générale la valeur intrinsèque d'un type donné de machines à vapeur, ou d'établir l'ensemble et les principaux détails d'un projet de machine de ce type devant produire une force déterminée.

Mais ici se présente une question importante, de même nature que celle que nous avons traitée au chapitre ix pour les récepteurs hydrauliques, celle du choix à faire de ces types, dans chaque cas particulier, selon les circonstances dans lesquelles on se trouve placé. C'est une question capitale, qui intéresse à la fois l'industriel pour le compte duquel la machine fonctionnera, et l'ingénieur chargé d'en étudier le projet.

C'est une question préliminaire qui doit être résolue avant qu'il puisse être procédé à l'étude définitive du projet. La solution dépend à la fois de considérations générales indépendantes de l'usage industriel auquel la machine est destinée, et de considérations particulières en relation, au contraire, d'une manière plus ou moins intime, avec cet usage, ainsi qu'avec les circonstances locales.

Ni les unes ni les autres de ces considérations ne sont ni assez impérieuses, ni en même temps assez concordantes, pour imposer absolument dans chaque cas particulier une solution *unique*. Deux ingénieurs n'arriveront pas nécessairement à la même solution pour les détails ni même pour l'ensemble de la machine qu'ils pourront être amenés à proposer, et cette diversité même des solutions est un motif de plus pour qu'il soit opportun d'examiner ici la question en termes généraux, en indiquant les divers points de vue qu'on est conduit à étudier, et dont on doit chercher, dans chaque cas particulier, à apprécier l'importance relative.

Si l'on se place à un des points de vue les plus importants, celui de l'économie de combustible, et si c'est là le seul objet dont on veuille d'abord se préoccuper, cela revient à dire que la machine doit satisfaire à la condition de faire le meilleur emploi possible de la vapeur.

Pour atteindre ce but, il est tout à fait nécessaire et il suffit presque de supposer remplies les trois conditions, précédemment énoncées, d'une pression initiale élevée, d'une détente poussée très-loin et d'une condensation efficace.

S'agit-il d'une machine à simple effet, le système de la machine
dite du Cornouailles, simplifié par la suppression du balancier et
perfectionné par l'emploi des cylindres *accouplés* qui permettent
une plus grande détente ou qui diminuent la fatigue de la machine
pour une détente donnée, me semble spécialement recommandable.

S'agit-il d'une machine de rotation, le même système des cylindres accouplés, constituant ce qu'on désigne sous le nom de machine de Woolf, combiné avec l'emploi du balancier et du parallélogramme de Watt, constitue un excellent type, employé dans
beaucoup de grandes usines, où l'on se préoccupe moins de la
dépense de premier établissement et de la place occupée par la
machine que de l'économie de combustible et de la régularité de la
marche. On sacrifie même à cette dernière condition quelque chose
sur l'effet utile, en abaissant un peu la pression initiale pour réduire
les fuites de vapeur et rendre plus faciles l'entretien de la machine
et de la chaudière ; de sorte que les machines de Woolf à balancier
et à moyenne pression forment le type qui prévaut aujourd'hui
dans les grands établissements passant pour les mieux installés,
tels que ceux de Mulhouse, du Nord, de la Seine-Inférieure, etc.

Mais il ne semble pas impossible de réaliser peut-être encore un
certain progrès, soit en employant les condenseurs fermés et l'alimentation monhydrique, qui me semblent appelés à se répandre,
soit en remplaçant les cylindres *accouplés* par des cylindres *combinés*, et le système du balancier par l'emploi de la connexion directe. On ne perd rien par là sur le travail théorique de la machine,
on diminue le prix d'établissement et l'encombrement, soit directement par cette suppression du balancier et de ses accessoires,
soit indirectement par la vitesse notablement plus grande et les dimensions moindres que permet cette suppression ; en même temps
le mouvement de la machine devient plus régulier, et la fatigue de
ses pièces est moins grande en moyenne et atteint un maximum
moins élevé, pour un degré donné de détente, qu'avec des cylindres
accouplés ; enfin le volant peut être beaucoup moins puissant.

(**716**) Prenant pour point de départ la haute pression, la grande
détente, la condensation et l'emploi de deux cylindres accouplés

ou plutôt combinés, on comprend, comme nous l'avons déjà dit à plusieurs reprises, que l'on diminuera les difficultés d'entretien, tant des chaudières que de la machine, à mesure que l'on réduira le taux de la pression initiale ; qu'on simplifiera sa construction sans changer la *détente théorique*, en supprimant le petit cylindre, et admettant directement la vapeur dans le grand cylindre qui conservera ses dimensions ; mais qu'on ne pourra pas pousser la détente pratique jusqu'à une limite aussi étendue et qu'on exposera les pièces de la machine à plus de fatigue ; qu'on aura encore une nouvelle et importante simplification de construction, mais en restreignant la détente et en diminuant l'effet utile, par la suppression de l'attirail assez complexe qu'entraîne l'emploi de la condensation, etc.

En un mot, on peut faire les diverses modifications que l'on voudra au mode d'emploi qu'indique la théorie, réaliser par là certains avantages de second ordre, mais qui seront achetés *ordinairement* par quelque désavantage plus ou moins comparable, et *assurément* par un excès de consommation de combustible, excès que l'on peut chiffrer dans chaque cas particulier, comme nous l'avons vu au chapitre XVI.

(**717**) Après cette indication générale, considérons particulièrement les diverses applications industrielles qui peuvent être faites de la force motrice de la vapeur.

Nous distinguerons les catégories suivantes :

1° Les machines spéciales à l'industrie des mines (machines d'extraction et machines d'épuisement).

2° Les machines spéciales à l'industrie des usines métallurgiques (machines soufflantes pour hauts-fourneaux et machines de forges).

3° L'application des moteurs à vapeur à l'exécution des travaux publics et à l'agriculture.

4° Les machines employées à des élévations d'eau.

5° Les machines employées dans la grande industrie des transports, comprenant principalement la navigation fluviale et maritime et les chemins de fer.

6° Enfin les applications industrielles diverses, en séparant le cas

des grandes forces ou des forces moyennes de celui des très-petites
forces réclamées par beaucoup d'industries urbaines, comme il
s'en trouve un très-grand nombre à Paris particulièrement.

Nous terminerons par une question d'une grande importance pratique, celle du cas où il s'agit, non pas de monter une machine pour
une usine nouvelle, mais seulement d'augmenter la force d'une
machine qui sera devenue insuffisante dans une usine donnée, par
suite des accroissements successifs qu'aura reçus l'outillage de
cette usine.

(**718**) 1° *Machines de mines.* — C'est en vue de l'épuisement des
mines qu'ont été établies les premières machines à vapeur. Encore
aujourd'hui cette industrie est une de celles qui emploient les machines sur la plus grande échelle, et qui pourrait le plus difficilement se passer du secours de ces appareils.

Aucune industrie n'emploie des appareils plus perfectionnés que
ceux qui servent à l'épuisement dans certains districts de mines
comme le Cornouailles ; aucune, sauf la grande navigation maritime, n'en emploie d'une puissance supérieure. L'étude des machines à vapeur qu'emploie l'industrie minière offre donc un grand
intérêt. Nous renvoyons aux développements dans lesquels nous
sommes entrés ailleurs (*cours d'exploitation,* tome II) sur les conditions diverses auxquelles doivent satisfaire les machines appliquées
soit à l'épuisement, soit à l'extraction, et nous nous bornerons ici
à résumer sommairement les conclusions auxquelles ces développements conduisent :

(**719**) *En ce qui concerne les machines d'épuisement* (chap. XIX,
§ 4), il me paraît que, pour des appareils *puissants* fonctionnant à
de *grandes profondeurs,* le type réunissant la plus grande somme
d'avantages serait la machine *à simple effet, à traction directe, à
deux cylindres accouplés, fonctionnant à une pression initiale de
4 ou 5 atmosphères avec une détente poussée très-loin et à condensation.* Cette machine serait en outre munie du *régénérateur Boch-
koltz.* Elle mettrait en mouvement de très-grandes masses s'équilibrant en partie, dont le poids non équilibré serait soulevé par l'ac-

tion de la vapeur, et produirait, en redescendant, le refoulement de l'eau dans la colonne montante des pompes en répétition.

Nous renvoyons aux n^os **528** à **533** du volume précité, pour les détails qui justifient cette conclusion générale, et qui montrent, en outre, les variantes diverses, notamment l'emploi des faibles détentes, ou celui des machines de rotation, que peut comporter le type indiqué, dans certains cas, par exemple lorsque le charbon est à bas prix, ou l'eau peu abondante, ou la profondeur des puits ou leur section peu considérable.

(**720**) *En ce qui concerne les machines d'extraction,* le type devenu courant aujourd'hui serait une machine *à 2 cylindres con-juqués et à connexion directe, à haute pression, à détente peu éten-due, produite simplement par avance et recouvrement, sans conden-sation, ayant ses manivelles attelées directement sur l'arbre des bobines et munies le plus souvent d'une distribution à tiroirs et d'un changement de marche à coulisse.* (Voir ch. XIV, § 1, n^os **436** à **444**.) Ce type est excellent, tant au point de vue de la simplicité qu'à celui du service demandé à la machine. Il peut être perfectionné au point de vue de la dépense de combustible, en ajoutant à l'emploi de la haute pression celui des deux autres éléments qui caractérisent l'emploi économique de la vapeur, savoir une détente plus prolongée et la condensation.

On sacrifie, il est vrai, la simplicité de la machine ; mais comme ce sont des machines *d'une grande puissance* (quelquefois 150, 200 chevaux et plus), qui donnent *fort peu de coups de piston* par minute, *il est très-important*, et, en même temps, *il n'est pas diffi-cile* d'y appliquer les deux perfectionnements indiqués.

Il me paraît *qu'on ne doit plus* établir de grandes machines d'ex-traction sans y ajouter un appareil approprié de détente variable.

Sans être aussi affirmatif pour la condensation, je crois son em-ploi indiqué, tout au moins lorsque le combustible est cher, et il est probable qu'il le sera bientôt partout, *même sur les mines de houille.*

(**721**) 2° *Machines d'usines métallurgiques.* — Les machines souf-

flantes des hauts-fourneaux sont caractérisées par deux circonstances principales. D'abord il faut assurer la régularité de leur
marche ; car elles doivent marcher jour et nuit (jours fériés et
dimanches compris), sans autres arrêts qu'aux moments de la
coulée. En second lieu, on peut habituellement disposer, pour produire la vapeur, de la chaleur *apportée* par les gaz du gueulard et de
celle *produite* par leur combustion au contact de l'air atmosphérique. Les deux sources de chaleur dont on peut ainsi disposer avec un
haut-fourneau sont, en général, au moins suffisantes pour chauffer
l'air et pour alimenter de vapeur la machine soufflante de ce haut-
fourneau. Si donc on n'a pas besoin de force motrice pour un autre
usage, on peut dire que celle de la machine soufflante est produite
sans dépense spéciale de combustible, sauf la petite quantité qu'on
entretient quelquefois sur les grilles des chaudières, pour assurer
en toutes circonstances l'allumage des gaz à leur arrivée sous la
chaudière. Cette conclusion est peut-être un peu absolue, soit à
cause de l'usage qui s'introduit de chauffer l'air à de très-hautes
températures, soit parce qu'il serait assez rare qu'on ne trouvât pas
quelque autre emploi utile à faire de la totalité ou d'une partie de la
force que peuvent donner les gaz du gueulard. Quoi qu'il en soit,
une machine à vapeur actionnant une soufflerie de haut-fourneau
doit être considérée comme *obligée à une marche très-régulière et
très-continue*, et comme *faisant une dépense de combustibles, sinon
entièrement nulle, tout au moins très-peu importante relativement
à la force produite*.

Sous cette double condition, on est amené, suivant moi, à une
solution devant remplir le programme suivant :

Marcher avec une pression initiale modérée, en réduisant le degré
de détente ; conserver, s'il se peut, la condensation, qui permet de
réduire la pression initiale pour une détente donnée ; marcher à
petite vitesse, ce qui est favorable non-seulement à l'emploi de la
condensation et au maintien en bon état de la machine, mais encore et surtout au travail de la compression de l'air, en prévenant
les échauffements que produirait une compression trop rapide et la
résistance supplémentaire qui en résulterait.

On pourra donc très-bien adopter une machine à double effet, à

balancier, à moyenne pression et à détente variable dans un seul cylindre. Le cylindre à vapeur et le cylindre soufflant seront sur les
deux côtés opposés du balancier ; le premier à l'extrémité même, le
second à quelque distance de cette extrémité, pour laisser l'attache
de la bielle qui commande le volant ; ou bien c'est cette attache qui
sera reportée en arrière sur le bras du balancier, et les tiges des
deux pistons seront symétriquement placées aux deux extrémités de
ce balancier et munies chacune d'un parallélogramme spécial.

On est ici dans le cas d'une machine qui pourrait n'avoir que des
mouvements alternatifs, et l'arbre du volant a pour rôle principal,
comme on a eu occasion de le dire, de limiter d'une manière invariable la course du piston, ce qui évite les accidents qui pourraient
résulter d'un règlement imparfait de la distribution, et permet de
laisser marcher la machine plus franchement et à une plus grande
vitesse.

Il convient cependant que le volant soit assez puissant, surtout si la
détente est poussée un peu loin ; en effet, les pistons à vapeur et à
vent ayant, dans le système décrit, des mouvements concordants, et le
travail moteur produit par la vapeur dans un coup de piston devant
être théoriquement égal au travail résistant produit par la compression et le refoulement de l'air, il y aurait à chaque instant équilibre statique entre la puissance et la résistance principale, si ces deux
forces restaient constantes. Mais il n'en est rien, et l'on reconnaît,
au contraire, qu'il y a, au commencement d'une excursion des pistons, un très-grand excès de la puissance sur la résistance ; car c'est
alors que la pression de la vapeur est au maximum, tandis que la
résistance de l'air n'est pas encore produite par la compression du
piston à vent, et qu'il y a même effort en sens contraire, par suite de
l'air comprimé renfermé dans l'espace nuisible sur l'autre face de
ce même piston.

En résumé, il me paraît que les machines soufflantes établies
dans les conditions ci-dessus définies (surtout lorsqu'il en existe
plusieurs pour un système de hauts-fourneaux, ce qui permet de
les simplifier encore individuellement en leur donnant des appareils
communs pour l'alimentation et la condensation), peuvent être re-
gardées *comme constituant un système à peu près irréprochable.*

(**722**) Telle n'est point l'opinion de beaucoup d'ingénieurs.

Quelques-uns des plus distingués, MM. Thomas et Laurens, par exemple, ont recommandé, et ont fait prévaloir pendant un grand nombre d'années, un système de machines à haute pression et à grande vitesse, horizontales et à connexion directe, dans lequel les tiges des pistons à vapeur et à vent étaient en prolongement l'un de l'autre, et la distribution par tiroir employée aussi bien pour le vent que pour la vapeur.

De semblables appareils pouvaient marcher à 90 ou 100 tours et plus par minute, au lieu des 15 ou 20 tours dont on se contente pour les grandes machines à balancier.

De là la possibilité de réduire à peu près au cinquième la dimension du cylindre à vent, et au moins dans le même rapport celle du cylindre à vapeur. De là les avantages ordinaires au point de vue du poids, du volume et du prix de premier établissement.

Mais pour une usine métallurgique, dans laquelle on engage de grands capitaux, la question du poids d'un appareil et celle de la dépense qui en résulte ont peu d'importance relative, et celle de l'encombrement n'en a ordinairement aucune. On reste donc avec des machines dont la marche n'est pas sûre, qui demandent beaucoup de frais d'entretien, notamment beaucoup de graissage pour le piston et pour le grand tiroir du cylindre à vent.

Je crois que la pratique a fait reconnaître, à l'emploi de ces machines, une infériorité marquée sur les machines lentes à balancier.

(**723**) Dans un ordre d'idées un peu différent, de grands ateliers de construction (le Creuzot et Seraing notamment) ont adopté, dans ces dernières années, un type de machines verticales à connexion directe, dans lesquelles les cylindres sont situés encore sur le même axe; mais cet axe est vertical au lieu d'être horizontal. Ces machines marchent avec une vitesse moyenne.

Elles sont très-bien étudiées dans leurs détails, et exécutées avec toute la perfection qui distingue les ateliers d'où elles sortent.

Il a fallu beaucoup d'études pour arriver à grouper, dans des conditions acceptables de solidité, toutes les pièces du système dans un espace aussi étendu en hauteur et aussi restreint en projection horizontale.

Sans y avoir le même intérêt, on s'est créé les mêmes difficultés que s'il se fût agi de caser une machine dans les flancs étroits d'un navire, et il en est résulté, comme sur beaucoup de bateaux, des pièces d'un abord incommode, difficiles à entretenir en bon état et plus difficiles encore à remplacer. On s'est privé, sans motifs suffisants, et sans compensation au point de vue mécanique, des commodités que présentent, pour l'entretien et la surveillance, l'ampleur et les dégagements du mécanisme de Watt.

(**724**) C'est surtout dans les forges où s'opère le traitement pour fer doux ou pour acier des fontes produites par les hauts-fourneaux, que les machines sont employées sur une grande échelle, pour élaborer mécaniquement les matières traitées, et pour donner aux produits les formes et dimensions sous lesquelles ils sont acceptés par le commerce.

Les machines employées à ces élaborations mécaniques sont placées dans des conditions particulières.

En premier lieu, les appareils opérateurs ne sont pas fort multipliés; chacun d'eux exige individuellement, lorsqu'il fonctionne, une grande force, variable entre d'assez larges limites et n'agissant pas d'une manière continue. Chaque opération, comme celle du laminage d'une barre, se partage entre plusieurs périodes, *ou passes*, séparées par un court instant de repos, et deux opérations consécutives sont séparées par un temps d'arrêt plus ou moins prolongé.

En second lieu, on peut dire, presque aussi bien que dans le cas des machines soufflantes, que la vapeur employée dans ces machines ne correspond *qu'à une consommation de charbon peu importante;* car il existe dans l'usine un certain nombre de foyers (fours à puddler, fours à réchauffer, fours à tôle, etc.) dans le laboratoire desquels on doit entretenir une température variable, mais toujours fort élevée, et indispensable à la production du phénomène qu'on veut réaliser dans ce laboratoire. Les produits de la combustion sortent nécessairement du laboratoire *à cette température*, et s'ils se rendent directement à la cheminée d'appel, la chaleur correspondante, sauf celle qui est nécessaire au tirage de la cheminée, est *entièrement perdue*.

On peut, il est vrai, la recueillir à l'aide du régénérateur de Siemens, appareil qui donne, pour la suite des opérations, soit une augmentation de température, soit une diminution dans la consommation du combustible.

Mais on peut aussi, *non moins utilement*, employer cette chaleur perdue à vaporiser de l'eau dans des chaudières. On reconnaît qu'elle est le plus souvent suffisante. On peut donc ne regarder comme consommation propre à ces chaudières que la portion de combustible qu'on aurait pu économiser à l'aide du procédé Siemens.

En troisième lieu, les chaudières ainsi chauffées par les flammes perdues sont placées dans des conditions d'emploi peu satisfaisantes, l'opération qui se passe à l'intérieur du laboratoire du four comportant de grandes inégalités dans la température et dans la nature plus ou moins oxydante des flammes.

Dans les *anciennes* forges (antérieures à 1840 par exemple), la solution adoptée consistait à avoir une grande machine à basse pression et à balancier, du système de Watt, placée au centre de la halle. Elle commandait tout l'attirail des opérateurs, comprenant un marteau frontal et, de part et d'autre, différents trains de laminoir, servant les uns pour préparer l'ébauche, les autres pour les diverses variétés de corroyage et de finissage. La chaleur perdue des fours n'était pas utilisée, et la vapeur nécessaire à la grande machine était produite par un groupe de chaudières sous lesquelles on faisait une consommation spéciale de combustible, assez importante à cause de la grande force de la machine et de la manière imparfaite dont la vapeur y fonctionnait.

Ce système a été progressivement modifié, et aujourd'hui la combinaison suivante obtient l'assentiment de la plupart des métallurgistes.

(**725**) D'abord, et c'est là le point capital, la consommation spéciale du charbon pour les chaudières est partout supprimée et remplacée par l'emploi de *la chaleur perdue* des fours. Le groupe des chaudières est remplacé par une série de chaudières disséminées sur les divers fours, et chauffées chacune par la flamme tantôt de fours isolés tantôt de fours accouplés. La basse pression a été remplacée par une pression moyenne (de $3\frac{2}{4}$ à 4 atmosphères au plus), propre à la fois à économiser la vapeur dans une certaine mesure et à ne pas causer trop de difficultés d'entretien pour les nombreuses chaudières employées. En même temps qu'on a augmenté la pression initiale, on a conservé, quand les circonstances locales l'ont permis, la condensation, et l'on a employé une certaine détente variable par le régulateur.

Mais en outre, assez souvent, on a substitué au système d'une *grande machine unique* actionnant tous les appareils de la forge, celui de *plusieurs machines distinctes* affectées spécialement à des fabrications déterminées ; par exemple, on en a une pour chaque marteau pilon, ou autre appareil cingleur ou compresseur, ayant généralement remplacé le marteau frontal, une autre pour le train de puddlage, une pour les fers marchands divers, une pour les fers à T ou les rails, une ou plusieurs pour les tôles de divers échantillons, etc.

Il importe d'apprécier les véritables motifs de cette dissémination des forces, et de voir dans quel esprit et jusqu'à quel point il convient de l'étendre.

On peut dire d'abord qu'avec les exigences de la consommation qui demande des échantillons de plus en plus forts, on a été obligé d'augmenter la puissance de beaucoup d'engins, et qu'il serait bien difficile de demander aujourd'hui à une machine unique la force nécessaire à une fabrication complexe, comprenant, comme dans certaines usines, la fabrication des fers de tous échantillons, celle des fortes tôles, celle des blindages, etc. L'emploi de plusieurs machines distinctes s'est donc, en quelque sorte, produit spontanément, dans les usines qui étendaient successivement l'importance et la variété de leur fabrication. Mais on l'a aussi établi systématiquement dans des établissements nouveaux créés de toutes pièces. Chacune des machines a été établie avec la puissance réclamée par la fabrication à laquelle on l'affectait, et les transmissions de mouvement, qui auraient dû partir d'une machine unique commandant tous les appareils de l'usine, ont été remplacées par un réseau de tuyaux amenant la vapeur des diverses chaudières à des machines placées à portée de ces appareils.

Ce système semble d'abord avantageux, par lui-même, au point de vue de la dépense de force, en ce qu'il dispense de faire marcher une très-grande machine, dans les moments où les appareils en fonction peuvent n'avoir besoin que de la moindre partie de sa force. En outre, il rend les diverses fabrications indépendantes les unes des autres; il n'expose pas *l'usine entière* à chômer, comme en cas d'avarie survenue à une machine unique. Il permet d'arrêter et de mettre en train chaque fabrication, en agissant sur sa machine motrice, et l'on évite soit de manœuvrer des embrayages qui sont souvent une cause d'accident ou de rupture, soit de laisser marcher à vide des transmissions qui finissent par absorber ainsi, par l'action continue de leurs résistances passives, autant et plus de travail moteur et à occasionner autant d'usure des pièces que pendant les instants où elles fonctionnent utilement.

(**726**) Mais à pousser trop loin cette espèce d'éparpillement de la force motrice, on finirait par augmenter, dans une mesure exagérée, les frais de premier établissement, ainsi que ceux d'entretien et de conduite des machines.

Un principe à suivre me paraît être d'avoir une machine spéciale pour faire mouvoir l'ensemble des engins qui doivent être en jeu pour une façon déterminée reçue par les objets en cours de fabrication. Ainsi, par exemple, on aura une machine pour le train de puddlage; mais il ne conviendrait pas d'en avoir une pour le dégrossissage des loupes et une pour le laminage des loupes dégrossies qui succède immédiatement à ce dégrossissage. Ce serait accroître sans utilité la force collective des machines, les multiplier outre mesure, augmenter la dépense d'installation et même l'importance des résistances passives.

Un autre principe qu'on pourra suivre également sera d'avoir des petits moteurs spéciaux pour certaines opérations qui se font d'une manière intermittente, dans des conditions de vitesse et de force toutes différentes de celles des opérations principales et qui exigeraient des transmissions plus ou moins complexes, si l'on prenait le mouvement sur les grandes machines. Telles sont les opérations qui se font à l'aide de scies, ou de cisailles, pour affranchir les barres de fer fini, pour rogner les tôles, etc.

(**727**) La multiplicité des moteurs ne permet plus de les établir sous la forme encombrante et coûteuse des machines à balancier.

Pour les opérateurs prenant un mouvement rectiligne alternatif, comme les marteaux-pilons, la machine sera sur le type d'une machine à traction directe à simple effet. Pour les laminoirs, le type ordinaire sera la machine de rotation horizontale et à connexion directe, marchant avec détente dans un seul cylindre. Elle n'a pas besoin, en général, d'appareils de changement de marche, parce qu'elle marche comme les laminoirs ordinaires *dans un sens constant*. Mais on emploie aussi, pour certaines fabrications, des laminoirs dits à renversement de mouvement, dans lesquels, après chaque passe, le sens du mouvement est changé, pour pouvoir immédiatement donner la passe suivante, sans prendre le temps employé ordinairement pour relever la pièce en élaboration et la renvoyer par dessus le cylindre supérieur du laminoir.

Habituellement ce renversement s'effectue par une manœuvre de débrayage et d'embrayage, occasionnant des chocs d'autant plus grands que le laminoir est plus important et qu'il tourne plus vite.

Dans ces derniers temps, on a imaginé de faire mouvoir ces laminoirs à renversement, au moyen de machines à deux cylindres conjugués, exactement disposées comme des machines d'extraction, et d'effectuer le renversement à l'aide d'un changement de marche à coulisses. Cette disposition paraît bien appropriée à des laminoirs importants fabriquant les grosses tôles ou les blindages.

(**728**) Les diverses machines fonctionnant dans une forge recevront individuellement une *simplification importante*, diminuant notablement les dépenses d'entretien, par la suppression des appareils d'alimentation et de condensation. Comme d'autre part la condensation est d'un assez grand intérêt, en permettant d'obtenir un travail donné avec une moindre dépense de vapeur et une moindre pression aux chaudières, on peut regarder comme *très-indiqué*, dans un établissement de ce genre, l'emploi d'un moteur spécial, pour l'alimentation de *l'ensemble des chaudières* et pour la condensation des vapeurs d'échappement *de l'ensemble des machines*. Cette disposition semble applicable même à des machines assez éloignées du point où s'opère la condensation. Le tuyau d'échappement peut être simplement exposé sans enveloppe au contact de l'air ; le refroidissement auquel il est ainsi exposé ne fait que favoriser la condensation. Si l'on craint les rentrées d'air, on peut faire arriver ce tuyau à la machine condensante par un canal souterrain dans lequel on entretiendra une circulation d'eau, qui agira, en quelque sorte, comme celle qui est en jeu dans le condenseur à surface.

Cela pourra occasionner quelques frais d'installation ; mais l'objet qu'on a en vue est assez intéressant pour qu'on ne doive pas hésiter habituellement devant ce complément de dépense, dès qu'on peut avoir à sa disposition les eaux nécessaires.

(**729**) 5° *Machines pour les travaux publics*, *etc.* — L'application des moteurs à vapeur aux travaux publics peut s'exercer dans des conditions variées, et rendre les plus grands services, non-seulement par l'économie directe qu'elle procure dans l'exécution d'un travail déterminé, mais encore par la possibilité de concentrer sur un point donné une force qu'il serait souvent difficile, sinon impossible, à cause de l'encombrement, de demander à des moteurs animés. On peut réserver ainsi la main-d'œuvre disponible pour des opérations où intervient l'intelligence, et faire exécuter par les machines à vapeur toutes les manœuvres qui ne demandent que de la force.

Tous les ingénieurs qui ont exécuté des travaux apprécieront, indépendamment de l'économie, les avantages d'avoir des chantiers moins encombrés par le personnel.

Le caractère essentiel de cette application de la vapeur est d'être temporaire, ce qui exclut les installations fixes, et conduit naturellement à l'emploi des locomobiles.

Ces appareils sont aujourd'hui très-répandus, et il n'est pas de grand entrepreneur de travaux publics qui ne sache l'utilité qu'il peut en retirer, qui n'en possède lui-même un certain nombre, ou qui ne s'empresse, quand des besoins nouveaux se présentent, de s'en procurer par acquisition ou par location.

Les conditions principales que doivent remplir ces machines, ainsi que leur générateur, sont d'être très-légères et très-peu encombrantes. Elles doivent être simples et faciles à entretenir et à réparer, sur le chantier même, par un serrurier ou par un charron de village. Ces conditions diverses conduisent au type généralement adopté de chaudières tubulaires portant un cylindre dans lequel la vapeur agit à haute pression, presque sans détente et sans condensation.

Ces machines peuvent être mises en chantier, soit avec leurs roues convenablement calées, soit en démontant les roues et plaçant la machine sur un châssis fixe disposé à l'avance.

Sans parler ici des services que peut rendre, dans l'exécution des travaux publics, l'intervention des locomotives, pour effectuer les transports dans les grands terrassements, ou pour conduire le ballast et les matériaux de construction sur une ligne ouverte à la circulation, et ne nous occupant encore que de l'emploi des machines travaillant à poste fixe, nous pouvons citer les draguages en lit de rivière ou dans des ports, à l'aide de machines installées sur des bateaux, l'épuisement des fouilles pour fondations dans des terrains aquifères, le battage des pieux, le concassage des matériaux pour l'entretien des routes, le montage des matériaux pendant la construction d'un édifice, la fabrication du mortier et du béton, etc., etc.

Les travaux d'épuisement se font commodément à l'aide d'une courroie placée sur la poulie-volant de la locomobile, et commandant par une autre poulie une pompe rotative, appareil simple et peu encombrant, très-bien appropriée pour élever à une petite hauteur de grandes quantités d'eau plus ou moins trouble.

Le concassage des matériaux pourra être fait, sur le lieu d'extraction, par un petit concasseur américain actionné par une petite locomobile.

La fabrication du mortier et du béton se fera sur le lieu d'emploi, en substituant le travail d'une locomobile à celui des chevaux.

Le montage des matériaux d'un édifice ordinaire, tel qu'une

maison plus ou moins importante en cours de construction, n'exige journellement qu'un travail moteur assez faible pour que l'emploi des moyens mécaniques n'y soit pas toujours indiqué, et l'on se contente souvent d'un treuil ordinaire mû à bras d'homme. Mais dans un grand ouvrage, comme un pont ou un viaduc, il peut être utile et il est très-facile d'appliquer une locomobile à ce service de montage.

Enfin, pour le battage des pieux, on pourrait concevoir que la sonnette fût mue directement par une sorte de marteau-pilon ; mais il sera habituellement plus simple d'employer la sonnette ordinaire à déclic, mue par une transmission de mouvement commandée par une locomobile ordinaire. Une simple fourchette d'embrayage rend, à volonté, solidaire ou indépendante de la transmission, le petit treuil à l'aide duquel on soulève le mouton, jusqu'au moment où le déclic fonctionne pour le détacher et le faire retomber sur la tête du pieu.

(**730**) Une seule locomobile de force suffisante peut être employée à la fois à plusieurs des services indiqués ci-dessus, et en des points plus ou moins éloignés du lieu de stationnement de la machine.

On pourra, par exemple, dans une fouille étendue battre à la fois un certain nombre de pieux, et en même temps faire mouvoir des pompes installées en un point déterminé. Mais il faut établir des transmissions de mouvement à distance, et ces transmissions, pour être en harmonie avec le moteur, doivent être installées d'une manière sommaire et provisoire.

L'emploi des câbles télo-dynamiques de M. Hirn offre la meilleure solution de ce problème.

Une machine locomobile permet de mettre *à portée du chantier* une production économique de travail ; les câbles télo-dynamiques permettent de le répartir et de le distribuer *entre les divers points mêmes où il doit en être fait emploi*, et sur chacun desquels l'installation directe d'un moteur spécial serait ou inopportune, ou souvent même impraticable.

(**731**) S'il s'agit de l'application des machines locomobiles à l'agriculture, on peut la concevoir dans deux cas distincts : ou bien on veut opérer sur le terrain même pour des opérations de culture proprement dite, ou bien il s'agit simplement de faire à l'intérieur de la ferme, sur les récoltes obtenues, la préparation commerciale qu'elles doivent recevoir.

A la première catégorie d'opérations se rapportent la préparation du sol ou les labours, puis toutes les opérations de culture, depuis les semailles jusqu'à la rentrée des récoltes.

A la deuxième catégorie appartiennent le battage du blé, le hachage des pailles et des racines, l'extraction des liquides saccharins ou oléagineux, etc., etc.

Ces diverses opérations qui se faisaient presque toutes, jusque dans ces dernières années, à l'aide de moteurs animés, tendent de plus en plus, et particulièrement celles de la deuxième catégorie, à être faites avec le secours de machines à vapeur.

Le caractère ordinaire d'un grand nombre de ces opérations est de ne se faire qu'à certaines époques déterminées de l'année, et seulement pendant un temps limité.

Cette circonstance d'une part, et de l'autre la grande division de la propriété en France, font que chacune de ces opérations, le battage du blé, par exemple, exécuté rapidement comme il l'est à la machine, ne prend dans une ferme qu'un petit nombre de jours, et l'on peut redouter, pour un emploi aussi restreint, la dépense d'acquisition d'une machine, et les soins qu'elle demandera *pendant toute l'année*, pour être en bon état *la semaine*, ou peut-être *les trois ou quatre jours* où l'on aura à l'employer.

De là est née une industrie particulière, qui est peut-être la forme principale sous laquelle se répandra en France l'emploi de la vapeur à l'agriculture, l'industrie qui consiste à *louer* aux fermiers des machines locomobiles allant d'une ferme à l'autre exécuter certains travaux, tels que le battage du blé, qui, ainsi qu'on vient de le dire, ne prennent dans chaque ferme qu'un temps fort court, et qui d'ailleurs peuvent être avancés ou reculés sans inconvénient de quelques jours ou même de quelques semaines.

Sans nous étendre plus longtemps sur ce sujet, nous nous bornerons à dire que les conditions à demander aux locomobiles agricoles ne sont pas autres que celles applicables aux locomobiles fonctionnant pour l'exécution des travaux publics. Plus encore que ces dernières, elles ont besoin d'être d'une construction simple et d'une réparation facile.

(**732**) 4° *Machines à élever les eaux.* — Nous considérons spécialement les machines destinées à des élévations d'eau pour divers objets, tels que l'alimentation des villes, d'une part à cause du caractère d'utilité publique qu'offrent souvent ces établissements, d'autre part à cause de la différence essentielle qu'ils présentent, ou du moins qu'ils *doivent présenter*, avec les grands appareils d'épuisement des mines dont nous avons parlé plus haut. On doit considérer que le volume d'eau à élever est *plus grand*, et la hauteur à atteindre *énormément moindre* que dans les mines, et que la machine est voisine *du point de départ*, et non *du point d'arrivée des eaux.*

On a cru cependant que, malgré ces différences essentielles, on pouvait appliquer à ces élévations d'eau le même système qui fonctionne si avantageusement dans les mines profondes, c'est-à-dire *la machine du Cornouailles* proprement dite, ou sa variante *la machine à traction directe et à un seul cylindre ou à deux cylindres accouplés.* On l'a fait à Londres, et le même système a été établi également à Paris, à l'établissement de Chaillot.

On n'y a point trouvé les mêmes avantages que dans les mines, et cela par une raison dont il est facile de se rendre compte.

On a voulu, comme dans les mines, employer la force de la vapeur à élever un contre-poids dont la fonction est, en redescendant, de refouler l'eau dans la colonne montante, et l'on a voulu en même temps marcher avec une grande détente. Le contrepoids était *léger*, parce que la colonne montante avait peu de hauteur, et il fallait, pour une grande détente, mettre de *très-grandes masses* en mouvement. Ces très-grandes masses que fournissent naturellement, dans un puits de mine, la maîtresse tige et les tiges secondaires des pompes, on les a obtenues en surchargeant la tige de la pompe foulante par de lourds saumons de fonte, et en les contre-balançant par des poids équivalents fixés de l'autre côté du balancier, sur la tige même du piston à vapeur.

Dans le jeu de la machine, ces masses additionnelles mises en mouvement, brusquement et en quelque sorte *tout d'une pièce*, la fatiguent beaucoup plus que des masses équivalentes distribuées sous la forme de longues tiges plus ou moins élastiques, dont les diverses parties ne s'ébranlent que *successivement*. L'instantanéité de la mise en mouvement, dans le premier cas, détermine une sorte de choc, produit, pour ainsi parler, *un martelage*, qui se répète à chaque coup de piston, qui fatigue considérablement toutes les pièces, et oblige de réduire la pression initiale de la vapeur, et par suite l'étendue de la détente, afin de produire une moindre accélération initiale du système. Il me paraît donc que l'on peut poser comme règle que *le système du Cornouailles ne peut être appliqué avec avantage, quand la machine motrice est voisine du point d'où les eaux sont élevées.*

(**733**) On devra recourir à des machines de rotation, disposées d'une manière *analogue* aux machines soufflantes dont nous avons parlé, mais avec certaines variantes que nous devons faire ressortir.

La machine pourra être encore, comme dans le cas d'une soufflerie, une machine de rotation à balancier ; mais à cause du prix du combustible, généralement plus élevé dans une ville que sur une usine, on la fera marcher à plus haute pression, à détente plus étendue et toujours à condensation. On pourra se contenter d'un seul cylindre à vapeur, parce qu'on n'a pas besoin d'une grande régularité dans le mouvement de rotation, et qu'il convient même, au contraire, d'obtenir un ralentissement marqué au commencement de la course du piston. On arrive à ce dernier résultat en s'abstenant d'employer les cylindres *combinés*, ou même simplement *accouplés*, et en n'employant qu'un volant léger simplement suffisant pour franchir nettement les points morts.

L'objet de ce ralentissement est de faire en sorte que les clapets des pompes, dont la marche des pistons est en concordance avec celle du piston à vapeur, s'ouvrent moins brusquement, et que les pompes et les tuyaux montants aient moins à souffrir des forces d'inertie mises en jeu dans les changements de vitesse de la colonne montante.

La machine pourra, très-convenablement, aller un peu moins
vite que la machine soufflante ayant la même force (12 ou 15 tours
de volant par minute, par exemple, au lieu de 15 à 20). Les tiges
des pompes élévatoires seront fixées sur le balancier à droite et à
gauche de son centre (voir n° **590**). Il conviendra de les rapprocher
du centre, pour diminuer leur course et par conséquent leur vitesse,
sauf à augmenter leur diamètre pour leur conserver le même débit.
On aura ou deux pompes à simple effet, ou une seule pompe à
double effet. La première disposition se combine très-bien avec
l'emploi de piston plongeur dont on connaît les avantages (*Cours
d'exploitation* n° **537**). Une élévation d'eau établie dans ces conditions sera *aussi avantageuse* qu'une machine du Cornouailles, au
point de vue de l'économie de combustible. Elle sera dans les
meilleures conditions pour assurer la régularité du service et réduire autant que possible les chômages et les frais d'entretien. Mais
elle entraînera *un certain surcroît de dépense de premier établissement.*

(**734**) Si l'on veut éviter ce dernier inconvénient, il faudra
nécessairement arriver à simplifier la machine et à diminuer l'importance des pièces. On y parvient en employant une machine à
connexion directe, et en la faisant marcher à aussi grande
vitesse qu'on le juge convenable, sauf, s'il y a lieu, à réduire la
vitesse des pompes par un engrenage retardateur.

On pourra donc avoir ou bien une machine à connexion directe,
disposée comme les machines soufflantes, commandant une pompe
unique à double effet dont la tige aura même axe que celle du
piston, ou bien une machine encore à connexion directe, commandant par un pignon une grande roue dentée calée sur un
arbre à un ou plusieurs coudes. Chacun des coudes portera une
bielle faisant mouvoir la tige d'une pompe. On aura très-convenablement 3 coudes à 120° et autant de pompes à simple effet. La résistance sera ainsi très-bien régularisée.

(**735**) Une administration publique qui aura à établir une distribution d'eau devra en faire étudier le projet à ces deux points de

vue, l'un d'obtenir la combinaison mécanique propre à réduire au minimum la consommation annuelle du combustible (ce sera habituellement en même temps la combinaison la plus propre à diminuer les chômages et les frais d'entretien), l'autre qui sacrifiera, dans une certaine mesure, le côté technique à la convenance, plus ou moins impérieuse, de réduire les frais de premier établissement.

On devra comparer l'économie annuelle que donnera le premier projet sur les frais d'entretien et de combustible, avec la charge annuelle qui résultera de l'intérêt et de l'amortissement à long terme du supplément de capital à dépenser pour l'exécution de ce projet.

Mais une observation doit être faite ici : c'est que si l'on trouvait qu'à ce jour l'économie à réaliser, sur les frais annuels équivalant à peu près au supplément de charge financière, il n'y aurait pas à hésiter à donner la préférence au projet le plus parfait au point de vue technique ; car la charge financière représente une somme annuelle constante pendant toute la durée de l'amortissement, tandis que l'économie à réaliser acquerra une importance croissante, par suite de l'augmentation inévitable tant du taux de la main-d'œuvre que du prix des diverses fournitures, et plus spécialement du combustible.

(**736**) 5° *Machines employées dans les transports.* — On peut distinguer ces machines en deux classes, celles qui sont employées à la navigation soit fluviale soit maritime, et celles qui fonctionnent sur les chemins de fer. Nous parlerons d'abord des premières.

Les sujétions spéciales auxquelles elles doivent satisfaire ont conduit à la création de plusieurs types, qui diffèrent, au point de vue cinématique, de ceux que l'on rencontre habituellement dans les autres applications de la vapeur.

Nous avons indiqué en plusieurs occasions, notamment au n° **605**, quelques-unes de ces sujétions, et nous ajoutons ici qu'en général ces sujétions diffèrent ou par leur nature, ou par leur valeur relative, selon qu'il s'agit de la navigation fluviale ou de la navigation maritime.

Il faut d'abord, pour l'une comme pour l'autre, s'attacher à faire des machines aussi légères et aussi peu encombrantes que possible, afin de laisser d'autant plus de marge pour le tonnage utile du navire.

Il importe néanmoins que l'ensemble de l'appareil présente une base ou un empatement *assez large* pour que le poids ne devienne pas une cause de déformation pour la coque du navire, et *assez rigide* pour que la machine soit indépendante des déformations dues à d'autre causes. Il convient en outre de donner à toutes les parties de la machine un excès de solidité sur les dimensions qu'on adopterait à terre, à cause des vibrations auxquelles elles sont incessamment exposées, et pour prévenir la nécessité des réparations, qui se font moins aisément et qui peuvent avoir de plus graves conséquences qu'à terre ; par le même motif, toutes les pièces doivent être d'une confection très-soignée, et fabriquées avec les matériaux de la meilleure qualité.

Une seconde condition à remplir est que la vapeur soit employée dans les meilleures conditions économiques, c'est-à-dire, comme nous l'avons déjà dit bien des fois, *à haute pression, à large détente et à condensation.*

Cependant il est bon de dire qu'à ce second point de vue la navigation fluviale et la grande navigation maritime sont dans des conditions assez différentes. C'est pour la dernière, et surtout s'il s'agit de longues traversées, que s'impose impérieusement l'obligation d'économiser le combustible ; car elle le paye en moyenne beaucoup plus cher, et elle doit en embarquer de grands approvisionnements.

Or, chaque tonne de charbon qu'on peut économiser dans le cours de la traversée, et, par conséquent, *se dispenser d'embarquer au départ*, donne en bénéfice, non-seulement sa propre valeur au point d'embarquement, mais encore, ce qui pourra être plus important, le montant du fret de la marchandise qu'elle a permis d'embarquer à sa place.

En même temps que pour les bateaux marins, la nécessité d'économiser le combustible est plus impérieuse, la difficulté de le faire a été longtemps, comme nous l'avons vu, beaucoup plus grande, à cause de *l'impossibilité* pratique d'employer les hautes pressions avec des chaudières alimentées à l'eau de mer.

Nous avons dit comment cet obstacle a disparu, et aujourd'hui on peut fermement poser ce principe que, *pour des machines marines destinées à de longues traversées*, il n'est pas permis de reculer devant le supplément de poids et de volume que pourra nécessiter l'emploi des fortes pressions initiales, des larges détentes et de la condensation, assuré d'y trouver, indépendamment de l'économie faite sur le charbon brûlé, une ample compensation immédiate dans la réduction du nombre des chaudières et du volume des soutes à charbon, et l'augmentation correspondante du tonnage utile.

Dans la navigation fluviable, où l'on peut multiplier les points d'embarquement du charbon, l'économie à obtenir porte principalement sur le prix du charbon consommé, et il pourrait se faire qu'en vue d'obtenir le plus de place disponible, on préférât, surtout dans les bateaux de petite dimension, réduire et simplifier la machine, en marchant à haute pression sans détente, ou presque sans détente, et sans condensation.

(**737**) On voit d'ailleurs que les deux conditions ci-dessus, celle de réduire autant que possible le poids et l'encombrement de la machine motrice, et celle d'y employer la vapeur dans les meilleures conditions, sont, en ce qui concerne la machine même, des conditions *non concordantes*, les machines *les plus légères* étant celles à très-haute pression sans détente ni condensation et à grande vitesse, et les plus économiques étant, au contraire, à haute pression, à large détente, à condensation et à moindre vitesse.

On doit donc, comme il arrive le plus souvent dans les questions complexes de cette nature, renoncer à formuler une solution qui soit absolument la meilleure, à tous les points de vue et pour tous les cas. Il faut s'estimer heureux si, en pesant avec attention toutes les circonstances, on arrive *à peu près* au meilleur résultat applicable à un cas déterminé.

En réalité, lorsqu'il s'agit de navigation, la question purement technique n'est qu'un des côtés, et non pas toujours le côté le plus important, du problème à résoudre. On ne peut négliger le point de vue commercial, et l'on doit faire intervenir des considérations variées qui diffèrent, selon les marchés à desservir, selon qu'il s'agit du transport des passagers ou des marchandises, selon la nature de ces marchandises, etc., etc. (*Voir* nᵒˢ **200** à **203**).

(**738**) Sans entrer ici dans des développements étrangers à l'objet principal qui doit nous occuper, il nous paraît que la question du choix du moteur pourra être habituellement résolue de la manière suivante :

1° *Pour les bateaux circulant sur des rivières à très-faible tirant d'eau*, le propulseur serait la roue à palette, et la machine serait horizontale, à cylindres conjugués à très-haute pression, avec peu de détente et sans condensation. Si le creux du navire le permet, ou, au besoin, en élevant l'arbre des roues à palettes un peu au-dessus du niveau du pont, on pourra remplacer ces machines horizontales qui occupent de la place en plan, par des machines oscillantes placées directement *au-dessous de cet arbre*. On emploiera très-bien deux ou trois cylindres oscillants identiques, ou un cylindre du milieu pour l'admission et l'autre ou les deux autres pour la détente, suivant le système des cylindres *combinés*. Un tel appareil récepteur occupera en plan assez peu d'espace pour qu'on puisse le compléter par l'addition d'un condenseur.

2° *Dans les rivières profondes*, le système de la roue à palettes pourra être remplacé par le propulseur à hélice. Ce propulseur peut d'ailleurs avoir une convenance particulière, lorsque l'itinéraire du bateau le fait passer par des écluses d'une largeur donnée. Son arbre est nécessairement *longitudinal*, et placé, non plus au niveau du pont, mais au contraire *presque à fond de cale*, et les manivelles qui l'actionnent, directement ou par l'intermédiaire d'un engrenage cylindrique, se meuvent dans un plan perpendiculaire à l'axe longitudinal du bateau.

Les machines ne peuvent plus être placées ni *horizontalement*, du moins avec des bateaux de largeur ordinaire, ni *au-dessous de l'arbre*, comme dans les deux dispositions qui viennent d'être indiquées.

On adoptera donc soit une machine-pilon, soit une machine à cylindres conjugués renversés, avec leurs tiges à angle droit et leurs bielles agissant sur le même bouton de manivelle.

5° *Pour les bateaux marins*, il convient de distinguer *les navires du commerce* et *les navires de guerre*.

En principe, les premiers peuvent être *à roues* ou *à hélices* indifféremment, la question de tirant d'eau n'étant pas engagée *en général*, bien qu'elle puisse l'être, ainsi que celle de la longueur, pour les très-grands navires qui ne peuvent ni stationner à flot, ni même entrer à la haute mer ordinaire dans tous les ports de commerce.

Les navires de guerre sont nécessairement *à hélice*, pour mettre leur appareil propulseur autant que possible à l'abri des projectiles ennemis.

Abstraction faite de cette question de sécurité, le problème de la valeur technique relative des deux propulseurs n'est pas encore tranché, quoiqu'il existe en ce moment une tendance marquée à étendre de plus en plus le domaine du second. L'hélice faisant beaucoup plus de tours par minute (60 ou 80 au moins et même jusqu'à 150 à 200 tours, tandis que la roue qui est d'un grand diamètre n'a pas besoin d'en faire plus de 15 à 25 ou 30 au maximum), on peut, avec l'hélice, entrer plus facilement dans la voie des machines légères peu encombrantes et d'un prix réduit, que les compagnies de navigation ont tendance à préférer, et qui, pourvu que la mesure ne soit pas dépassée, peuvent être à peu près aussi économiques que les autres, au point de vue de la consommation du charbon.

Les navires de guerre doivent, ainsi que les navires de commerce de long cours, être munis de machines marchant aussi économiquement que possible. Cette condition, aujourd'hui indispensable pour les navires du commerce, ne l'est pas moins pour les navires de guerre, qui peuvent ainsi prendre leur approvisionnement de charbon pour une croisière d'autant plus longue, et qui, en supprimant temporairement le jeu de l'appareil de détente dont doivent être pourvues leurs machines, peuvent arriver, *à un moment donné*, à des vitesses extraordinaires dont l'effet peut être décisif.

Ce n'est que pour des paquebots exécutant *de courtes traversées*, et, par suite, plus ou moins assimilables à des bateaux de rivières, et si d'ailleurs ces paquebots ont *des dimensions réduites*, qu'il peut être permis, *pour gagner de la place et pour simplifier les ap-*

pareils, de s'écarter des meilleures conditions d'emploi du combustible, en restreignant plus ou moins la détente et en supprimant la condensation.

(**739**) Hors de ce cas de *petits paquebots* exécutant de *courtes traversées*, l'obligation de marcher économiquement n'est pas moins impérieuse que celle de réduire le poids et l'encombrement de l'appareil : de là ces combinaisons cinématiques variées, par lesquelles on s'efforce, en conservant tous les organes que demande un bon emploi de la vapeur, de les rassembler sous le plus petit nombre possible de mètres cubes.

De là aussi les efforts persévérants, aujourd'hui couronnés d'un succès complet, pour augmenter la pression initiale, malgré les obstacles qu'y opposait la nature des eaux employées.

On peut dire aujourd'hui qu'un navire de guerre, ou un grand paquebot, *doit absolument* présenter le système de la condensation par surface et de l'alimentation monhydrique; *qu'il doit* marcher à assez forte pression (on atteint aujourd'hui très-bien celle de 4 à 5 atmosphères, et l'on fera assurément de nouveaux progrès dans ce sens); *qu'il doit* marcher à très-large détente avec le minimum de fatigue pour la machine et le maximum de régularité pour sa vitesse (ce qui appelle l'emploi de deux ou plusieurs cylindres combinés).

(**740**) Ces traits généraux n'engagent pas encore entièrement la question du système cinématique à employer pour le récepteur et pour ses transmissions à l'arbre du propulseur.

Ce système pourra être :

Pour les navires à roues, selon l'importance de leurs creux *au-dessous* de l'arbre, soit des machines à cylindre vertical et à connexion directe, soit des machines à cylindres oscillants;

Pour les navires à hélice du commerce, soit le système des machines-pilons dont les cylindres sont placés *au-dessus* de l'arbre, soit un système de cylindres inclinés renversés dont les tiges, placées à peu près à angle droit, agissent sur la même manivelle ou sur deux manivelles à 180°, et donnent les mêmes avantages que des cylindres conjugués à axes parallèles, et qui placés près de l'arrière utilisent très-bien l'espace triangulaire que présentent en ce point les flancs du navire, en permettant de réduire la longueur de l'arbre de l'hélice à son minimum ;

Enfin, *pour les navires de combat*, toute disposition qui placera la machine entière, aussi bien que l'est l'appareil propulseur, *au-dessous de la ligne de flottaison*. On aura par exemple un système de cylindres horizontaux *combinés*, avec toutes les dispositions (grands diamètres et petites courses des pistons, bielles en retour, pistons à deux tiges, etc.) qui permettent à l'appareil de se développer sur la largeur du bâtiment, tout en commandant l'arbre de l'hélice placé dans l'axe longitudinal.

(**741**) Indépendamment des bateaux à vapeur portant directement les voyageurs et les marchandises, et qu'on peut désigner sous le nom de *bateaux porteurs*, on doit distinguer les bateaux *remorqueurs* qui rendent de grands services, soit à la navigation maritime, soit à la navigation fluviale. Pour la première, le remorquage à l'entrée et à la sortie d'un port économise le temps quelquefois très-long qui se perdait à attendre un vent favorable. Pour la seconde, on a l'avantage de remonter de lourds chargements d'une manière prompte et économique, et dans les basses eaux plus de facilité qu'avec le halage à bras d'homme ou avec des chevaux, pour suivre toutes les sinuosités de la ligne de plus grande profondeur des eaux, ou du chenal.

Les bateaux remorqueurs emploient des machines généralement beaucoup plus fortes que ne le comporterait leur tonnage, s'ils étaient de simples porteurs ; mais en général la place n'y manque pas, parce qu'il n'y a pas à en réserver pour le chargement, ni pour de grands approvisionnements de charbon : on ne craindra donc pas d'établir leurs machines dans de bonnes conditions économiques au point de vue de la consommation de charbon, et sous des formes moins compactes et plus commodes pour l'entretien et la surveillance que celles auxquelles on est forcé de recourir dans les bateaux porteurs.

On doit noter ici, en passant, la vapeur employée à la navigation sous une autre forme, celle du touage sur un point fixe, ou sur une chaîne placée au fond du lit de la rivière ou du canal, ou encore en prenant un point d'appui sur ce fond même à l'aide de *grappins*. Ces systèmes ont, au point de vue mécanique, un avantage sur les bateaux ordinaires, dans lesquels *le recul* (voir n° **200**) amène ce résultat que le travail moteur développé par la machine à vapeur établie sur le bateau, est toujours supérieur au travail résistant que l'on conclurait de la résistance opposée par l'eau et de la vitesse imprimée au bateau.

Les machines destinées à ces emplois spéciaux n'ont d'ailleurs à satisfaire à aucune sujétion particulière.

(**742**) Quelle que soit l'importance du rôle que joue déjà l'emploi de la vapeur dans la navigation, rôle qui est sans doute appelé à se développer dans une très-large mesure, cette importance est et restera secondaire, si on la compare à celle qu'a pris l'emploi des locomotives sur les chemins de fer.

Les locomotives, quoique d'une invention comparativement récente, sont des machines arrivées à un haut degré de perfection, grâce au concours des ingénieurs et des constructeurs distingués qui s'en sont occupés. Il faudrait un ouvrage entier pour traiter ce sujet avec les développements qu'il mérite. Mais nous ne le considérerons ici que d'une manière sommaire, et au point de vue spécial qui fait l'objet de ce chapitre. Nous dirons d'abord que ces locomotives doivent pouvoir manœuvrer dans les gares, et marcher en avant et en arrière, ce qui *impose* pour le moteur l'emploi *des cylindres conjugués*.

En second lieu, ce sont des machines qui marchent *à grande vitesse*, et qui par conséquent doivent être à connexion directe. Les forces intérieures développées par la pression de la vapeur sur le piston, et les forces d'inertie mises en jeu par suite de cette grande vitesse, doivent, autant que possible, pour ne pas troubler l'adhérence et la stabilité de la machine, s'exercer horizontalement. On satisfait à cette condition en plaçant les cylindriques conjugués horizontaux, ou, tout au plus, légèrement inclinés, si quelque sujétion de construction l'exige.

(**743**) Ces machines ont encore d'autres sujétions très-impérieuses, notamment au point de vue du poids et du volume ; car d'une part, on demande à leurs organes une grande puissance, et de l'autre, elles doivent porter une chaudière ayant une surface de chauffe proportionnée. Ces sujétions conduisent :

1° A l'emploi des chaudières tubulaires auxquelles les locomotives ont donné naissance, et sans lesquelles on peut affirmer qu'il n'y a pas de locomotive possible, du moins dans les conditions de vitesse et de puissance qu'on leur demande aujourd'hui. Ce sont les seules chaudières qui, avec un poids et sous un volume admissibles, présentent une surface de chauffe suffisante ;

2° A l'emploi de récepteurs simples donnant la puissance demandée sous le minimum de poids et de volume, tout en étant convenablement économiques, et comme la condensation est naturellement hors de question, on en conclut que la machine doit être à *très-haute* pression, avec une détente variable et sans condensation. En fait, la pression a toujours été en croissant ; elle est aujourd'hui plus forte dans les locomotives que dans toute autre machine à vapeur ;

3° A l'emploi des matériaux de choix, de manière à obtenir pour les pièces toute la force nécessaire avec un minimum de section et de poids.

J'ajoute que la construction doit en être parfaitement soignée, parce que la machine fatigue beaucoup, soit à cause de sa grande vitesse, soit à cause des chocs et des incessantes vibrations auxquelles elle est exposée en service. Cette observation exclut, autant que possible, tous les organes qui ne se conduisent pas les uns les autres par des articulations sans jeu, comme les excentriques à tocs, les pieds de biche, les détentes analogues à celle de Farcot, etc., etc., et en général toutes les combinaisons dans lesquelles des pièces, même peu importantes, sont exposées à des chocs.

(**744**) Malgré cette recherche de la simplicité dans les organes de la machine, celle-ci doit en général être, comme nous venons de le dire, à détente et à détente variable.

Une détente assez étendue est devenue de plus en plus *facile*, à mesure que la pression augmentait, et de plus en plus *opportune*, à mesure qu'on s'écartait dans les nouvelles lignes de chemins de fer, des conditions sévères de tracé qu'on s'était d'abord imposées pour les premiers réseaux, soit qu'on ait voulu faire des économies de construction sur des lignes d'importance secondaire, soit que le profil plus accidenté du pays ait obligé à des pentes plus fortes et à des courbes de moindre rayon, soit le plus souvent pour les deux motifs à la fois.

Avec ces conditions nouvelles de tracés, une machine locomotive se trouve exposée, dans le cours d'un trajet, à des résistances très-variables, même pour des trains composés de la même manière, en passant sur une succession de pentes et de rampes ayant les inclinaisons les plus variées, d'alignements et de courbes à petit rayon. On résout les difficultés qui en résultent, avec la détente variable, qui permet d'obtenir, par coup de piston ou par tour de roue, un travail différent, en rapport avec la résistance actuelle du train. Il en résulte également *une dépense variable de vapeur*, et par conséquent, avec une chaudière d'une puissance de vaporisation donnée, la possibilité *d'une variation en sens inverse*, du nombre des coups de piston dans un temps donné. D'où il suit que la machine prend une vitesse d'autant plus grande qu'elle a à vaincre une plus petite résistance.

La détente est habituellement obtenue simplement par la coulisse de Stephenson. Il me paraît que lorsque les variations doivent être considérables et prolongées, il pourrait être opportun de la demander à la détente de Meyer, qui ne compliquerait pas beaucoup la machine, et qui ne semble pas devoir présenter beaucoup de causes de dérangement.

(**745**) Le profil accidenté des nouvelles lignes conduit souvent à des pentes sur lesquelles les trains descendent seuls, et même tendent à prendre un mouvement plus ou moins accéléré. Sur ces pentes la machine doit cesser d'agir par traction, et au contraire il faut que les freins soient serrés, pour empêcher cette accélération de se continuer indéfiniment. Dans ce cas, il convient que la machine soit munie d'un appareil pour marcher à contre-vapeur. Cet appareil existe aujourd'hui sur le plus grand nombre de machines, ne fût-ce que pour faciliter et activer les manœuvres à l'arrivée dans les gares ; il *doit* exister sur toutes les machines appelées à desservir une ligne où se trouvent de longues pentes de plus de 8 à 10 millimètres.

(**746**) En résumé, *la locomotive*, c'est-à-dire, suivant la définition administrative, la machine qui, sur terre, travaille en même temps qu'elle se déplace par sa propre force, doit avoir pour appareil moteur une machine munie d'une chaudière tubulaire avec laquelle elle fait corps. Cette machine doit être, à deux cylindres horizontaux conjugués, à connexion directe, marchant à grande vitesse et à très-haute pression, avec détente variable soit par la coulisse, soit par un appareil spécial, sans condensation et avec appareil pour la marche à contre-vapeur.

(**747**) Il nous reste à dire un mot de la manière dont elle exécute son travail.

Si, pour simplifier, nous supposons la voie horizontale, et si nous négligeons toutes les résistances autres que la résistance principale, qui est le frottement des essieux des wagons sur leurs tourillons, la locomotive qui traîne un train avec une vitesse uniforme doit être considérée comme étant en équilibre de translation sous l'action des forces extérieures qui lui sont appliquées. Ces forces sont d'une part la résistance du train, et d'autre part l'adhérence entre les rails et la jante des roues motrices par suite de laquelle les roues, au lieu de *tourner sur place*, sont obligées de rouler sur le rail, et déterminent par ce roulement la progression du système.

Si nous désignons par Q le poids total qui porte sur les essieux des wagons, f le coefficient relatif au frottement des essieux dans leurs boîtes à graisse, Q' la charge sur les roues motrices, f' un coefficient plus grand que f, relatif au frottement à sec du bandage des roues motrices sur les rails, T la force de traction, T' l'adhérence des roues motrices agissant tangentiellement à leurs circonférences, on a d'une part $T = T'$, et de l'autre $T = fQ$, $T' < f'Q'$; l'égalité $T' = f'Q'$

correspondrait au cas où le *patinage* serait sur le point de commencer.

Sur la machine locomotive elle-même, il faut considérer les pièces de la machine dans leur mouvement relatif ; dans ce mouvement il y a égalité entre le travail moteur produit par la vapeur sur les pistons qui oscillent et le travail résistant produit par l'adhérence à la circonférence des roues qui tournent. Désignant donc par P la pression effective moyenne de la vapeur sur chacun des pistons, par B la base d'un de ces pistons, par R le rayon des roues motrices, et par r le rayon des manivelles, l'équilibre dynamique s'établissant pour un tour de roue donne lieu à la relation

$$T' \times 2\pi R = 2PB \times 4r,$$

ou à cause de la relation $T' = T = fQ$.

$$fQ.\pi R = 2PB \times 2r\ldots\ldots \frac{2PB}{fQ} = \frac{\pi}{2} \cdot \frac{R}{r},$$

relation qui donne le rapport de l'effort total exercé sur l'ensemble des deux pistons à l'effort de traction agissant sur le train.

D'autre part, si l'on désigne par V la vitesse de la machine, par n le nombre de tours des roues motrices, et par U le volume engendré par la course des deux pistons par seconde, on a les deux relations

$$V = n \times 2\pi R$$
$$U = 4n \times 2Br ;$$

d'où l'on déduit

$$V = \frac{\pi}{4} \frac{R}{Br} U.$$

(**748**) Des diverses relations ci-dessus on déduit les conséquences suivantes :

En premier lieu, si l'on veut traîner un train *très-lourd*, comme sont les trains de marchandises, la relation $fQ < f'Q'$, montre qu'il faut donner à Q' une grande valeur, ou avoir une grande charge sur les roues motrices.

Cette charge a, pour une roue, une limite pratique qui dépend de la nature des matériaux dont se compose le rail et le bandage.

D'où l'on conclut l'avantage d'avoir, pour l'un et pour l'autre, des matériaux bien résistants, de l'acier plutôt que du fer.

L'adhérence totale dépend du nombre des roues, et l'on est ainsi conduit à employer des *essieux couplés*, au lieu d'essieux indépendants, c'est-à-dire à relier, au moyen d'une bielle dite d'accouplement, l'essieu moteur qui reçoit l'action des pistons, à un autre essieu portant des roues exactement de même diamètre. L'adhérence est alors due à la charge totale de ces deux essieux.

En second lieu, la relation $\dfrac{2PB}{fQ} = \dfrac{\pi}{2}\dfrac{R}{r}$ montre que si les rayons sont donnés, l'importance du train pourra augmenter proportionnellement à PB, ce qui conduit à augmenter la pression de la vapeur et le diamètre des cylindres.

On voit de même que si PB est donné, on pourra augmenter fQ, si l'on diminue le rapport $\dfrac{R}{r}$; c'est-à-dire en diminuant le rayon des roues motrices et en augmentant le rayon des manivelles.

En troisième lieu, la relation $V = \dfrac{\pi}{4}\dfrac{RU}{Br}$, montre qu'avec une dépense de vapeur donnée, la vitesse sera directement proportionnelle au rayon des roues motrices et inversement proportionnelle au volume des cylindres.

On remarquera toutefois que ce volume des cylindres ne peut pas se réduire beaucoup, parce qu'il en résulterait une grande augmentation dans le nombre des tours de roue, qui mettrait en jeu d'une manière trop énergique l'inertie des pièces de la machine. On augmente donc la vitesse de translation de la locomotive *principalement* en augmentant le rayon des roues motrices, et *accessoirement* en diminuant le volume des cylindres.

On voit ainsi qu'on passera d'une machine à marchandises destinée à remorquer de fortes charges, au cas opposé d'une locomotive faisant le service des trains express et de la poste, en se réservant, si on le juge opportun, de supprimer l'accouplement des roues et de réduire un peu la pression, en augmentant en outre le rayon des roues motrices, et enfin en réduisant celui de la manivelle et le diamètre des cylindres, et par conséquent le volume de ces derniers.

C'est bien, en effet, dans le sens des indications ci-dessus qu'on opère dans la pratique, au fur et à mesure que les exigences du trafic conduisent à augmenter *le poids* des trains de marchandises et des trains omnibus, et *la vitesse* des trains express.

(**749**) Pour donner une idée des variations dont il vient d'être parlé, nous indiquons les éléments de deux machines citées par M. Jacqmin dans son *Traité des machines à vapeur*.

La première est une machine *Crampton* du réseau de l'Est, essentiellement destinée à un service d'express, la seconde une machine à marchandises du même réseau à roues couplées.

	I.	II.
Diamètre de la roue motrice..	2^m.05	1^m.50
Surface de chauffe totale en mètres carrés. . . .	91^m.	100^m.
Diamètre des cylindres.	0^m.40	0^m.42
Course des pistons.	0^m.56	0^m.61
Poids de la machine chargée..	27.275^k	29.500^k
Charge produisant l'adhérence.	10.275^k	19.244^k

Les nombres ci-dessus peuvent être considérés comme des espèces de moyennes donnant, à ce jour, une idée du point où l'on est arrivé, après une longue suite d'études théoriques et pratiques très-nombreuses et très-intelligentes. Le point de départ est le célèbre concours de Liverpool, en 1829, où la première locomotive de l'illustre Stephenson, pesant environ 4 tonnes, avait remorqué une charge de 12 tonnes à la vitesse de 25 kilomètres à l'heure.

Il y a loin du point de départ au point où l'on en est aujourd'hui ; mais il faut se garder de croire qu'il reste à faire encore des progrès comparables. On sait, au contraire, en ce qui concerne les charges, qu'il est fort difficile de dépasser 12 à 13,000 kilogrammes par essieu moteur, sans compromettre gravement ou le bandage ou le rail qui le porte ; de sorte qu'on n'a plus d'autre moyen d'augmenter la puissance de traction que de multiplier le nombre des essieux accouplés et d'accroître le poids de la machine et l'étendue de la surface de chauffe en proportion. On sait également qu'à vouloir dépasser notablement les grandes vitesses actuelles, on se crée, soit pour la voie, soit pour le matériel roulant (wagons et machines), des difficultés et des dépenses d'entretien rapidement croissantes, qu'il ne semble pas possible d'éviter.

(**750**) Les locomotives peuvent être employées sur les routes ordinaires, comme sur les chemins de fer. Elles reçoivent alors le nom de *locomotives routières*.

L'usage de ces machines s'est assez répandu en Angleterre et même en France, pour que les pouvoirs publics, dans l'un et l'autre pays, aient jugé utile de le réglementer.

Nous nous bornons à cette indication pour des machines dont l'emploi n'est pas devenu jusqu'ici franchement pratique, et paraît devoir rester limité à certaines circonstances locales toutes spéciales : Ces machines ont à lutter contre des difficultés sérieuses, qui sont dans la nature des choses. Parvint-on à les surmonter, les résultats à espérer semblent devoir rester *insignifiants*, à côté de ceux qu'on obtient sur les chemins de fer.

(**751**) 6° *Machines industrielles diverses.* — Les applications de la force motrice de la vapeur à des industries diverses comportent habituellement des machines à double effet donnant le mouvement à un arbre principal, celui du volant. Cet arbre, à l'aide de dentures ou de courroies placées sur une roue spéciale ou sur la jante du volant, commande un premier arbre de couche, le long duquel on prend, par d'autres engrenages ou par d'autres courroies, la commande d'autres arbres de transmission, et le mouvement se transmet ainsi, convenablement modifié, aux divers appareils opérateurs, dont chacun peut, en général, être mis en jeu ou arrêté à l'aide d'un système d'embrayage, sans toucher à la machine motrice.

C'est ainsi que dans certaines usines importantes, telles qu'une grande filature ou un grand tissage, par exemple, on arrive à répartir entre quelques centaines de métiers, distribués dans les 5 ou 6 étages d'une immense construction, la force motrice produite sur une machine à vapeur unique.

Dans un cas semblable, le moteur qui pourra avoir une force de 40, 60, 100 chevaux et plus, sera installé avec tous les perfectionnements propres à assurer l'emploi économique de la vapeur et la régularité de la marche de la machine, la seconde condition étant parfois aussi importante que la première. On revient ainsi naturellement au type de machine défini au commencement de ce chapitre.

Si, au lieu d'un grand nombre d'opérateurs identiques groupés dans les mêmes ateliers et demandant individuellement peu de force, on en avait un moindre nombre de plus importants, plus ou moins disséminés, et appelés à fonctionner indépendamment les uns des autres et d'une manière discontinue, on se rapprocherait des conditions indiquées plus haut (n⁰ˢ **725** et **726**) pour les établissements métallurgiques, et il pourrait être avantageux de substituer à une machine unique commandant par un système général de transmission tous ces divers appareils opérateurs, plusieurs machines distinctes n'en commandant chacune qu'un certain nombre. Comme on l'a déjà dit, la transmission mécanique se trouve ainsi remplacée par une simple conduite de vapeur, et à la manœuvre de quelque système d'embrayage on substitue simplement celle d'une soupape d'admission.

Ce système demande à être appliqué avec discernement, et ne doit pas être étendu outre mesure (Voir le n° **726** précité).

(**752**) A mesure qu'en partant de ces grandes usines, on descend à des établissements moins importants au point de vue de la force motrice dont ils ont besoin (ce qui ne veut pas toujours dire qu'ils ont une moindre importance industrielle), la condition d'économiser le combustible devient de moins en moins impérieuse, et l'on pourra être conduit à s'en écarter pour satisfaire à d'autres convenances.

C'est ainsi que, quand on en vient aux industries *urbaines* proprement dites, comme par exemple à la confection d'une quantité d'objets composant *l'article de Paris*, industries qui s'exercent souvent dans des ateliers faisant partie d'une maison habitée, ou *en chambre*, et dans lesquelles l'adresse de main de l'ouvrier, son goût et son intelligence sont en action plutôt que sa force, il arrive souvent qu'on n'a besoin que de la force d'une *fraction de cheval* pour desservir tout un atelier ; la simplicité et le peu de volume de la machine seront alors les qualités des plus recherchées, et l'on aura habituellement recours à des machines *à haute pression, sans détente ni condensation et à grande vitesse.*

(**753**) Venons enfin à une question qui se rencontre souvent dans la pratique, celle où il s'agit, non de choisir une machine destinée à un établissement *qui se crée,* mais d'aviser à augmenter la force motrice dans un établissement *qui se développe, ou qui modifie ses moyens de fabrication.*

C'est une circonstance qui se rencontre journellement, qu'un établissement ait été d'abord monté avec des moyens matériels restreints, en rapport avec le capital dont on disposait, et qu'avec le temps ces moyens deviennent insuffisants, soit par le développement que l'industriel aura donné à ses affaires, soit par suite de modifications survenues dans les procédés techniques de son industrie ou dans la grandeur des échantillons demandés par le commerce. La question à résoudre est de mettre la force motrice dont on dispose en rapport avec les nouveaux besoins.

En principe, on peut s'y prendre de deux manières distinctes, ou faire *une plus forte dépense* de vapeur, ou dépenser *plus utilement* la même quantité. On peut aussi faire à la fois les deux changements.

On dépensera *plus de vapeur,* en donnant à l'appareil récepteur *une plus grande vitesse,* la condition étant sous-entendue qu'on accroîtra dans le même rapport la production de vapeur demandée aux générateurs, en agissant comme il sera ultérieurement indiqué.

On dépensera *plus utilement* la vapeur, en augmentant la pression initiale, en appliquant la détente, ou en la poussant plus loin, si elle est déjà appliquée, et en ajoutant un condenseur si la machine n'en est pas d'abord pourvue.

Le premier et le second systèmes ne sont nullement équivalents. Le premier est généralement applicable dans une mesure assez étendue. Il suffit de changer le rapport des deux roues dentées qui commandent les transmissions, pour que le récepteur puisse prendre une plus grande vitesse, en conservant la même aux divers opérateurs. Dès lors ceux-ci peuvent être en plus grand nombre, ou ils peuvent être individuellement plus puissants, puisque le travail qui lui est transmis dans un temps donné augmente proportionnellement à l'accroissement de vitesse donnée au récepteur. Les organes de la machine sont soumis, *du chef de la vapeur*, aux mêmes efforts qu'auparavant, et la fatigue de ces organes n'est augmentée que par *l'accroissement des forces d'inertie*, lequel n'est sensible que pour une variation importante de la vitesse angulaire. On pourra donc, en général, ne pas toucher aux pièces de la machine, la faire marcher plus vite, changer la première paire d'engrenages, et peut-être renforcer quelques parties des transmissions. C'est une solution sur laquelle il me paraît utile d'appeler l'attention, comme applicable plus fréquemment et dans une plus large mesure qu'on n'est porté à le supposer.

Dans le second système, il faut d'abord que les générateurs soient aptes à supporter le surcroît de pression qui leur est demandé. En supposant qu'il en soit ainsi, on pourra augmenter le degré de détente, soit à l'aide d'un appareil tel que celui de Meyer, de Farcot, etc... qui *réduira le volume admis*, à mesure que la pression augmentera, de manière à obtenir la même dépense en poids. On pourra aussi, et c'est une opération qui s'est très-souvent faite avec succès en Angleterre sur les machines à balancier, ajouter un petit cylindre qui reçoit la vapeur à haute pression et l'envoie dans le second qui devient un cylindre de détente.

Enfin on peut, comme on vient de le dire, ajouter un condenseur, dont les organes accessoires s'installent facilement dans une machine à balancier.

Ce second système, contrairement au précédent, *conserve* la vitesse et *augmente* les efforts maxima auxquels la machine est exposée. Il faut donc s'assurer que les organes de la machine pourront supporter facilement ce surcroît d'efforts, sans quoi on aurait à renforcer les points faibles dans la machine motrice elle-même aussi bien que dans les transmissions.

Quelquefois, au lieu de changer soit la vitesse, soit la fatigue de la machine, on la laisse intacte, et l'on établit, sur un point quelconque des transmissions, une machine auxiliaire, qui attaque un arbre intermédiaire, et à laquelle on donne une vitesse appropriée à la vitesse de cet arbre. On pourra, par exemple, caler une poulie sur cet arbre, et la commander à l'aide d'une courroie établie sur la jante du volant d'une machine locomobile. Cet espèce de *renfort* donné à la machine principale s'établit très-promptement et presque sans frais et sans chômage ; c'est une combinaison qui peut être recommandée, dans les occasions où il y a urgence à augmenter la force disponible.

Cet accouplement de deux moteurs distincts sur un même système de transmission ne présente aucune difficulté particulière, et a souvent rendu de grands services. Beaucoup d'établissements établis sur des chutes d'eau dont la hauteur ne peut être augmentée à cause des usines situées en amont et en aval, ont recours à des machines à vapeur auxiliaires qui marchent, soit pendant toute l'année, pour augmenter la force disponible, soit au moins une partie de l'année, dans les basses eaux, pour la régulariser. C'est encore un procédé analogue que l'on emploie dans les chemins de fer, lorsqu'on applique à un train exceptionnel la double traction sur niveau, ou à un train placé sur une forte rampe une machine en tête et une machine en queue.

CHAPITRE XXI

GÉNÉRALITÉS SUR LA PRODUCTION DE LA VAPEUR

(**754**) Jusqu'ici nous nous sommes seulement occupés de la machine à vapeur, c'est-à-dire de l'appareil récepteur proprement dit, sur lequel vient agir la vapeur, ainsi que de ses accessoires immédiats.

Mais pour que cette vapeur agisse en effet, il faut la produire dans un appareil spécial d'où elle se rend à la machine.

Cet appareil, qui n'est autre chose que la *source supérieure de chaleur*, ou le *calorifère* qui existe dans *toute machine thermique*, reçoit ici le nom de *générateur*, ou, plus vulgairement, de *chaudière à vapeur*.

C'est, si l'on veut, une *annexe* de la machine, mais une annexe *indispensable*, sans laquelle la machine resterait inerte et ne produirait aucun résultat industriel.

Le générateur doit être établi dans des conditions de puissance en rapport avec celle qu'on veut donner à la machine. A vrai dire, c'est dans le générateur, par suite de la quantité de chaleur transmise à l'eau qui s'échauffe et se transforme en vapeur, que se créent les éléments du travail moteur à produire sur la machine; celle-ci, comme l'indique son nom de récepteur, ne fait que *recevoir* ces éléments, et jamais la machine n'arrivera à rendre, sous forme de travail, plus que le générateur n'aura reçu sous forme de calories.

La puissance de vaporisation du générateur doit être assez grande pour remplir de vapeur, à une pression égale à celle de la chaudière, ou du moins très-voisine, la capacité ouverte à l'admission par le jeu du piston. Si cette puissance est trop faible, il est évident qu'il doit se produire, de la chaudière à la machine, une chute de pression qui peut prendre une importance quelconque ; car le fait *nécessaire*, c'est que la machine, en marche continue, ne dépense ni plus ni moins de vapeur que la chaudière n'en produit ; de sorte qu'il suffit, en principe, de savoir le *poids* évaporé et le *volume* débité, pour en déduire, en toute certitude, la pression *maxima* sous laquelle ce débit a lieu, quelle que soit d'ailleurs la pression plus élevée qui aura pu exister réellement dans la chaudière, ou être accusée par la charge des soupapes de sûreté.

Le générateur est un récipient métallique clos, habituellement en tôle de fer ou d'acier, et éventuellement en tôle de cuivre dans certaines parties, à l'intérieur duquel on entretient un volume d'eau déterminé à l'aide de la pompe alimentaire de la machine, tandis que la vapeur produite en poids égal à celui de l'eau introduite, abstraction faite de l'eau entraînée à l'état liquide, s'écoule par un tuyau pour venir agir sur son piston. La chaleur nécessaire à la formation de cette vapeur est fournie par un foyer sur la grille duquel on brûle un combustible quelconque, le plus ordinairement de la houille ; les gaz chauds produits par la combustion circulent dans des conduits ou carneaux où ils sont en contact avec les parois du récipient ; ils cèdent à ces parois une certaine quantité de chaleur, qui par suite de la conductibilité du métal est transmise à l'eau contenue dans le récipient.

Les gaz sont progressivement refroidis par cette cession de chaleur, mais ils doivent cependant conserver, à la fin de leur parcours dans les carneaux, une température plus élevée que la température ambiante. Cette différence de température doit être assez grande pour les rendre moins denses que l'air, bien qu'ils soient généralement plus denses à température égale, par suite de la transformation de l'oxygène de l'air en acide carbonique. En cet état, ils passent des carneaux dans une cheminée de hauteur et de section appropriées ; ils s'y élèvent par suite de leur moindre densité ; enfin arrivés au sommet, ils s'échappent et se répandent librement dans l'atmosphère.

Tel est le fait simple et élémentaire qui doit nous servir de point de départ pour l'étude que nous avons à faire des moyens de production de la vapeur. Ce fait est facile à comprendre, comme l'est d'ailleurs celui de l'action qu'exerce sur le piston la vapeur produite. Mais, comme ce dernier aussi, il comporte de grands développements, et l'on peut dire qu'il n'est pas moins important de poser les principes, d'en avoir l'intelligence complète et de les bien appliquer, lorsqu'il s'agit *de produire la vapeur dans une chaudière* que lorsqu'il s'agit *d'employer dans une machine la vapeur produite.*

(**755**) Un combustible quelconque employé dans les arts est, en général, formé principalement d'hydrogène et de carbone, qui donnent par leur combustion *complète* de l'eau et de l'acide carbonique. Un kilogramme d'un tel combustible nécessite, pour cette combustion complète, une certaine quantité d'oxygène pur, et par conséquent une quantité proportionnelle d'air atmosphérique. Ces quantités peuvent se déduire de sa composition chimique par un calcul élémentaire. Le résultat de la combustion est le dégagement d'un certain nombre de calories, qui sont comme la résultante des effets frigorifiques ou calorifiques des phénomènes chimiques divers qui se succèdent, depuis le moment où le combustible commence à sentir l'action du feu, jusqu'au moment où la combustion est complète. Ce nombre de calories a été déterminé expérimentalement pour la plupart des combustibles usuels.

Avec ces données, et connaissant en outre les chaleurs spécifiques de l'air et des produits de la combustion, on a tous les éléments nécessaires pour déterminer *la température initiale* après la combustion. Cette température doit être prise en considération, aussi bien que le nombre des calories dégagées, si l'on veut se faire une idée de la valeur du combustible considéré dans son emploi à la vaporisation ; car le nombre de calories qui peut passer des gaz dans la chaudière, moyennant une surface de chauffe suffisamment étendue, est proportionnel *à l'excès* de la température de ces gaz sur celle de l'intérieur de la chaudière.

La température ci-dessus calculée est un maximum. Elle variera d'ailleurs selon la quantité d'air froid qui aura été réellement employée à la combustion. Il est clair qu'un *défaut* ou qu'un *excès d'air* au milieu des produits de la combustion, entraîne, pour le mélange, une *diminution de température*, par suite de la chaleur inutilement communiquée aux gaz ou à l'air qui ne participent pas à la combustion.

En pratique, on s'arrange ordinairement pour qu'il y ait un certain excès d'air, afin que la combustion soit aussi complète que possible, principalement en vue d'obtenir le dégagement de la totalité des calories que comporte le combustible, accessoirement, comme on le dira plus loin, en vue de prévenir le dégagement de la fumée. Néanmoins, cet excès d'air ne doit pas être trop considérable, sous peine de voir diminuer, dans des proportions *indéfinies*, la température initiale.

On n'aurait plus aucun résultat à espérer, si cette température était celle même de la vapeur que l'on veut produire.

Les moyens généraux de satisfaire à la condition d'une combustion complète avec le moins d'excès d'air possible sont de faire en sorte que la température dans la chambre de combustion soit suffisamment élevée ; que les gaz dégagés par la distillation du combustible puissent se mêler facilement, à une haute température, avec l'air destiné à les brûler ; que la grille soit convenablement proportionnée et chargée d'une couche de combustible qui laisse passer l'air en quantité suffisante, etc., etc.

Dans la pratique, on n'emploie pas habituellement de moyens spéciaux pour doser la quantité d'air reçue dans un foyer. Presque toujours il en passe un excès notable, sans lequel, à défaut d'un mélange suffisamment intime du gaz comburant avec les gaz combustibles, une partie de ceux-ci échapperait à l'action du premier.

La condition de n'introduire que la quantité d'air strictement nécessaire doit donc être considérée comme une sorte de *desideratum*, fort difficile à réaliser, parce que cette quantité devrait varier selon l'état de la grille, mais dont on cherche à se rapprocher, et dont on se rapproche en effet plus ou moins, selon l'expérience et les soins de l'ouvrier chargé de la conduite du foyer. Sous ce rapport, il existe de très-grandes différences d'un ouvrier à l'autre, et *un bon chauffeur* est un homme dont le rôle est beaucoup plus important que la plupart des industriels ne se le figurent.

(**756**) Supposant qu'on ait satisfait à la condition d'une combustion *bien complète*, réalisée avec *la moindre quantité d'air possible*, ce qui revient à supposer, en même temps, un foyer bien construit, une cheminée de tirage suffisamment active et un chauffeur habile et soigneux, on arrive à ce résultat que chaque kilogramme du combustible considéré développe *un nombre déterminé de calories*, et dégage des produits gazeux dont *la température initiale et la masse sont également déterminées*.

En cet état, cette masse entre en contact avec les parois de la chaudière; elle suit le développement des carneaux, et elle arrive, plus ou moins complétement refroidie, à la base de la cheminée.

Quelle température la masse doit-elle conserver en ce point?

On pourrait dire que cette température est déterminée par la condition d'être suffisante pour produire le tirage par la cheminée; mais cette condition d'assurer le tirage ne fournit pas par elle-même une limite précise, attendu que l'activité du tirage varie, selon les circonstances, notamment avec la hauteur et surtout avec la section de la cheminée.

Si l'on voulait se placer sur le terrain de la théorie pure, on devrait considérer le générateur comme alimenté, dans les conditions du cycle de Carnot, avec de l'eau ramenée par la compression finale à la température même de la vapeur. On pourrait dire alors que cette même température serait celle que devraient avoir les gaz à leur issue des carneaux; d'une part, en effet, une température *plus élevée* pourrait encore être utilisée sur un supplément de surface de chauffe, et, d'autre part, une température *moindre* n'aurait pu être obtenue par le contact des parois de la chaudière.

Si l'on alimente à la manière ordinaire avec de l'eau plus ou moins chaude, et si cette eau est introduite directement par la pompe alimentaire dans un corps de chaudière où la température est celle à laquelle se produit la vapeur, on trouvera la même limite de température que ci-dessus; car l'eau s'échauffe au fur et à mesure qu'elle s'introduit, et aucune partie de la surface de chauffe n'est à une moindre température que les autres.

Mais il n'en sera plus ainsi lorsqu'on alimente avec de l'eau froide, en l'envoyant d'abord dans des bouilleurs réchauffeurs où elle s'échauffe progressivement, en circulant en sens contraire des gaz chauds. On peut concevoir que la température de ceux-ci puisse être abaissée utilement, non pas seulement comme tout à l'heure jusqu'à *la température de la vapeur*, mais bien jusqu'à *la température de l'eau envoyée par la pompe alimentaire* (soit la température ambiante, soit celle du condenseur, soit enfin celle obtenue par un réchauffage quelconque dû à la vapeur d'échappement). Il faut d'ailleurs que cette condition s'accorde avec celle qui est nécessaire pour le tirage, c'est-à-dire que les gaz refroidis doivent conserver encore une densité inférieure à celle de l'air ambiant.

On remarquera d'ailleurs que ces deux limites, la température de la vapeur ou celle de l'eau d'alimentation, suivant les cas, ne doivent pas être atteintes rigoureusement; car lorsque l'écart de température des gaz et des parois de la chaudière est devenu déjà fort petit, cette partie de la surface de chauffe produit fort peu d'effet, et l'on ne diminuerait *indéfiniment* cet écart qu'en accroissant *indéfiniment* l'étendue de la surface de chauffe.

Si l'on ajoute, à ce qui précède, d'après le n° **382**, que la température donnant le maximum de tirage est au voisinage de 500°, et qu'il n'y a aucune raison de se tenir aux environs de ce maximum, si d'autres motifs conduisent à s'en écarter, sauf à modifier la section de la cheminée, nous pourrons formuler les conclusions suivantes :

En tant qu'il s'agit d'utiliser le mieux possible la chaleur d'un foyer à la vaporisation de l'eau, les gaz doivent s'échapper des carneaux à une température inférieure à celle qui déterminerait le maximum de tirage pour la cheminée dont ce foyer est muni.

A mesure que l'on consent à étendre l'étendue de la surface de chauffe, cette température des gaz, pour des chaudières alimentées directement, tend à s'abaisser jusqu'à une limite qui est *la température même à laquelle on forme la vapeur.*

Pour les chaudières munies de bouilleurs réchauffeurs, avec

chauffage méthodique, la limite est la température *de l'eau d'alimentation à son entrée dans ces bouilleurs.*

On voit, d'après tout ce qui précède, que la température et la
masse des gaz, *à leur entrée en contact avec la surface de chauffe,*
dépendent, pour un poids donné d'un combustible quelconque, de
la perfection plus ou moins grande de la combustion, ainsi que de
la proportion plus ou moins grande de l'air en excès qui se trouve
dans la masse gazeuse, et que la température de cette même masse,
à sa sortie des carneaux, ou au pied de la cheminée, variable, pour
une chaudière donnée, avec l'étendue de la surface de chauffe, a
une limite qui ne dépend, suivant les cas, que de *la température de
la vapeur* ou de celle de *l'eau d'alimentation.*

L'écart entre la température initiale et la température finale des
gaz correspond à la chaleur qui a traversé la surface de chauffe pour
être employée *théoriquement* à la formation de la vapeur, *pratiquement* à l'échauffement de l'eau et à la formation de la vapeur.

(**757**) D'après l'exposé ci-dessus, on voit que la température
finale, pas plus que la température initiale, ne suppose l'application
d'*un système déterminé de générateurs.*

Quel que soit ce système, une combustion effectuée dans des conditions données détermine *la température initiale;* une étendue appropriée de la surface de chauffe permet de rapprocher, autant qu'on
le veut, *la température finale* d'une limite déterminée, et par conséquent *un poids donné de combustible,* brûlé convenablement sous
une chaudière munie d'une surface de chauffe totale suffisamment
étendue, *produit toujours le même effet sur l'eau de cette chaudière.*

Ce résultat doit être regardé comme *fondamental,* lorsqu'il s'agit
de la théorie *des générateurs.*

Il doit être rapproché de ce que nous avons vu pour les récepteurs.

De même que ceux-ci donnent toujours *le même travail théorique,*
par kil. de vapeur, qu'ils soient rotatifs ou à mouvement alternatif,
à un ou à plusieurs cylindres, à cylindres fixes ou oscillants, etc.,
pourvu que *la vapeur y entre et en sorte dans des conditions déterminées,* de même tous les générateurs, dont les dispositions ne sont
pas moins variées que celles des récepteurs, donneront toujours *la*

même quantité de vapeur par kilogramme d'un combustible donné, pourvu que *le combustible y soit brûlé, et que les produits de la combustion s'en échappent, dans des conditions identiques.*

Cette espèce de *théorème*, commun aux récepteurs et aux générateurs, doit être entendu dans le même sens pour les uns et pour les autres. C'est un énoncé général, qui comporte, dans l'application, certaines réserves.

Deux machines à vapeur, qui utilisent un kilog. de vapeur dans des conditions identiques de pression initiale, de détente et de condensation, sont *théoriquement* identiques ; mais elles peuvent avoir, en fait, certaines qualités ou certains défauts qui leur soient propres, et l'objet principal des chapitres précédents a été précisément de mettre en relief les avantages et les inconvénients respectifs des différents types que nous avons considérés.

Tel type assure une marche régulière et un entretien facile de la machine.

Tel autre est particulièrement approprié à l'emploi de la détente sur une grande échelle.

Tel autre encore peut réduire l'influence des résistances passives de la machine.

Telles dispositions préviennent, ou au moins réduisent les condensations inopportunes de vapeur.

Telles autres permettent de réduire l'emplacement de la machine, etc.

Ce sont des avantages *du même ordre*, que l'on recherche et que l'on obtient, dans les différents systèmes de générateurs dont nous allons avoir à nous occuper.

Il arrive ainsi bien souvent qu'un avantage obtenu à un certain point de vue est plus ou moins compensé par quelque inconvénient d'une autre nature, et en somme on peut dire que, parmi les divers types de chaudière qui se sont produits et qui se produisent encore tous les jours, aucun d'eux, jusqu'ici, ne réunit un ensemble d'avantages qui permettent d'affirmer sa supériorité *sur tous les autres, à tous les points de vue.*

On peut même douter qu'il existe un tel type, les diverses conditions recherchées n'étant pas toujours concordantes, et pouvant même être parfois contradictoires. Les solutions peuvent, et même doivent logiquement être différentes, suivant que les circonstances font attacher plus d'importance à une condition ou à une autre,

La pratique est en cela d'accord avec les considérations ci-dessus, et l'on emploie *avec raison*, dans l'industrie, *plusieurs types de chaudières*, comme on emploie *plusieurs types de machines*. L'essentiel est de les connaître, et de savoir quelles sont les propriétés caractéristiques de chacun d'eux, sans oublier qu'au point de vue le plus important, du moins pour les grands appareils, celui de l'économie du combustible, ils sont, *en théorie*, et ils peuvent être rendus à peu près, *en fait*, équivalents.

(**758**) J'insiste particulièrement sur cette propriété d'équivalence, parce qu'elle n'est pas toujours bien comprise, et que bon nombre de personnes, en proposant des dispositions nouvelles, ont recherché, et souvent même croient avoir obtenu des économies de combustibles plus ou moins importantes. Il est bien peu d'inventions qui ne soient annoncées au public, comme amenant des économies de 10 0/0, 15 0/0, 25 0/0 et souvent au delà.

Ces économies, fussent-elles même vérifiées par l'expérience, ont presque toujours leur origine dans ce fait que l'on compare un appareil neuf, en parfait état, surveillé avec un soin spécial par l'inventeur lui-même ou par ses représentants, avec un appareil qui est en marche courante, quelquefois en état médiocre ou mauvais d'entretien, quelquefois aussi qui n'est qu'un spécimen incomplet ou imparfait du type auquel il se rapporte.

Ainsi *un type quelconque* sera relativement un *mauvais appareil*, si la combustion s'y fait mal, ou s'il passe sur la grille une quantité d'air ou beaucoup trop grande ou beaucoup trop faible, ou encore si la surface de chauffe est insuffisante en étendue, relativement au charbon brûlé sur la grille, ou enfin si l'étendue étant suffisante pour une chaudière en bon état, elle est rendue inefficace par un épais dépôt intérieur qui réduit par trop la conductibilité des parois, etc., etc.

Au contraire, *un type quelconque* sera *à fort peu près équivalent à tout autre*, si les deux types comparés brûlent le combustible *de la même manière*, et envoient les produits de la combustion *à la même température* dans leurs cheminées.

On reconnaît par un raisonnement direct qu'il en doit être ainsi. La chaleur développée par la combustion ne peut être en effet employée que d'une des manières suivantes :

Une partie de cette chaleur, et ce doit être la principale, *traverse la surface de chauffe*, et est utilisée à la vaporisation de l'eau.

Une seconde partie, assez importante également, s'échappe *à l'état de chaleur sensible*, avec les gaz qui entrent dans la cheminée.

Une troisième partie est enlevée *par le rayonnement*, soit du foyer, soit des massifs du fourneau et des parties de la chaudière exposées à l'air libre.

Le reste enfin est entraîné *par conductibilité*, au contact des gaz chauds avec le massif de la chaudière, et au contact de ce massif ou de la chaudière avec les corps environnants.

Par hypothèse, les deux premières parties sont *identiques* pour 2 générateurs que l'on compare. Les deux autres parties peuvent devenir *fort petites*, en empêchant le rayonnement direct du foyer avec l'extérieur, en employant des massifs épais de maçonnerie qui sont peu conducteurs de la chaleur, en munissant les surfaces des générateurs non protégées par la maçonnerie d'enveloppes analogues à celles qu'on emploie pour le tuyau de prise de vapeur et pour le cylindre moteur, etc., etc.

A ce point de vue, on peut dire peut-être que les chaudières *à foyer intérieur* ont quelque avantage sur celles où la chauffe est extérieure ; qu'il faut tâcher d'obtenir *une grande surface de chauffe sous un petit volume total ;* que les massifs en *épaisse* maçonnerie valent mieux que les *enveloppes* minces, etc., etc.

Mais on n'établit ainsi, pour les divers appareils, que des différences entre des quantités qui peuvent être rendues individuellement assez petites. Il en donc de même, *à fortiori*, de ces différences, et le principe de l'*équivalence entre tous les types* n'en subsiste pas moins d'une manière assez approchée, pour qu'il soit rationnellement possible de fixer son choix, dans chaque cas particulier, par la considération des avantages accessoires que peut présenter un type déterminé.

(**759**) D'après ce qui précède, on voit qu'une chaudière, sur la grille de laquelle on brûle par unité de temps une quantité déterminée d'un certain combustible, comporte une étendue de la surface de chauffe à peu près proportionnelle à cette quantité, un peu moindre cependant pour les plus grands appareils dont les pertes relatives par rayonnement ou conductibilité sont un peu plus faibles.

Ainsi une chaudière d'un type donné *vaut par l'étendue de sa surface de chauffe*, à la condition qu'on y consomme une quantité de charbon sensiblement proportionnelle à cette surface. Mais il doit être entendu *qu'en passant d'un type à un autre*, deux surfaces de chauffe égales peuvent ne pas être équivalentes, ou que *la puissance de vaporisation du mètre carré varie dans une certaine mesure*.

Cette puissance est d'autant plus grande que les parois du générateur sont plus minces, et par conséquent plus perméables à la chaleur. Elle est plus grande aussi pour une chaudière bien nettoyée que pour la même chaudière revêtue à l'intérieur d'incrustations plus ou moins épaisses.

Elle dépend également de la position de la paroi chauffée, et elle est plus grande pour une paroi *chauffée par-dessous* que pour une paroi *chauffée par-dessus* ou que pour une paroi *verticale*. La différence tient à deux causes : premièrement à ce que, dans le courant de gaz qui parcourt un carneau, les divers filets fluides les plus chauds tendent à se porter constamment à la partie supérieure du carneau, et en second lieu au dépôt de menues escarbilles et de cendres qui se fait à la partie inférieure.

C'est l'expérience seule qui peut indiquer ce qu'est, dans les principaux types d'appareils, et pour des appareils en état moyen de propreté et d'entretien, cette puissance de vaporisation par mètre carré.

(**760**) Nous aurons à faire connaître les données pratiques sur lesquelles on peut s'appuyer pour apprécier la puissance de vaporisation d'une chaudière donnée, ou projeter une chaudière destinée à produire une vaporisation déterminée. Mais nous devons faire d'abord plusieurs observations importantes.

La première est que, pour évaluer la puissance de vaporisation, la considération de *la chaudière seule* est insuffisante, et que, de même que la force d'une machine est *impossible à connaître d'après ses dimensions*, si l'on ne donne pas le poids et la pression de la vapeur qu'elle reçoit, de même on ne connaîtra pas la puissance de vaporisation d'une chaudière d'après la seule étendue de sa surface de chauffe, si l'on ne connaît pas le poids et la qualité du charbon qu'elle consommera. En un mot, s'il faut, pour une machine d'une force donnée, une chaudière d'une puissance de vaporisation qui lui soit appropriée, il faut, pour cette chaudière, une consommation correspondante de charbon.

La seconde observation est que, pour un type donné de chaudière, et avec une consommation donnée de combustible, la surface de chauffe n'est pas un élément qui soit défini avec une fort grande précision, et qu'il peut au contraire *varier entre certaines limites*, sans modifier beaucoup l'effet utile du combustible ; ce qui revient à dire, sous une autre forme, qu'une surface de chauffe donnée comporte *des variations analogues* dans la quantité de combustible consommé.

On s'explique facilement ce résultat par cette circonstance que les diverses parties de la surface de chauffe sont très-inégalement efficaces, selon la température des gaz avec lesquels elles sont en contact. Les premiers mètres carrés recevant l'action des gaz venant du foyer, laissent passer une grande quantité de chaleur ; au contraire, les derniers mètres, en contact avec des gaz qui sont presque en équilibre de température avec eux, n'en laissent pour ainsi dire plus passer. On peut donc *supprimer* une certaine quantité de ces derniers mètres, ou l'on peut au contraire *en ajouter* autant que l'on voudra, presque sans altérer le résultat final.

La troisième observation, analogue à la précédente, est relative à l'influence de l'épaisseur des parois sur la puissance de vaporisation d'une surface de chauffe donnée.

D'après ce qu'on sait sur les lois de la conductibilité de la chaleur, la quantité de chaleur qui traverse une plaque métallique dont les deux faces sont maintenues à des températures différentes, est directement proportionnelle à la différence des températures, ainsi qu'à l'étendue de la plaque, et inversement proportionnelle à son épaisseur ; on semblerait devoir en conclure que la puissance de vaporisation de deux chaudières de systèmes et de dimensions donnés devrait être *en raison inverse de l'épaisseur des parois*. En fait, il n'en est aucunement ainsi, comme il est facile de s'en rendre compte, et l'on est, au contraire, beaucoup plus près de la vérité en disant que cette puissance de vaporisation est pratiquement, entre certaines limites, *indépendante de cette épaisseur*.

On reconnaît, en effet, par un raisonnement analogue au précédent, que si *les premiers mètres* de la surface de chauffe sont moins efficaces dans la chaudière épaisse que dans la chaudière mince, le contraire peut avoir lieu, *par cela même, pour les derniers mètres*, qui se trouvent en contact avec des gaz beaucoup moins refroidis dans leur premier parcours antérieur ; de sorte que les derniers mètres de la chaudière épaisse sont *d'autant plus* efficaces que les premiers l'ont été moins, et inversement pour la chaudière mince.

Une quatrième observation est relative à l'influence des incrustations dont les parois internes de la chaudière peuvent être revêtues. Il est clair qu'elles diminuent beaucoup la conductibilité de la surface de chauffe, tant à cause de leur épaisseur, parfois beaucoup plus grande que celle du métal, qu'à cause de leur peu de conductibilité propre. Elles agissent donc comme une augmentation d'épaisseur qu'on aurait donnée à la paroi métallique, et le même raisonnement leur est applicable.

(**761**) En résumé, une chaudière étant munie d'une surface de chauffe *d'une étendue* donnée, dont on suppose que l'on fasse croître l'épaisseur des parois et celle des incrustations, on est placé dans une de ces trois alternatives, ou brûler *la même quantité de charbon*, qui sera moins bien utilisée et produira moins de vapeur, ou obtenir *le même degré d'utilisation de ce charbon*, en en réduisant la quantité, ce qui entraîne une nouvelle réduction dans la production de vapeur, ou bien enfin demander *la même quantité de vapeur*, ce qui entraîne une plus forte consommation, et en même temps une moins bonne utilisation du combustible.

Mais, et c'est là l'observation essentielle qui ressort de la discussion précédente, ces variations soit dans la consommation du combustible, soit dans son utilisation, soit enfin dans la vaporisation de la chaudière, ne sont *aucunement comparables* à la variation qu'on observerait dans la conductibilité *d'un mètre carré de surface de chauffe* en contact avec des gaz *à une température donnée*, selon qu'on prendrait cet élément de surface, épais ou mince, bien décapé ou, au contraire, chargé d'un dépôt terreux plus ou moins épais.

En fait, l'expérience montre que, pour un type de chaudières donné, et même pour des types de chaudières qui ne sont pas trop dissemblables, l'étendue de la surface de chauffe, l'épaisseur des parois, leur état plus ou moins marqué d'incrustation, la quantité de charbon qu'on peut consommer sur la grille et la quantité de vapeur qu'on peut obtenir, constituent des éléments dont les variations simultanées peuvent être assez étendues, sans changer, dans une mesure importante, les conditions économiques de ce générateur; c'est ainsi, par exemple, qu'on peut, entre certaines limites, marcher presque dans les mêmes conditions, *en poussant les feux*, d'un système de générateurs, ou *en les retenant*.

(**762**) Les divers résultats ci-dessus peuvent être vérifiés par les considérations analytiques suivantes :

Si nous considérons la ligne AB (*fig.* 266) comme représentant le développement en longueur d'une ligne de carneaux, dans laquelle circulent les gaz chauds dans le sens AB, la température T des gaz en A sera la température initiale des gaz immédiatement après le phénomène de la combustion, et la température en B se rapprochera de celle de la chaudière t.

Soit θ la température intermédiaire dans un point C quelconque, situé à la distance x du point A.

La chaleur qui traverse l'élément $CC' = dx$ de la paroi dans l'unité de temps est proportionnelle à la masse des gaz qui est constante d'un élément à un autre, à l'écart $\theta - t$ des températures et à la longueur dx.

Elle l'est également à la variation de température des deux points C et C'.

On peut donc poser, en remarquant que cette dernière variation est négative, $d\theta = -\mathrm{K}(\theta - t)dx$, K étant un coefficient qui croît avec la conductibilité de la paroi et avec la largeur de la surface de chauffe perpendiculairement à AB.

On en déduit

$$\frac{d\theta}{t-t} = -\mathrm{K}dx \ldots \quad l\,(0-t) = -\mathrm{K}x + \mathrm{const.,}$$

et la constante se détermine par la condition d'avoir pour $x = o$ $\theta = \mathrm{T}$.

Il vient donc $l(\theta - t) = -\mathrm{K}x + l(\mathrm{T} - t)$,

ou bien $\theta - t = (\mathrm{T} - t)e^{-\mathrm{K}x}$.

On voit d'abord que pour avoir $0 = t$, ou $e^{-} = o$, il faudrait supposer $x = \infty$, c'est-à-dire qu'il faudrait une longueur *indéfinie* de carneaux pour amener les gaz à une température *rigoureusement égale* à celle de l'eau dans la chaudière.

On voit ensuite que la formule ci-dessus donne lieu à cet énoncé que les distances à l'origine des carneaux croissant *en progression arithmétique*, les écarts de température entre les gaz et la chaudière décroissent *en progression géométrique*, c'est-à-dire que ces écarts décroissent *très-rapidement* d'abord, puis *de plus en plus lentement* à mesure que la distance augmente, ou bien que l'efficacité d'un élément de paroi est beaucoup plus grande à l'origine des carneaux qu'à leur débouché dans la cheminée.

Si l'on suppose qu'à l'extrémité des carneaux, ou pour $x = \mathrm{AB} = l$, l'écart final $0 - t$ soit la fraction $\dfrac{1}{n}$ de l'écart initial $\mathrm{T} - t$, on devra poser $\dfrac{1}{n}\,(\mathrm{T} - t) = (\mathrm{T} - t)\,e^{-\mathrm{K}l}\ldots$, d'où l'on tire $n = e^{\mathrm{K}l}$, égalité qui déterminerait le coefficient K, si l'on se donnait la quantité n, ou inversement.

On voit que la quantité n augmente rapidement, ou que les gaz sont beaucoup plus vite utilisés ou refroidis, à mesure que la quantité K va en croissant.

Mais dans quelle mesure peuvent varier ces quantités n et K?

Pour chercher à nous en rendre compte, nous supposerons d'abord que, dans un état satisfaisant de nettoyage, l'écart final soit de $\frac{1}{20}$ de l'écart initial, ou que l'on ait $n = 20$, ce qui entraîne la relation $Kl = l20 = 2,99573$, ou environ $Kl = 3$.

La conduite réduite d'un tiers nous donnera $K'l = 2$, et par suite $n' = c^{K'l} = e^2 = 8$ environ; le calorique utilisé, qui était d'abord $1 - \frac{1}{10} = 0.9$, devient $1 - \frac{1}{8} = \frac{7}{8} = 0.875$. La perte relative est seulement de $\frac{0.9 - 0.875}{0.9} = 2,7$ p. 100. Ainsi l'effet utile décroît *beaucoup plus lentement* que la conductibilité.

Si l'on suppose que le coefficient K gardant une valeur constante, ce soit la longueur des carneaux qui varie, on trouvera, en partant de la longueur l qui nous donne par hypothèse

$$Kl = 2.99573 \ldots \ldots n = 20$$
$$\text{Pour } l' = \frac{3}{4} l. \ldots \ldots Kl' = 2.74679 \ldots \ldots n' = 9.5$$
$$\text{Pour } l' = \frac{1}{2} l. \ldots \ldots Kl' = 1.498 \ldots \ldots n' = 4.3$$
$$\text{Pour } l' = \frac{1}{4} l. \ldots \ldots Kl' = 0.749 \ldots \ldots n' = 2.1$$

On en déduit que les écarts de température $\theta - t$ étant représentés par l'unité à l'origine et par le nombre $\frac{1}{20}$ à l'extrémité des carneaux, ils ont respectivement les valeurs numériques $\frac{1}{2.1}$, $\frac{1}{4.5}$ et $\frac{1}{9.5}$ au quart, à moitié et aux trois quarts de la longueur, c'est-à-dire que les chaleurs transmises depuis l'origine jusqu'à un point donné croissent comme les nombres $1 - \frac{1}{n'} = \frac{n'-1}{n'}$, ou bien forment la série

$$\frac{1.1}{2.1} = 0.52, \quad \frac{3.5}{4.5} = 0.78 \quad \frac{8.5}{9.5} = 0.89, \quad \frac{19}{20} = 0.95.$$

Si l'on veut prendre la dernière de ces quantités pour unité ou terme de comparaison, les nombres ci-dessus deviennent respectivement 0.55, 0.82, 0.94 et 1.

On en conclut que l'efficacité de la surface de chauffe, dans les quatre parties successives des carneaux, varie comme les quatre nombres 55, $82 - 55 = 27$, $94 - 82 = 12$, $100 - 94 = 6$.

Ainsi la quatrième partie est neuf à dix fois moins efficace que la première. On pourrait la supprimer en ne perdant que 6 pour 100 de la chaleur transmise à la chaudière par la surface complète.

On verrait de même qu'une augmentation de cette surface aurait très-peu d'efficacité.

Remplaçant, en effet, l par $\frac{3}{2}l$, on trouve $n = 90$ environ, ou

$$1 - \frac{1}{n} = \frac{89}{90} = 0{,}99,$$ au lieu de $0{,}95$, soit un gain d'environ 4 pour 100.

Ces résultats, et ceux que l'on pourrait déduire d'une discussion plus étendue des formules ci-dessus, sont d'accord avec ceux que nous avons établis, ou qu'on pourrait établir, par des considérations directes.

Ils sont une conséquence analytique de l'équation exponentielle trouvée plus haut. Elle représente, entre $\theta - t$ pour abscisse et x pour ordonnée, une courbe qui, partant du point défini par l'ordonnée $T - \theta$ et $x = 0$, s'abaisse rapidement vers l'axe des abscisses, et dont les ordonnées deviennent bientôt extrêmement petites, bien qu'elle ne soit tangente qu'à l'infini à l'axe des abscisses.

(**763**) Cette propriété, dont jouit un générateur de vapeur, d'après les raisonnements et les calculs qui précèdent, *d'accommoder*, en quelque sorte, ses éléments aux circonstances qui peuvent se présenter, cette espèce *d'élasticité* se manifeste encore à un autre point de vue, celui de la pression à laquelle la vapeur est formée dans la chaudière.

En principe, cette pression a évidemment un maximum, relatif à la résistance à la rupture, que présente l'appareil par suite de ses dimensions, de l'épaisseur de ses parois et du mode de construction adopté.

Au-dessous de ce maximun, la chaleur à fournir à la chaudière, par kilogramme de vapeur produite, selon que cette vapeur est à la pression d'une atmosphère, ou à celle de 7 atmosphères rarement atteinte dans les machines fixes, sera donnée par les chiffres suivants :

		1 ATMOSPHÈRE.	7 ATMOSPHÈRES
Température.		100°	165°.34
En alimentant avec de l'eau à 10°.	$\lambda - 10$. .	626°.85	647°.07
En alimentant avec de l'eau sortant d'un condenseur.	$\lambda - 40$. .	596°.85	607°.07
En alimentant avec de l'eau à la température même de la chaudière (dans l'hypothèse du cycle de Carnot).	$r = \lambda - \mu$.	536°.30	489°.72

Les quantités ci-dessus donnent les rapports $\dfrac{626.85}{647.07} = 0.97$, $\dfrac{596.07}{607.07} = 0.983$, $\dfrac{536.30}{489.72} = 1{,}01$, et montrent que, suivant le mode d'alimentation employé, ou selon la température à laquelle se fait l'alimentation, l'avantage peut être à la haute où à la basse pression.

D'un autre côté, comme avec la haute pression on ne peut pas pousser aussi bas *la température limite* des gaz à leur entrée dans la cheminée, et que la haute pression comporte un peu plus de *pertes de vapeur* par les fuites ou de *pertes de chaleur* par conductibilité, on retiendra, comme conclusion, que la puissance de vaporisation d'une chaudière, estimée *au poids* de la vapeur produite, est *presque indépendante* de la pression, bien qu'elle tende *à diminuer* un peu à mesure que la *pression est plus élevée*.

On pourra donc, connaissant le charbon consommé dans des conditions moyennes de rendement, ou la surface de chauffe d'un type donné de chaudière employé dans des conditions moyennes d'utilisation, estimer à peu près la puissance de vaporisation de l'appareil, avec la pensée que cette puissance variera légèrement en sens contraire de la pression (de quelques centièmes peut-être), en passant des plus basses aux plus élevées que l'on ait à considérer dans l'industrie.

764) Ces conclusions, auxquelles on serait également conduit par des considérations analytiques, en discutant l'équation
$\theta - t = (T - t)e^{-Kx}$, dans laquelle on ferait varier la constante t,
ne sont pas d'accord avec l'opinion de beaucoup de praticiens, qui
regardent qu'il est souvent fort difficile, même en poussant les feux
avec toute l'activité possible, de maintenir une augmentation d'une
ou deux atmosphères, sur la pression normale d'une chaudière qui
alimente une machine donnée; d'où ils concluent que cette augmentation de pression augmente notablement la dépense de chaleur.
Mais il y a ici un malentendu, et fort souvent cette grande difficulté
résulte de ce que l'on prétend, en même temps qu'on augmente la
pression, continuer d'alimenter la machine en lui conservant sa
vitesse, quelquefois même en l'augmentant, et sans changer le
degré de l'admission. Or, si l'on suppose que l'on veuille passer
seulement de quatre atmosphères à cinq atmosphères, les tableaux
5 et 6 du n° **508** montrent que les volumes spécifiques de la
vapeur décroîtront dans le rapport de 446 à 363, et que, par conséquent, les poids consommés croîtront dans le rapport inverse, c'est-
à-dire de 363 à 446, ou de 1 à 1,22, si l'on veut en consommer le
même volume. L'augmentation devrait être de 50 pour 100 environ,
si l'on passait de quatre à six atmosphères.

(**765**) En résumant tout ce qui précède, nous reconnaîtrons
qu'il existe, *dans tout générateur qui fonctionne*, deux parties essentiellement distinctes :

1° Le foyer sur lequel se brûle une certaine quantité de combustible, en produisant des gaz chauds dont la masse, la composition
et la température initiale sont entièrement déterminées pour un
combustible brûlé complétement avec la quantité d'air qui lui
convient ;

2° Le générateur proprement dit, dont la surface de chauffe est
disposée pour utiliser la chaleur que cette masse gazeuse peut abandonner, en passant de sa température initiale à une température
finale dont la limite inférieure est, soit celle de la chaudière, soit
celle de l'eau d'alimentation.

Nous concevons que le feu du foyer peut être pressé plus ou

moins activement, et les gaz arriver un peu plus ou un peu moins chauds à la cheminée; qu'entre certaines limites la surface de chauffe peut varier soit par l'étendue, soit par la disposition, soit par la perméabilité à la chaleur (variable selon l'épaisseur du métal et selon celle des incrustations); que la vapeur peut être produite à une pression plus ou moins élevée; mais que toutes ces variations, qui réagissent les unes sur les autres, peuvent se produire simultanément dans des directions et dans des proportions telles qu'il ne cesse d'y avoir *à peu près proportionnalité entre le combustible brûlé et le poids d'eau vaporisée*, quel que soit d'ailleurs le système du générateur, pourvu qu'il satisfasse aux deux conditions indispensables d'avoir une étendue de surface de chauffe amplement suffisante, et d'être garanti convenablement contre les pertes de chaleur, soit par rayonnement, soit par conductibilité.

(**766**) Ce sont donc, comme nous l'avons dit, des conditions *accessoires*, plutôt que celle de l'économie de combustible, qu'on a recherchées, ou tout au moins qu'on a réalisées, dans les nombreux types de générateurs qui ont été successivement créés. Ces conditions ont été le plus ordinairement analogues à celles qui ont conduit aux diverses combinaisons cinématiques que présentent les machines à vapeur, c'est-à-dire qu'on a voulu économiser l'emplacement, ou réduire le poids et le prix des appareils. Mais d'autres considérations doivent aussi intervenir, telles que celles de faciliter le dégagement de la vapeur en entraînant le moins d'eau possible; de prévenir la formation des dépôts terreux ou de faciliter leur nettoyage; enfin, et surtout, celles de prévenir le danger des explosions, ou tout au moins de chercher à atténuer leurs conséquences parfois désastreuses.

Il est vrai que bien des inventions se sont produites comme amenant des économies de combustible plus ou moins importantes, en même temps qu'elles étaient supposées rendre les chaudières inexplosibles, ou réaliser quelque autre avantage.

Mais, d'une part, ainsi qu'on vient de l'*établir*, il n'y a *presque rien* à attendre, au point de vue économique, d'une invention nouvelle, *quelle qu'elle soit*, comparée à une chaudière *quelconque*, qui

brûle bien son charbon et qui refroidit convenablement les produits
de la combustion au contact d'une surface de chauffe suffisamment
étendue ; et d'autre part, malheureusement, aucune chaudière ne
mérite entièrement la dénomination d'inexplosible.

C'est ce que la pratique de tous les jours confirme ; car évidemment l'économie de charbon et l'inexplosibilité sont des qualités
telles qu'elles finiraient par faire prévaloir dans l'industrie les
appareils qui les posséderaient à un degré éminent.

Or, nous ne voyons pas qu'il se produise rien de semblable, et
tout au contraire, il s'établit chaque année un grand nombre de
spécimens présentant les dispositions les plus variées ; ce qui nous
donne *à posteriori* la confirmation des considérations théoriques
exposées ci-dessus.

(**767**) Toutes ces dispositions, malgré leur extrême variété, semblent pouvoir être rapportées à un petit nombre de types. On peut
d'abord les distinguer en chaudière à foyer extérieur (ce qui est,
tout au moins en France, la disposition la plus ordinaire pour les
machines fixes), et en chaudière à foyer intérieur, disposition plus
usitée en Angleterre qu'en France pour les machines fixes, presque
nécessaire pour les machines de bateaux et indispensable pour les
machines locomotives.

Dans la première, le fourneau est généralement en maçonnerie.
Le foyer, placé au-dessous de la partie antérieure de la chaudière,
échauffe, par son rayonnement direct et par le contact des gaz
chauds, cette portion de la surface de chauffe que l'on nomme *le
coup de feu*. Le reste est chauffé par le contact des gaz circulant
dans une suite de carneaux dont le périmètre est formé en partie
par les parois de la chaudière, en partie par la maçonnerie du
fourneau.

Dans la seconde disposition, le foyer est entouré de tous les côtés,
sauf quelquefois du côté du cendrier, ou au-dessous de la grille, par
les parois métalliques de la chaudière. On remplace ainsi par une
surface de chauffe, qui est particulièrement efficace, les parois
latérales en maçonnerie, qui s'échauffaient sans profit direct pour la
puissance de vaporisation de l'appareil.

On peut même dire que, dans les chaudières à foyer intérieur où les parois de la chaudière se prolongent sous le condrier, la chaleur sensible, habituellement perdue, des cendres et des escarbilles qui tombent de la grille, se trouve utilisée.

En revanche, on peut dire qu'on risque de ne pas donner au foyer et aux cendriers des dimensions suffisantes, qu'on expose les portions de la chaudière directement en contact avec le combustible à une détérioration plus ou moins rapide, surtout si ce combustible est sulfureux et si la chaudière est incrustée ; qu'on a plus de difficultés à assurer la combustion complète des gaz, parce que la température de la chambre de combustion peut n'être pas assez élevée, et que les flammes s'éteignent au contact des parois relativement froides qui la circonscrivent, d'où résulte souvent la production d'une épaisse fumée et d'une combustion incomplète.

Ces inconvénients peuvent être évités, si la capacité du foyer n'est pas trop exiguë, en revêtant ces parois métalliques d'un garnissage en briques, qui permet, par suite de son inconductibilité, de porter ses parois internes à une haute température, et qui, s'il réduit beaucoup l'efficacité de la surface de chauffe de la boîte à feu, envoie les gaz plus chauds dans les carneaux, et augmente d'autant l'efficacité de la surface de chauffe indirecte.

En somme, on pourrait dire qu'un foyer intérieur disposé de manière que la combustion s'y fasse dans de bonnes conditions peut présenter quelque petit avantage économique sur un foyer extérieur.

(**768**) Au point de vue de la surface de chauffe, on peut distinguer :

1° Les chaudières *à carneaux*, dans lesquelles le foyer est extérieur, et le périmètre de la section dans un quelconque des conduits de fumée est formé *en partie* par de la maçonnerie du fourneau, *en partie* par le métal de la chaudière ;

2° Les chaudières *à galeries*, dans lesquelles le foyer peut être intérieur ou extérieur, mais est le plus souvent intérieur, et où les conduits de fumée sont, sur une partie au moins de leur développement en longueur, formés exclusivement par les parois métalliques et complétement entourés d'eau ;

3° Les chaudières *tubulaires*, dans lesquelles les conduits intérieurs ci-dessus sont remplacés par un faisceau de tubes à petite section entre lesquels le courant des gaz se partage, ce qui offre l'avantage *accessoire* que ces gaz se refroidissent plus promptement au contact de parois plus rapprochées, et l'avantage *principal et caractéristique* d'avoir, pour une section totale de ces tubes, une surface de chauffe beaucoup plus étendue, dans un rapport facile à calculer, qu'avec un seul gros tube d'une section équivalente ;

4° Enfin les chaudières à *tubes bouilleurs*, dont les tubes, d'une section comparable ou un peu supérieure à celle des tubes à fumée du système précédent, sont remplis d'eau et plongés dans le courant des gaz chauds.

(**769**) Le caractère des chaudières à carneaux est d'être d'une installation facile, et d'avoir toutes leurs parois facilement accessibles pour les réparations, extérieurement en pénétrant dans les carneaux ou en démolissant partiellement la maçonnerie, intérieurement sous la condition que toutes les parties aient un diamètre suffisant pour qu'un ouvrier puisse s'y introduire. Avec un massif suffisamment épais pour réduire les pertes par conductibilité dues à l'échauffement de la surface non métallique du carneau, et entretenu en assez bon état pour prévenir les accès d'air froid sur les points où la combustion du gaz est déjà complète, ce système de chaudière ne semble pas notablement inférieur aux autres pour les machines établies à demeure, bien qu'on puisse dire que le volume relativement grand du fourneau expose l'appareil à un peu plus de pertes par conductibilité et par rayonnement qu'une forme plus ramassée et plus compacte.

(**770**) Les chaudières à *galeries* peuvent être, en principe, considérées comme évitant sur la longueur des gros tubes intérieurs, faisant fonction de carneaux, l'inconvénient d'un échauffement parasite des maçonneries, et celui des rentrées d'air possibles par suite du vide que produit l'aspiration de la cheminée.

Mais le principal avantage qu'on recherche avec ces tubes intérieurs est d'augmenter l'étendue de la surface de chauffe, sous un volume donné occupé par l'appareil.

À côté de cet avantage, se trouve un inconvénient notable dont sont exemptes les chaudières à carneaux, c'est que l'existence même d'une galerie dans laquelle circulent les produits de la combustion, entraîne nécessairement l'existence de parois concaves au dehors et convexes au dedans de la chaudière, forme peu favorable pour résister à de hautes pressions. On comprend, par exemple, qu'une surface cylindrique à base circulaire, pressée intérieurement, tende à conserver la forme de sa section, ou même à la prendre, si elle ne l'a pas exactement reçue du constructeur, tandis que la même surface, pressée extérieurement, tendra à s'aplatir et à s'écraser entièrement, dès qu'une première déformation se sera produite.

(**771**) Les chaudières tubulaires proprement dites ont pour objet essentiel de réaliser, à un degré beaucoup plus prononcé encore que les chaudières à galeries, l'avantage d'une grande surface de chauffe sous un volume donné, et aussi avec un poids donné de métal.

Il est très-facile de reconnaître, par les considérations géométriques les plus élémentaires, que l'accroissement de la surface de chauffe que l'on obtiendra, en remplaçant une galerie à section circulaire ou carrée par un faisceau tubulaire, soit de même volume total, soit de même section, est, en quelque sorte, indéfini, n'étant limité que par la condition d'avoir des tubes qui ne soient ni trop petits, ni séparés par des lames d'eau trop minces.

Cette considération est propre à faire ressortir toute l'importance de ces chaudières, qui paraissent avoir été imaginées à peu près en même temps, en France par Seguin, en Angleterre par Stephenson. Cette invention a eu les conséquences pratiques les plus remarquables ; car il est permis de dire, en toute rigueur, qu'il serait impossible de fournir *à la plupart* des machines de bateaux à vapeur et *à toutes* les locomotives sans exception, sous une forme et avec un poids acceptables, les grandes surfaces de chauffe nécessaires à la production de la vapeur que ces machines consomment en service.

Ces chaudières tubulaires ont donc considérablement agrandi, pour deux de ses applications aujourd'hui les plus importantes, le domaine de la vapeur.

C'est pour les locomotives que le système tubulaire a été surtout étudié dans tous ses détails, et que de là l'application s'en est étendue aux machines de bateaux et aux locomobiles, en un mot, aux appareils pour lesquels la question du volume ou du poids est importante à considérer.

A côté de leurs avantages incontestables, ces appareils présentent un inconvénient sérieux : c'est que la petitesse des tubes et leur rapprochement rendent les incrustations fort à craindre autour de leur surface externe entourée d'eau soumise à une évaporation active.

Ces incrustations sont fort difficiles à enlever, parce que fort souvent les surfaces sur lesquelles elles se déposent sont peu accessibles à la main des ouvriers. Il en résulte des réparations très-fréquentes, souvent faites d'une manière incomplète, et, par suite, de grands frais d'entretien.

On a donc considéré qu'un très-grand perfectionnement serait apporté au système tubulaire, si l'on parvenait à rendre le faisceau des tubes facilement accessible. On y est parvenu, en effet, de diverses manières, notamment au moyen de chaudières dites à foyer amovible, dans lesquelles le foyer et le système des tubes fixés à la plaque tubulaire peuvent être retirés du corps cylindrique et remis en place, à l'aide d'une bride qui sert à les fixer à l'avant du corps cylindrique.

Cette disposition semble fort utile, pour permettre d'étendre aux machines fixes n'ayant que de mauvaises eaux d'alimentation les avantages de poids et de volumes réduits qui caractérisent les chaudières tubulaires.

Toutefois, il faut réserver, en avant de l'emplacement de la chaudière, l'espace nécessaire pour la sortie du faisceau tubulaire, ce qui fait perdre une partie d'un des principaux avantages du système, qui est de demander peu de terrain.

(**772**) Les chaudières tubulaires ne semblent pas devoir présenter d'avantages économiques appréciables; il n'y a aucune raison spécifique pour que la combustion s'y fasse mieux que dans une autre chaudière, et les pertes de chaleur par communication à l'air ambiant ne semblent pas devoir être moindres que celles qui se font à travers une maçonnerie suffisamment épaisse et convenablement imperméable à l'air.

Il me paraît donc que, s'il existe des circonstances qui rendent indispensable l'emploi de ces chaudières tubulaires, il n'y a pas lieu de chercher à en répandre l'emploi en dehors de ces circonstances, les frais et les embarras qu'occasionnent leurs réparations fréquentes devant, selon moi, compenser et au delà, dans la plupart des cas, les avantages d'emplacement, de poids, et quelquefois de prix de premier établissement qui les caractérisent.

(**773**) Les chaudières *à tubes bouilleurs*, dites aussi chaudières *à circulation rapide*, diffèrent de toutes les précédentes en ce que celles-ci contiennent en général un volume d'eau assez important, suffisant pour une vaporisation de quelque durée, souvent de plusieurs heures, tandis que, dans les chaudières à tubes bouilleurs, l'eau à peine introduite, par le jeu de la pompe alimentaire qui devient en quelque sorte le régulateur de la production de la vapeur, est presque aussitôt vaporisée dans les nombreux circuits du faisceau tubulaire qu'elle parcourt.

Les inconvénients de ce système sont, en quelque sorte, évidents :

Si l'alimentation cesse, ou si elle n'est pas en rapport avec l'activité du foyer, le générateur se vide, les tubes risquent de se brûler, et la machine se ralentit ou s'arrête.

De là beaucoup de difficultés pour obtenir une marche régulière de la machine et pour entretenir le générateur en bon état.

Au point de vue de la consommation de charbon, il ne peut, *dans une marche prolongée*, présenter aucun avantage économique. Au point de vue des explosions, il présente celui, non pas d'être inexplosible dans le sens propre du mot, mais celui de ne pouvoir donner lieu qu'à des explosions partielles d'un tube ou de quelques tubes, qui ne sauraient avoir les mêmes conséquences graves que celle d'une grande chaudière ordinaire contenant des masses d'eau à une pression et à une température élevées.

Mais l'avantage spécial et caractéristique des appareils à tubes bouilleurs, c'est qu'étant par eux-mêmes d'une petite masse, et ne contenant qu'une quantité d'eau insignifiante, on peut, lorsqu'on allume le foyer pour les faire fonctionner, être prêt à marcher, ou, selon l'expression, être *monté en vapeur*, au bout d'un temps beaucoup plus court qu'avec tout autre système. C'est là une économie qui peut devenir intéressante, quand l'appareil ne doit marcher à chaque fois que pendant un temps limité ; mais ce qui peut être, dans certains cas, beaucoup plus intéressant que cette économie, c'est la possibilité de pouvoir commencer à marcher *plus tôt*.

C'est ainsi que s'explique et se justifie l'emploi des chaudières à tubes bouilleurs, *dans les chaloupes à vapeur* qui se trouvent à bord de certains grands navires, chaloupes qu'il importe, *par-dessus tout*, de pouvoir mettre en état de fonctionner dans le plus bref délai, sur un ordre donné, tandis que l'application du même type de générateur *à la machine même du navire* ne s'est pas encore répandue, bien que la question soit à l'étude.

(**774**) Ces généralités exposées, nous pouvons aborder l'examen des principales variétés que l'on rencontre dans l'industrie, et qui se rapportent soit exclusivement, soit principalement à un des types ci-dessus.

Pour chacune de ces variétés, nous ferons ressortir, autant que possible, l'avantage spécial qu'on a pu rechercher dans la disposition qui la caractérise, et, s'il y a lieu, l'inconvénient par lequel cet avantage peut se trouver plus ou moins contre-balancé dans la pratique.

En dehors des conditions générales d'une bonne et complète combustion sur le foyer, d'une déperdition de chaleur aussi réduite que possible par rayonnement et par conductibilité, et d'une surface de chauffe suffisante pour ne laisser aux produits de la combustion que la température nécessaire pour le tirage, on peut chercher à satisfaire, plus ou moins complétement, aux conditions spéciales suivantes, conditions qui ne sont pas toutes concordantes, dont quelques-unes même sont *contradictoires*, et qui ne peuvent ainsi être satisfaites toutes à la fois. Leur importance relative peut varier selon les circonstances, et c'est à l'ingénieur qu'il appartient de choisir entre elles, ou de chercher à les concilier dans la mesure que lui suggèrent l'expérience et son sentiment pratique des choses.

(**775**) Ces conditions spéciales peuvent être énumérées comme il suit :

1° Donner au générateur des formes et des dimensions appropriées aux efforts auxquels ses diverses parties ont à résister en service.

Ces efforts sont dus à l'excès de la pression de la vapeur sur la pression atmosphérique extérieure. Ils tendent à faire prendre la forme qui, sous une enveloppe donnée, comprend le volume maximum, et comme la sphère est hors de la question, à cause de la forme allongée qui reçoit l'appareil pour obtenir un développement suffisant de carneaux, on en conclut que la forme théorique la plus convenable est celle d'un cylindre droit à base circulaire terminé par deux calottes hémisphériques.

Cette condition exclut les faces concaves, comme celles de la chaudière à tombeau les carneaux intérieurs et même les parois planes, ou du moins si elle les accepte, c'est avec des excès d'épaisseur ou avec des armatures propres à prévenir les déformations. La condition de n'avoir que des cylindres tournant leur convexité au dehors conduit aux générateurs soit du premier, soit du quatrième type, le quatrième étant d'autant plus indiqué que l'on voudrait marcher à des pressions plus considérables.

2° Rendre les nettoyages faciles, en faisant en sorte que la main de l'ouvrier puisse atteindre sur tous les points de la surface de chauffe pour détacher les dépôts.

Cette condition limite à $0^m,40$ environ le minimum du diamètre des chaudières cylindriques et des bouilleurs, et les chaudières du premier type présentent alors un avantage sur toutes les autres, puis viennent celles du second type. Cette même condition tend à faire proscrire les chaudières du troisième type, à moins qu'on n'emploie un système de foyers amovibles ou qu'on n'alimente avec des eaux très-pures.

3° Obtenir dans le générateur *une grande surface libre* du liquide relativement à la surface de chauffe ou à la dépense de vapeur.

Les chaudières cylindriques *horizontales* sans bouilleurs, remplies à peu près à la hauteur du centre, satisfont le mieux possible à cette condition, qui a le double objet d'éviter les ébullitions tumultueuses, et de rendre les dénivellations de l'eau plus lentes et par conséquent moins dangereuses, dans le cas d'une interruption assez prolongée de l'alimentation.

Les chaudières cylindriques verticales satisfont au contraire fort mal à cette condition, et l'inconvénient qui en résulte est d'autant plus sensible que c'est surtout à leur partie inférieure, c'est-à-dire sous une charge épaisse d'eau, qu'est appliquée la plus haute température du gaz et que les bulles de vapeur tendent principalement à se former. Les chaudières tubulaires y satisfont assez mal également, parce que l'ébullition tend à se faire activement dans tous les points de la masse. Aussi observe-t-on que, pendant qu'une chaudière de ce genre *dépense de la vapeur*, la masse de l'eau est en quelque sorte mousseuse et son niveau sensiblement plus élevé qu'au repos.

4° Obtenir *un grand volume d'eau* dans la chaudière pour une surface de chauffe donnée.

C'est encore la chaudière cylindrique sans bouilleur qui satisfait le mieux à cette condition ; c'est la chaudière du quatrième système qui y satisfait le moins.

Cette condition a pour objet d'assurer la régularité de *la température*, et par conséquent *de la pression* pendant la marche, malgré les inégalités possibles, on peut même dire inévitables, de l'activité du foyer et du débit de la vapeur.

5° Avoir un grand réservoir de vapeur.

Cette circonstance est propre à maintenir la pression constante pendant le débit de la vapeur, d'où il résulte que l'ébullition est tranquille et que la vapeur entraîne moins d'eau avec elle.

Cette condition d'avoir un grand réservoir de vapeur peut toujours être obtenue avec un dôme ou un cylindre additionnel, quel que soit le type de la chaudière.

6° N'avoir dans la chaudière qu'un petit volume d'eau.

Cette condition, directement contraire à celle énoncée sous le numéro 4, a pour objet de hâter la mise en train de l'appareil, d'économiser la chaleur employée à cette mise en train, et celle qui reste dans la chaudière au moment de l'arrêt, et enfin de permettre de donner à la chaudière un petit volume total (celui du réservoir de vapeur restant en dehors), et de la composer d'un nombre de petits éléments.

Il en résulte indépendamment des avantages d'emplacement et de poids de l'appareil, celui de diminuer beaucoup la gravité des désastres en cas d'explosion.

Au point de vue des conditions n° 4 et n° 6, les chaudières cylindriques d'une part, et les chaudières du quatrième type de l'autre, occupent respectivement le premier et le dernier rang.

7° Réduire autant que possible l'espace occupé par le générateur.

Cette condition a un petit intérêt théorique, en ce sens que l'on peut dire que le système du générateur étant en entier à une température donnée, il perdra d'autant moins de chaleur, soit par rayonnement soit par conductibilité, qu'il sera, en quelque sorte, plus ramassé sur lui-même.

Mais le véritable intérêt est d'économiser un emplacement souvent précieux, sinon même parfois indispensable. Cette raison d'emplacement peut être décisive, et suffire à elle seule pour obliger de préférer l'un des deux derniers types de chaudières aux deux premiers. Sous ce rapport il y a une différence radicale, par exemple, entre une chaudière cylindrique sans bouilleurs et une chaudière à tubes bouilleurs de Belleville ou de Field.

(**776**) Nous pourrions étendre beaucoup ces considérations; mais ce qui précède, étendu et complété en parlant des différents appareils employés par l'industrie, suffit pour nous permettre de nous faire une idée assez précise des avantages et des inconvé-

nients principaux par lesquels chacun d'eux semble être plus particulièrement caractérisé.

Nous en conclurons, comme nous l'avons fait au chapitre xx pour
les machines, le système ou les systèmes dont l'emploi parait le
plus indiqué pour les applications industrielles les plus importantes.

CHAPITRE XXII

DISPOSITIONS DIVERSES DES GÉNÉRATEURS. — DU CHOIX D'UN GÉNÉRATEUR DESTINÉ A UN USAGE INDUSTRIEL DÉTERMINÉ

(**777**) Nous avons vu, en parlant des machines à vapeur, qu'*un kilogramme de vapeur* étant donné à une pression déterminée et à une température correspondante, nous pouvions l'utiliser, à pleine pression d'abord, puis dans des conditions déterminées de détente et de condensation ; d'où résultait un travail moteur transmis à la machine, qui était théoriquement indépendant du système même de cette machine ; de sorte que deux machines quelconques étant données, on n'observait pratiquement, de la première à la seconde, d'autre différence importante que celle qui pouvait être due *à un mode d'emploi différent de la vapeur* ; tandis que si ce mode d'emploi était identique, on ne constatait que des différences d'ordre tout à fait secondaires, n'ayant rien de spécifique, et dues à quelque circonstance accessoire, par exemple à l'inégalité des résistances passives ou des refroidissements, à l'influence plus ou moins grande des espaces nuisibles, à celle des vitesses de marche, etc., etc.

(**778**) Il doit être compris qu'on arrive à une combustion analogue pour l'emploi *d'un kilogramme d'un combustible donné* à la production de cette vapeur motrice.

Si ce kilogramme de combustible est entièrement brûlé par une quantité appropriée d'air atmosphérique, il produit une masse gazeuse dont le poids, la composition, le calorique spécifique et la température initiale sont déterminés, et qui peut céder aux parois d'une chaudière, une quantité de chaleur qui est elle-même déterminée, si l'on se donne la température finale. Il peut, par conséquent, produire à cette dernière température une quantité de vapeur indépendante du système du générateur ; de sorte qu'on n'aura théoriquement d'autres différences d'une chaudière à une autre, avec l'emploi d'une même qualité de combustible, que celles qui pourraient être dues *à un mode différent d'emploi de ce combustible*, c'est-à-dire à une combustion plus ou moins incomplète produite avec une quantité d'air variable et à un refroidissement plus ou moins étendu des gaz. Si donc la combustion, le foyer et le refroidissement des gaz par la surface de chauffe, ont eu lieu de la même manière, il n'y aura pratiquement, d'une chaudière à l'autre, que des différences peu sensibles dans le poids de la vapeur produite, dues à quelques variations dans les pertes par rayonnement ou par conductibilité, variations *qui n'ont encore rien de spécifique.*

Nous maintenons fermement cette conclusion, contre l'opinion de beaucoup d'ingénieurs, et même contre les conclusions de beaucoup d'expériences, dans lesquelles on a le plus souvent comparé deux appareils qui, par suite, soit d'un défaut radical de concordance dans les proportions, soit d'une trop grande différence dans leur état actuel d'entretien, ne brûlaient pas le combustible ou n'utilisaient pas la chaleur produite *de la même manière.*

Cette notion de *l'équivalent possible* de tous les générateurs, établis chacun dans les proportions qui lui conviennent, nous l'avons étendue, *par à peu près*, même au cas où la pression de la vapeur varie, avec cette réserve qu'il y a, en général, une légère variation dans la consommation de combustible par kilogramme de vapeur, *dans le même sens*, mais *beaucoup moins importante*, que la variation de pression.

Il est essentiel de bien se pénétrer de ces idées, si l'on ne veut pas faire fausse route dans les améliorations que l'on pourrait se proposer, soit d'étudier à un point de vue général, soit d'appliquer à un appareil donné qui ne fournirait pas des résultats en rapport avec le poids et le pouvoir calorifique du combustible employé.

(**779**) Cette insuffisance éventuelle d'un appareil donné ne paraît pouvoir être attribuée qu'à l'une des quatre causes suivantes :

Ou le combustible est mal brûlé, avec trop ou trop peu d'air et d'une manière incomplète ;

Ou la chaleur n'est pas convenablement absorbée par la surface de chauffe, et les gaz arrivent trop chauds à la cheminée ;

Ou il se fait trop de pertes de chaleur, par rayonnement et par conductibilité ;

Ou bien enfin, la vapeur produite dans la chaudière ne s'en échappe pas dans des conditions normales, par suite d'un trop grand entraînement d'eau à l'état liquide.

Aucune de ces quatre causes ne peut être regardée comme propre à un type de chaudière, ou du moins on peut en atténuer les effets à peu près au même degré dans tous les types.

Ainsi, en premier lieu, on améliore la combustion sur le foyer, en donnant à la grille des proportions convenables, en cherchant à augmenter la température dans la chambre de combustion, en favorisant le mélange de l'air avec les gaz combustibles par un brassage énergique obtenu, à l'aide soit de prises d'air spéciales, soit de courants d'air forcé, soit de jets de vapeur, etc., etc. Nous reviendrons sur ces détails en traitant de la question de la fumivorité ; mais on conçoit qu'on arrive par ces divers moyens sous la condition d'avoir des carneaux de section suffisante, aboutissant à une cheminée de dimensions appropriées, à produire la combustion dans des conditions normales, et l'on conçoit aussi que l'emploi de ces moyens n'engage aucunement la question du type du générateur.

De même, si les gaz arrivent trop chauds à la cheminée, cela ne peut tenir qu'à un défaut de proportions entre les divers éléments du système, ou bien la surface de chauffe est simplement insuffisante pour la quantité de combustible que l'on veut brûler sur la grille, ou bien la grille est trop petite, ou les conduits de fumée sont trop étroits, ou la cheminée mal proportionnée. Ces diverses circonstances obligent, pour obtenir le tirage propre à faire passer sur la grille l'air nécessaire à la combustion, d'avoir un excès de température dans la cheminée.

Mais là encore, le vice est dû à un défaut de proportions, et n'est point inhérent à l'emploi d'un type déterminé de générateur.

Les pertes par rayonnement ou par conductibilité peuvent être ramenées à être, dans tous les cas, peu importantes, moyennant une maçonnerie en bon état et suffisamment épaisse et imperméable aux gaz, ou des enveloppes peu conductrices, et en prenant soin d'écarter du massif de la chaudière, les eaux de pluie ou les eaux d'infiltration. Ces précautions sont encore applicables à tous les générateurs, quel que soit leur type, et il n'y aura, d'un générateur donné à un autre, que des nuances dans le degré d'efficacité que ces précautions auront obtenu.

Peut-être dira-t-on que cette égalité, ou cette espèce d'indifférence des divers types de générateurs n'existe plus quand il s'agit de l'eau entraînée par la vapeur ; et en effet certaines espèces de chaudières sont plus aptes que d'autres à produire cet entraînement ; mais il est toujours possible d'y remédier par divers artifices sur lesquels nous reviendrons, notamment par l'addition d'un réservoir de vapeur suffisant.

Sous le bénéfice de ces observations générales, ainsi que des indications spéciales qui terminent le chapitre précédent, et que nous aurons à rappeler et à compléter, nous allons passer en revue un certain nombre de chaudières se rapportant exclusivement, ou principalement, aux quatre types précédemment considérés (n° **769**).

(**780**) PREMIER TYPE. — **Chaudières à foyer et carneaux extérieurs**. — Nous parlerons en premier lieu de la chaudière de Watt, ou chaudière à tombeau (ainsi nommée à cause de la forme de sa section). Elle est représentée figure 267 en coupe transversale et longitudinale. La grille est placée à l'avant et au-dessous de la chaudière. Les gaz de la combustion circulent sous la chaudière, puis successivement sous les deux carneaux latéraux, et de là se rendent à la cheminée.

Quelquefois les gaz, après avoir circulé sous la chaudière, reviennent à l'avant par un carneau intérieur ou galerie, à section circulaire, puis se partagent à droite et à gauche entre les deux carneaux latéraux. Ce système mixte, qui emprunte *accessoirement* la disposition caractéristique du deuxième type, est représenté figure 268.

La chaudière de Watt est convenablement disposée pour utiliser la chaleur ; mais la forme en est vicieuse, parce que les parties concaves au dehors tendent à se bomber sous l'action de la pression de la vapeur. Elle n'est donc acceptable que pour les basses pressions, et encore à la condition d'être convenablement armée. Elle n'a d'ailleurs aucun avantage sur les chaudières cylindriques entièrement convexes au dehors. On peut la considérer comme étant aujourd'hui abandonnée.

(**781**) La chaudière cylindrique horizontale l'a généralement remplacée avec avantage. La chaudière cylindrique a, sur celle de Watt, cet avantage que, loin de tendre à être déformée par la pression que la vapeur exerce à son intérieur, elle tend, au contraire, à reprendre sa forme primitive par l'effet de cette même pression, si elle en a été écartée par quelque circonstance accidentelle ; car c'est lorsque sa section droite est circulaire que cette section, pour un périmètre donné, présente le maximum de surface, et que la chaudière a, par conséquent, le maximum de volume.

Le plus souvent la grille et les carneaux sont disposés exactement comme dans la chaudière de Watt (fig. 269). Les carneaux latéraux s'élèvent habituellement à la hauteur du centre, et le niveau de l'eau doit être maintenu au moins à $0^m,10$ au-dessus de leur partie supérieure. Cette relation entre la position des carneaux et le niveau de l'eau est prescrite par les règlements pour toutes les chaudières, parce qu'il importe *essentiellement*, comme on le reconnaîtra plus loin, que toutes les parties de la surface de chauffe soient baignées par l'eau de la chaudière, afin qu'elles ne risquent pas de se trouver portées à de trop hautes températures au contact des gaz.

Quelquefois les carneaux latéraux sont supprimés, et les gaz circulent seulement sous la chaudière dans un carneau de forme appropriée embrassant la moitié inférieure de la chaudière (fig. 269 *bis*). Cette disposition simplifie la construction du fourneau et est favorable au tirage. Mais elle exige une grande longueur de chaudière, et elle n'est pas très-favorable à la combustion complète des gaz, qui

cheminent par filets parallèles et ne se sont pas suffisamment bras-
sés ensemble, comme dans les coudes que présente le passage d'un
carneau au suivant. Il conviendrait donc, dans le cas de ce carneau
unique, d'y ménager tout au moins quelques *chicanes* propres à
opérer ce brassage.

Si l'on se représente une chaudière cylindrique munie de deux
fonds hémisphériques d'un diamètre d et d'une longueur totale l,
son volume V est égal à

$$\pi \frac{d^2}{4} \times (l - d) + \frac{1}{6}\pi d^3 = \frac{1}{4}\pi d^2 \left(l - d + \frac{2}{3}d \right) = \frac{1}{4}\pi d^2 \left(l - \frac{1}{3}d \right),$$

quantité qui est approximativement $\frac{1}{4}\pi d^2 l$, si l'on néglige $\frac{1}{3}d$ devant la quantité l, ce qui est ordinairement permis.

Quant à la surface de chauffe S, elle est pour la partie cylin-
drique $\frac{\pi d}{2}(l - d)$, et pour les deux fonds hémisphériques $\frac{\pi d^2}{2}$, soit
en totalité $\frac{1}{2}\pi dl$.

Le volume par mètre carré de surface de chauffe est donc donné
par la relation

$$\frac{\frac{1}{4}\pi d^2 l}{\frac{1}{2}\pi dl} = \frac{1}{2}d \, ;$$

l'eau occupe un peu plus de la moitié de ce volume; le reste forme
le réservoir de vapeur.

On voit que, pour une surface de chauffe donnée, d'où dépend,
comme on l'a vu au chapitre précédent, la puissance de vaporisation de la chaudière, le volume de celle-ci, et par conséquent la
masse de l'eau et la capacité du réservoir de vapeur augmentent avec
le diamètre.

Ces deux circonstances sont le plus ordinairement considérées
comme favorables, en ce sens que *la grande masse d'eau* agit comme
une sorte de volant pour régulariser *la température*, et par suite *la
pression*, malgré les petites irrégularités inévitables dans la conduite

du feu, et que le *grand volume de vapeur* rend moins sensibles les chutes de pression qui ont lieu à chaque coup du piston de la machine (surtout dans les grandes machines marchant avec une très-grande détente et à faible vitesse), et dont l'effet est de produire des ébullitions tumultueuses et des projections d'eau. Ces circonstances conduisent donc à avoir des chaudières *courtes et de grands diamètres*.

En revanche, l'épaisseur des tôles de la chaudière devant évidemment augmenter avec le diamètre, il arrive que le poids, et par conséquent le prix de l'appareil, croissent en même temps que ce diamètre, et cette considération conduirait à faire les chaudières *allongées et à petit diamètre*.

En fait, le diamètre des chaudières cylindriques, ayant une surface de chauffe donnée, a une *limite supérieure*, marquée soit par l'épaisseur de la tôle dont on dispose, soit par la condition d'avoir une longueur de carneaux qui prolonge suffisamment le contact des gaz chauds avec les parois de l'appareil ; il a une *limite inférieure* déterminée par la condition de rendre les parois intérieures accessibles pour le nettoyage.

Il est rare que l'on rencontre des chaudières ayant moins de 35 centimètres et plus de $1^m,40$ de diamètre. Quant à la longueur, elle peut varier de 2 ou 3 mètres, à 10 mètres, 12 mètres et au delà.

Les chaudières cylindriques horizontales sont, *tant qu'elles sont possibles*, un des meilleurs systèmes que l'on puisse employer. Mais il est facile de voir qu'on arrive bientôt à la limite de leur emploi possible.

Si l'on suppose, par exemple, que la chaudière ait $1^m,40$ de diamètre, chiffre qu'on ne dépasse guère et qu'il est même difficile d'atteindre avec de fortes pressions, la formule $S = \frac{1}{2}\pi dl$ nous donnera environ $2^m,20$ de surface de chauffe par mètre courant de chaudière. On voit que, s'il fallait par exemple 200 mètres de surface de chauffe (et il y a des machines qui en demandent davantage), il faudrait $\frac{200}{22} = 99$ mètres courants de chaudière, c'est-à-dire (y compris au moins une chaudière de réserve) une batterie d'une dizaine de chaudières de 12 mètres de longueur.

Relativement à d'autres types que nous verrons plus loin, ces appareils tiendraient un énorme emplacement; ils seraient fort lourds et par conséquent d'un prix élevé; de leur surface totale la moitié seulement serait utilisée comme surface de chauffe. Enfin ce grand emplacement, quelque soin que l'on prenne, tend, ainsi qu'on l'a déjà fait remarquer, à augmenter les pertes de chaleur, soit par rayonnement, soit par conductibilité.

(**782**) La chaudière cylindrique peut être placée verticalement (fig. 270).

Cette disposition est principalement employée dans les forges pour utiliser la flamme perdue des fours à réverbère. Elle a évidemment l'avantage, à dimensions égales, d'une surface de chauffe double de la précédente. En outre, avantage plus important, l'espace qu'elle prend dans l'usine est pour ainsi dire *nul*, puisqu'elle se loge à l'intérieur de la cheminée du four, dont il suffit d'augmenter un peu la dimension, sans rien changer du reste à l'espacement de ces fours, qu'il importe de grouper le mieux possible autour des marteaux, laminoirs, ou autres appareils destinés à élaborer leurs produits.

Mais cette position verticale a l'inconvénient, pour une pression donnée de la vapeur, de soumettre la partie inférieure, celle qui est le plus directement exposée aux coups de feu, à un excès de fatigue dû à la charge de l'eau. En outre, et c'est là le vice principal du système, la très-faible étendue de la surface libre de l'eau, relativement à l'étendue de la surface de chauffe, et la tendance de la vapeur à se former principalement à la base de la chaudière, là où les gaz ont la plus haute température, déterminent une ébullition tumultueuse et des projections d'eau. Il importe donc de mettre le dôme de vapeur en communication facile avec un grand réservoir général, empêchant *les chutes de pression* dues à la marche des machines, chutes qui ne feraient qu'augmenter l'inconvénient que nous signalons.

Il est bon de remarquer que lorsque ces chaudières sont, comme il arrive souvent, en relation avec des chaudières horizontales pour fournir de la vapeur aux mêmes machines, il faut éviter de mettre en relation les *tuyaux d'alimentation* des deux systèmes de chaudières, de peur que quelque fausse manœuvre ne mette en communication *les chaudières elles-mêmes* ; auquel cas les chaudières verticales seraient exposées à se vider dans les chaudières horizontales, ce qui les mettrait en danger *imminent* d'explosion. On a des exemples d'explosions de chaudières verticales, qui ont eu les plus désastreuses conséquences.

(**783**) La surface de chauffe de ces chaudières verticales peut être calculée par les mêmes formules que celles des chaudières horizontales, en fonction du poids de charbon brûlé sur les grilles des fours, attendu que ce charbon peut produire *presque le même effet* de vaporisation que s'il était brûlé directement sous le foyer de la chaudière.

En effet l'opération qui s'exécute dans le laboratoire du four à réverbère (puddlage de la fonte, réchauffage des paquets, etc...) exige une température fort élevée, et cette température est nécessairement celle que possèdent les gaz en sortant du rampant pour aller à la cheminée. Une fois que le four est en roulement, les gaz le traversent en n'y abandonnant que la quantité *relativement faible* qui est nécessaire pour compenser les pertes du four par rayonnement ou par conductibilité, et pour échauffer la charge à chaque nouvelle opération. On est, en quelque sorte, dans les conditions d'un fourneau de chaudière qui serait installé de telle sorte qu'il se fît un peu plus de pertes qu'à l'ordinaire par son rayonnement à l'extérieur, ou par la conductibilité de ses parois.

Il faut ajouter que la quantité d'air qu'on fait affluer dans le four est variable entre certaines limites, et réglée par les phases de l'opération exécutée dans le laboratoire du four, laquelle peut exiger tantôt *le maximum de température*, tantôt une flamme *oxydante* ou *réduisante*.

Ainsi, en réalité, il y a, tantôt par excès d'air et tantôt par défaut, une certaine réduction à attendre dans le nombre de calories qu'un poids donné de combustible laissera disponibles pour la vaporisation ; mais comme d'un autre côté un mètre carré de surface de chauffe verticale est moins efficace qu'un mètre carré chauffé par-dessous, parce que le contact des gaz et de la paroi est moins assuré, il peut en résulter une sorte de compensation, qui permet d'établir, pour ces chaudières verticales chauffées par les flammes perdues de fours entretenus à de hautes températures, sensiblement le même rapport entre le poids du combustible brûlé dans un temps donné et l'étendue de la surface de chauffe, que pour des chaudières horizontales chauffées directement par un foyer ordinaire.

(**784**) L'obligation d'augmenter la surface de chauffe proportionnellement à la force de la machine, sans augmenter dans le même rapport la longueur de la chaudière, et tout en offrant à la masse des gaz un développement suffisant de carneaux, combiné avec l'avantage qu'offrent pour la résistance les formes cylindriques convexes, conduit au système très-rationnel et très-pratique des chaudières *à bouilleurs* (fig. 271 et 272). Ces chaudières sont formées d'un *corps cylindrique* principal, et de cylindres accessoires entretenus plein d'eau, d'une longueur à peu près égale, mais généralement d'un diamètre moindre, et dont la surface totale est utilisée pour la chauffe.

L'avantage des chaudières ainsi établies est évident, et peut se chiffrer à peu près comme suit :

Si, à une chaudière simple de diamètre d et de largeur totale l, on ajoute n bouilleurs égaux de diamètre d' et de même longueur, la surface de chauffe sera $\dfrac{\pi dl}{2} + n\pi d'l = \pi l\left(\dfrac{d}{2} + nd'\right)\cdot$

Désignant par e et par e' les épaisseurs des parois, lesquelles sont *théoriquement* proportionnelles aux diamètres d et d', le poids total de la chaudière et des bouilleurs sera de la forme

$$K\pi\left(d^2l + nd'^2l\right)$$

et le rapport du poids à l'étendue de la surface de chauffe sera de la forme

$$R = \frac{K\pi l\left(d^2 + nd'^2\right)}{\pi l\left(\dfrac{d}{2} + nd'\right)} = 2K\,\frac{d^2 + nd'^2}{d + 2nd'}\cdot$$

Si l'on veut comparer cette expression à celle qui s'appliquerait à

une chaudière cylindrique simple de diamètre D, ayant même surface de chauffe, il faut d'abord faire $n = 0$ dans la formule qui
devient $R' = 2KD$; puis, pour exprimer l'égalité des surfaces de
chauffe, remplacer D par $d + 2nd'$. Il vient $R' = 2K(d + 2nd')$, et
l'on a évidemment

$$\frac{R'}{R} = \frac{(d + 2nd')^2}{d^2 + nd'^2} > 1 \, .$$

Ainsi la chaudière à bouilleurs est plus légère et, par conséquent,
moins chère que la chaudière simple de même surface de chauffe.

Si, par exemple, on suppose $n = 2$ et $d' = \frac{1}{2}d$, comme cela a lieu
souvent, on trouve

$$\frac{R'}{R} = \frac{(1 + 2)^2}{1 + \frac{1}{2}} = 2 \times \frac{3^2}{3} = 6,$$

et l'on reconnaît qu'avec les proportions indiquées, la chaudière à
deux bouilleurs ne pèsera que *le sixième* du poids de la chaudière
simple de même longueur et de même surface de chauffe.

La réduction sur le prix sera à peu près proportionnelle.

La comparaison, entre les deux systèmes de la chaudière cylindrique simple et de la chaudière cylindrique à bouilleurs, peut encore s'établir sous une autre forme, en considérant d'abord la première, puis supposant qu'on lui ajoute n bouilleurs de même longueur, mais d'un diamètre différent.

La chaudière simple, d'après ce qui a été établi ci-dessus, a un
poids $K\pi d^2 l$ et une surface de chauffe $\frac{1}{2}\pi dl$.

Avec les n bouilleurs du diamètre d', ces quantités deviennent
respectivement :

La 1re. . . . . $K\pi d^2 l + nK\pi d'^2 l = K\pi l\,(d^2 + nd'^2)$.

La 2me. . . . . $\frac{1}{2}\pi dl + a\pi d'l = \frac{\pi l}{2}d + 2nd'$.

Le rapport des volumes est $\dfrac{d^2 + nd'^2}{d^2} = 1 + n\left(\dfrac{d'}{d}\right)^2$, celui des

surfaces de chauffe $\dfrac{d + 2nd'}{d} = 1 + 2n\dfrac{d'}{d}\ldots$, et cette seconde quanlité est toujours plus grande que la première, tant que d' est tout au plus égal à d.

Si l'on suppose, comme tout à l'heure, $n = 2$ et $d' = \frac{1}{2}d$, on trouve que le premier rapport devient $1 + 2 \times \left(\frac{1}{2}\right)^2 = 1 + \frac{1}{2} = \frac{3}{2}$, et le second devient $1 + 4 \times \frac{1}{2} = 1 + 2 = 3$.

Ainsi les deux bouilleurs ajoutés augmentent le poids de 50 *pour* 100 ; ils *triplent* la surface de chauffe, et ils ne modifient point l'espace occupé en plan par l'appareil..

Soit sous le premier, soit sous le second des énoncés ci-dessus, dont chacun pourrait facilement se déduire immédiatement de l'autre, on voit clairement apparaître l'importance des avantages économiques du système des bouilleurs sur celui des chaudières cylindriques simples.

(**785**) Dans la pratique on met, pour les petites chaudières, un seul bouilleur inférieur, de même diamètre que la chaudière.

Deux bouilleurs inférieurs d'un diamètre moindre, sans descendre au-dessous de la dimension qui permet le nettoyage, constituent un système très-convenable pour les chaudières plus puissantes. On va même jusqu'à trois bouilleurs (*fig.* 272).

La grille peut être placée *directement sous la chaudière*, et alors les bouilleurs sont chauffés par un carneau de retour inférieur qui ramène les gaz sur le devant du fourneau.

On peut, au contraire, chauffer d'abord les bouilleurs ; le carneau de retour, qui est alors au-dessus d'eux, chauffe le dessous du corps cylindrique.

Cette seconde disposition est la plus usitée, et elle a l'avantage, dans le cas d'un abaissement anormal du niveau de l'eau, d'exposer la surface de chauffe non mouillée à des gaz déjà partiellement refroidis.

Par contre, elle expose à l'action du coup de feu la région de la chaudière dans laquelle se fait la majeure partie des dépôts, ce qui est un inconvénient ; en outre, elle tend à produire une ébullition plus tumultueuse, en éloignant de la surface libre du liquide la paroi qui est en contact avec les gaz au moment de leur plus haute température.

Il me semble que la première disposition (*fig.* 275) mériterait plutôt la préférence.

Plusieurs constructeurs habiles la lui accordent en effet. Dans l'une comme dans l'autre, on alimente la chaudière par les bouilleurs, de manière à ne causer aucun refroidissement dans le corps principal.

Le système des bouilleurs placés plus bas que la grille et chauffés après le corps cylindrique nous conduit, par une transition naturelle, aux *bouilleurs réchauffeurs* de M. Farcot, qui sont placés latéralement à la chaudière, dans une série de carneaux superposés.

L'objet de ces réchauffeurs est autre que celui des bouilleurs ordinaires. Ils n'ont point pour objet de fournir à de l'eau déjà échauffée la chaleur nécessaire à la transformation en vapeur, mais bien, comme leur nom l'indique, de porter cette eau à la température où elle doit être amenée avant de la vaporiser.

A cet effet, on alimente par le bouilleur du bas ; l'eau passe successivement d'un bouilleur à l'autre, *en sens contraire du courant des gaz chauds* qui circulent dans les carneaux, et enfin du bouilleur supérieur dans la chaudière, où elle prend, si elle ne l'a déjà, la température de la vapeur.

Cette disposition est très-rationnelle, dès que l'on suppose, ce qui est le cas pratique, que l'on alimente avec de l'eau qui n'est pas à la température de la chaudière.

Elle permet, ainsi qu'on l'a vu au n° **757**, d'abaisser la limite inférieure de la température finale des gaz, et par conséquent elle peut permettre une certaine économie de combustible.

Les bouilleurs réchauffeurs ne doivent servir qu'à l'usage que leur nom indique. Ils doivent réchauffer l'eau, mais non produire de la vapeur. Leur surface de chauffe et celle du corps cylindrique doivent être proportionnées en conséquence ; il convient en outre que ces bouilleurs reçoivent une petite inclinaison qui fasse que l'eau chemine en remontant, non-seulement en passant d'un bouilleur à l'autre, mais même en parcourant un de ces bouilleurs.

On évite par là que les bouilleurs se remplissent de matelas de vapeur, ou s'il venait à s'en former accidentellement, lorsque la machine fonctionne avec activité et que l'alimentation est temporairement suspendue, ils ne pourraient être ni étendus, ni persistants.

Il est inutile, d'après cela, de multiplier les réchauffeurs, et il vaut mieux même en restreindre le nombre, si l'on cherche à satisfaire à la condition que l'eau n'arrive à la température de la vapeur qu'en entrant dans la chaudière même ; car la quantité de chaleur à communiquer à l'eau pour l'échauffer à l'état liquide est petite, relativement à celle qu'elle doit recevoir ensuite pour se transformer en vapeur.

Si l'on suppose l'eau prise à 10° et la vapeur formée à 6 atmosphères, par exemple, la chaudière aura à lui fournir sa chaleur latente de vaporisation, ou 494,11 calories par kilogramme, et les réchauffeurs 161,10 — 10 = 151,10 seulement.

Cette seconde quantité n'est que de 31 0/0 de la première.

La pratique semble avoir confirmé ces aperçus ; aussi , après avoir employé jusqu'à 4 réchauffeurs, se limite-t-on habituellement à deux au plus, même quand on alimente à l'eau froide, comme nous venons de le supposer.

L'emploi des bouilleurs réchauffeurs tend à se répandre.

A l'avantage qu'ils offrent d'une meilleure utilisation possible du combustible, en permettant un plus grand refroidissement des gaz, se joint celui de retenir la majeure partie des dépôts, et de permettre de tenir la chaudière même plus propre et moins sujette aux coups de feu.

On a observé que les dépôts calcaires se faisaient surtout dans les bouilleurs du bas, et les dépôts siliceux dans celui du haut, vers le point où la température se rapproche d'être égale à celle de la chaudière.

Ces chaudières à bouilleurs réchauffeurs sont très-convenables, tant qu'on n'a pas besoin d'une surface de chauffe très-étendue ; mais la convenance où l'on est, comme on vient de le dire, de restreindre la leur et d'augmenter celle du corps cylindrique doit, à mon avis, leur faire préférer les chaudières à bouilleurs ordinaires, quand on a besoin d'accroître beaucoup la surface de chauffe. Rien n'empêche d'ailleurs de combiner les deux systèmes, c'est-à-dire d'a-

jouter, à la chaudière munie des bouilleurs ordinaires, un réchauffeur qui permet d'envoyer à ces bouilleurs de l'eau déjà échauffée,
et de réaliser la petite économie de combustible qui résulte, comme
on vient de le dire, du plus grand refroidissement qu'il est possible
de donner aux gaz, en tant que le permettent les conditions d'un bon
tirage de la cheminée.

(**786**) DEUXIÈME TYPE. — **Chaudières à carneaux intérieurs ou à
galeries.** — Les principales chaudières se rapportant à ce type sont
celles dites chaudières *du Cornouailles*, très-répandues en Angleterre.
Ce sont de grosses chaudières cylindriques, à fonds plats ou légèrement convexes, traversées par un ou deux gros tubes ouverts de part
en part, qui entretoisent ces fonds plats, et qui ont un diamètre suffisant pour qu'on puisse y loger un foyer. La surface de chauffe est
formée, d'abord par la surface totale intérieure du tube, puis par
la moitié inférieure de celle du corps principal entourée de carneaux semblables à ceux dont nous avons parlé précédemment.
L'eau doit recouvrir de $0^m,10$ au moins le dessus de ces tubes.

Ce système, indiqué sur la figure 275, a l'avantage d'utiliser le
rayonnement complet du foyer, et jusqu'à la chaleur des cendres
et des escarbilles qui tombent du cendrier, et en outre de soustraire les gaz, pendant qu'ils sont à leur plus haute température,
au contact des maçonneries du fourneau, et au mélange des filets
d'air froid que l'appel produit par le tirage peut faire pénétrer par
les fissures de ces maçonneries. On peut donc le considérer comme
pouvant théoriquement utiliser un peu mieux la chaleur que le
type précédent, soit par les motifs ci-dessus, soit aussi parce que le
massif du fourneau, pour une puissance de vaporisation donnée,
occupe un moindre volume.

En outre, la présence de deux foyers, lorsqu'il existe deux tubes
intérieurs, permet de faire des chargements alternatifs, très-favo-
rables à la régularité de la vaporisation, ainsi qu'à une bonne combustion des gaz et à la diminution de la fumée.

(**787**) Mais à mon avis ces avantages sont au moins compensés
par certains inconvénients.

Ainsi, en premier lieu, la présence d'un gros tube intérieur, et, à plus forte raison, celle de deux tubes de ce genre, lorsqu'on veut en même temps que le corps de la chaudière serve de réservoir de vapeur, oblige de donner à ce corps un très-grand diamètre difficilement applicable aux hautes pressions ; les tubes intérieurs pressés du côté de leur convexité sont dans de mauvaises conditions de résistance, analogues à celles de la chaudière de Watt, et peuvent s'écraser *entièrement* dès qu'ils viennent à être déformés ; enfin leur partie supérieure, directement exposée au coup de feu, peut rougir très-promptement en cas d'abaissement anormal du niveau de l'eau, abaissement qui se continue d'autant plus rapidement qu'il y a déjà une plus grande partie de la surface du tube à découvert, parce que la surface libre du liquide diminue de plus en plus, ainsi qu'on le reconnaît à l'inspection de la figure. Il en résulte que ces chaudières présentent plus de chances d'explosion que les chaudières cylindriques, en même temps que leur volume habituellement considérable donne à ces accidents un caractère spécial de gravité.

En second lieu, dans la disposition ordinaire où le corps cylindrique n'est plein d'eau qu'à moitié, les tubes intérieurs, quelque dimension qu'on cherche à leur donner, sont toujours un peu étroits pour une bonne installation du foyer. La grille manque de largeur, la chambre de combustion est trop refroidie ; par suite la combustion de certains charbons très-fumeux ne s'y fait pas toujours dans de bonnes conditions, même quand il y a deux foyers.

On remarquera d'ailleurs qu'une chaudière du Cornouailles a la même surface de chauffe qu'une chaudière à bouilleurs, qui aurait le *même diamètre*, et dont les bouilleurs auraient le diamètre de ses tubes intérieurs, et qu'elle a *un poids plus grand* à cause de l'excès d'épaisseur que doivent recevoir des tubes pressés du dehors au dedans ; on voit encore qu'elle est d'une réparation moins facile, et enfin qu'elle contient une moindre quantité d'eau, ce qui peut, en cas d'alimentation très-irrégulière, amener des variations correspondantes en pression.

En résumé, il ne me semble pas que, sous la forme où les Anglais les emploient habituellement, ces chaudières méritent la préférence qu'ils leur donnent sur le système des chaudières à bouilleurs proportionnellement beaucoup plus répandu en France.

Il faut évidemment diminuer le cylindre principal, le tenir presque plein d'eau, le surmonter d'un réservoir spécial pour la vapeur et prendre toutes les dispositions nécessaires pour assurer la bonne combustion dans le foyer. (Voir plus loin n° **801**, fig. 287.)

(**788**) Ces chaudières à carneaux intérieurs s'emploient quelquefois sans les envelopper d'un massif de maçonnerie, et par conséquent sans utiliser la surface extérieure du cylindre principal comme surface de chauffe. Ce système semble moins satisfaisant que l'autre, en ce sens qu'il emploie, pour obtenir une surface de chauffe donnée, un poids de métal beaucoup plus considérable, et que la chaudière doit être beaucoup plus longue ; elle est en même temps plus exposée aux refroidissements.

Ces mêmes chaudières peuvent encore être placées verticalement. Elles prennent alors la forme d'un cylindre creux au bas duquel se trouve la grille et qui est fermé par le haut par une sorte de plafond, ou ciel, au-dessus duquel le niveau de l'eau doit s'élever d'une certaine quantité. Cette espèce de boîte à feu laisse dégager les produits de la combustion, soit par une série de petits tubes qui s'élèvent verticalement en traversant d'abord la nappe d'eau qui recouvre le ciel de la boîte, puis le réservoir de vapeur, soit par un ou deux tubes horizontaux plongés entièrement dans l'eau et aboutissant soit à une cheminée unique, soit à deux cheminées placées symétriquement en dehors de l'axe vertical de l'appareil.

La première disposition (*fig.* 276) n'est pas strictement conforme aux règlements, en ce sens que les petits tubes font partie de la surface de chauffe, et qu'ils devraient être, par suite, entièrement baignés par l'eau. On peut la tolérer cependant, lorsque la portion de ces tubes qui risque d'être surchauffée n'est qu'une très-petite fraction de la surface de chauffe totale ($\frac{1}{10}$ par exemple), parce qu'alors les gaz sont déjà assez refroidis, lorsqu'ils l'atteignent, pour qu'elle ne soit pas exposée à rougir. On considère d'ailleurs qu'une surchauffe modérée peut contribuer à sécher partiellement la vapeur habituellement très-chargée d'eau que fournissent presque toujours les chaudières verticales, et en général toutes les chaudières dont la surface libre du liquide est peu étendue et placée notablement au-dessus des points qui reçoivent le maximum de chaleur.

La seconde disposition est plus régulière, et il convient d'autant plus d'y revenir qu'il s'agit de plus grands appareils.

Il arrive assez souvent que, pour augmenter la grandeur et l'efficacité de la surface de chauffe de ces chaudières verticales, on dispose à l'intérieur de la boîte à feu une série de gros tubes horizontaux diversement orientés, qui servent en même temps d'entre-toises et donnent de la rigidité au système. La même disposition est souvent employée dans les carneaux intérieurs des chaudières du Cornouailles. Quelquefois même, dans ces dernières, on place à l'intérieur du carneau un véritable bouilleur longitudinal, et la section du carneau est ainsi réduite à l'espace annulaire compris entre la surface externe de ce bouilleur et la surface interne du carneau. Il faut veiller à ce que cet espace ne soit pas trop restreint pour le tirage.

Les chaudières verticales ci-dessus décrites conviennent seulement à des machines peu importantes.

Elles ont l'avantage d'occuper très-peu de place, et de ne demander aucune dépense d'installation, aucune construction spéciale en maçonnerie.

(**789**) C'est au second type que se rapportent les chaudières dites à galeries. On désigne à proprement parler, sous ce nom, certaines chaudières qui sont, ou, plus exactement, qui *ont été* employées sur les bateaux à vapeur.

Les chaudières de bateau ont à satisfaire à des sujétions d'emplacement fort impérieuses que nous avons déjà signalées.

Un système quelconque, à surface de chauffe purement extérieure, ne pourrait, sans occuper un espace beaucoup trop grand, présenter une surface de chauffe en rapport avec la force que doit avoir la machine. Il faut l'augmenter par des carneaux intérieurs, et c'est ce qu'on a commencé par faire dès les premiers temps, en ajoutant un semblable carneau à la chaudière de Watt (*fig.* 268). Cette disposition devenant elle-même insuffisante, on a multiplié ces carneaux de manière à leur faire occuper la plus grande partie de la chaudière (*fig.* 277). Pour cela, on leur a donné une section rectangulaire, en ne les séparant les uns des autres que par une lame d'eau peu épaisse qui s'étend également en dessous d'eux.

Ces chaudières à galeries rectangulaires et à parois planes ne conviennent que pour les basses pressions, à moins d'y ajouter un système complexe d'armatures, qui laisse toujours à désirer pour la sécurité. Aussi peut-on dire de ces chaudières à galerie, qu'après avoir été employées sur une grande échelle, on n'en construit plus aujourd'hui. On leur substitue, et l'on doit en effet leur substituer, les chaudières du type dont nous allons présentement parler.

(**790**) TROISIÈME TYPE. **Chaudière tubulaire.** — Ces générateurs, sous un volume donné et avec un poids donné de métal, présentent une surface de chauffe beaucoup plus grande que les deux types précédents. La triple obligation *d'un volume très-restreint, d'un poids relativement faible,* et enfin *d'une grande surface de chauffe,* ou, en d'autres termes, *d'une grande puissance de vaporisation,* s'impose dans les machines locomotives plus impérieusement que dans toute application de la vapeur.

Ces chaudières de locomotives, indépendamment des conditions ci-dessus, doivent encore remplir celle d'une construction très-soignée et très-solide en rapport avec la grande fatigue qu'elles supportent en service, soit par les très-hautes pressions sous lesquelles on les fait habituellement fonctionner, soit par les vibrations incessantes et les chocs accidentels qu'elles ont à supporter.

Ces appareils, dont la figure 278 représente un spécimen en usage sur le chemin de fer de l'Ouest, comprennent : deux parties distinctes, le foyer et le faisceau tubulaire.

On cherche à donner au foyer, ou boîte à feu, le plus de capacité possible, pour favoriser la combustion et augmenter la surface de chauffe directe.

A cet effet, toute cette surface est formée de parois planes, tant sur les côtés qu'au ciel. Le ciel est soutenu par un système d'armatures prenant leur point d'appui sur la tranche des faces verticales. De ces quatre faces, les deux latérales et celle qui correspond à la porte du foyer, sont fortement entretoisées avec la paroi extérieure de la chaudière. La plaque tubulaire l'est de même à la partie inférieure, et elle l'est, à la partie supérieure, par le système des tubes qui la relie à la plaque tubulaire du compartiment d'avant, dit boîte à fumée. La boîte à feu porte la grille sur laquelle se charge le combustible et est entièrement ouverte en dessous. Les gaz de la combustion chauffent l'intérieur de la boîte à feu, passent à travers le faisceau tubulaire et se rendent à la cheminée. Celle-ci a sa hauteur essentiellement limitée par la hauteur sous clef des ouvrages d'art, sous lesquels elle doit passer. On supplée à son insuffisance, en activant le tirage à l'aide de la vapeur d'échappement qu'on envoie dans la cheminée.

Tel est le système remarquable d'une chaudière que nous n'avons pas ici à décrire en détail, et pour laquelle nous devons renvoyer à la légende des planches et aux ouvrages spéciaux.

(**791**) Pour les bateaux à vapeur, les sujétions sont, en ce qui concerne l'emplacement occupé et l'étendue de la surface de chauffe, plus impérieuses encore que pour les locomotives, à cause de la très-grande force dont on a besoin ; elles le sont moins en ce qui concerne le poids. C'est surtout dans le sens de la longueur qu'il importe d'obtenir une réduction des dimensions ; il faut, en effet, pour des machines dont la force se compte par un certain nombre de centaines de chevaux, avoir une nombreuse batterie de chaudières, que l'on place symétriquement à droite et à gauche d'une avenue centrale réservée pour le service des chauffeurs ; il en résulte que la *longueur totale* d'une chaudière doit être moindre que la *demi-largeur* du bâtiment. On est parvenu très-simplement à satisfaire à cette condition par un artifice qui revient à faire la boîte à feu un peu plus longue et à replier, en quelque sorte, le faisceau tubulaire *au-dessus* de cette boîte, au lieu de le laisser *en prolongement*.

Les diverses chaudières juxtaposées se composent alors d'une sorte de caisse rectangulaire à angles arrondis, dont la partie inférieure est occupée par le foyer et la partie supérieure par le faisceau tubulaire. Les gaz reportés ainsi à l'avant des fourneaux sont évacués par une grosse cheminée qui peut être commune à toutes les chaudières.

Cette disposition des chaudières de bateaux, dont un ensemble est représenté figure 279, paraît répondre aussi complétement que possible au programme des conditions auxquelles ces appareils ont à satisfaire.

(**792**) Après les chaudières de locomotive et de bateau, viennent celles des locomobiles, qui ont aussi leurs sujétions sous le rapport du volume, du poids et de l'étendue de la surface de chauffe ; mais il est plus facile d'y satisfaire sans leur enlever leur mobilité, à la condition de limiter leur importance. Leur forme générale la plus ordinaire est celle des chaudières de locomotive, avec les simplifications que comportent, dans le détail de la construction, leur moindre puissance et la moindre pression à laquelle on y fait habituellement fonctionner la vapeur. (Voir n° **595**.)

Toutes les chaudières du troisième type ci-dessus décrites ont leur faisceau tubulaire horizontal. Mais on peut aussi le placer verticalement, directement au-dessus du ciel de la boîte à feu, et alors l'appareil se confond avec la première des deux dispositions indiquées plus haut pour la chaudière à carneau intérieur vertical, sauf que dans celle-ci l'importance de la surface de chauffe directe est plus grande et que celle de la surface de chauffe tubulaire est moindre ; ce qui me semble être une condition favorable à la sûreté.

(**793**) On désigne sous le nom de chaudières à foyer amovible certaines chaudières tubulaires dans lesquelles, tout en conservant l'avantage qui caractérisait le système tubulaire, celui d'un volume et d'un poids moindre pour une surface de chauffe d'une étendue donnée, on a cherché à éviter le sérieux inconvénient qu'il présente avec des eaux de mauvaise qualité, celui des incrustations, qui sont difficiles à enlever, et qui donnent lieu à des réparations fréquentes, inconvénient tel que nous en avons conclu à la restriction de l'emploi du système tubulaire aux seuls cas où cet emploi est nécessaire (Voir n° **772**).

Ce système serait susceptible de s'étendre si l'on avait un moyen facile d'accéder aux divers tubes pour les nettoyer, et comme il ne paraît pas possible d'arriver à un tel résultat pour un faisceau tubulaire un peu complexe, placé à l'intérieur d'un corps de chaudière où il occupe la majeure partie du volume, on a proposé de rendre ce faisceau amovible, de le sortir pour les réparations et les nettoyages qui se font alors avec toute l'aisance possible, puis de le remettre en place. L'opération ne comporte que de défaire et de refaire un grand assemblage à brides placé à l'avant du fourneau.

Les figures 280 et 281 représentent deux dispositions, l'une appartenant à MM. Thomas et Laurens, et l'autre à M. Farcot, pour lesquelles nous renvoyons à la légende des planches.

(794) Quatrième type. — **Chaudières à tubes bouilleurs.** — Les appareils de ce type diffèrent des chaudières tubulaires en ce que ce sont les tubes qui sont remplis d'eau et les gaz qui circulent autour d'eux. Leurs caractères principaux sont la très-petite quantité d'eau totale que ces appareils contiennent, relativement aux types précédemment considérés, et le volume très-restreint des nombreux éléments dont ils se composent. Il en résulte qu'ils sont très-impressionnables aux changements qui peuvent se produire dans l'intensité de la combustion, mais aussi qu'ils peuvent être mis en train très-rapidement, et qu'en cas d'explosion les conséquences de l'accident ne peuvent jamais avoir beaucoup de gravité.

Si elles sont formées de n tubes de longueur développée l et de diamètres d, leur volume est $n\frac{\pi d^2 l}{4}$ et leur surface $n\pi dl$. Leur volume par mètre carré de surface de chauffe est numériquement égal à $\frac{d}{4}$. Rapprochant ce résultat de celui qu'on a trouvé pour une chaudière cylindrique simple, on en conclut que le volume du générateur dont il s'agit est à celui de la chaudière cylindrique, ayant même surface de chauffe, comme le rayon de ses tubes est au diamètre de la chaudière.

Depuis le commencement de ce siècle, ce type de générateur a beaucoup occupé les inventeurs, notamment Woolf et Perkins en Angleterre, le baron Séguier en France.

La chaudière Belleville, dont l'invention remonte à un peu plus d'une vingtaine d'années, est l'appareil de ce type qui s'est le plus répandu dans la pratique.

Successivement modifié et perfectionné avec beaucoup de persévérance par son inventeur, qui le désigne sous le nom de *générateur inexplosible à circulation multiple*, il est surtout employé dans les circonstances où il importe d'avoir un appareil très-léger peu encombrant, et pouvant être mis très-promptement en activité. On doit le considérer comme offrant fort peu de danger en cas d'explosion, propriété fort intéressante, et comme permettant peut-être une certaine économie de combustible, non pas sans doute directement, en ce qu'il dépouillerait mieux les gaz de leur chaleur, mais d'une manière en quelque sorte détournée, par la facilité qu'il donne de fonctionner à de très-hautes pressions, et par sa propriété de donner de la vapeur bien sèche.

La figure 282, pour laquelle nous renvoyons à la légende des planches, donne une idée de la disposition de cet appareil, très-bien étudié dans toutes ses parties, mais nécessairement un peu complexe, et qui pour cette raison ne semble pas appelé à se répandre autrement que pour certaines applications particulières.

(**795**) La chaudière Field (fig. 285) est verticale, cylindrique et à foyer intérieur. Le ciel du foyer est percé de trous légèrement coniques où l'on introduit des tubes de fer ou de cuivre fermés par le bas, qui restent suspendus à une petite hauteur au-dessus du combustible de la grille. A l'intérieur de chacun de ces tubes, il s'en trouve un autre placé concentriquement, d'un diamètre moitié moindre et s'arrêtant à quelques centimètres au-dessus du fond.

Cette disposition détermine, quand la chaudière est en feu, un courant d'eau qui descend par le tube intérieur et remonte dans l'espace annulaire entre les tubes. Cette circulation se fait avec assez d'activité pour empêcher les dépôts d'être adhérents. Cette grande activité est due à la différence de densité des deux colonnes, dont l'intérieure est de l'eau et l'extérieure une sorte d'émulsion formée par les molécules de vapeur qui tendent à se développer au milieu de la masse liquide.

Ce système diffère du précédent en ce qu'il y a un volume d'eau plus grand, quoique toujours fort petit, eu égard à l'étendue de la surface de chauffe.

Il peut n'être pas aussi inoffensif en cas d'explosion ; car le cylindre lui-même peut éclater, comme on a vu éclater quelquefois le corps cylindrique d'une locomotive. Mais elle est au moins aussi avantageuse sous le rapport de la place qu'elle occupe. Ainsi une chaudière de 50 chevaux n'occupe qu'un cercle de 1^m,90 de diamètre et une hauteur de 3 mètres environ ; une de 25 chevaux peut n'avoir que 0^m,70 de diamètre sur 1^m,50 de hauteur, et ne peser, eau comprise, que 1,750 kilogrammes. Cette dernière est, comme on le voit, très-facile à transporter.

C'est la chaudière Field que l'on emploie pour les pompes à incendie à vapeur, dont l'usage commence à se répandre.

Cet appareil semble devoir être fort avantageux quand la question d'emplacement s'impose d'une manière impérieuse. Il semble aussi devoir être d'un entretien assez facile, d'une part à cause de l'absence de dépôt dans les tubes, d'autre part à cause de cette circonstance que les tubes étant suspendus à une extrémité et libres à l'autre, il ne se produit point de fatigues résultant de dilatations inégales, comme cela a lieu par exemple pour le faisceau tubulaire d'une locomobile, ou pour un bouilleur et sa chaudière lorsqu'ils sont réunis par deux culottes trop écartées l'une de l'autre.

(**796**) **Chaudières mixtes**. — Les quatre types dont on vient de donner un certain nombre d'exemples, forment l'immense majorité des appareils que l'on rencontre dans l'industrie; mais ces types fondamentaux peuvent être combinés entre eux de diverses manières, et il en résulte des dispositions spéciales, susceptibles d'un nombre indéfini de variantes, dont il convient de citer aussi quelques exemples.

On peut remarquer que nous en avons déjà cité, en ce sens que quelques-unes des chaudières décrites présentent des parties qui se rattachent à des types différents : tel est le cas pour les chaudières de Watt à carneau intérieur, ou pour les chaudières du Cornouailles, à raison des carneaux extérieurs au corps principal.

Mais nous voulons considérer ici des combinaisons plus complexes.

(**797**) La figure 284 représente le système des générateurs qui avait été établi à Saint-Germain, pour le service du chemin de fer atmosphérique, aujourd'hui supprimé. Ces générateurs, établis pour donner une grande surface de chauffe, se composaient de deux corps principaux, dont l'un fonctionnait comme une chaudière du Cornouailles, et l'autre était d'abord chauffé extérieurement et présentait en outre un système tubulaire à l'aide duquel on achevait le refroidissement des gaz. Les deux corps cylindriques communiquent librement entre eux au-dessous du niveau de l'eau, mais aussi dans la partie formant réservoir de vapeur ; de sorte qu'il ne pouvait se produire aucune dénivellation d'eau de l'un à l'autre.

L'alimentation se faisait par le corps tubulaire.

La figure 285 représente une chaudière de M. Prouvost, qui, sous une forme plus compacte que la présente, offre à peu près la même disposition générale, sauf que le corps cylindrique du Cornouailles est remplacé par un corps cylindrique plein.

(**798**) La figure 286 se rapporte à un système très-étudié de MM. Molinos et Pronier, qui a la forme générale d'une chaudière de locomotive avec les particularités suivantes :

1° On a donné une grande importance à la surface de chauffe directe, en exhaussant le foyer et le surmontant d'un corps cylindrique jusqu'auquel la grande hauteur de l'autel force les flammes à s'élever, avant de redescendre dans le faisceau tubulaire ;

2° On a cherché à avoir une bonne combustion, soit par la grandeur de la boîte à feu, soit par l'inflexion brusque à laquelle les gaz sont obligés pour passer au-dessus de l'autel, soit enfin, et surtout, en marchant avec un courant d'air forcé, en fermant le cendrier et soufflant à l'aide d'un ventilateur qui envoie *sous la grille* la masse d'air principale et *au-dessus du combustible* un certain nombre de jets d'air qui brassent tous les gaz et les allument entièrement.

Cette chaudière est bien étudiée pour produire une bonne combustion sans fumée, et pour obtenir une bonne utilisation de la chaleur produite.

(**799**) La dernière Exposition universelle de Vienne a présenté, non pas des types nouveaux, mais des combinaisons plus ou moins nouvelles des types connus, dont les plus intéressants ont été publiés dans les *notes et croquis* de M. Ch. Meunier-Dolfus.

Nous citerons (*fig.* 287) une chaudière dite de Fairbairn, qui est une combinaison du système du Cornouailles et du système des bouilleurs ;

Figure 288, une chaudière qui est une combinaison du système tubulaire à foyer amovible et du système des chaudières ordinaires à carneaux extérieurs ;

Figure 289, une chaudière tubulaire à foyer extérieur ;

Figure 290, une chaudière du Cornouailles avec une disposition particulière de bouilleurs réchauffeurs, placés dans des carneaux qui servent en même temps à sécher la vapeur.

La chaudière Fairbairn, grâce au corps de chaudière supérieur, permet de tenir plein, ou presque plein d'eau le corps inférieur, et par conséquent de diminuer beaucoup le diamètre de celui-ci pour un diamètre donné du tube intérieur, puisque l'on n'a pas besoin de laisser de place pour le réservoir de vapeur. C'est la disposition indiquée à la fin du n° 789. Ce tube intérieur a été rendu amovible pour pouvoir le nettoyer.

Une autre disposition, spéciale à l'appareil représenté, consiste dans les bagues de dilatation qui réunissent les viroles formant le tube intérieur. Cette disposition fait disparaître la fatigue qui résulte de la dilatation qu'éprouve le tube, surtout au moment où l'on allume le feu, avant que la chaudière tout entière ne se soit mise à peu près en équilibre de température.

La chaudière à foyer amovible (*fig.* 288) doit également à la présence d'un corps cylindrique supérieur, la propriété que le tube intérieur peut être beaucoup plus grand, relativement au corps de chaudière qu'il traverse, que si ce dernier devait servir de réservoir de vapeur.

La chaudière tubulaire à foyer extérieur (*fig.* 289) ne semble pas présenter de caractère spécial. C'est simplement un moyen d'augmenter la surface de chauffe d'une chaudière cylindrique de dimensions données.

Enfin, on peut penser que le système réchauffeur de la figure 290 serait avantageusement remplacé par un simple bouilleur ordinaire, et que l'artifice employé pour sécher la vapeur dans son réservoir placé en relation directe avec la chaudière, n'est pas à recommander en principe, et que, dans l'espèce, il est fort peu efficace.

(**800**) Nous ajouterons enfin, comme dernier exemple, un des systèmes très-bien étudiés par MM. Chevalier et Grenier, de Lyon, décrits dans un numéro récent de la publication industrielle de M. Armengaud (*fig.* 291). Les auteurs se sont proposé de réunir à l'avantage que présente le foyer intérieur au point de vue des pertes par rayonnement, celui d'une bonne et complète combustion obtenue par une haute température dans la chambre du foyer, et par un mélange intime des produits de la distillation avec l'air atmosphérique.

A cet effet, les parois métalliques du foyer sont garnies d'un revêtement en briques réfractaires, qui diminue l'effet de la surface de chauffe directe, mais sans aucune perte, puisqu'il augmente d'autant l'effet de la surface de chauffe indirecte ; il sert en outre à préserver des coups de feu.

Les gaz rencontrent dans les carneaux, au delà de la boîte à feu, un système de *chicanes* qui les brasse et les mélange intimement.

Le système représenté est à la fois à carneau intérieur, tubulaire et à galerie intérieure. Le réservoir de vapeur permet, comme dans la chaudière de la figure 287, de diminuer le diamètre du corps cylindrique principal.

(**801**) Les observations du chapitre précédent et les détails des n°s 781 à 802 nous paraissent suffisants pour faire connaître et pour permettre d'apprécier les différentes dispositions, toujours plus ou moins analogues aux précédentes, que l'on rencontre dans l'industrie, ou dont l'application serait proposée.

Il est facile de résumer ces notions, de manière à en déduire les règles d'après lesquelles on devra se diriger, lorsqu'il s'agira de faire un choix pour une application donnée.

Lorsque l'emplacement ne manque pas, lorsque l'on tient à assurer *la régularité* de la marche de la machine par l'emploi d'un grand volume d'eau et d'un grand réservoir de vapeur, et *sa continuité* par l'emploi d'un générateur simple et facile à entretenir en bon état, on emploiera la chaudière cylindrique simple à chauffe et à carneau intérieur.

Puis, lorsque ce système, par suite de l'étendue de la surface de chauffe dont on a besoin, conduit à des dimensions inacceptables, on emploiera :

Soit la chaudière à un ou plusieurs bouilleurs (1er type) ;

Soit la chaudière du Cornouailles (2e type) ;

Soit enfin une combinaison mixte de ces deux types, complétée quelquefois par l'addition accessoire d'un faisceau tubulaire, ainsi que nous en avons montré divers exemples.

La première des dispositions ci-dessus, surtout avec trois bouilleurs, donne, par mètre courant de chaudière, une assez grande surface de chauffe, jusqu'à quatre fois plus que la chaudière cylindrique simple. Elle est très-usitée en France. On recommande de chauffer de préférence le corps cylindrique avant les bouilleurs.

La seconde est peut-être un peu plus favorable à l'économie du combustible, du moins quand le tube intérieur est assez grand ; mais elle semble un peu moins appropriée à l'emploi des très-hautes pressions. On doit s'attacher à *réduire le diamètre* du corps cylindrique principal, et à donner au tube intérieur un *diamètre suffisant*.

On peut dire que là où n'étant ni gêné par l'emplacement, ni arrêté par la question de dépense, on consent au profit de la bonne marche des machines, à faire usage du type de machine le plus perfectionné (machine à balancier à deux cylindres, à condensation et à vitesse moyenne), des considérations du même ordre conduiront à prendre, pour les générateurs correspondants, l'une des dispositions ci-dessus indiquées, dont la première est celle qui prévaut en France.

Dès que la question d'emplacement et de poids est posée d'une manière sérieuse, il faut arriver à multiplier la surface de chauffe et l'on est conduit au système tubulaire.

On applique ce système d'une manière devenue très-pratique et très-satisfaisante, dans les chaudières des locomotives. Cette forme permet d'accumuler, sous un volume et un poids donnés, beaucoup plus de surface de chauffe qu'aucune variété des deux types précédents.

La chaudière de locomotive semble avoir pris une forme définitive, qui permet de concentrer sous un poids limité, susceptible d'être réparti sur un petit nombre de points d'appui, toute la surface de chauffe dont on a besoin dans la plupart des cas (100 mètres carrés et jusqu'à 150 et même 200 mètres), et qui s'allie d'ailleurs très-bien au triple rôle qu'une locomotive doit remplir comme générateur, comme appareil récepteur et comme véhicule.

Telle qu'elle est, elle ne semble plus appelée qu'à recevoir des perfectionnements de détail, ayant pour objet, par exemple, soit de marcher à de plus hautes pressions en augmentant les épaisseurs, soit de diminuer le poids en les diminuant, au contraire, par l'emploi de matériaux de choix.

Le même système, raccourci seulement par la superposition du faisceau tubulaire au-dessus de la boîte à feu et un peu modifié dans sa forme générale, est, quant à présent, *la véritable chaudière* à employer sur les bateaux à vapeur où une très-grande surface de chauffe est nécessaire, sans garantir cependant qu'on n'arrivera pas à pouvoir employer aussi un système de chaudière du quatrième type, dont l'irrégularité individuelle serait couverte par l'emploi simultané d'un certain nombre d'appareils.

C'est encore le même système qui s'applique très-bien aux locomobiles, soit sous la forme qui convient aux locomotives, soit sous celle des générateurs ordinaires des bateaux, soit enfin en plaçant le faisceau tubulaire verticalement, pour réduire l'espace occupé en plan, qui peut convenir pour les locomobiles.

On peut d'ailleurs reconnaître qu'une *locomotive* même peut devenir une machine *locomobile* d'une puissance exceptionnelle. Il suffit de caler les roues libres de manière que les roues motrices ne

posent plus sur les rails, et l'essieu de ces roues devient équivalent à l'arbre du volant d'une machine de rotation ordinaire.

Les différentes variantes peuvent s'appliquer aux machines fixes
suivant les exigences d'emplacement qui se présentent dans chaque
cas particulier; mais on ne les emploiera, comme nous l'avons dit,
que lorsque cela deviendra tout à fait nécessaire, parce qu'il paraît
naturel de ne pas se donner sans nécessité les difficultés d'entretien que présentent les chaudières tubulaires, notamment lorsque
l'on a des eaux très-incrustantes.

Si ces difficultés sont acceptables lorsque les appareils sont entre
les mains d'hommes expérimentés, et que les moyens d'entretien
ne font pas défaut, comme tel est le cas pour les locomotives et pour
les grands appareils de navigation, il en est autrement pour un
grand nombre d'appareils fonctionnant dans des établissements industriels, et pour la plupart des locomobiles qui se louent temporairement pour des travaux agricoles.

Il me paraît qu'il convient, lorsqu'on emploie des chaudières tubulaires dans les cas ci-dessus, de se servir de chaudières à foyers
amovibles, qui constituent une amélioration fort importante. A défaut de ces chaudières à foyers amovibles, qui prennent de la place
pour la manœuvre du foyer, le système du quatrième type, et particulièrement la chaudière Field, qui n'est pas plus encombrante que
la chaudière tubulaire verticale, me semblerait mériter la préférence.

Nous ajouterons que, de même que les deux premiers types de
générateurs ont leur type correspondant dans les machines à vapeur à balancier et à petite ou moyenne vitesse, les générateurs des
deux derniers types s'allient naturellement aux machines qui présentent les diverses combinaisons ayant pour but de réduire leur
poids et leur volume.

On peut arriver, par cette association, à réduire, dans une proportion extrêmement grande, l'emplacement occupé par une machine à vapeur et par son générateur. Ainsi on logera une machine
à cylindre vertical à connexion directe et à grande vitesse, avec son
générateur vertical (tubulaire ou du système Field), dans le coin
d'un atelier, sur un espace de quelques mètres carrés, tandis qu'il

faut une salle spéciale pour une machine à balancier, et s'il s'agit d'une forte machine, une salle plus grande encore pour recevoir ses chaudières, si elles sont à carneaux.

Le système restreint sera certainement moins coûteux à établir; mais il ne présentera, *au point de vue technique*, aucun avantage appréciable, c'est-à-dire qu'on ne dépensera ni sensiblement moins de charbon pour produire un kilogramme de vapeur, ni moins de vapeur pour produire une force donnée. En même temps, on se placera dans des conditions moins favorables, au point de vue de la régularité et de la continuité de la marche quotidienne des appareils et à celui de la durée de leur service.

Il peut fort bien se faire, surtout lorsqu'il s'agit d'un établissement fonctionnant dans une ville, que l'emplacement fasse défaut, et que dès lors l'emploi des appareils à volume restreint soit *entièrement obligatoire*.

Mais s'il n'en est rien, si la question du choix entre les deux systèmes *peut se poser*, cette question demande à être examinée très-sérieusement dans chaque cas particulier.

Il ne me paraît pas qu'elle comporte de réponse dans un sens constant; il peut se faire, par exemple, que des motifs financiers, tels que la convenance, ou même la nécessité de réduire les frais de premier établissement, conduisent à l'emploi de ces appareils à volume restreint; mais si le capital ne fait pas défaut, s'il s'agit de grands établissements dont il importe d'assurer la marche régulière, et dans lesquels un surcroît de dépense fait pour les moteurs n'est qu'une fraction insignifiante de la dépense totale d'installation, il me paraît que les grands appareils doivent être préférés sans hésitation.

C'est ainsi que l'entendent, dans les grands centres industriels, la plupart des industriels les plus éclairés, et ceux d'entre eux qui s'écartent de cette voie sans nécessité, et simplement parce qu'ils pensent suivre en cela les progrès de l'art, sont, à mon avis, dans une complète erreur.

CHAPITRE XXIII

ACCESSOIRES DES CHAUDIÈRES

(**302**) Les différents appareils générateurs dont il a été question dans le chapitre précédent renferment à peu près toutes les dispositions qui sont d'un emploi quelque peu étendu dans l'industrie, et l'on n'en rencontrera guère, si même on en rencontre, qui ne puissent être soit rattachés directement à l'un des appareils décrits, soit regardés comme une combinaison, ou une sorte de superposition, de deux ou de plusieurs d'entre eux. Ces combinaisons, lorsqu'elles arrivent à donner un appareil trop compliqué, ne sont pas en général à recommander. Si l'on cherche, par ces combinaisons complexes, à réunir les avantages propres à divers types, on n'obtient chacun d'eux que sur une partie de l'appareil, et le reste présente le plus souvent le défaut qui en est la contre-partie. On a donc un appareil compliqué, d'un entretien difficile, qui n'a franchement aucun des avantages recherchés, et qui participe partiellement aux inconvénients des divers types auxquels il a fait des emprunts.

Il vaudra mieux, en général, *sacrifier* les considérations secondaires aux considérations principales, plutôt que de trop chercher à les *concilier*, si elles ne sont pas concordantes, et s'arrêter à un appareil simple, qui ne sera, comme on l'a dit, *théoriquement* inférieur à aucun autre appareil donné, brûlant son charbon *de la même manière*, et envoyant les produits de la combustion *à la même température* dans sa cheminée de tirage.

Quel que soit le type du générateur, l'appareil n'est complet, ne peut être maintenu utilement en fonction, qu'à l'aide d'accessoires qui se retrouvent dans toutes les chaudières, et qui se rapportent, *les uns* à l'alimentation en eau de l'appareil, au fur et à mesure que l'eau contenue est transformée en vapeur et employée à cet état, *les autres* à la production de la chaleur qu'il faut dépenser pour opérer cette transformation.

Nous parlerons successivement de l'alimentation et de la vaporisation.

§ 1. — De l'alimentation.

(803) L'alimentation se fait habituellement à l'aide d'une pompe dite *alimentaire*, qui prend aussi le nom de pompe *à eau chaude*, lorsque la machine est à condensation, et que la pompe puise dans la bâche à eau chaude une petite partie de l'eau que la pompe à air extrait du condenseur. L'eau ainsi aspirée par la pompe est directement refoulée dans la chaudière (voir n° **617**).

Mais l'alimentation peut se faire aussi par d'autres procédés. Dans les machines à basse pression, ou, plus exactement, lorsqu'on peut se procurer un réservoir d'alimentation sur un point assez élevé pour que l'eau de ce réservoir puisse, en vertu de la charge, surmonter la pression intérieure de la chaudière et y pénétrer, on conserve encore la pompe alimentaire ; mais au lieu de refouler l'eau directement dans la chaudière, elle l'élève dans le réservoir, d'où elle passera par son propre poids dans la chaudière. Une disposition simple sera prise pour que la pompe fonctionnant *continuellement*, l'alimentation se fasse *d'une manière intermittente*, selon les besoins, afin de garder dans la chaudière un niveau à peu près constant. Ce système, autrefois appliqué aux chaudières de Watt fonctionnant à moins d'une demi-atmosphère de pression effective, est représenté par la figure 292, pour laquelle nous renvoyons à la légende.

L'appareil représenté sert à la fois à *régler l'alimentation*, à l'aide d'un flotteur qui suit *le niveau dans la chaudière*, *et à limiter la tension* de la vapeur, en manœuvrant un registre de tirage à l'aide d'un autre flotteur, qui suit *le niveau de l'eau dans le tuyau ouvert par lequel s'introduit l'eau d'alimentation.*

Cet appareil est aujourd'hui presque inusité, comme le sont les basses-pressions auxquelles *seules* il s'applique ; car si l'on voulait l'appliquer aux hautes pressions, le réservoir devrait être placé à autant de fois $10^m,33$ de hauteur qu'il y aurait d'atmosphères effectives dans la pression de la chaudière ; ce qui serait tout à fait incommode, et même le plus souvent impraticable.

(804) Les appareils d'alimentation ci-après n'ont pas de pompe, et sont nécessaires pour les chaudières qui ne servent pas à produire de la force motrice.

Le premier, connu sous le nom de *bouteille alimentaire* ou de *retour d'eau*, est ordinairement manœuvré à la main ; il sert, quelle que soit la pression interne de la chaudière, pour y introduire l'eau d'un réservoir placé à un niveau quelconque au-dessus de la chaudière, ou à son niveau, ou même à quelques mètres en dessous.

Cet appareil (fig. 293) est muni de tuyaux et de 4 robinets, qui le mettent, à volonté, en relation avec l'air extérieur, avec le réservoir d'eau d'alimentation, avec le réservoir de vapeur et avec l'eau de la chaudière.

Soient A, B, C, D ces 4 robinets. Il est facile de voir que, pour introduire dans le générateur un volume d'eau égal à celui de la bouteille, il suffira, tous les robinets étant supposés d'abord fermés, de les manœuvrer de la manière suivante.

On ouvrira A et C, pour purger d'air la bouteille en la remplissant de vapeur. Puis on les refermera, pour y faire le vide par le refroidissement spontané de l'appareil. Ensuite on ouvrira B, pour introduire l'eau, et on le refermera quand la bouteille sera pleine. Enfin on ouvrira C et D, et l'eau de la bouteille, également soumise en dessus et en dessous à la pression interne du générateur, s'y introduira par son poids.

Cette eau introduite, on fermera C et D, et l'appareil sera prêt pour une manœuvre suivante, que l'on fera quand il sera devenu nécessaire d'alimenter de nouveau.

La bouteille alimentaire est un appareil d'un emploi fort étendu dans les très-nombreuses industries qui consomment de la vapeur pour un usage quelconque, sans avoir de machine à vapeur. Il suffit, pour alimenter, d'avoir de l'eau disponible à côté de la machine, ou même à quelques mètres en contre-bas, sans avoir besoin de mettre des pompes en mouvement.

(**805**) Le second appareil d'alimentation sans pompe est un système tout à fait spécial, qui a eu, dès son apparition, un grand succès parfaitement justifié, et qui est aujourd'hui employé sur un très-grand nombre de machines, notamment sur la plupart des locomotives. *En marche*, il remplace avec avantage les pompes alimentaires, et il a sur elles le grand avantage de pouvoir fonctionner *pendant les stationnements*. Cet appareil est l'injecteur Giffard, ou *le Giffard*, ainsi nommé du nom de son inventeur.

Il fonctionne de la manière suivante :

Une prise de vapeur établie sur la chaudière lance un jet de vapeur par une petite tuyère conique, enveloppée d'un autre cône par lequel peut arriver l'eau d'alimentation. Celle-ci est appelée par un effet d'entraînement analogue à celui qui se produit sur l'air dans une trompe.

L'expérience montre que, dans certaines conditions que nous préciserons tout à l'heure, l'eau entraînée et la vapeur se mélangent intimement, et forment par là une sorte d'émulsion, ou de masse mousseuse blanche opaque, qui sort avec une assez grande vitesse par un ajutage conique convergent, pour pénétrer aussitôt dans un second ajutage placé en prolongement du premier et aboutissant à un tuyau qui s'élargit progressivement et va aboutir à la chaudière au-dessous du niveau de l'eau. Cet épanouissement progressif du tuyau *réduit la vitesse* et *augmente la pression*. Celle-ci était d'abord sensiblement égale à la pression atmosphérique à l'entrée de l'ajutage. Elle devient bientôt, par un ralentissement suffisant, égale à a pression de la chaudière, une soupape s'ouvre, et la masse qui était sortie sur un point, à l'état de vapeur, y rentre tout entière, sur un autre point, à un état mixte, amenant avec elle une certaine quantité d'eau.

Le résultat ci-dessus, que l'expérience confirme entièrement, peut, au premier abord, sembler paradoxal. On ne voit pas bien comment un fluide sorti d'un réservoir à une certaine pression peut y rentrer de lui-même, et à plus forte raison y rentrer en introduisant avec lui une masse supplémentaire.

Il y a dans le fait, au premier abord, une sorte d'apparence *de mouvement perpétuel* qui demande une explication.

L'explication est dans cette circonstance que le fluide *rentrant dans la chaudière* n'est pas constitué comme *le fluide qui en est sorti*.

Le premier était de la vapeur ayant une faible densité ou occupant un grand volume. Le second est beaucoup plus dense, et quoique sa masse soit plus grande à cause de l'eau entraînée, le volume en est beaucoup moindre. Il en résulte que le travail moteur produit par la *pression de la vapeur* sur la masse qui est sortie de la chaudière *à l'état de vapeur*, est plus grand que le travail résistant produit par *la pression de l'eau* (pression égale à la précédente) *sur le fluide mixte* qui y rentre. La différence de ces travaux explique la rentrée possible de ce fluide mixte, et comme la force vive est nulle à la fin comme au commencement du circuit circulaire effectué, cette différence correspond au travail perdu pendant le trajet, soit par les frottements, soit principalement par suite des mouvements vibratoires produits lors du changement brusque de vitesse qui accompagne la formation du mélange d'eau et de vapeur.

(**806**) On aura un aperçu de la manière dont fonctionne l'injecteur Giffard, au moyen des considérations suivantes :

Si l'on désigne par q le poids de la vapeur, par V sa vitesse, par Q le poids de l'eau entraînée et par u la vitesse de la masse d'eau et de vapeur après le mélange, le théorème de la conservation du mouvement du centre de gravité nous donne immédiatement la relation :

$$(Q + q)\, u = q V \ldots \ u = \frac{q}{Q + q} V.$$

On en déduit facilement que la force vive est réduite par le phénomène, comme elle l'est entre deux corps qui se choquent et qui prennent après le choc une vitesse commune. La force vive avant la rencontre est en effet $\frac{q}{g} V^2$, et elle est, après la formation du mélange, $\frac{Q+q}{g} u^2$, ou bien

$$\frac{Q+q}{g} \left(\frac{q}{Q+q} \right)^2 V^2 = \frac{q}{Q+q} \cdot \frac{q}{g} V^2$$

c'est-à-dire que la force vive est réduite dans le rapport des poids q et $Q + q$.

D'un autre côté, appelant p_0 la pression intérieure de la chaudière, p_1 la pression à l'orifice de la tuyère, ρ la densité de la vapeur quand elle a la vitesse V, on a la relation :

$$V^2 = 2g \frac{p_0 - p_1}{\rho} = \left(\frac{Q+q}{q} \right)^2 u^2$$

Posant enfin $u^2 = 2gh$, il vient :

$$\left(\frac{Q+q}{q} \right)^2 = \frac{p_0 - p_1}{\rho} \times \frac{1}{h} = \frac{p_0 - p_1}{h} \times \frac{1}{\rho} = \frac{\rho'}{\rho}$$

en désignant par ρ' la densité du fluide mixte.

Ainsi la masse du fluide mixte rentrant dans la chaudière est à la masse de vapeur qui en sort, dans le rapport direct des racines carrées de leurs densités respectives.

L'équation ci-dessus peut s'écrire $\frac{Q}{q} = \sqrt{\frac{\rho'}{\rho}} - 1$; on voit d'abord que l'on peut poser $\frac{Q}{q} < \sqrt{\frac{1000}{\rho}} - 1$, car la densité ρ' est plus petite que la densité de l'eau entièrement liquide, laquelle est égale à 1000.

On peut avoir une autre limite du rapport $\frac{Q}{q}$, en supposant que la température du fluide mixte puisse se calculer par la règle des mélanges. En désignant par θ cette température, et par t la température de l'eau froide, et supposant, pour simplifier, une quantité uniforme de 650 calories dans le kilogramme de vapeur, on a approximativement :

$$(q + Q)\,\theta = q \times 650 + Qt$$
$$q\,(650 - \theta) = Q\,(\theta - t)$$
$$\frac{Q}{q} = \frac{650 - \theta}{\theta - t}.$$

Or, la température θ est inférieure à 100°, puisque, par hypothèse, le fluide mixte subsiste et ne se vaporise pas à l'air libre.

On a donc $\dfrac{Q}{q} > \dfrac{550}{100 - t}$.

Il faut, pour que le phénomène se produise, que les deux limites ci-dessus ne soient pas incompatibles, ou que l'on ait l'inégalité

$$\sqrt{\frac{1000}{\rho}} - 1 > \frac{550}{100 - t}.$$

On voit d'abord qu'elle serait impossible, si la quantité t approchait de 100° ; ainsi, en premier lieu, l'injecteur Giffard ne peut fonctionner *qu'avec de l'eau suffisamment froide*. On comprend en effet qu'avec de l'eau bouillante le phénomène de condensation qui produit le fluide mixte ne se réaliserait pas.

Par la même raison, on comprend qu'un mélange accidentel d'air dans la vapeur, empêche également le jeu de l'appareil.

On recommande donc que la vapeur soit purgée d'air et que l'eau d'alimentation ne dépasse pas 40°.

Il faut ensuite que la densité ρ soit suffisamment petite ; or, sans traiter ici incidemment la question de l'écoulement de la vapeur par un orifice, on conçoit que la densité finale pour de la vapeur ramenée à une pression à peu près déterminée, comme l'est celle qui a lieu devant la tuyère et pour la température correspondante, soit plus petite pour de la vapeur produite à basse pression que pour de la vapeur produite à haute pression, parce que celle-ci après sa détente contiendra une plus forte quantité d'eau condensée.

Ainsi la limite supérieure $\sqrt{\dfrac{1000}{\rho}} - 1$ est plus élevée avec les basses pressions qu'avec les hautes.

Il est naturel d'en conclure que l'appareil Giffard est moins efficace, ou qu'il produit une alimentation moins active, *à mesure que la chaudière fonctionne à une plus haute pression.*

C'est ce que l'expérience confirme entièrement. Mais cette circonstance ne doit pas cependant être considérée comme empêchant l'application de l'appareil aux hautes pressions. C'est même au contraire pour les locomotives, c'est-à-dire pour les machines fonctionnant aux plus hautes pressions usitées, qu'en fait l'appareil s'est le plus universellement répandu. Cette faculté d'appropriation tient à ce que, si la quantité d'eau *introduite dans la chaudière*, pour une quantité donnée de vapeur *sortie de la chaudière*, diminue à mesure que la pression augmente, cette eau est, en revanche, plus échauffée avant d'entrer dans la chaudière, et il lui reste moins de calories à consommer pour arriver à la température finale.

Si l'on se donne le rapport $\dfrac{Q}{q} = \mu$, et la température t du réservoir d'alimentation, l'égalité $\mu = \dfrac{650 - \theta}{\theta - t}$ nous donne $\theta = \dfrac{650 + \mu t}{\mu + 1}$.

Supposant $t = 10°$, et $\mu = 15°$, chiffre moyen assez en rapport avec la pratique, on en déduira l'expression $\theta = \dfrac{(65° + 15) \times 10}{15 + 1} = \dfrac{800}{16} = 50°$.

L'eau d'alimentation se sera donc échauffée de 40° par son mélange avec la vapeur.

La figure 294 représente l'appareil Giffard, tel qu'il est depuis longtemps employé au chemin de fer de Lyon.

On y distingue la tuyère fixe qui reçoit la vapeur, l'aiguille mobile qui ouvre et ferme la tuyère et règle ainsi l'écoulement de la vapeur, le cône conducteur, également mobile, qui règle l'arrivée de l'eau alimentaire, le tuyau conique convergent où s'opère le mélange intime d'eau et de vapeur, l'orifice par lequel ce mélange s'écoule dans l'air, le tuyau divergent dans lequel il pénètre et se ralentit peu à peu, gagnant en pression l'équivalent de ce qu'il perd en vitesse, et enfin la soupape qu'il soulève pour entrer dans la chaudière.

L'appareil représenté, fonctionnant avec une pression de 8 atmosphères dans la chaudière, peut alimenter sur le pied de 80 à 120 litres par minute.

L'appareil Giffard, aujourd'hui extrêmement répandu, ne laisse rien à désirer, quand l'eau à élever doit en outre être chauffée.

C'est, au contraire, une fort médiocre machine élévatoire, lorsque l'échauffement est inutile ; car c'est une machine dont le rendement théorique en eau montée est représenté par la fraction $\dfrac{q}{Q+q}$, d'après ce qu'on a vu au n° **806**.

(**807**) Les différents appareils ci-dessus, pompe alimentaire ordinaire, bouteille alimentaire et injecteur Giffard, ont un caractère commun, qui est de ne pas fonctionner automatiquement ; de sorte que les variations du niveau de l'eau sont une indication qui doit guider l'ouvrier chargé d'alimenter, et non un moyen direct de régulariser le jeu des appareils d'alimentation.

Il semble qu'il dût être facile, à l'aide de flotteurs, d'automatiser les fonctions de ces appareils. Toutefois on est entre deux écueils, celui d'appareils trop peu sensibles, dont les mouvements peuvent être paralysés par un serrage anormal de quelque pièce ou par l'oxydation, ou celui d'une sensibilité trop grande, par suite de laquelle les orifices d'admission fonctionnent avec des ouvertures insuffisantes.

Il ne faut pas que le jeu du flotteur agisse directement sur ces orifices ; le flotteur doit agir comme une sorte de cataracte, ou comme l'appareil de distribution d'une machine à colonne d'eau, dont la course, une fois commencée, prend une amplitude finie, même quand la circonstance qui a déterminé le premier mouvement n'existe plus (*voir* n° **275**).

Plusieurs dispositions ont résolu la question, notamment celle proposée par M. Macabies (portefeuille d'Oppermann, 1866).

L'appareil revient, en définitive, à deux bouteilles alimentaires conjuguées, suspendues aux deux extrémités d'un levier et se faisant équilibre. En inclinant ce levier, un système de tiroirs logé dans son pied, ou support, met en communication la bouteille *qui vient de monter* avec le réservoir d'alimentation, et celle *qui vient de descendre* avec la chaudière. La première se remplit, la seconde se vide, et bientôt un mouvement de bascule se produit en sens contraire du mouvement imprimé d'abord, et ainsi de suite.

L'appareil est bien étudié et semble avoir un jeu assez sûr.

Néanmoins la régularité de l'alimentation est un objet d'une importance tellement capitale, à cause des dangers qu'entraine l'insuffisance d'eau dans une chaudière, qu'il me paraît préférable, en principe, de se borner à des appareils *indicateurs de niveau*, en donnant à un homme la responsabilité de *surveiller les indications que donnent ces appareils*, et de régler en conséquence son alimentation.

Nous reviendrons plus loin sur ces appareils indicateurs de niveau.

(**808**) Un point tout à fait essentiel à considérer, dans l'alimentation des chaudières, est la nature des eaux.

Il est d'une grande importance de n'employer que des eaux *pures* et *limpides*. Mais on est fort souvent empêché de le faire, et il en peut résulter de très-grandes difficultés de service.

Le défaut de limpidité provient des matières tenues simplement en suspension, lorsque, par exemple, on s'alimente à un cours d'eau à régime torrentiel, dont les eaux sont plus ou moins troubles d'un jour à l'autre de l'année, selon l'état actuel du régime de ce cours d'eau. Le remède à ce défaut est dans l'emploi de bassins où on laisse les eaux se clarifier par dépôt.

La limpidité est une qualité *nécessaire*, ou du moins fort désirable, mais nullement *suffisante*.

La pureté, au point de vue chimique, peut être encore plus importante. Sous ce rapport, on doit distinguer les eaux *calcaires*, les eaux *séléniteuses* et les eaux *acides*.

Les eaux calcaires, telles que celles de beaucoup de cours d'eau et surtout de la plupart des puits dans les contrées où la roche dominante est le carbonate de chaux, contiennent en dissolution une petite quantité de ce sel, qui n'est pas absolument insoluble dans l'eau pure, mais dont la solubilité est sensiblement augmentée par la présence de l'acide carbonique que ces eaux contiennent fréquemment.

On purifie partiellement les eaux calcaires, soit en les traitant par un lait de chaux qui sature l'acide carbonique en excès, soit en les chauffant légèrement pour le dégager à l'état de gaz.

Les dépôts calcaires produits dans les chaudières, par la petite quantité qui échappe à la précipitation du lait de chaux ou au dégagement de l'acide carbonique, ont souvent tendance à former des couches assez adhérentes aux parois, parce que ces dépôts se font, au fur et à mesure que les circonstances amènent la saturation, par une précipitation successive des molécules qui sont prises à l'état naissant et se disposent en une masse homogène ayant une structure cristalline confuse.

(**809**) Les eaux séléniteuses se rencontrent dans les pays où il existe des dépôts de plâtre. Tel est notamment le cas de toutes les eaux de source ou de puits qui alimentent les nombreuses usines à vapeur établies au nord et au Nord-Est de Paris, dans cette ville même et aux environs. Tel est encore, et à un degré bien plus marqué, le cas des eaux de mer, dont sont obligés de se servir tous les bateaux marins.

L'eau de mer est, en réalité, beaucoup plus chargée de matières salines que les sources thermales les plus minéralisées, et une chaudière à vapeur qui serait alimentée purement et simplement avec de l'eau de mer, ne tarderait pas à se remplir d'un magma solide formé par les sels successivement précipités, au fur et à mesure que chacun d'eux atteindrait son point de saturation.

Mais il n'en arrive pas ainsi, grâce à un artifice spécial qui est universellement mis en pratique dans la marine. Cet artifice est celui des *extractions*, qui consistent, soit de temps en temps, soit d'une manière continue, à faire *évacuer* un volume d'eau de la chaudière, qui est une *fraction déterminée* de l'eau *introduite* pendant le même temps.

Si un sel donné est contenu dans l'eau de mer en quantité telle qu'elle représente la $n^{\text{ème}}$ partie seulement de la quantité qui saturerait le liquide à la température de la chaudière, une marche prolongée dans laquelle on évacuera par des extractions la $n^{\text{ème}}$ partie de l'eau introduite, rapprochera indéfiniment l'eau du point de saturation, mais sans jamais l'atteindre. On peut donc, par ces extractions, parvenir à empêcher l'eau de mer d'arriver à la saturation, pour tous les sels qui ont à chaud un degré marqué de solubilité. Aussi n'est-ce pas le chlorure de sodium que l'on rencontre dans les dépôts des chaudières marines, mais presque exclusivement le sulfate de chaux, comme avec des eaux séléniteuses. Ce sel a, en effet, la propriété remarquable d'être moins soluble à chaud qu'à froid, et même d'être *sensiblement insoluble à* 150°. Il en résulte que si l'on chauffe les chaudières pour une pression de 4 à 5 atmosphères seulement, *la totalité* du sulfate de chaux se précipite ; d'où l'on conclurait, d'après ce qui vient d'être dit, que pour l'éliminer par des *extractions*, il faudrait extraire *la totalité* de l'eau introduite, et qu'il n'en resterait rien pour la vaporisation.

Dans la réalité, il n'en serait pas ainsi, parce que, pendant l'ébullition, les matières solides en suspension sont portées principalement à la surface où elles forment une sorte d'écume qui est rejetée au dehors, si l'on pratique les extractions très-peu au-dessous du niveau de l'eau. Une extraction ainsi pratiquée entraîne une proportion de sulfate de chaux notablement plus considérable que celle qui existe en moyenne dans la totalité de l'eau de la chaudière. Néanmoins, malgré l'abondance et la fréquence des extractions, d'où résulte la perte d'une portion très-appréciable de la chaleur du foyer, le résultat obtenu est incomplet, et les dépôts restent encore très-considérables. Ce fait constitue une difficulté qui a longtemps paru insurmontable, et a limité les chaudières marines à l'emploi exclusif des basses pressions. On n'a augmenté cette pression que très-graduellement, et poussé par la nécessité impérieuse des économies à faire sur le combustible, et c'est seulement depuis que l'application du condenseur à surface et de l'alimentation à l'eau distillée a pris un caractère pratique, que celle des hautes pressions est devenue possible, et dès qu'elle a été *possible*, elle n'a pas tardé à devenir *tout à fait générale*.

On alimente donc aujourd'hui les chaudières marines avec de l'eau distillée additionnée d'une petite quantité d'eau de mer pour compenser les fuites, et l'on peut ainsi faire une longue traversée en n'opérant que très-peu d'extractions, et se réservant de ne nettoyer les chaudières que pendant les stationnements dans les ports.

Ce système des condenseurs fermés et de l'alimentation monhydrique paraît pouvoir être étendu à tous les cas où l'on n'a à sa disposition que des eaux ayant à un degré marqué le caractère séléniteux.

(**810**) On peut d'ailleurs imaginer d'autres procédés. On peut essayer l'emploi d'un sel de baryte soluble dont l'acide forme avec la chaux un sel également soluble, le nitrate de baryte ou le chlorure de barium par exemple.

On peut encore essayer de localiser les dépôts séléniteux dans les chaudières à bouilleurs réchauffeurs chauffées méthodiquement. On observe en effet que la majeure partie des dépôts se forme, s'ils sont calcaires, dans le premier bouilleur réchauffeur qui reçoit l'eau froide, et s'ils sont séléniteux, dans le bouilleur où l'eau progressivement chauffée approche de la température de 150° ci-dessus indiquée. C'est là qu'il faudra veiller pour enlever les dépôts avant qu'ils n'obstruent soit le bouilleur lui-même, soit les communications avec les bouilleurs voisins. Les dépôts atteindront déjà 10 centimètres et plus d'épaisseur dans ce bouilleur, alors qu'ils pourront être encore presque nuls dans le corps cylindrique.

(**811**) Les eaux dites acides doivent, en général, ce caractère d'acidité à la présence du sulfate de peroxyde de fer ou d'alumine qui se trouve souvent dans les eaux d'épuisement des mines, ou dans celles qui proviennent d'infiltrations à travers des terrains brûlés ou des haldes d'anciens travaux.

La présence de ces sulfates est due à un phénomène d'oxydation, à une sorte de combustion, plus ou moins lente, qui se produit sur les matières pyriteuses et alumineuses. Il en résulte, à l'emploi de ces eaux, une très-sérieuse difficulté. Ces sulfates ont des réactions acides, et attaquent toutes les pièces en fer ou fonte avec lesquelles ils sont mis en contact, notamment les pompes d'épuisement des mines, et plus activement les appareils de condensation et d'alimentation sur lesquels ils agissent à une plus haute température. On y remédie en fabriquant en bronze toutes les pièces qui doivent conserver leur poli, comme les corps de pompe et les pistons.

Mais on ne peut appliquer ce même système aux chaudières où

il serait trop coûteux, et où cependant il serait particulièrement utile, parce que ces sels y agissent à une température beaucoup plus élevée encore, et sur des surfaces minces. Leurs effets sur les chaudières sont extrêmement marqués, même lorsque les eaux d'alimentation en sont très-peu chargées. C'est surtout à la ligne d'eau que s'exercent les ravages, et cela par une raison facile à concevoir. Le niveau de l'eau n'est pas absolument fixe ; il peut exister des oscillations à périodes assez longues, pendant lesquelles une zone d'une certaine hauteur, de 15 à 20 centimètres, par exemple, est tantôt à sec, tantôt baignée par l'eau. Lorsque le niveau de ces eaux vient à baisser, la zone mise à découvert reste d'abord mouillée ; mais cette mince couche d'eau s'évapore peu à peu, et elle peut être considérée comme une liqueur d'abord très-peu acide, mais qui se concentre de plus en plus, par l'effet de l'évaporation jusqu'à siccité.

La surface métallique ainsi attaquée se lave et se décape lorsque le niveau des eaux se relève, et elle est ainsi toute préparée pour une nouvelle attaque qu'amènera un nouvel abaissement de niveau.

On peut protéger cette zone de la surface intérieure de la chaudière par une bande de tôle qu'il faut remplacer de temps en temps.

Ou peut faire disparaître l'acidité, soit par un lait de chaux, qui substitue *au danger* des eaux acides *l'inconvénient* des eaux séléniteuses, soit par un réactif alcalin quelconque, tel que le carbonate de soude, qui constitue un moyen un peu coûteux pour cet emploi si l'on veut l'étendre aux eaux d'injection du condenseur. Le mieux semblerait être d'accepter les inconvénients de l'acidité pour l'appareil du condenseur, et d'employer le condenseur fermé et l'alimentation monhydrique, en se bornant à saturer par le carbonate de soude l'acide contenu dans la petite quantité d'eau à ajouter dans la chaudière pour compenser les fuites de vapeur.

L'expérience montre que, dans un établissement où il existe de nombreux appareils à vapeur alimentés par des eaux de mines, on peut faire *un fort grand sacrifice annuel*, pour éviter les frais d'entretien et même les dangers qui peuvent résulter de l'emploi de ces eaux. C'est un point de vue très-intéressant pour l'industrie

des mines, qui fort souvent n'a pas d'autres eaux à sa disposition.
Il arrivera donc fréquemment que l'emploi des condenseurs fermés
et de l'alimentation monhydrique se justifiera, pour cette industrie,
par l'acidité des eaux disponibles, comme il l'est, pour la navigation
maritime, par leur caractère essentiellement et nécessairement séléniteux.

(**812**) Avec des eaux aptes à produire des dépôts terreux, calcaires, ou séléniteux, l'emploi des moyens préventifs ci-dessus indiqués en diminuera l'importance, mais ne parviendra pas généralement à les faire entièrement disparaître.

Il faut donc supposer qu'ils se formeront encore, quoique plus
lentement.

Tantôt ils ne constituent qu'une masse sans consistance, qui est
en suspension dans l'eau pendant l'ébullition, et ne se dépose que
lorsque la chaudière cesse de fonctionner, en formant sur le fond
une sorte de bon liquide facile à enlever lors des nettoyages. Dans
ces conditions ils n'ont d'autre inconvénient que de donner à la
masse liquide une sorte de viscosité qui tend à favoriser l'entraînement de l'eau par la vapeur.

Tantôt au contraire ils constituent des masses solides, fortement
adhérentes, ayant une consistance égale ou comparable à celle d'une
roche de calcaire ou d'anhydrite, et ils ne peuvent être détachés, lors
des nettoyages, qu'en piquant avec précaution toute la surface qui
en est revêtue.

De tels dépôts sont beaucoup plus fâcheux que les premiers.

On ne les enlève pas sans risquer d'endommager la chaudière. Ils
diminuent la conductibilité de la surface de chauffe, et équivalent, en
fait, à une légère réduction de l'étendue de cette surface, qui tend soit
à diminuer la puissance de vaporisation, soit à augmenter la consommation de combustible, si l'on veut maintenir la même vaporisation.
Ils exposent les parois, qui cessent d'être rafraîchies par l'eau, à
des surchauffes accidentelles, qui favorisent leur destruction par oxydation, ou qui diminuent leur résistance à la rupture, et cela d'une
manière d'autant plus énergique que les dépôts sont plus épais et
qu'il s'agit de parois plus fortement chauffées.

(813) On cherche à atténuer ces inconvénients par des artifices variés, qui reviennent, en général, soit à empêcher l'adhérence des dépôts, soit à les localiser, autant que possible, sur des points où leur présence peut avoir le moins d'inconvénients, c'est-à-dire sur les points les moins exposés à l'action de la chaleur du gaz.

Les artifices de la première catégorie peuvent être les suivants :

1° On diminue l'adhérence des matières terreuses avec les parois de la chaudière, en enduisant celle-ci, après chaque vidange pour nettoyage, d'un enduit de plombagine étendu à toute la partie qui doit être mouillée par l'eau.

2° On cherche à déterminer dans la masse liquide des mouvements qui balayent, en quelque sorte, les parois et empêchent les dépôts de s'y fixer. C'est ce qui a lieu d'une manière particulièrement prononcée dans la chaudière Field, où l'on a constaté que même de la petite grenaille de plomb, placée dans un des tubes verticaux, n'y restait pas, et était soulevée et entraînée par le courant ascendant d'eau chaude et de vapeur le long des parois internes de ce tube.

On peut produire un effet analogue dans une chaudière à bouilleurs, en reliant les bouilleurs au corps cylindrique par deux culottes d'inégale longueur, dont on place la plus courte à l'avant, la plus longue à l'arrière. La grille étant supposée placée au-dessous des bouilleurs, la petite inclinaison donnée à ceux-ci de l'avant à l'arrière favorise le courant circulaire qui tend toujours à s'établir de l'arrière à l'avant dans le bouilleur, de l'avant à l'arrière dans la chaudière, en descendant par la culotte de l'arrière pour remonter par celle de l'avant.

On active encore ce courant, en prolongeant la culotte de l'avant à l'intérieur du corps cylindrique, comme il est représenté sur la figure 295. Cette même figure montre comment, malgré l'inclinaison de l'axe du bouilleur, on évite, par la forme légèrement conique donnée à la partie antérieure supérieure, la formation d'une chambre de vapeur au-dessus du corps de feu.

5° On empêche l'adhérence mutuelle des matières terreuses, en plaçant dans la chaudière un corps quelconque, susceptible de se délayer dans l'eau, et ayant une certaine onctuosité propre à favoriser le glissement des molécules les unes sur les autres, comme si on les enduisait individuellement, en quelque sorte, avec du savon. On peut employer à cet effet de l'argile grasse bien dépouillée de parties sableuses.

Plus souvent que l'argile, on emploie des pommes de terre, ou quelque autre matière amylacée. On a indiqué la dose assez mal définie, de 1 kil. de cette matière par force de cheval, à placer dans la chaudière après chaque nettoyage, ou à peu près à un mois d'intervalle. Ces matières grasses, ou mucilagineuses, ont l'inconvénient de tendre à rendre les eaux mousseuses et à accroître ainsi l'eau entraînée par la vapeur.

On les remplace aujourd'hui de préférence par certaines matières, telles que le tan, le bois de campêche, le cachou, etc., pourvues d'un principe colorant soluble dans l'eau chaude. L'expérience montre que ces matières colorantes se portent sur les petits grains terreux en suspension dans l'eau de la chaudière, qu'ils se fixent à leur surface, surtout s'ils sont calcaires, et que les espèces de laques ainsi produites n'ont point tendance à former des masses agglomérées.

Le dépôt terreux reste ainsi à l'état de masse pulvérulente plus ou moins colorée, qu'un simple balayage enlève.

(**814**) Quant aux artifices de la deuxième catégorie, ils peuvent être variés de diverses manières.

1° Par exemple, on localise naturellement le dépôt dans les bouilleurs réchauffeurs à chauffage méthodique de Farcot, savoir les matières en suspension dès le premier bouilleur, les matières calcaires sur les points où la chaleur est déjà assez sensible pour que l'acide carbonique se dégage entièrement, enfin les matières séléniteuses sur ceux où la température de l'eau approche de 150°. (Voir n° **810**).

2° On le localise dans la chaudière même, en alimentant à l'arrière et isolant cette partie de l'avant par une cloison transversale s'élevant un peu au dessous du niveau de l'eau. Comme c'est au coup de feu que se forme la masse principale de vapeur, l'arrière devient une sorte de bouilleur réchauffeur, dans lequel l'ébullition n'a pas lieu et où se déposent la masse des matières terreuses.

3° On localise encore ces dépôts dans la chaudière à l'aide de dispositifs connus en Angleterre sous le nom de Sediment's-Collectors, qui consistent en larges plateaux de tôle, légèrement concaves, fixés horizontalement en divers points du corps cylindrique de la chaudière, principalement au-dessus des points qui reçoivent le plus de chaleur, et à une petite distance du fond. Pendant que la chaudière est en activité, il se détermine des courants ascendants qui suivent les parois des chaudières et des courants descendants qui sont principalement dans la partie centrale. Les premiers amènent les matières terreuses à la surface de l'eau, les seconds tendent à les ramener vers le fond de la chaudière ; mais ces derniers courants rencontrent les plateaux, s'y brisent et y laissent déposer les matières qu'ils tiennent en suspension. On peut avoir, au bout d'un certain temps, des plateaux couverts d'un dépôt épais, placés directement au-dessus d'une paroi de la chaudière restée parfaitement nette.

4° Une autre disposition consiste à établir, dans le dôme de vapeur, ou plutôt dans un dôme spécial, une sorte de chandelier vertical portant une série de plateaux empilés les uns au-dessus des autres dans l'ordre décroissant de grandeur. L'alimentation se fait à la partie supérieure, et l'eau tombe en cascades d'un plateau sur l'autre en nappes minces qui s'échauffent rapidement dans l'atmosphère de vapeur où elles sont plongées. Cet échauffement amène le dépôt du calcaire d'abord, puis du sulfate de chaux, qui forment sur les plateaux des croûtes épaisses qu'on enlève de temps en temps, et qui diminuent d'autant l'importance des dépôts sur les parties mêmes du générateur.

Ce système, connu sous le nom d'appareil Schau, est représenté figure 296. Il ne paraît avoir qu'une efficacité imparfaite, et l'emploi ne s'en est pas répandu.

5° Enfin M. Duméry a imaginé un appareil fort intéressant qu'il désigne sous le nom de déjecteur anti-calcaire, qui opère *une extraction continue*, mais avec cette circonstance que cette extraction n'entraîne pas la perte de chaleur ordinaire, parce que l'eau extraite ne sort, pour ainsi dire, de la chaudière que pour aller déposer les matières qu'elle tient en suspension, et qu'elle y rentre aussitôt après.

Pour obtenir ce courant circulaire, l'extraction se fait à la surface de l'eau, ce qui est d'ailleurs le point favorable, et la rentrée à la

partie inférieure du bouilleur. La colonne d'eau comprise entre le
point de sortie et le point de rentrée est plus chaude dans la chaudière que dans l'appareil placé extérieurement. Elle est par conséquent moins dense, et c'est cette différence de densité qui détermine la circulation dans le sens indiqué. La purification de l'eau
se produit en la faisant circuler dans une sorte de petit labyrinthe
horizontal, où elle se meut lentement, au-dessus d'une masse d'eau
froide plus dense dans laquelle les grains de matières terreuses
viennent successivement tomber ; ces grains se trouvent aussitôt
isolés du courant, qui retourne purifié à la chaudière, tandis qu'ils
continuent leur chute jusqu'au fond de l'appareil, d'où ils sont évacués de temps en temps à l'aide d'un robinet.

La figure 297 donne une idée de cet appareil, qui est ingénieux
et semble devoir être efficace, mais qui cependant ne paraît pas
jusqu'ici se répandre beaucoup dans la pratique.

(**815**) Tels sont les principaux moyens proposés et plus ou moins
employés, pour chercher à combattre l'influence nuisible des dépôts. Leur multiplicité même et leur emploi simultané, sans qu'aucun d'eux ait pris une suprématie bien caractérisée sur les autres,
indiquent suffisamment qu'aucune de ces solutions n'est pleinement
satisfaisante, et qu'en effet cette question importante des dépôts est
encore à l'étude.

En réalité, jusqu'à présent, le seul moyen de n'avoir aucun
dépôt serait d'employer de l'eau *qui n'eût rien à déposer*. On
revient aussi au système de l'alimentation avec de l'eau distillée,
laquelle, pour ne pas donner lieu à un grand supplément de consommation de charbon, doit se combiner avec celui des condenseurs
fermés.

Mais dans ce cas même, toute difficulté n'est pas absolument
tranchée, à cause de la petite quantité d'eau à ajouter pour compenser les fuites de vapeur.

En outre, il faut se représenter que la même eau ne semble pas
pouvoir servir *indéfiniment* ; car dans chaque cycle qu'elle exécute
en sortant de la chaudière à l'état de vapeur, pour agir sur la machine et revenir à la chaudière à l'état liquide, elle se charge de

plus en plus d'impuretés, provenant des corps gras employés à lubréfier les organes de la machine. Des extractions faites à la surface de l'eau la débarrassent d'une partie de ces impuretés. On peut encore, à défaut d'extractions, filtrer l'eau sans pression à travers des étoffes de feutre qu'on lave ensuite à grande eau. Mais ces moyens ne sont encore que des palliatifs ; ils causent ou des pertes de combustible, ou des embarras et des frais de manipulation, surtout quand il s'agit de grands appareils, et en résumé on peut dire qu'une eau *qui ne dépose pas sensiblement*, est pour une chaudière un objet de fort grande importance.

(**816**) La régularité de l'alimentation n'est pas moins essentielle à considérer que la qualité des eaux. Elle l'est même peut-être davantage, non pas au point de vue de l'économie du combustible, mais à celui de la sécurité.

On peut dire, en effet, qu'en général une chaudière est *en danger actuel et imminent d'explosion*, par cela seul que le chauffeur a laissé descendre le niveau de l'eau d'un ou deux décimètres seulement au-dessous de la partie supérieure des carneaux ou des tubes, ou conduits de la flamme ou de la fumée.

Cette affirmation ainsi formulée, et que nous justifierons en son lieu, montre toute l'importance de la règle prescrivant que le niveau normal de l'eau soit au moins à un décimètre au-dessus des points désignés. Cette règle doit être *de rigueur*, pour toutes les parties de la surface de chauffe *qui seraient exposées à rougir* si elles cessaient d'être immergées. Mais il y a des exceptions nécessaires comme, par exemple, dans les chaudières de locomotives, pour la partie supérieure de la plaque tubulaire de la boîte à fumée, ou pour la partie supérieure des tubes dans les chaudières tubulaires verticales.

La définition d'une partie *non exposée à rougir* n'est pas susceptible d'être très-bien précisée. C'est un peu une affaire d'appréciation, et l'on pourra être d'autant plus tolérant que la chaudière contiendra moins d'eau et que la partie suspecte *sera moins étendue*. Toutefois, pour être dans le vrai, il faudrait prendre en considération son étendue *relative*, plutôt que son étendue *absolue*, pour se faire une idée de la température à laquelle cette partie peut se trouver portée, ou mieux encore, il faudrait avoir égard à la fois à la surface de chauffe et au combustible brûlé. C'est ce qu'on fait en Allemagne, en cessant de considérer comme dangereuse, *quelque soit sa grandeur absolue*, une paroi découverte que les gaz chauds n'atteignent qu'après avoir léché une surface de chauffe vingt fois plus grande que la superficie de la grille sur laquelle ces gaz se produisent. (Cette règle s'applique aux foyers à la houille avec tirage naturel).

(**817**) A raison de l'importance extrême d'une alimentation régulière, la chaudière doit nécessairement être munie d'une série de dispositifs ayant pour objet de contrôler cette alimentation, et de faire connaître exactement quel est, à un moment donné, le niveau de l'eau dans la chaudière.

Il faut avoir au moins deux de ces dispositifs, qui soient indépendants l'un de l'autre. Ils doivent être placés en vue du chauffeur ; l'un de ces indicateurs de niveau devra être installé de manière qu'il frappe constamment l'œil du chauffeur, sans que cet ouvrier ait à faire aucune manœuvre particulière ; qu'il *s'impose*, en quelque sorte, *de lui-même à son observation*.

L'indication la plus nette est donnée par un tube en verre, maintenu par deux petits presse-étoupes entre deux tubulures aboutissant l'une à dix centimètres en dessous, l'autre à dix centimètres en dessus du niveau normal de l'eau dans la chaudière ; niveau qui doit par conséquent être toujours observable sur la hauteur du tube.

Ce tube indicateur, représenté en coupe sur la figure 298, qui est le seul instrument dont l'emploi soit obligatoire, a été souvent critiqué par les industriels.

On lui reproche :

1° De ne plus rien indiquer lorsque l'intérieur du tube est encrassé ;

2° D'être fragile, et exposé à être rompu, soit par l'effet des dilatations inégales qui affectent les diverses parties de l'appareil, so par une maladresse du chauffeur, soit enfin par un simple courant d'air froid venant le frapper lorsqu'il est chaud.

3° Enfin, d'exposer le chauffeur a être brûlé, lorsqu'une rupture accidentelle de ce tube donne une issue à l'eau chaude de la chaudière.

Le premier reproche n'est pas fondé, parce qu'on peut toujours, avec un peu de soin, à l'aide des robinets disposés à cet effet, nettoyer le tube et empêcher l'adhérence des dépôts par un courant de vapeur.

On évite la rupture due aux dilatations, en fixant le tube dans ses deux tubulures, non d'une manière rigide à l'aide de mastic; mais, comme on vient de le dire, par le serrage de l'étoupe des garnitures. Ce tube doit être en cristal et recuit avec soin. Il faut bien reconnaître qu'en fait, dans ces conditions, il n'est guère exposé qu'à un coup de maladresse du chauffeur, et non aux influences atmosphériques. La meilleure preuve de son caractère pratique se trouve dans cette circonstance qu'il existe *invariablement* sur toutes les locomotives, qui subissent cependant, plus que toutes autres machines, ces influences.

Enfin, quant au dernier reproche, qui pourrait avoir quelque gravité, du moins pour les chaudières enterrées, on y répond par une disposition très-simple, consistant en une petite soupape qui se soulève et vient obstruer l'orifice d'écoulement de l'eau, dès que les premières gouttes s'échappent par suite d'une rupture accidentelle du tube.

Avec un indicateur ainsi établi, en ayant soin d'avoir quelques tubes de rechange, on a assurément le meilleur appareil qui existe.

(**818**) La supériorité tient, on l'a dit tout à l'heure, à ce qu'il parle de lui-même aux yeux, sans exiger aucune manœuvre préalable quelconque de la part de l'ouvrier. Il faut donc que l'appareil soit en effet sous les yeux de l'ouvrier. S'il est établi hors de la portée de la vue, comme au haut d'une chaudière verticale de quelques mètres de hauteur, par exemple, il n'a plus le même caractère.

Mais on peut, même dans ce cas, en modifiant légèrement l'appa-

reil ordinaire, ramener l'indication du niveau à portée du chauffeur. Pour cela, on établit deux tubes, qui partent, l'un au-dessus
et l'autre au-dessous du niveau de l'eau, et viennent aboutir aux
deux branches d'un syphon dans lequel se trouve du mercure. Ces
tubes sont pleins d'eau provenant de la vapeur condensée.

Soient H et h leur hauteur au-dessus du point A (voir la figure 299),
Z la charge d'eau sur le tube le plus court, z la différence de niveau
du mercure dans les deux branches du syphon, η la hauteur du mercure dans la branche de droite du syphon, et enfin ρ et ρ' les densités
respectives des deux liquides. On a évidemment, pour la pression
au point A due à la colonne de droite, $P + \rho H + (\rho' - \rho)\eta$, et pour
celle due à la colonne de gauche, $P + \rho (Z + h) + (\rho' - \rho) (\eta + z)$.

Égalant ces deux quantités, on en tire :

$$\rho H + (\rho' - \rho)\eta = \rho (Z + h) + (\rho' - \rho) (\eta + z),$$
$$\rho Z = \rho(H - h) - (\rho' - \rho) z,$$
$$Z = (H - h) - \left(\frac{\rho'}{\rho} - 1\right) z.$$

Cette quantité est de la forme

$$Z = M - kz.$$

On peut graduer l'instrument de manière que chaque valeur de z
donne sur l'échelle la valeur correspondante de Z, ou la charge
d'eau sur le point d'insertion du tube le moins long.

(**819**) Le second indicateur dont l'emploi est obligatoire, peut
être formé par deux robinets étagés, situés à peu près à la hauteur
des tubulures du tube indicateur, et dont l'un doit toujours donner
de l'eau quand on le manœuvre, et l'autre toujours de la vapeur. On
peut très-convenablement y ajouter un troisième appareil, composé
d'un flotteur dont les oscillations suivent le niveau de l'eau, et mettent en jeu un sifflet d'alarme qui se fait entendre, par suite de l'ouverture d'une petite soupape, lorsque le niveau de l'eau descend
trop bas, quelquefois aussi lorsqu'il monte trop haut. L'avantage
de cet appareil est de donner un signal qui est perçu, non-seulement par le chauffeur, mais encore par tout le monde, et notamment par le directeur de l'établissement. Ce dernier est prévenu

par ce signal que l'alimentation n'est pas faite correctement par le chauffeur.

La figure 500 représente la réunion d'un tube de niveau et d'un système de robinets indicateurs.

Les flotteurs sont souvent suspendus à l'extrémité d'un fil métallique qui traverse, dans une petite tubulure munie d'un presse-étoupes, le dessus de la chaudière, et dont l'autre extrémité se fixe, à l'aide d'un bout de chaîne, à un levier à secteur oscillant autour d'un point fixe.

Cette disposition expose le flotteur à être quelquefois peu sensible, par suite d'un serrage anormal du presse-étoupes autour du fil métallique.

Dans le flotteur de M. Bourdon, le système se meut à l'intérieur d'une boîte creuse à section triangulaire, en libre communication avec la chaudière. Le frottement de la boîte à étoupes est ici remplacé par le frottement du levier à secteur autour de son axe, dont le moment, par rapport à cet axe, est beaucoup moindre.

Dans une autre disposition, la boîte triangulaire est remplacée par une sorte de douille, à l'intérieur de laquelle se déplace la tige qui surmonte le flotteur.

Cette tige porte un talon recourbé en fer, qui agit à distance sur un petit barreau aimanté mobile le long d'un règle divisée. La position du barreau sur la règle indique celle du talon, et, par suite, celle du flotteur ou du niveau de l'eau. Cet appareil, dû à M. Lethuilier-Pinel, est connu sous le nom d'indicateur magnétique.

Il peut être construit avec deux sifflets indicateurs, de timbres différents, mis en mouvement par un petit heurtoir fixé à la tige du flotteur; l'un d'eux fonctionne quand l'alimentation est en défaut, l'autre quand elle est en excès.

Les figures 501 et 502 représentent le flotteur Bourdon, qui n'indique que le manque d'eau par un coup de sifflet, et le flotteur magnétique qui donne, comme on vient de le dire, les deux indications opposées.

(**820**) Tels sont les principaux appareils à la disposition du chauffeur pour régler l'alimentation de ses chaudières, opération également importante au point de vue du bon travail de la machine et à celui de la sécurité.

Il faut y joindre ceux qui servent pour vider et pour nettoyer la chaudière, c'est-à-dire le robinet de vidange et le trou d'homme.

Le robinet de vidange, dont le nom indique l'usage, sert à vider la chaudière en grand, lorsqu'elle doit chômer pour un motif quelconque, par exemple pour la nettoyer ou la réparer. Ce robinet est ordinairement placé à la partie inférieure de chacun des bouilleurs. Mais quand la chaudière est enterrée, ce qui arrive souvent, et qu'on ne veut pas que le trou du chauffeur, ou *enfer*, soit envahi par l'eau de vidange, on place un robinet unique sur le dessus de la chaudière, et il correspond alors à un tube qui descend à l'intérieur jusqu'au point le plus bas occupé par l'eau, en se bifurquant d'ailleurs s'il y a deux bouilleurs. Ce robinet présente au dehors une tubulure sur laquelle on visse une manche, ou un tuyau courbe, qui débouche au dehors du local de la chaudière.

On vide alors la chaudière *en pression*, c'est-à-dire lorsque la température de l'eau y est encore supérieure à 100°.

En ouvrant le robinet, la pression existante fait d'abord écouler une certaine quantité d'eau ; puis la vapeur qui se dégage, à mesure que l'eau baisse dans la chaudière, maintient la pression constante, et produit un écoulement complet de l'eau. Dès qu'elle est vide, la chaudière se refroidit rapidement, et les contractions qu'elle éprouve pendant ce refroidissement rapide, auquel ne participent pas de suite les incrustations, tendent à fendiller celles-ci et à les rendre plus faciles à détacher.

Le même effet se produit d'ailleurs quand on fait la vidange par le bas avant le refroidissement de la chaudière ; aussi cette pratique de vider pendant que l'eau est encore chaude est-elle assez souvent recommandée, bien que d'autres personnes prétendent, au contraire, que ces contractions brusques et inégales d'une chaudière ne peuvent que la fatiguer et doivent être proscrites.

Le trou d'homme est une ouverture de forme elliptique qui existe sur le dôme ou à l'avant de la chaudière, ou à l'avant des bouilleurs, et qui est tenue bouchée, pendant le service, à l'aide d'une fermeture autoclave (*fig.* 303). Elle doit avoir une section suffisante pour qu'un ouvrier puisse s'y introduire et faire à l'intérieur les nettoyages nécessaires.

Ces nettoyages se font, suivant la nature des eaux, tous les mois, tous les quinze jours ou toutes les semaines.

On a généralement, au moins, une chaudière de plus que le nombre nécessaire pour assurer le service des machines, afin d'en avoir toujours une au repos, et de pouvoir l'y laisser sans être forcé de chômer, quand elle a besoin d'une réparation prolongée.

§ 2. — De la production de la vapeur.

(821) Parmi les accessoires relatifs à la production de la vapeur dans une chaudière alimentée régulièrement, nous comprenons ceux qui ont pour but d'assurer le bon emploi du combustible sur le foyer, et la production de la vapeur dans des conditions satisfaisantes, c'est-à-dire à une pression déterminée et dans un état convenable de siccité.

Le bon emploi du combustible suppose d'abord que l'on a donné à la grille des proportions convenables, en rapport avec la quantité et la qualité du combustible à consommer, rapports que l'expérience directe peut seule indiquer pour chaque combustible.

Nous ferons connaître plus loin, à ce sujet, quelques données numériques.

Ces dimensions étant fixées, ainsi que celles de la cheminée, et le rapport du plein au vide de la grille étant en outre déterminé selon la nature plus ou moins collante et la grosseur des morceaux, c'est ensuite aux mains du chauffeur qu'est principalement remise la question d'une bonne conduite du feu.

Il doit s'attacher à régler l'ouverture du registre dont est toujours muni le rampant qui va de l'extrémité des carneaux à la cheminée, de manière à faire passer *une quantité d'air convenable*, un défaut d'air produisant de la fumée, un excès causant un refroidissement qu'il importe d'éviter.

Il doit charger fréquemment et à petites doses, et principalement sur le devant de la grille, en ayant soin de repousser à l'arrière les charbons bien incandescents des charges précédentes, qui ne donnent plus de fumée et sont réduits à l'état de coke.

Il décrasse la grille, surtout à l'arrière, de manière à y faire passer un excès d'air qui s'échauffe en traversant le combustible incandescent, et vient brûler les fumées dégagées à l'avant par la nouvelle charge.

Il arrive par là à entretenir un feu uniforme et à faire aussi peu de fumée que possible.

Cette pratique est très-préférable à celle des chauffeurs inexpérimentés ou négligents, qui chargent rarement, à fortes doses, et uniformément sur toute la grille ; d'où résulte, après chaque charge, une période de refroidissement du foyer et de production abondante de fumée, à laquelle succède bientôt une période d'incandescence excessive, s'étendant sur toute la grille et pouvant devenir compromettante pour les parties de la chaudière exposées trop directement au coup de feu.

Sous ce rapport, il existe, comme nous l'avons déjà dit, de très-grandes différences d'un chauffeur à un autre, et il est d'autant plus nécessaire de surveiller ce travail que la pratique des charges très-fortes et peu nombreuses est celle qui est la plus commode pour l'ouvrier.

Dans l'immense majorité des cas, on n'emploie pas, pour la conduite d'un foyer de chaudière, d'autres artifices que ceux qui viennent d'être indiqués, et un bon chauffeur arrive, par leur secours, à une bonne combustion accompagnée d'une faible production de fumée. Tout au plus observe-t-on, immédiatement après chaque charge, au haut de la cheminée, un faible nuage qui ne tarde pas à se dissiper.

Cette conduite régulière d'un foyer est certainement favorable à l'économie du combustible, en ce sens qu'avec une grille inégalement bourrée, il n'est pas possible que le chauffeur proportionne à chaque instant l'afflux d'air à l'importance du dégagement des gaz, dégagement qui a lieu avec son maximum d'activité un peu après une nouvelle charge, c'est-à-dire à l'instant même où la grille est le plus encombrée et laisse passer le moins d'air, d'où il résulte qu'il tend à se produire tantôt insuffisance et tantôt excès d'air.

Il n'est d'ailleurs pas démontré que la combustion la plus favorable soit celle qui se fait *sans fumée;* car il est fort possible, au contraire, qu'à partir d'un certain point, pour passer d'un degré déterminé de *fumosité* à un degré moindre, il faille pratiquement un supplément d'air atmosphérique absorbant plus de chaleur que n'en aura dégagé la partie de la fumée que ce supplément aura permis de brûler.

Beaucoup d'industriels pensent même qu'il en est réellement ainsi, et qu'il vaut mieux, au point de vue économique, ne pas brûler sa fumée que de marcher avec le grand excès d'air qui paraît nécessaire pour en brûler jusqu'aux dernières traces. Toutefois il est bon de remarquer que la fumivorité est une condition imposée par les règlements administratifs à tous les propriétaires d'appareils à vapeur, et qu'en ne s'y conformant pas, tout au moins dans une mesure raisonnable, on se constitue en contravention à ces règlements, et qu'on s'expose d'ailleurs à être obligé d'indemniser les propriétaires du voisinage pour le préjudice qu'ils en peuvent éprouver.

(**822**) Dans cette situation, il est naturel que la question des foyers fumivores ait excité l'attention des inventeurs, et le nombre est grand des appareils qui ont été proposés pour résoudre la question.

La plupart de ces appareils la résolvent, en effet, d'une manière plus ou moins complète, *lorsqu'ils sont manœuvrés avec soin et intelligence.*

Mais presque toutes ces inventions sont annoncées comme apportant, *en outre,* une économie de combustible plus ou moins importante, de 20 à 25 pour 100, par exemple.

Ce dernier résultat n'est généralement obtenu que par la comparaison avec un foyer mal installé et mal conduit; mais il est permis de penser qu'une telle économie n'est guère dans la nature des choses, et qu'un foyer ordinaire, bien proportionné et conduit avec le même soin et la même intelligence, ne sera pas notablement inférieur à un appareil fumivore quel qu'il soit.

On est d'autant plus disposé à formuler à priori cet énoncé, qui semble fondé *en principe,* qu'*en fait* la plupart des inventions qui se sont produites ne cherchent qu'à réaliser, par des dispositions ou des mécanismes plus ou moins complexes, l'une ou l'autre des conditions que nous avons recommandées ci-dessus dans la conduite d'un foyer ordinaire.

Dans une première série de dispositions, on cherche à améliorer les conditions dans lesquelles la combustion se produit par l'action atmosphérique sur les gaz combustibles qui se dégagent de la grille.

Ainsi, on recommande de donner à la chambre de combustion une étendue suffisante, et l'on ne craint pas de placer la grille à une assez grande distance des parois de la chaudière, ou même de garnir ces parois d'un revêtement en briques, ce qui a l'avantage d'éviter les coups de feu à ces parois, d'augmenter la température de la chambre et d'empêcher le refroidissement prématuré des gaz combustibles avant leur contact avec l'oxygène de l'air.

Il résulte bien de là une certaine réduction dans l'efficacité de la surface de chauffe directe, mais, on l'a déjà dit, c'est au profit de la surface indirecte, que les gaz atteignent en conservant une température plus élevée.

Ainsi encore on cherchera à compléter la combustion des gaz avec le minimum d'air atmosphérique, en provoquant le brassage des gaz soit *dans la chambre du foyer*, en admettant une certaine quantité d'air au-dessus de la charge, et lui donnant une certaine inclinaison de haut en bas, par une espèce d'auvent fixe ou à l'aide de jets de vapeur (système Thierry, *fig*. 304), soit *à la sortie de cette chambre* (*fig*. 305), en employant un autel creux dans lequel on fait arriver l'air, ou à la température ordinaire en le prenant directement à l'extérieur, ou à une température plus ou moins élevée, en l'amenant par un petit canal étanche logé dans un angle des carneaux, et en lançant cet air par des orifices dans des directions obliques sur celle du courant des gaz chauds, soit enfin *dans les carneaux mêmes*, en contrariant le courant par des *chicanes* convenablement disposées qui détruisent le parallélisme des divers filets gazeux. On se réserve d'ailleurs, dans tous les cas, à l'aide de clapets ou de registres, de modifier selon les besoins ces appels d'air.

(**823**) Dans une seconde série de dispositions, on agit sur le mode de chargement par des procédés mécaniques dont l'objet est de régulariser les charges, en les rendant à peu près continues, ou en les opérant de manière que les produits de la distillation du combustible frais soient obligés de passer sur des parties incandescentes sur lesquelles ils se brûlent immédiatement, ou tout au moins acquièrent une température qui facilite leur combustion ultérieure.

Tel est l'appareil connu en Angleterre sous le nom de son inventeur Juke, et en France sous le nom de grille Tailfer, du nom de son importateur.

Cet appareil (*fig.* 506) se compose d'une sorte de chaîne sans fin formée par un grand nombre de tiges articulées figurant les barreaux d'une grille.

Cette chaîne est mobile sur deux tambours horizontaux, et soutenue dans l'intervalle sur un système de rouleaux. Elle occupe dans le fourneau l'emplacement d'une grille ordinaire. Elle reçoit à l'avant, à l'aide d'une trémie, une couche de combustible concassé, d'une épaisseur qui est déterminée par l'intervalle entre les bords inférieurs de la trémie et le dessus de la chaîne.

On lui communique, de l'avant à l'arrière, un mouvement assez lent (2 mètres environ par heure), pour que le combustible entraîné dans ce mouvement soit entièrement brûlé lorsqu'il arrive au voisinage du tambour d'arrière.

Le mâchefer, encore rouge, dont les barreaux peuvent être empâtés, se concasse de lui-même quand la grille commence à se plier sur ce tambour, et il tombe dans une caisse plate, portée sur des roues basses, à l'aide de laquelle on peut l'enlever.

Ce système est un des plus satisfaisants qui aient été proposés : on reconnaît qu'il réalise, en les complétant, les conditions que nous avons indiquées plus haut pour un bon travail de chauffeur; les petites charges répétées sont remplacées *par un chargement continu;* le refoulement, au moment de chaque charge du combustible incandescent vers l'arrière de la grille, *l'est par le mouvement lent et continu de toute la masse dans le même sens.*

Il en résulte que l'appareil, au point de vue de la fumivorité, ne laisse rien à désirer.

Nous ne pensons pas cependant que l'emploi s'en répande; son prix d'achat d'un côté, et de l'autre son entretien assez important, comme celui de tout appareil mécanique exposé trop directement à l'action du feu, n'étant pas compensés par une économie appréciable du combustible. Peut-être obtiendrait-on une certaine économie de main-d'œuvre, dans le cas où l'on aurait, non pas une chaudière unique, mais un groupe de chaudières utilisant ces appareils.

Dans un autre appareil fumivore, très-ingénieux, étudié par M. Dumery, l'auteur se propose, moins de brûler *la fumée formée*, que de l'empêcher, pour ainsi dire, de *se former*. Son système consiste à opérer comme *avec une flamme renversée* (ce qui est impraticable avec la houille, parce que les barreaux de grille seraient trop rapidement détruits), tout en conservant à la flamme sa direction ordinaire. A cet effet, chaque nouvelle charge de combustible, au lieu d'être *superposée* aux précédentes, est placée sur la grille même et *au-dessous* de celles-ci. Il en résulte que les premiers produits de la distillation d'une charge nouvelle ont à traverser une épaisseur de charbons incandescents, où ils se brûlent immédiatement. On obtient ainsi *de bas en haut*, et complétement, le résultat qu'on obtient *horizontalement* avec la grille ordinaire, en chargeant le charbon frais sur l'avant et repoussant à l'arrière le combustible incandescent. En outre, la grille est toujours très-propre, parce que le mâchefer est *au-dessus* du combustible et non au-dessous. On l'enlève facilement au crochet.

Le mécanisme à l'aide duquel on exécute ce mode particulier de chargement est représenté figure 507. Il consiste en deux cornets fixes placés sur les côtés du foyer, que l'on remplit de charbon et dans lesquels agissent symétriquement des pousseurs. Ces pièces, qui peuvent être mues à la main d'une manière intermittente, ou d'une manière continue par une transmission venant de la machine, amènent successivement le charbon, en le soulevant, jusque dans le foyer, où se fait la combustion.

Cet appareil donne des résultats satisfaisants; mais il est bien complexe, et il ne paraît pas qu'il se soit répandu.

Il a été modifié, non dans son principe, mais dans son mécanisme, par M. Georges, ainsi qu'il est représenté figure 508. Ce système consiste à alimenter le foyer à l'aide d'une vis verticale mobile dans une gaîne fixe, et plongeant dans une grande trémie mobile avec elle, qu'on entretient pleine de combustible.

L'appareil Georges me paraît équivalent à l'appareil Duméry, au point de vue des effets, mais plus simple de construction. Toutefois il ne s'est pas répandu davantage.

C'est que l'un et l'autre, et probablement tous les autres appareils mécaniques que l'on pourra imaginer, n'ont, en définitive, à résoudre qu'une question (celle de la bonne combustion) qui peut l'être, on le répète encore, d'une manière beaucoup plus simple et plus pratique, et à peu près au même degré, *dans un foyer ordinaire bien proportionné confié à un bon chauffeur*.

(**824**) On peut d'ailleurs, sans recourir à des moyens mécaniques, modifier les foyers fixes, de manière à rendre plus facile, et en quelque sorte spontanée, de la part du chauffeur, l'application des règles d'un bon chauffage.

Nous pouvons citer ici :

1° Les grilles inclinées, en escalier, ou en gradins, de MM. de Marsilly et Chobrzinsky (*fig.* 309), particulièrement applicables aux menus charbons plus ou moins secs qui obstrueraient une grille horizontale ordinaire, ou qui se tamiseraient en trop forte proportion, à travers ses barreaux, si l'on augmentait leur écartement. Le chargement se fait sur le gradin supérieur, et l'on pousse le charbon successivement de gradin en gradin, à mesure qu'il devient plus incandescent.

Cette manière d'opérer rend l'appareil bien fumivore.

2° La grille Langen (*fig.* 510), qui ne diffère de la précédente que par la possibilité de charger à plusieurs étages.

3° La grille Tembrinck, représentée figure 311 dans son application a une locomotive. Les caractères essentiels de cette grille sont le chargement à peu près continu, la progression graduelle des charbons le long de la partie inclinée de la grille à mesure qu'ils s'enflamment, l'admission d'une certaine quantité d'air au-dessus du combustible sous forme d'une nappe plongeante, enfin la présence, dans la boîte à feu, d'un bouilleur spécial placé de manière qu'il soumet tous les gaz à un brassage énergique, assurant leur combustion complète *avant* leur arrivée dans le faisceau tubulaire.

L'appareil ainsi défini revient en quelque sorte à une grille Tailfer, moins son mécanisme.

4° Le foyer fumivore de Siemens (*fig.* 312), composé d'un plan incliné prolongé par une grille, sur laquelle la couche de combustible est assez épaisse pour que le produit de la combustion soit de l'oxyde de carbone et non de l'acide carbonique. Le combustible, ainsi transformé en combustible gazeux, se rend par un carneau à l'entrée de la chambre de combustion placée sous la chaudière ; et là il est brûlé en acide carbonique, en se mêlant avec une quantité appropriée d'air atmosphérique.

5° L'emploi de foyers à courant d'air forcé, qui péut se faire soit avec une grille ordinaire, en chargeant une couche épaisse (de 0^m60, à $0^m,80$) de combustible, fermant le cendrier et soufflant *au-dessous de la grille*, en même temps que d'autres buses soufflent *au-dessus de la charge* pour compléter la combustion. Ce système n'est, à vrai dire, que le four Siemens avec courant d'air forcé.

On peut employer ce procédé sous une forme différente, en opérant la transformation du combustible en oxyde de carbone par la combustion dans des fourneaux à cuve ou des espèces de cubilots, dont on tient le gueulard fermé, que l'on souffle avec des buses, et qu'on décrasse soit par un trou de coulée, soit par l'avant creuset, selon la consistance des résidus, qu'on peut, si l'on veut, rendre liquides à l'aide de fondants appropriés.

6° Enfin l'utilisation des gaz perdus des hauts-fourneaux, appareils qui, abstraction faite du point de vue métallurgique, doivent être considérés comme ayant, non pour but principal, mais comme résultat, de fabriquer de l'oxyde de carbone.

Nous n'insisterons pas ici sur ces appareils, qui ne se rattachent que d'une manière trop indirecte au point de vue mécanique dont nous avons à nous occuper.

(**825**) Nous nous bornerons à faire remarquer, en ce qui concerne la substitution d'un courant d'air forcé au tirage par une cheminée, qu'*en principe* cette substitution, qui semble, au premier abord, une complication, n'est nullement irrationnelle, lorsqu'il faut, pour assurer un tirage snffisant, laisser au gaz arrivant à la cheminée une température notablement supérieure à la limite qui pourrait être atteinte sans cette condition de tirage.

Cette limite varie suivant les cas. Elle est *la température même de la vapeur*, soit dans le cas théorique où l'on emploierait la compression finale pour donner cette température à l'eau employée à l'alimentation, soit dans le cas où, alimentant avec de l'eau à une température inférieure quelconque, cette eau serait directement envoyée dans le corps de la chaudière.

Elle est *la température de cette eau d'alimentation*, lorsqu'on emploie un chauffage progressif de cette même eau dans une série de bouilleurs réchauffeurs.

L'écart entre la limite ci-dessus et la température nécessaire au tirage correspond à un certain nombre de calories *que l'on peut recueillir, et qui sont perdues* lorsqu'on emploie une cheminée de tirage.

L'économie réalisée est d'autant plus forte que l'écart est plus grand.

Ce qu'il faut comprendre, c'est que cette perte de calorie correspond, pour peu que l'écart soit un peu grand, à une réduction de consommation de combustible plus qu'équivalente à la dépense de force nécessaire pour produire le courant d'air forcé à l'aide d'un appareil quelconque de ventilation.

Il en est ici, en quelque sorte, comme de la ventilation d'une mine, qui peut se faire convenablement à l'aide d'un foyer, tant qu'elle n'exige qu'une faible élévation de température, et qui se fait préférablement avec une machine, dès que la dépression manométrique à produire atteint une certaine importance, et demande une notable différence de température (*Cours d'exploitation*, nᵒˢ **568** et **569**).

On emploierait certainement plus souvent le courant d'air forcé, si l'on appréciait plus exactement la valeur réelle du procédé, et si l'on ne se laissait pas aller trop facilement à une sorte de routine, que justifie d'ailleurs, dans le cas de la cheminée de tirage, l'avantage d'une installation qui n'emploie aucun mécanisme et qui est exempte de frais d'entretien et de tout chômage accidentel. On conçoit que le même motif qui fait préférer dans la pratique ordinaire *un bon chauffeur* à une *grille mécanique quelconque*, puisse faire préférer, quoiqu'avec moins de fondement, une *cheminée bien proportionnée* à un *ventilateur*.

Mais il n'en est pas moins utile de voir les choses comme elles sont réellement, et de reconnaître, en principe, que l'échauffement de l'air, lorsqu'il n'est pas *le but* qu'on se propose, mais seulement *un moyen* de produire son déplacement, n'est pas un système recommandable au point de vue mécanique, dès que cet échauffement doit devenir notable.

(826) Un poids donné de combustible étant brûlé sur une grille dans de bonnes conditions, pour le service d'une chaudière dont la surface de chauffe a une étendue appropriée, la puissance de vaporisation de cette chaudière, à toute pression, se trouve par là déterminée, ou du moins l'on n'a à prévoir que de très-faibles réductions de cette puissance *à mesure que la pression augmente.* Mais en général, cette pression n'est point un élément arbitraire pour une chaudière donnée. D'abord sa *valeur maxima* est nécessairement déterminée par la résistance donnée aux parois de la chaudière, et ensuite sa *valeur normale* est celle en vue de laquelle la machine à vapeur a dû être établie par le constructeur.

Il faut d'abord que, dans aucun cas, la pression maxima ne puisse être atteinte, soit par suite d'un feu poussé trop activement, soit par suite d'une interruption, ou d'un ralentissement dans la consommation de la vapeur.

Il convient en outre que la pression normale ne soit pas dépassée, et qu'en général, à chaque instant, le chauffeur puisse connaître la pression réelle, afin qu'il conduise son feu en conséquence.

(827) Pour limiter la pression, on emploie des *soupapes de sûreté* chargées directement, ou par l'intermédiaire d'un levier, de poids qui, en y comprenant celui du levier lui-même, correspondent à cette pression normale; les soupapes ainsi réglées commencent à souffler dès que cette pression est atteinte.

Dans les chaudières exposées aux déplacements et aux vibrations, comme celles des bateaux marins et surtout des locomotives, le contre-poids est remplacé par la tension d'un ressort, qui agit dans une direction relative constante et dont la force d'inertie peut être négligée devant sa tension.

Ces deux genres de soupapes sont représentés figures 313 et 314. La figure 313 indique une tubulure qui sert à la fois pour la soupape de sûreté et pour *un flotteur d'alarme*, dont nous avons parlé.

Chacune des soupapes doit avoir un orifice suffisant pour débiter au besoin, lorsqu'elle s'ouvre en grand, toute la vapeur que produit la chaudière quand le feu est poussé avec le maximum d'activité. Cette section de la soupape doit donc être en rapport avec l'étendue de la surface de chauffe et avec la pression de la vapeur dans la chaudière.

Les anciens règlements déterminaient son diamètre par la formule empirique $d = 2,6 \sqrt{\dfrac{s}{n - 0,412}}$, dans laquelle d est le diamètre cherché, exprimé en centimètres, s la surface de chauffe en mètres carrés, et n la pression totale dans la chaudière en atmosphères.

Il existe, en général, *deux soupapes*, qui doivent être entretenues en bon état, afin qu'il y en ait toujours au moins une qui fonctionne, lors même que quelque circonstance imprévue (à laquelle d'ailleurs on devrait s'empresser de remédier), mettrait l'autre hors de service.

Différentes dispositions ont été proposées, pour mettre les leviers des soupapes hors de la portée des chauffeurs, afin de les empêcher de les surcharger ; ce qu'ils ont une malheureuse tendance à faire, soit lorsqu'elles commencent à souffler, par défaut de rodage, avant que la pression normale ne soit atteinte, soit lorsque quelque circonstance les conduit à pousser leurs feux plus vivement qu'à l'ordinaire. Mais on a généralement abandonné ces dispositions, qui n'étaient pas sans embarras lorsqu'il fallait toucher aux soupapes (ce qu'il est bon de faire de temps en temps pour s'assurer qu'elles jouent librement).

On se borne à surveiller les chauffeurs, qui restent d'ailleurs personnellement responsables des accidents qui pourraient résulter d'une surcharge de leurs soupapes ; et il peut être bon, en outre,

de régler la pression de marche un peu au-dessous de la pression
pour laquelle les chaudières ont été éprouvées et sont timbrées,
afin de n'avoir pas de difficulté à empêcher qu'elles ne soufflent
dès qu'elles ne sont plus parfaitement rodées.

(**828**) Pour reconnaître, à chaque instant, *la pression réelle dans
la chaudière*, quand elle est au-dessous du maximum susceptible
d'être accusé par le soulèvement des soupapes, on se sert d'*un
manomètre*, qui doit être, comme les appareils indicateurs de niveau, placé en vue du chauffeur : il est gradué de manière à indiquer la pression effective de la vapeur dans la chaudière. Une ligne
très-apparente marque sur l'échelle de l'instrument le point que
l'index ne doit pas dépasser.

Ces manomètres peuvent être établis d'un grand nombre de manières. Ils peuvent être *à mercure et à air libre*; ce sont ceux dont
il est le plus facile de mesurer avec précision les indications, la
hauteur de la colonne de mercure devant être d'autant de fois
76 centimètres que la pression effective compte d'atmosphères.

Ils peuvent être *à mercure et à air comprimé*, ce qui les rend
beaucoup plus courts, et, par suite, plus commodes à consulter
dans les hautes pressions; mais ils sont exposés à se déranger, et
leurs indications sont d'autant moins précises, pour une variation
donnée de la pression, que celle-ci est déjà plus forte. Ces indications sont d'ailleurs quelquefois difficiles à observer lorsque le tube
de verre dans lequel se trouve l'air comprimé n'est pas tenu très-
propre.

L'appareil dont les indications sont les plus faciles à lire et qui
est aujourd'hui le plus employé, est le manomètre Bourdon, ou
manomètre métallique, qui est devenu d'un usage presque auss
général, comme *moyen d'indiquer la pression*, que l'injecteur Giffard *comme moyen d'alimentation*.

Il repose sur le même principe que les baromètres anéroïdes,
c'est-à-dire sur la tendance qu'un tube méplat recourbé éprouve à
se redresser, d'autant plus qu'il est soumis à une pression intérieure plus forte. Cette tendance résulte du gonflement qu'il éprouve
par l'effet de cette pression intérieure, qui tend à augmenter le plus

possible la capacité à l'intérieur de laquelle elle agit, et, par conséquent, à lui donner une section transversale circulaire.

Si nous considérons (*fig.* 315) un tube creux méplat fermé en B, recevant par le point A la pression de la vapeur, et si nous appelons R et r les rayons des circonférences AmB et AnB, et c l'épaisseur du tube dans le plan de la figure, on a la relation

$$\frac{AmB}{AnB} = \frac{R}{r} \quad , \quad \frac{AmB - AnB}{AnB} = \frac{R - r}{r} = \frac{c}{r},$$

et l'on voit que si l'on néglige les variations de longueur de chacun des arcs AnB et AmB, ou du moins leur différence, devant les variations de la quantité e produite par le gonflement du tube sous diverses pressions, on peut dire que le rapport $\frac{c}{r}$ est constant, ou que le rayon r augmente proportionnellement à l'épaisseur e, c'est-à-dire que le tube *se redresse*, ou que le point B se déplace dans le sens de la flèche, à mesure que le tube se gonfle sous une pression intérieure croissante.

Ce déplacement peut s'observer directement (*fig.* 316), ou par le mouvement d'une aiguille liée au point B par un système quelconque de leviers (*fig.* 317). L'aiguille parcourt les divisions d'un cadran gradué par comparaison avec un manomètre étalon à mercure et à l'air libre. L'expérience prouve que les déplacements de l'aiguille sont sensiblement proportionnels aux pressions, comme le sont d'ailleurs, en général, toutes les déformations produites par des forces agissant sur des pièces quelconques qui tendent à y résister, quand ces déformations ne sont pas permanentes, ou que la limite d'élasticité n'est pas atteinte.

(**829**) La vapeur destinée à fonctionner dans une machine, après avoir été formée en *quantité* et sous *une pression* déterminée, doit avoir une autre qualité, c'est d'être *convenablement sèche*, ou de n'entraîner avec elle que le moins d'eau possible à l'état de gouttelettes liquides. En fait, il est assez rare qu'elle en renferme moins de 6 à 7 pour 100 de son poids.

Les conditions propres à réduire cette quantité d'eau entrainée sont d'avoir dans la chaudière une ébullition tranquille, ce qui suppose une grande surface libre du liquide, relativement à la surface de chauffe, puis un grand réservoir de vapeur, relativement au volume de vapeur débité à chaque coup de piston, et enfin la surface de chauffe la plus active placée de préférence vers la partie supérieure.

A ces points de vue, on peut dire que les chaudières cylindriques horizontales sans bouilleurs auraient sur toutes les autres un certain avantage.

On peut d'ailleurs, pour une chaudière donnée d'un système quelconque, arriver à réduire l'eau entraînée par divers artifices, qui consistent, soit à vaporiser cette eau, soit à la séparer mécaniquement avant son entrée dans le tuyau d'admission.

Le premier résultat s'obtient par l'emploi des appareils que l'on nomme des *surchauffeurs de vapeur*.

Un surchauffeur de vapeur est formé soit par le réservoir même de vapeur, soit par des tuyaux spéciaux placés, tantôt entre la chaudière et le réservoir de vapeur qui en est distinct, tantôt après ce réservoir à l'origine du tuyau d'admission.

D'après ce qu'on a vu (n^{os} **524** et suivants), le séchage de la vapeur n'agit pas directement sur le coefficient économique de la machine, et théoriquement le seul changement entre l'emploi de la vapeur sèche et celui de la vapeur humide serait de conduire à augmenter un peu, dans le second cas, la vitesse de la machine; mais nous avons vu (n° **574**) que cette humidité a certains inconvénients pratiques, et qu'il convient de la limiter le plus possible au départ, pour qu'elle ne s'ajoute pas à celle qui résulte des condensations ultérieures nécessairement produites par le refroidissement et par la détente.

D'autre part, nous avons vu également (n° **529**) dans quelles limites fort restreintes sont les avantages que l'on pourrait théoriquement retirer du surchauffage de la vapeur, avantages qui seraient rachetés, en pratique, par l'augmentation des refroidissements et des frottements et par la chance du grippement des surfaces frottantes; d'où il résulte que l'on doit se contenter habituellement de *sécher* la vapeur et non de la *surchauffer*, et qu'il peut même convenir *de ne pas la sécher intégralement*, afin de mieux lubréfier les surfaces frottantes et de prévenir leur échauffement anormal.

Les appareils dits *surchauffeurs* sont donc plus proprement des appareils *sécheurs*. Réduits à ce rôle, et en supposant qu'ils aient à vaporiser en moyenne 8 pour 100 d'eau liquide à 5 atmosphères ou à 152°.22, la quantité de chaleur à leur communiquer serait, d'après le n° **508**, la fraction $0,08 \times \dfrac{455,05}{608,99} = 0,059$ de la chaleur employée à former la vapeur contenue dans le mélange.

Tel devrait donc être le rapport entre les quantités de chaleur transmises, d'une part, à la surface de chauffe de l'appareil sécheur, d'autre part à la surface de chauffe de la chaudière.

On doit donc se borner à ne mettre la première en relation qu'avec les derniers carneaux parcourus par les gaz se rendant à la cheminée. On est, d'ailleurs, d'autant plus certain par là que la vapeur ne pourra jamais être surchauffée à un degré nuisible, quand même elle serait arrivée accidentellement plus sèche qu'on ne le suppose.

En rapprochant ce résultat de ceux qu'on a trouvés au chapitre précédent, sur la rapide décroissance de l'efficacité du mètre carré de surface de chauffe à mesure qu'on se rapproche de la cheminée en s'éloignant du foyer, on voit que l'appareil de séchage de la vapeur doit avoir une surface de chauffe égale au plus au quart de la surface de chauffe totale de la chaudière. Le plus ordinairement cette proportion n'est pas atteinte, et l'appareil, loin d'être un surchauffeur, n'est pas même un sécheur complet, et il n'a, par conséquent, qu'une très-faible efficacité.

(**830**) Le système employé pour se débarrasser mécaniquement de l'eau entraînée avec la vapeur, consiste généralement à disposer les choses pour que (sur un point de son parcours) la vapeur soit astreinte à se mouvoir circulairement avec une grande vitesse. Les molécules d'eau sont rejetées à la circonférence extérieure, entraînées par l'action de la force centrifuge et soustraites à l'action du courant. Elles se déposent en gouttelettes liquides et retournent au générateur.

C'est exactement le principe employé dans les locomotives qui brûlent du bois, pour empêcher les charbons légers d'être entraînés au dehors par le tirage de la cheminée ; ces appareils sont connus en Amérique, sous le nom de *Sparks-Arresters* (littéralement *arrête-étincelles*). La *fig.* 318 représente une disposition qui peut être établie dans le dôme de vapeur pour produire l'effet indiqué.

(**831**) Le dernier accessoire dont nous ayons à parler est la prise de vapeur proprement dite, c'est-à-dire le point d'où part la vapeur pour entrer dans le tuyau qui la conduit à la machine.

En principe, l'emplacement de cette prise de vapeur doit satisfaire à des conditions qui ne sont pas toujours concordantes :

1° Être au-dessus des points de plus active vaporisation ;

2° Être aussi loin que possible de la surface de l'eau ;

3° Être aussi près que possible des cylindres dans lesquels elle doit agir.

La première condition se comprend d'elle-même ; la seconde a pour objet de donner aux filets de vapeur plus de chance de se trouver débarrassés des gouttelettes liquides qu'ils entraînent. C'est pour satisfaire à la seconde que l'on établit souvent des dômes de vapeur en saillie sur le dessus de la chaudière. Ces dômes sont utiles, bien qu'exposés aux refroidissements, et quoique leur volume puisse paraître insignifiant relativement au volume total réservé à la vapeur dans la chaudière. La première et la troisième sont incompatibles dans les locomotives, les cylindres étant en avant et la boîte à feu à l'arrière. La première est habituellement sacrifiée à l'autre.

Dans les batteries de chaudières fixes, desservant une machine ou un ensemble de machines, la prise de vapeur est commune ; un gros tuyau passe transversalement au-dessus du massif, et s'embranche sur une grosse tubulure de chaque chaudière (*fig.* 319). La tubulure porte une soupape que l'on ouvre ou ferme à l'aide d'un pas de vis, ou bien qui est reliée à un levier mobile autour de son point milieu. Un contrepoids placé tantôt à l'une, tantôt à l'autre extrémité, assure l'ouverture de la soupape quand la chaudière fonctionne, et sa fermeture, quand on veut l'isoler pour les nettoyages et les réparations.

Le tuyau transversal doit présenter sur sa longueur un ou plusieurs joints *compensateurs*, pour prévenir les poussées dues aux dilatations ; on peut encore remplacer ces joints par un bout de tuyau courbe en cuivre. Cette forme courbe se prête facilement à des variations de longueur dans la corde de l'arc, et assure au système, dans le sens longitudinal, l'élasticité nécessaire.

Indépendamment de la prise de vapeur sur la chaudière, on a généralement près de chaque machine, à portée du mécanicien, un appareil que l'on désigne souvent, et assez improprement, sous le nom de régulateur, qui sert à admettre la vapeur dans le tuyau même qui conduit à l'appareil de distribution de la machine.

Lorsqu'il s'agit d'une machine de rotation marchant à une vitesse uniforme dans un sens constant, on peut n'avoir, pour l'admission, qu'une soupape ordinaire, comme celle de la prise de vapeur sur la chaudière ; quelquefois, pour les machines peu importantes, la soupape est remplacée par un robinet ordinaire.

Mais s'il s'agit soit d'une machine à simple effet, dont la course demande à être réglée avec une grande précision, soit d'une machine de rotation dont on doit faire varier à volonté le sens du mouvement et la vitesse (machine d'extraction ou de navigation, et locomotive), l'appareil peut être, dans le premier cas, une soupape à gorge, dont on règle l'ouverture à l'aide d'un pas de vis, et, dans le second cas, de préférence un tiroir, que le mécanicien fait mouvoir à l'aide d'une manette ou d'une poignée de manivelle.

On peut aussi employer, pour faciliter la manœuvre, une soupape équilibrée, telle que celle de la *fig.* 320.

CHAPITRE XXIV

(**832**) Les détails dans lesquels nous sommes entrés au cours des chapitres précédents (chapitres xii à xxiii) renferment les notions générales sur la théorie mécanique de la chaleur, et les notions spéciales relatives aux machines à vapeur et à leurs chaudières, que doivent posséder tous les ingénieurs.

Avec leur aide ils sont mis en mesure :

Soit de se rendre compte du mérite d'appareils donnés ;

Soit de dresser le projet d'appareils ayant à satisfaire aux conditions d'un programme déterminé ;

Soit d'apprécier la portée véritable d'une innovation qui viendrait à leur être proposée ;

Soit, enfin, dans le cas où ils voudraient eux-mêmes se livrer à des recherches, de savoir dans quel sens ces recherches doivent, rationnellement, être dirigées.

Nous consacrons actuellement un chapitre spécial à un ordre de faits qui, tout en se manifestant fort rarement, si l'on considère le nombre chaque jour croissant des appareils en service, n'en ont pas moins une grande importance, par la gravité des désastres qu'ils peuvent parfois occasionner, et par la lourde responsabilité que l'opinion publique et la justice sont également disposées à faire peser, en cas d'accident, sur le personnel chargé de la construction, de la surveillance générale ou de la conduite des appareils. Nous voulons parler des explosions de chaudières à vapeur.

Il est indispensable que les ingénieurs, en général, et spécialement les ingénieurs des mines, chargés de la surveillance de ces
appareils, connaissent exactement les causes variées auxquelles
peuvent être dus les accidents dont il s'agit, les conséquences dont
chacune d'elles est susceptible, ainsi que les mesures qui peuvent
être prises, ou qui sont prescrites par les règlements, soit pour
tâcher d'empêcher ces causes de se produire, soit, tout au moins,
lorsqu'elles viennent à se produire pour chercher à en atténuer les
suites autant que possible.

(**833**) D'une manière générale, une rupture en un point donné
de la paroi d'une chaudière se produit, lorsque, par une cause
quelconque, la résistance à la rupture du métal en ce point, vient à
se trouver inférieure à la tension moléculaire que détermine en ce
même point la pression effective de la vapeur dans la chaudière.

Cette infériorité n'est pas, ou, du moins, *ne doit pas être* un vice
originel de la chaudière ; car, cette chaudière, qu'elle soit neuve ou
qu'elle ait déjà servi :

« Ne peut être livrée par celui qui l'a construite, réparée ou ven-
due, qu'après avoir subi l'épreuve prescrite ci-après.

« Cette épreuve est faite chez le constructeur ou chez le vendeur,
sur sa demande, sous la direction des ingénieurs des mines, ou, à
leur défaut, des ingénieurs des ponts et chaussées ou des agents sous
leurs ordres.

« Les épreuves des chaudières, venant de l'étranger, sont faites,
avant la mise en service, au lieu désigné par le destinataire dans sa
demande.

« L'épreuve consiste à soumettre la chaudière à une pression
effective, double de celle qui ne doit pas être dépassée dans le service, toutes les fois que celle-ci est comprise entre un demi kilogramme et 6 kilogrammes par centimètre carré inclusivement.

« La surcharge d'épreuve est constante et égale à un demi-kilo-
gramme par centimètre carré pour les pressions inférieures, et à
6 kilogrammes par centimètre carré pour les pressions supérieures
aux limites ci-dessus.

« L'épreuve est faite par pression hydraulique.

« La pression est maintenue pendant le temps nécessaire à l'examen de toutes les parties de la chaudière.

« Après qu'une chaudière ou partie de chaudière a été éprouvée avec succès, il y est apposé un timbre indiquant en kilogrammes, par centimètre carré, la première effective que la vapeur ne doit pas dépasser. Les timbres sont placés de manière à être toujours apparents, après la mise en place de la chaudière. Ils sont poinçonnés par l'agent chargé d'assister à l'épreuve. »

(Décret du 25 janvier 1865, sur les chaudières fermées destinées à produire la vapeur, autres que celles qui sont placées à bord des bateaux. Ces dernières chaudières restent soumises, jusqu'à présent, comme offrant des causes spéciales de danger, au règlement plus sévère du 25 mai 1843).

(**834**) D'après ce qui précède, toute chaudière qui est *actuellement* en service a été éprouvée à une pression supérieure à celle sous laquelle elle fonctionne ou doit fonctionner, et *tant qu'elle n'a pas été sensiblement détériorée*, on peut dire que la *surcharge* de l'épreuve qui ne dépasse jamais *la charge* en marche, et est loin de l'atteindre pour les très-hautes pressions, ne serait pas de nature à altérer l'appareil, en lui faisant dépasser, en aucun de ses points, la limite de son élasticité.

C'est une garantie qui a été jugée suffisante, et qui assurément ne peut être regardée comme excessive ; car il n'est guère de pièce importante de machine, pour laquelle on ne demande habituellement que le coefficient de sécurité, pris par rapport à la limite d'élasticité, soit plus petit que $\frac{1}{2}$.

Il importe de s'assurer que, pendant la marche, la pression normale n'est pas dépassée, ou, plus généralement, on doit pouvoir connaître, quelle est, à un instant quelconque de la marche, la pression réelle.

A cet effet, le décret précité présente les dispositions suivantes :

« Chaque chaudière est munie de soupapes de sûreté chargées de manière à laisser la vapeur s'écouler avant que sa pression effective atteigne ou tout au moins dès qu'elle atteint la limite indiquée par le timbre.....

« Chacune des soupapes offre une section suffisante pour maintenir à elle seule, quelle que soit l'activité du feu, la vapeur dans la chaudière à un degré de pression qui n'excède dans aucun cas la limite ci-dessus.

« Le constructeur est libre de répartir, s'il le préfère, la section totale d'écoulement nécessaire des deux soupapes réglementaires entre un plus grand nombre de soupapes.

« Toute chaudière est munie d'un manomètre en bon état, placé en vue du chauffeur, disposé et gradué de manière à indiquer la pression effective de la vapeur dans la chaudière. Une ligne très-apparente marque sur l'échelle le point que l'index ne doit pas dépasser.

« Un seul manomètre peut servir pour plusieurs chaudières ayant un réservoir de vapeur commun. »

On peut trouver que les dispositions ci-dessus manquent de précision, en ce qu'elles ne déterminent point le diamètre des soupapes de sûreté qui doit leur donner cette *section suffisante* prescrite par le décret.

A défaut de données plus précises, on pourra calculer ce diamètre par la formule empirique du n° **827**, qui était réglementaire sous le régime antérieur à celui du décret de 1865.

Avec l'épreuve réglementaire, et moyennant l'emploi des appareils de sûreté indiqués ci-dessus, la chaudière est en état de fonctionner régulièrement; car on s'est assuré qu'elle résiste sans altération permanente à la pression normale, et l'on a pris les dispositions nécessaires pour que cette pression normale ne soit pas dépassée; mais cette situation est loin de persister indéfiniment. Elle est au contraire assez précaire.

(**835**) Une chaudière en effet, comme tout autre produit matériel de l'industrie humaine, est soumise, indépendamment des *accidents* qui peuvent entraîner sa destruction immédiate plus ou moins complète, à des causes variées d'altération, qui agissent incessamment et d'une manière plus ou moins latente, mais dont l'action, à l'aide du temps suffisamment prolongé, produit des effets sensibles, qui finissent également par amener la destruction de l'ouvrage ou tout au moins sa mise hors de service.

Ces effets sont attribués à la *vétusté*, désignation vague et générale sous laquelle on comprend l'ensemble de ces causes qui agissent sur un objet matériel, quel qu'il soit, et l'altèrent progressivement jusqu'à amener sa ruine, *même sans qu'il en ait été fait l'usage auquel il était destiné.*

Pour une pièce métallique, comme une chaudière, la vétusté se traduira principalement par un phénomène d'oxydation, qui envahira successivement et d'une manière inégale les divers points de la surface interne et externe des feuilles de tôle. Les points attaqués les premiers sont ceux qui seront les moins bien protégés par un corps isolant, tel qu'une couche de peinture, ou les plus exposés, par leur position, à l'action des agents atmosphériques, ou encore ceux dans lesquels une certaine hétérogénéité du métal aura pu développer quelques faibles phénomènes thermo-électriques. On observe que l'oxydation commencée sur un point se propage avec une rapidité croissante dans l'épaisseur du métal, de sorte qu'une feuille de tôle pourra être entièrement oxydée et même percée sur certains points, alors qu'elle aura conservé presque toute son épaisseur sur d'autres points.

On observe que ces phénomènes d'oxydation se propagent surtout sur les chaudières qui ont déjà servi, lorsqu'elles subissent de longs chômages pendant lesquels on ne prend pas toutes les précautions pour protéger toutes les parties de leur surface, tant interne qu'externe, contre l'action de l'humidité.

(836) Si la chaudière est en service, l'oxydation due aux agents atmosphériques *n'ira pas plus vite*, souvent elle *ira moins vite*, une fois commencée, que si l'appareil était au repos, et l'on a cette circonstance *paradoxale* d'un appareil qui se détériore moins vite pendant qu'il est en service actif que pendant qu'il est en chômage.

Mais s'il en est ainsi *au point de vue des agents atmosphériques*, la vétusté met en jeu, pendant le service, d'autres agents qui produisent des effets variés dont plusieurs se manifestent surtout dans les chaudières à très-haute pression, et sur lesquels l'attention a été particulièrement appelée dans ces derniers temps.

Quelquefois ces effets sont très-nets et très-saisissables, comme ceux des eaux dites acides dont nous avons parlé au n° **811**. On conçoit l'action corrosive de ces eaux, quelque faible que soit leur degré d'acidité, à la hauteur de la ligne d'eau de la chaudière, sur toute la zone qui, dans les variations accidentelles du niveau de l'eau, est tantôt revêtue d'une mince couche de liquide qui s'évapore bientôt à siccité, et tantôt baignée par l'eau de la chaudière.

On observe d'autres érosions qui ont lieu, non plus à la ligne d'eau comme celles dues aux eaux acides, mais sur divers points de la paroi mouillée. Ces érosions sont souvent disséminées d'une façon irrégulière, sous forme de piqûres ou de vermoulures, quelquefois concentrées de préférence à la partie inférieure. Elles semblent plus fréquentes sur les chaudières en tôle d'acier que sur les chaudières en tôle de fer de bonne qualité et bien homogène; leur abondance est en rapport avec la pression sous laquelle les chaudières fonctionnent. La rapidité de leur croissance est extrêmement variable. Sur une chaudière qui aura marché pendant plusieurs années sans en porter des traces, on les verra naître un jour, puis se développer en quelques mois d'une manière marquée. On croit avoir observé que ce développement anormal et rapide se manifeste surtout lorsque la chaudière vient à être remise en service après un temps de repos assez prolongé.

Ces faits peuvent s'expliquer, soit par quelques phénomènes électriques encore mal définis que développerait l'hétérogénéité du métal, avec une intensité augmentant avec la température, soit par l'action oxydante de la petite quantité d'air dissous dans l'eau, action qui serait d'autant plus prononcée que la pression et la température seraient plus élevées, (on sait combien varie avec ces deux éléments le jeu des affinités chimiques).

On a d'autres altérations qui, au lieu d'être réparties sur toute la surface, sans loi apparente, affectionnent, pour ainsi dire, certaines positions déterminées, généralement le voisinage des lignes de rivets.

Ainsi lorsqu'un joint perd, on observe qu'un amincissement *extérieur* (*fig.* 321) se produit au voisinage de ce joint *sur la tôle enveloppée* (point A de la figure). Cet amincissement semble dû à une action lente d'oxydation qu'exerce l'air en présence d'une eau incessamment évaporée, action aidée peut-être par un effet de décapage dû aux matières salines que cette eau laisse en s'évaporant.

Au voisinage de ces joints, qu'ils soient étanches ou non, on observe sur *la tôle enveloppante* et à *l'intérieur* une autre érosion, (point B de la figure). On suppose qu'elle est due aux petits mouvements de *flexion* et de *redressement* qui ont lieu en ce point, par suite de la position relative des feuilles de tôle superposées pour former le joint, lorsque la pression intérieure *augmente* ou *diminue*. Ces flexions produisent le décapage incessant du métal en ce point, et facilitent les progrès de l'oxydation, soit pendant le service, soit pendant le chômage de la machine.

L'oxydation, le long de ces lignes de rivets, lorsqu'elles sont horizontales, s'explique encore, comme celle qu'on observe souvent le long de la génératrice inférieure du corps cylindrique, par l'humidité qui, pendant les chômages, séjourne sur la tranche des feuilles de tôle comme sur le fond de la chaudière, si l'on ne prend pas le soin de l'écarter.

Sans entrer dans de plus longs détails sur des phénomènes qui ne sont peut-être pas encore suffisamment observés pour être expliqués dans leurs détails, nous pouvons nous résumer en disant que telle chaudière qui a parfaitement supporté l'épreuve aujourd'hui, pourra bien, dans un certain temps difficile à prévoir et assurément très-variable selon les circonstances, qu'elle ait fonctionné d'une manière continue ou intermittente, se trouver altérée au point qu'elle ne supporterait plus l'épreuve, ou même qu'elle devient incapable de fonctionner sous la pression normale.

(**837**) Ainsi *sans cause accidentelle spéciale et déterminée*, par le seul fait, non pas même d'un *long usage*, mais simplement *d'une longue existence*, une chaudière peut parvenir à un état de vétusté tel qu'il y ait nécessité de la remplacer.

Il n'y a qu'un remède à ce danger : c'est de la faire visiter de temps en temps, à l'intérieur comme à l'extérieur, par un homme compétent, et de la soumettre aussi, de temps en temps, à une nouvelle épreuve.

Il me paraît qu'indépendamment du cas où un accident pourrait motiver une visite ou une épreuve spéciale, il serait convenable qu'une chaudière à vapeur fût *visitée à fond au moins une fois par an*, et *essayée à la pompe de pression au moins tous les deux ou trois ans.*

Tels sont les termes auxquels semble disposée à s'arrêter l'association alsacienne des propriétaires d'appareils à vapeur, formée à Mulhouse pour le contrôle de ces appareils. Cette association, qui donne en cela un exemple remarquable d'initiative privée, s'est étendue en Alsace et en Lorraine et dans les contrées limitrophes (France, Suisse et pays de Bade). Son contrôle s'étend aujourd'hui à près de 1,100 chaudières, qui se trouvent surveillées d'une manière *infiniment plus efficace* qu'elles ne peuvent l'être par une administration publique.

Cette répétition des visites détaillées et des épreuves est, à mon avis, la mesure *nécessaire et suffisante*, pour qu'un industriel, soigneux de la sécurité de son personnel et aussi de ses propres intérêts, puisse être certain (autant que la certitude est possible en pareille matière), que tant que ses chauffeurs ne commettront pas de faute lourde contre ses prescriptions dont nous parlerons plus loin, son établissement échappera à ces terribles accidents sans causes apparentes bien définies dont on n'a que trop d'exemples.

On résumerait la pensée dont il serait bon que les industriels fussent imbus sur cette matière importante, en disant qu'une chaudière qui reste trop longtemps en service, sans être visitée et sans recevoir les réparations que peuvent indiquer ces visites, est une chaudière *qui finira nécessairement par éclater*, tandis qu'au contraire, une chaudière bien conduite, dont l'état d'entretien est contrôlé par des visites et des épreuves suffisamment fréquentes, est une chaudière *qui n'éclate pas.*

(**838**) Indépendamment de ces causes latentes et continues de dépérissement, les chaudières sont exposées à des causes accidentelles et spéciales qu'il convient d'énumérer.

C'est ainsi, par exemple, que la tôle placée directement au-dessus de la grille, ou, suivant l'expression consacrée, *au coup de feu,*

est exposée à être altérée, particulièrement lorsque le chauffeur
ayant surchargé sa grille, il se produit, un certain temps après,
une incandescence excessive dans laquelle des jets de flamme viennent, comme autant de dards de chalumeau, frapper pendant un
certain temps des points déterminés de la chaudière. Le métal se
trouve porté à une haute température, surtout s'il existe à l'intérieur des dépôts plus ou moins épais qui empêchent la surface interne du métal d'être rafraîchie par le contact direct de l'eau. Sa
résistance est réduite, et sous la pression de la vapeur il se produit
souvent des boursoufflements locaux qui restent permanents et
dans lesquels le métal a pris une texture caractéristique. On dit
alors que la chaudière a reçu *un coup de feu*, et l'on a désormais
un point faible, qui doit être examiné avec soin et qui peut motiver
le remplacement immédiat de la tôle endommagée.

Ainsi encore, quelque circonstance spéciale peut amener certaines parties de la surface de chauffe à être accidentellement surchauffées.

Tel peut être le cas d'un dépôt qu'on a laissé s'accumuler sur
une trop grande épaisseur, en un point de la surface de chauffe
trop rapproché du foyer.

Tels sont encore les cas où il se produit des accumulations anormales de vapeur en des points qui sont supposés baignés par l'eau,
et qui devraient l'être en effet. La disposition de la chaudière doit
avoir été étudiée en vue d'empêcher ces accumulations ; pour cela,
il faut que toute capacité pleine d'eau qui dépend de ce générateur,
et dont la paroi appartient en entier ou partiellement à la surface de
chauffe, communique par sa partie *tout à fait supérieure* avec une
autre capacité pleine de vapeur, qui puisse ainsi recevoir immédiatement toutes les bulles de vapeur qui viendraient à se former dans la
première. Il faut, en outre, éviter d'employer des eaux *visqueuses*,
comme celles qu'on a lorsqu'on alimente avec des eaux chargées de
carbonate de chaux et mêlées à des matières grasses. Le savon calcaire qui en résulte se concentre vers les parties basses de la chaudière, et donne à l'eau cette viscosité, qui s'oppose au dégagement
des bulles de vapeur sur les points où ces bulles se produisent le
plus abondamment. La paroi métallique se trouve ainsi isolée de

l'eau par un matelas de vapeur qui fonctionne comme un dépôt isolant, et peut permettre à la tôle de rougir.

Les dispositions prises pour assurer la circulation de l'eau dans les chaudières semblent propres à diminuer cette action de la viscosité, qui peut amener parfois les mêmes altérations du métal qu'un coup de feu proprement dit.

(**839**) Malgré toutes les précautions qu'on a pu prendre, supposons qu'un accident se produise.

Il peut arriver, et l'on doit même dire qu'il arrive assez souvent, qu'après l'explosion, ni l'examen minutieux de l'appareil, ni l'enquête ouverte sur les circonstances qui l'ont accompagnée ou immédiatement suivie, ne relève aucun fait précis que l'on puisse considérer comme en étant la cause effective et déterminante.

L'accident s'est produit purement et simplement, parce que la pièce qui a manqué, affaiblie progressivement par un long service, ou peut-être énervée antérieurement par quelque surcharge accidentelle, qui, sans la rompre cette fois, l'avait plus ou moins altérée en lui faisant dépasser sa limite d'élasticité, a fini par céder sous l'effort normal qu'elle était appelée à supporter. Elle a cédé, comme s'écroulent successivement, à l'improviste, les parties diverses d'un bâtiment qu'on laisse tomber en ruines. L'explosion s'est faite *parce qu'elle devait se faire un jour ou l'autre*, comme nous l'avons dit plus haut, si l'appareil était entretenu d'une manière insuffisante.

Il est clair, du reste, que lorsqu'on approche du terme où l'appareil périrait spontanément, on est dans un état d'équilibre strict où il ne faut qu'une circonstance bien secondaire, *un prétexte*, en quelque sorte, pour déterminer l'accident. Il pourra suffire, par exemple, du simple ébranlement produit dans la masse du générateur et de l'eau qu'il contient, par l'ébullition instantanée qui suit ou la mise en train de la machine après un arrêt, ou la brusque ouverture d'une soupape de sûreté.

L'observation semble confirmer cet aperçu, et montrer que le moment de la mise en train est en effet *un moment critique*.

On comprend d'une manière générale que, si à l'état statique une pièce quelconque touche à la limite de son allongement de rup-

ture, un mouvement vibratoire puisse la lui faire dépasser et amener effectivement la rupture; de sorte que celle-ci arrive à la suite
d'une circonstance qui semblerait au contraire devoir écarter le
danger, puisqu'elle ne peut avoir pour conséquence qu'une réduction de la pression intérieure.

(**840**) Quoi qu'il en soit, le cas le plus ordinaire est que l'explosion a lieu, non pas sous la pression normale et par le seul effet de
la vétusté, mais en raison de certaines causes *spéciales* et *actuelles*,
qui peuvent bien être plus ou moins aidées par l'état de vétusté de
l'appareil, mais qui concourent *pour une part notable et déterminante* à la production de l'accident.

Ces causes peuvent être assez variées, et il importe d'entrer à ce
sujet dans quelques détails.

En premier lieu, il pourra arriver que l'accident soit dû à une
imprudence du chauffeur, qui aura surchargé, ou même *entièrement calé* ses soupapes de sûreté.

Cette dernière pratique doit être *absolument proscrite*, et il n'est
aucune circonstance quelconque qui puisse la justifier. Elle n'est
jamais nécessaire *pendant la marche*, et elle devient éminemment
dangereuse *pendant un arrêt même de peu de durée*; car, dès que
la chaudière ne fournit plus de vapeur, toute la chaleur que lui
transmet le foyer est employée, non plus à vaporiser l'eau, mais
bien à augmenter sa chaleur sensible et par conséquent sa pression
à saturation. Cet accroissement de température est d'autant plus rapide que la quantité d'eau est plus faible, et un accroissement
donné de température correspond à une augmentation d'autant plus
rapide de la pression, que celle-ci est déjà plus élevée; c'est ainsi
que dans les chaudières de locomotives qui marchent à très-haute
pression et qui ont une très-grande surface de chauffe sous un petit
volume, on peut monter *de plusieurs atmosphères en quelques minutes de stationnement*, lorsque le feu est actif, et être bientôt en
danger si les soupapes sont calées.

La règle absolue me paraît devoir être de ne jamais surcharger
les soupapes, en ayant soin de les tenir toujours bien rodées, pour

qu'elles ne soufflent pas prématurément lorsqu'on approche de la pression intérieure pour laquelle leurs charges ont été réglées.

On a proposé, pour éviter ces manœuvres imprudentes, les mano·mètres à maxima qui conservent une trace permanente de ces surcharges accidentelles et permettent ainsi de contrôler les chauffeurs. Mais ces appareils, que les règlements n'imposent pas, ne se sont pas répandus dans la pratique.

En second lieu, l'accident pourra être amené par une autre imprudence, peut-être plus commune que la précédente et assurément beaucoup plus grave, consistant dans un défaut d'alimentation de la chaudière.

Cette circonstance se produit assez fréquemment, pour qu'en recherchant les causes d'une explosion, l'attention se porte tout d'abord sur le point de savoir quel était dans la chaudière, au moment de l'explosion, le niveau de l'eau.

Il est facile de voir, en effet, que lorsque le niveau de l'eau d'une chaudière est trop bas, soit simplement parce que l'alimentation n'a pas été faite en temps utile, soit parce que la chaudière s'est vidée dans une autre ou par l'effet de quelque grosse fuite, l'appareil doit être, *par ce seul fait*, considéré comme étant dans une situation *dangereuse*, dont le maintien n'est pas admissible.

Cela tient à ce que les parois de la surface de chauffe qui ne sont plus refroidies par le contact de l'eau, s'échauffent de plus en plus, parfois jusqu'au rouge, que le métal se brûle, qu'en approchant du rouge sombre sa résistance spécifique diminue, et que, par cette double raison, la résistance de ces parois se réduit, et tend à se réduire de plus en plus à mesure que la situation se prolonge.

On peut arriver ainsi jusqu'à la rupture, sans autre avertissement que celui que peuvent fournir les indicateurs de niveau ; car la pression n'augmente pas pendant qu'on est dans cette situation critique ; elle peut même se réduire et la machine se ralentir, parce que l'étendue utile de la surface de chauffe est diminuée, et la vapeur produite en moindre abondance qu'à l'ordinaire.

Si dans cet état, une circonstance quelconque, l'ouverture d'une soupape de sûreté, ou celle de la soupape d'admission (si la machine est mise en marche), ou une fuite importante qui vient à se déclarer, déterminent une réduction brusque de pression, il se produira le mouvement vibratoire indiqué au nº précédent, avec les conséquences qu'il comporte.

(**841**) Il faut même concevoir que, dans le cas actuel, c'est-à-dire lorsqu'une partie notable des parois du métal de la chaudière est portée à une haute température, ces conséquences auront une tout autre gravité que dans le premier cas.

Le premier mouvement d'intumescence produit dans la masse liquide aura pour effet de la porter sur certains points des parois surchauffées, de former à leur contact, presque instantanément, une quantité de vapeur qui réagit dans les sens autour d'elle et amène de nouvelles projections ; de telle sorte que toute la masse d'eau est bientôt dans un état violent d'agitation, et tous les points de la paroi surchauffée viennent en contact à tour de rôle avec elle. Il se produit ainsi une masse de vapeur qui peut être, pendant un instant très-court, à une température supérieure à celle de l'eau et par conséquent à une pression supérieure à la pression normale.

La rupture peut donc se faire parce qu'il s'ajoute à l'effet de l'effort statique, non-seulement celui d'un mouvement vibratoire plus intense que dans le premier cas, mais encore celui d'un sur-croît de charge plus ou moins important.

(**842**) Les détails ci-dessus motivent parfaitement les dispositions suivantes du décret de 1865 :

« Toute chaudière est munie d'un appareil d'alimentation d'une puissance suffisante et d'un effet certain.

« Le niveau que l'eau doit avoir habituellement dans chaque chaudière doit dépasser d'un décimètre au moins la partie la plus élevée des carneaux, tubes ou conduits de la flamme et de la fumée dans le fourneau.

« Ce niveau est indiqué par une ligne tracée d'une manière très-apparente sur les parois extérieures de la chaudière et sur le pavement du fourneau.

« La prescription énoncée... ne s'applique point :

« 1º Aux surchauffeurs de vapeur distincts de la chaudière.

« 2° A des surfaces relativement peu étendues et placées de manière à ne jamais rougir, même lorsque le feu est poussé à son maximum d'activité, telles que la partie supérieure des plaques tubulaires des boîtes à fumée dans les chaudières de locomotives, ou encore telles que les tubes ou parties des cheminées qui traversent le réservoir de vapeur, en envoyant directement à la cheminée principale les produits de la combustion ;

« 3° Aux générateurs dits à production de vapeur instantanée, et à tous autres qui contiennent une trop petite quantité d'eau pour qu'une rupture puisse être dangereuse.

« Le ministre de l'agriculture, du commerce et des travaux publics (aujourd'hui celui des travaux publics) peut, en outre, sur le rapport des ingénieurs et l'avis du préfet, accorder dispense de ladite prescription dans tous les cas où, à raison, soit de la forme ou de la faible dimension des générateurs, soit de la position spéciale des pièces contenant de la vapeur, il serait reconnu que la dispense ne peut avoir d'inconvénients.

« Chaque chaudière est munie de deux appareils indicateurs du niveau de l'eau, indépendants l'un de l'autre et placés en vue du chauffeur.

« L'un de ces deux indicateurs est un tube en verre disposé de manière à pouvoir être facilement nettoyé et remplacé au besoin. »

(**843**) Une augmentation de charge, soit due à une manœuvre imprudente des soupapes de sûreté, soit produite indirectement, comme conséquence d'une alimentation insuffisante, constitue le mécanisme ordinaire, et en quelque sorte normal, qui amène les explosions des chaudières à vapeur.

Une explosion étant donnée, la première chose à faire, pour en rechercher la cause, est de voir si les circonstances permettent de la rattacher à l'une des deux hypothèses ci-dessus.

On peut dire qu'il en sera ainsi le plus souvent.

Toutefois il arrivera également qu'on ne pourra pas établir sûrement, soit que le chauffeur ait chargé ses soupapes, soit que l'eau d'alimentation ait fait défaut.

L'enquête pourra même établir, en admettant la sincérité de tous les témoignages, qu'il n'y avait point excès de pression, que l'alimentation était régulière et même que tous les appareils de sûreté étaient en bon état.

Il faut alors attribuer l'explosion, soit simplement à la vétusté, comme nous l'avons dit plus haut, soit du moins à quelque cause spéciale à l'appareil, et en dehors des causes générales qui viennent d'être indiquées.

Cette cause sera, par exemple, la mauvaise qualité du métal, qui aura été plus ou moins profondément altéré par des coups de feu proprement dits, ou par des surchauffes dues soit à l'abaissement prolongé du niveau de l'eau, soit à l'existence d'incrustations épaisses. Le métal a pu perdre ainsi une partie de son épaisseur; il sera devenu aigre et cassant, et sa cassure présentera un aspect *sui generis* qui caractérise ce qu'on appelle le *fer brûlé*.

Ce pourra être encore un vice de construction, non du générateur proprement dit, mais de son foyer, comme par exemple lorsque la maçonnerie du fourneau s'élève beaucoup au-dessus du sommet des carneaux et recouvre sur une trop grande épaisseur la totalité ou la plus grande partie du dôme de la chaudière. Cette circonstance, qui semble être, et qui est en effet propre à diminuer les pertes de chaleur par rayonnement, peut n'être pas sans inconvénient, lorsqu'on remet en marche le matin après un chômage de plusieurs heures.

En effet, pendant la marche de la machine, la vapeur qui se forme et se dépense à la température de la chaudière, maintient à cette même température la surface interne du dôme de la chaudière, par conséquent aussi la surface externe, et, par suite, à cause du peu de conductibilité des matériaux de construction, la zone de maçonnerie en contact avec cette surface. Mais la nuit, quand il ne se fait point de dépense de vapeur, ni par conséquent de chaleur, qu'on a couvert les feux et fermé les registres, la chaleur qui s'est accumulée dans la masse de la maçonnerie en sort, pour ainsi dire, et vient progressivement réchauffer la surface externe du dôme; il suit de là qu'au bout d'un certain temps, le périmètre *non mouillé* de la chaudière peut se trouver porté à une température notablement plus élevée que le périmètre mouillé. La situation est donc *analogue* à celle qui se produit pendant la marche par un abaissement du niveau de l'eau. La surchauffe est, il est vrai, plus considérable dans ce dernier cas ; mais, dans le premier, elle s'applique à une surface beaucoup plus étendue. Il peut donc se faire une sorte de compensation, et le matin, en remettant en marche, on pourra se trouver dans une situation équivalente à celle qu'on aurait avec un niveau d'eau trop bas.

(**844**) Sans insister plus longtemps sur ces causes diverses d'accidents, dont on ne saurait prétendre faire une énumération complète, et qu'un examen minutieux ne suffit pas toujours à mettre en relief, il nous reste à voir, en posant quelques chiffres, comment ces causes, qui suffisent évidemment pour expliquer le fait même de l'explosion, expliquent aussi, d'une manière non moins satisfaisante, la grandeur des désastres matériels qui sont parfois la conséquence d'une telle explosion.

Considérons d'abord le cas d'une alimentation défectueuse.

C'est, avons-nous dit, la cause la plus fréquente des explosions. Nous allons voir que ces explosions peuvent, dans certaines conditions présenter la plus grande gravité ; de sorte qu'on ne saurait exagérer l'importance de la bonne alimentation, et que pour une chaudière qui est dans un état convenable d'entretien, il est presque permis de dire, lorsqu'elle est en service, *qu'elle est* ou *qu'elle n'est pas* en danger actuel d'explosion, selon *qu'elle n'est pas* ou *qu'elle est* alimentée au niveau convenable.

Considérons, pour fixer les idées, une chaudière cylindrique simple dont le diamètre est D, la longueur totale L, et appelons *e* l'épaisseur des parois.

Si on la suppose à moitié pleine d'eau, le volume de vapeur est

$$\frac{1}{8}\pi D^2 (L - D) + \frac{1}{12}\pi D^3$$

$$= \frac{1}{8}\pi D^2 \left(L - D + \frac{2}{3}D\right) = \frac{1}{8}\pi D^2 \left(L - \frac{1}{3}D\right).$$

Le périmètre mouillé au plan d'eau est égal à

$$2(L - D) + \pi D = 2L + (\pi - 2) D.$$

En désignant par ρ la densité du métal, le poids d'une zone de

hauteur h prise à la hauteur du plan d'eau est approximativement

$$p \cdot [2L + (\pi - 2) D] \times e \times h.$$

En faisant $D = 1^m$, $L = 10^m$, $e = 0,01$, $h = 0,20$ et $p = 8,000$
(pour tenir compte des recouvrements et des rivures), il vient :

Pour le volume du réservoir de vapeur. . . . . $V = 3^m,798$;
pour le contour mouillé, $21^m,429$, et pour le poids de la zone considérée. . . . . $P = 343^{kil}$.

Supposons que la vapeur soit formée à $152°,22$ dans la chaudière ou à 5 atmosphères, et que la zone ci-dessus se trouve par
suite d'un abaissement normal du niveau de l'eau, surchauffée jus-
qu'à $500°$; il existera une quantité de $\dfrac{3,798}{0,363} = 10^k,460$ de vapeur
dans le réservoir; d'autre part, si la tôle surchauffée revient rapidement à la température de la chaudière en formant de la vapeur,
la chaleur cédée par la tôle sera, en prenant $0,12$ pour la chaleur
spécifique du fer, $543 \times (500 - 152,22) \times 0,12 = 14195$ calories.

Comme il faut ajouter $\lambda - \mu = 499,13$ calories à de l'eau à
$152°,22$ pour la former à l'état de vapeur, on voit que les 14195
calories ci-dessus formeront $\dfrac{14195}{499,13} = 28^k45$ de vapeur.

Il y en aurait donc en tout $10^k\ 46 + 28,45 = 38^k,91$.

Son poids spécifique serait donc $\dfrac{38,91}{3,798} = 10^k,25$; ce qui correspond à une pression d'environ 20 atmosphères.

Ainsi en admettant, ce qui ne peut avoir lieu exactement, que la
chaleur cédée par la tôle soit employée exclusivement à former de
la vapeur, et non à chauffer l'eau restant liquide, le résultat de cette
formation brusque, presque instantanée, serait d'élever un instant
la pression interne à 20 atmosphères. Peu de chaudières, même
dans le meilleur état, résisteraient longtemps à une telle pression
graduellement produite; à plus forte raison si elle se produit *presque instantanément.*

(845) On voit en résumé dans quelles circonstances variées une
chaudière peut commencer à se fendre. Ou bien l'accident a lieu

sous la pression normale, la chaudière étant devenue insuffisante pour cette pression normale, soit par suite de vétusté, soit par l'une des causes spéciales ci-dessus énumérées ;

Ou bien il se produit *un excès graduel de température et par conséquent de pression*, rendu possible par quelque manœuvre imprudente, telle qu'une surcharge ou le calage temporaire des soupapes de sûreté ;

Ou bien enfin il se produit *instantanément un grand excès de pression*, dû à la formation subite d'une quantité plus ou moins considérable de vapeur, au contact de l'eau avec des parois qui ont pu se trouver accidentellement surchauffées.

La rupture de la chaudière commencée d'une manière quelconque, les conséquences de l'accident peuvent encore être très-variables. *Quelquefois*, peut-être même peut-on dire *le plus souvent*, l'accident se borne à une fissure plus ou moins étendue, dont les lèvres entrebâillées, formant une ouverture plus ou moins béante, donneront passage à un torrent d'eau chaude et de vapeur qui démolira quelques parois du fourneau ; la chaudière restera en place ou sera légèrement dérangée de sa position, et l'accident sera terminé lorsque l'écoulement s'arrêtera, sans qu'il y ait d'autres désordres matériels ; la sécurité des hommes employés autour de la chaudière sera seule compromise.

Ce sera là, on le répète, le cas le plus ordinaire. Mais il n'en est malheureusement pas toujours ainsi. Il arrive que l'explosion prend un caractère *foudroyant ;* la chaudière est entièrement brisée, et les éclats, violemment projetés, avec les matériaux du fourneau, vont dans un rayon étendu, quelquefois de plusieurs centaines de mètres, porter la dévastation et la mort.

(**846**) Il n'est pas possible de prévoir sûrement à l'avance quel caractère présentera l'explosion d'une chaudière d'un type déterminé. Si cette prévision était possible, elle suffirait assurément à faire proscrire de l'usage général les types qu'on devrait considérer comme particulièrement dangereux.

On peut cependant présenter à ce sujet quelques aperçus.

On doit dire d'abord, que quel que soit le type, la *qualité* du métal employé à fabriquer la chaudière est de la plus haute importance.

La qualité peut être considérée à deux points de vue : *la résistance à la rupture,* en vertu de laquelle une tôle d'une épaisseur donnée supportera sans se rompre une charge déterminée agissant à l'état statique, et *la résistance vive à la rupture,* caractérisée par *la quantité de travail* qu'il faut produire sur une pièce donnée pour arriver à en produire la rupture.

Ces deux qualités ne sont nullement proportionnelles ; souvent même elles varient en sens inverse. C'est la seconde qui, pour une chaudière, est de beaucoup la plus importante. Elle se manifeste par l'allongement considérable que prennent avant de se rompre les pièces soumises à un effort de traction. Elle constitue ce qu'on appelle la *ductilité* ; la propriété opposée se nomme l'*aigreur.* On aura une idée de ces deux propriétés opposées, en se représentant que le métal se comporte, dans le premier cas, *comme du plomb mou* ou *du caoutchouc,* et que, dans le second, il casse *comme du verre.*

Sans insister plus longtemps à ce sujet, qui se rapporte directement aux notions sur la résistance des matériaux, on conçoit quelle influence ces deux propriétés opposées peuvent avoir sur la manière dont se comportera une chaudière en cas d'explosion.

Avec un métal ductile, une fente qui se prononce en un point, se prolonge plus ou moins loin, tandis que ses lèvres se replient au dehors, livrant à la vapeur une issue qui ne prend sa dimension définitive que progressivement, et en donnant à l'eau et à la vapeur le temps de s'écouler, ou tout au moins à la pression initiale celui de se réduire.

Avec un métal aigre, la cassure est complète, dès que la déformation commence à s'accentuer. Une large issue est instantanément ouverte, et la pression intérieure s'exerce avec toute sa valeur initiale, pour projeter violemment au dehors le liquide de la chaudière, et pour produire, sur le corps même de la chaudière, une réaction qui tend à déterminer un mouvement de recul en sens inverse.

(**847**) Quant à l'influence du type de la chaudière, on pourra dire d'une manière générale :

1° Que les chaudières à foyer intérieur et à carneaux intérieurs, comme les chaudières du Cornouailles, ou à faisceaux tubulaires, comme celles des locomotives, dont l'enveloppe extérieure n'est en contact qu'avec des gaz déjà refroidis, ou bien n'est pas utilisée du tout comme surface de chauffe, ne périssent habituellement que par rupture de quelques pièces du système intérieur; que par suite, le corps même de la chaudière échappe assez souvent aux effets de projection; que par ce fait, les ravages d'une explosion ne *s'étendent pas au loin;* mais que ces mêmes chaudières sont au contraire, surtout celles du Cornouailles, très-dangereuses *pour leur voisinage immédiat,* parce que leurs tubes intérieurs, quand ils cèdent, s'écrasent en grand, et vomissent, en avant et en arrière, avec violence les masses d'eau considérables qu'elles renferment habituellement.

2° Que les chaudières cylindriques *horizontales,* exposées à être détériorées principalement au coup de feu, reçoivent en avant de leur centre de gravité, lorsqu'une ouverture importante se déclare en ce point, une réaction qui est verticale d'abord, puis de plus en plus oblique à mesure que leur avant se soulève, et qui tend à les projeter de l'avant en arrière dans le sens de leur axe. Cette direction est assez nettement accusée pour qu'il y ait lieu de s'en préoccuper en déterminant l'emplacement de la cheminée. On la mettra *latéralement* à l'axe de la chaudière, et à l'avant plutôt qu'à l'arrière, pour diminuer la chance de la voir rasée en cas de grand accident.

3° Que les chaudières cylindriques *verticales* utilisant les flammes perdues des fours à réverbères, très-avantageuses, souvent même à peu près indispensables, au point de vue de l'emplacement, sont par contre, *particulièrement aptes,* en cas d'accident, *à produire de très-grands désastres;* en premier lieu, parce qu'elles contiennent beaucoup d'eau, en second lieu, parce qu'elles ne peuvent être projetées sans projection simultanée des matériaux de la cheminée qui les entoure, et enfin, parce que la réaction *initiale* ayant lieu *dans le sens horizontal,* c'est dans une direction *rapprochée de l'horizontale* qu'elles tendent à être projetées, et non, comme les chaudières horizontales, dans une direction *rapprochée de la verticale.*

Elles sont, en quelque sorte, pour leur voisinage, assimilables à un projectile dont la trajectoire serait *très-tendue,* tandis que les chaudières horizontales le seraient plutôt à une bombe.

On peut penser qu'on diminuerait beaucoup la grandeur du danger qu'offrent les chaudières verticales en cas d'accident, si au lieu de les faire cylindriques ordinaires *en les entourant par la cheminée*, on les faisait cylindriques *avec tube intérieur servant de cheminée*.

(**848**) On a souvent émis le doute que les forces mises en jeu *à la suite d'une rupture*, soient capables de produire ces grands effets de projection dont on a malheureusement trop d'exemples.

On a cru qu'une explosion *foudroyante* demandait en quelque sorte un mécanisme spécial.

On a fait intervenir les phénomènes électriques, comme on est trop souvent disposé à le faire, à défaut d'autre explication. On a supposé que l'eau pouvait être décomposée au contact de parois métalliques rouges, que l'oxygène était fixé par le métal et que l'hydrogène mis en liberté pouvait se combiner, sous l'influence de l'électricité, avec l'oxygène de l'air amené avec l'eau d'alimentation. Mais le double phénomène n'est en aucune façon constaté, et il semble même impossible que le mélange d'oxygène et d'hydrogène, s'il existait, pût conserver sa propriété explosive, dilué, comme il le serait assurément, au milieu d'une masse de vapeur.

Enfin, on a assimilé ces détonations au phénomène de la vapeur dite *sphéroïdale*, qui se produit lorsqu'on projette quelques gouttes d'eau sur un métal rouge. On sait que ces gouttelettes restent quelque temps sans se vaporiser sensiblement, et que la vaporisation se fait tout d'un coup, lorsque le métal, en se refroidissant, est revenu au rouge sombre. Mais on n'explique pas comment l'isolement primitif de l'eau et du métal, nécessaire à la manifestation du phénomène, se produirait dans une chaudière entre sa paroi métallique et l'eau qu'elle contient.

(**849**) Du reste, toutes ces causes plus ou moins mystérieuses sont inutiles à invoquer, alors que le seul fait de la présence d'une masse d'eau chaude à une température *supérieure à* 100°, ou à une pression *supérieure à une atmosphère*, suffit pour expliquer *tous les faits*, sans même avoir besoin d'admettre que la chaudière ait au début une température plus élevée et une pression plus forte qu'à l'ordinaire. C'est ce que l'on reconnait numériquement, en reprenant pour exemple la chaudière considérée ci-dessus (n° **844**).

Son volume entier est de $7^m,595$, et à moitié pleine d'eau, elle en contient 3,798 kilogrammes.

Sa surface entière est donnée par la relation

$$\pi D (L - D) + \pi D^2 = \pi DL = 51^m.415$$

et son poids par le produit $51.415 \times 0,01 \times 8000 = 2513^k$.

Le poids total est donc de $3798 + 2513 = 6311$ kilogrammes.

Avec une pression *effective* de 4 atmosphères, ou de 41,336 kilogrammes par mètre carré, une cassure présentant une aire de $\frac{6,311}{41,336} = 0^m,15$, ou d'environ 40 centimètres de côté, suffit pour produire une réaction initiale égale au poids du système, et par conséquent, si elle est horizontale, une accélération initiale dans ce sens égale à celle de la pesanteur.

Une aire double, si la réaction est de bas en haut, imprimera au système, en sens contraire de la pesanteur, la même accélération.

On voit ainsi comment le mouvement de projection *peut commencer*.

Il faut voir par quel mécanisme *il continue*, c'est-à-dire comment l'accélération se maintient pendant un certain temps, jusqu'à ce que le système ait pu prendre une vitesse finie.

Cela n'a lieu que si la chaudière *n'est pas à basse pression*, et dans une mesure d'autant plus forte que la chaudière contient *plus d'eau*, qu'elle est à plus *haute pression*, et que, par sa forme et ses dimensions, ainsi que par la position de la fracture, elle se videra *moins promptement*.

On le comprend en remarquant que l'eau de la chaudière, une fois en libre communication avec l'atmosphère, ne peut plus conserver qu'une température de 100°, ou contenir par kilogramme d'eau le nombre $\mu = 100,55$ de calories. Lorsqu'elle est à 5 atmosphères, ou à 152°,22, elle en contient $\mu = 153,94$. Elle en perd donc $153,94 - 100,55 = 53,39$, et cette perte ne peut se faire que par la production, presque instantanée, d'une certaine quantité de vapeur. Chaque kilogramme de vapeur emploiera pour sa formation la quantité de calories $r = \lambda - \mu$, soit 499,15 au commencement de l'explosion, ou quand on peut encore supposer qu'elle a la pression initiale, et 536,30 quand le refroidissement est fort avancé. Les deux expressions $\frac{55}{499,25} = 0,106$ et $\frac{55}{536,3} = 0,098$, dont la moyenne est environ 0,10, donnent *un aperçu* de la proportion d'eau qui se réduira en vapeur par le fait du retour de la pression de 5 atmosphères à la simple pression atmosphérique.

Ainsi, si l'on suppose que cette formation de vapeur se fasse tout entière pendant que la chaudière se vide, on aura, en quelque sorte, à sa disposition, un poids de vapeur de $379^k,8$ que l'on pourra supposer formée à la pression moyenne de $2\frac{1}{2}$ atmosphères, ou à la pression effective d'une atmosphère et demie, agissant par sa pleine pression d'abord, puis par sa détente, et dont le travail peut être considéré comme s'appliquant, pour une bonne part, à donner à la masse de l'eau et de la chaudière la vitesse qu'elles ont quelques instants après l'explosion, lorsque la vidange de la chaudière est terminée.

D'après la cinquième table du n° **508**, 1 kilogramme de vapeur produit par sa pleine pression à $2^{at},5$, 17970 kilogrammètres.

Appliquant donc la formule du n° **580** :

$$T_m = PV\left(1 + l\frac{P}{P'} - \frac{P_1}{P'}\right),$$

on posera

$$PV = 17970$$

$$l\frac{P}{P'} = l2,5 = 0.916$$

$$\frac{P_1}{P'} = 1$$

et la formule donnera

$$T_m = 0.916\,PV = 16.560^{km}.$$

Supposons qu'il n'y ait d'utilisé que la moitié de ce travail, ou en nombre rond 8,000 kilogrammètres par kilogramme de vapeur, et qu'ils soient employés à donner de la force vive apparente à la masse de l'eau et de la chaudière ; on pourra faire le raisonnement suivant :

Si l'on suppose que la chaudière d'un côté et l'eau de l'autre se déplacent librement en sens contraire, leurs vitesses respectives finales sont déterminées par la relation

$$\frac{2513}{g} \mathrm{V} = \frac{2798}{g} \mathrm{V}' \ldots \quad \mathrm{V}' = \frac{2513}{3798} \mathrm{V},$$

et la force vive totale du système, ou la quantité

$$\frac{2513}{g} \mathrm{V}^2 + \frac{3798}{g} \mathrm{V}'^2$$

pourra s'écrire

$$\frac{1}{g} \left[2513 + 3798 \times \left(\frac{2513}{3798} \right)^2 \right] \mathrm{V}^2$$
$$= \frac{1}{g} \, 2513 \, \mathrm{V}^2 \left(\frac{3798 + 2513}{3798} \right).$$

On a, par suite, la relation :

$$\frac{\mathrm{V}^2}{2g} \times 2513 \times \frac{6311}{3798} = 379,8 \times 8000 = 3038400$$
$$\frac{\mathrm{V}^2}{2g} = \frac{3038400^{km}}{2513} \times \frac{3798}{6311} = 1209^m \times 0.6 = 725^m$$
$$\mathrm{V} = \sqrt{2g \times 725} = 120^m.$$

(**850**) Quelque réduction que l'on veuille faire subir à ces derniers chiffres, $\mathrm{H} = 725^m$, $\mathrm{V} = 120,^m$, qui ne sont, du reste, donnés que par simple aperçu, ils sont assez importants pour expliquer les phénomènes les plus considérables de projection et de destruction observés dans les explosions les plus foudroyantes.

On arrivera sous une autre forme à une conclusion analogue, en remarquant qu'une production de $379,8^k$ de vapeur correspond, en pratique, à une consommation d'environ 60 kilogrammes de charbon, qui, dans une machine *très-ordinaire*, à 5 kilogrammes de charbon par cheval et par heure, suffisent pour fournir pendant douze heures la force d'un cheval-vapeur. soit un travail total de $270,000 \times 12 = 3,240,000$ kilogrammètres, chiffre comparable à celui de 3,038,400 trouvé plus haut.

(**851**) Les résultats ci-dessus doivent être retenus comme établissant parfaitement un fait souvent contesté qu'une chaudière est d'*autant plus dangereuse* qu'elle est plus volumineuse (ou plus exactement *qu'elle contient plus d'eau*), et qu'elle fonctionne *à plus haute pression*.

La contestation ne repose au fond que sur une équivoque.

Une grande chaudière n'est pas plus exposée à une explosion qu'une petite, et l'on peut dire *en ce sens*, si l'on veut, *qu'elle n'est pas plus dangereuse* ; mais les explosions sont beaucoup plus graves lorsqu'elles se produisent, et, à ce point de vue, *elle est beaucoup plus dangereuse*, et pour ceux qui l'emploient et surtout pour le voisinage.

C'est là le motif parfaitement fondé de la classification réglementaire, qui distingue les chaudières en trois catégories, d'après la capacité de la chaudière et la tension de la vapeur.

Les dispositions du décret relatives à ce sujet sont ainsi formulées :

« On exprime, en mètres cubes, la capacité de la chaudière avec ses tubes bouilleurs ou réchauffeurs, mais sans y comprendre les surchauffeurs de vapeur ; on multiplie ce nombre par le numéro du timbre augmenté d'une unité. Les chaudières sont de la première catégorie quand le produit est plus grand que 15 ; dans la deuxième, si ce même produit surpasse 5 et n'excède pas 15 ; dans la troisième, s'il n'excède pas 5.

« Si plusieurs chaudières doivent fonctionner ensemble dans un même emplacement, et si elles ont entre elles une communication quelconque, directe ou indirecte, on prend pour former le produit, comme il vient d'être dit, la somme des capacités de ces chaudières. »

Suivent les conditions de local auxquelles doivent satisfaire les chaudières de chaque catégorie, conditions pour lesquelles nous renvoyons au texte même du décret, et qui sont édictées dans la pensée que le danger est d'autant plus grand que la catégorie est plus élevée, et plus grand dans certaines directions que dans d'autres, ainsi qu'on l'a établi plus haut. Ces diverses dispositions prises dans le but de protéger soit les ouvriers de l'établissement, soit les habitants du voisinage, se terminent par l'obligation, pour le foyer des chaudières de toute catégorie, de brûler la fumée, sans d'ailleurs rien prescrire sur la manière d'arriver à ce résultat.

(**852**) Telles sont les principales prescriptions techniques que renferme le décret du 25 janvier 1865, portant règlement sur les machines à vapeur.

Ce décret, comme tout document de ce genre, peut prêter à la controverse. Les uns le critiqueront *pour ce qu'il contient*, d'autres *pour ce qu'il ne contient pas*.

On pourra dire, par exemple, que les prescriptions relatives aux soupapes de sûreté sont insuffisantes, en ce qu'elles n'en fixent pas les dimensions ; que les cas d'exception possible à la prescription relative au niveau de l'eau, ne sont pas précisés comme ils auraient pu l'être, et comme ils le sont effectivement en Allemagne; qu'il eût fallu formuler quelque règle pour le renouvellement périodique des épreuves, peut-être aussi pour la qualité de la tôle à employer dans la fabrication des chaudières, etc., etc.

Mais on ne doit pas perdre de vue l'objet que s'est proposé l'Administration en entreprenant le travail de révision des anciens règlements, successivement remaniés depuis 1823 jusqu'à l'ordonnance du 22 mai 1843, qui a régi la matière jusqu'en 1865.

Dans cette période de plus de quarante ans, l'emploi de la vapeur s'était prodigieusement répandu en France. L'industrie de la construction des machines avait fait les plus remarquables progrès; les appareils destinés à produire ou à employer la vapeur s'étaient multipliés sous les formes les plus variées ; les matériaux eux-mêmes employés à la construction avaient été modifiés essentiellement dans leurs qualités et dans leurs prix. D'autre part, l'instruction technique s'était vulgarisée chez les chefs d'industrie, et ils trouvaient facilement à recruter des ouvriers expérimentés, propres à la conduite des machines et des chaudières. Enfin, le nombre constamment croissant des appareils, soumis à la surveillance, ne permettait plus, sans multiplier outre mesure les agents, d'exercer cette surveillance d'une manière aussi minutieuse que le prescrivaient les règlements en vigueur.

Dans cette situation, l'Administration, à la suite d'une enquête approfondie, a été amenée à penser que ces règlements avaient fait leur temps, et qu'au système *préventif*, admissible à un moment où les appareils à vapeur étaient presque une nouveauté, il y avait lieu de substituer un système *répressif*, dans lequel on se bornerait à formuler quelques règles générales, abandonnant les détails à l'initiative des constructeurs et des industriels, sous leur responsabilité en cas d'accident.

L'Administration a considéré qu'en agissant ainsi, la liberté laissée aux constructeurs et aux industriels était favorable au progrès, et qu'elle ne compromettait aucunement la sécurité publique, du moment que la conséquence de cette liberté était un plus grand degré de leur responsabilité.

(**853**) Sans insister sur ces considérations qui nous écartent de notre sujet, nous pensons que les règlements actuels peuvent être considérés comme renfermant l'ensemble des conditions générales auxquelles tout le monde s'accorde à reconnaître qu'il y a lieu de soumettre les appareils à vapeur dans l'intérêt de la sûreté publique.

Il importe que tout industriel employant ces appareils s'y conforme exactement, soit à cause de leur utilité réelle, soit à cause de la responsabilité directe qu'il encourrait en cas d'accident, s'il était établi que l'accident a été causé ou aggravé par quelque contravention aux dispositions réglementaires.

Sa responsabilité serait également engagée, si, après avoir fait installer une chaudière dans les conditions prescrites, il ne veillait pas à ce que l'appareil fût convenablement entretenu et conduit.

C'est à lui qu'il appartient de tenir la main à ce que la chaudière soit nettoyée après des intervalles réglés, à ce qu'elle soit visitée à fond de temps en temps, ou dès qu'on soupçonne qu'elle a pu recevoir quelques avaries, et à ce que, dans ce cas, les réparations se fassent sans délai, et qu'ensuite il soit, s'il y a lieu, procédé à une nouvelle épreuve.

Il doit veiller, en un mot, à maintenir son appareil dans un état tel qu'il lui offre sensiblement le même degré de sécurité que lorsqu'il a été mis en service après avoir pleinement satisfait à l'épreuve réglementaire.

Le chauffage doit être confié à un ouvrier exercé, d'une conduite régulière, à qui l'on ait pris la peine d'expliquer et qui ait compris les diverses obligations de son service.

Parmi ces obligations, la première assurément est de veiller attentivement à l'alimentation régulière de sa chaudière.

Ce doit être sa préoccupation constante, et il doit être tenu comme responsable d'un mauvais état d'entretien de ses appareils indicateurs, qui ne lui permettrait pas de constater à tout instant quel est le niveau de l'eau dans la chaudière.

Il y a imprudence grave, *dans le seul fait* du fonctionnement d'une chaudière dont les appareils indicateurs ne sont pas *actuellement* en état d'être consultés utilement.

Lorsque ces indicateurs cessent de fonctionner parce que le chauffeur a laissé tomber son niveau d'eau trop bas, il doit se garder d'alimenter, ou de soulever ses soupapes, ou de mettre en marche s'il est arrêté, en un mot de faire aucune manœuvre propre à apporter de l'eau, ou à projeter celle de la chaudière sur des parois qui peuvent être portées à une haute température. Sa première pensée doit être de réparer sa négligence, non en alimentant la chaudière, mais en prenant les moyens de refroidir les parois qu'il peut supposer surchauffées. Il doit, sans hésiter, *ouvrir en grand la porte du foyer et jeter bas ses feux.*

Il ne se décide pas toujours à cette extrémité, pour ne pas troubler le travail de l'usine, et dénoncer ainsi lui-même sa propre négligence. Mais s'il ne le fait pas, il court le risque d'occasionner un accident dont il aura la responsabilité directe, à moins qu'il n'en soit lui-même la première victime.

Une seconde obligation stricte du chauffeur est de ne jamais, sous aucun prétexte, surcharger ses soupapes de sûreté. Il arrive assez souvent que des soupapes dont la charge est exactement calculée commencent *à souffler* un peu avant que la pression atteigne la limite qui correspond au timbre de la chaudière. Les chauffeurs ont souvent l'habitude, dans ce cas, de mettre une légère surcharge sur le levier pour arrêter cette fuite de vapeur. C'est une pratique vicieuse : cette fuite n'a lieu que pour des soupapes mal rodées sur leur siége. C'est au chauffeur à tenir la main à ce que ses soupapes soient en bon état.

Le chauffeur doit savoir qu'une surcharge, même légère, fatigue toujours sa chaudière, et qu'elle peut très-rapidement devenir dangereuse si elle est forte, surtout pendant les temps d'arrêt de la machine.

Ces obligations, relatives à l'alimentation des chaudières et au règlement des soupapes de sûreté, doivent être parfaitement familières à un chauffeur, et l'industriel qui l'emploie doit avoir l'assurance qu'il peut compter sur lui pour les remplir exactement, sans quoi il devra considérer ses appareils comme constituant *un danger permanent tout le temps qu'ils sont en marche.*

Au contraire, ces obligations fondamentales une fois remplies, il est presque permis de répéter, ce que nous avons dit au n° **837**, qu'un générateur maintenu dans un état convenable de propreté et d'entretien, assez puissant pour n'avoir pas besoin d'être surmené, et servi par un chauffeur expérimenté et soigneux, *est un appareil qui n'est pas sujet à faire explosion.*

CHAPITRE XXV

RÉSUMÉ ET CONCLUSIONS SUR LES MACHINES A VAPEUR

(**854**) Les considérations théoriques et pratiques, ainsi que les descriptions d'organes et les données diverses contenues aux chapitres précédents, constituent l'ensemble des connaissances que doivent posséder sur les appareils à vapeur tous les ingénieurs qui aspirent à s'occuper d'industrie particulière ou de travaux publics; car il s'en trouvera bien peu parmi eux, si même il s'en trouve, qui, dans le cours de leur carrière, ne soient pas appelés à s'occuper d'une manière plus ou moins suivie de ces machines, dont le rôle devient tous les jours plus important.

Nous croyons donc utile de résumer l'ensemble de ces notions, complétées d'ailleurs par quelques données numériques, en faisant voir comment elles doivent être appliquées à la solution d'une question fondamentale, qui renferme, en quelque sorte, implicitement toutes celles dont l'ingénieur peut avoir à s'occuper, l'étude d'un projet d'appareils à vapeur devant satisfaire à un programme déterminé.

Cette étude, qui ne comporte point ici le détail des diverses pièces, mais seulement l'ensemble de leur disposition cinématique et leurs dimensions essentielles, comprend deux parties distinctes, l'étude de la machine à vapeur et celle de son générateur.

La condition à laquelle la machine à vapeur doit satisfaire est de donner, par unité de temps, une certaine quantité de travail disponible.

Le générateur doit satisfaire à la condition, non moins essentielle, de fournir, dans le même temps, à la machine la quantité de vapeur qui est nécessaire, eu égard aux conditions dans lesquelles on l'emploie, pour produire le travail demandé. C'est de *l'ensemble de ces deux appareils*, le récepteur et le générateur, que l'on peut dire, à la condition de les avoir proportionnés l'un à l'autre, qu'il constitue un engin pouvant produire un certain travail dans un temps donné, ou développer la force *d'un certain nombre de chevaux;* mais chacun d'eux, isolé de l'autre et considéré en lui-même, ne peut être défini de cette manière. On verra en effet, s'il s'agit de la machine, même en mouvement et fonctionnant avec une vitesse et une détente données, que rien n'indique *le poids de vapeur consommée,* et également que s'il s'agit de la chaudière, même en feu et produisant un poids donné de vapeur, rien n'indique *dans quelles conditions ce poids de vapeur est employé.*

Il est donc indispensable que l'étude porte sur ces deux appareils.

(855) Étude d'une machine à vapeur d'une force donnée. — La question à résoudre doit toujours se ramener, quelle que soit l'application industrielle que l'on a en vue, à ce dernier terme : qu'on a besoin d'obtenir à l'extrémité de l'appareil récepteur, soit à l'extrémité de la tige du piston ou du balancier dans les machines à mouvements alternatifs, soit sur l'arbre du volant dans les machines de rotation, une certaine quantité de travail moteur disponible, dans des conditions plus ou moins déterminées de force et de vitesse.

Si, pour fixer les idées, nous supposons le cas d'une machine de rotation, on a toujours *comme condition essentielle* d'avoir sur l'arbre du volant un certain travail moteur disponible par unité de temps, ou, ce qui est la même chose, un certain nombre de *chevaux.* Ce nombre est connu avec précision, ou doit être évalué approximativement, d'après la nature et la quantité du travail industriel à exécuter par les divers opérateurs que cet arbre doit commander.

On se donne, en outre, ordinairement *comme condition accessoire* que ce travail moteur soit communiqué à l'ensemble des opérateurs avec une vitesse de rotation déterminée de l'arbre du volant.

Cette deuxième condition peut être relative *aux opérateurs*, si l'on veut, par exemple, simplifier les transmissions en donnant immédiatement au volant la vitesse de rotation qui convient à ces opérateurs. Elle peut être relative *au récepteur*, auquel on trouvera convenance à donner une vitesse plus ou moins grande, selon le type que l'on adoptera, selon, par exemple, que la machine sera à connexion directe ou à balancier, qu'on voudra en réduire l'emplacement en en augmentant la vitesse, ou inversement, etc, etc.

(**856**) On arrive ainsi, par un examen préparatoire qui doit être fait avec attention, d'après les considérations exposées au chapitre XX, à se fixer sur un certain nombre N de chevaux qu'on veut avoir *disponibles* sur un arbre faisant un certain nombre m de tours par minute.

Si l'on désigne par Q une force, qui, agissant sur le bouton de la manivelle de rayon r tangentiellement au cercle que décrit ce bouton, produirait ce nombre N de chevaux, on a la relation :

$$Q \times m \times 2\pi r = 60 \times 75 \times N,$$

d'où l'on tire pour le travail à produire par excursion simple du piston

$$Q\pi r = 30 \times 75 \times \frac{N}{m} = 2250\,\frac{N}{m},$$

et, pour la valeur de la force Q,

$$Q = \frac{2250}{\pi} \times \frac{N}{m} \times \frac{1}{r} = 716\,\frac{N}{m} \times \frac{1}{r}.$$

Il faut, pour avoir le travail *transmis* à l'arbre du volant par le moteur, tenir compte du frottement de ses tourillons. Si nous désignons par P le poids de l'arbre, formé principalement par le poids de la jante du volant, par r' le rayon des tourillons de cet arbre et par f le coefficient de frottement de ces tourillons sur leurs coussinets, le terme de correction à introduire est approximativement $f\,P\,\pi\,r'$, et la quantité devient :

$$Q\pi r + f P\pi r' = Q\left(1 + f\,\frac{P}{Q}\frac{r'}{r}\right)\pi r.$$

Le terme de correction $f \dfrac{P}{Q} \times \dfrac{r'}{r}$ est essentiellement variable d'une machine à l'autre ; il est facile de voir qu'il dépend non-seulement des quantités f et r', mais encore du degré de régularité que l'on veut obtenir avec le volant, degré qui varie beaucoup selon la nature des opérateurs et avec lequel la quantité P est en rapport.

En effet, si l'on se reporte au n° 19, l'égalité

$$T_m - T_r = \frac{1}{n} \Omega^2 M \rho^2$$

peut se transformer, en remarquant que $T_m - T_n$, pour un emploi de la vapeur dans des conditions déterminées de pleine pression, de détente et de contre-pression, est de la forme $\dfrac{AN}{\omega}$, A étant une constante numérique qui diffère selon le mode d'emploi de la vapeur, qui est plus grande, par exemple, pour les machines à détente dans un cylindre que pour les machines de Wolf, et plus grande pour ces dernières que pour les machines sans détente.

Ensuite remplaçant M par $\dfrac{P}{g}$ et Ω par ω, et la quantité ω elle-même par la quantité m qui lui est proportionnelle, il vient :

$$A \frac{N}{m} = \frac{1}{n} m^2 \frac{P}{g} \rho^2, \quad \text{A' étant une autre constante.}$$

La quantité P est donc proportionnelle à $\dfrac{N}{m^3 \rho^2}$.

D'autre part, la quantité Q est proportionnelle, d'après l'équation ci-dessus, à $\dfrac{N}{m} \times \dfrac{1}{r}$.

La quantité $f \dfrac{P}{Q} \times \dfrac{r'}{r}$ est donc de la forme :

$$Bf \frac{nr'}{m^2 \rho^2}, \quad \text{B étant une 3° constante numérique.}$$

Sous cette forme, on reconnaît que le terme de correction est *indépendant* de la force de la machine, et qu'il augmente proportionnellement au nombre n, qui caractérise le degré de régularité que l'on veut donner à la vitesse de la machine. Ce même terme diminue à mesure que la machine tourne plus vite et que son volant est d'un plus grand rayon, ou plus nettement, il est en raison inverse du carré de la vitesse de la jante.

Désignant par α sa valeur numérique, et par T_r le travail qu'on veut avoir disponible sur l'arbre du volant (celui dont on mesurerait la valeur à l'aide d'un frein de Prony), le travail qui doit être transmis à ce même arbre par la dernière pièce du récepteur est $T_r(1 + \alpha)$.

Si l'on désigne par T_i le travail transmis *réellement au piston*, c'est-à-dire celui que l'on conclurait d'un diagramme relevé à l'indicateur de Watt, ou en d'autres termes le travail *indiqué* par la machine, on doit poser :

$$T_r(1 + \alpha) = \beta T_i,$$

β étant un coefficient de correction plus petit que l'unité, que l'on introduit pour tenir compte de ce qui se perd de travail depuis le piston jusqu'à la commande de l'arbre du volant par la manivelle. Cette perte comprend le travail nécessaire pour vaincre tous les frottements de l'appareil récepteur proprement dit, et pour faire marcher en outre les organes accessoires de la *distribution*, de la *condensation* et de *l'alimentation*, le travail de ces organes correspondant, non pas seulement au poids de vapeur que l'on conclurait du diagramme d'un indicateur, mais bien au poids total d'eau que dépense la machine, soit sous forme de vapeur qui travaille réellement ou qui se condense prématurément, soit sous forme d'eau entraînée à l'état liquide par la vapeur.

Enfin si, au lieu de considérer le travail *indiqué*, on considère le travail moteur théorique T_m, tel qu'on peut le calculer à priori, connaissant la pression initiale, le degré de détente et la pression finale dans le condenseur, c'est-à-dire le travail que l'on trouverait en construisant un diagramme théorique à la même échelle que celui qu'on relève à l'indicateur, on a la relation

$$T_i = \gamma T_m,$$

γ étant un autre coefficient de correction, qui diffère du précédent par sa valeur numérique, et qui correspond à d'autres causes de pertes de travail, c'est-à-dire à celles qui se font sentir, non plus sur les organes de la machine, par suite de leur fonctionnement, mais sur la vapeur même depuis la chaudière jusqu'à sa sortie de la machine.

C'est à ces causes que sont dues les déformations du diagramme réel, généralement inscrit à l'intérieur du diagramme théorique.

Ces causes sont les pertes de charge motrice qui ont lieu de la chaudière au piston, par suite de refroidissements ou d'étirages de vapeur; les excès de charge résistante qui ont lieu depuis la face d'arrière du piston jusqu'au condenseur, par suite de condensation imparfaite ou trop lente, ou à cause de la présence de l'air dans le condenseur, les vices de la distribution qui amènent du retard dans l'établissement de la pleine pression et du vide quand le piston est à ses points morts, etc., etc.

Éliminant T_i entre les deux relations ci-dessus, en les multipliant terme à terme, il vient

$$T_r(1 + \alpha) = \beta\gamma T_m,$$

d'où l'on déduit l'une des quantités T_m et T_i lorsque l'on se donne l'autre, et qu'on a adopté pour α, β, γ, les valeurs qui semblent le mieux appropriées à chaque espèce.

Dans la question qui nous occupe actuellement, c'est la quantité T_r que nous supposons donnée, et nous en déduisons :

$$T_m = \frac{T_r(1 + \alpha)}{\beta\gamma}.$$

Si l'on suppose que les quantités T_r et T_m ci-dessus se rapportent à une excursion simple du piston, on aura évidemment la relation

$$T_r = \frac{60 \times 75 \times N}{2n} = 2250\frac{N}{n},$$

et l'on en déduira

$$T_m = \frac{1 + \alpha}{\beta\gamma} \times 2250\frac{N}{n}.$$

Connaissant ainsi la force théorique à développer par coup de piston de la machine, et, d'autre part, calculant, par les procédés que nous avons indiqués, le travail T'_m d'un kilogramme de charbon fonctionnant dans les mêmes conditions de pleine pression de détente et de condensation que l'on se donne pour la machine projetée, le quotient $\dfrac{T_m}{T'_m}$ sera évidemment le poids de vapeur à dépenser par coup de piston de cette machine. Connaissant ce poids et s'étant donné la pression, on en déduit *le volume initial*; du degré de détente on déduit *le volume final*. On a ainsi tous les éléments nécessaires pour déterminer les dimensions du cylindre ou des cylindres, après qu'on aura établi entre ces dimensions les rapports que l'on jugera convenables.

On doit comprendre que la partie la plus importante de la question se trouve ainsi résolue.

En effet, *on a supposé connue* la force théorique dont on a besoin; *on s'est donné*, non pas arbitrairement, mais, au contraire, après un examen très-attentif, la vitesse de rotation de la machine, et *l'on a calculé*, d'après cette vitesse, les dimensions essentielles de l'appareil récepteur proprement dit.

Le reste du travail se poursuivra facilement, *au point de vue graphique*, en établissant entre les divers organes de transmission allant du piston à l'arbre du volant, à peu près les rapports de grandeur consacrés par la pratique, et en faisant sur une grande échelle les épures relatives à la distribution; *au point de vue du calcul*, en partant de la consommation de vapeur par coup de piston, pour déterminer, en se laissant une certaine marge, les passages de vapeur et les dimensions des appareils accessoires, relatifs à l'alimentation et à la condensation.

(**857**) Mais il faut, pour que toutes ces opérations puissent se faire, avoir, avant tout, la connaissance de la quantité T_m, ou, en d'autres termes, il faut avoir assigné des valeurs numériques aux quantités α, β et γ de la formule ci-dessus. Ces valeurs numériques ne sauraient être les mêmes pour toutes les machines, ni même conserver une valeur constante pour une machine donnée; car elles dépendent de son *état actuel* d'entretien, élément variable qui n'est susceptible d'aucune définition numérique précise.

Nous ne pouvons que nous borner à indiquer d'abord ce que peuvent être *à peu près* ces valeurs numériques pour une machine quelconque à un état moyen d'entretien, et ensuite dans quel sens elles tendent à varier, selon les circonstances spéciales à une machine donnée.

(**858**) Pour la quantité α, elle est, avons-nous dit, relative à la différence qui existe entre le travail transmis à l'arbre du volant par la manivelle, et le travail transmis par ce même arbre aux organes qu'il commande; elle sert, en définitive, à tenir compte du travail perdu par le frottement de cet arbre. En prenant des exemples dans la pratique, on reconnaît que cette quantité α varie depuis 1 ou 2 centièmes jusqu'à 8 ou 10 centièmes et même au delà. Ces grandes variations sont dues surtout à ce que le degré de régularité dans la vitesse, défini par le nombre n de la formule du n° 856, peut être très-variable, selon le genre des opérateurs à faire mouvoir, et à ce que, pour une valeur donnée de n, le nombre B de la même formule est variable lui-même, comme il est facile de le concevoir. Il est évidemment le plus petit pour des cylindres conjugués sans détente, et il atteint la plus grande valeur pour des cylindres uniques fonctionnant à grande détente. On voit encore que la quantité B ne sera pas la même avec un cylindre horizontal qu'avec un cylindre vertical, et elle sera plus grande dans le premier cas que dans le second. Cela tient à ce que nous avons regardé, dans notre calcul, le frottement des tourillons de l'arbre du volant comme dû au seul poids des pièces. Il en est bien à peu près ainsi avec un cylindre vertical, parce que la tension de la bielle s'ajoute à ce poids pendant sa course descendante et s'en retranche pendant sa course ascendante; mais avec un cylindre horizontal, elle agit tantôt de droite à gauche et tantôt de gauche à droite; or, en quelque sens qu'elle agisse, elle se compose toujours avec la force verticale de la pesanteur, et la résultante de ces deux forces rectangulaires est toujours plus grande que chacune des deux composantes. Pour des valeurs données de n et de B, la quantité α diminuera rapidement à mesure que la vitesse à la jante du volant augmentera. Enfin, tous les autres éléments restant les mêmes, cette quantité variera proportionnellement au facteur f, ou sera d'autant moindre qu'on prendra plus de soins pour obtenir un bon graissage du tourillon; ce qui peut être considéré comme évident à priori.

(**859**) Pour la quantité β, son complément $1 - \beta$ donne la différence entre le travail moteur transmis par la manivelle à l'arbre du volant, et le travail qu'indiquerait un diagramme pris sur le cylindre de la machine avec l'instrument de Watt, en d'autres termes, la quantité β correspond au travail résistant total qui se produit sur le récepteur proprement dit et sur tous ses appareils accessoires.

La quantité β est assez généralement comprise entre 0,90 et 0,80; elle est d'autant plus petite que la machine est plus complexe; elle aura sa valeur maxima pour une machine à haute pression sans détente ni condensation; elle diminuera avec la condensation qui multiplie les organes de la machine, augmente ainsi les frottements, et diminue, en outre, le travail restant disponible sur le volant, de tout le travail demandé à ces nouveaux organes; elle sera plus grande dans les machines à grande détente que dans les machines sans détente, parce que le piston et les presse-étoupes devant être serrés, non pas en raison de la pression moyenne, mais en raison de la pression maxima de la vapeur, les frottements du piston et des tiges seront proportionnellement plus importants dans le premier cas que dans le second. Enfin nous dirons, comme pour la quantité α, que cette quantité β, qui représente principalement le travail des frottements internes de l'appareil récepteur, sera d'autant plus petite, toutes autres choses étant égales, qu'on prendra plus de soin pour adoucir ces frottements.

(**860**) Quant à la quantité γ, qui tient compte de la différence entre l'aire *du diagramme théorique* que l'on construirait pour la machine, en se donnant la pression de la vapeur dans la chaudière, le degré de détente et la température du condenseur, et l'aire *du diagramme relevé effectivement sur la machine en marche*, les frottements des pièces de la machine n'y entrent plus pour rien, et la différence constatée est relative aux circonstances sous lesquelles s'effectue la dépense de la vapeur.

Pour les machines à l'état moyen d'entretien, et dont la distribution est convenablement réglée, on peut admettre que le coefficient γ est habituellement compris entre 0,75 et 0,80 ; mais il faut bien remarquer qu'il est susceptible de descendre beaucoup plus bas que 0,75, de se réduire même, en quelque sorte, indéfiniment dans certaines circonstances ; par exemple, s'il existe quelque défectuosité essentielle dans le règlement de la distribution ; ou bien encore s'il existe, soit au piston, soit au tiroir, quelque fuite importante mettant en relation directe trop facile la chaudière et le condenseur. On comprendra que, dans ce dernier cas, il se fasse une dépense exagérée de vapeur qui aura deux effets nécessaires, l'un une réduction de la pression de marche, l'autre une augmentation de la contre-pression, due à l'échauffement du condenseur. Les circonstances propres à diminuer le coefficient γ sont, en général, toutes celles qui pourront diminuer la pression motrice ou augmenter la contre-pression. Telles sont les pertes de chaleur qui se font entre la chaudière et la machine, et dans le cylindre même ; les chutes de pression qui se font au passage de la vapeur par des orifices étroits, soit à la soupape à gorge, soit aux lumières de distribution ; un mauvais règlement de la distribution qui retarde la production de la pleine pression sur une face du piston, et celle du vide sur l'autre face, les fuites par les joints, etc... On rapprochera donc les chaudières de la machine ; on emploiera les doubles enveloppes ; on évitera l'emploi des très-hautes pressions ; on veillera à réduire les étiages de vapeur ; on évitera les marches trop lentes, etc., etc.

(**861**) En admettant les valeurs extrêmes indiquées aux numéros précédents, savoir :

$$\alpha = 0.10, \ \beta = 0.80, \ \gamma = 0.75$$
$$\alpha = 0.02, \ \beta = 0.90, \ \gamma = 0.80,$$

on trouvera dans le premier cas :

$$\frac{1+\alpha}{\beta\gamma} = 1.83, \quad \text{et la valeur inverse} \quad \frac{\beta\gamma}{1+\alpha} = 0.545...$$

et dans le second cas :

$$\frac{1+\alpha}{\beta\gamma}=1.42, \quad \text{et la valeur inverse} \quad \frac{\beta\gamma}{1+\alpha}=0.71.$$

Ces nombres *supposent*, on le répète, un état ordinaire d'entretien, c'est-à-dire toutes les parties des machines *convenablement graissées*, la distribution assez *bien réglée* et les joints *suffisamment étanches*.

Ces suppositions sont formulées d'une manière un peu vague, qui est dans la nature des choses; les coefficients varient, en effet, non-seulement d'une machine à une autre, mais encore, pour une même machine, d'un jour à l'autre, et, en quelque sorte, d'un instant à l'autre. On ne peut donc leur assigner de valeur numérique précise. On doit accepter les nombres indiqués comme des espèces *de grosses moyennes*, dont il faut concevoir que l'on *pourra bien s'écarter* dans chaque cas particulier, et dont on s'écartera *assurément* toutes les fois qu'on ne veillera pas avec soin à l'entretien de l'appareil.

Sous ce rapport, le coefficient γ se distingue essentiellement des deux autres, en ce que ceux-ci ne varieront, dans une machine donnée, que dans la mesure des variations qu'éprouve le coefficient de frottement, selon le soin apporté au graissage, tandis que le coefficient γ peut, comme nous venons de le dire, se réduire *dans les limites les plus étendues*, si les joints ne sont pas étanches ou si la distribution est incorrecte. Je crois qu'il n'y a rien d'excessif à supposer que, pour un appareil entretenu sans soin, ou mal réglé, on pourra augmenter de moitié les frottements et doubler *au moins* l'écart entre la force théorique de la machine et sa force indiquée.

Dès lors, si l'on adopte la première série des valeurs numériques posées ci-dessus, on trouvera :

$$1+\alpha'=1+\frac{5}{2}\alpha=1.15$$

$$\beta'=1-\frac{5}{2}(1-\beta)=\frac{5}{2}\beta-\frac{1}{2}=0.70$$

$$\gamma'=1-2(1-\gamma)=2\gamma-1=0.50,$$

et l'on en déduira

$$\frac{1+\alpha'}{\beta'\gamma'}=3.42, \quad \text{et} \quad \frac{\beta'\gamma'}{1+\alpha'}=0.3.$$

Si l'on rapproche le chiffre 0,30 du chiffre 0,54 indiqué plus haut, on en conclut une réduction de $\dfrac{0,54 - 0,30}{0,54}$, ou de 44 p. %, entre la puissance que peut présenter une même machine fonctionnant dans des conditions en apparence identiques, selon son état réel d'entretien et de règlement.

C'est là un résultat qui n'a rien d'excessif, et qui ne se rencontre que trop souvent dans la pratique.

Ces grands écarts possibles dans la puissance d'une machine, selon qu'elle est, ou non, en bonnes mains, motivent la pratique suivie par certains constructeurs de donner aux machines sortant de leurs ateliers une force réelle notablement supérieure à celle pour laquelle ils les livrent ; ce qui revient à dire qu'ils adoptent, implicitement, pour α une valeur supérieure et pour β et γ des valeurs inférieures aux moyennes indiquées ci-dessus. Ils se réservent ainsi une certaine marge qui leur permet de donner satisfaction à leurs clients, quand même ceux-ci n'apporteraient pas à l'entretien de leurs appareils tous les soins désirables.

C'est ce que pratiquait Watt lui-même ; lorsqu'il vendait une machine de *tant* de chevaux, il était entendu, entre lui et ses acheteurs, qu'il leur livrait une machine qui remplacerait le même nombre de *chevaux vivants* employés précédemment par eux à leurs manèges, et c'est là l'origine de l'unité de force appelée encore aujourd'hui le *cheval-vapeur* ; mais, en adoptant, comme il le faisait, un travail de 75 à 76 kilogrammètres par seconde, Watt se donnait une marge considérable, puisqu'un cheval vivant n'en produit pas plus de 50. (Voir tome 1ᵉʳ, n° 10.)

Au point de vue commercial, ce système peut très-bien s'expliquer ; il sera même convenable, en projetant une machine, de se préoccuper, si on les connaît à l'avance, des conditions plus ou moins favorables dans lesquelles elle pourra se trouver placée, au point de vue de la facilité ou du soin de l'entretien et des réparations.

Peut-être aussi n'est-il pas mauvais, sinon pour le constructeur de la machine, tout au moins pour l'industriel qui doit s'en servir, de la calculer avec une certaine marge, en vue des compléments que les progrès de l'industrie conduisent fréquemment à apporter à un outillage donné.

Mais nous n'avons pas à nous arrêter ici à cet ordre d'idées, et nous devons nous borner aux considérations techniques relatives à une machine motrice d'une force déterminée, et non à celles qui sont relatives à cette détermination.

(862) Étude d'un générateur d'une puissance de vaporisation donnée. — Nous venons de voir comment, étant donné le travail que nous avons besoin d'avoir *disponible sur l'arbre du volant*, travail mesuré soit par une quantité T_r, exprimant le nombre de kilogram-mètres à développer dans un temps indiqué quelconque, soit par une quantité N correspondante, donnant la force en chevaux de 75 ki-logrammètres par seconde, nous déterminerons soit le travail $T_r (1 + \alpha)$, ou $N (1 + \alpha)$, à *transmettre à ce même arbre*, soit *la force indiquée* $\dfrac{(T_r (1 + \alpha)}{\beta}$, ou $\dfrac{N (1 + \alpha)}{\beta}$, à obtenir sur le piston, soit enfin la *force théorique* $\dfrac{T_r (1 + \alpha)}{\beta\gamma}$, ou $\dfrac{N (1 + \alpha)}{\beta\gamma}$.

On peut dire indifféremment, d'après ce qui précède, que la force théorique d'une machine à vapeur n'a qu'un rendement marqué par la *fraction* $\dfrac{\beta\gamma}{1 + \alpha}$, ou qu'un travail utile disponible correspond à une dépense de travail moteur théorique, supérieure à ce travail utile dans le rapport marqué par le nombre *entier ou fraction-naire* $\dfrac{1 + \alpha}{\beta\gamma}$.

Qu'on présente le résultat sous l'une ou l'autre forme, on arrive à cette conclusion que nous devons regarder comme connue, dans chaque application particulière, *la dépense théorique* de vapeur à faire pour obtenir sur le volant *le travail dont on a besoin*.

Il conviendra que le générateur soit étudié à son tour, de manière à fournir à cette dépense facilement, et sans avoir aucunement besoin d'être surmené.

(863) Désignant par Q le poids de vapeur qui correspond à cette dépense théorique pour une unité de temps quelconque, une heure, par exemple, on devra demander à la chaudière un poids $Q' > Q$, pour tenir compte de toutes les pertes de vapeur qui se font, soit par les condensations dues au refroidissement depuis la chaudière jusqu'au piston, soit par les fuites que présentent les joints divers de la chaudière et de la conduite de vapeur ou qui se produisent par le jeu des soupapes de sûreté.

On posera donc $Q' = Q (1 + \delta)$, δ étant un terme de correction relatif à ces condensations et à ces fuites. On aura à considérer cette quantité δ comme d'autant plus forte que les générateurs seront plus éloignés de la machine, que les appareils seront moins bien protégés par les refroidissements, que l'on marchera à de plus fortes pressions, et que les appareils se trouveront en moins bon état d'entretien.

La quantité δ pourra varier depuis quelques centièmes jusqu'à 15 ou 20 p. %, ou au delà, et même souvent beaucoup au delà, pour les chaudières tubulaires analogues à celles des locomotives ; on conçoit d'ailleurs qu'elle puisse en quelque sorte s'augmenter indéfiniment, à mesure qu'une pression croissante et un état d'entretien moins soigné ajoutent à l'importance des fuites.

On pourrait dire que la quantité Q' comporterait encore elle-même une autre correction, à cause de l'eau entraînée à l'état liquide, lors du phénomène de l'ébullition ; et cette correction pourrait, comme nous l'avons vu, varier notablement d'un générateur à un autre ; mais comme d'une part l'eau entraînée n'emporte avec elle par kilogramme qu'une faible partie de la chaleur qu'emporte un kilogramme de vapeur, et qu'une portion de cette chaleur peut revenir à la chaudière lorsque les choses sont disposées pour que la vapeur condensée y fasse retour elle-même, il nous paraît que dans la plupart des machines fixes il est inutile de considérer spécialement ces deux causes distinctes de correction, et l'on peut comprendre dans le terme $(1 + \delta)$, qui varie par simple appréciation depuis la valeur 1,05 jusqu'à 1,25 (selon les circonstances) l'influence des pertes de vapeur et de l'eau entraînée à l'état liquide. Ce qui est vrai pour une machine fixe peut ne pas l'être pour une locomotive, lorsque la vaporisation de la chaudière y atteint une très-grande activité. L'eau entraînée peut s'y élever alors à 50 p. 100 et plus. Il en résulte la nécessité d'alimenter plus activement, mais la dépense de chaleur est loin d'augmenter dans le même rapport.

On peut donc, même dans une locomotive, en augmentant δ de quelques centièmes, prendre la quantité Q' comme représentant la quantité de vapeur à produire et procéder sur cette base à l'étude du générateur.

(**864**) Nous savons que ce problème n'est nullement déterminé, quant au choix du type de ce générateur, attendu qu'un type quelconque *bien proportionné* peut réaliser *à peu près* le même effet utile pour un combustible donné, les différences d'un type à l'autre pouvant, en quelque sorte, s'effacer, si l'on a le soin de prendre toutes les précautions propres à réduire les pertes par rayonnement direct ou par conductibilité. On se guidera donc, dans le choix à faire, par des motifs particuliers, en ayant égard aux observations présentées dans le chapitre précédent.

Le type une fois adopté, il ne restera plus, pour terminer l'avant-projet, qu'à en déterminer les dimensions essentielles.

À ce sujet, deux observations doivent être faites.

En premier lieu, nous avons vu au chapitre xxi (n°ˢ **759** à **764**) que les différents éléments qui concourent essentiellement au phénomène de la vaporisation, comportent des variations simultanées, qui peuvent entre certaines limites ne pas affecter sensiblement le résultat économique final, c'est-à-dire la quantité de vapeur produite pour la consommation d'un kilogramme d'un certain combustible déterminé ; de sorte qu'on ne doit pas s'attendre à ce que chacun de ces éléments soit susceptible d'une détermination précise et mathématique, comme le serait, par exemple, celle du diamètre d'un piston à vapeur sur lequel on voudrait que la vapeur, à un nombre donné d'atmosphères, exerçât une pression totale donnée.

La seconde observation porte sur ce point que ces éléments, outre qu'ils ne sont pas susceptibles, pour chaque cas particulier, d'une détermination individuelle précise, ne sont même connus, dans leur valeur moyenne, que d'une manière purement empirique.

Il résulte de ces deux observations que pour résoudre, d'une ma-

nière aussi satisfaisante que le sujet le comporte, la question de
l'étude d'un générateur, on ne peut que recourir à certaines données numériques *générales* consacrées par la pratique, et se servir
de ces données, soit telles quelles, soit en les modifiant dans le
sens et approximativement dans la mesure qui conviennent à
chaque cas particulier.

(**865**) Nous admettrons comme point de départ le fait pratique
confirmé par une longue expérience qu'une machine ordinaire à
basse pression et à condensation, système de Watt, consomme par
cheval et par heure environ 5 kilogrammes de charbon de qualité
moyenne, dont chaque kilogramme vaporise environ 6 kilogrammes
d'eau, et que cette consommation de $5 \times 6 = 30$ kilogrammes d'eau
par cheval et par heure, est produite dans une chaudière à tombeau ou une chaudière cylindrique ordinaire, par une surface de
chauffe qui peut varier entre un mètre carré et un mètre et demi
(soit par mètre carré une vaporisation effective comprise entre 20
et 30 kilogrammes d'eau, ou en moyenne 25 kilogrammes).

En admettant qu'une telle machine fonctionne à $1 \frac{1}{2}$ atmosphère
et que l'on alimente à 40°, c'est une dépense de $640.55 - 40$
$= 600.55$ calories par kilogramme de vapeur, ou de 600×25
$= 15,000$ calories par mètre carré de surface de chauffe.

Il est entendu que les chiffres ci-dessus supposent la chaudière
placée près de la machine; il y a d'ailleurs très-peu d'eau entrainée
et des fuites presque nulles et des refroidissements très-faibles, soit
à cause de la grande surface libre de l'eau dans la chaudière et de
la vitesse de rotation habituellement petite de la machine, soit à
cause de la faible pression et de la basse température. On suppose
d'ailleurs que la combustion sur la grille et le tirage de la cheminée
se fassent dans de bonnes conditions, c'est-à-dire qu'il n'arrive pas
un excès d'air anormal dans le foyer et que les gaz parviennent à
la cheminée à une température assez ordinaire (voisine de 300°
environ).

Ces conditions d'une bonne combustion sur la grille et d'un bon
tirage sont variables évidemment avec le combustible employé, selon

sa nature et selon la quantité d'air qu'exige la combustion d'un poids donné de ce combustible.

Mais pour le cas considéré, celui d'une houille ordinaire, on admet que l'on peut brûler, par décimètre carré de grille, de $0^{kg},50$ à 2 kilogrammes de houille par heure (à moins de $0^{kg}.50$ on est dans les conditions d'un feu *retenu*; lorsqu'on dépasse 1 kilogramme on est déjà dans les conditions d'un feu *poussé*).

En admettant 1 kilogramme, cela revient à dire qu'il faut 5 décimètres carrés de grille, par force de cheval d'une machine à basse pression, ou pour $1^{m},25$ de surface de chauffe, soit une surface de grille égale à $\frac{1}{25}$ de la surface de chauffe. Ce rapport $\frac{1}{25}$ doit être retenu comme une valeur moyenne qui n'a rien de nécessaire; il est naturellement lié avec les circonstances qui peuvent rendre le tirage plus ou moins facile; il diminuerait, par exemple, si l'on employait un moyen de tirage artificiel permettant de faire passer plus d'air et par conséquent de brûler plus de charbon sur une grille d'une dimension donnée.

Les barreaux de la grille présentent ordinairement $\frac{1}{4}$ de vide et $\frac{3}{4}$ de plein (la proportion du vide est d'autant moindre que le charbon est plus menu et moins gras).

L'accès sous le cendrier, les carneaux et la cheminée à la partie supérieure doivent présenter une section partout au moins égale au vide total que présentent les barreaux. Il est difficile, pour que le service de la grille puisse se faire commodément, de lui donner plus de 1 mètre de largeur sur 2 mètres de longueur. La hauteur de la cheminée n'est pas un élément fort important; elle est le plus souvent déterminée par la condition de ne pas gêner le voisinage par sa fumée. Elle doit s'élever au-dessus du toit des maisons les plus voisines, qui pourraient en souffrir. Rarement on lui donne moins d'une dizaine de mètres; une quarantaine de mètres est généralement une hauteur plus que suffisante pour les plus grands appareils.

(**866**) Les données numériques ci-dessus suffisent pour permettre de faire un croquis coté d'une chaudière destinée à produire une vaporisation donnée *dans les conditions des chaudières de Watt, en employant pour combustible de la houille de qualité moyenne.*

Il s'agit de voir comment on pourra passer de ce cas particulier au cas général.

Si d'abord la vaporisation s'effectue dans d'autres conditions, on recherchera la dépense de calories à faire par kilogramme de vapeur, en ayant égard à la pression de la vapeur et à la température de l'eau d'alimentation, et cette dépense, comparée à celle de 600 calories admises plus haut, indiquera la variation à faire subir approximativement à la surface de chauffe, et à peu près exactement à la quantité de combustible à brûler sur la grille.

La surface de chauffe ainsi corrigée une première fois devra l'être une seconde fois, par l'introduction du facteur $(1 + \delta)$ du n° **863**, dont le terme δ devra augmenter entre les limites indiquées plus haut, à mesure que les circonstances paraîtront plus propres à augmenter les fuites et les refroidissements depuis les chaudières jusqu'à la machine.

Enfin on pourra, si l'on veut, avoir égard à *la position* de la surface de chauffe, en admettant que ces surfaces chauffées *par-dessous*, comparées aux parois *verticales* et aux parois *chauffées par-dessus*, ont par mètre carré un effet utile plus grand de 25 et de 50 p. 100 que ces dernières, ou, en d'autres termes, on pourra ne compter ces dernières que pour les 4 cinquièmes ou les $\frac{2}{3}$ de leur étendue.

Si, pour une vaporisation effectuée dans des conditions données, c'est le combustible qui varie de qualité, soit par sa composition chimique et sa puissance calorifique, soit par la nature et la quantité des cendres, soit enfin par la grosseur des morceaux, on n'aura à toucher qu'à la grille, sans rien changer au générateur, et le changement se fera, suivant les cas, en modifiant ou la dimension de la grille ou le rapport du vide au plein. Un charbon pur, à grande puissance calorifique, en morceaux, et pas trop collant, comporte la moindre surface totale et le plus grand rapport du vide au plein. La quantité totale de charbon à consommer varie principalement *en raison inverse de sa puissance calorifique.* Mais, en outre, la consommation reçoit un nouvel accroissement, lorsque la proportion des cendres devient très-grande, ou lorsque le charbon est très-sec et très-menu, soit à cause du charbon qui tombe de la grille empâté dans les crasses et de la chaleur perdue à échauffer ces crasses, soit à cause du charbon perdu à l'état d'escarbilles.

Lorsque l'on emploie un combustible autre que la houille, toutes les propriétés physiques sont changées en même temps que la composition chimique et la puissance calorifique. La chauffe, les carneaux, la cheminée doivent être alors établies dans des conditions toutes différentes, qui ne sont point basées sur des considérations mécaniques et dont nous n'avons point à nous occuper ici, renvoyant aux ouvrages spéciaux et aux recueils de tables, notamment *aux Machines à vapeur* de MM. A. Morin et Tresca, *tome Ier, Production de la vapeur*, et à l'*Aide-mémoire* de M. J. Claudel.

Nous nous bornerons à faire remarquer que l'on n'aurait qu'une idée imparfaite et inexacte de la valeur relative de deux combustibles, si l'on se bornait à comparer leurs pouvoirs calorifiques, tels que les donnent les tables publiées par les physiciens, sans tenir compte en même temps de *la température initiale* que prennent les produits de la combustion, lorsqu'ils sont brûlés avec la quantité d'air appropriée ; car c'est l'écart entre cette température initiale et celle que ces produits conservent au pied de la cheminée de tirage, comparé à cette dernière, qui donne la mesure de l'effet utile théorique des calories développées par la combustion, considéré dans l'emploi de ces calories à la production de la vapeur.

(**867**) Les considérations ci-dessus peuvent être appliquées sans modifications aux diverses chaudières du premier et du deuxième types ; la supériorité qui peut résulter soit d'un foyer intérieur ou de galeries, soit d'une forme plus ramassée, au point de vue des pertes de chaleurs, rentrant dans l'ordre de grandeur de la marge qu'il faut toujours se réserver dans l'étude d'un projet, pour être paré contre les mécomptes, accidents, etc.

Mais quand il s'agit de chaudières tubulaires proprement dites, dont la plus grande partie de la surface de chauffe est formée, non par des plaques de tôle de 8 ou 10 millimètres et plus d'épaisseur, mais par des tubes métalliques *minces*, très-perméables à la chaleur et subdivisant beaucoup le courant d'air, de manière à en mettre, pour ainsi dire, tous les filets en contact avec les parois des tubes ; quand, en même temps, ce qui a lieu le plus souvent, le tirage est produit par un moyen artificiel qui peut faire passer par une grille d'une section donnée, une quantité d'air qui est *sans rapport* avec celle qu'y ferait passer un simple tirage naturel, on est dans des conditions essentiellement différentes, qui demandent un examen spécial et de nouvelles indications numériques.

Dans ces chaudières tubulaires à tirage forcé, comme sont celles des locomotives, la surface de chauffe du foyer, ou la surface de chauffe *directe*, n'est guère que le dixième de la surface de chauffe tubulaire ou surface *indirecte*, ou le onzième de la surface de chauffe totale.

Beaucoup d'ingénieurs, se basant sur la facilité de la transmission de la chaleur à travers des tubes minces, sont disposés à attribuer à ce type de chaudières une supériorité marquée sur les deux premiers types ; de nombreuses expériences de vaporisation effective ont même donné une différence qui s'est élevée de 30 à 35 p. 100 et plus, en leur faveur, pour une même quantité de combustible brûlé. Cette opinion me paraît contraire aux principes ; la différence constatée dans les expériences qui semblent la confirmer est certainement due, pour une partie, à la supériorité de qualité du combustible employé ; et pour une plus forte partie peut-être, elle n'est qu'une apparence due à l'entraînement d'une forte quantité d'eau à l'état liquide avec la vapeur. Quoi qu'il en soit, on peut partir de ce point d'expérience que l'on consommera $2^k,8$ à 3^k de charbon par décimètre carré de surface de grille, que la surface de chauffe pourra être en moyenne égale à 75 fois la surface de la grille (entre 70 et 90 fois), et que chaque kilogramme de combustible produira une évaporation, tant réelle qu'apparente, de 8^k d'eau.

Cela revient à dire, en nombre rond, que dans une chaudière de locomotive, avec le tirage activé par l'échappement de la vapeur, *la consommation* d'une grille d'une surface donnée *et le rapport* de la surface totale de chauffe à cette surface de grille, sont triples de ce qu'ils sont dans les chaudières ordinaires; ou, en d'autres termes, que *le combustible brûlé par mètre carré de surface de chauffe est le même pour tous ces appareils.*

Cet énoncé, auquel conduit la comparaison générale des résultats consacrés par la pratique, justifie entièrement la conclusion théorique indiquée au n° **764**.

(**868**) Lorsqu'en appliquant les règles indiquées ci-dessus (n°ˢ **855** et suivants), on étudie le projet d'un appareil à vapeur complet (machine et chaudière) fonctionnant dans des conditions déterminées d'emploi de la vapeur, et qu'on en vient aux applications numériques, on arrive à cette conclusion, entièrement confirmée par la pratique, que, pour la force d'un cheval disponible sur l'arbre du volant d'une machine à mouvement continu, la consommation de houille ordinaire peut varier entre la limite de 5 à 6 kil. au plus par heure et celle de 1 kilogramme au moins.

La limite supérieure ne doit généralement être dépassée que par suite de quelque défectuosité accidentelle à laquelle il y a lieu de parer. La limite inférieure n'est pas obtenue *couramment*, même pour les meilleures machines; on n'y descend guère que dans les essais faits sur les machines pour lesquelles le constructeur a garanti une consommation donnée, et on la dépasse presque toujours, dès que la machine cesse d'être réglée et entretenue et le feu conduit avec les précautions et les soins qui ont naturellement présidé aux essais.

On peut dire qu'en pratique une machine qui ne consomme pas plus de 1 kil. 25 à 1 kil. 50 par heure et par cheval disponible sur l'arbre du volant, est une excellente machine ; que beaucoup de machines, même à détente plus ou moins étendue et à condensation, dépassent 2 kilogrammes et vont jusqu'à 5 kilogrammes; et qu'enfin, lorsque cette consommation atteint ou dépasse 5 kil. $\frac{1}{2}$ et va jusqu'à 5 et parfois 6 kilogrammes, la machine étant convenablement réglée et dans un état normal d'entretien, c'est que cette machine, par un motif quelconque, motif souvent très-rationnel, ainsi que nous l'avons expliqué, fait un usage *imparfait* de la vapeur, c'est-à-dire qu'elle fonctionne ou à pression réduite, ou à sans détente, ou sans condensation, ou qu'enfin plusieurs de ces circonstances se trouvent réunies.

J'estime que dans l'état actuel de l'art des constructions, l'ensemble des machines en service dans l'industrie dépense *au moins* 5 *kilogrammes* de houille par force de cheval et par heure, soit 50 kilogrammes pour une journée de 12 heures correspondant à une marche de 10 heures de service effectif.

Si l'on suppose que ce combustible coûte moyennement, rendu aux usines, 25 francs la tonne, la dépense journalière sera de 0 fr. 75 par cheval. ou pour obtenir un travail de $75 \times 5600 \times 10 = 2700,000$ kilogrammètres.

Ce travail correspond à peu près à deux fois et demi le travail d'un bon cheval attelé à un manége, et à plus de dix fois le travail d'un homme de peine fonctionnant dans les meilleures conditions, c'est-à-dire agissant par son poids sur une roue à chevilles.

On a donc, pour une dépense de 0 fr. 75, un travail qui coûterait 7 fr. 50, en employant des chevaux supposés coûter 5 francs par jour. et 20 francs à l'aide de manœuvres à 2 francs.

Ces derniers chiffres, assurément très-modérés, montrent que le travail obtenu à l'aide de la vapeur dans une machine assez ordinaire, ne coûte que le dixième de celui qu'on obtiendrait avec des chevaux, et moins des 4 centièmes de celui qu'on obtiendrait à bras d'homme.

C'est là assurément une différence bien importante, et qui suffirait pour faire comprendre que, dès qu'une industrie a besoin d'une force équivalente à celle d'un petit nombre d'hommes ou de quelques chevaux, on ait le plus grand intérêt à demander cette force à l'emploi de la vapeur.

(**869**) L'économie, ainsi obtenue, qui se traduit par un très-gros chiffre de bénéfice au bout de l'année, lorsqu'il s'agit de machines puissantes de 20, 40, 100 chevaux et au delà, comme on en emploie dans beaucoup d'établissements industriels, est un caractère fort important des moteurs à vapeur, caractère qui a essentiellement contribué à donner à l'emploi de ces moteurs l'immense développement qu'on lui a vu prendre depuis moins d'un siècle.

Toutefois cette économie n'est peut-être pas encore le trait le plus spécial à considérer dans cet emploi ; car on le trouve également dans l'emploi des moteurs hydrauliques, quelquefois même *à un plus haut degré*, en ce sens que dans les contrées où le mouvement industriel ne s'est pas encore étendu, il peut arriver que des chutes d'eau ne soient pas encore appropriées, et qu'ainsi le travail à obtenir d'une telle chute puisse être considéré comme fourni, en quelque sorte, gratuitement, réserve faite de l'intérêt et amortissement des travaux de premier établissement à faire pour l'utiliser. Il n'en sera pas de même ordinairement dans un pays industriel, où les chutes seront créées depuis longtemps et auront une valeur vénale, qui dépendra, comme pour toute autre chose, du rapport entre l'offre et la demande, ainsi que du prix auquel on pourra se procurer dans le pays le combustible à l'aide duquel on pourrait employer les machines à vapeur en concurrence avec les chutes d'eau.

(**870**) Mais si, à ce point de vue de l'économie, les machines à vapeur ne présentent pas, en principe, d'avantage sur les chutes d'eau, et peuvent, dans certains cas, leur être inférieures dans une mesure plus ou moins importante, quelle immense supériorité n'ont-elles pas, au contraire, sous tant d'autres rapports !

Bornons-nous à indiquer :

1° La faculté d'être établies *partout*, à la seule condition d'y trouver la faible quantité d'eau nécessaire à leur alimentation, par conséquent sur les points où la population agglomérée fournit la main-d'œuvre nécessaire, ou bien sur ceux qui présentent des facilités convenables pour l'arrivée des matières premières ou l'expédition des produits fabriqués.

2° La *régularité* de la force produite, qui contraste avec l'irrégularité qui est le caractère de la plupart des chutes d'eau, dont le débit et la hauteur sont ordinairement très-variables d'une saison à l'autre. Il en résulte que si l'usine est établie sur la base *des eaux moyennes*, elle perd de la force dans les *bonnes eaux*, et que dans tous les cas cette force devient insuffisante *en basses eaux ;* de là l'emploi fort répandu dans les districts industriels avancés, où l'on emploie des chutes d'eau, comme dans les Vosges, par exemple, de récepteurs hydrauliques établis en vue des bonnes eaux, auxquels on adjoint une machine à vapeur de renfort, que l'on peut faire marcher pendant une plus ou moins grande partie de l'année.

Une autre irrégularité des moteurs hydrauliques, qui peut se présenter avec une certaine importance dans les pays froids, et à laquelle les moteurs à vapeur échappent entièrement, est celle qu'amènent des gelées très-intenses et persistantes.

5° L'*importance* de la force qui peut être réglée exactement sur les besoins de l'établissement, sans crainte d'en perdre à certaines saisons, ou, ce qui est plus fâcheux, d'en manquer dans d'autres, peut-être au moment où la fabrication aurait le plus besoin d'être activée.

A cet égard, les machines à vapeur offrent aux industriels toute la marge désirable. On a des machines qui n'ont qu'une petite fraction de cheval ; on en a dont la force se compte par plusieurs centaines de chevaux ; entre ces limites qui sont, en quelque sorte, indéfiniment extensibles, on peut avoir, partout où l'on veut, aussi bien la force nécessaire pour faire marcher une machine à coudre, que celle que pourra exiger une grande machine de mine ou d'établissement métallurgique, force qu'il serait le plus souvent impossible de demander à une chute d'eau donnée, et plus impossible encore, au point de vue pratique, d'obtenir d'une accumulation de moteurs animés.

Cette triple propriété de pouvoir être créés *en tout lieu, d'une manière aussi continue et aussi régulière qu'on le veut, et dans la juste proportion des besoins des opérations industrielles auxquelles on veut les appliquer*, est évidemment, beaucoup plus que l'économie dans la production du travail, le trait saillant et caractéristique des moteurs à vapeur, celui qui les rend le plus souvent indispensables, et auquel ils doivent la prodigieuse force d'expansion dont ils font preuve depuis le commencement de ce siècle.

C'est ainsi qu'en France, par exemple, on compte aujourd'hui, sans parler des chemins de fer et des bateaux à vapeur, environ 25,000 machines fixes d'une force collective de 500,000 chevaux.

En supposant, comme nous l'avons dit, qu'elles fassent, par jour, 10 heures de travail effectif pour la durée d'un poste de 12 heures (et il y en a beaucoup qui marchent jour et nuit), c'est un travail journalier de 2,700,000 kilogrammètres par cheval, ou le travail de 3 millions d'hommes valides exclusivement employés comme moteurs. A 3 kilogrammètres par cheval et par heure, et pour 300 jours de travail par an, c'est une consommation annuelle de 2,700,000 tonnes de houille, et l'on voit, en passant, que si l'on ramenait seulement la consommation au chiffre très-admissible et très-réalisable de 2 k. 1/2 par cheval et par heure, le pays ferait, de ce seul chef, une économie annuelle de 450,000 tonnes.

Que sera-ce, si l'on ajoute aux machines fixes, qui marchent en France, les 5,000 locomotives environ que possèdent les chemins de fer, dont la force, qui va toujours en croissant, atteint aujourd'hui au moins 200 chevaux en moyenne, et les 500 bateaux à vapeur d'une force collective de 40 à 45,000 chevaux qui composent la flotte commerciale, sans y comprendre la marine de guerre, beaucoup plus puissante encore ?

On devra en conclure que les machines à vapeur de toute nature qui fonctionnent aujourd'hui en France, représentent une force collective au moins égale à celle de tous les hommes valides qui s'y trouvent ; de sorte qu'il est vrai de dire qu'au point de vue industriel l'effet est le même que si chaque homme était, en quelque sorte, doublé d'un serviteur laborieux, soumis, assidu, ne consommant que quelques kilogrammes de charbon par jour, et *seulement quand il travaille*, exécutant tout le travail mécanique qui peut être nécessaire, et laissant à l'homme les opérations où il n'a à mettre en jeu que son intelligence et son adresse ; avec cette considération majeure qu'il exécute souvent ce travail dans des conditions de *force* ou de *vitesse* que ni l'homme ni les autres moteurs animés ne pourraient atteindre.

On peut donc prévoir pour la France le moment, déjà arrivé pour d'autres pays, comme l'Angleterre et la Belgique et même pour quelques-unes de nos provinces, où le travail demandé à la vapeur soit dans l'industrie agricole manufacturière, soit dans la grande industrie des transports, ne pourrait pas être créé par la population mâle tout entière, aidée de toutes les bêtes de trait qui peuvent exister dans le pays.

Si l'on ajoute que dans la plupart des industries, l'outillage a été perfectionné, quelquefois à un degré extraordinaire, en même temps que la machine à vapeur multipliait, autant qu'on le voulait, les moyens de mettre en jeu cet outillage, on comprendra toute l'importance de la révolution économique à laquelle nous assistons de nos jours, et qui est sans précédent dans l'histoire du monde.

A aucune époque, la force productive de l'homme n'a été ni si considérable, ni si rapidement croissante que de nos jours ; et par une conséquence heureuse, qui semble nécessaire, à aucune époque la situation matérielle des masses, favorisée par une telle abondance des produits de toute nature, et par d'aussi grandes facilités d'échanges, n'a été en s'améliorant d'une manière aussi prononcée.

APPENDICE

LÉGENDES DES PLANCHES

Planche XXXV. — Figures 162 à 167.

FIG. 162. — N° **540**. — Diagramme théorique donnant le travail que produit un kilogramme de vapeur formé à six atmosphères de pression totale, et fonctionnant dans les conditions du cycle de Carnot, c'est-à-dire produisant du travail moteur, d'abord par son admission à pleine pression, puis par sa détente jusqu'à la pression du condenseur, et ensuite donnant lieu à un travail résistant par la contre-pression du condenseur, puis par la compression finale qui ramène l'eau à l'état liquide et à la température de la chaudière.

Sur la figure, les longueurs égales Aa et Bb représentent, à une échelle arbitraire, la pression de 6 atmosphères, $AB = ab$ représente, à une autre échelle également arbitraire, l'excès du volume d'un kilogramme de vapeur à 6 atmosphères sur le volume d'un poids égal d'eau à l'état liquide; Oa, Ob et Oc représentent le volume total de ce kilogramme d'eau, d'abord à l'état liquide, puis lorsqu'il est réduit à l'état de vapeur à 6 atmosphères. et enfin lorsque cette même masse n'est plus qu'à

la pression du condenseur, et qu'elle s'est particllement liqué-
fiée pendant sa détente. Le point D est le point où commence
la période de compression finale.

Aux échelles adoptées pour les ordonnées et pour les abscisses
de la figure, les aires AabB, BbcC, CcdD et DdaA sont respectivement égales :

1° Au travail moteur de l'admission à pleine pression
($18946^{km},50$);

2° Au travail moteur de la détente ($59300^{km},25$);

5° Au travail résistant de la contre-pression ($9286^{km},25$);

4° Au travail résistant de la compression finale ($1109^{km},50$).
Par suite le travail transmis à la machine est mesuré par l'aire
de la courbe ABCDA ($57851^{km},02$).

La petite aire OA'Aa représente à la fois le travail résistant
de l'alimentation, ou de l'introduction de l'eau à l'état liquide
dans la chaudière, et le travail moteur que cette introduction
produit en faisant sortir de la chaudière un égal volume de
vapeur. Cette petite aire est égale à 62 kilogrammètres.

Fig. 163. — N° **552**. — Tracé graphique ayant pour objet de montrer la convenance de ne pas pousser la détente jusqu'à la
limite théorique marquée par la pression du condenseur,
lorsque l'on veut, comme il est habituel, transmettre le maximum de travail utile, non à *l'organe récepteur* lui-même, ou
au piston, mais à un point donné des transmissions ou aux
opérateurs.

Les ordonnées de la courbe MN étant le travail moteur total
transmis au récepteur, pour diverses détentes définies par les
volumes finaux Oa, Ob', Oc, Ou', Ob, etc., et celles de la courbe
M'N' étant le travail résistant correspondant dû aux résistances
passives de la machine, la détente la plus favorable est, non
pas celle qui est définie par l'abscisse Ob qui correspond au
maximum du travail moteur, mais bien celle plus faible qui
correspond aux points B' et B'$_1$ où les tangentes aux courbes MN
et M'N' sont parallèles (voir le texte du n° **552**).

Fig. 164. — N° **570**. — Cette figure indique la position de la ligne droite *mn* des *pressions effectives nulles*, que tracerait la pointe du crayon d'un indicateur de Watt, si les deux faces du petit piston de l'instrument étaient soumises à la même pression.

L'axe OX, placé au-dessous de *mn*, à une distance égale à l'allongement ou au raccourcissement que prend le ressort du petit piston pour un écart de pression d'une atmosphère, est la ligne que tracerait le même crayon, si le vide parfait existait sous ce petit piston.

Fig. 165. — N° **572**. — Diagramme normal qu'on relèverait avec l'aide d'un indicateur de Watt, dans une machine à vapeur à haute pression, détente et condensation, dont la distribution serait parfaitement réglée. Les lignes *mn* et OX étant les mêmes que dans la figure précédente, on reconnaît, par des mesures directes, que la machine est supposée marcher à 5 atmosphères de pression totale et détendre au tiers de la course du piston.

Fig. 166 et 167. — N° **572**. — Ces deux figures représentent les déformations que présentent souvent les diagrammes relevés avec l'indicateur de Watt.

Dans la première de ces deux figures, les parties fortement ondulées que présente le diagramme en A et en C′, c'est-à-dire aux points morts du piston moteur, lorsque la distribution venant à changer il se produit des variations brusques de pression, sont attribuables simplement à l'inertie du petit piston de l'instrument, et il n'y a pas à en tenir compte dans la mesure de l'aire figurative du travail.

Dans la figure 167, les coudes observés aux points A, B, C, C′, D se rapportent à la distribution même de la vapeur ; ils accusent des défectuosités auxquelles il importe de parer, soit une manœuvre tardive ou prématurée des appareils de distribution, soit une ouverture insuffisante des lumières, ou une fuite par les organes obturateurs de ces lumières, ou autour du piston, etc., etc.

Les courbes ABCC′D à coudes arrondis, telles que celle de la figure 167, sont *inscrites* dans le contour à angles vifs, analogue à celui de la figure 165, que l'on obtient quand la distribution a été rectifiée. La différence entre l'aire du contour circonscrit et de la courbe inscrite est la mesure de la perte de travail que cause une distribution défectueuse. Cette différence peut devenir parfois fort importante, et il est très-utile d'avoir le moyen de la constater expérimentalement en relevant des diagrammes à l'aide de l'indicateur.

Planche XXXVI. — Figures 168 à 171.

Fig. 168. — N° **585**. — Cette figure représente la disposition ordinaire du balancier et du parallélogramme articulé ou parallélogramme de Watt, presque exclusivement employé pendant longtemps dans les machines à vapeur, pour transformer le mouvement rectiligne alternatif du piston moteur et de sa tige en un mouvement circulaire alternatif de l'extrémité du balancier.

Dans le parallélogramme ABCD, les points A et B ont nécessairement un mouvement circulaire ; en s'imposant la condition que le point C, attache de la tige du piston, décrive une ligne droite, le mouvement du point D se trouve entièrement déterminé, et, inversement, si l'on oblige le point D à prendre ce mouvement, celui du point C se trouvera être rectiligne.

Pour conduire le point D, on assimile le lieu géométrique qu'il décrit à un arc de cercle, et on l'oblige à décrire effectivement cet arc de cercle, en le reliant à un bras de rappel, tournant autour du centre de cet arc, dont on détermine graphiquement la position.

Le mouvement du point C étant assuré, on reconnaît que le point C_1, intersection de la ligne OC avec le côté BD, décrit un lieu géométrique semblable et semblablement placé par rapport au point O ; le mouvement de C_1 est donc *sensiblement rectiligne* si le mouvement de C satisfait à cette condition (Voir pour plus de détails le texte du n° **585**).

Fig. 169. — N° **586**. — Cette figure doit être rapprochée de la précédente. Les mêmes lettres désignent les mêmes objets sur les deux figures. Étant donné le balancier OA et le parallélogramme ABCD, et ayant déterminé le centre O′ du bras de rappel O′D qui oblige le point D à décrire un arc de cercle autour du point O′, ce qui détermine, comme on vient de le dire, le mouvement sensiblement rectiligne du point C, et par suite celui du point C_1, la figure 169 montre comment on peut trouver, soit à droite, soit à gauche des points C et C_1, d'autres points C_2 et C_3, dont les lieux géométriques seront semblables à ceux des points C et C_1 et semblablement placés par rapport au point O.

Les quatre points C, C_1, C_2, C_3 se mouvront donc sensiblement suivant des lignes droites verticales dont les longueurs seront proportionnelles aux distances OA, OB, OB_1 et OB_2. Ils pourront être guidés, soit indirectement par le bras de rappel O′D, soit directement par les bras de rappel $O_1′D_1$ et $O_2′D_2$. Par raison de similitude, les trois centres $O′_1$, O′ et $O′_2$ et les trois articulations D_1, D et D_2 sont sur des lignes droites passant par le centre O du balancier, qui est le centre de similitude pour ces deux systèmes de points, comme pour le système des quatre points C, C_1, C_2 et C_3.

Fig. 170. — N° **587**. — Cette figure comprend le système de la bielle et de la manivelle qui est attachée à l'extrémité du balancier opposée à celle qui porte le parallélogramme articulé de la figure 168.

L'ensemble de ces deux figures représente le système cinématique à l'aide duquel le mouvement rectiligne alternatif du piston peut être limité dans son amplitude pour les machines à mouvements alternatifs, ou transformé en un mouvement circulaire continu de l'arbre du volant pour les machines de rotation (Voir sur les diverses propriétés de ce système cinématique les n°ˢ **587** à **591**).

Fig. 171. — N° **589**. — Cette figure représente la disposition du parallélogramme de Watt, telle qu'on l'applique souvent sur les bateaux à vapeur, en vue de rendre le système moins encombrant pour un balancier d'une longueur donnée OA.

La figure 171 doit être rapprochée de la figure 169. Au parallélogramme ABCD, au centre d'oscillation O′ et au bras de rappel O′D, on a simplement substitué le parallélogramme AaD_1B, le centre d'oscillation $O_1′$ et le bras de rappel $O′_1D_1$. Le point C n'en est pas moins guidé de la même manière, et l'amplitude de son oscillation n'est pas changée.

Planche XXXVII. — Figures 172 à 172 bis.

Fig. 172. — N° **589**. — Cette figure commence la série des douze planches, 37 à 48 inclusivement, consacrées à la représentation d'un certain nombre de types de machines à vapeur, non compris ceux qui se rapportent à l'extraction et à l'épuisement des mines, dont il est spécialement traité dans le cours d'exploitation.

La figure 172 représente la machine à vapeur établie pour élever les eaux de la Seine dans le bassin de Saint-Ouen.

Cette machine, parfaitement construite suivant le type généralement adopté par Watt, est à balancier, avec parallélogramme articulé, à double effet ou de rotation, à basse pression et à condensation sans détente.

Le volant fait dix-huit tours par minute, ce qui donne au piston une vitesse moyenne de $1^m.08$.

Elle a été livrée comme étant de la force de 40 chevaux, mais on en a obtenu 48 (en eau montée).

Fig. 172 *bis*. — N° **589**. — Autre type de machine de rotation à balancier.

Cette machine diffère de la précédente par la manière dont sont établis le point fixe qui supporte le balancier et celui du bras de rappel du parallélogramme (Points O et O′ de la figure 168, pl. 36).

Elle fonctionne à 4,5 atmosphères, avec détente variable et

condensation. Elle fait trente tours par minute, et est de la force de 20 chevaux.

La vitesse moyenne du piston est de $0^m.9$.

En comparant les figures 172 et 172 *bis*, qui sont à la même échelle, on reconnaît comment, dans le système de la seconde machine, l'emploi d'une plus haute pression et d'une vitesse de rotation plus grande permettra, avec un encombrement proportionnellement beaucoup moindre, d'obtenir une force donnée (Voir pour les deux machines ci-dessus l'ensemble des données numériques indiquées au tome II, pages 16 et 28 du *Traité des moteurs à vapeur*, de M. Armengaud aîné.)

Planche XXXVIII. – Figures 173 à 174.

FIG. 173. — N° **589**. — Cette figure et la suivante, extraites de l'ouvrage de M. Ledieu (*Traité élémentaire des appareils à vapeur de navigation*) a pour objet principal d'indiquer la disposition *renversée*, qu'on peut donner au système du balancier et du parallélogramme, lorsqu'on ne peut pas ou qu'on ne veut pas établir, pour porter le système, un point d'appui élevé.

On voit comment ce point d'appui est reporté au niveau des fondations de la machine, et comment l'arbre auquel il s'agit d'imprimer un mouvement de rotation continu (l'arbre des roues à palettes), est au-*dessus* et non au-*dessous* de la bielle qui le commande.

Le parallélogramme qui relie la tige du piston au balancier n'a plus l'aspect qu'on lui trouve dans les figures de la planche précédente. Il faut le rapprocher de la figure 171.

Dans l'un et dans l'autre, les lettres O A B$_1$ C D$_1$ a O$'_1$ représentent des points qui se correspondent. Les deux figures ne diffèrent donc qu'en ce que le parallélogramme est tourné vers le bas dans la figure 172, et en sens contraire dans la figure 173. On voit ainsi comment la construction de ce dernier se rattache à la théorie du parallélogramme ordinaire.

On doit comprendre, en outre, que le balancier OA est *double*, ou plutôt qu'il est composé de deux flasques entre lesquelles se trouve le cylindre à vapeur, et qui se confondent en projection verticale ; chacune des flasques porte un parallélogramme, et les deux côtés, projetés en AC, sont reliés en C par une pièce en T dont le milieu porte la tige du piston. En A' une pièce semblable porte la bielle A'M, qui va s'attacher en M sur un coude de l'arbre des roues, dont le centre est en X. Il est bon de remarquer, sur la figure 175, le système très-solide d'entretoisement qui relie au cylindre les colonnes et l'entablement portant l'arbre des roues.

La machine représentée est de la force de 80 chevaux, c'est-à-dire qu'elle formait l'un des deux éléments identiques d'une machine à cylindres conjugués, dite de 160 chevaux, type adopté en France pour les premiers grands bateaux à vapeur marins qui y aient été établis.

L'arbre des roues marchait à 22 tours.

Les deux pistons avaient $1^m,25$ de diamètre et $1^m,40$ de course, soit une vitesse d'un mètre par seconde. On marchait à basse pression (moins d'une atmosphère et demie), en détendant aux $\frac{2}{3}$ de la course, et à condensation. (Voir le traité précité qui présente sur les machines dont il s'agit, un très-grand nombre de données numériques.)

Fig. 174. — N° **589**. — Cette machine diffère de la précédente par le groupement de ses diverses parties, et spécialement par cette circonstance que le parallélogramme et la bielle sont à la même extrémité du balancier. Il en résulte que la puissance et la résistance sont en relation immédiate, comme dans les machines dites à connexion directe, qui seront indiquées plus loin.

Le balancier n'est plus qu'un simple appareil de *guidage*, et n'a plus la même importance que lorsqu'il fonctionne comme un appareil de *transmission*, recevant à l'une de ses extrémités l'effort de la tige du piston, pour la transporter à son autre extrémité sur la bielle qui commande la manivelle de l'arbre des palettes.

L'inspection des deux figures 173 et 174 indique nettement
la différence du rôle qu'y jouent les balanciers.

Planche XXXIX. — Figures 175 à 175 ter.

Fig. 175. — N° **592**. — Cette figure et les suivantes, jusqu'à celles
de la planche XLII inclusivement, représentent une série de
types de machines rentrant dans la catégorie des machines à
connexion directe, caractérisées par la suppression du balancier
des machines antérieurement décrites.

La machine de la figure 175 est une machine dont le cylindre
est placé verticalement; elle présente la disposition dite *en clocher*, caractérisée par la *superposition* directe de toutes les
pièces depuis le cylindre à vapeur jusqu'à l'arbre du volant.
Cette disposition ménage l'espace occupé *en plan* par la machine. La machine représentée est de la force de 4 chevaux,
lorsque l'arbre du volant fait 40 tours par minute.

Fig. 175 *bis*. — N° **592**. — La disposition générale de cette machine
ne diffère de la précédente que par la forme du bâtis portant
l'arbre du volant. Cette disposition est connue sous le nom de
machine *à colonne*.

La machine diffère, en outre, dans les détails, par l'emploi
d'un parallélogramme d'Olivier Evans, remplaçant la glissière,
et par le mode d'emploi de la vapeur, qui agit ici à moyenne
pression, détente et condensation.

Elle est environ de la force de 8 chevaux, lorsqu'elle marche
à grande détente ($\frac{2}{5}$), et à la vitesse de 30 tours de l'arbre du
volant par minute.

Fig. 175 *ter*. — N° **592**. — Cette figure diffère des deux précédentes par la position du cylindre dont l'axe est ici horizontal.

Cette disposition offre l'inconvénient (théorique plutôt que
pratique) de l'ovalisation du cylindre par suite d'usures inégales, et celui d'un plus grand espace occupé en plan. Par

contre, la machine est installée plus solidement, et plus accessible dans toutes ses parties au mécanicien chargé de la soigner
pendant la marche.

Planche XL. — Figure 176.

Fig. 176. — N° **592**. — La figure représente une machine du type
dit *à pilon*, qui n'est autre chose que la machine *en clocher*,
renversée bout pour bout. Cette disposition convient, lorsque
l'arbre principal doit être à un niveau donné, qu'on n'a pas la
hauteur nécessaire pour établir le cylindre moteur en dessous
de ce niveau, et qu'on ne veut pas, pour ménager l'espace en
plan, l'établir horizontalement. Tel est précisément le cas dans
les paquebots à hélice du commerce.

La machine représentée est à deux cylindres conjugués pour
éviter les points morts (voir n° 596). Elle est installée sur le
paquebot transatlantique *le Péreire*. Elle est de la force de près
de 1,100 chevaux. Chaque cylindre a 2^m,13 de diamètre et 1^m,22
de course. L'arbre de l'hélice fait 55 tours par minute. La surface totale de chauffe est de 1,400 mètres, et la surface du condenseur fermé de 1,100 mètres. (Voir, pour plus de détails, le
Portefeuille d'Oppermann, livraison de juillet 1870.)

Planche XLI. — Figures 177 à 178 bis.

Fig. 177. — N° **592**. — Cette figure représente une machine verticale à connexion directe, qui diffère du type *en clocher* et du
type *à colonne* de la planche XXXIX, par l'emploi de bielles pendantes qui sont liées aux extrémités d'un T fixé à la tige du piston. Ces bielles en retour permettent de placer l'arbre du volant
au niveau du sol, ce qui réduit la hauteur verticale, occupée par
la machine, et permet d'établir cet arbre, plus facilement et
avec de moindres frais, dans des conditions convenables de
solidité.

La machine représentée est de la force d'environ 15 chevaux à la vitesse de 50 tours.

Fig. 178. — Nº **592**. — Cette figure représente la combinaison cinématique, à l'aide de laquelle on parvient à appliquer aux machines à connexion directe, comme aux machines à balancier, le mécanisme du parallélogramme de Watt. (Voir le texte du nº 592, pages 102 et 103.)

Fig. 178 *bis*. — Nº **592**. — Exemple d'une machine à connexion directe à laquelle on a appliqué, pour guider la tige du piston, la combinaison géométrique de la figure précédente.

Les deux colonnes qui supportent l'entablement sur lequel repose l'arbre du volant, fournissent très-simplement les points d'attache des deux liens OB et O'D réunis par le levier BD, dont le milieu C reçoit la tête de la bielle et l'extrémité de la tige du piston.

Cette disposition peut être considérée comme très-satisfaisante.

Planche XLII. — Figures 179 à 181.

Fig. 179. — Nº **593**. — Cette figure et les deux autres de la même planche, représentent des combinaisons cinématiques principalement appliquées aux machines des navires, qui ont des sujétions très-particulières, tant au point de vue de la forme, de la grandeur et de la position de l'emplacement qui peut leur être réservé, qu'à celui de la position qu'il faut donner à l'arbre principal (arbre des roues à palettes, ou de l'hélice).

La figure 179 représente une machine horizontale à connexion directe, dite à bielle en retour et à deux tiges.

Cette machine qui est, à la vitesse de 50 tours, de la force de 1000 chevaux (pour les deux cylindres conjugués dont se compose le système complet), est appropriée :

1º par sa disposition horizontale, à l'usage d'un bâtiment de guerre, parce qu'elle est tout entière au-dessous de la ligne de flottaison, à l'abri des projectiles ennemis ;

2° par l'emploi des deux tiges et de la bielle en retour, ainsi que par la disposition du condenseur et de ses accessoires, à être placée transversalement, en obtenant une convenable répartition de charge et en reportant l'arbre principal dans l'axe longitudinal du navire, comme il convient pour mener une hélice.

Fig. 180. — N° **593**. — La machine représentée par cette figure a les mêmes propriétés que la précédente, de réaliser une convenable répartition des charges et de placer l'arbre de l'hélice dans l'axe longitudinal du bateau. Ce type de machine est connu sous le nom de machine à fourreau.

Ce type n'est pas sans inconvénient sous le rapport des condensations que produit la tige creuse du piston à l'intérieur du cylindre.

La machine représentée est de la force de 800 chevaux à la vitesse de 40 tours (Voir pour cette machine et pour celle que représente la figure 179, les renseignements numériques nombreux consignés dans l'ouvrage précité de M. Ledieu).

Fig. 181. — N° **594**. — Cette figure, qui est à la même échelle que les deux précédentes, représente une machine dite *oscillante*, dans laquelle la tige du piston fait en même temps fonction de bielle et s'attelle directement par son extrémité au manneton de la manivelle.

Cette disposition réduit à son minimum la dimension longitudinale de la machine. Elle s'applique particulièrement aux bateaux à roues, à faible tirant d'eau, dans lesquels il convient, pour ménager l'espace, de mettre les machines au-dessous de l'arbre principal, en même temps que le faible creux du bateau obligé de restreindre la hauteur de ces machines.

La machine représentée a une force de 100 chevaux à la vitesse de 50 tours, et avec deux cylindres conjugués à angle droit (voir le texte du n° **594**).

Planche XLIII. — Figures 182 et 183.

Fig. 182 et 183. — N° **595**. — Les deux machines de la planche 43 représentent deux types de machines dites *locomobiles*, dont le caractère est de ne point demander d'installation spéciale pour fonctionner en un point donné, et de pouvoir être ainsi transportées facilement d'un lieu dans un autre, pour y être employées temporairement à un service industriel quelconque. (Voir le texte du n° **595** qui énumère les conditions d'établissement auxquelles ces machines doivent satisfaire, et les diverses destinations qu'elles peuvent recevoir.)

Planche XLIV. — Figures 184 à 186.

Fig. 184 à 185 *bis*. — N° **596**. — Les quatre figures portant les numéros **184**, **184** *bis*, **185** et **185** *bis*, sont des diagrammes indiquant les dispositions diverses que peut recevoir une machine à deux cylindres égaux.

Dans les figures 184 et 184 *bis*, les deux pistons ont des mouvements de même sens ou de sens contraire, mais toujours *concordants*, c'est-à-dire qu'ils arrivent en même temps à leurs points morts.

Les deux cylindres agissent donc exactement, au point de vue de l'action de la vapeur, comme un cylindre unique de volume double.

Les dispositions indiquées ont pour but essentiel de ramener dans l'axe transversal de la machine, l'arbre principal. La seconde est d'ailleurs préférable à la première, au point de vue de l'influence des forces d'inertie qui s'équilibrent sur les deux moitiés symétriques de la machine, et au point de vue des frottements de l'arbre principal qui ne se trouve soumis qu'à l'action d'un couple.

Dans les figures 185 et 185 *bis*, les deux pistons ont des mouvements *croisés*, c'est-à-dire que l'un d'eux est à peu près à son point mort lorsque l'autre est au milieu de sa course. Ce système, qui constitue à proprement parler le système des cylindres conjugués, régularise le mouvement de l'arbre du volant, supprime l'effet des points morts et facilite par là beaucoup les manœuvres de changement de marche.

Les deux pistons peuvent avoir leurs axes parallèles et leurs manivelles à angle droit (*fig.* 185), ou bien leurs axes à angle droit et leurs manivelles réduites à une seule ou placées à 180° l'une de l'autre (*fig.* 185 *bis*).

Fig. 186. — N° **596**. — La figure 186 représente une machine établie conformément au diagramme représenté par la figure précédente.

Il en résulte un groupement de le machine qui, sans avoir plus qu'aucune autre disposition cinématique, un avantage quelconque au point de vue de l'action de la vapeur, s'approprie très-convenablement à certaines sujétions locales.

Ainsi la machine, dans sa position droite, occupe *moins de hauteur* qu'une machine verticale, et *moins d'espace en plan* qu'une machine horizontale. Dans la position renversée que représente la figure 186, elle utilise très-bien la forme triangulaire que présente, au voisinage de la poupe, la section transversale d'un bateau. La machine peut donc être reléguée vers la poupe, et les parties les plus larges du bateau, aux environs du maître-couple, réservées à la cargaison.

On parvient ainsi à augmenter le tonnage utile d'un navire qui a un *déplacement donné*.

La machine représentée, destinée à un bateau porteur circulant sur les rivières et les canaux, a une force de 55 chevaux à la vitesse de 55 tours par minute. Elle est à moyenne pression, détente et condensation.

Planche XLV. — Figure 187.

Fig. 187. — N° **601**. — La machine représentée, figure 187, est à deux cylindres, comme celles de la planche précédente ; mais ces deux cylindres sont inégaux, et jouent un rôle tout à fait différent des premiers. Ils servent à produire la détente par suite de l'inégalité de leurs volumes. La même quantité de vapeur agit successivement dans le petit et dans le grand. Ils ont d'ailleurs leurs mouvements concordants.

Le système représenté est, à proprement parler, la machine de Woolf ou d'Edwards, caractérisée à la fois par l'emploi du balancier et par celui de 2 cylindres inégaux.

On doit regarder ce système comme très-satisfaisant, au point de vue *cinématique*, par suite de l'emploi du mécanisme de Watt (Voir n° **591**), et au point de vue *mécanique*, grâce à l'emploi de la détente à l'aide de cylindres inégaux (Voir le texte du n° **601**).

La machine représentée figure 187 est de la force de 70 chevaux, à la vitesse de 22 tours par minute.

Elle marche à moyenne pression (2,5 atmosphères) avec une détente au dixième environ et à condensation.

Ce sont d'excellentes conditions pour obtenir une marche très-régulière et très-satisfaisante.

Ce type est assez usité dans les grandes filatures de coton de Normandie, d'Alsace, etc.

En comparant la figure 187 aux figures des planches 57 et suivantes, et en ayant égard, à la fois, aux échelles de chacune de ces figures et aux forces des machines qu'elles représentent, on peut se faire une idée aussi précise que le sujet le comporte, de l'importance relative que prennent ces appareils, selon leur constitution géométrique, le mode d'emploi de la vapeur, et leur vitesse de rotation plus ou moins grande.

Planche XLVI. — Figures 187 bis et 188.

Fig. 187 *bis*. — N° **601**. — Cette figure représente, comme la pré-cédente, une machine de Woolf.

Ces deux figures 187 et 187 *bis* correspondent, par leur disposition générale, aux figures 172 et 172 *bis* de la planche 57. Elles en diffèrent en ce qu'elles ont deux cylindres au lieu d'un seul.

Elles diffèrent d'ailleurs l'une de l'autre, moins par la disposition générale que par certains détails dans l'agencement des pièces et des supports, qui sont en rapport avec leurs forces respectives. Tandis que la première a 70 chevaux de force, la seconde n'en a que 20.

On remarquera sur cette dernière les deux volants reliés l'un à l'autre par une roue d'angle. Il faut se représenter que le volant de gauche correspond à une deuxième machine semblable à la première et non figurée sur le dessin. L'ensemble des deux machines constitue une force de 40 chevaux, et l'on obtient la même régularité de marche qu'avec une machine à cylindres conjugués, en ayant soin de donner aux deux pignons calés sur les arbres des volants et engrenant avec la roue d'angle intermédiaire, la même circonférence primitive, et de placer les deux manivelles à angle droit ; il est clair qu'elles conserveront cette position relative à tous les instants de leurs courses.

Fig. 188. — N° **601**. — Diagramme destiné à faire comprendre le mode d'action de la vapeur dans les machines de Woolf.

Les flèches de la figure indiquent le sens du mouvement de la vapeur pendant la course ascendante des pistons.

La vapeur de la chaudière arrive *à pleine pression sur* le petit piston. La cylindrée précédente, qui était, en fin de course, *sous* le même piston, se rend *sur* le grand *en se détendant.*

La cylindrée de vapeur *détendue* qui était *sous* le grand, se rend au condenseur.

Les mouvements inverses auraient lieu pendant la course ascendante, c'est-à-dire que la vapeur *à pleine pression* arriverait sous le petit piston, la vapeur, placée entre le dessus du petit et le dessous du grand, *se détendrait*, et la vapeur *déjà détendue*, placée au-dessus du grand piston, se rendrait au condenseur.

Planche XLVII. — Figures **189** et **189 bis.**

Fig. 189 et 189 *bis.* — N° **606.** — Ces deux figures donnent des exemples de machines qui se rapportent au type ordinaire de la machine de Woolf en ce que la détente a lieu dans deux cylindres inégaux, et qui diffèrent de ce même type en ce qu'elles sont, non à balancier, mais à connexion directe.

Elles diffèrent, en outre, l'une de l'autre, en ce que l'une est horizontale et l'autre verticale.

La première est de la force de 16 chevaux, à la vitesse de 40 tours et avec une détente du quart.

La seconde est de la force de 32 chevaux, à la vitesse de 37 tours.

Elles ont pour trait commun que les deux pistons, tout en ayant des mouvements concordants comme dans les machines à balancier, les ont de sens contraires ; de sorte que le petit cylindre et le cylindre de détente sont mis en fin de course, ou aux points morts, en communication par les extrémités qui sont en regard l'une de l'autre.

Cette disposition suppose que les deux manivelles sont *à* 180° *l'une de l'autre.*

Toutefois, dans la seconde machine, on s'est écarté un peu de cette situation, en réduisant l'angle des deux manivelles à 160° environ, ou en donnant à la manivelle du grand piston, relativement à celle du petit, une avance angulaire de 20°.

Cette disposition est, sauf le degré d'avance, analogue à celle qui est indiquée dans le texte au n° **607.**

Son objet est d'éviter l'effet *des points morts*, qui existent avec la machine de Woolf tout aussi bien qu'avec la machine à un seul cylindre, lorsque les deux pistons arrivent tout à fait simultanément à la fin de leurs courses respectives.

Planche XLVIII. — Figures 190 et 191.

Fig. 190. — N° **606**. — Cette figure représente une disposition qu'on peut donner aux machines de Woolf, soit à simple, soit à double effet. Elle consiste à superposer les deux cylindres, en leur donnant même course et une tige commune ; ce système, déjà indiqué pour les machines à simple effet (Cours d'exploitation, n° **531**), peut s'appliquer également aux machines à double effet. La figure se rapporte à une machine de bateau, établie suivant le système dit à pilon. C'est une machine de 400 chevaux d'un paquebot de la Compagnie de navigation péninsulaire et orientale. Elle marche à basse pression, détente et condensation.

Fig. 191. — N° **608**. — Cette machine est analogue à la précédente, en ce qu'elle est également à pilon et à détente avec 2 cylindres.

Elle en diffère par la position relative des deux cylindres qui sont juxtaposés, et *plus encore* par la marche de leurs pistons, qui, au lieu d'avoir des mouvements concordants, ont des mouvements croisés.

Le système se rapporte essentiellement aux machines à cylindres combinés (*compound engines*), qui ont, à la fois, les propriétés des machines ordinaires de Woolf au point de vue de la détente, et celles des machines à cylindres conjugués, au point de vue de la régularité des mouvements et de la facilité des manœuvres (voir le texte du n° **608**).

La machine représentée est de la force de 1,600 chevaux lorsqu'elle marche à grande détente, avec la pression initiale de 4 atmosphères, et à la vitesse de 30 tours. Cette machine est intéressante comme donnant le type des transformations que subissent depuis quelques années les appareils des grandes compagnies de navigation à vapeur, qui changent leurs machines à basse pression, faible détente et condensation, en machines à haute pression, large détente, condensation et emploi des cylindres combinés ; transformation rendue possible par l'emploi des condenseurs fermés, et dont les résultats économiques sont de la plus haute importance (voir le texte *passim*).

Planche XLIX. — Figures 192 à 200.

Fig. 192 et 193. — N° **610**. — Ces deux figures donnent les types : la première d'une *soupape*, la seconde d'un *tiroir*, qui sont les deux organes généralement employés pour effectuer *la distribution*, c'est-à-dire pour ouvrir ou pour fermer un passage à la vapeur, soit de la chaudière au cylindre, soit du cylindre à l'échappement.

Fig. 194 à 194^iv. — N° **610**. — Exemple des dispositions spéciales qui peuvent être prises, lorsque l'on veut que les soupapes, malgré les grandes dimensions qu'il convient de leur donner pour éviter les *étirages* de vapeur, puissent être soulevées sans difficulté.

La figure 194 représente la soupape dite du *Cornouailles*, ou de *Hornblower*. La figure 194 *bis* représente la soupape dite *américaine*, qui est, comme la précédente, à double siége. Pour les deux autres figures, voir le texte du n° **610**.

Fig. 195. — N° **611**. — Cette figure indique une disposition de *tiroir équilibré*, dont l'objet est de réduire la pression totale de la vapeur sur le dos d'un tiroir donné. Cette disposition est, *pour les tiroirs*, l'équivalent de ce que sont celles des figures précédentes *pour les soupapes*.

Fig. 196. — N° **611**. — Diagramme indiquant la disposition qui peut être prise, lorsqu'on veut qu'un tiroir ouvre très-brusquement, par un mouvement très-peu étendu, un orifice ayant une grande section.

Fɪɢ. 197. — Nº **611**. — Diagramme indiquant une disposition inverse de la précédente, lorsque l'on veut, au contraire, ouvrir très-graduellement un orifice (voir le texte du nº **611**).

Fɪɢ. 198. — Nº **612**. — Diagramme du mécanisme ordinairement employé dans une machine à vapeur de rotation, pour faire mouvoir, à l'aide d'un excentrique fixé sur l'arbre du volant, une bielle à l'extrémité de laquelle on veut imprimer, soit un mouvement rectiligne alternatif, soit, comme la figure le suppose, un mouvement circulaire alternatif qui se communique au bouton b d'un levier mobile autour d'un point fixe A, et de là à l'articulation b' qui commande une tringle quelconque T.

Fɪɢ. 199. — Nº **613**. — Diagramme représentant un *excentrique à ondes*, à l'aide duquel on peut transformer le mouvement circulaire continu et uniforme de cet excentrique calé sur l'arbre du volant ou sur un arbre auxiliaire quelconque, en un mouvement circulaire alternatif *varié suivant une loi quelconque* d'un levier mobile autour d'un point fixe A, commandant, comme dans la figure précédente, une tringle T à l'aide de l'articulation b'. On obtient ainsi, mais avec plus de généralité, le même résultat que donne l'excentrique circulaire de la figure précédente.

Fɪɢ. 200. — Nº **613**. — Exemple de l'emploi du régulateur de Watt (régulateur à boules ou à force centrifuge), pour faire mouvoir une pièce qui n'est autre chose que l'excentrique à ondes de la figure précédente, mais avec cette différence qu'au lieu d'être calée sur son arbre, elle peut glisser sans tourner le long de cet arbre. Cette pièce, qui est alors oblongue, prend le nom de manchon à bosse. Sa section horizontale varie de forme selon le point où elle est faite, et il en résulte que, suivant la position qu'elle prend sous l'action des boules, la loi du mouvement qu'elle imprime à un levier mobile dans un plan horizontal fixe se trouve modifiée. Ce levier étant supposé mouvoir une soupape à l'aide d'un système quelconque d'articulations, on voit comment cette soupape restera ouverte pendant *une portion plus ou moins grande* d'un tour de l'arbre portant le manchon, selon la position des boules du régulateur.

Ce système, qui s'applique également aux tiroirs, est un des moyens de produire une détente variable dans une machine de rotation.

Planche L. — Figures 201 à 204.

FIG. 201. — N° **614**. — Cette figure a pour objet de montrer comment une distribution par tiroir peut être commandée, aussi bien par la tige de la pompe à air, ou par une poutrelle spéciale de distribution, que par un excentrique.

La queue sur laquelle agissent en fin de course les tasseaux *t* et *t′*, peut être mue, au besoin, par la manette *m*, lorsqu'on veut effectuer un changement de marche.

Cette queue, au droit de la poutrelle, est inclinée comme l'indique la figure, afin que les tasseaux n'agissent pas trop brusquement sur elle.

FIG. 202. — N° **614**. — Cette figure montre comment la poutrelle de distribution de la figure précédente peut agir sur un levier manœuvrant une soupape. On a supposé qu'il s'agissait d'une soupape qui devait être manœuvrée *en pleine course*, et non à *la fin* de la course du piston. C'est pour cela qu'on a donné à la queue la forme indiquée sur la figure ; ce qui permet au tasseau de la poutrelle de continuer à descendre après que la manœuvre de la soupape est terminée.

FIG. 203. — N° **614**. — Diagramme servant à indiquer les dispositions qui peuvent être prises pour satisfaire à la condition d'imprimer aux soupapes un mouvement *rapide* d'ouverture ou de fermeture, tout en évitant les chocs et les arrêts trop brusques. L'artifice employé consiste à disposer les articulations de manière que les mouvements des soupapes et des contre-poids se ralentissent à la fin de la course, suivant la même loi que ceux d'un piston commandant un arbre, tournant par le mécanisme d'une bielle et d'une manivelle.

FIG. 204. — N° **615**. — Appareil connu sous le nom de cataracte, appliqué aux grandes machines à mouvements alternatifs qui sont ordinairement, mais non nécessairement à simple effet, et dans lesquelles on a l'habitude, soit pour régler la vitesse selon les besoins du service, soit pour donner aux vibrations le temps de s'éteindre, de marquer un temps d'arrêt complet de la machine entre deux coups de piston consécutifs.

Il est alors nécessaire qu'*en dehors* de cette machine il existe un appareil qui *se meuve* pendant ce temps d'arrêt, afin de préparer la distribution pour le coup de piston suivant. C'est en agissant sur cet appareil qu'on règle la durée des temps d'arrêt (Voir au texte du n° **624** la description de cet appareil).

A, queue d'un levier sur lequel agit un tasseau de la poutrelle de distribution pour *remonter* la cataracte :

B, contre-poids qui la fait *redescendre* ;

C, petite soupape que l'on étrangle plus ou moins pour régler ce mouvement de descente ;

D et D', tringles qui remontent lentement pendant que le contre-poids redescend, et qui portent des tasseaux, dont on peut varier la position, venant, au moment opportun, agir sur les leviers tels que *d* de la figure 203, pour déclancher les soupapes et mettre en action leurs contre-poids respectifs tels que *b*.

Planche LI. — Figures **205 à 208**.

FIG. 205. — N° **617**. — Type d'une petite machine *dite machine alimentaire*, ou *petit cheval*, spécialement destinée à l'alimentation des chaudières.

Un tel appareil peut servir pour un nombre quelconque de grandes machines desservies par un même groupe de chaudières. Chacune d'elles se trouve par là simplifiée, et, en outre, l'alimentation peut se faire sans avoir besoin de mettre aucune d'elles en marche. Cette disposition sera commode, par exemple, sur un bateau à vapeur, pour tenir les chaudières alimentées pendant les stationnements du bateau (Voir le texte du n° **617**).

Fɪɢ. 206. — N° **620**. — Disposition générale d'un condenseur ordinaire, ou à injection, et de ses accessoires. La figure représente le type adopté généralement par Watt, type auquel il a pu être apporté des modifications pour satisfaire à des convenances locales, mais non des perfectionnements. On distingue, sur la figure, les différents organes énumérés dans le texte, savoir :

En A, la pompe à eau froide, ou pompe de puits ;

En B, B, la bâche qui reçoit cette eau ;

En C, le condenseur proprement dit ;

En D, la pompe à air, et en *d* le clapet, dit *sifflet*, s'ouvrant de C en D ;

En E, la bâche à eau chaude ;

En F, la pompe à eau chaude ou pompe alimentaire.

Fɪɢ. 207 et 207 *bis*. — N° **622**. — Exemples de condenseurs fermés ou à surface, dits aussi condenseurs de Hall.

Ils diffèrent l'un de l'autre en ce que les tuyaux dans lesquels circule la vapeur sont placés verticalement dans le premier et horizontalement dans le second.

(Voir sur les avantages propres aux condenseurs fermés le texte du n° **622**.)

Fɪɢ. 208. — N° **623**. — Condenseur Letoret, qui se distingue du condenseur de Watt et de celui de Hall par l'absence de la pompe à air.

Il ne semble guère approprié aux machines à mouvement continu ; il s'applique bien aux machines à cataractes, sous la condition expresse que la vapeur, à la fin de la période de dé-

tente, ou lorsque l'échappement va commencer, se trouve encore
à une pression totale supérieure à la pression atmosphérique ;
ce qui exclut, du moins dans les conditions où on l'a employé
jusqu'ici, l'emploi des très-longues détentes (Voir à ce sujet le
texte du n° **624**).

Planche LII. — Figures 209 à 214.

Fig. 209 et 210. — N° **628**. — Appareils régulateurs connus sous
le nom de régulateurs à boule, ou régulateurs à force centrifuge, employés dans le plus grand nombre des machines de rotation. Ces appareils agissent ordinairement sur le papillon, ou
soupape à gorge, sorte de disque circulaire mobile autour d'un
diamètre, placé en un point du tuyau de vapeur. Le disque
ferme complétement ce tuyau lorsqu'il est placé perpendiculairement à son axe ; il le laisse complétement ouvert lorsqu'il
est tourné de manière que son plan passe par l'axe du tuyau.
Sa position, pour la vitesse normale de la machine, est d'être
plus d'à moitié fermé, et les boules agissent de manière à le
fermer davantage ou, au contraire, à l'ouvrir, à mesure qu'elles
s'écartent ou qu'elles se rapprochent, c'est-à-dire selon que la
machine s'emporte ou se ralentit. Le déplacement des boules est
dû au mouvement de rotation de l'axe qui les porte ; elles s'é-
cartent de cet axe sous l'action de la force centrifuge, qui est
d'autant plus énergique que la vitesse de rotation est plus
grande. Leur position d'équilibre a lieu quand toutes les forces
extérieures qui leur sont appliquées, y compris leur force d'inertie, sont réductibles à une ou à deux forces qui passent par l'axe.

Dans la figure 209, qui représente le pendule ordinaire à
deux boules mobile autour d'un axe vertical, il faut tenir compte
du poids des boules ainsi que de leurs *masses*, auxquelles la
force d'inertie centrifuge est proportionnelle ; dans le système
de la figure 210, les poids s'équilibrent sur l'axe ; on n'a à tenir
compte que des masses, et l'axe peut avoir une inclinaison
quelconque. C'est la disposition qu'il convient de donner aux

régulateurs des machines de bateau, afin que le jeu des appareils ne soit pas contrarié par les inclinaisons diverses que peuvent prendre ces machines (Voir le texte du n° **628** et celui du n° **698**).

Fɪɢ. 211 à 212. — N° **638**. — Ces deux figures se rapportent à l'appareil de changement de marche, connu sous le nom de l'*excentrique à tocs*.

Sur la figure 211, O est le centre de l'arbre principal, sur lequel peut tourner à frottement doux l'excentrique A ; *m* est un toc fixé invariablement à l'arbre ; *n*, un toc fixé invariablement sur l'excentrique. Quand ces deux tocs s'appuient l'un contre l'autre en *b*, l'excentrique est fixe sur l'arbre, pour le mouvement de rotation dans le sens de la flèche. Lorsque la rotation vient à se faire en sens contraire, les deux extrémités *b* des deux tocs se séparent, et l'excentrique redevient fou jusqu'à ce que les deux extrémités *a* soient en prise à leur tour ; l'excentrique est de nouveau fixe sur l'arbre.

Il est clair que si les deux tocs occupent ensemble un espace angulaire ω, les deux positions fixes de l'excentrique sont séparées par un espace angulaire de $360° - \omega$.

Si l'on veut que ces deux positions correspondent, l'une à la marche en avant, l'autre à la marche en arrière, avec une même avance angulaire α, il faut poser $360° - \omega = 180° - 2\alpha$ (voir n° **637**), et par suite $\omega = 180° + 2\alpha$.

La figure 212 donne un exemple des dispositions que l'on peut prendre pour déclancher le bouton du levier qui est commandé par l'extrémité de la bielle d'excentrique, et qui commande à son tour le tiroir, par un renvoi de mouvement quelconque, non représenté sur la figure. Lorsque l'on veut faire une manœuvre de changement de marche, on déclanche le bouton *b* en soulevant le cliquet *t ;* le levier C*b* devenu libre, on change la distribution à l'aide de la manette M qui fait tourner le même axe C que le bouton *b*, et l'on conduit le tiroir à la main.

Après quelques tours de l'arbre de la machine effectués à contre-vapeur, celle-ci s'arrête et repart en sens contraire. On abandonne la manette, on dégage le cliquet, qui retombe, et le bouton *b* s'enclanche de lui-même sur l'encoche de la bielle, laquelle est conduite par l'excentrique placé dans la position qui convient au nouveau sens du mouvement (voir n° **638**).

FIG. 213. — N° **639**. — Changement de marche dite à enfourche-ment, ou à pieds de biche. Ce système comporte deux excentriques qui sont casés invariablement l'un pour la marche en avant, l'autre pour la marche en arrière, et le changement de marche s'effectue en mettant tantôt l'un, tantôt l'autre en relation avec le bouton qui commande le tiroir. Un levier qui est à la main du mécanicien, sert à lever et à abaisser les deux bielles d'ex-centrique, ce qui lui permet de faire conduire le bouton soit par l'une, soit par l'autre de ces deux bielles. Les deux branches de chaque fourche servent à guider le bouton et à l'enclancher régulièrement sur une des bielles, en quelque point de sa course que l'autre l'ait abandonné. Le point mort de l'appareil corres-pond à une position intermédiaire du levier de changement de marche, pour laquelle l'une des fourches a déjà abandonné et l'autre n'a pas encore saisi le bouton commandant le tiroir.

Contrairement au système de l'excentrique à tocs, celui des pieds de biche peut fonctionner à grande vitesse, parce que l'on n'a pas à conduire le tiroir à la main.

Néanmoins ce fonctionnement n'a pas lieu sans à-coups.

FIG. 214. — N° **640**. — *Changement de marche à coulisse.* — Cet appareil, connu sous le nom de coulisse de Stéphenson, est, comme le précédent, à deux excentriques, et manœuvré de la même manière par le levier dit de changement de marche. Les bielles de ces excentriques sont reliées par une coulisse dans laquelle est engagé un coulisseau lié à la tête de la tige du tiroir. Suivant qu'on abaisse ou qu'on relève la coulisse, le coulisseau est en relation avec l'extrémité de *l'une* ou de *l'autre* des bielles, et par conséquent le tiroir, commandé principale-ment par cette bielle, est réglé soit pour la marche en avant, soit pour la marche en arrière. Lorsque le coulisseau est au milieu de la coulisse, les deux bielles tendent à lui imprimer des mouvements de sens contraires et à peu près égaux. Il est donc *à peu près* immobile, ou du moins son petit mouvement oscillatoire n'est pas assez étendu pour que les lumières se découvrent, à cause des recouvrements que le tiroir présente. Il n'y a donc point admission. Ainsi quand le levier de manœuvre est dans sa position moyenne l'admission ne se fait pas ; quand il est dans ses positions extrêmes la course du tiroir est complète. On comprend que dans des positions intermédiaires la course soit plus ou moins réduite ; d'où résulte un certain degré variable de détente.

L'appareil est donc un appareil de détente variable en même temps qu'un appareil de changement de marche, et il jouit de cette double propriété à l'exclusion de l'excentrique à tocs et des pieds de biche. Il a de plus le très-grand avantage que la manœuvre du changement de marche se fait avec des organes qui glissent sans chocs les uns sur les autres, ce qui permet de les faire fonctionner aux plus grandes vitesses, sans qu'il en résulte de détériorations pour la machine.

En somme, la coulisse doit être regardée comme un mécanisme des plus remarquables, *indispensable* pour les machines à grande vitesse comme les locomotives, et *généralement employé*, à cause de ses nombreux avantages, même dans les machines à renversement se mouvant à moyenne ou à petite vitesse (voir le texte des n°ˢ **640** et **641** et **667** à **670**).

Planche LIII. — Figures 215 à 219.

Fɪɢ. 215. — N° **642**. — Changement de marche à vis de M. Marié. Ce système, employé principalement au chemin de fer de Lyon, y remplace avec avantage le système ordinaire du levier mu directement à la main. Il agit *plus énergiquement* que ce dernier, et à peu près *aussi instantanément*, parce qu'il dispense de la double manœuvre de la fermeture d'abord, puis de la réouverture du régulateur, qui doivent précéder et suivre la manœuvre

du levier à la main. En outre, le mouvement de la vis sans fin,
actionnée par le petit volant de l'appareil, n'étant pas *réciproque*,
on évite sûrement les mouvements brusques que prend quelquefois le levier, si le verrou en est mal enclanché, mouvements
qui peuvent blesser le mécanicien.

Fig. 216 et 217 A à 217 D. — N° **646**. — Ces deux figures représentent une machine rotative du système Behrens ; machine
importée d'Amérique où l'emploi en a pris, paraît-il, une certaine extension.

Elle est indiquée, à titre d'exemple, entre les dispositions
assez nombreuses qui ont été successivement proposées pour
résoudre le problème des machines rotatives, mais dont aucune
jusqu'ici n'est devenue d'un usage courant. Tel est du moins le
résultat constaté en Europe. Ces machines semblent obtenir plus
de faveur en Amérique. On en a fait notamment avec des appareils
de changement de marche, qui servent dans les mines pour des
services d'extraction peu importants. L'arbre du moteur est en
même temps celui des bobines ou tambours, et l'ensemble de
l'appareil est ainsi réduit à son maximum de simplicité.

La figure 217 A indiquant par des flèches le sens de la rotation
et celui du mouvement de la vapeur, on comprend, à l'inspection
des trois figures suivantes B, C, D, comment s'opère le mouvement
de rotation des deux arbres O et O', en sens constant pour chacun d'eux. Une cinquième, figure reproduirait la première, et
ainsi de suite (voir le n° **645** pour l'appréciation des avantages
que l'on peut rechercher dans l'emploi des machines de rotation).

Fig. 218 et 219. — N°ˢ **651** et **653**. — Ces deux diagrammes doivent être rapprochés de celui de la figure 162 (Pl. 35).

Ce dernier est, comme nous l'avons vu, le diagramme théorique donnant le travail d'un kilogramme de vapeur formée
à 6 atmosphères et employée avec détente complète et condensation dans les conditions du cycle de Carnot.

La figure 218 est le diagramme théorique d'une machine à
air *sans régénérateur*, qui, en fonctionnant dans les limites de
10° à 295° (voir n° **648**) et à une pression maxima de 14 atmo

sphères, doit consommer l'énorme volume d'air de 22^m,636 pour arriver à produire la même quantité de travail que le kilogramme de vapeur ci-dessus, soit 57,831 kilogrammètres.

La figure 219 correspond à la même quantité de travail produite dans une machine à air fonctionnant *avec un régénérateur*; ce qui donne la facilité d'employer *une haute température*, sans avoir besoin d'employer *la très-haute pression* qui serait nécessaire pour obtenir, conformément aux conditions du cycle de Carnot, cette même température par le seul fait de la compression finale. La figure 219 correspond à un volume d'air froid de 2^m,028 employé à la température de 410° et sous la pression initiale de 7 atmosphères.

Ces divers nombres, rapprochés de ceux qui correspondent à la figure 218, font ressortir les avantages, ou, plus exactement, *la nécessité* des régénérateurs.

Il est entendu, d'après ce qui précède, que les aires des trois diagrammes des figures 162, 218 et 219 sont égales. Mais les courbes qui les circonscrivent, sont essentiellement différentes, et la discussion de leurs formes respectives conduirait aux mêmes conclusions que celles qui sont développées dans le texte auquel nous renvoyons.

Planche LIV. — Figures 220 à 228.

Fig. 220. — N° **659**. — Tracé figuratif d'un tiroir normal avec sa table ou glace, ses lumières, sa boîte et le tuyau d'admission débouchant dans cette boîte. Le tiroir est représenté *au milieu de sa course*, ou lorsque le piston à vapeur est *à son point mort*. Il est au milieu de sa course *dans un sens*, lorsque le piston va commencer la sienne *dans le même sens;* ce qui revient à dire que si la commande du tiroir est directe, *la poulie d'excentrique est calée à 90° en avant de la manivelle, dans le sens du mouvement.*

Fig. 221. — N° **659**. — Construction géométrique servant à déterminer la relation qui existe, à un instant quelconque, entre les positions correspondantes du piston et du tiroir (Voir le texte du n° **659**).

FIG. 222. — N° **659**. — Les positions A, B, C, D, E, sont celles qu'occupent successivement le tiroir pendant une double excursion du piston, ou un tour entier de l'arbre du volant.

Il est entendu que cette figure est, comme la précédente, un tracé théorique fait dans l'hypothèse de bielles infinies, c'est-à-dire en négligeant les petits écarts qui peuvent résulter, soit pour le piston, soit pour le tiroir, de l'obliquité variable de leurs bielles respectives. En pratique, on tient compte habituellement de ces écarts, en construisant des épures à une grande échelle. On peut d'ailleurs en tenir compte également par le calcul (voir n° **666** et suivants).

FIG. 223. — N° **660**. — Cette figure, analogue à la figure 224, est relative au tiroir *avec avance et recouvrement*, qui diffère du tiroir *normal*, d'abord par la largeur de ses rebords (Voir figure 224), puis par cette circonstance que son excentrique est calé, non pas à 90° en avant de la manivelle comme dans la figure 220, mais à $90° + \alpha$, α étant ce qu'on appelle l'avance angulaire. Il en résulte que lorsque le piston est à son point mort, l'excentrique a décrit l'angle $90° + \alpha$ depuis le sien, ou bien que le tiroir a dépassé sa position moyenne d'une certaine quantité linéaire correspondante. Cette quantité doit être précisément égale *au recouvrement*, ou à l'excès de la largeur du rebord du tiroir sur la largeur de la lumière, si l'on veut que l'admission soit sur le point de commencer (voir le texte du n° **660**).

FIG. 224. — N° **660**. — Tracé figuratif du tiroir avec avance et recouvrement; il est représenté au milieu de sa course, comme celui de la figure 220; mais il y a cette différence que cette position ne correspond pas ici au point mort du piston. Celui-ci est au-delà du milieu de sa course, mais il lui reste à parcourir

un espace qui correspond à un déplacement linéaire du tiroir
égal au recouvrement.

Fig. 225. — N° **660**. — Tracé de la courbe elliptique dite ellipse
de Fauveau, qui représente la loi des positions relatives du piston
et du tiroir.

L'abscisse d'un point quelconque est l'espace parcouru par le
piston depuis son point mort, et l'ordonnée de ce même point
est l'espace correspondant parcouru par le tiroir, également
depuis son propre point mort.

Les points (1), (2), (3), (4), (5), (6), sont les positions particulières considérées dans la discussion développée au n° **660**.

Fig. 226. — N° **660**. — Les six diagrammes 1 à 6 de cette figure
correspondent aux points de même numéro de la figure 225. Ils
représentent des positions successives du tiroir, depuis l'instant
où le piston est à son point mort sur la gauche, jusqu'à l'instant
où, étant arrivé à son point mort sur la droite, il va commencer
sa course rétrograde.

Fig. 227 et 228. — N° **663**. — Ces deux figures représentent, au
milieu de leur course, deux tiroirs auxquels on aurait donné
soit un *recouvrement*, soit un *découvert* intérieur, c'est-à-dire
dont le creux serait un peu plus grand ou un peu plus petit que
la distance entre les bords internes des lumières (voir le texte
du n° **663**).

Planche LV. — Figures 229 à 234.

. 229. — N° **664**. — Épure de M. Moll, figurant les mouvements
correspondants du piston et du tiroir, par deux sinusoïdes
construites en prenant pour abscisses les angles décrits par le
volant à partir d'un point mort du piston, et pour ordonnés les
espaces x ou y parcourus par le piston et par le tiroir. L'origine
étant au point O de la figure, il suffit de faire glisser la courbe

du tiroir parallèlement à elle-même le long de la ligne des abscisses, pour étudier les effets des diverses avances angulaires qu'on pourra donner au tiroir.

Fig. 230. — N° **665**. — Tracé géométrique servant à indiquer le principe du diagramme circulaire de M. Zeuner.

Dans cette figure, le diamètre OA est pris égal à l'excentricité, et la longueur $y = $ OB est égale à OA Sin θ = OA Sin BOX. Si donc, on prend BOX $= \alpha + \beta$, on en tire $y = e$ Sin $(\alpha + \beta)$, et la quantité OB est précisément l'espace dont le tiroir a déjà dépassé sa position moyenne pour un angle β quelconque, décrit par l'arbre du volant à partir de la position qui correspond au point mort du piston.

Fig. 231. — N° **665**. — Diagramme circulaire de M. Zeuner. Prenant COX $= \alpha$ et BOC $= \beta$, l'angle BOX devient égal à $\alpha + \beta$, et la longueur OB est précisément la même que sur la figure précédente.

On voit qu'on étudiera les conditions de la distribution pour une valeur quelconque de l'avance angulaire α, en faisant simplement varier la position de la ligne OC à partir de laquelle se comptent les angles β. C'est, sous une forme plus commode pour les applications, une propriété analogue à celle que présente le déplacement ci-dessus indiqué de la sinusoïde (figure 229).

Fig. 232. — N° **665**. — Complément du diagramme circulaire de Zeuner, servant à déterminer la vitesse du tiroir. Tandis que le diamètre OA est égal à l'excentricité e, on construit sur la ligne OX un cercle de diamètre OA′ $= e\omega$. En même temps que l'on a

$$y = OB = OA \sin BAO = OA \sin BOX = e \sin (\alpha + \beta)$$

on a également

$$OB' = OA' \cos BOX = e\omega \cos (\alpha + \beta),$$

et à cause de la relation $\beta = \omega t \ldots \dfrac{d\beta}{dt} = \omega$, on en déduit

$$OB' = \frac{dy}{dt}.$$

Ainsi OB' représente *la vitesse* du tiroir, lorsqu'il a *la position* définie par la longueur OB.

FIG. 233. — N° **666**. — Cette figure sert à l'établissement de la formule, plus complexe que les précédentes, par laquelle on détermine la position du tiroir en tenant compte de l'obliquité variable de la bielle. Cette formule nouvelle est celle trouvée précédemment, sauf un terme de correction, qui est périodique, mais qui reste toujours très-petit quel que soit β, si l'excentricité est petite relativement à la longueur de la bielle d'excentrique. (Voir le texte du n° 666.)

FIG. 234. — N°ˢ **668** et suivants. — Figure théorique servant à l'étude de la coulisse de Stephenson, considérée à la fois comme appareil de changement de marche et comme appareil de détente variable.

Dans cette figure, qui est à rapprocher de la figure 214, l'arbre moteur est projeté en O, et la circonférence OA' est celle que décrit le centre de l'excentrique; les longueurs $BC = B'C' = b$ représentent les axes des deux bielles; l'arc $CC' = 2c$ figure la coulisse; le point m est la position actuelle du coulisseau qui commande le tiroir; Om est la distance de ce coulisseau au centre de l'arbre, et le coulisseau est supposé dans une position quelconque, sur la coulisse, aux distances $c - u$ et $c + u$ de ses deux extrémités. (Voir pour le développement des calculs les n°ˢ 668 à 670.)

Planche LVI. — Figures 235 à 239.

FIG. 235. — N° **672**. — Les figures 235 (1), (2), (3) (4)... (7), (8) donnent les positions successives qu'occupe la tuile de détente,

employée, dans le système de Saulnier, à obturer et à démasquer, à des moments donnés, l'ouverture ménagée dans un
diaphragme qui divise en 2 parties la boîte d'admission. La
manivelle ou l'excentrique qui commande cette tuile doit faire
un tour entier pendant une oscillation simple du piston; de
manière que la tuile occupant la position A *fig.* (1), au commencement d'une excursion, arrive à la position A" (*fig.* 7) à la
fin de la même excursion. Cela exige que l'arbre qui commande
cette tuile ait une vitesse angulaire double de celle de l'arbre
du volant.

L'admission correspond à l'espace angulaire $a'_1 \, b_1 \, a_1$ de la
figure (8) et la détente à l'espace $a_1 \, c_1 \, a'_1$. (Voir le texte du
n° 672.)

FIG. 256 et 257. — N° **673**. — Ces deux figures sont relatives à la
détente et au changement de marche de Gonzenbach. Le système
est *analogue* à celui de Saulnier, en ce sens qu'on a, dans l'un
comme dans l'autre, un diaphragme fixe présentant un orifice
que l'on ouvre ou que l'on ferme pour permettre l'admission ou
pour produire la détente; mais avec cette différence que la tuile
de détente est elle-même percée d'un autre orifice, pour admettre
la vapeur par son milieu, au lieu de l'admettre par son bord,
comme en A de la figure 235. (Il y a, en réalité, deux orifices,
soit dans le diaphragme, soit dans la tuile; mais ils fonctionnent comme un seul, sauf qu'ils ouvrent plus rapidement l'admission, suivant l'artifice indiqué figure 196.) Le changement
de marche est fait par un tiroir normal et par une coulisse ordinaire, et le mouvement du tiroir de détente est conduit par
l'excentrique de la marche en arrière à l'aide du bouton *b*.
La variation de détente est produite en changeant la position du
bouton *b'*, lié au tiroir de détente, dans une seconde coulisse
mobile autour du point O, et conduite par la bielle qui part du
point *b*. Lorsque le point *b'* est rapproché de O, ce tiroir est
immobile et la détente ne se fait pas. Lorsqu'il est, au contraire, à l'autre extrémité de la coulisse, vers C, la détente est
au maximum.

Il est facile de voir que cette détente ne convient que pour la marche en avant. On doit la supprimer pour marcher en arrière; ce qui, du reste, n'a pas un grand inconvénient, du moins dans une locomotive. (Voir, pour plus de détails, le n° 673.)

Fig. 238, 239 et 239 *bis*. — N° **674**. — Tiroir et détente de Meyer. Ce système, dit *à tiroirs superposés*, se compose d'un premier tiroir qui a la propriété du tiroir normal ordinaire, et qui en diffère seulement en ce que l'admission se fait à *travers* la pièce même, et non par ses bords externes. Ces lumières du tiroir peuvent être obturées par le tiroir de détente qui est *dilatable à volonté*; c'est-à-dire qu'il est formé de deux plaques fermant plus ou moins promptement ces lumières, selon qu'on les éloigne l'une de l'autre ou qu'on les rapproche, à l'aide de la tige munie de deux pas de vis de sens contraire, représentée dans les figures 239 et 239 *bis*.

Avec des plaques très-rapprochées, la détente peut être nulle; avec des plaques suffisamment éloignées, c'est l'admission qui peut l'être. On conçoit donc que l'on puisse obtenir avec ce système tous les degrés possibles de détente. (Voir, pour plus de détails, le texte du n° 674.)

Ce système de détente, qui se combine avec l'emploi de la coulisse dans la machine à changement de marche, doit être considéré comme très-satisfaisant.

Planche LVII. — Figures 240 à 246.

Fig. 240. — N° **675**. — Détente Farcot. Ce système se rapproche de celui de Meyer par l'emploi d'un tiroir normal, percé de lumières pour l'admission, et il en diffère en ce que les plaques de détente, au lieu d'être mues par un excentrique spécial, sont indépendantes l'une de l'autre, et entraînées simplement par leur adhérence contre le tiroir de distribution.

Tant qu'elles participent à son mouvement, elles sont sans effet, et si nous prenons le système à un moment donné, l'admission se fait à travers les lumières du tiroir et celles de l'une des deux plaques, qui sont alors en correspondance les unes avec les autres. Au centre et en arrière du tiroir se trouve une came contre laquelle cette plaque vient buter. Elle est aussitôt arrêtée, tandis que le tiroir continue sa course. Bientôt la correspondance des lumières de la plaque et du tiroir n'a plus lieu, et la détente commence. La course du piston s'achève ainsi. Lorsque la course rétrograde du piston commence, la seconde plaque agit à son tour, et un peu avant la fin de la course du tiroir, c'est-à-dire vers le milieu de la course du piston, un heurtoir, dont la première plaque est munie, vient buter contre la paroi de la boîte du tiroir et remet cette plaque en position pour le coup de piston suivant.

On fait varier la détente en tournant la came centrale sur son axe, de manière à augmenter sa longueur dans le sens du mouvement de va-et-vient du tiroir. L'arrêt de la plaque se fait ainsi plus ou moins tôt. Mais comme il faut qu'il se produise toujours *avant la fin* de la course du tiroir, c'est-à-dire *avant le milieu* de la course du piston (puisqu'il s'agit d'un tiroir normal dont l'excentrique est calé à 90° sur la manivelle), on voit que la détente commence toujours avant le milieu de la course du piston; ce qu'on exprime en disant que l'on peut avoir un degré quelconque de détente marqué par une fraction plus petite que $\frac{1}{2}$.

Ce système convient aux machines dans lesquelles on veut marcher à grande détente, et qui ne donnent pas un grand nombre de coups de piston par minute. Les très-grandes vitesses de rotation ne lui conviendraient pas, parce qu'il est assez complexe, et qu'il comporte l'emploi de pièces isolées qui fonctionnent par arrêts brusques. Sous ce rapport, il semble d'une application moins générale que le système Meyer (voir le texte du n° **675**).

Fig. 241. — N° 677. — Diagramme donnant un exemple de distribution par tiroir avec changement de marche, pour une machine oscillante.

Cette figure indique l'artifice à l'aide duquel l'excentrique,

ou plus généralement l'un des excentriques, soit celui de la
marche en avant, soit celui de la marche en arrière, conduit
la tige du tiroir, en même temps que ce tiroir suit le mouvement d'oscillation du cylindre auquel l'extrémité de la bielle
d'excentrique ne participe pas. A cet effet, le mouvement rectiligne de va-et-vient que donne la bielle se transmet sans altération
à une coulisse, dans laquelle peut glisser un coulisseau lié directement, ou par une articulation quelconque, à la tige du tiroir.
Pour que le tiroir ne fût pas déplacé *relativement au cylindre*,
par suite du glissement du coulisseau dans la coulisse, il faudrait que celle-ci fût tracée suivant un arc de cercle ayant son
centre sur l'axe d'oscillation du cylindre; mais comme cela
n'est pas rigoureusement possible, puisque la coulisse s'approche ou s'éloigne de cet axe dans son mouvement rectiligne
alternatif, il faut que ces *variations de distance* soient, pour
ainsi dire, négligeables devant *la distance moyenne*, ou bien
que cette coulisse soit tracée avec un assez grand rayon et placée assez loin de l'axe (voir le texte du nº **677**).

Fɪɢ. 242. — Nº **678**. — Diagramme donnant la coupe d'un tiroir
double approprié à la distribution d'une machine de Woolf.

Ce tiroir se compose de deux coquilles concentriques, et glisse
sur une glace à cinq lumières. Les deux lumières extrêmes sont
en relation avec le petit cylindre, les deux lumières voisines
avec le grand, et celle du milieu avec l'échappement. Cette
figure n'est donnée qu'à titre d'exemple, pour montrer comment, avec un seul tiroir, on peut arriver à faire la distribution dans les deux cylindres de la machine de Woolf. Mais d'une
manière générale, on doit se représenter que l'emploi de deux
cylindres ne crée pas de nouvelle question de distribution à résoudre. Une distribution quelconque peut, en effet, être appliquée séparément à chacun d'eux, avec cette simple observation
que la vapeur admise dans le petit cylindre viendra de la chaudière, tandis que la vapeur admise dans le grand viendra du
petit, soit directement s'il s'agit d'une machine de Woolf ordinaire, ou à cylindres accouplés, soit en passant par un réser-

voir intermédiaire d'une capacité suffisante, s'il s'agit d'une machine à cylindres combinés.

Fɪɢ. 243 et 243 *bis*. — N° **679**. — Ces figures donnent les deux positions successives que peut prendre un tiroir qui, au lieu d'être mû d'un mouvement continu par un excentrique, est mû brusquement à la fin de la course par les tasseaux d'une poutrelle de distribution, ou par un mécanisme quelconque produisant un effet semblable.

La première position est prise pour la course de droite à gauche, et la seconde pour la course en sens inverse.

Fɪɢ. 244 (1) à 244 (5). — N° **679**. — La figure précédente s'applique au cas où l'on veut marcher sans détente. Les figures 244 (1) à 244 (5) sont relatives au cas où l'on voudrait, en employant le même système des mouvements brusques, marcher avec une détente quelconque.

On augmentera le creux du tiroir, qui devra être alors égal, non plus comme dans le tiroir ordinaire, à la distance entre les bords internes des deux lumières de la table du tiroir, mais à la distance entre le bord interne de l'une et le bord externe de l'autre.

Les figures (1) à (5) indiquent les différentes phases d'une course double du piston.

En (1) le piston va commencer sa course de gauche à droite.

En (2) la détente a lieu sur la face de gauche, et l'échappement continue sur la face de droite.

En (3) la course directe est achevée, et le piston va commencer sa course de droite à gauche.

En (4) la détente commence.

En (5) le piston va de nouveau commencer à se mouvoir de gauche à droite.

Une première particularité à remarquer, dans le système ci-dessus, c'est qu'il arrive un instant où, par suite du découvert intérieur du tiroir, les deux faces du piston sont en relation directe l'une avec l'autre ; mais c'est l'instant où le piston est au point mort, et il n'en résulte aucun inconvénient.

On remarquera aussi que les mouvements successifs du tiroir n'ont pas une égale amplitude.

Cette amplitude est alternativement, *double* de la largeur des lumières, et *simplement égale* à cette largeur. Le premier cas a lieu de la figure (1) à la figure (2) et de la figure (3) à la figure (4). Le deuxième cas, de la figure (2) à la figure (3) et de la figure (4) à la figure (5). Cette succession de mouvements à imprimer au tiroir pour une double excursion du piston sera facilement produite, soit à l'aide d'un excentrique à ondes convenablement profilé, calé sur l'arbre du volant, et agissant sur la queue d'un levier suivant le mécanisme de la figure 199, soit, si l'on veut se réserver de faire varier la détente à la main ou par le régu-lateur, à l'aide du manchon à bosses de la figure 200.

On pourrait encore concevoir que le profil ondulé, au lieu d'être tracé sur une pièce animée du mouvement de rotation de l'arbre du volant, le fût sur une poutrelle de distribution animée d'un mouvement alternatif. Ce profil viendrait ainsi agir, aux moments voulus, sur des galets fixés à l'extrémité de leviers qui par un système quelconque d'articulation déplaceraient le tiroir, etc.

Fig. 245. — N° **680**. — Coupe du tiroir de Watt, dit tiroir en D. C'est sous cette forme que s'est d'abord produit le mécanisme aujourd'hui si universellement employé du tiroir.

Mais cette forme est aujourd'hui peu employée; l'appareil est en effet plus complexe que le tiroir ordinaire dit *à coquille*.

Néanmoins, il a des propriétés intéressantes qui peuvent le faire appliquer, notamment pour les cylindres à grandes courses et à petits diamètres, parce qu'il diminue les espaces nuisibles qu'on obtiendrait avec un tiroir à coquille de longueur ordinaire, et qu'il n'a pas les frottements considérables qu'aurait ce même tiroir, si on lui donnait une grande longueur (Voir le texte du n° **680**).

Fɪɢ. 246. — N° **680**. — Artifice à l'aide duquel on peut conserver l'emploi des tiroirs à coquilles de petite longueur avec des cylindres à grande course.

L'artifice consiste à avoir deux boîtes de distribution l'une vers chaque bout du cylindre, et dans chacune d'elles un tiroir et deux lumières seulement. Les deux tiroirs sont conduits par la même tige, et rendus ainsi parfaitement solidaires dans tous leurs mouvements.

Planche LVIII. — Figures 247 à 253.

Fɪɢ. 247 et 247 *bis*. — N° **682**. — Diagramme donnant l'idée d'une distribution par soupapes dans une machine *à double effet*. Il existe, pour chaque extrémité du cylindre, une boîte à soupape divisée par deux diaphragmes en trois compartiments ; celui du dessus communique avec la chaudière, celui du milieu avec le cylindre, celui du dessous avec l'échappement. Chacun des diaphragmes porte une soupape, et selon celle de ces soupapes qui est ouverte, l'autre étant fermée, le cylindre est actuellement en communication, soit avec la chaudière, soit avec l'échappement.

La figure 247 indique comment les deux tiges des soupapes traversent le couvercle de la boîte dans deux petits presse-étoupes distincts.

La variante que représente la figure 247 *bis* est désignée sous le nom de soupapes *à tiges enfilées*. Elle n'a sur le couvercle de la boîte qu'un seul presse-étoupes qui sert pour la tige de la soupape supérieure. Cette tige est creuse, et laisse passer, à travers un autre petit presse-étoupes dont elle est munie, la tige de la soupape inférieure. Cette disposition demande que les deux soupapes soient exactement à l'aplomb l'une de l'autre, ce qui permet de réduire les dimensions de la boîte.

Fɪɢ. 248. — N° **682**. — Cette figure diffère de la figure 247 en ce qu'elle s'applique à une machine *à simple effet*. Une telle ma-

chine n'a plus besoin que de trois soupapes de distribution, au
lieu de quatre. — Ces trois soupapes servent à faire arriver la
vapeur de la chaudière sur une des faces du piston, à faire
évacuer au condenseur la vapeur qui est sur l'autre face, et
enfin, pendant la course rétrograde du piston, à mettre ces
deux faces en communication (Voir, pour l'explication complète
du jeu de ces trois soupapes, le texte du n° **683**).

Fig. 249. — N° **685**. — Diagramme donnant l'idée du mécanisme
à l'aide duquel on peut employer l'excentrique circulaire pour
faire mouvoir une distribution par soupapes, aussi bien qu'une
distribution par tiroir (Voir, pour les propriétés de ce mécanisme, le texte du n° **685**).

Fig. 250. — N° **687**. — Cette figure, toutes les suivantes de la
même planche et la figure 254 de la planche suivante, se rapportent aux appareils de condensation par injection, appareils
qui sont assez complexes et assez encombrants, et dont, par
cette raison, les constructeurs ont beaucoup essayé de varier les
dispositions; mais ils n'ont modifié en rien les principes de
l'appareil proposé par Watt, que nous avons représenté à la figure 206.

Le condenseur de la figure 250 est très-bien disposé pour
favoriser l'action de l'eau d'injection sur la vapeur.

Fig. 251. — N° **687**. — Cette figure représente la disposition de condenseur généralement adoptée par un habile constructeur anglais,
Maudslay. Elle rend l'appareil peut être un peu moins encombrant
en plaçant la pompe à air au milieu du conducteur ; mais l'absence du sifflet à la partie inférieure de cette pompe, qui reste
entièrement ouverte, n'est pas à recommander. Sans empêcher
le jeu de cette pompe, elle a l'inconvénient d'augmenter inutilement les mouvements de la masse d'eau qui est dans le condenseur.

Fig. 252. — N° **687**. — Cette figure représente une disposition

adoptée par M. Charbonnier, qui a le même avantage que la précédente, au point de vue de l'encombrement, et qui, en même
temps, n'a pas l'inconvénient qui vient d'être indiqué. Le sifflet
existe, en effet, au bas de la pompe à air. En outre, celle-ci est à
double effet ; l'aspiration de l'eau se fait par le dessous et celle
de l'air par le dessus du piston.

FIG. 253. — N° **687**. — Exemple d'un type d'appareil de condensation présentant plusieurs dispositions intéressantes, notamment le moyen employé pour multiplier les points de contact de
la vapeur à condenser et de l'eau d'injection, la position horizontale de la pompe à air et son mode d'action à double effet,
et enfin l'artifice employé pour empêcher les rentrées d'air par
la boite à étoupes de la tige de cette pompe (Voir la figure).

On doit particulièrement remarquer l'emploi de la pompe à
air *à double effet*, qui met en concordance l'action de cette
pompe et celle de la vapeur sur le piston de la machine, à chaque excursion simple de ce dernier. Il semble rationnel, en
effet, d'établir cette concordance d'action à tous les coups de
piston, afin d'obtenir, à chaque coup, le plus grand écart possible entre la pression de la vapeur sur le piston et la contre-
pression provenant du condenseur.

Planche LIX. — Figures 254 à 257.

FIG. 254. — N° **687**. — Cette figure sert de complément aux figures 250 à 253 de la planche précédente. Elle donne un exemple de la manière dont peuvent se grouper autour d'une machine
horizontale toutes les parties d'un appareil de condensation, et
comment celle de ces parties qui sont mobiles peuvent être
commandées.

Le condenseur représenté est analogue à celui de la figure 253, sauf que sa pompe à air est inclinée. Celle-ci est commandée par un levier brisé, ou varlet, dont l'un des bras est
articulé à une bielle liée à la tige du piston à vapeur et l'autre

à une bielle liée à la tige de la pompe. Ces dispositions peuvent d'ailleurs être variées de beaucoup de manières. Elles sont, en général, moins simples que celles des machines verticales à balancier, le balancier fournissant immédiatement autant de points d'attache que l'on veut, pour des tiges verticales devant recevoir un mouvement alternatif dans le sens de leur longueur.

Fig. 255. — N° **693**. — Cette figure, ainsi que les suivantes de la même planche, et toutes celles de la planche suivante, se rapportent à l'intéressante question des régulateurs. La figure dont il s'agit ici est un simple tracé géométrique, servant à établir la théorie du pendule ordinaire de Watt, déjà décrit au n° **628**, dont l'axe de rotation est vertical, et dans lequel l'équilibre s'établit entre le poids des boules et leur force centrifuge. La condition de cet équilibre se trouve simplement, en posant que la résultante des actions de la pesanteur et de la force centrifuge passe par le point fixe, autour duquel chaque boule est assujettie à tourner.

Fig. 256. — N° **693**. — Cette figure complète la précédente, en faisant voir comment l'écartement plus ou moins grand des boules du régulateur, produit par des variations dans la vitesse angulaire de ces boules, peut amener le déplacement longitudinal d'une certaine chape O′, liée au système des boules par le losange OCO′D articulé à ses quatre sommets (Voir la figure et le texte du n° **693**).

Fig. 257. — N° **695**. — Ensemble et détails d'une disposition très-bien étudiée et très-satisfaisante, à l'aide de laquelle M. Farcot applique le régulateur à force centrifuge à son système de détente variable, représenté par la figure 240.

Le degré de détente, entre les limites propres à ce système, varie en faisant tourner la came centrale dans un sens ou dans un autre; ce qui lui permet d'arrêter plus ou moins promptement les plaques de détente (Voir la légende de la fig. 240).

Entre certaines limites de vitesse, qu'on ne veut pas dépasser, cette came reste immobile et indépendante des petites oscillations du pendule ; mais quand ces limites sont atteintes, dans un sens ou dans un autre, et que les boules du régulateur tendent encore à dépasser leurs positions d'équilibre correspondantes, les déplacements de la chape liée à ces boules prennent une amplitude telle que des cônes de friction qui participent à ces déplacements commencent à entrer en prise, soit avec l'un, soit avec l'autre de deux engrenages coniques fixés invariablement à l'axe du régulateur.

Ces cônes sont aussitôt entraînés, et mettent en mouvement, par un système plus ou moins complexe d'engrenages et de vis sans fin, l'arbre de la came centrale. L'arbre tourne d'ailleurs dans un sens ou dans un autre, selon le cône de friction qui vient d'embrayer, c'est-à-dire selon que cet embrayage est dû à une réduction ou à une augmentation de vitesse, demandant ou un accroissement ou une diminution de la période d'admission à pleine pression.

Ce système est un peu complexe, et a besoin d'être examiné de près pour être compris dans tous ses détails. Nous ne pouvons ici qu'en donner une idée générale, en renvoyant à l'inspection des figures.

Planche LX. — Figures 258 à 265.

Fig. 258. — Nº **696**. — Cette figure sert à démontrer la propriété caractéristique du pendule dit *parabolique*, à savoir, qu'un point matériel pesant étant placé sur une courbe parabolique tournant autour de son axe supposé vertical, ce point ne peut être en équilibre que pour une vitesse de rotation déterminée, qui dépend de la forme de la parabole. Pour toute autre vitesse plus grande, le corps s'éloigne, et pour toute autre vitesse moindre, il se rapproche de l'axe de rotation.

Fig. 259 et 260. — Nº **696**. — Exemple des dispositions qui peuvent être prises pour réaliser matériellement un pendule parabolique.

Dans la figure 159, les boules sont assujetties à rester sur un arc matériel MN, dont le tracé doit satisfaire à la condition géométrique d'être une courbe ayant même développée que la parabole sur laquelle on veut que se trouvent les centres des boules.

Dans la figure 160, les boules doivent être supposées attachées aux points fixes O et O′ par l'intermédiaire de liens flexibles sur une certaine longueur, afin de pouvoir se plier sur les deux arcs MO et MO′, qui sont les deux branches de la développée de la parabole (Voir le texte du n° **696**).

Fig. 261. — N° **697**. — Pendule dit *à bras croisés*, proposé par M. Farcot. En rapprochant cette figure de la précédente, on reconnaît qu'avec ce système de bras croisés, l'attache des tiges de chacune des deux boules peut être prise sur un point de la développée. Si, en même temps, la position correspondante de la tige, pour la vitesse ordinaire de la machine, est tangente à cette développée, les boules, *pour de petits écarts autour de cette position*, décriront un petit arc de cercle osculateur à la parabole, et ayant, par suite, pour ces petits mouvements, les mêmes propriétés que si elles étaient effectivement sur la parabole même. On a ainsi, par un moyen plus pratique que ceux des figures 259 et 260, un appareil qui, pour de petits écarts, jouit sensiblement de la même propriété que le pendule théorique de la figure 258.

Fig. 262 et 263. — N^{os} **698** et **699**. — La figure 262 représente un pendule à force centrifuge, dit *sans pesanteur*, ou, plus exactement, dans lequel la pesanteur n'a aucune action sur le déplacement des boules ; de sorte que l'axe autour duquel tourne le pendule peut avoir une orientation quelconque. Cette disposition est *applicable* à toutes les machines fixes, et *indispensable* aux machines marines.

On réalise cette espèce *d'indifférence* à l'action de la pesanteur, en faisant en sorte que le centre de gravité de l'ensemb'e des corps soumis à l'action de la force centrifuge soit toujours au même point de l'axe de rotation. C'est ce qui existe évidemment dans le cas de la figure, où, au lieu de n'avoir que deux boules, le régulateur en a quatre, placées deux à deux aux extrémités de leviers égaux, articulés en leur point milieu.

Ainsi équilibrées, ces quatre boules, pour la moindre vitesse de rotation, tendraient à s'écarter de plus en plus de l'axe, jusqu'à ce que leurs bras fussent, dans un même plan, perpendiculaires à cet axe et passant par leur point de suspension. Il faut donc contre-balancer cette tendance à l'aide de forces variables qui fassent équilibre à l'action de la force centrifuge, et soient réglées de manière que chaque position des boules corresponde à une valeur déterminée de la vitesse de rotation. On y parvient de deux manières : soit par des ressorts transversaux, tels que celui de la figure 262 *bis*, agissant sur les bras des boules pour les rapprocher de l'axe, soit par un ressort longitudinal agissant sur la chape pour la tenir éloignée du sommet de l'axe (fig. 263). (Voir, pour le calcul de ces ressorts, le texte des n°ˢ **698** et **699**.)

Fɪɢ. **264**. — N° **700**. — Autre pendule sans pesanteur et à bras croisés, dans lequel il n'y a que deux boules, A et A', qui se trouvent équilibrées par un contre-poids placé en $O_1O'_1$. Les triangles OBO_1 et $O'B'O'_1$ étant supposés isocèles, il faut et il suffit, pour obtenir l'indifférence à la pesanteur, que les trois points A, O, B, d'une part, et A',O',B', d'autre part, soient en ligne droite, et que la somme des moments des boules A et A', par rapport à la ligne OO' soit, pour une position déterminée du système, égale au moment du contre-poids $O_1O'_1$ par rapport à la même ligne. Il est clair que si cette condition a lieu une fois, elle aura lieu toujours.

Fɪɢ. **265**. — N° **700**. — Les dispositions de la figure précédente sont complétées dans celle-ci :

1° En soustrayant à l'action de la pesanteur, non-seulement

les masses formant le pendule, mais encore le ressort même,
qui est employé, comme celui de la figure 263, à contre-balancer l'action de la force centrifuge; de manière que son effet ne
varie pas, quelle que soit son inclinaison. Pour cela, on substitue,
à un ressort unique, un ensemble de deux ressorts égaux réa-
gissant l'un sur l'autre par l'intermédiaire d'un petit balancier ;

2° En se réservant de faire varier en service, sans avoir à
toucher à la machine, l'action de ces ressorts sur la chape, et,
par suite, la vitesse normale à laquelle on veut marcher ;

3° Enfin, en employant un artifice spécial qui empêche les
boules de prendre, lors des variations brusques de vitesse de la
machine, les mouvements d'oscillation désordonnés auxquels
elles seraient soumises si elles passaient d'une position d'équilibre à une autre en prenant des vitesses notables (Voir à ce sujet
le texte du n° **700**).

Planche LXI. — Figures 266 à 270.

Fig. 266. — N° **762**. — Ce diagramme figure la loi théorique suivant laquelle décroît la température des gaz d'un foyer, qui circulent dans un carneau où ils sont en contact avec une paroi de
chaudière de largeur constante ayant partout le même degré de
conductibilité pour la chaleur.

L'inspection de cette courbe montre que la puissance de vaporisation de l'unité de surface de chauffe décroît rapidement à
mesure que l'on s'avance dans le sens du courant gazeux, ou de
A vers B ; d'où l'on conclut, entre autres conséquences, que
l'on peut prolonger le carneau d'une certaine quantité au delà
du point B, vers B′, ou se tenir un peu en deçà, en B″, sans altérer sensiblement l'effet utile du combustible (Voir, pour les conséquences diverses que l'on peut tirer de l'équation de cette
courbe, le texte du n° **761**).

Fig. 267. — N° **780**. — Cette figure, les suivantes de la même
planche et celles des planches suivantes jusqu'à la figure 291 de

la planche 70, sont consacrées aux principaux systèmes de générateurs que l'on rencontre dans la pratique. La figure 267 représente, en coupes longitudinale et transversale, une chaudière de Watt, ou chaudière à tombeau.

Cette chaudière appartient au premier type caractérisé par un foyer et des carneaux placés extérieurement. La forme concave donnée à la surface de chauffe, en dessous et sur les côtés du générateur, paraît avoir eu pour but soit d'en augmenter l'étendue pour une dimension donnée des carneaux, soit peut-être de chercher par là à favoriser l'absorption de la chaleur.

Mais cette forme, sans intérêt réel pour les basses pressions, est entièrement inapplicable aux hautes, et elle est aujourd'hui à peu près complétement abandonnée.

Fig. 268. — N° **780**. — Coupes longitudinale et transversale d'une autre chaudière de Watt, qui se distingue de la précédente par l'existence d'un gros tube intérieur servant à ramener en avant les produits de la combustion, qui se répartissent ensuite entre les deux carneaux latéraux pour se rendre à la cheminée. Ce tube intérieur, par lequel cette chaudière se rattache aux générateurs du deuxième type, dont il sera question plus loin, a pour *unique objet* l'accroissement de la surface de chauffe d'une chaudière d'un volume donné. Cette disposition a été employée tout d'abord sur les bateaux à vapeur, dès qu'on a reconnu que la force dont leurs machines avaient besoin ne pouvait être obtenue avec des chaudières ordinaires, sans être obligé de leur donner un volume excessif.

Fig. 269 et 269 *bis*. — N° **781**. — Chaudière cylindrique simple, qui remplace aujourd'hui universellement la chaudière de Watt. La figure 269 présente des carneaux disposés comme ceux de la chaudière de Watt. Dans la figure 269 *bis*, les carneaux latéraux sont supprimés, et les produits de la combustion se rendent directement de la grille à la cheminée. Cette disposition est favorable au tirage, et l'effet obtenu reste sensiblement le même, si la surface de chauffe a, dans les deux cas, le même développement (Voir le texte du n° **781**).

Fig. 270. — N° **782**. — Plans et coupes d'une chaudière cylindrique *verticale*.

Cette disposition est employée principalement pour économiser l'espace en plan, lorsqu'il s'agit d'utiliser les flammes perdues d'un certain nombre de fours.

On utilise comme surface de chauffe toute la surface de la chaudière, tandis que la chaudière cylindrique horizontale n'en utilise que la moitié. C'est un avantage au point de vue de la dépense de premier établissement ; mais cet avantage est compensé par divers inconvénients pour lesquels nous renvoyons au texte des n°[s] **782**, **783** et **847**. En résumé, nous ne pensons pas qu'il y ait lieu d'employer ces chaudières, autrement que dans le cas spécial indiqué ci-dessus.

Planche LXII. — Figures 271 à 273.

Fig. 271 et 273. — N° **784**. — Exemples de dispositions diverses de chaudières cylindriques à bouilleurs.

Ce système est celui qui prévaut en France dans la plupart des établissements industriels. Sous le rapport de l'effet utile du combustible, il n'a pas, en principe, de supériorité sur la chaudière cylindrique simple de même surface de chauffe totale, et ce n'est pas là ce qu'on lui demande. Mais il a le très-grand avantage de donner une surface de chauffe étendue, avec des cylindres dont on n'a pas besoin d'exagérer les dimensions, et d'utiliser comme surface de chauffe une plus grande portion de la surface totale des appareils. Il est donc, pour une puissance de vaporisation donnée, beaucoup moins encombrant, moins lourd et moins coûteux qu'une chaudière cylindrique simple.

La disposition la plus ordinaire est celle de la *chaudière à deux bouilleurs* placés sous la chaudière, avec le foyer en dessous de ces bouilleurs. Mais quelquefois on met trois bouilleurs ;

d'autres fois, au contraire, on n'en met qu'un (Voir les fig. 272). Le plus ordinairement, les bouilleurs sont chauffés avant le corps cylindrique. Quelquefois, et non sans motifs qui semblent assez plausibles, on prend la disposition inverse (*fig.* 273).

Pour toutes ces variantes, qui au fond n'ont point entre elles de différences radicales et essentielles, nous renvoyons au texte des n°ˢ **784** et **785**.

Planche LXIII. — Figures 274 à 277.

Fig. 274. — N° **785**. — Chaudières cylindriques à bouilleurs réchauffeurs. Ces bouilleurs, dont le nombre peut varier de un à quatre, se distinguent nettement des bouilleurs ordinaires par l'objet qu'ils ont en vue. C'est, comme leur nom l'indique, de chauffer l'eau d'alimentation avant son introduction dans le corps principal de la chaudière. Ce chauffage a lieu progressivement et méthodiquement, l'eau circulant dans les bouilleurs en sens contraire des gaz qui chauffent leur surface extérieure.

On conçoit que cette disposition puisse donner une petite économie de combustible, en permettant de refroidir un peu plus complétement les produits de la combustion avant de les envoyer à la cheminée. Mais cela suppose que ces gaz peuvent, en effet, en conservant un tirage suffisant, descendre au-dessous de la température à laquelle on forme la vapeur dans la chaudière; ce qui n'a pas lieu habituellement.

A défaut d'économie de combustible bien positive, ces bouilleurs ont l'avantage de permettre à l'eau d'alimentation de déposer, avant d'arriver au corps cylindrique, une partie des matières qu'elle tient en dissolution ou en suspension, et de réduire ainsi d'autant l'importance du dépôt qui se fera dans la chaudière. Or, sur ce point, un dépôt a le double inconvénient d'exposer le métal aux coups de feu et de diminuer l'efficacité de la partie la plus active de la surface de chauffe.

En fait, l'emploi de ces bouilleurs réchauffeurs est assez répandu. Un seul est ordinairement suffisant.

Fig. 275. — N° **786**. — Coupes en long et en travers du système de générateurs connu sous le nom de chaudières de Cornouailles.

Ce système appartient au second type, caractérisé par un foyer et par des carneaux intérieurs ou galeries.

On doit concevoir que ce type puisse avoir *une petite supériorité* sur le précédent, en ce sens que les pertes du foyer par le rayonnement, et celles des carneaux par le contact des maçonneries du fourneau, n'existent plus au même degré. Mais cette supériorité *théorique* tend à s'évanouir, à mesure que l'on prend plus de précautions pour préserver l'ensemble du générateur et de son fourneau contre ces pertes. Il suffit de supposer le système entouré d'une enveloppe imperméable à la chaleur, ou presque imperméable, comme l'est une maçonnerie épaisse et bien étanche, pour que ces pertes soient à peu près négligeables.

En fait, il n'est pas constaté, je crois, que les chaudières du Cornouailles aient, au point de vue de l'économie de combustible, une supériorité bien notable sur les chaudières cylindriques à bouilleurs, bien établies.

En revanche, elles ont divers inconvénients, tels que celui d'une forme peu appropriée aux hautes pressions, et celui du danger qu'elles peuvent éventuellement présenter, lorsqu'elles ne sont pas très-régulièrement alimentées (Voir le texte des n°ˢ **786** et **787**.)

Fig. 276. — N° **788**. — Chaudière qui peut être regardée comme étant aux chaudières du Cornouailles, ce qu'est la chaudière de la figure 270 aux chaudières cylindriques horizontales. C'est une disposition assez souvent employée dans les ateliers où la place fait défaut, mais seulement pour des machines peu importantes. Le système tubulaire par lequel les produits de la combustion se rendent à la cheminée, est quelquefois remplacé par une cheminée se bifurquant en dessous du niveau de l'eau, pour aboutir à deux cheminées latérales semblables à celles de la figure 270.

Fig. 277. — N° **789**. — Chaudière dite à galeries, telle qu'on en a employé pour des bateaux marchant à basse pression. C'est, en quelque sorte, la chaudière de la figure 268, sauf que, pour augmenter encore la surface de chauffe, on ne s'est plus borné à faire traverser la masse de l'eau par un seul gros tube ou carneau intérieur. On a multiplié ces carneaux, en les séparant seulement par une lame d'eau peu épaisse, et ils ont ainsi formé comme des espèces de serpentins dans chacun desquels on a fait circuler les gaz produits par la combustion sur un foyer placé à son origine.

On a pu ainsi, avec une chaudière d'un volume donné, avoir une surface de chauffe *interne* beaucoup plus considérable que la surface *externe* qu'on aurait obtenue, en entourant simplement ce volume par un système de carneaux extérieurs en maçonnerie.

<h3 align="center">Planche LXIV. — Figure 278.</h3>

Fɪɢ. 278. — N° **790**. — Cette figure représente une chaudière de machine locomotive, considérée comme spécimen du troisième type de chaudières, ou de la chaudière tubulaire en général.

Ce type a ordinairement, mais non nécessairement, son foyer intérieur. Il est caractérisé par cette circonstance qu'au lieu d'un carneau dans lequel circule à la fois la masse entière des gaz, on a un grand nombre de petits tubes, entre lesquels cette masse se subdivise, le faisceau de ces tubes étant d'ailleurs plongé dans la masse d'eau de la chaudière, et la surface convexe de l'ensemble de ces tubes constituant ainsi la surface de chauffe.

Il est facile de voir qu'en diminuant le diamètre de ces tubes et augmentant leur nombre, on peut, avec une section totale donnée offerte au passage des gaz, obtenir une surface de chauffe aussi grande que l'on voudra.

Les chaudières tubulaires ont donc cette propriété caractéristique de pouvoir, *sous un volume donné*, et avec *un poids de métal relativement faible*, puisque ces tubes peuvent être d'autant plus minces qu'ils sont plus étroits, obtenir *une très-grande surface de chauffe.*

C'est pour les locomotives qu'a été inventée la chaudière tubulaire. Elle y est *indispensable*, et l'on doit considérer que sans elle les résultats les plus remarquables que donnent les chemins de fer, au point de vue de la puissance de leur trafic et à celui de la vitesse des transports, ne pourraient être obtenus.

On distinguera sur la figure 278 :

1° La boîte à feu, dont les faces latérales sont fortement entretoisées, et le ciel est soutenu par un système d'armatures ;

2° Le faisceau tubulaire, allant de la boîte à feu à la boîte à fumée, formant la plus grande partie de la surface de chauffe ;

3° La boîte à fumée, dans laquelle se dégage la vapeur d'échappement pour augmenter le tirage de la cheminée.

(Voir le texte du n° **790**.)

Planche LXV. — Figures 279 à 281.

Fig. 279. — N° **792**. — Cette figure donne, comme second spécimen d'une chaudière tubulaire, l'élévation, la coupe en travers et la coupe en long d'un système de générateurs destiné à un navire à vapeur.

Le système tubulaire est au moins aussi indispensable pour les grands paquebots à vapeur que pour les locomotives, par la raison que la force à développer est souvent beaucoup plus grande, et les sujétions d'emplacement encore plus sévères.

Le système de la figure 279 diffère de celui de la figure précédente, principalement par ce fait que le faisceau tubulaire, au lieu d'être *en prolongement* de la boîte à feu, est placé *au-dessus*, ce qui permet de trouver en hauteur l'emplacement qui manque sur la longueur.

Fig. 280, 281 *bis* et 281. — N° **793**. — Ces différentes figures se rapportent au type des chaudières tubulaires ; mais elles ont

pour caractère commun d'être à *foyer amovible*, c'est-à-dire
d'être disposées de manière qu'on puisse démonter et faire sortir
le tube faisant fonction de boîte à feu, et le faisceau tubulaire
qui est en relation avec lui. Ces tubes deviennent ainsi accessibles et peuvent être complétement nettoyées.

En principe, malgré les avantages de poids, de prix et d'emplacement que présente le système tubulaire sur ces deux premiers, et malgré le petit avantage économique qu'offre peut-
être, au point de vue des pertes de chaleur, sa forme beaucoup
plus compacte, on ne l'emploie, tout au moins quand on a de
mauvaises eaux, que si l'on y est contraint par d'autres considérations, attendu qu'il coûte plus d'entretien et qu'il est extrêmement difficile à bien nettoyer ; il n'est pas, sous ce rapport, comparable aux chaudières cylindriques à bouilleurs.

Pour combattre cette infériorité, il faut ou employer les condenseurs fermés et l'alimentation monhydrique, ou se réserver,
comme on vient de le dire, la possibilité d'accéder au faisceau
tubulaire.

La disposition des foyers amovibles est donc un point d'un
grand intérêt, très-propre à vulgariser ce type de chaudières,
qui a des avantages très-appréciables.

Les figures 280 et 280 *bis* représentent le système de MM. Thomas et Laurent, qui ont été parmi les premiers ingénieurs à
s'occuper de la question. La disposition de la seconde figure est
préférable à celle de la première, à cause du moindre diamètre
du joint à défaire et à refaire pour un nettoyage de tubes. Ce
diamètre est $a'b'$ sur la seconde figure et ab sur la première.

La figure 281 représente le système de M. Farcot.

Planche LXVI. — Figures 282 et 283.

Fig. 282. — N° **794**. — Cette figure et la suivante de la même
planche, se rapportent au quatrième type de générateurs, c'est-
à-dire à celui des chaudières *à tubes bouilleurs*.

La figure 282 représente la chaudière *Belleville*, qui a les caractères essentiels de ce type, c'est-à-dire qu'elle ne renferme que fort peu d'eau et qu'elle est formée par la réunion d'un grand nombre d'éléments individuellement peu importants.

On distingue en A le réseau des tubes générateurs, qui forment un certain nombre de serpentins placés dans des plans verticaux, alimentés par le bas à l'aide d'un *distributeur* B, branché sur le réservoir C. La vapeur s'échappe à la partie supérieure de ces tubes par un *collecteur* D, où un tube spécial de prise de vapeur la conduit dans un second système de tubes E, occupant le ciel du foyer, qu'on nomme le *dessécheur*, et de là dans le réservoir F de vapeur.

L'eau entraînée par la vapeur jusque dans le collecteur D retourne au réservoir C, qui est muni d'un tube indicateur faisant connaître le niveau de l'eau. La dépense est réglée par un robinet gradué R.

Fig. 285. — N° **795**. — Cette figure représente la chaudière *Field*, qui a les mêmes propriétés essentielles que la chaudière Belleville (peu de danger d'explosion grave, peu de poids et de volume, et enfin une montée en vapeur fort rapide).

Le système employé pour obtenir, sous un petit volume, une grande surface de chauffe, consiste à garnir le ciel de la boîte à feu d'une série de tubes pendentifs fermés par le bas, entre lesquels circule la flamme dans son trajet à la cheminée centrale. Chacun de ces tubes en reçoit un autre de diamètre moindre, ouvert aux deux bouts. L'espace annulaire compris entre les deux tubes et l'intérieur du plus petit forment comme les deux branches d'une sorte de syphon dans lesquelles il s'établit une circulation active d'eau, qui rafraîchit incessamment le tube extérieur, enlève tous les dépôts et donne à la surface de chauffe une grande puissance de vaporisation.

On remarque sur la figure l'obturateur A placé au-dessous et dans l'axe de la cheminée, pour détourner la flamme et la forcer à venir lécher la surface du faisceau des tubes.

L'appareil représenté sur la figure, lequel n'occupe guère plus de place qu'un très-gros poêle, a 45 mètres de surface de chauffe. Une chaudière cylindrique horizontale de même importance occuperait un espace incomparablement plus grand.

Planche LXVII. — Figures 284 et 285.

Fig. 284. — N° **797**. — Cette figure et celles des trois planches suivantes, jusqu'à la 291ᵐᵉ, se rapportent à des chaudières *mixtes*, c'est-à-dire réunissant à un degré important les caractères spéciaux de deux au moins des quatre types considérés précédemment.

La figure 284 représente le type de chaudière qui avait été adopté par M. Flachat pour actionner les machines du chemin de fer atmosphérique établi à Saint-Germain.

Les machines étaient destinées à produire *un très-grand travail* à certains intervalles séparés par de *longues périodes de repos*. Il fallait d'une part, des générateurs contenant de grandes quantités d'eau et possédant de grands réservoirs de vapeur, et d'autre part des surfaces de chauffe et des grilles établies de manière à pouvoir, après avoir laissé dormir les feux pendant l'intervalle d'un repos, les ranimer rapidement et développer de suite une masse de vapeur, lorsque le moment de la marche approchait.

Le système établi par M. Flachat a très-bien satisfait aux conditions de ce programme. D'abord, pour pouvoir ranimer vivement les feux, on avait remplacé le tirage d'une cheminée par l'action d'un courant d'air forcé. Ensuite on avait établi un grand ensemble composé de six groupes semblables à celui que représente la figure, offrant une surface totale de chauffe de plus de 300 mètres carrés. Chacun d'eux comprenait deux corps assimilables le premier à une chaudière du Cornouailles, le second à une chaudière tubulaire.

Fig. 285. — N° **797**. — Chaudière construite par M. Prouvost. Cet appareil peut être regardé comme ayant à peu près les mêmes caractères que le précédent. Les principales différences sont que le premier corps est ici une chaudière cylindrique au lieu d'une chaudière du Cornouailles, et que les deux corps sont placés de manière à occuper moins de place.

Cette chaudière peut être considérée comme une combinaison du premier et du troisième types.

Planche LXVIII. — Figure 286.

Fig. 286. — N° **798.** — Les figures de cette planche se rapportent, toutes les trois, à un générateur étudié par MM. Molinos et Pronier, qui semble bien satisfaire aux diverses conditions que doit remplir un appareil pour économiser le combustible. Il est très-assimilable à une chaudière de locomotive. Il en diffère par les proportions plus grandes de la boîte à feu et du réservoir de vapeur, ainsi que par l'emploi d'un courant d'air forcé.

On peut considérer qu'il a l'inconvénient que présentent les systèmes tubulaires au point de vue du nettoyage des tubes, et celui que présente, au point de vue des interruptions possibles, l'emploi d'un moyen mécanique pour activer la combustion.

Je crois l'appareil bien disposé, mais un peu complexe pour un établissement industriel dans lequel on n'aurait pas sous la main toutes les ressources en outillage et en main-d'œuvre, qui peuvent être nécessaires pour le tenir constamment en bon état. — On devrait, en tous cas, ne l'employer qu'avec des eaux de bonne qualité.

Planche LXIX. — Figures 287 à 289.

Fig. 287. — N° **799.** — Plan et coupe longitudinale et transversale d'une chaudière qui a figuré à l'Exposition universelle de Vienne, où elle fournissait une partie de la vapeur nécessaire.

Cette chaudière, qui a été dénommée du *système Fairbairn*, doit être considérée comme une chaudière du Cornouailles perfectionnée.

L'emploi d'un deuxième corps cylindrique *plein*, au-dessus du corps cylindrique *contenant le foyer*, permet de tenir ce dernier corps entièrement plein d'eau, de lui donner un moindre diamètre et d'y placer le tube du foyer concentriquement.

Ce tube est amovible pour faciliter le nettoyage du corps cylindrique inférieur.

La surface de chauffe comprend la surface interne du tube portant le foyer, la surface externe *totale* du corps cylindrique inférieur, et la *moitié* de celle du corps cylindrique supérieur.

Pour prévenir les effets de la dilatation, le tube du foyer a été composé de viroles distinctes réunies par quelques *bagues de dilatation*. Ces bagues sont des espèces de couvre-joints formés de deux parties cylindriques séparées par une partie convexe dont la courbure peut varier, de manière que chaque virole puisse se dilater ou se contracter librement, sans changer la longueur totale du tube. Le système peut être fort utile, dans le cas de chaudières très-longues.

Fig. 288. — N° **799**. — Cette figure, fort analogue à la figure 281, peut être considérée comme se rapportant, à la fois, au type des chaudières tubulaires avec foyer amovible, et au type des chaudières à carneaux extérieurs.

Fig. 289. — N° **799**. — Le générateur représenté par cette figure se rapporte à la fois au type des chaudières à foyer et carneaux extérieurs et à celui des chaudières tubulaires.

Planche LXX. — Figures 290 et 291.

Fig. 290. — N° **799**. — Cette chaudière, qui figurait, comme toutes celles de la planche précédente, à l'Exposition de Vienne, est une chaudière du Cornouailles à deux foyers, avec emploi de bouilleurs réchauffeurs. Elle est construite par MM. Sultz et frères de Winterthur (Suisse).

On remarquera la disposition prise pour obtenir une circulation d'eau au-dessus des foyers, et empêcher ainsi l'adhérence des dépôts dans cette partie où ils seraient particulièrement nuisibles. Une disposition analogue est représentée sur la fig. 270.

On peut regarder comme peu utile et peu efficace, le serpentin en fonte dans lequel on fait passer l'eau avant de l'admettre dans les bouilleurs réchauffeurs.

On peut critiquer également le système consistant à chauffer le réservoir de vapeur *en même temps* que les bouilleurs réchauffeurs.

Fig. 291. — N° **800**. — Chaudière de MM. Chevalier et Grenier, de Lyon. — Ce système est étudié pour chercher à combiner un certain nombre des avantages que présentent divers types de chaudières.

Ainsi, on a un foyer intérieur qui, grâce à son garnissage en briques, peut opérer la combustion et produire la fumivorité dans d'aussi bonnes conditions qu'un foyer extérieur.

On a un carneau intérieur, comme dans les chaudières du Cornouailles, sans être obligé de donner au corps cylindrique le grand diamètre qui rend difficile l'emploi des très-hautes pressions dans ces chaudières.

On évite, en même temps, les dangers que présente une alimentation irrégulière.

En un mot, le système peut être, comme celui de la figure 287, regardé comme très-satisfaisant.

Planche LXXI. — Figures 292 à 298.

Fig. 292. — N° **803**. — Cette figure, toutes celles de la même planche et celles des trois planches suivantes, concernent les nombreux accessoires des chaudières. — Elle représente l'appareil d'alimentation imaginé par Watt pour ses chaudières à basse pression. L'appareil représenté est complexe, et sert à la fois pour régler automatiquement l'alimentation, par le jeu d'un flotteur qui suit les variations du niveau de l'eau dans la chaudière, et pour limiter la tension de la vapeur à l'aide d'un registre de tirage manœuvré par un autre flotteur dont la position varie, non pas avec *la quantité d'eau*, mais avec *la pression effective de la chaudière* (Voir la figure).

Fig. 293. — N° **804**. — Appareil d'alimentation dit *retour d'eau*, ou bouteille alimentaire servant à alimenter les générateurs, très-nombreux dans l'industrie, qui fournissent de la vapeur destinée à un objet autre que la production de la force motrice, et qui par conséquent n'ont pas de pompe alimentaire mue mécaniquement (Voir le texte du n° **804**).

Fig. 294. — N° **805**. — Cette figure représente un appareil d'alimentation aujourd'hui extrêmement répandu qui peut, comme le précédent, fonctionner pour toutes les chaudières. C'est l'injecteur Giffard, pour lequel nous renvoyons au texte des numéros **805** et **806**, nous bornant à rappeler que cet appareil est d'un usage très-commode, notamment en ce qu'il permet d'alimenter les chaudières d'une machine sans être obligé de la mettre en marche, et qu'il est théoriquement très-satisfaisant, lorsque, ainsi que c'est le cas des chaudières, l'échauffement de l'eau fournie par l'appareil peut être considéré comme produit utilement.

Fig. 295. — N° **813**. — Diagramme d'une chaudière à bouilleurs dite *à circulation*, dans laquelle, par la position de sa grille au-dessous des bouilleurs, par l'emploi de deux culottes pour chaque bouilleur et par le prolongement de celle de l'avant à l'intérieur du corps cylindrique, on cherche à déterminer, dans la masse d'eau, un courant prononcé, propre à balayer les dépôts terreux et à empêcher leur adhérence.

On remarquera la section donnée à l'avant des bouilleurs, pour empêcher la formation et le maintien des chambres de vapeur au-dessus du coup de feu.

Il est entendu que le courant se produit de l'arrière à l'avant dans les bouilleurs, et de l'avant à l'arrière dans le corps cylindrique.

Fɪɢ. 296. — Nᵒ **814**. — Appareil dit *à chandelier*, qu'on établit dans le dôme de prise de vapeur, ou dans un dôme spécial, et sur lequel le tuyau de refoulement de la pompe à eau chaude vient répandre l'eau d'alimentation. Les divers plateaux superposés que présente l'appareil se recouvrent d'incrustations qui doivent être enlevées de temps en temps (Voir le texte du nᵒ **814**).

Fɪɢ. 297. — Nᵒ **814**. — Appareil dit *déjecteur anti-calcaire de Duméry*, servant, comme le précédent, *à localiser* le dépôt des matières terreuses que renferment les eaux d'alimentation, mais qui les localise dans des conditions beaucoup plus avantageuses et plus commodes, puisque les eaux *sortent* de la chaudière pour effectuer le dépôt, et *y rentrent*, à peine refroidies, après avoir été clarifiées.

Fɪɢ. 298. — Nᵒ **817**. — Tube indicateur faisant connaître, à chaque instant, le niveau de l'eau dans une chaudière.

Cet appareil, bien établi, doit être considéré comme indispensable sur toutes les chaudières.

Il est avec raison imposé par les règlements sur les appareils à vapeur (Voir le texte du nᵒ **817** indiquant les conditions d'un bon établissement de ces tubes indicateurs, telles d'ailleurs qu'elles sont représentées sur la figure).

Planche LXXII. — Figures 299 à 305.

Fɪɢ. 299. — Nᵒ **818**. — Diagramme indiquant l'artifice à l'aide duquel on pourrait, même dans les chaudières verticales, employer le tube indicateur, en lui conservant son avantage caractéristique qui est de parler de lui-même et à tout instant aux yeux du chauffeur, sans même obliger cet ouvrier à la simple manœuvre d'un robinet (Voir le texte du nᵒ **818** qui explique comment l'indication est ramenée du sommet de la chaudière à la portée de la vue du chauffeur).

Fig. 300. — N° **819**. — Appareil dit *Clarinette*, que l'on trouve souvent établi sur le devant des chaudières. Il présente à la fois le tube indicateur de niveau et des robinets étagés. Normalement, c'est le tube indicateur que l'on consulte ; mais accidentellement, si le tube est cassé, ou assez encrassé pour avoir perdu toute transparence, on se sert des robinets étagés, dont le plus élevé doit toujours donner de la vapeur, et le plus bas de l'eau chaude.

Fig. 301 et 302. — N° **819**. — Exemples de flotteurs. Ces appareils, dont on a beaucoup varié la disposition, servent, d'une part, à faire connaître le niveau de l'eau par un signe extérieur quelconque ; d'autre part, à donner un avertissement spécial à l'aide d'un coup de sifflet, lorsque le niveau de l'eau est descendu à la limite à partir de laquelle il devient nécessaire d'alimenter la chaudière.

La figure 301 représente le flotteur Bourdon, qui est muni d'un levier dont la queue doit être horizontale lorsque le niveau de l'eau est convenable. Une position inclinée indique, selon que le contrepoids C est descendu ou monté, qu'il y a excès ou insuffisance d'alimentation.

On voit, dans ce dernier cas, comment la chaînette *a*, en se tendant, fait ouvrir une petite soupape maintenue par un ressort à boudin ; l'ouverture de cette soupape laisse échapper un petit jet de vapeur, qui vient frapper sur la tranche d'un timbre et émet un bruit strident caractéristique.

La figure 302 représente le flotteur magnétique, ou de Lethuillier-Pinel, dans lequel les indications relatives au niveau sont données par une petite aiguille aimantée qui se meut le long d'une échelle graduée, en suivant tous les mouvements du talon qui termine la tige du flotteur.

L'appareil représenté n'a qu'un sifflet d'alarme ; il pourrait y en avoir deux de timbres différents, qui fonctionneraient, l'un, si le niveau de l'eau était trop bas, l'autre si l'on avait alimenté avec excès.

Fig. 303. — N° **820**. — Disposition ordinaire d'un trou d'homme avec sa fermeture autoclave. On désigne sous le nom de *trou d'homme*, l'ouverture ménagée en un point quelconque d'un générateur, qui sert à l'entrée de l'ouvrier chargé de visiter l'intérieur de l'appareil et de le nettoyer. Ces ouvertures sont tantôt sur le dôme de vapeur, tantôt à l'avant de la chaudière ou des bouilleurs, sur une extrémité qui affleure le parement de la maçonnerie du fourneau.

La fermeture est ordinairement *autoclave*, c'est-à-dire disposée de manière que la pression même de la vapeur contribue à serrer le joint et à empêcher les fuites.

Fig. 304. — N° **822**. — Disposition de l'appareil Thierry, qui a pour objet la fumivorité d'un foyer. Le système consiste à lancer dans la chambre de combustion un certain nombre de petits jets de vapeur plongeants et divergents, qui ont pour effet de brasser très-fortement les gaz combustibles et l'air atmosphérique, et de rendre ainsi la combustion plus complète et plus immédiate.

Appliqué aux chaudières des locomotives, l'appareil Thierry augmente l'incandescence dans la boîte à feu, et rend la combustion complète avant l'entrée dans le faisceau tubulaire, où les gaz ne tardent pas à s'éteindre, par suite du refroidissement rapide qu'ils y éprouvent.

Fig. 305. — N° **822**. — Disposition qui produit un effet analogue à celui de l'appareil ci-dessus. La différence est que le brassage des gaz est produit, non par des jets de vapeur, mais par des jets d'air qui pénètrent obliquement, par un canal ménagé dans l'épaisseur de l'autel.

Planche LXXIII. — Figures 306 à 310.

Fig. 306. — N° **823**. — Grille mécanique connue sous le nom de grille de Juke ou de grille Taillefer.

Fig. 307. — N° **823**. — Élévation et coupes longitudinale et transversale de l'appareil fnmivore de M. Dumery.

Cet appareil peut être considéré comme étant *à flamme renversée*, en ce sens que les produits de la distillation du combustible fraichement chargé doivent traverser la zone incandescente
formée par le combustible chargé antérieurement. C'est la condition principale de la fumivorité.

Les appareils des figures 306 et 307 fonctionnent bien ; mais
ils semblent, le dernier surtout, assez complexes. Comme il ne
paraît pas qu'en principe ils doivent présenter des avantages
bien notables au point de vue de l'économie du combustible,
l'usage de ces appareils ne s'est pas répandu dans l'industrie.

Fig. 308. — N° **823**. — Appareil Georges. — Cet appareil fonctionne sur le même principe que le précédent, c'est-à-dire que
le charbon frais vient se placer *au-dessous* du charbon incandescent, et que les produits de la première distillation sont ainsi
immédiatement brûlés.

L'appareil semble plus simple que celui de M. Dumery. Cependant il ne passe pas plus que lui dans la pratique (Voir, au
sujet des grilles mécaniques, en général, l'observation qui termine le n° **823**).

Fig. 309. — N° **824**. — Grille de MM. de Marsilly et Chobrzynski
(grille en gradins), particulièrement applicable aux menus secs
et pulvérulents.

Fig. 310. — N° **824**. — Grille de Langen, qui se rapproche beaucoup, par ses dispositions et par ses propriétés, de la grille précédente.

Planche LXXIV. — Figures 311 à 332.

Fig. 311. — N° **824**. — Grille ou foyer Tembrinck, dans son application à une locomotive. Cette grille se charge, pour ainsi dire,

d'une manière continue, à l'aide d'une sorte de trémie qu'on tient
pleine de charbon. Celui-ci descend peu à peu le long de la grille,
à mesure que la combustion se produit. Le bouilleur incliné qui
existe à l'intérieur de la boîte à feu produit un brassage énergique des gaz, en forçant ceux que dégage la partie inférieure et
horizontale de la grille et qui sont à leur maximum d'incandescence, à venir se mêler avec les produits de la distillation
du combustible fraîchement arrivé sur le haut de la grille. En
même temps, un auvent incliné, placé à la partie antérieure de la
boîte à feu, donne à ces produits une direction plongeante qui favorise le brassage. L'effet de ces dispositions est de compléter la combustion des gaz avant leur admission dans le faisceau tubulaire.

Fig. 512. — N° **824**. — Cette figure indique par un croquis la
disposition d'un foyer fumivore de Siemens, tel qu'on peut l'appliquer au chauffage d'une chaudière de machine à vapeur,
avec des combustibles menus de qualité inférieure.

Le système se compose d'une grille inclinée, disposée comme
celle de la figure 509.

On brûle sur cette grille une couche assez épaisse de combustible pour obtenir de l'oxyde de carbone ; le mélange gazeux
est transporté jusqu'à l'entrée des carneaux d'un générateur où
la combustion se complète par l'addition d'un courant d'air en
proportion convenable.

Ce système n'est qu'une partie de ce qu'on désigne habituellement, en industrie, sous le nom de four Siemens, c'est-
à-dire qu'il y manque *le régénérateur*.

Mais cette partie de l'appareil, avantageuse au point de vue
de la *consommation de charbon sur la grille* pour une température donnée dans le laboratoire du four, ou *de l'élévation de
cette température* pour une consommation donnée, est sans
intérêt pour une opération à température relativement basse,
comme celle de la vaporisation de l'eau.

Fig. 513 et 514. — N° **827**. — Ces figures représentent les soupapes de sûreté qui doivent nécessairement exister dans toute

chaudière à vapeur, et être constamment soumises à une charge en rapport avec la plus haute pression à laquelle on veuille exposer cette chaudière.

La figure 313, où la charge est produite par un poids, convient aux chaudières des machines fixes.

Dans la figure 314, la charge est produite par un ressort dont *le poids* est négligeable devant *la tension*. Cette disposition convient aux chaudières exposées à des mouvements d'oscillation plus ou moins étendus, ou à des trépidations, comme les chaudières marines ou celle des locomotives.

Fig. 315. — N° **828**. — Figure théorique servant à expliquer le principe sur lequel fonctionnent les manomètres Bourdon, décrits ci-après (Voir le texte du n° **828**).

Fig. 316 et 317. — N° **828**. — Ces deux figures donnent deux exemples des dispositions assez variées que l'on peut donner aux manomètres Bourdon qui fonctionnent sur le principe des baromètres anéroïdes.

Ces manomètres sont aujourd'hui fort répandus. Ce sont, parmi les très-nombreuses variétés de manomètres qui ont été proposés, ceux dont les indications sont les plus faciles à consulter.

Fig. 318. — N° **830**. — Diagramme d'une disposition simple qui peut être employée ponr diminuer l'entraînement des gouttelettes d'eau par la vapeur (Voir le texte du n° **830**).

Fig. 319. — N° **831**. — Branchement sur une chaudière d'une prise de vapeur commune à toutes les chaudières d'une même batterie (Voir le texte du n° **831**).

Fig. 320. — N° **831**. — Exemple d'une prise de vapeur sur une chaudière de locomotive. Cet appareil, que l'on nomme assez improprement *un régulateur*, est à la disposition du mécanicien qui le manœuvre sans quitter sa plate-forme, à l'aide d'une manette et de renvois du mouvement convenables. L'appareil représenté est une soupape convenablement équilibrée, comme la soupape américaine de la figure 194 *bis*. Très-souvent le régulateur fonctionne comme un tiroir.

Fig. 521. — N° **836**. — Cette figure indique diverses altérations qui se présentent souvent dans une chaudière le long des lignes de rivure. Supposant que dans cette figure le dessus représente l'extérieur et le dessous l'intérieur d'une chaudière, on observe, à l'*extérieur* en A, sur la tôle *enveloppée*, et à l'*intérieur* en B, sur la tôle *enveloppante*, des érosions qui ne semblent pas avoir entièrement la même origine. L'une et l'autre peuvent s'expliquer par les flexions successives que les feuilles de tôle éprouvent, chaque fois que la pression effective subit une augmentation importante. Les feuilles de tôle, qui sont rectilignes quand la chaudière est au repos, affectent, quand elle est en charge, une disposition analogue à celle qui est représentée en C.

Ces alternances de flexions et de redressements fatiguent le métal et y facilitent les progrès de l'oxydation ; mais en outre, l'érosion en A peut encore être facilitée par l'action de l'eau, si le joint n'est pas parfaitement étanche (Voir le texte du n° **836**).

BIBLIOTHÈQUE NATIONALE R. F. IMPRIMÉS

FIN

TABLE DES MATIERES

CONTENUES DANS LE SECOND VOLUME

CHAPITRE XVI.

GÉNÉRALITÉS SUR L'EMPLOI DE LA VAPEUR D'EAU COMME FORCE MOTRICE.

NUMÉROS 531 A 581. — PAGES 1 A 79.

CHAPITRE XVII.

GÉNÉRALITÉS SUR LES APPAREILS RÉCEPTEURS PROPRES A UTILISER LA FORCE MOTRICE DE LA VAPEUR D'EAU.

NUMÉROS 584 A 657. — PAGES 80 A 205.

CHAPITRE XVIII.

DÉTAILS SUR LES ORGANES DES MACHINES A VAPEUR.

NUMÉROS 658 A 701. — PAGES 206 A 279.

§ 1er. — Organes de distribution.

CHAPITRE XIX.

CLASSIFICATION DES MACHINES A VAPEUR.

NUMÉROS 702 A 713. — PAGES 280 A 299.

CHAPITRE XX.

DU CHOIX D'UNE MACHINE A VAPEUR DESTINÉE A UN USAGE INDUSTRIEL DÉTERMINÉ.

NUMÉROS 714 A 755. — PAGES 300 A 358.

CHAPITRE XXI.

GÉNÉRALITÉS SUR LA PRODUCTION DE LA VAPEUR.

NUMÉROS 754 À 776. — PAGES 339 À 369.

CHAPITRE XXII.

DISPOSITIONS DIVERSES DES GÉNÉRATEURS. — DU CHOIX D'UN GÉNÉRATEUR DESTINÉ
A UN USAGE INDUSTRIEL DÉTERMINÉ.

NUMÉROS 777 A 801. — PAGES 370 A 400.

CHAPITRE XXIII.

ACCESSOIRES DES CHAUDIÈRES.

NUMÉROS 802 A 851. — PAGES 401 A 441.

CHAPITRE XXIV.

EXPLOSIONS DES CHAUDIÈRES A VAPEUR.

NUMÉROS 832 A 853. — PAGES 443 A 471.

CHAPITRE XXV.

RÉSUMÉ ET CONCLUSIONS SUR LES MACHINES A VAPEUR.

NUMÉROS 854 A 870. — PAGES 472 A 497.

APPENDICE.

LÉGENDES DES PLANCHES.

FIN DE LA TABLE DES MATIÈRES.

PARIS. — IMP. SIMON RAÇON ET COMP., RUE D'ERFURTH, 1.

www.ingramcontent.com/pod-product-compliance
Lightning Source LLC
LaVergne TN
LVHW010602180726
843502LV00001B/109